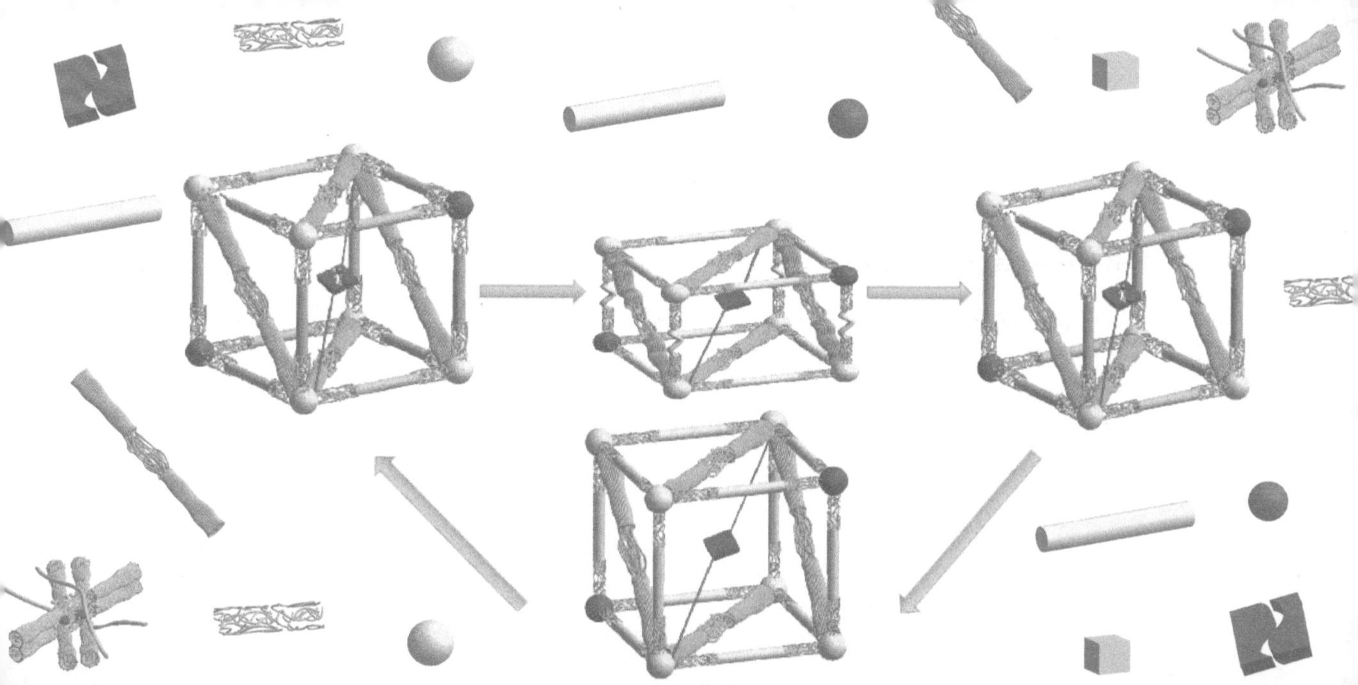

木材形状记忆效应与机理的研究

邵亚丽◎著　王喜明◎审

中国林業出版社
CFPH China Forestry Publishing House

图书在版编目(CIP)数据

木材形状记忆效应与机理研究 / 邵亚丽著. -- 北京 : 中国林业出版社, 2025. 3. -- ISBN 978-7-5219-3029-0

Ⅰ. TB381

中国国家版本馆 CIP 数据核字第 2025VX5382 号

策划、责任编辑：陈　惠

出版发行：中国林业出版社

（100009，北京市西城区刘海胡同 7 号，电话 010-83143614）

电子邮箱：cfphzbs@163. com

网址：www. cfph. net

印刷：北京中科印刷有限公司

版次：2025 年 3 月第 1 版

印次：2025 年 3 月第 1 次印刷

开本：787mm×1092mm　1/16

印张：9

字数：215 千字

定价：78. 00 元

前 言

木材在生物进化过程中形成了独特的分子结构及细胞壁结构，是具有形状记忆效应的聚合物基天然高分子智能材料。它可以通过压缩或弯曲等方法固定成临时形状，然后在水热响应下恢复到原始形状。本书提出一个全面、简单的描述木材形状记忆效应结构原理的模型。在这个模型中，木材被简化成具有“网络节点”和“可逆开关”的键合结构。本书首先通过研究负责控制木材在水热响应下形状固定和恢复的开关单元，以及决定木材永久形状的化学或物理交联的网络节点为基础，探索压缩木热处理过程、改变网络节点以使木材失去形状记忆效应的机理，然后分析木质素对维持木材原始形状及水热形状记忆的影响，最后验证氢键网络在形状记忆过程中的开关作用，从而为木材压缩变定机理的揭示及基于木材天然基质模板的智能材料的开发提供理论依据。

本书以我国北方地区常见的速生材——天然杨木为原材料，主要完成了以下方面的研究工作：

第一，木材水热响应压缩形状记忆效应的研究。探索木材在机械力的作用下径向压缩后的水热响应形状记忆效应，通过测试木材水热响应形状记忆效应，表征其不同响应状态下的形变转化及可视化、结构变化(包括微观结构、聚合物交联、比表面积、化学成分)和黏弹性变化。构建影响木材形状记忆效应的结构模型，为探索木材压缩变定机理及仿生形状记忆材料开发提供理论依据。

第二，温度-湿度-机械力(THM)耦合作用改变维持木材原始形状的三维交联网络。通过测试不同THM耦合作用(温度、工作时间)下木材的水热响应形状记忆效应，表征其形变转化及可视化、结构变化(包括微观结构、纳米结构、聚合物交联、比表面积、化学成分)和黏弹性变化。在第二章建立的木材水热响应形状记忆模型研究的基础上，通过THM耦合作用破坏木材径向压缩形状记忆效应的研究，验证THM耦合作用下发生三维交联网络节点的变化，并在此基础上探索THM耦合作用破坏木材径向压缩形状记忆效应产生压缩变定的机理。

第三，木质素对木材形状记忆效应的影响及机理研究。通过测试不同脱木质素木材的水热响应形状记忆效应，表征其形变转化及可视化、结构变化(包括微观结构、纳米结构、聚合物交联、比表面积、化学成分)和黏弹性变化。在第二章建立的木材水热响应形状记忆模型研究的基础上，通过探索脱木质素木材的形状记忆效应，分析木质素对木材形状记忆效应的影响，探讨并建立了脱除木质素后消除木材形状记忆效应的机理，为拓宽木材的高值化应用奠定理论基础。

第四，基于氢键网络开关作用的木材水热响应形状记忆效应机理研究。通过对未处理木材进行脱木质素处理，去除纤维素之间的屏障，经由冷冻干燥在不破坏原始木材的细胞结构基础上产生更多的游离羟基，并通过疏水化处理后探究水刺激响应中氢键网络对木材形状记忆效应的影响，为木材作为开发水刺激响应形状记忆功能材料生物模板的研究奠定理论基础。

本书的出版得到了 2023 年内蒙古自治区直属高校基本科研业务费项目——“基于温度-湿度-机械力(THM)耦合作用下速生木材绿色改性技术及性能研究”“沙生灌木高效开发利用创新团队”的资助，在此深表谢意。

由于笔者水平有限，书中错误和不妥之处在所难免，希望读者批评指正。

邵亚丽

2025 年 2 月

缩略语表

第一章主要缩略语：

SMMs(shape memory materials)	形状记忆材料
SME(shape memory effect)	形状记忆效应
SMPs(shape memory polymers)	形状记忆聚合物
THM(thermal-hydro-mechanical)	温度-湿度-机械力
R_r(shape recover rate)	形状回弹率
R_f(shape fixation rate)	形状固定率
BSME(burved shape memory effect)	弯曲形状记忆效应
SSME(stretching shape memory effect)	拉伸形状记忆效应
CSME(compression shape memory effect)	压缩形状记忆效应
SMAs(shape memory alloys)	形状记忆合金
SMCs(shape memory ceramics)	形状记忆陶瓷
SMHs(shape memory hybrid materials)	形状记忆混合材料

第二章主要缩略语：

Ori. (original shape)	原始形状
Ori. W(wet original shape)	湿态原始形状
Ori. D(dry original shape)	干态原始形状
Fix. (fixation shape)	临时固定形状
Def. (deformation shape)	临时固定形状
NW(natural-wood)	未处理材
Rec. (recover shape)	恢复形状
Rec. W25℃(recover shape at 25℃ hydrothermal response)	25℃水热响应后恢复形状
Rec. W60℃(recover shape at 60℃ hydrothermal response)	60℃水热响应后恢复形状
Rec. W95℃(recover shape at 95℃ hydrothermal response)	95℃水热响应后恢复形状

Rec. W125℃(recover shape at 125℃ hydrothermal response) 125℃水热响应后恢复形状
Rec. W(wet recover shape) 湿态回弹形状
Rec. D(dry recover shape) 干态回弹形状
第三章主要缩略语：
PW(compressed wood) 压缩木材
THM180℃(the wood was THM-treated at 180℃) THM180℃高温耦合作用的木材
THM200℃(the wood was THM-treated at 200℃) THM200℃高温耦合作用的木材
THM220℃(the wood was THM-treated at 220℃) THM220℃高温耦合作用的木材
THM3 h(the wood was THM-treated at 200℃ for 3 hours) THM200℃处理 3 h 的木材
THM4 h(the wood was THM-treated at 200℃ for 4 hours) THM200℃处理 4 h 的木材
THM5 h(the wood was THM-treated at 200℃ for 5 hours) THM200℃处理 5 h 的木材
第四章主要缩略语：
DW(delignified wood) 脱木质素木材
DPW(delignification compressed wood) 脱木质素压缩木材
第五章主要缩略语：
WA(wood aerogel) 木材气凝胶
HWA(hydrophobic wood aerogel) 疏水化木材气凝胶
HNA(hydrophobic natural wood) 疏水化天然木材

目　录

第一章 绪论

智能材料是指对环境参数变化引起的外部作用作出与环境参数相应反应的材料，包括酸显材料、pH 响应材料、磁响应伸缩材料、热响应变色材料、电致变色材料、记忆材料等。作为智能材料重要的一种类型，形状记忆材料(SMMs)是指一类可从赋予的临时形状经适当的外部刺激(如温度、光、pH 值、电、磁、水)后自发返回到原始形状的智能材料，如形状记忆合金(SMAs)、形状记忆陶瓷(SMCs)和形状记忆聚合物(SMPs)等多种形状记忆体系[1]。记忆材料的响应展开性、易成形性、生物降解性和相容性使其广泛应用于航空航天和生物医疗等领域。从可展开空间结构的航天器材到可进行自我修复的汽车材料、装饰材料、电子材料和生活用具，再到微创手术和生物医学植入物，材料科学家预测人工智能材料将在未来发挥更为重要的作用。在生物医学领域中，体液环境下水响应可恢复变形大、恢复温度低的智能 SMPs 受到越来越多的关注。

SMPs 的体系结构由网络节点和开关单元组成[2]。网络节点决定了它们的永久形状，可以是化学的、物理的、相互渗透的或互锁的超分子聚合物，开关单元负责控制特定外部刺激时的形状固定和恢复。这类形状记忆材料依靠自身结构对环境的改变直接作出形状改变的反应，如热、水、光、电、磁、pH 值等[3-4]。

与其他刺激源相比，水刺激无疑是最安全和最便于实施的。由于人体内的体液大部分都是水，因此水响应形状记忆材料一旦和人体体液相接触便能够产生形状恢复效应，在生物医学方面具有很大的应用潜力[5-6]。随着研究的不断深入，成本低廉且具备生物可降解性、自愈性的水响应形状记忆聚合物受到越来越多的青睐。生物质材料经过数百万年的选择性进化构建成为具有多孔隙毛细管系统。生物质材料微毛细管系统具有形状记忆效应(SME)、自愈效应和自修复功能，在外力加载使形状改变的情况下，天然的生物质材料可保持其结构的完整性。多种天然材料具有形状记忆效应，如动物毛发、丝瓜海绵柱、蜘蛛丝、木材等[7-11]。

木材是由纤维素、半纤维素和木质素组成的天然多孔高分子有机体。大自然创造了木材，使木材具有应对环境变化的能力。例如，木材的吸湿特性可以作为空气湿度传感器，使木制建筑或木制用品通过吸湿和解吸来改变空气的湿度，调节居室的舒适性。天然木材具有形状记忆效应，压缩后的木材在重新湿润和加热时几乎完全恢复其原始形状[12]。天然木材压缩后作为材料连接件，吸湿膨胀后可以将连接处收紧[13]。通过热机械加工生产的各种木材产品，如弯曲木材、模压实木和压缩木材，都受到这种形状记忆效应的影响。因此，本书提出研究木材形状记忆机理，探索决定木材水热响应形状记忆效应的分子结构，并探索影响木材分子结构使其失去形状记忆效应的原因，进而为木材产品的水热固定提供研究基础，为开发仿生形状记忆型智能材料的研究提供理论依据。

第一节　水热响应形状记忆聚合物

一、水响应形状记忆聚合物

水响应形状记忆聚合物是通过水的浸润过程进行形状记忆和水的干燥过程进行形状记忆编程固定，从而实现材料的形状记忆效应。研究人员发现自然界中的纤维素具有水敏特性。Mendez 等将刚性棉纤维素纳米晶须(CNW)引入橡胶聚氨酯(PU)基体中，制备了新型仿生、水响应的机械自适应纳米复合材料，该材料在接触水后，力学性能发生变化，并表现出水响应的形状记忆效应[14]。该材料在形状记忆编程和形状回弹过程中使用了润湿 5 天/干燥 24h 的试验条件。在此基础上，Zhu 等在弹性热塑性聚氨酯(TPU)基体的渗流网络中，制备了一种水响应快速可切换形状记忆效应的 CNW/TPU 纳米复合材料。他们提出了渗流网络模型，纤维素纳米晶须在水环境中形成和破坏该渗流网络，使弹性体基体可以变形到所需的形状[15]。Luo 等认为改变纤维素纳米晶须的含量，可以控制形状记忆聚氨酯(SMPU)纳米复合材料的水响应形状记忆性能[16]。他们进一步实现了具有稳定水活性形状记忆性能的纤维素纳米晶须形状记忆聚氨酯纳米复合材料形状记忆的可调性[17]。Zhang 等对纤维素进行硬脂酰改性，得到具有不同取代度的纤维素硬脂酰酯(CSE)。发现低取代度(CSE0.3)的纤维素硬脂酰酯薄膜具有较好的湿敏性，由于水分子在膜表面的吸附和解吸作用，CSE0.3 薄膜可以在局部湿度梯度下，以有节奏的弯曲运动可逆地折叠和展开[18]。Wang 等报道了一种具有良好形状记忆效应和快速响应性的 PU/CNF 纳米复合材料。当纤维素纳米纤维(CNF)含量达到 30%时，此复合材料具有良好的形状记忆效应[19]。

但是，水响应材料有限的形状恢复过程限制了其在生物医学领域的应用，Fang 等研制了一种可编程的形状记忆聚乙烯醇(SM-PVA)，他们认为反应型表面活性剂(PVA)具有可编程的形状记忆行为在药物传递、组织工程支架和智能植入式装置等生物医学领域具有重要价值[20]。随着研究的深入，水响应形状记忆材料不断向可降解和自愈效应方向发展。为了达到更好的生物降解和生物相容性，Xie 等设计并制作了一个以水作为触发器的生物相容性形状记忆多孔支架。以富马酸-共-1,7-辛二烯二环氧化对苯二甲酸(PFOT)为骨架材料，环氧化开环聚合进一步合成了聚 PFOT。PFOT 支架与聚乳酸支架相比，能增强心肌成肌细胞的黏附、扩散和增殖的功能。其具有良好的水敏形状记忆效果，固定度和恢复率均在 97%以上，形状恢复过程为几分钟，适用于外科手术[21]。

二、热响应形状记忆聚合物

在多种刺激响应型形状记忆聚合物(SMPs)中，热响应形状记忆聚合物最具代表性，在工业上得到了广泛的研究和应用。根据热可逆转变和交联的性质，大多数热响应形状记忆聚合物均可以归为以下 4 类：化学交联的玻璃聚合物、化学交联的半结晶聚合物、物理交联的玻璃聚合物和物理交联的半结晶聚合物。常见的热响应形状记忆材料有交联聚乙烯聚合物材料、聚酯聚合物材料、反式 1,4-聚异戊二烯聚合物材料和聚氨酯聚合物材料[22-23]。其中，聚乙二醇(PEG)、聚己内酯(PCL)、聚乙醇酸(PGA)和聚乳酸(PLA)的共聚/共混物等脂肪族聚酯材料，因生物可降解和生物相容等环境友好特性而被广泛研究[24-25]。

热响应 SMPs 通常具有物理交联结构、结晶/非晶硬相或化学交联结构，并以结晶、非晶或液晶相的低温转变为开关。它们经过加工或热定型以保持原始形状，一般在永久形状下，内应力为零或很低。热响应 SMPs 受到力的作用下变形，如果环境温度低于形状记忆开关转变温度(T_{trans})时，形状记忆聚合物的交联结构中的内应力被暂时储存。如果温度高于 T_{trans}时，热响应 SMPs 因变形而临时储存的内应力可以释放，从而恢复其永久形状。热响应 SMPs 是一种熵现象，聚合物分子链在其永久宏观形态中是熵最大的构象，处于热力学稳定状态。当环境温度高于 T_{trans}时，热响应 SMPs 交联结构中分子链的流动性被激活，分子链构象在外力的作用下发生改变，导致交联结构熵态降低，宏观上表现为形状产生变化。当热响应 SMPs 冷却到 T_{trans} 以下时，交联结构分子链段因为温度降低而产生“冻结”，在动力学上这种较低的熵态被困住，即形成临时形状，导致宏观形状固定。在无应力条件下加热到 T_{trans} 以上时，分子运动被重新激活，允许分子链返回到最高的熵状态，即恢复原始形状[26]。

三、水热响应形状记忆聚合物

水热响应是以水作为增塑剂来降低形状记忆材料的玻璃化转变温度(T_g)，从而在室温或更低温度下响应引发原始形状的恢复。Yang 等提出了水响应或水降低玻璃化转变温度的想法，首次发现部分聚氨酯形状记忆材料(MM3520、MM5520 等)浸水后玻璃化转变温度显著降低，当水分含量约占总重量的 4.5%时，MM3520 的玻璃化转变温度减少了大约 35%[27]。据此，Huang 等最早报道了水响应的形状记忆聚氨酯材料，认为氢键是形状记忆聚氨酯水响应的原因，还将形状记忆聚氨酯材料中的吸附水分为游离水和结合水两部分[28]。游离水在 120℃下可以完全去除，对玻璃化转变温度没有明显影响，而结合水在 120℃以上开始蒸发，并与玻璃化转变温度呈线性关系。SMPs 在水中浸泡数小时后干燥到 180℃是形状回弹的关键，而水的去除是形变固定的关键[29]。随后，Jung 等以疏水基团聚三硅氧烷(POSS)和聚乙二醇(PEG)为单体，合成了具有形状记忆功能的纳米聚氨酯嵌段共聚物，30℃时软段溶解可引起水敏形状记忆行为。在水响应形状恢复试验中，根据

POSS 含量的不同，该共聚物形状回弹率可达 70%以上[30]。

水作为增塑剂可降低形状记忆材料的玻璃化转变温度，通过热响应来触发形状记忆效应的材料并不是真正意义上的水响应形状记忆材料。这种材料不能通过一个温和的编程周期来实现。这样的形状记忆材料在生物医学(如植入医疗设备)上应用受到限制，因为这样的设备是将材料暴露在体液中发生水响应形状恢复，而不是通过水间接触发热响应的模式。

四、天然水热响应形状记忆聚合物

近年来，仿生材料的智能化应用研究受到人们的关注，研究人员发现多种天然材料具有形状记忆效应。例如，天然蜘蛛丝具有比合成纤维更好的延展性，但令人惊讶的是蜘蛛悬在蛛丝上几乎从不扭动，Emile 等通过试验证明蜘蛛丝具有扭转形状的记忆效应[9]。蜘蛛丝有趣的智能特性主要源于其二级结构(β-折叠、α-螺旋、无规卷曲和 β-转折)的影响，胡金莲团队首次将人造蜘蛛丝的湿度响应特性与形状记忆行为相关联，建立了理论结构模型，分析了湿环境下人造蜘蛛丝的收缩机理[11]。动物的毛发在水响应下也呈现出较高的临时形状固定能力(>90%)和变形恢复能力(>60%)。双节点结构(结晶和二硫键)使毛发表现出较强的形状记忆能力，而结晶为单节点的毛发水响应形状记忆能力强于二硫键为节点的毛发[31]。天然蜘蛛丝和毛发的形状记忆效应可用于仿生形状记忆纤维材料的开发与应用。天然丝瓜海绵柱也具有水响应形状记忆效应，Shen 等研究发现丝瓜海绵柱浸水后可恢复到原来形状的 98%，干燥过程中压缩应变、应变速率、循环加载、水响应温度/时间对形状回弹率具有不同的影响。丝瓜海绵柱材料具有显著的形状记忆效应和机械恢复特性，可用于设计大变形的水敏智能材料或仿生材料[32]。

木材作为湿敏材料，在潮湿的环境中可以吸收大量的水分，在干燥的环境中又可以将其释放出来。作为热敏材料，木材在热的作用下压缩、弯曲，经过干燥处理可将形状固定，而浸水处理后固定的形状又可以恢复到其原始形状，加热可促进形状恢复，形状回弹率可达 90%以上[33]。类似于传统的水热形状记忆聚合物，木材具有固定后的临时形状和恢复后的原始形状，如果在外力的作用下部分细胞壁受损则不能完全恢复其原始形状[34]。木材属于典型的水热双重响应的天然形状记忆材料，具有双向形状记忆特性，在温度-湿度-机械力(THM)耦合作用下，木材能在临时形状和永久形状之间反向地经历形状记忆过程。

第二节　木材水热响应形状记忆效应的表征

一、木材形状记忆效应的载体——冻结应变

木材的记忆效应最早是在 20 世纪 70 年代末通过试验发现的，Ugolev 等在干燥固定试样时发现木材的记忆效应基于准残余冻结应变[35]。系统研究干燥过程中的冻结应变后，

Ugolev 认为冻结应变是木材纳米结构临时重组的结果[36]。木材在干燥或冷却时形成冻结应变，其刚度随载荷的增加而增加，当加热或润湿状态下冻结应变消失。冻结应变是木材在初始温度和最终温度及含水率条件下的黏弹性应变之差。

木材在湿度、温度、机械力变化时产生形状转化[37]。在机械外力的作用，木材发生形状改变时对应可恢复的弹性应变(弹性应变和黏性应变)以及不可恢复的应变，其关系见式(1-1)。

$$\varepsilon=\varepsilon_e+\varepsilon_v+\varepsilon_p \tag{1-1}$$

式中，ε_e是弹性应变(%)；ε_v是黏性应变(%)；ε_p是不可恢复的应变(%)。

随着木材含水率或温度的变化，木材发生形变转化，形成冻结应变，见式(1-2)。

$$\varepsilon = H_1\int_0^{\tau} \frac{\dot{\sigma}}{E(\overline{W},\ \bar{t})}\mathrm{d}\tau + H_2\frac{\sigma}{E(\overline{W},\ \bar{t})} \tag{1-2}$$

式中，ε 是应变(%)；σ 是应力(N/mm^2)；E 是弹性模量(Pa)；$\overline{W}$是从极限饱和到纤维饱和点(FSP)的含水率变化(%)；$\bar{t}$是温度从 100℃ 降低后温度的变化(℃)；$\overline{W}(\tau)$、$\bar{t}(\tau)$和$\dot{\sigma}(\tau)$是时间 τ 的函数；H_1、H_2是随着干燥或湿润(冷却或加热)的 Heaviside 函数。

木材冻结应变的形成是因为木材的黏弹性。图 1-1 为木材的湿度-温度-机械力模型，可以用来解释式(1-2)中黏弹性和塑性的形成。该图显示了木材从湿态到干态转变时的行为，反之亦然。图 1-1 中，ε 是应变，σ 是应力，$\overline{W}$是含水率的降低。ε_{ev1}(0—1)是湿材短时间加载形成弹塑性变形，ε_{ec1}(1—2)是长期加载增加蠕变，(0—2)阶段是持续缓慢加载，(2—3)阶段是卸载，(0—3)阶段是 ε_r(残余应变)= ε_c(蠕变)= ε_p(不可恢复的应变)。

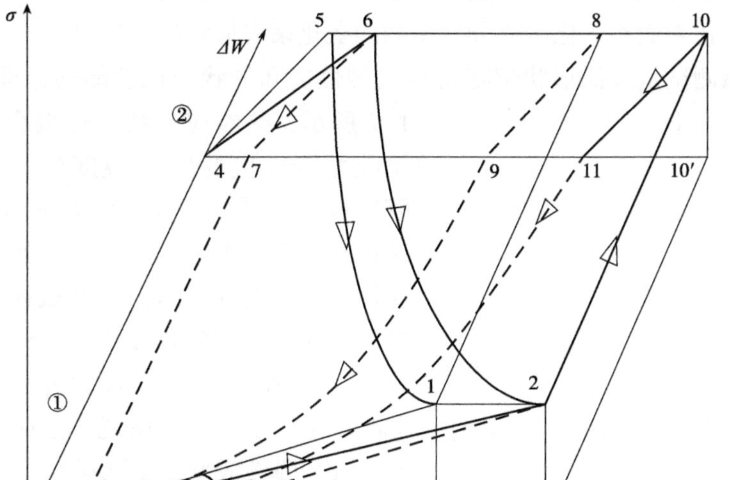

图 1-1 木材干湿情况下黏弹性的变化[36]

图 1-1 可以表示木材不同情况下的黏弹性行为，例如，湿润(4—0)和加载(0—2)形成总应变 ε_{evc1}(0—2′)，在加载下干燥(2—10)使木材强度增加但，应变是不变的。干燥木材卸载黏弹性应变回弹 ε_{ev2}(10′—11)。固定应变 ε_s 包括冻结应变 ε_f(4—9)和残余应变 ε_r(9—11)，残余应变(ε_r)与湿材蠕变(ε_{c1})和塑性变形(ε_{p1})相等。

该模型还可以用来描述加载的木材在加热和冷却情况下的应变。Ugolev 等利用此模型研究发现，干燥和弯曲、冷却和拉伸的云杉试样总应变是恒定的。这一现象在冷却云杉/山毛榉弯曲试样和干燥加载试样中也被发现，原因可以用冻结应变的形成来解释。该模型表明湿材的塑性应变与弹性应变相等($\varepsilon_{c1}=\varepsilon_{p1}$)，干态下亦是如此。因此，该试验验证了模型的主要结论：总应变是恒定的。

因此，冻结应变(ε_f)的值见式(1-3)。

$$\varepsilon_f=\varepsilon_{ev1}-\varepsilon_{ev2}=\frac{\sigma}{E_1}-\frac{\sigma}{E_2}=\sigma\left(\frac{E_2-E_1}{E_2\cdot E_1}\right) \tag{1-3}$$

式中，ε_{ev1}是湿材短时间加载形成弹塑性变形(%)；ε_{ev2}是干燥木材卸载黏弹性应变回弹(%)；σ 是应力(N/mm^2)；E 是弹性模量(Pa)。

冻结应变是木材纳米结构临时重组的结果，它在外力加载的影响下产生，在干燥和温度降低情况下增加木材的强度。冻结应变是可逆的应变，是木材形状记忆效应的载体。

二、木材形状记忆效应的定量评价

由于木材是一个复杂的生物体，用一个相对简单的方法来表征木材的形状记忆效应是很有必要的。这种方法应该聚焦在形状记忆效应的主要因素上，同时消除次要因素(各向异性、收缩、膨胀等)。木材形状记忆效应可由形状记忆定量评价，用网络结构、微观结构、纳米结构、比表面积、化学成分等结构的变化来表征它的变化[11]。

循环热机械测试是表征形状记忆材料机械性能和形状记忆性能的标准方法[38]。如图 1-2 所示，热响应形状记忆聚合物(SMPs)的三维应力(σ)-应变(ε)-温度(T)关系如下面的步骤所示[39]。①在最高温度 T_h下($T_h>T_{trans}$)，SMPs 试样在外力的作用下以恒定应变速率变形达到预先设定的最大应变(ε_m)。②试样保持在应变 ε_m，然后冷却到低于温度 T_g的一个新的温度 T_l($T_l<T_{trans}$)。③在 T_l温度下释放外力，应力降为零，此时发生较小的弹性恢复产生应变固定，ε_f被定义为残余弹性应变。④试样在不施加外力的情况下，温度以一个恒定的加热速率由 T_l再次升到 T_h，应变恢复到原始形状，只存在非常小的不可恢复应变 ε_i。如图 1-2 所示，循环热力学试验主要包括形状固定和形状恢复两个过程。

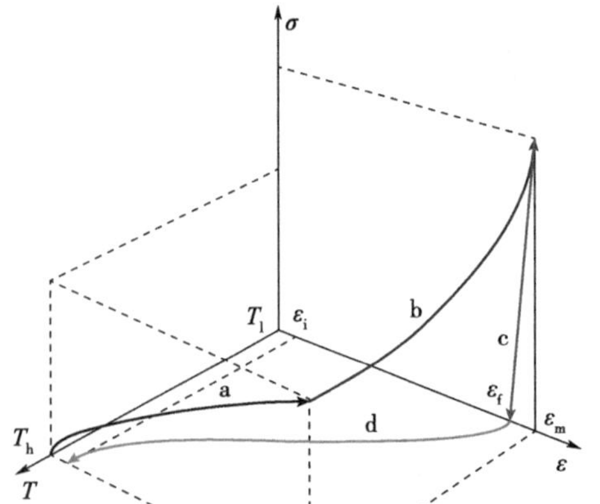

图 1-2 热机械测试中应力-应变-温度关系路径图[39]

形状记忆材料(SMMs)用 R_r和 R_f两个重要的量描述其形状记忆效应[40]。R_r是形状回弹率，描述的是形状记忆材料记忆其永久形状的能力，是度量在编程过程中施加的应变恢复到什么程度的量。R_f是形状固定率，描述了在编程过程中固定机械变形的能力，描述的是材料记住其临时形状的能力。木材形状记忆的编程过程与形状记忆聚合物相同，有弯曲形状记忆、拉伸形状记忆、压缩形状记忆等。

1. 弯曲形状记忆效应(BSME)

弯曲测试可以评价形状记忆材料的弯曲形状记忆效应(BSME)[41]。图 1-3(a)描述了在弯曲过程中角度和形状回弹率的测量[42]。典型的 SMPs 热机械弯曲循环包括以下步骤：①具有原始形状的试样在温度为 T_h的水中充分软化。②在充分软化状态下，SMPs 围绕以 r 为半径的芯轴弯曲至 θ_0的角度，然后在外力作用下放置在冷水中“冻结”弹性变形。③将固定在仪器上的 SMPs 试样以一定的温度浸入另一个水浴中，弯曲的试样角度恢复到 θ_N。

定量确定回弹率的方法如图 1-3(a)所示，其中，r 为芯轴半径，t 为试样厚度，θ_0为试样在第一个弯曲周期储存状态下的原始储存角度。$S(x_0,\ y_0)$为确定 θ_0的坐标点，θ_N为第 N 个热机械弯曲循环回弹角度($N=1,\ 2,\ 3\cdots$)。$R(x_N,\ y_N)$为确定 θ_N的坐标点，见式(1-4)。

$$\theta_N=\operatorname{arccot}\left(\frac{x_N}{y_N}\right)\qquad (N=1,\ 2,\ 3\cdots,\ 0\leqslant\theta_N\leqslant180°)\qquad(1-4)$$

形状回弹率的计算方法见式(1-5)。

$$R_N=\frac{\theta_0-\theta_N}{\theta_0}\times100\%\qquad (N=1,\ 2,\ 3\cdots)\qquad(1-5)$$

式中，R_N是第 n 个热机械弯曲循环的形状回弹率(%)；$S(x_0,\ y_0)$和 $R(x_N,\ y_N)$是坐标上的点，可以用游标卡尺测量(mm，mm)；θ_0为初始角度(°)；θ_N为第 N 个热机械弯曲循环回弹角度(°)。

在接下来的试验中，芯轴半径和试样厚度可取 2 mm 和 3 mm。如图 1-3(b)所示，Xiao 等采用类似的方法完成了对毛发纤维水响应弯曲形状记忆效应的表征[7]。

Jakes 利用木材在温度-湿度-机械力的试验环境下对弯曲单板试样进行形状转化和可视化研究[43]。图 1-3(c)为木材形状记忆效应图，木材在湿度-温度-机械力同时作用下可以完成临时形状和永久形状的转变。木材试样具有永久性的形状，在一定条件下发生变形(编程)，形成临时形状，此时负责木材的形状记忆效应的冻结应变形成。当恢复到初始条件时，冻结应变消失，木材永久性的形状恢复。然而，由于不可逆的塑性应变，永久形状并没有完全恢复。利用木材湿度-温度-机械力应变模型基于木材在加载和潮湿条件下变形的整体规律，得到形状记忆效应中形状回弹(R_r)和形状固定率(R_f)的计算公式如下。

$$R_r=\frac{\varepsilon_{evp}-\varepsilon_p}{\varepsilon_{evp}}\qquad(1-6)$$

$$R_f=\frac{\varepsilon_s}{\varepsilon_{evp}}=\frac{\varepsilon_f+\varepsilon_p}{\varepsilon_{evp}}\qquad(1-7)$$

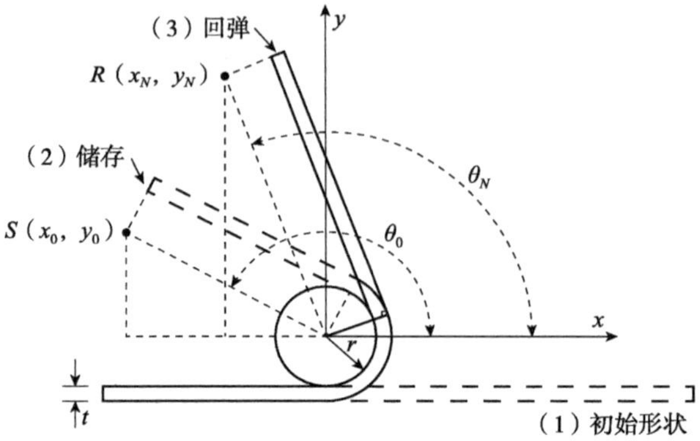

（a）弯曲形状恢复性能测试示意图[42]

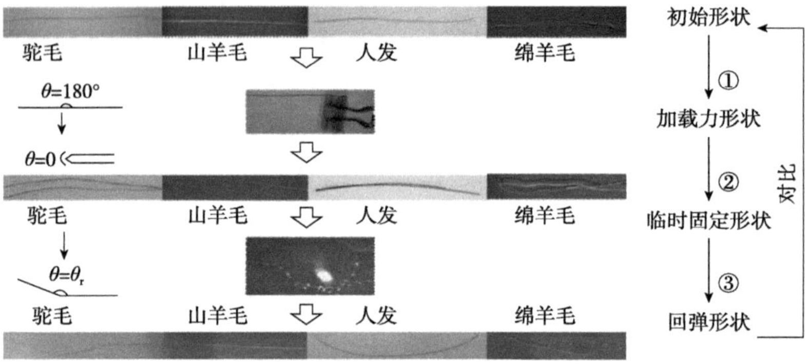

（b）纤维水响应弯曲形状记忆图[7]

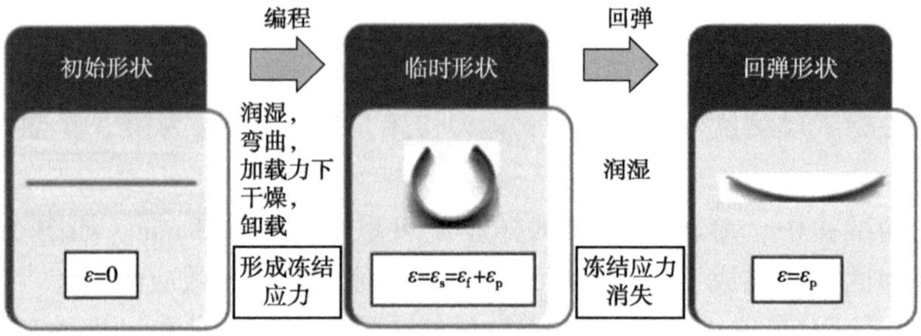

（c）木材弯曲形状记忆效应图[43]

图 1-3　弯曲形状记忆效应示意图

因此，根据式(1-7)，冻结应变可确定，见式(1-8)。

$$\varepsilon_f = \varepsilon_{evp}(R_r + R_f - 1) \tag{1-8}$$

式(1-6)~式(1-8)中，ε_{evp}是温度-湿度-机械力总应变(%)；ε_p 是不可逆塑性应变(%)；ε_s 是塑性应变(%)；ε_f 是冻结应变(%)。

2. 拉伸形状记忆效应(SSME)

图 1-4 为形状记忆材料的拉伸形状记忆编程过程，包括循环湿润和干燥，用来评价材料的拉伸形状记忆性能。①软化处理，试样浸泡在纯水中充分软化，测试试样的长度为其

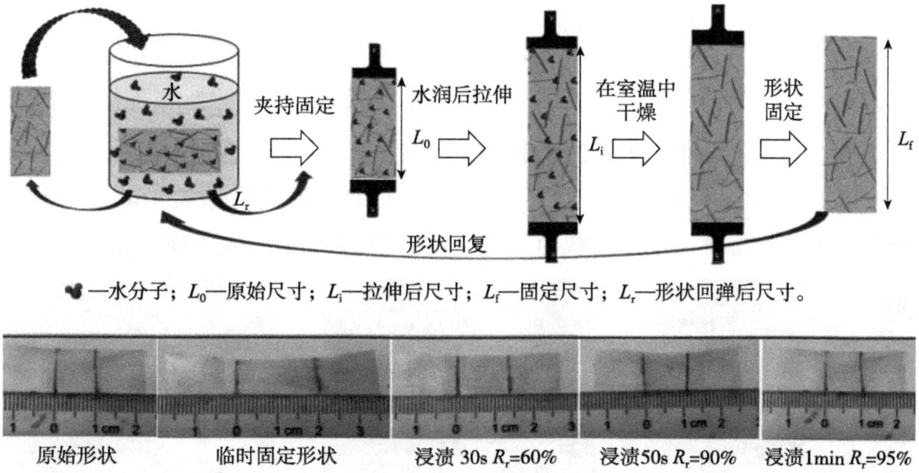

（a）水响应拉伸形状记忆性能试验过程的示意图[15]

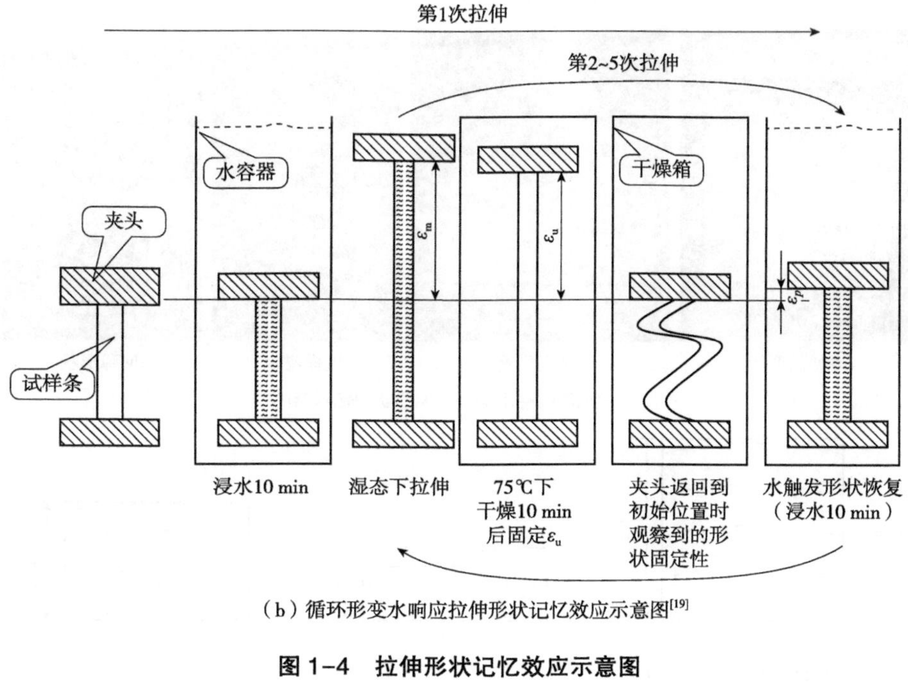

（b）循环形变水响应拉伸形状记忆效应示意图[19]

图 1-4 拉伸形状记忆效应示意图

原始长度(L_0)。②拉伸处理，将湿态试样拉伸至 L_i/ε_m。③干燥固定，拉伸到 L_i/ε_m 的试样干燥几小时固定形状，释放外力后试样的尺寸为 L_f/ε_u。④形状回弹，试样随后浸入水中恢复原始长度，这种状态被称为恢复长度(L_r/ε_p)。为了评价水响应形状记忆效应，用 R_f 和 R_r 表示材料的形状回弹率与形状固定率，计算公式为式(1-9)[15]，若表征材料循环形状记忆效应，则计算公式为式(1-10)[19]：

$$R_f=\frac{(L_f-L_0)}{(L_i-L_0)},\ R_r=\frac{(L_f-L_r)}{(L_f-L_0)} \tag{1-9}$$

$$R_f=\frac{\varepsilon_u}{\varepsilon_m}\times 100\%,\ R_r=\frac{\varepsilon_m-\varepsilon_p(N)}{\varepsilon_m-\varepsilon_p(N-1)}\times 100\% \tag{1-10}$$

3. 压缩形状记忆效应(CSME)

对形状记忆材料进行轴向压缩的形状记忆过程，可以通过循环加载试验评价材料的形状记忆性能[44-45]。如图 1-5 所示，在每个循环过程中，将具有原始形状的试样置于水中进行一段时间的软化处理，在轴向载荷作用下将试样压缩至最大应变 ε_{load}，压缩后的试样

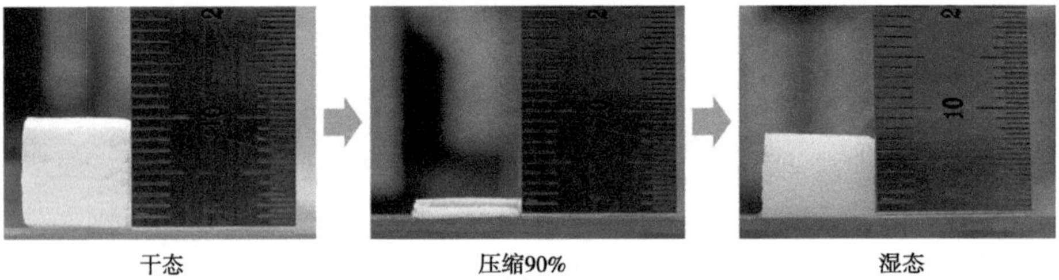

（a）交联气凝胶的压缩形状记忆效应示意图[44]

（b）丝瓜海绵柱水响应压缩形状记忆示意图[32]

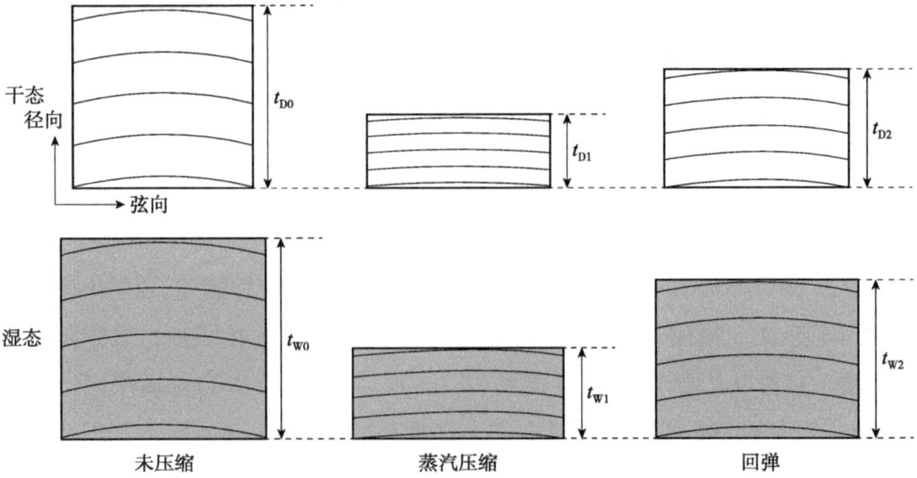

（c）木材在蒸汽压缩和形状恢复中的尺寸变化[45]

图 1-5 压缩形状记忆效应示意图

置于恒温干燥箱中干燥定型，撤掉外力后得到其临时形状 ε_f，将压缩固定后的试样置于水中进行回弹试验，得到其恢复后的形状 ε_r，则表征材料轴向压缩形状记忆效应的 R_r 和 R_f 见式(1-11)[32]。

$$R_f = \frac{\varepsilon_f}{\varepsilon_{load}} \times 100\%,\ R_r = \frac{\varepsilon_{load} - \varepsilon_r(N)}{\varepsilon_{load} - \varepsilon_r(N-1)} \times 100\% \tag{1-11}$$

式中，ε_{load}是负载下的最大应变(%)；ε_f是干状态卸载后的残余应变(%)；ε_r(N)，ε_r(N-1)是连续 2 个加载周期恢复后的残余应变(%)。

木材径向压缩是提高木材密度有效利用劣质材的最佳工艺，Obataya 研究了 THM 耦合作用试样径向压缩后的形状回弹[45]，如图 1-5(c)所示，用 SR_d，SR_w阐释径向压缩后的木材分别在干态和湿态下的形状回弹性，见式(1-12)。

$$SR_d = \frac{t_{d2} - t_{d1}}{t_{d0} - t_{d1}},\ SR_w = \frac{t_{w2} - t_{w1}}{t_{w0} - t_{w1}} \tag{1-12}$$

式中，t_d是试样干态尺寸(mm)；t_w是试样湿态尺寸(mm)；t_0是试样原始尺寸(mm)；t_1是试样压缩后尺寸(mm)；t_2是试样回弹后尺寸(mm)。

第三节　木材形状记忆效应机理

一、形状记忆效应理论模型

随着对形状记忆聚合物机理研究的不断深入，针对不同的形状记忆聚合物结构提出了不同的理论模型。图 1-6 展示了热敏 SMPs 代表性模型的研究进展[46]。在化学交联半结晶聚乙烯(PE)中，化学交联聚乙烯网络在加热变形后能记住永久形状，晶体熔化温度为 T_m 的晶体相被用作开关单元起到形状固定作用，如图 1-6(a)所示。随后，提出了热响应 SMPs 的一般分子机制即半结晶化学交联聚乙烯的模型，如图 1-6(b)所示。化学或物理交联记忆永久形状，开关单元为半晶或非晶软相具有形状固定的作用[47]。此外，由于非共价相互作用的不稳定性，超分子系统倾向于根据环境条件(如温度变化)调整其结构。这引出了一种新型的形状记忆机制模型，如图 1-6(c)所示，超分子形状记忆体系是弹性聚合物网络与热恢复氢键侧基相结合的模型[48]。另一种超分子 SMPs 系统是基于一种含有环糊精-聚乙二醇(CD-PEG)的包合物，其中 CD-PEG 包体结晶为固定相，裸 PEG 结晶为可逆相。如图 1-6(d)所示，Zhang 等建立了相应的超分子 SMPs 分子模型[49]。

上述所有的 SMPs 模型都在很大程度上有助于确定热敏 SMPs 的理论结构，而分子结构设计的多样化为开发具有刺激敏感性的 SMPs 提供了机会。如图 1-7 所示，这种水敏 SMPs 系统是由纳米复合材料制成的，该复合材料含有分散在弹性体基体中的纳米纤维素晶须。在弹性体基体中，纳米纤维素晶须的渗透网络的可逆形成和破坏作为开关，具有对水快速响应的形状记忆效应[15]。

Hu 和 Chen 基于聚合物大分子机制的研究[50]，提出了一个看似简单却合理且全面的

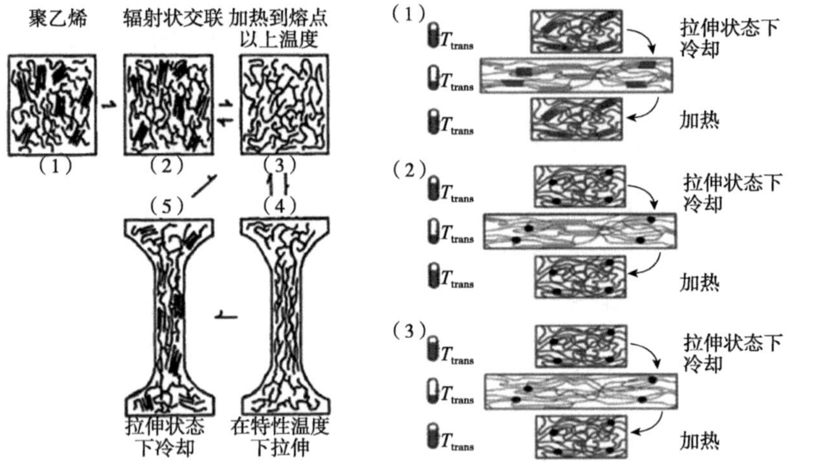

（a）热响应交联聚乙烯的SME分子模型[46]　（b）不同体系热响应交联聚乙烯的SME分子模型[47]

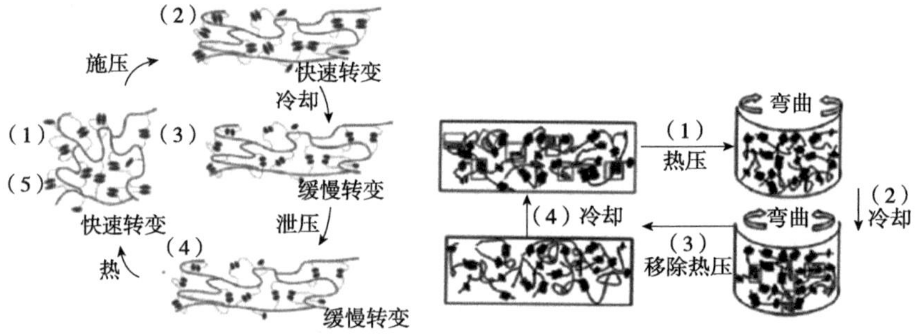

（c）具有超分子开关的形状记忆聚合物的SME分子模型[48]　（d）具有超分子开关的形状记忆聚合物的SME分子模型[49]

图 1-6　形状记忆效应理论模型

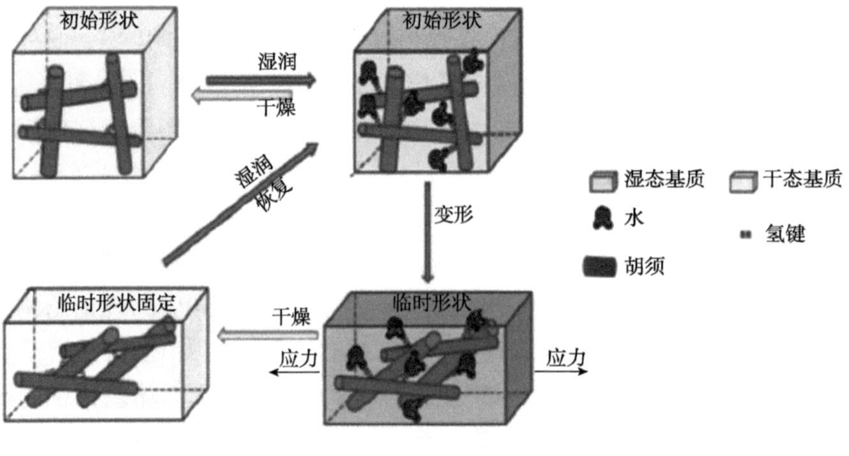

图 1-7　水响应 SMEs 分子模型[15]

三维 SMPs 架构(图 1-8)。这个模型并不局限于具有某种键合结构的 SMPs，都可以被简化成具有节点和开关部分的结构。在该模型中，SMPs 由开关单元和网络节点组成。网络节点是化学或物理交联组成的点，决定了材料的永久形状，具有大分子互穿网络或超分子互锁结构。SMPs 中形变回弹的驱动力是聚合物网络的熵弹力。在外部刺激下，开关单元负责控制预先确定的形状固定和恢复。到目前为止，非晶态、晶态和液晶、超分子实体、光致可逆网络和纤维素晶须网络都是 SMPs 的开关部分[3]。

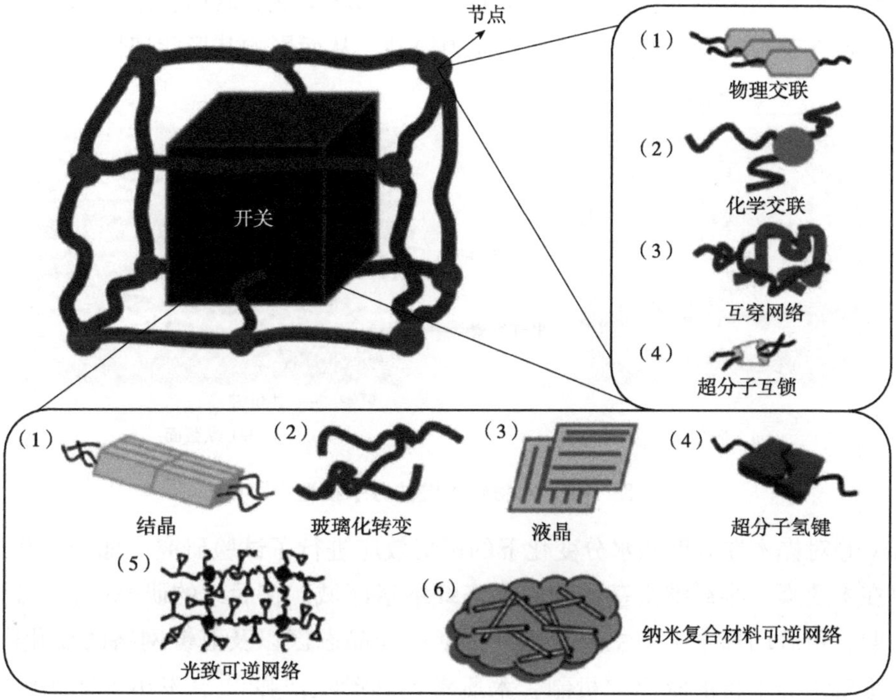

图 1-8 综合的 SMPs 架构[3]

二、木材形状记忆效应机理

木材形状记忆效应可以用木材结构的可逆变化来解释。木质材料是一种由嵌入在木质素-半纤维素基质中的纤维素微纤丝组成的复合材料。基质的空间结构是 3 个相互渗透网络的叠加：H-net 是碳水化合物之间的氢键网络，也是木质素与碳水化合物之间的氢键网络；LH-net 是木质素与半纤维素之间的共价键网络；L-net 是木质素大分子间的一种物理结构。

木材细胞壁分子模型如图 1-9 所示，微纤丝是由交替结晶的纤维素区和结晶纤维素区组成，无定形半纤维素通过氢键与单侧微纤丝连接，通过共价键与木质素结合。纤维素大分子由于其半晶性质而储存弹性能。当木材被横向压缩时，每个微纤丝螺旋都垂直于其轴线发生变形。因此，不同晶体之间的夹角略有变化，微纤丝晶体区域的大分子发生弹性变形。这些区域储存的弹性能被认为是造成径向压缩木材形状记忆效应的主要原因。如果施加非常大的力，这些区域也会发生塑性变形。然而，由于致密化木材几乎可以完全从压缩状态恢复，这表明在致密化过程中不会发生这种塑性变形。若在径向压缩形变过程中，在水分(100%相对湿度)、高温(140℃)和压缩的耦合作用下，除了纤维素的结晶外，所有的木材聚合物都发生了塑性变形[51]。

尽管控制压缩木材形状记忆的主要机制是螺旋状半结晶微纤丝中储存的弹性，但木质素在潮湿和相对低温条件下的热水塑性行为也可能起作用。此外，3 种主要成分之间存在较强的键合。如果在压缩过程中不改变纤维素、半纤维素和木质素体系的相互连接，则压缩后的木材将是亚稳态的，通过加热和再润湿产生形状记忆。然而，这些键的任何断裂都会使微纤丝独立于木质素而变形，并使内应力松弛，从而影响其形状记忆效应。

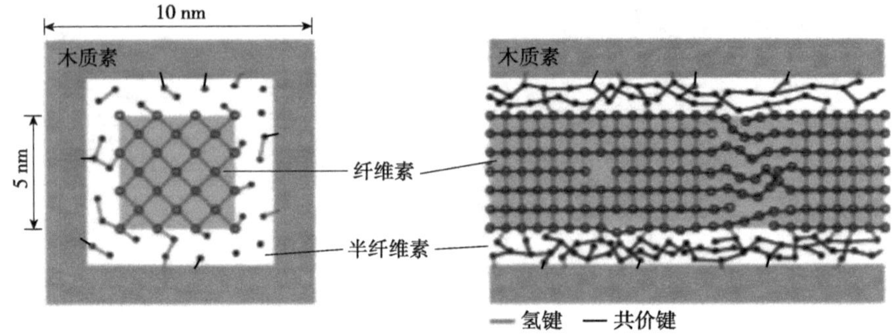

（a）横截面　　（b）纵截面

图 1-9　木材细胞壁的分子模型[51]

Ugolev 等对桦木在温度和水分变化下的记忆效应进行了试验研究。他们认为最显著的变化发生在木质素、半纤维素基质和非晶态纤维素区域。在后续的研究中，通过 FTIR 分析方法表明，负载的桦木干燥主要导致纤维素的非晶态区以及氢键网络的变化[11]。Jakes 提出半纤维素主导木材形状固定机制，木质素主导形状回弹[52]。王小青课题组将半纤维素和木质素完全脱掉后冷冻干燥发现，木材变成了具有完全压缩回弹功能的类海绵材料[53]。

径向压缩木材的回弹是木材形状记忆效应的宏观表现，在木材工业中为了避免形变后的木材在水热响应中产生形状记忆，一般通过一些化学交联或物理改性的方法使木材失去形状记忆效应。其中，热处理是较常见的固定径向压缩形状的方法，所以探究径向压缩木材热处理破坏形状记忆机理对指导压缩木的形变固定工艺具有重要价值，接下来将深入探讨消除木材形状记忆产生形状固定的机理。

第四节　木材失去形状记忆产生固定的协同机理

径向压缩木材热处理改性的方法可以降低木材的形状记忆效应，木材在不适宜的高温条件下发生降解和机械损伤，这些因素均会影响木材的形状记忆效应，使形状回弹率降低。以下 3 种机制可能消除木材的形状记忆效应产生形状固定[54]：①形成基质分子间的交联，防止微纤丝的相对位移；②微纤丝和基体中应力的松弛；③将亲水性细胞壁成分(特别是半纤维素)从水分中分离出来以防止其再软化。目前，在THM耦合作用下木材产生形状固定机理主要有细胞壁微形态变形理论、纤维素应力松弛理论和疏水化理论等。而所有的固定机理几乎均与木材中纤维素、半纤维素和木质素的变化相关。

一、细胞壁微形态变形理论

细胞壁微形态变形是产生径向形状记忆的重要因素。Guo等对径向压缩木进行高温处理发现，处理过程中的压缩导致细胞壁变形并产生气孔和裂纹，这种孔隙和小裂纹有利于水蒸气的渗透，导致半纤维素、木质素和非晶态纤维素的降解率提高，以及纤维中相对晶态纤维素的含量提高[55]。Miyoshi等研究了径向压缩木材细胞的湿胀行为，用细胞的变形与细胞湿胀的关系来解释径向压缩形状固定的机理。其研究发现压缩木材径向湿胀后形变的回弹是未压缩木材的4倍多，认为这是由于细胞腔的形变导致的。而由于泊松效应压缩木材弦向的湿胀小于未压缩木材。径向压缩木材的细胞有4种形态，其中S形态的细胞湿胀后变形最小[56]。Obataya等研究了压缩木材的形变回弹，认为压缩木材在水中出现形变回弹的现象主要是由于细胞壁微形态变化，包括细胞腔的可逆变形和细胞壁的湿胀。径向压缩木材的形变回弹基于细胞腔的可逆变形。他们观察到湿环境中压缩木材在二甲基亚砜中回弹后的尺寸明显大于压缩木材在水中的回弹尺寸，但是干环境下没有出现这种回弹。他们分析认为出现这一矛盾是由于细胞腔发生了显著的可逆形变。由于压缩木材的细胞壁经过压缩后出现破坏，导致压缩细胞随着细胞壁的湿胀发生了湿胀[45]。Chen等认为可以修复压缩过程中细胞壁中微纤丝间的微裂痕，在修复过程中，储存在微纤丝中的弹性能得到释放，重组的纤维使木材的形状得到完美的固定。他们也认为压缩木滑移修复理论可以很好地解释形变回弹和形变固定机理[57]。

细胞壁微形态变形包括细胞壁产生微孔隙与微裂纹加速化学成分变化，压缩后细胞壁与细胞腔的形变直接导致回弹和形状记忆的产生，热处理对细胞壁中微裂痕的修复使储存在微纤丝中的弹性释放可以引起压缩木材的完美固定。

二、纤维素应力松弛理论

储存在非晶态和半晶态纤维素以及微纤丝中的弹性应变的释放是压缩木材回弹的主要原因[58]。Navi等报道了THM耦合作用过程中发生的半纤维素水解对木材构件内应力的松弛起到了重要作用[51]。Inoue等认为半纤维素的热降解为微纤丝的重新排列和内应力的释放提供了额外的孔隙[59]。Chen等同样认为当木材被压缩时，应力储存在纤维素微纤丝的弹性结构中。这种应力会驱动木材形变回弹，除非结晶纤维素被严重解聚。然而，随着热的作用，该纤维素微纤丝的弹性结构重组，储存的应力消失，这些重组的微纤丝弹性结构可以固定压缩后的形状，恢复反拉伸形状[57]。Li等研究发现天然木材压缩后进行高温热处理后，木材内部的化学成分在高温下降解，压缩后材料的弹性降低使残余应力减少，所以高温热处理后压缩木的吸水膨胀力和吸水回弹性降低实现压缩变定[60]。

三、疏水化理论

很多研究认为径向压缩木材固定是因为疏水结构的形成，羟基和羰基等吸湿部位减少所致。吸湿性的降低阻碍了非结晶区的水热软化。因此，由于弹性应力储存在疏水性纤维素中限制了形变回弹。Inoue 等认为疏水结构和非结晶区的应力松弛是径向压缩木材的固定机理[59]。Obataya 等发现乙酰化木材在水中的形变回弹较差，但在丙酮中则完全恢复[61]。在这种情况下，乙酰化木材的有效形变固定是由于疏水作用，即疏水作用减少接近水的机会。如果吸湿性降低可以产生形变固定，那么木材在处理后可以达到完美的形状固定，但是事实上，这种预处理没有完美的形状固定，除非额外在高温机械力作用下处理更长的时间[62]。因此，减少吸湿性作为形变固定的机理仍然存在疑问。Guo 等也发现在高相对湿度下蒸煮并没有降低木材的平衡含水率，而在低相对湿度下蒸煮明显降低了木材的平衡含水率[55]。这同样说明吸湿性的降低不足以解释压缩木材形状的固定。而 Yin 等则认为经热处理的木材细胞壁中，纤维素结构中β-芳基醚和木质素的愈创木基单元发生解聚后发生再凝结反应。该化学反应导致木材细胞壁中羟基和羰基减少，从而减少了木材的吸湿部位。这使得径向压缩木材有更好的形变固定效果[63]。所以，用吸湿性降低来解释径向压缩木材形变固定还存在争议，需要进一步研究。

四、化学成分及分子结构的变化

径向压缩木材热处理引起半纤维素的解聚反应、木质素分解和缩合反应，以及纤维素再结晶，木材主要化学成分的变化都在一定程度上影响了径向压缩木材的形变回弹。

1. 半纤维素热解效应

半纤维素在木材的主要成分中耐热性最差，在高温环境下严重降解，连接基质分子(半纤维素和木质素)的键可能发生断裂和重组。半纤维素的热降解为微纤丝的重新排列和内应力的释放提供了额外的孔隙。半纤维素的降解引起微纤丝内部的交联和细胞壁聚合物之间的交联。半纤维素的降解还降低了木材的吸湿性[64]，削弱了微纤丝和木质素之间的联系[51]。

2. 纤维素形态学变化

Ito 等认为纤维素的形态变化(如结晶度和晶体宽度显著增加)，使径向压缩木材形变固定，而不是非结晶区结构变化(疏水化结构)导致了形变固定，因为当大量的结晶区被解聚和丢失时，压缩后的形状没有恢复，反而处理过程使纤维素的结晶度和晶体宽度显著增加[65]。Wikberg 等对云杉进行了热改性研究，认为热改性木材中有序碳水化合物降解较少，即半纤维素和非晶态纤维素等无序碳水化合物降解较多，导致纤维素结晶度增加[68]。

Guo 等采用小角度 X 射线散射和广角 X 射线散射研究了湿热处理条件下纤维素晶体尺

寸、长宽比、纤维直径分布、非晶态组分、各微纤丝中链数、孔隙分形维数和大小的变化。结果表明，处理后的结晶度增加，但没有显示随着处理条件的变化而发生变化，即几乎不受更高的温度或压缩率的影响。纤维素微晶直径随处理温度的升高而增大。他们认为，由于相邻纤维素链向更高的晶体完美性的重新排列，导致结晶度增加。同样的效应使得有序晶体的长度更长，因此具有越来越大的横截面尺寸[66]。

Yin 等同样认为经过蒸汽处理的木材细胞壁中，由于纤维素在半晶区发生结晶使得相对结晶度和晶体尺寸大幅度增加，但在结晶区纤维素分子链不受蒸汽处理的影响[63]。Chen 等通过观察径向压缩木材在伸长后压缩应变和反向拉伸应变的形变回弹，证明径向压缩木材细胞壁弹性结构(纤维素重组)的重组。其研究发现纤维素结晶指数及晶体宽度随着处理时间的延长而增加，这与径向压缩木材回弹指标和处理时间的关系相吻合[57]。他们认为疏水结构及木质素交联作为径向压缩木材形变固定的机理值得怀疑。

纤维素形态变化可归因于两个主要因素[67]：①在蒸煮过程中，纤维素在细胞壁层区和胞间层区部分降解。蒸煮使经蒸汽处理的木材和经蒸煮处理的木材的半纤维素发生高度降解，释放出乙酸和甲酸，低 pH 值和高温有利于多糖的酸性水解。解聚反应发生在无定形区域，通过 β-(1,4) 打破纤维素和半纤维素糖类单位之间的连接。②纤维素纤维调整，微纤丝螺旋在处理过程中可垂直于轴向变形。

3. 木质素交联

细胞壁的刚性可能既来自纤维中纤维素的黏度，也来自基质中木质素的交联，强度的变化主要是由于处理后木材聚合物之间相互作用的变化，细胞壁弹性结构重组理论(木质素交联)很好地解释了 THM 耦合作用木材的固定机理。Wikberg 等发现热处理能够重新排列微纤丝内部的交联和细胞壁聚合物之间的交联，热改性木材甲氧基含量也有所下降，导致木质素结构更加致密[68]。Guo 等在细胞结构水平上研究了压缩热处理对云杉木材的影响，研究中发现蒸汽处理后木质素中与芳香族骨架有关的碳氧基团丢失和木聚糖降解。木聚糖葡萄糖醛酸单元 O—C—OH 基团中 C—O 产生降解，葡萄糖甘露聚糖分解，木质素中与芳香骨架有关的碳氧基团损失[55]。Yin 等认为蒸煮处理木材期间，木质素中的芳香单元之间形成了交联[63]。

综上所述，细胞壁微形态变形理论，纤维素应力松弛理论和疏水化理论等作为解释径向压缩木材形变固定的机理尚存在分歧，因此，深入剖析 THM 耦合作用改性木材的固定机理仍任重道远。THM 耦合作用使半纤维素首先降解，为纤维素与木质素的变化提供有利的先决条件。其后 THM 耦合作用使微纤丝结晶度提高，纤维素晶体排列更加完美，主要影响的是微纤丝及其周围半纤维素和木质素的非结晶区。THM 耦合作用使细胞壁弹性结构重组(木质素交联)。

第五节　木材形状记忆效应的研究意义

根据第九次全国森林资源清查，我国人工林规模依然位居世界首位，人工林面积接近

8000 万 hm^2。人工林生长速度快导致木材结构疏松、材质较差、力学强度较低、不耐磨、尺寸稳定性较差，人工林的各种材性缺陷导致其工业化利用受到较大限制。木材经过压缩处理可以有效地将轻型和软针叶林木材转化为更致密、力学强度更高的材料。但是，木材密实化的最大问题是形变回弹[69]。

木材是一种天然的多功能材料，具有许多独特的性能，包括形状记忆效应等智能材料的主要特点。压缩木的压缩效果并不是永久性的，当内部应力释放时，被压缩的材料恢复到原来的形状。如果由于细胞壁受损而不能完全恢复，这种现象称为回弹。若完全恢复到原来的形状(加热可促进恢复过程)，称为形状记忆[70]。通过天然木材或者脱木质素木材经过 THM 耦合作用使木材细胞壁在径向(R)或弦向(T)进行密实化热处理可以有效消除木材形状记忆效应。那么，决定木材形状记忆效应的机理是什么？THM 耦合作用为什么可以消除木材的形状记忆效应而产生压缩变定呢？近年来，许多学者致力于研究压缩木材的形变固定和回弹问题。而对于压缩木材形状固定和回弹机理尚未得到一致观点，仍需进一步深入探索。

鉴于此，本书探索脱木质素的木材和 THM 改性的木材失去压缩形状记忆效应的过程中，首先研究负责控制木材在水热响应下形状固定和恢复的开关单元以及决定木材永久形状的化学或物理交联的网络节点，然后探索压缩木材在热处理过程中通过改变木材化学结构的网络节点使木材失去形状记忆效应的机理，接着分析木质素对维持木材原始形状及水热形状记忆的影响，验证氢键在形状记忆过程中开关的作用，最后总结出影响木材形状记忆效应的理论模型。

本书提出研究天然木材、THM 改性材和脱木质素木材形状记忆机理，探索使天然木材失去形状记忆效应而产生变定的原因，对于开发仿生形状记忆型智能材料和基于木材天然基质模板的智能材料具有重要的理论意义，对具有丰富资源的劣质速生木材的高附加值和高性能利用有重要的现实意义，对缓解国内优质木材供需矛盾具有重要战略意义。

第二章 木材径向压缩形状记忆效应的水热响应机制研究

第一节 引 言

形状记忆材料(SMMs)具有发生大变形后在刺激作用下恢复原状的能力。形状记忆材料包括形状记忆合金(SMAs)、形状记忆聚合物(SMPs)、形状记忆陶瓷(SMCs)和形状记忆混合材料(SMHs)。SMPs与其他材料相比具有许多优点，包括高应变、低成本、生物降解和相容性等。SMPs具有多种响应方式，包括热响应、水响应、磁响应、电响应和光响应等[71-74]。SMPs广泛应用于智能纺织品和服装、智能医疗设备和航天器自展开结构等领域[75-78]。随着研究的不断深入，具有成本低廉、生物可降解性、自愈性等特性的水响应形状记忆材料将受到越来越多的青睐。

与合成形状记忆材料类似，许多天然生物聚合物也能够对环境刺激进行智能适应和反应。木材通过长时间的自然进化和选择，通过生物控制的自组装来合成具有显著特性的能力，这成为高性能合成材料开发灵感的重要来源[79-81]。大自然创造了木材，使木材具有应对环境变化的能力。例如，木材具有吸湿的特性，可以作为空气湿度传感器，使木制建筑或木制用品通过吸湿和解吸来改变空气的湿度，调节居室的舒适性。未处理材具有形状记忆效应，压缩木材在重新湿润和加热时几乎完全恢复其原始形状[12]。未处理材压缩后作为材料连接件，吸湿膨胀后可以将连接处收紧[13]。通过热机械加工生产的各种木材产品，如弯曲木材、模压实木和压缩木材，都受到这种形状记忆效应的影响。

SMPs中的形状记忆效应与大分子结构和化学成分的变化密切相关。Hu等认为SMPs均可以被简化成具有节点和开关部分的结构[50]。在该结构模型中，SMPs由开关单元和网络节点组成。网络节点是化学或物理交联组成的点，决定了材料的永久形状，具有大分子互穿网络或超分子互锁结构。SMPs中形变回弹的驱动力是聚合物网络的熵弹力。在外部刺激下开关单元负责控制预先确定的形状固定和恢复。到目前为止，非晶态、晶态和液晶、超分子实体、光致可逆网络和纤维素晶须网络都是SMPs的开关部分[3]。

木材微观结构和化学组成决定了木材的形状记忆效应[82]。木材是具有多层级结构、多数量级尺度的天然高分子聚合物。木材细胞壁中纤维素链通过氢键和范德华力相互作用，形成分子链排列整齐的结晶区和排列无序的非结晶区交替结构的纤维素[83]。半纤维素一方面选择性地通过氢键与纤维素分子链连接后覆盖在微纤丝束上，另一方面以共价键与木质素大分子相互作用，保持木材细胞壁主要成分之间的一致性[84]。木材细胞壁中的高分子聚合物将高度结晶的纤维素基本纤丝黏合在一起组成具有三维交联网络结构的天然纳米复合材料。木材中纤维素、半纤维素和木质素组成的三维交联网络结构决定了木材的永久形状。半纤维素的高亲水和渗水特性使其在木材细胞壁中起到弹性作用[85]。木质素作为细胞壁结构稳定的黏结剂，为木材原始形状结构的稳定性提供硬度，为水热响应中的临时形状提供形状恢复力，在木材形状记忆中具有重要的作用[86]。木材细胞壁中的天然高分子聚合物(纤维素的无定形区、非晶态的半纤维素、三维网络结构的聚酚类木质素)约占主要成分的75%，非结晶聚合物的吸湿性和温度依赖性决定了木材的形状记忆效应与湿度和温度息息相关。

本书通过研究未处理材的水热响应形状记忆效应，构建木材形状记忆效应的结构模型，一方面为实现木材工业变形后消除形状记忆效应产生永久固定提供方案，另一方面为研究仿生形状记忆材料的研究提供理论依据。

第二节　试验材料与方法

一、试验材料

本试验选用的试样为30年生人工林北京杨(*Populus × beijingensis* W. Y. Hsu)。原木伐倒后在胸径处截取纵向为200 mm厚的圆盘，在圆盘的中心截取厚度为30 mm的径切板，在径切板边材部分截取尺寸为30 mm(纵向)×30 mm(径向)×30 mm(弦向)的立方木块，平均气干密度为395 kg/m^3。选取生长轮平直，无节疤、无应力木、无假年轮等缺陷的边材试样，如图2-1所示。

二、木材形状记忆效应的表征方法

1. 木材形状记忆效应的编程过程

图2-2为木材的压缩形状记忆编程过程，对未处理材循环进行湿热-干燥-机械力的作用，用来评价木材的水热响应形状记忆性能。

木材的压缩形状记忆总过程分为以下4个步骤：

①软化处理(t_0~t_1)，将木材置于103℃的恒温干燥箱中干燥至绝干状态，测木材的绝干重量(W_D)及径向尺寸(L_{D0})。将干燥试样放置在去离子水中浸泡至试样饱水状态，测木材的湿态重量(W_W)及径向尺寸(L_{W0})，此时为木材的原始形状(Ori.)。

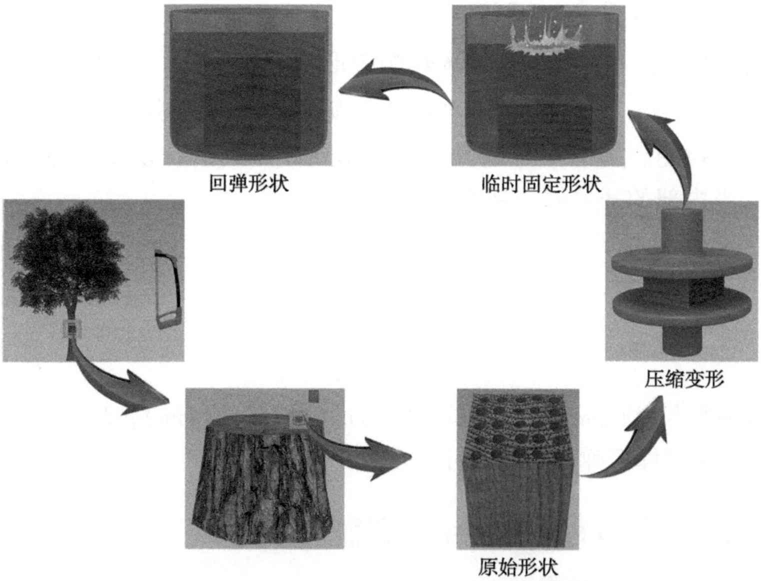

图 2-1　木材试样加工及形状记忆过程示意图

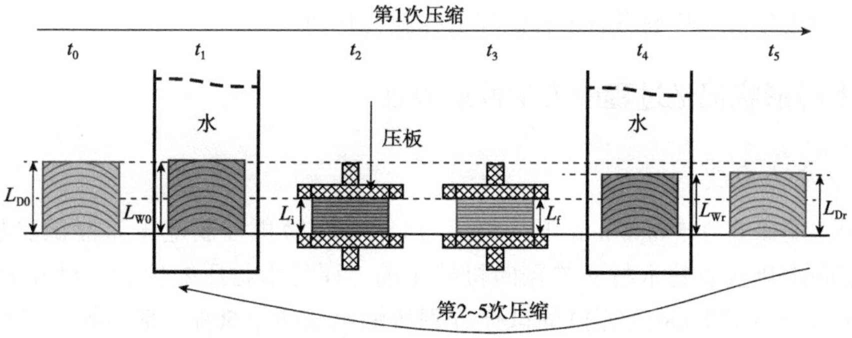

图 2-2　木材径向压缩水热响应形状记忆效应循环变形演示图

②压缩处理(t_2)，软化木材在机械力的作用下原始尺寸(L_0)被压缩到一定的临时形状尺寸(L_i)，其中 L_i 处于塑性压缩区域。试样的压缩率[(L_0-L_i)/L_0]为 50%。

③干燥固定(t_3)，压缩到 L_i 的试样 150℃干燥处理 30 min 后固定临时形状，当释放机械外力后，具有临时形状的试样径向尺寸为 L_f，这种状态被称为临时固定形状(Def.)。

④形状回弹(t_4~t_5)，将试样置于不同水热响应温度(25℃、60℃、95℃、125℃)的环境中，水热响应 60 min，用来恢复试样原始厚度，此时状态被称为回弹形状(Rec.)，干态长度与湿态长度分别用 L_{Dr}和 L_{Wr}来表示。试样再次重复 t_0 ~ t_5 形状记忆的压缩循环过程至少 10 次，以评价木质材料循环压缩形状记忆效应。

2. 木材形状记忆效应表征方法

本书用 R_r 和 R_f 评价木材径向压缩水热响应形状记忆效应，分别为形状回弹率与形状固定率，公式见式(2-1)、式(2-2)，水热是触发形状回弹的响应因素，公式中各尺寸是在相同含水率时测得的。其中，R_r 越大意味着木质纤维的形状恢复能力越强，而 R_f 值越大则表示木质纤维内部的开关越容易打开。

$$R_r=\frac{(L_r-L_f)}{(L_0-L_f)} \tag{2-1}$$

$$R_f=\frac{(L_0-L_f)}{(L_0-L_i)} \tag{2-2}$$

式中，L_0是试样原始尺寸(mm)；L_i 是试样临时形状的尺寸(mm)；L_f 是试样临时固定形状的尺寸(mm)；L_r 是试样回弹形状的尺寸(mm)。

三、木材形状记忆过程中微观结构表征

在 15 kV 加速电压下，利用 PhenomPro Netherland 场发射扫描电子显微镜(进口)对水热响应下木材形状回弹后横截面的变形试样拍照观测后进行形貌分析。选用 ASAP 2460 型全自动比表面积与孔隙度分析仪(进口)测试水热响应下木材试样比表面积与孔径分布，通过氮吸附脱附法分析水热响应后木材试样的孔隙变化情况。

四、木材形状记忆过程中力学性质表征

1. 压缩应力应变

在恒定应变速率 0.5 mm/min 下，利用 DAX-208 微机控制电子万能试验机(国产)，对干态和不同水热状态的木材实施径向机械压缩，评价木材压缩性能。尺寸为20 mm(纵向)×30 mm(径向)×20 mm(弦向)的试样分别压缩至 33%、50%、60%的应变后，试样以 0.1/s 的应变速率卸载。卸载后的形状恢复过程使用 VW-9000 高速摄像机进行实时数据记录，为确保数据具有良好的重现性，数据为 6 次重复试验的平均值。

2. 吸水形状回弹内应力

对具有临时形状的压缩木材进行水热响应下回弹内应力的测试，试验设备由高灵敏压力传感器(量程 0~500 N，精度 0.01 N)与数据实时采集监测系统组成，测试试样尺寸为 20 mm(纵向)×15 mm(径向)×20 mm(弦向)(其中径向为压缩 50%后的尺寸)。校准应力传感器后，将固定试样的载样台置于不同水热容器中，具有压缩后临时形状的试样遇到不同水热环境后形状开始回弹，以 100 ms 采样频率采集试样在水热响应中的回弹应力。为确保数据具有良好的重现性，数据为 6 次重复试验的平均值。

3. 动态热机械性能

为测试木材的动态热机械性能，使用型号为 TA Q800 的动态热机械分析仪(进口)，

通过动态力学分析监测木材试样在干燥过程中的动态力学性能随时间的变化。该设备分辨率为 0.00001 N，应变分辨率为 1 nm，模数范围为 $1\times10^{3}\sim3\times10^{12}$ Pa，频率范围为 0.01～200 Hz，动态热机械性能测试温度－150～600℃，加热速度为 0.1～20℃/min。本试验在弯曲模式下进行，测试试样尺寸为 50 mm(纵向)×15 mm(径向)×35 mm(弦向)。测试条件如下：①将含水率为 32.2%的试样在温度为 30℃的条件下测试 150 min；②将含水率为 13.5%的试样在温度为 30～120℃的条件下测试。

五、木材形状记忆过程中化学成分表征

用 Perkin Elmer 65(进口)测量了水热响应回弹后试样的 FTIR，将试样制成粉末状，采用 FTIR 测试，测试分辨率为 1 cm^{-1}，红外扫描范围为 600～4000 cm^{-1}，在中红外区扫描 32 次，用以对—C ═O，—OH 等游离基团的浓度进行分析。

用型号为 Thermo Scientific EscaLab 250Xi 的 X 射线衍射仪(进口)表征木材试样在形状记忆过程中结晶度的变化情况，在铜钾 α 射线(λ=0.154 nm)下以 4°/min 的速度扫描，试验中扫描范围为 5°～40°，辐射管电压和电流参数分别为 40 kV 和 300 mA。为确保数据具有良好的重现性，数据为 2 次重复试验的平均值。

第三节　结果与讨论

一、木材水热响应形状记忆效应

图 2-3 为木材试样径向压缩前原始形状、湿热、机械力变形后干燥的临时固定形状和水热响应回弹形状。图 2-3 中可见，湿热-机械力施加径向压缩的形状在干燥后得到很大程度的固定。相比之下，压缩后的径向变形，在水热响应后几乎完全恢复了原始形状(即木材先天形成的形状)。

(a) 径向压缩前原始形状　(b) 临时固定形状　(c) 水热响应回弹形状

图 2-3　木材试样形状变化图片

水热响应下木材试样的 R_f 和 R_r 分别显示在图 2-4 和图 2-5 中，如果试样是完全形状恢复和形状固定，R_r 和 R_f 都应该是 1，如果 R_r 和 R_f 是 0 则表示试样形状不恢复和不固定。在本试验的形状记忆过程中，木材试样在水热响应下的 R_f 没有太大的差异，其值均

高于0.98。而且从图2-4可以观察出，经过10次的形状记忆循环过程，其 R_f 的值均很高，说明木材干燥处理后可以很好地固定其临时形状。木材具有良好的亲水性(水分子渗透)和固定性(去除水分子)，这与木质纤维素的羟基有关[87]。木质材料中的纤维素含量占到50%以上，在形状固定过程中起到重要的作用[88]。Wang等研究同样认为，形状记忆材料的 R_f 随着纤维素含量的增加而提高，纤维素可以提高形状记忆聚合物的形状固形能力[19]。

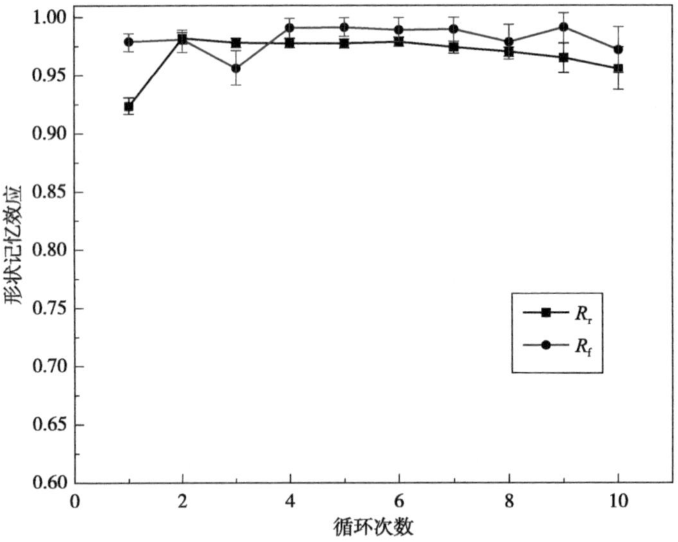

图2-4　木材循环形状记忆效应的形状回弹率与形状固定率

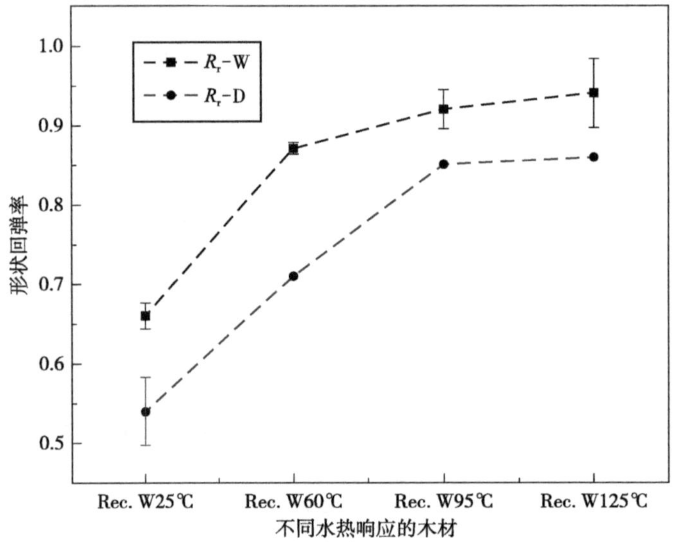

图2-5　木材径向压缩形状在水热响应下湿态(R_r-W)与干态(R_r-D)形状回弹率对比

与 R_f 不同，木材试样 R_r 在水热响应及循环水热过程中存在显著差异。如图 2-5 所示，所有试样在水热耦合作用下均存在不同程度的回弹，形状回弹的程度随着温度的增加而增加，当温度达到 95℃时，试样接近形状完全回弹，形状回弹率达到 0.92，125℃水热响应中试样的 R_r 高达 0.94。由于纤维素在水中的润胀作用，湿态的 R_r 要大于干态的 R_r。在水分存在的情况下，温度对压缩木材形状的回弹影响更大。因为当水分通过孔隙进入到木材细胞壁内部，增大了木材细胞壁中纤维素分子链基本单元之间的距离，导致纤维素分子链基本单元间的内聚力减小，基本单元活动更自由，分子链段运动变得更加活跃。同时，温度升高，木材基团的势能增大，分子链段的运动速率也随之增加，所以水热耦合作用后临时形状可以快速恢复到其原始形状。

如图 2-4 所示，经过 10 个循环的变形，水热响应仍然可以显著激活压缩固定后的临时形状，形状回弹率均高于 0.90。在形状记忆循环过程中，第 2 循环周期的 R_r 高于第 1 循环周期，且后面的 8 次循环内的 R_r 均高于第 1 循环周期，达到 0.97 以上，这一现象在多种天然形状记忆材料及形状记忆聚合物的研究中均有报道[89-90]。第 1 循环周期的形状恢复能力小于后面周期的原因解释如下[14-15]：在第 1 个循环周期中，为了形成更有利的弹性网络，可能破坏一些薄弱的结构网点，如图 2-6 所示，回弹形状中部分细胞壁的破损。在去除应力后，材料形变的松弛是不完全的，导致不可逆应变。同时，消除这些薄弱的物理交联点可以赋予材料良好的机械自适应能力。因此，在相同压缩率下的后续压缩回弹周期都伴随着几乎可逆的形状恢复(98%以上)。

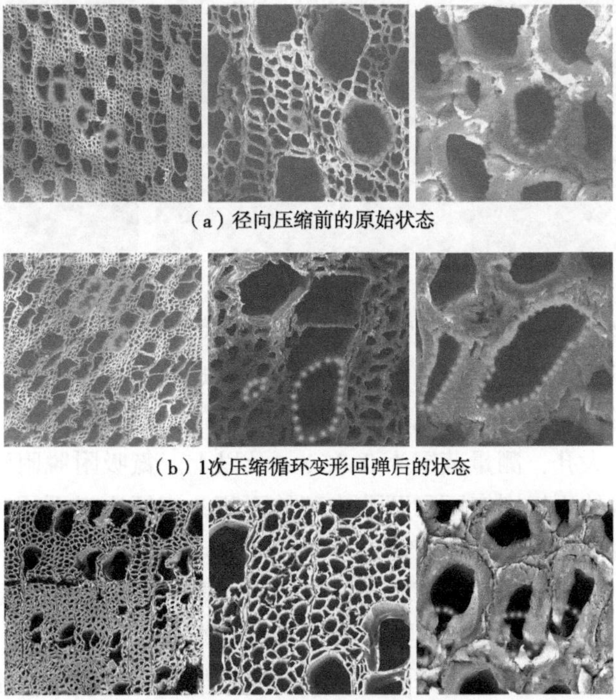

（a）径向压缩前的原始状态

（b）1次压缩循环变形回弹后的状态

（c）5次压缩循环变形回弹后的状态

图 2-6　木材回弹形状过程中部分细胞壁的破损

综上所述，木材具有水热响应的压缩形状记忆效应，干燥过程可以很好地固定形状，水热耦合作用下有效提升木材的形状回弹效应，经过循环变形恢复过程后，不会出现退化现象，表明形状记忆效应在生物聚合物中具有较高的稳定性[91]。

二、木材形状记忆过程微观结构的变化

木材试样在温度-湿度-机械力作用下的形状记忆过程中，细胞壁微观结构发生相应变化。从图 2-7 中可以观察到，木材在水热响应的形状记忆过程中，大孔只在形状上发生了变化，原始形状时大孔的形状近似“O”形，临时固定形状时变为狭长矩形，形状回弹后大孔的形状转变成椭圆形。形状上的变化不会改变形状记忆过程中比表面积、总孔体积的变化，只是影响了孔径的变化，这一结论与研究压缩过程中大孔形状的变化相一致[92]。

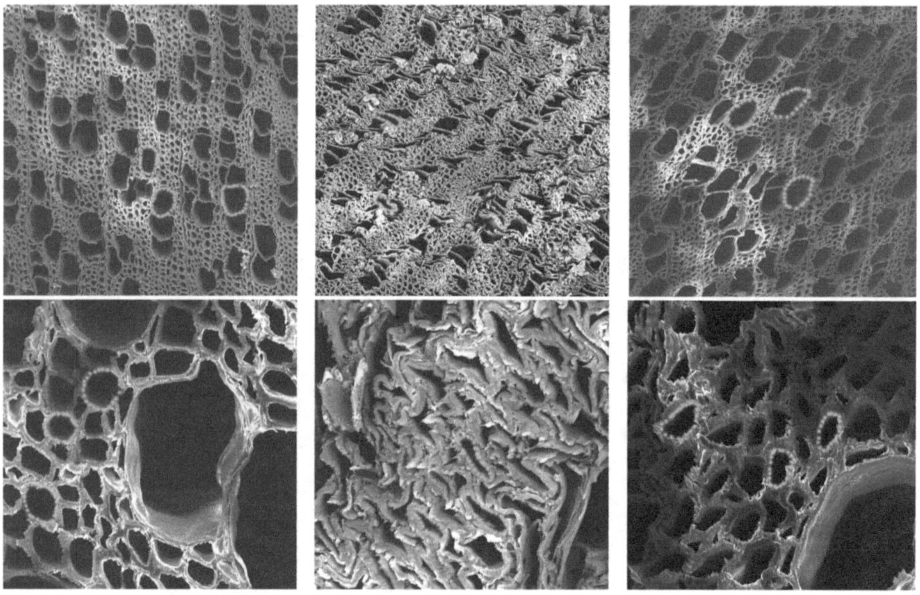

(a) Ori.　　(b) Def.　　(c) Rec.

图 2-7　木材在形状记忆过程中横切面细胞腔形状变化 SEM 图像

气体吸附法可以用来探究木材细胞壁中介孔在水热响应过程中的变化。木材细胞壁中多为孔径小于 2 nm 的微孔、2~50 nm 的介孔和大于 50 nm 的大孔[94]。气体吸附法可以测量微孔、介孔和部分大孔，测量范围为 0.35 nm 及以上。氮吸附脱附法测试不改变材料的原始特性，测量材料的不规则表面和开孔内部的面积，表征比表面积和孔径分布等材料的微观结构。氮吸附脱附法对于(0.5~50 nm)的孔径测定更为精准。木材细胞壁中微毛细管系统的孔径平均为 1~10 nm，因此可以通过氮吸附脱附法分析木材在温度-湿度-机械力作用下形状记忆过程中木材微毛细管系统孔隙的变化情况。

基于纤维角质化理化，水分对木材细胞壁孔隙结构的影响巨大，木材在水的作用下直径为 2~10 nm 的孔隙显著增加。但是，干燥处理后细胞壁中的这部分 2~10 nm 的介孔会闭合，这是因为干燥处理过程产生巨大的毛细管张力，在毛细管力的作用下介孔的孔壁由

于形成新的氢键网络而产生闭合现象[93]。所以，木材在干燥处理后细胞壁因为介孔的变化使比表面积减少和孔径分布变宽。经过水的作用后，干燥时闭合的介孔再次打开，使相应细胞壁的比表面积增加，孔径分布变窄[56]。木材中不随着干燥、湿润状态改变而变化的孔隙为不可逆孔隙，干燥后消失而湿润时出现的孔隙为可逆孔隙。在水热耦合作用下，微纤丝软化并产生取向运动，增大了微纤丝间的孔隙产生更多孔径为 2～10 nm 的纳米孔隙。这些孔隙在干燥后并没有消失，这一过程也使得干燥后氢键网络在体积上有所增加。

图 2-8 为木材在不同水热响应下氮吸附脱附曲线。根据国际纯粹与应用化学联合会(IUPAC)中关于吸附脱附等温线的分类可知，木材在水热响应过程中氮吸附脱附等温线属于Ⅲ型等温线。在吸附质压力与饱和蒸气压的比值 p/p_0 小于 0.9 时，木材水热响应的多个过程中氮吸附量均呈现线性增加的趋势，当 p/p_0 在 0.9～1.0 时产生跳跃式上升的趋势。图 2-8 氮吸附脱附等温线的变化，充分说明木材形状记忆的过程中，原始形状(Ori.)、临时固定形状(Def.)和水热响应回弹形状(Rec.)的内部存在很多大小不一的复合孔。氮吸附脱附等温线回滞环指吸附量随平衡压力增加时测得的吸附分支和压力减小时所测得的脱附分支，在一定的相对压力范围不重合，分离形成环状。滞后环多见于Ⅳ型吸附等温线，根据最新的 IUPAC 的分类，共有六种滞后环类型。木材的滞后环均属于 H_3 型迟滞回线，水热响应过程中的原始形状、临时固定形状和水热响应回弹形状滞后环一致，说明在形状记忆的过程中木材细胞壁内部多为狭缝型孔隙。图 2-8 中显示 Rec. W125℃的吸附量最大，说明 125℃水热响应形状发生回弹后，径向压缩的大孔得以恢复，而且水热作用下木材内部产生较多的微孔。所以，径向压缩试样在水热响应中大孔恢复和微孔增加的过程促进了木材压缩变形后对原始形状的记忆。

表 2-1 为试样在原始形状、临时固定形状、不同水热响应回弹形状中比表面积、总孔

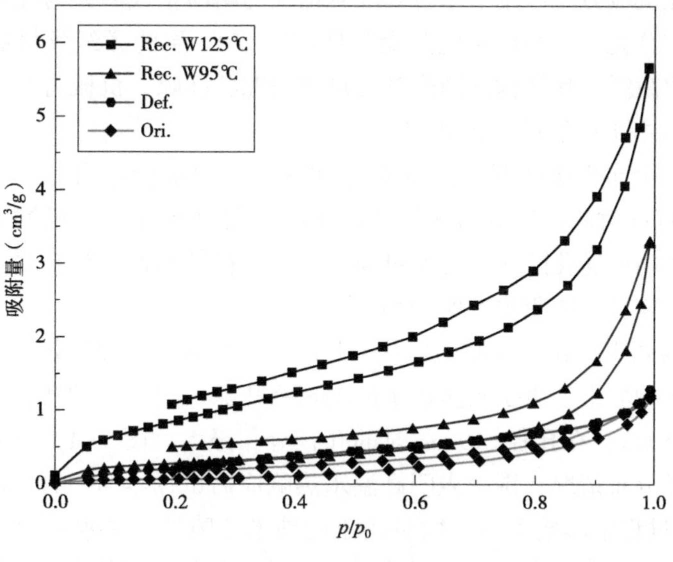

图 2-8　木材在不同水热响应下氮吸附脱附曲线

体积、平均孔直径的变化情况。水热响应后试样的比表面积与原始形状相比出现非常大的提高，且随着水热温度的提高而增大。其中95℃水热响应和125℃水热响应条件下，试样原始形状的比表面积由0.11 m^2/g分别增加到1.12 m^2/g和1.25 m^2/g。相对于形状变化前后比表面积的变化，试样总孔体积的变化也较为明显，固定形状的总孔体积与原始形状相比减少了8.33%。其中95℃水热响应和125℃水热响应条件下，试样形状恢复总孔体积与原始形状相比分别增加46%和61%。

表2-1　木材原始形状、临时固定形状、水热响应回弹形状的比表面积、总孔体积和平均孔径一览

试样编号	比表面积 (m^2/g)	总孔体积 (cm^3/g)	平均孔径 (nm)
Ori.	0.11	0.0013	49.80
Def.	0.16	0.0012	29.63
Rec. W25℃	0.21	0.0017	33.65
Rec. W60℃	1.11	0.0018	6.66
Rec. W95℃	1.12	0.0019	6.82
Rec. W125℃	1.25	0.0021	6.83

表中可以观察出有趣的现象，压缩固定形状的比表面积大于原始形状的比表面积。这是因为木材在压缩机械力的作用下产生“机械力孔隙”。机械力孔隙产生的原因有两点：①蒸汽爆破处理使木材细胞壁内部产生较大的表面张力，较高温度的蒸汽使细胞壁中的半纤维素降解，表面张力和高温作用导致细胞壁中的木质素重新分配，故而提高了孔隙度和比表面积[95]。②木材细胞壁中具缘纹孔的纹孔塞在真空作用下发生膨胀后也增加木材的孔隙度。所以，在机械力的作用下木材孔隙度增加与瞬时生成的人为孔隙和原有孔隙增大相关。机械力孔隙首先产生在细胞壁角隅处使细胞壁S_1层的微纤丝松散，随后在细胞壁中扩展，细胞壁中微纤丝状结构逐渐断开后形成裂隙状孔隙，机械力产生的孔隙主要发生在S_1层，或者S_1层和S_2层的交界处[96]。

图2-9的孔径分布再次证明，在温度-湿度-机械力耦合作用下，木材试样获得临时形状，在孔径<40 nm时的孔径分布大于原始形状。在温度-湿度-机械力耦合作用下，木材试样的细胞壁中的可逆孔隙转化为不可逆孔隙，使得其回弹后具有更大的比表面积和较窄的孔隙直径，相应总孔体积也有所增加。

表2-1中平均孔直径在试样原始形状、临时固定形状、回弹形状的变化也同样可以验证木材试样在水热响应中产生了较多数量的纳米级孔隙。图2-9的孔径分布曲线再次证明回弹后(Rec. W125℃)，在孔径<40 nm时的孔径分布最大。图2-10分别为在水热响应中试样回弹后的孔径分布情况，图中表明高温水热响应后试样<4 nm的孔隙增多。试样除了在THM耦合作用过程中形成了一定数量较小的纳米孔隙外，在水热响应中又有更多的纳米孔隙产生。这些纳米孔隙产生的原因基于水热响应中半纤维素分解产生空穴，利于细胞壁的微纤丝软化松动后做取向运动，从而形成更多的纳米孔隙。纳米孔隙的累加作用使得

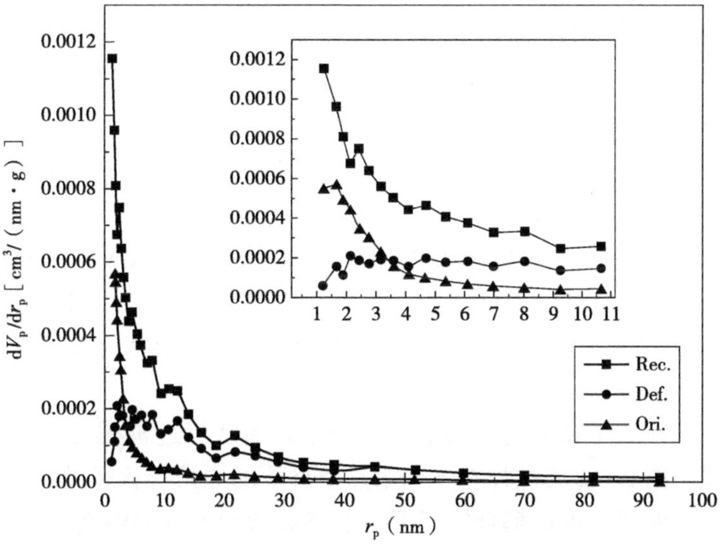

图 2-9　木材原始形状(Ori.)、临时形状(Def.)和回弹形状(Rec.)的孔径(r)分布

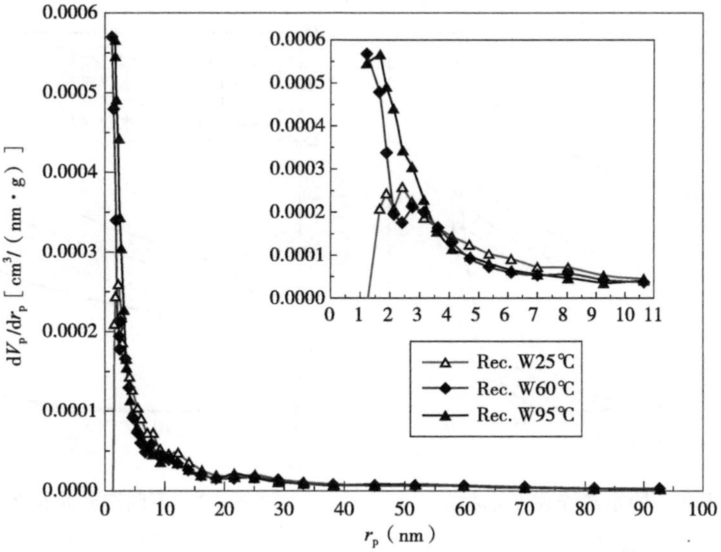

图 2-10　木材水热响应后孔径分布

回弹形状的比表面积与总孔体积均高于原始形状，纳米孔隙的骤增也使回弹形状比表面积的增加幅度远远大于总孔体积的增加量。

综上所述，微观尺度上，木材在水热响应的过程中细胞腔几何形状的变化促使压缩形状记忆的产生。介观尺度上，木材在水热作用下半纤维素降解，微纤丝软化进行取向松动，从而形成大量介孔。这一过程同时释放木材压缩干燥后的冻结应力，驱使压缩形状记忆，下一小节将对此进一步证明。

三、水热响应下径向压缩形状记忆压缩回弹性能分析

1. 水热响应下压缩应力-应变分析

木材径向压缩的应力-应变曲线如图 2-11～图 2-13 所示。多细胞固体物质的压缩行为一般表现为线性弹性期、平台期、致密化期 3 个阶段[97]。由于本试验压缩到一定的比例后压力卸载，整个压缩回弹行为表现为线性弹性阶段、致密化阶段、回弹阶段。压缩回弹循环过程重复进行可以评价木材径向压缩的形状记忆效应。与毛发、蜘蛛丝、丝瓜等天然材料类似，木质材料在一定条件下压缩后能够恢复其原始形状，湿度与温度的作用下加速形状的恢复。

图 2-11 为试样在气干和不同水热条件下的原始形状经过机械力变形和变形回弹的典型应力-应变曲线。图 2-12 为试样在不同水热条件下的原始形状经过机械力变形和变形恢复的典型应力-应变曲线。水热耦合作用下可以有效增加木材的塑性[98]。在相同的压缩应变下，气干状态试样的压缩应力通常明显高于湿态试样。水的作用下，湿态试样的应力与干态应力相比降低了约 50%，并且随着温度增加应力逐渐降低。

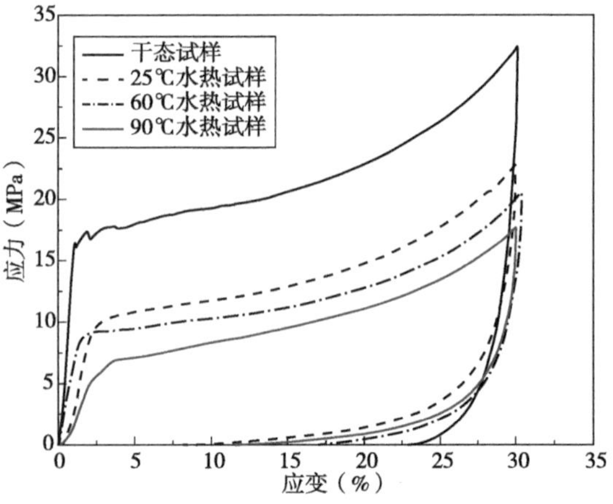

图 2-11　气干和不同水热作用下木材的应力-应变曲线

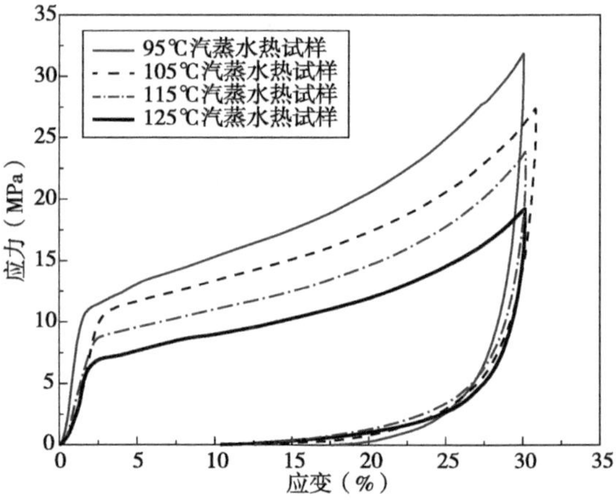

图 2-12　不同汽蒸水热条件下木材的应力-应变曲线

当温度较低时，木质材料中的无定形高聚物（半纤维素/木质素）为玻璃态，当温度增加后，达到一定温度后无定形高聚物由玻璃态转变至高弹态，水的作用可以降低它的玻璃态转化温度，使无定形高聚物变成柔软的弹性体，此时很小的作用力也能使木材形状发生明显变化[99]。图 2-11 中回弹曲线部分表明，干态试样回弹后的不可逆应变量大于湿态试样，且湿态试样随着温度的增加不可逆应变量逐渐减小。这一现象与天然聚合物形状回弹性能具有温度依赖性有关。当木材径向压缩后，纤维素大分子链卷曲，分子间产生内应力[100]。木材中产生形状变形的高分子聚合物在干燥处理后处于玻璃态，例如，卷曲后纤维素大分子链中的链段只发生固定位置的热振动，此时的状态是“冻结”状态。当温度不断

升高时，卷曲后纤维素大分子链的热运动振幅增大，纤维素大分子链上的小尺寸运动单元，如分子链段、链节、侧基、支链等的运动产生次级松弛转变，纤维素大分子链卷曲后产生的内应力得以释放。若压缩后的湿态试样外力消除后，在水热的作用下向原始形状恢复，温度越高运动单元的运动越剧烈，形状恢复得越快[101]。

试样在 5 次压缩加载下的循环应力–应变曲线如图 2–13 所示。在机械力的作用下，木材试样被压缩，当机械力卸载后恢复应变，而未恢复的应变则出现在第 2 次压缩的曲线开始处，该未恢复的应变即为临时不可逆应变。结构损伤被认为是不可逆应变产生的原因，木材中薄弱的结构在压缩机械力作用下产生不可恢复的应变，如微纤丝的裂隙产生细胞壁被破坏，相应结构的力学贡献在很大程度上被削弱，如杆柱弯曲、膜层拉伸、内部气体压力上升等[102]。

但随着变形–恢复周期的进一步增加，并没有明显的组织差异，这与后面循环过程中力学性能良好的稳定性是一致的。第 1 个循环压缩的不可逆应变大于后续加载循环的不可逆应变。试样进行循环径向压缩时，第一个循环压缩的应力–应变曲线在后续的循环中不会重复。这与第一次压缩时试样的微观结构出现局部损伤或断裂有关。试样循环压缩的应力–应变行为与黏弹性的聚合物泡沫和部分生物质材料相类似，金属微晶格材料也具有类似的应力–应变循环压缩曲线[103-104]。第 2 次循环压缩中，峰值应力消失，“斜平台”应力发生变化。随后的循环压缩与第 2 次循环压缩的应力–应变曲线形状几乎相同。各个加载周期的卸载曲线基本一致(包括第 1 次循环压缩)。在 15%～25%的应变范围内，卸载曲线呈线性变化。这说明木材的形状恢复以其组分材料为主，在整个压缩过程中发生了弹性变形。

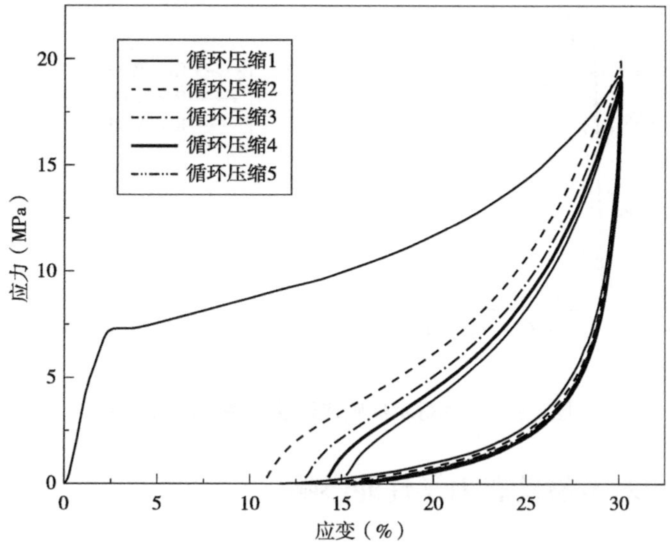

图 2–13　木材循环压缩的应力–应变曲线

2. 水热响应下回弹力分析

木材临时形状在干燥的过程中产生固定，此时木材细胞壁中主要物质压缩变形后的内应力被临时固定。水热响应后纤维素微纤丝软化松动，木材细胞壁中木质素水热响应熵弹力的作用使压缩形状逐渐恢复到原始形状。

图 2-14 是木材在水热响应中形状回弹内应力的变化情况。图 2-14 显示，在水热响应中，具有临时固定形状的径向压缩木材形状回弹内应力均随着水热响应时间的增加逐渐增加，最后趋于水平状态。在水热响应中试样的形状回弹内应力达到平衡状态的时间约为 30 min。径向压缩木材的形状回弹内应力随着水热响应温度的升高而升高。Rec. 25℃、Rec. 60℃和 Rec. 95℃的形状回弹内应力最大值分别为 7654. 3 N、8333. 1 N 和 9193. 4 N，说明水热响应温度的增加促进了形状的回弹。因为木材中的亲水成分吸水后，破坏了压缩干燥固定后临时形成的氢键网络，在以下两个方面促进形状的恢复：一方面，水分子进入纤维素的内部打开纤维素分子链间的氢键，水分子与其形成新的氢键，纤维素产生膨胀效应体积增大，干燥临时“冻结”的形状回弹得以恢复；另一方面，水分子作为有效的润滑剂或增塑剂提高木质素的柔性，使木质素对临时形状的束缚逐渐减弱，促进形状的恢复。图 2-14 可发现，与其他水热响应温度相比，95℃水热响应 40 min 后回弹内应力呈现下降趋势，这是木材实质物质在高温下软化所致。接下来从木材黏弹性的角度解释水热响应对形状记忆的影响。

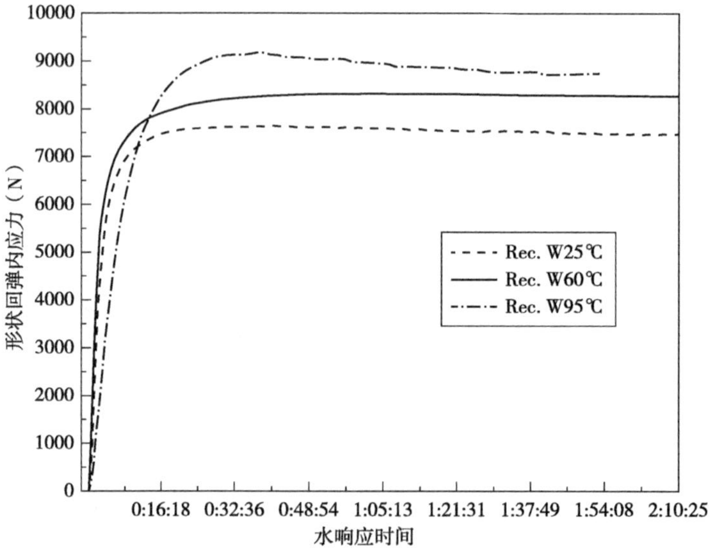

图 2-14　木材水热响应形状回弹内应力曲线

四、水热效应对木材动态力学性能影响

通过木材水分变化过程的动态力学性能(存储模量和损耗模量)可以阐明水在形状记忆过程的效应。图 2-15 展示了储能模量和损耗模量在木材从湿润到气干的150 min内随时间

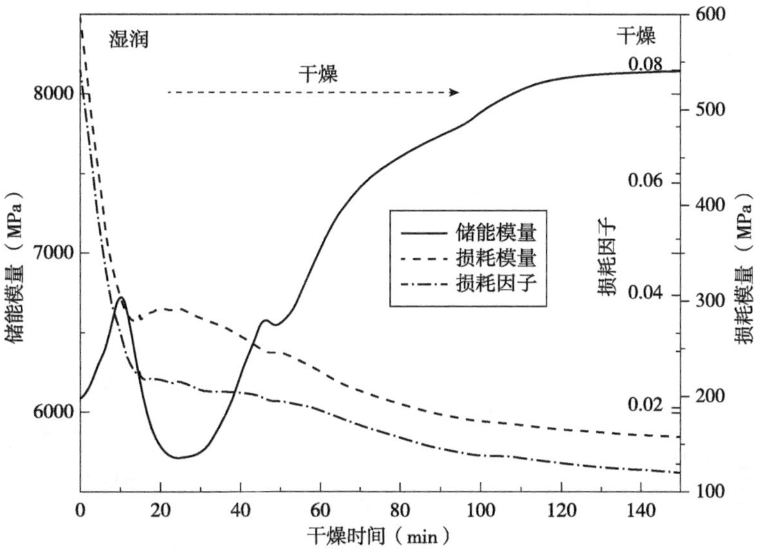

图 2-15　木材储能模量、损耗模量和损耗因子在干燥过程中随时间的变化图

的变化情况。开始测试时，木材试样的含水率为 32.2%，测试结束时含水率降到 14.5%。

如图 2-15 所示，储能模量在 0~10 min 呈现小幅度增加，在 10~25 min 呈现小幅度下降，这是因为在突然的外力下，木材细胞壁内高聚物分子链发生位移、错位和剪切滑移等分子间的运动，分子链运动导致储能模量小幅度增加。随后由于分子间的大位移减少，水在细胞壁中的作用开始显现。木材细胞壁中存在大量容易与水分子结合的游离羟基，这些游离羟基大多存在于木材细胞壁中纤维素非结晶区的分子链之间，或者存在于半纤维素分子链之间。游离羟基是极性基团，易与极性水分子结合，呈现较强的吸湿特性。水分子进入到木材细胞壁中与游离羟基结合的过程增大了纤维素分子链及半纤维素分子链间的距离，宏观上表现为木材软化湿胀后塑性增加。木材中的纤维素和半纤维素被水分子软化后使木材柔性增加，储能模量小幅度减小。25 min 后，木材中的水分逐渐减少，木材主要成分的刚性增强，在外力作用下木材在弹性形变中储存的能量逐渐增加，导致储能模量逐渐增加。

在试样干燥的过程中，损耗模量呈现整体下降的趋势，其比值 $\tan\delta = E''/E'$（损耗因子=损耗模量/储能模量），即损耗因子显著降低 80%以上。损耗模量在 20 min 前下降趋势较大，之后呈现较平缓的下降趋势。这是因为在前 20 min 内，木材中的水分以细胞腔中的自由水蒸发为主，水分蒸发吸收木材中的热量使能耗大量降低，从而损耗模量下降较大。20 min 后随着细胞腔内水分减少较缓慢，损耗模量相对应下降较缓慢。

图 2-16 展示了气干木材温度从 30℃升高 120℃的过程中储能模量和损耗模量的变化情况。木材试样测试时含水率为 13.5%。随着温度的升高，储能模量呈现下降的趋势。这是因为木材分子链中的一些小尺寸单元，如分子链中的主链、侧链、支链或支链上的官能团，这些比较活跃的分子链段随温度逐渐升高而带动大尺寸分子链段的运动。木材分子链段热运动能量增加了木材的柔性，因此木材储能模量降低。损耗模量随着温度的增加出现

先直线降低后缓慢增加的趋势。前期直线降低是由于水分子的作用增大了试样内小分子链热运动的空间，内摩擦阻力减小、黏性能耗降低，从而损耗模量降低。后期缓慢增加因为细胞壁分子链间水分子的减少使分子链聚集，增大了内摩擦阻力，从而黏性能耗增加，损耗模量也相应增加。

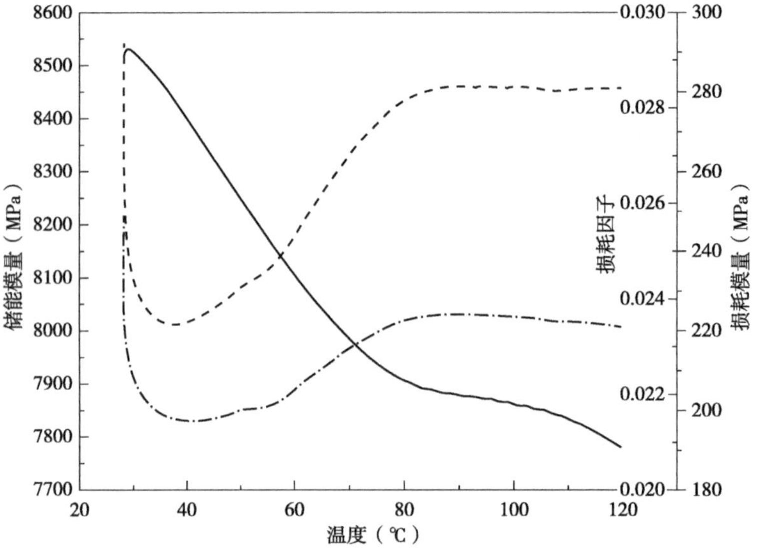

图 2-16　木材的储能模量、损耗模量和损耗因子对温度的变化

综上所述，木材试样在润湿状态到气干状态的干燥过程中可恢复弹性增强，能量耗散降低。但是当温度升高时，木材的储能模量显著降低。木材试样从气干到绝干高温过程中可恢复弹性降低，能量耗散增加，说明当温度升高时，木材的储能模量显著降低。类似木材的生物聚合物对水的刺激反应与对温度的刺激相比模量变化相对较小。此外，木材的多孔结构可以进一步减少木材的模量变化，模量在形状恢复过程中的相对稳定性对生物聚合物即使在润湿状态下也能保持其力学强度至关重要。

五、木材形状记忆过程中网络节点和开关单元的识别

对干态原始形状(Ori. D)、湿态回弹形状(Rec. W)和干态回弹形状(Rec. D)的试样进行 XRD 测试。衍射角 $2\theta=16°$附近出现纤维素(101)的结晶峰，衍射角 $2\theta=23°$是纤维素(002)晶面的结晶峰。从图 2-17 中发现木材在水热回弹后干态(Rec. D)的 XRD 的峰形与原始形状干态(Ori. D)的峰形变化不大。这是因为木材的吸湿过程是物理过程，没有发生化学变化。当木材浸入到水中时，水分子沿着木材中的孔隙快速进入木材内部，吸着在木材的细胞壁中，与纤维素非结晶区的极性游离羟基结合，在这个过程中纤维素结晶区没有与水分子存在相互作用，只是进入到纤维素的非结晶区和结晶区的表面，因此纤维素结晶区的晶格常数没有发生变化。所以，木材与水作用时，纤维素的非结晶区参与吸着，具有非晶结构的半纤维素和木质素中的吸着点均可参与吸着。

从图 2-17 中的虚线可以观察出，与干态原始形状(Ori. D)的 XRD 图谱相比，回弹过程中湿态回弹形状(Rec. W)的 XRD 谱图中衍射角 23°附近的结晶峰减少。水的作用使 XRD 图谱产生了宽阔的衍射肩，尖锐的峰减弱了，产生的变化表明在水响应中木材纤维素微观有序排列遭到破坏。与 Rec. W 的 XRD 图谱对比发现回弹后干态回弹形状(Rec. D)的 XRD 图谱 23°附近的结晶峰再次出现，并且峰强高于原始形状时的峰强。

图 2-18 中水热响应后回弹形状湿态(Rec. w)的 XRD 图谱同样证明结晶衍射峰强度随着水热响应温度的增强而增强，水热处理可以增强纤维素的结晶度。这说明水热响应后，木材晶体成分的含量增加或纤维素微观有序排列的破坏得以恢复。其中，形状恢复后结晶含量高于原始结晶含量可能的原因有两个：①木材在水热过程中半纤维少量降解，增大了纤维素间的接触空间，纤维素在干燥过程中发生纤维聚集现象，半纤维素少量降解后暴露了更多的活性基团，促进了纤维素微纤丝的缔合。②半纤维素少量降解增大了纤维素间的接触空间，使得纤维素再次干燥后微观结晶成分重新排列得更加有序。通过干态原始形状(Ori. D)、湿态回弹形状(Rec. W)和干态回弹形状(Rec. D)中 XRD 衍射峰的变化验证了木材形状记忆效应性能中纤维素、半纤维素与木质素相互作用的交联网络的作用，该交联网络受到温度和水的作用后可以维持木材的原始形状。

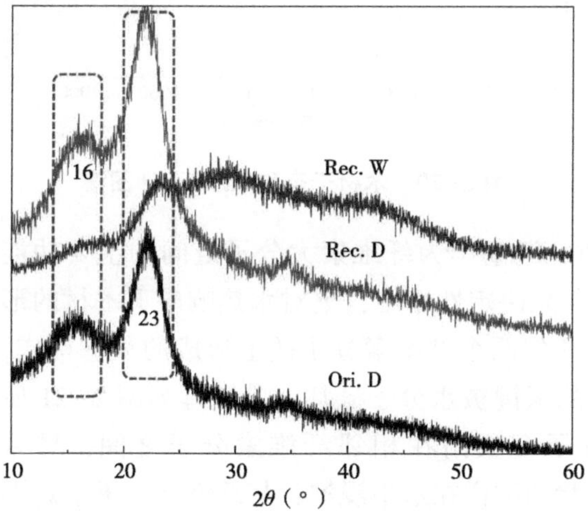

图 2-17　木材不同干态和湿态的 XRD 图谱

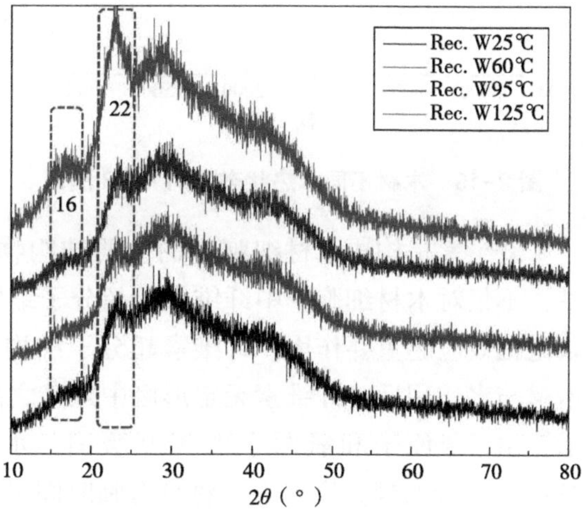

图 2-18　木材不同水热状态下的 XRD 图谱

红外光谱可以表征材料的组成和结构，主要通过选择性吸收某种红外波长作为光频函数，可以定性地表征形状记忆材料结构的变化情况。图 2-19 为水热响应形状记忆过程中不同开关状态的 FTIR 特征图谱，图中 7 条曲线分别代表木材在原始形状(Ori.)、临时固定形状(Fix.)和回弹形状(Rec.)等不同干态、湿态。

对比 Ori. D、Fix. D 和 Rec. D 图谱发现，木材湿态时波数 3373 cm^{-1}处的吸收峰明显增强。FTIR 峰值相对强度可以反映水热响应的形状记忆能力。波数 3373 cm^{-1}处的吸收峰表征自由水的宽吸收带，是羟基的伸缩振动峰，说明半纤维素与纤维素缔合态羟基的伸缩振动。图 2-19 显示，当水分子进入木材试样时，木材与水分子的水合作用下导致木材细胞壁中纤维素大分子间的氢键出现断裂，当水分子离开木材不同状态(原始状态、临时固定状态和形状回弹状态)的试样时，随着水分子移出纤维素大分子之间的氢键重组。图 2-20 可以明显看出，不同水热回弹后的试样在波数 3373 cm^{-1}处吸收峰值的强度增加，不同水热状态回弹后波数 1630 cm^{-1}处吸附水的峰强增加，而且干态试样的峰值由波数 1660 cm^{-1}向湿态试样波数 1630 cm^{-1}偏移，这意味着在水化过程中，试样中的羟基和水分子之间形成了分子间氢键，这与先前报道的结果是一致的[105-106,32]。这种与干湿条件转换相关的可逆转移表明分子间氢键经历了相应的可逆破坏和形成过程。

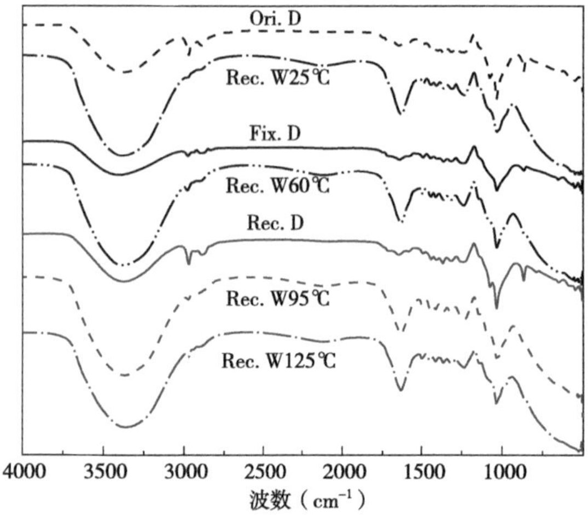

图 2-19　木材不同水热状态下的 FTIR 图谱

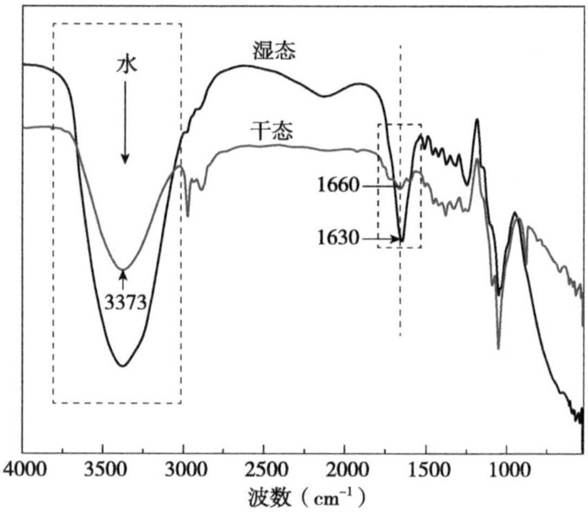

图 2-20　木材干态和湿态 FTIR 图谱

纤维素是构成木材细胞壁的主要结构物质，羟基作为纤维素大分子链间的主要功能基，不仅对木材细胞壁中纤维素的超分子结构起到决定性作用，更对水热响应下木材的形状记忆效应起重要作用。纤维素超分子结构由相邻两个纤维素分子链上形成的羟基构成，木材与水作用后，纤维素无定形区中羟基之间的氢键被水分子破坏。其原理如图 2-21 所示，由于氢原子和氧原子的相互吸引，水分子会吸附在相邻纤维素分子之间，导致 3373 cm^{-1}处的峰强度增强。将具有临时固定形状的试样在水中浸泡，其纤维素分子示意图如步骤Ⅲ所示。将这种湿态下的试样在室温中干燥后，相邻两个纤维素分子链上羟基间形成新的分子间氢键，临时形状的纤维素分子结构示意图如步骤Ⅳ所示。当干态的纤维素受到水分子的响应后，新生成的氢键网络由于水分子的进入再次打开。临时形状在节点应力平衡的作用下恢复至原始形状，从而呈现出形状记忆行为。步骤Ⅱ、Ⅲ、Ⅴ中，在试样干态临时固定形状的红外特征峰与回弹形状湿态的红外特征峰 1630~1660 cm^{-1}波峰处发生明显增强。波数和峰值强度的规律性变化表明，木材中的氢键可以通过去除纤维素内部的水分来固定压缩后的临时形状，并通过接触水环境来恢复木材的固有形状。这种氢键的可逆循环暗示了它在水响应形状记忆效应中的开关单元作用。

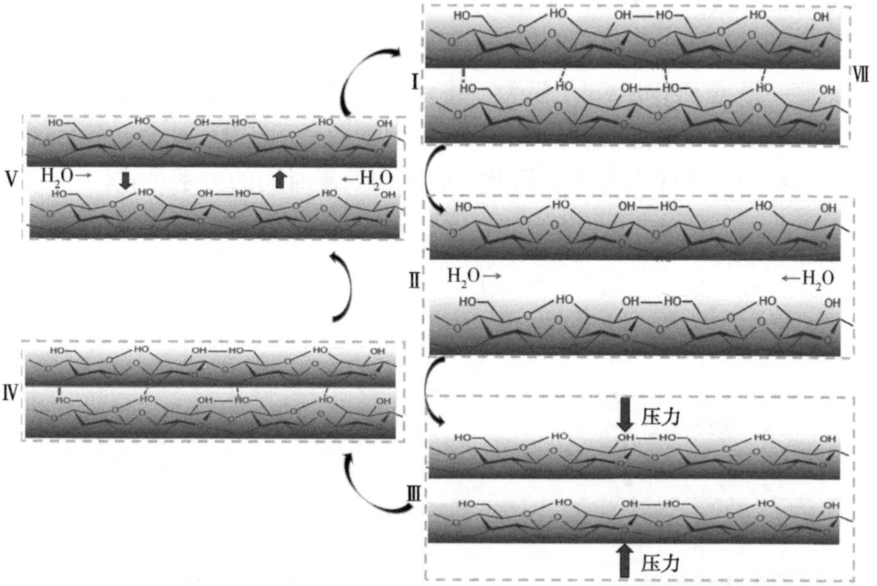

图 2-21　木材形状记忆过程中纤维素氢键变化分子结构示意图

六、木材形状恢复动力学

为表征试样残余应变(ε_t)在干态和湿态条件下的变化，残余应变(ε_t)和初始应变(ε_0)的比值与形状恢复时间(t)的关系如图 2-22 所示。图 2-22 表明，干态试样压缩后的形状在卸载后虽然可以快速恢复到原始形状的 30%左右，但随后的形状恢复速率明显下降。水

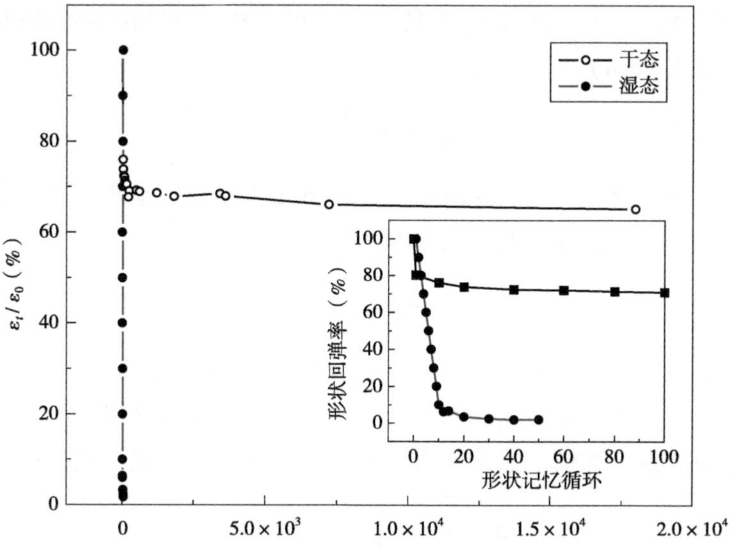

图 2-22　木材干态与湿态应变随恢复时间的变化

化作用显著提高了形状恢复速率和恢复比例[107]。

木材是具有黏弹性的生物质材料[108-109]，其形状恢复动力可以定量地从应变弛豫角度进行解释和比较。根据 Kelvin-Voigt 模型，将单个弛豫单元进行可视化，模拟为一个弹性弹簧和一个黏性阻尼器并联连接，如图 2-23 中的插图所示[110]。外力卸载后，当前形状恢复过程的稳态松弛中，外应力为零，因此，应变和恢复时间的关系见式(2-3)。

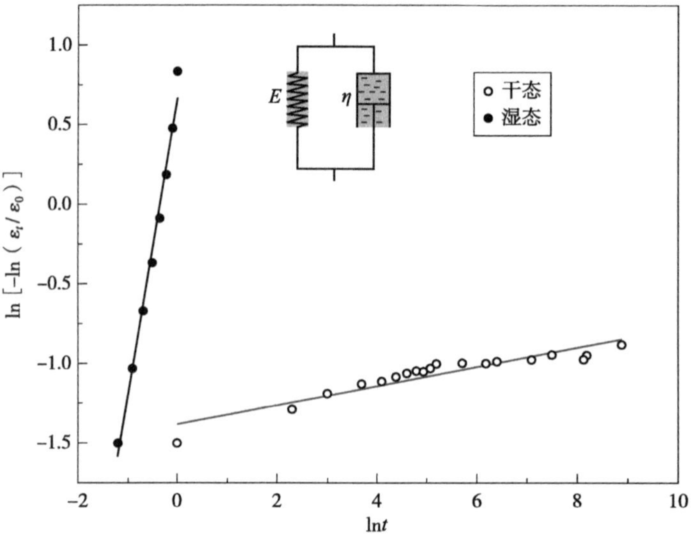

图 2-23　利用动力学模型分析木材干态和湿态试样的形状恢复过程

$$E\varepsilon+\frac{\eta \mathrm{d}\varepsilon}{\mathrm{d}t}=0 \tag{2-3}$$

因此，任何形状恢复时间所对应的剩余应变可以按照 Kohlrausch-Williams-Watts 弛豫公式计算得到，见式(2-4)。

$$\varepsilon_t=\varepsilon_0\exp\left(-\frac{t}{\tau}\right) \tag{2-4}$$

但是，生物质聚合物的宏观表现由单个弛豫单元的总和所呈现。假设这些弛豫过程是连续分布的，引入修正指数β，弛豫公式转化为式(2-5)。

$$\varepsilon_t=\varepsilon_0\exp\left(-\frac{t}{\tau}\right)^{\beta} \tag{2-5}$$

基于非平衡热力学涨落理论的概念，Hsich 提出分子结构弛豫动力学模型[113]。修正指数与弛豫机制有关，描述了分布谱的宽度。所涉及的应变和弛豫时间均反映了各弛豫单元应变和弛豫时间的加权平均值。据此，可以推导出一个线性公式，见式(2-6)。

$$\ln\left[-\ln\left(\frac{\varepsilon_t}{\varepsilon_0}\right)\right]=\beta\ln t-\beta\ln\tau \tag{2-6}$$

式(2-3)~式(2-6)中，E 是弹簧的弹性模量(Pa)；ε 是应变(%)；ε_0是初始应变(%)；t 是恢复时间(s)；ε_t 是残余应变(%)；η 是阻尼器的黏度(Pa · S)；$\tau=\eta/E$ 是弛豫时间

(s)；β 是修正指数[111-112]。

图 2-23 中试验结果良好的线性度证实了这一点。拟合后干材干态时弛豫时间和修正指数分别为 9.79×10^9s 和 0.06，湿态时为 4.82s 和 1.08，这一结论与 Liu 等研究生物质材料的结论相一致[89]。上述结论进一步验证了水合作用大大降低了生物聚合物形状恢复过程的弛豫时间，使弛豫谱变窄[114]。

从过渡态理论的观点来看，弛豫时间本质上是由相应的势能最小值之间的变换决定的[115]。活化能反映了生物聚合物中大分子链或链段的运动容易实现弛豫[116]。根据 Eyring 方程[117]，弛豫时间可以表示为函数，见式(2-7)。

$$\tau=\tau_0\exp(\Delta H/RT) \tag{2-7}$$

式中，τ_0是常数(s)；R 是气体常数[J/(kg · K)]；T 是温度(K)；ΔH 是活化能(kJ/mol)。

在恒温条件下，τ 值明显降低了 8 个数量级，说明水化作用对降低活化能的作用显著。

木材与水的作用过程中释放吸着热，使得活化能的减少量约 26 kJ/mol[88]。木材实质和水之间形成氢键，释放吸着热，此吸着热的释放与氢键的键能(20.9~29.26 kJ/mol)大致相同。水分子通过直接形成氢键或切断分子链内部或之间的氢键与纤维素无定形分子链上的游离态极性羟基作用，减小了细胞壁分子间平均键能，使分子链间化学结合力减弱[118]。

纤维素、半纤维素和木质素组成的三维交联网络决定了木材的天然或永久的形状。因为木材成分(纤维素、半纤维素)具有亲水性，一般来说，纤维素结晶的渗透性较低，这些链由相对强的键(共价键)连接，它们对外界刺激不敏感。水化优先发生在非晶基体中(半纤维素、纤维素和木质素)，所以图 2-17 中水化后试样的 X 射线衍射峰变宽。因此，木材及其组成部分中形成了一系列网点，决定了其固有或永久的形状。

在非晶基体中连接相对较弱的大分子链或链段可以看作是黏弹性弛豫的单位。在干燥试样中，氢键大多存在于半纤维素与纤维素间或纤维素分子间和链内。范德华力相互作用和摩擦导致链或链段之间的相对迁移率较低，虽然这些相对较强的相互作用产生较高的松弛活化能，但是水的作用显著地降低松弛活化能。第一，小的水分子作为有效的润滑剂或增塑剂提高木质素的柔性，这与木材强度和储能模量的降低是一致的。构象熵也随之增加，从而使木材聚合物的能态降低，如图 2-11 和图 2-15 所示。第二，小的水分子进入纤维素的内部打开纤维素分子链间的氢键，水分子与其形成新的氢键，纤维素产生膨胀效应体积增大，从而减轻了纤维素分子链间运动的空间限制，如图 2-20 所示。第三，现有的纤维素间氢键被水化破坏，因此纤维素结构排列的有序度降低，与图 2-17 中 XRD 的结果很吻合。第四，纤维素间氢键被打开和水分子之间形成了新的丰富的氢键。在干燥过程中，这些键的破坏引起了热力学和动态力学行为的特征波动。木材细胞壁在水的作用下产生湿胀，木材的体积相应增大。根据自由体积理论，木材体积的增大意味着木材中的自由体积增大(未被木材本身所占据的体积)，所以分子运动的自由空间增大，使分子链可以更自由地调整构象产生移动或转动等动作[119-120]。因此，弛豫活化能明显降低，有助于加强形状恢复的动力[89]。

七、建立木材径向压缩水热响应形状记忆效应分子结构模型

基于本试验的验证以及前人研究的相关成果，本书提出一个更简单、更全面的木材形状记忆效应的结构原理模型[121]，如图 2-24 所示。在这个模型中，天然形状记忆聚合物——木材，可以被简化成具有网络节点和可逆开关部分的结构，如图 1-8 所示。纤维素、半纤维素和木质素间由网络节点交联，组成的交联网络可以维持木材的原始形状，此点将在第三章证明。木材的形状恢复力来源于水热耦合作用下交联网络的熵弹力，激发条件是水热耦合作用，此点将在第四章证明。可逆开关——氢键，控制木材预先确定的临时形状固定和恢复，激发条件是水热耦合作用，此点将在第四章证明。本结构原理模型包含以下 3 点。

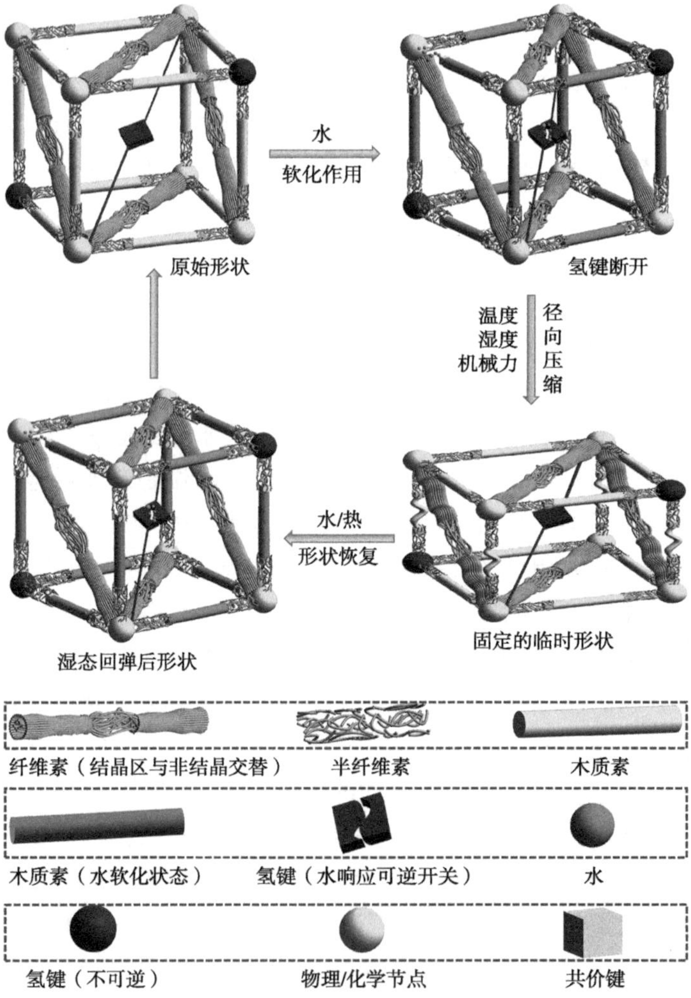

图 2-24　木材水热响应形状记忆的机理模型

1. 网络节点组成木材三维交联网络

节点决定了木材的永久形状，木材的网络节点包括物理节点和化学节点。物理节点包括：①交替结晶、取向一致的纤维素线性大分子链间相互缠结或相互穿插；②具有高分支度、多亲水基团的线性短链分子半纤维素与木质素组成的 matrix 基体三维网络与纤维素大分子网络的相互穿插。化学节点包括：①纤维素结晶区和非结晶区的交替连接，半纤维素与微纤丝间的氢键连接；②半纤维素与木质素间的共价键连接。所有的物理节点和化学节点组成了木材具有复杂孔隙结构的三维空间交联网络。化学网络节点一方面保证了作用于木材中的力不会引起细胞壁中大分子链产生滑移，另一方面可以恢复木材宏观形状变形。

2. 形状恢复力——可逆转变结构(木质素)的熵弹力

随着温度的变化，木质素可以在玻璃态与高弹态间产生可逆转变，是木材中的可逆转变结构。木质素可以在不同水热响应下激活和抑制分子链的运动能力，形成和固定木材的临时形状。木材临时形状的固定程度直接反映了木质素转变结构的行为。

木材形状记忆效应的本质是木质素的熵现象[122]。当高分子聚合物木质素处于形状记忆聚合物的形状转变温度(T_{trans})以上时，木质素及纤维素分子链的运动逐渐变得活跃。当机械力作用时，在受力的方向上，聚合物分子链的部分链段择优排列导致木材中聚合物的分子链构象改变，使聚合物体系的构象熵降低，形成木材的临时形状。当温度低于木质素的 T_{trans}时，纤维素分子链被“冻结”，纤维素微纤丝网络被限制在坚硬的基质中使运动能力大幅下降并形成动力学势阱。此时的机械力消失，取向后的分子链构象被保留，使木材临时形状得以固定。当温度再次升高到木质素的 T_{trans} 以上时，重新激活聚合物分子链运动能力，热运动使无机械力作用的聚合物分子链段自发恢复到聚合物构象熵的最大状态，即木材的原始形状。重要的是在水的作用下木质素的 T_{trans} 降低，所以木材可以在相对较低的温度中完成水热响应形状记忆效应。

3. 形状记忆的可逆开关——氢键

氢键是可逆的分子转变结构，引发方式为水分子驱动[123]。木材形状记忆过程中的开关结构单元是可逆的分子间氢键，负责形状固定和恢复。木材中的氢键存在于木材细胞壁中纤维素间、半纤维素间、纤维素与半纤维素和木质素间。木材原始形状、固定形状、临时形状和恢复原始形状等过程中形状的转变都伴随着水分子与分子间氢键的打开、闭合过程。水热软化过程中，水分子的刺激使分子间的可逆氢键打开，外力作用干燥定型过程，分子间形成新的氢键结合，水热响应后分子间的氢键再次打开。

该模型可以充分解释木材径向压缩形状记忆效应。木材润湿过程使木材实质物质区域可逆的氢键被破坏。纤维素链的灵活性增强，从而导致纤维素分子链间距离被极性分子(水)扩大，木材发生湿胀。在湿热力的作用下，木材功能基活性增强，木材在机械力的作用下可以被赋予压缩后的临时形状。在干燥定型过程中木材内水分子被移除使木材实质物质彼此靠近形成了新的氢键结合。木材内大分子网络之间的应力被新的氢键存储产生冻结应力。木质素的熵弹力作用使纤维素大分子网络储存弹性能量。然而，如果新的氢键再次遇到水分子，临时储存的应力得以释放，水热响应中木质素的熵弹力提升木材形状的恢复速率。从宏观上看，木材形状记忆的过程伴随着细胞腔的开合。

八、木材形状记忆效应与压缩变定

木材在经历温度-湿度-机械力耦合作用的径向压缩产生塑性变形，天然的分子结构使木材在水热响应中产生形状记忆而恢复到原始形状。在木材工业中采用化学交联和物理方法使木材失去形状记忆效应而产生压缩变定。可以提出木材径向压缩水热响应形状记忆效应分子结构模型，以及使木材失去形状记忆效应而产生压缩变定的方案，具体如下。

①通过物理或化学的方法将决定木材在水热响应后恢复到压缩前原始形状的三维交联网络改变，组成三维交联网络的物理节点与化学节点均可使用化学交联或者高温热处理的物理方法进行改变，通过破坏三维交联网络的节点使木材失去形状记忆的效应并产生形状压缩变定。

②木质素可以维持木材三维交联网络结构的稳定性，在水热响应形状记忆过程中起到恢复力的作用。脱木质素过程导致维持木材原始形状的三维交联网络交联点破坏，压缩后水热形状恢复力消失，故而产生压缩变定。

③木材吸水和干燥过程中，利用水与羟基间形成的氢键网络固定和恢复临时形状起到形状开关的作用，通过阻断水分与木材间氢键的作用使木材无法通过水分的进入与去除来固定临时形状，或者使压缩固定后的临时形状不产生回弹而实现压缩变定。

第四节　本章小结

木材具有水热响应的压缩形状记忆效应，干燥过程可以将形状进行很好地固定，水热耦合作用响应下可以有效提升木材的形状回弹效应，经过循环变形-恢复过程后，不会出现退化现象，表明形状记忆效应在生物聚合物中具有较高的稳定性。

水热响应压缩形状记忆过程中木材的微观构造和孔隙结构均发生了较大的变化。微观上，木材在水热响应过程中细胞腔几何形状的变化促使压缩形状复原记忆的产生。介观上，木材在水热的作用下半纤维素降解，微纤丝软化后取向松动从而形成大量介孔。这一过程同时释放压缩冻结应力，驱使压缩形状恢复。

木材在一定条件下压缩后能够恢复其原始形状，湿度与温度作用加速形状的恢复。水作用下，湿态试样应力与干态应力相比降低了约 50%，并且随着温度增加应力逐渐降低。试样循环压缩下的应力-应变曲线说明木材的形状恢复以其组分为主，在整个压缩过程中发生了弹性变形，干态试样具有更强的网络结构和网络节点。

木材试样在润湿状态到气干低温过程中虽然可恢复弹性增强，能量耗散降低，但是当温度升高时，木材的储能模量显著降低，木材试样从气干到绝干高温过程中可恢复弹性降低，能量耗散增加，说明当温度升高时，木材的储能模量显著降低。木材的多孔结构可以进一步减少木材的模量变化，模量在形状恢复过程中的相对稳定性，使生物聚合物在润湿状态下也能保持其力学强度。

通过对木材形状记忆过程中试样的 XRD 和 FTIR 分析，证明了分子间氢键的开关作用。这种与干湿条件转换相关的可逆转移表明分子间氢健经历了相应的可逆破坏和形成过程。这种氢键的可逆循环暗示了它在水响应形状记忆效应中的开关单元作用。

在非晶基体中连接相对较弱的大分子链或链段可以看作是黏弹性弛豫的单位。在干燥试样中，范德华力相互作用和摩擦导致链或链段之间的相对迁移率较低，虽然这些相对较强的相互作用产生较高的松弛活化能，但是水的作用显著地降低松弛活化能，有助于加强形状恢复动力。

根据上述结论，提出一个全面、简单的描述木材形状记忆效应结构原理的模型。

第三章 THM耦合作用对木材形状记忆效应的影响与作用机理

第一节 引 言

速生材成本低廉、资源丰富和可再生的特性使其被建筑和家具行业广泛使用。但是，由于其密度低且机械性能、尺寸稳定性、耐久性均较差，使其在许多应用中并不令人满意。木材的物理力学性能与其密度密切相关，因此，压缩致密化这种增加木材密度的改性技术被广泛研究。一般来说，木材的致密化可以通过 3 种不同的方法来实现：机械压缩、树脂浸渍、机械压缩与浸渍结合方法[124]。在这些致密化方法中，机械压缩是最简单、最具经济效益的方法[125]。

木材具有形状记忆效应，进行机械压缩虽然可以增加木材的密度，但是压缩后的木材在水热响应下易发生形状恢复[126]。许多研究人员利用温度-湿度-机械力(THM)和温度-机械力(TM)技术，通过促进化学成分交联或释放内部的化学应力来固定压缩木材的临时形状[127]。THM 耦合作用利用高湿或高温环境(160~250℃)作用消除压缩后木材的形状记忆效应，有效降低木材吸湿性，增强尺寸稳定性[128]。Popescu 等研究发现，增大热处理温度和延长热处理时间可以有效提高木材的尺寸稳定性[129]。

径向压缩后的木材在热处理过程中发生多糖降解反应和木质素网络链断裂或交联反应。在 THM 耦合作用下微纤丝的结晶区是稳定的，但非结晶区容易与水分子接触，也容易被热降解。因此，多糖降解反应发生于半纤维素和纤维素的非结晶区之间，水的存在进一步促进降解反应的发生[130]。半纤维素使相邻的纤维素微纤丝紧密相连，纤维素微纤丝形成环穿透木质素和半纤维素基质，在纤维素微纤丝的亲水表面和疏水木质素之间起到界面偶联剂的作用。非结晶结构的半纤维素和木质素之间存在醚、酯和糖苷键，在木材中起到黏性作用[131]。由于乙酰基的含量较高，半纤维素在低温下发生脱乙酰化反应。随着温度的升高，降解产物(如糠醛)的含量升高[132]。半纤维素脱酯化生成乙酸，提供酸性条件(pH 值为 2~4)，在酸性条件下加速水与糖单体之间的糖苷键作用引发水解反应。在酸性条件下单糖热降解过程中，己糖热降解形成的5-羟甲基-2-呋喃甲醛(HMF)，戊糖降解形成的糠醛，随着处理温度和酸浓度的升高而增加[133-134]。糠醛具有疏水特性，聚合后在细胞壁中形成不溶于水的疏水层，使木材的亲水性降低。

在酸性条件下，半纤维素分解得到的呋喃基聚合物可能与耐高温的木质素发生反应，并有可能参与木质素-木质素缩合反应产生交联。热改性后木质素含量的增加归因于多糖含量的降低，但也与木质素与多糖分解产物之间的缩合反应有关。干燥木材在空气和氮气环境下热改性后，木质素与多糖降解产物糠醛交联形成醛和醚键。在酸性介质中，木质素的苯丙基单元 C_2 和 C_6 具有较高的电子密度，可以与糠醛的亲电羰基碳反应[135]。生物质酸性降解使木质素中部分芳醚键断裂，木质素在酸性水解条件下降解产生的甲醛也可能促进木质素框架内的交联[136]。木质素内部发生 b-O-4 裂解，木质素片段通过 C—C 键重新聚合[137-138]。在干燥状态下进行热改性的木材交联，在随后的水热响应中因为交联的限制形状回弹减少。交联密度影响聚合物网络在湿胀和玻璃化转变温度上的构象熵[139]。

上述研究表明，现有研究主要集中于压缩后的木材在温度-湿度-机械力耦合作用下化学成分产生的变化。而对于如何影响纤维素、半纤维素和木质素间结构的变化鲜有研究。第二章提出纤维素、半纤维素和木质素组成的三维交联网络决定了木材形状记忆行为的原始形状。THM 耦合作用改变了木材的三维交联网络导致形状记忆效应消失[140-141]。本书通过对 THM 耦合作用破坏木材径向压缩形状记忆效应的研究，验证 THM 耦合作用下三维交联网络节点的变化，并在此基础上探索 THM 耦合作用破坏木材径向压缩形状记忆效应的机理，为探索工业压缩木材的永久固定提供解决路径。

第二节 试验材料与方法

一、试验材料

选取与第二章一致的人工林北京杨(*Populus* × *beijingensis* W. Y. Hsu)原木为材料，将生长轮平直，无节疤、无应力木和无假年轮等缺陷的边材部分加工成规格为 400 mm(纵向)×30 mm(径向)×150 mm(弦向)的试样，绝干密度为(395±1.671)kg/m³。

二、THM 耦合作用过程

THM 耦合作用过程由以下步骤组成，首先，将含水率为 30%~50%的试样在 150℃和 4 MPa 的压力下径向压缩 30 min，得到压缩木材(PW)。试样的厚度由金属厚度规控制，以实现 30%的目标压缩率。在恒定温度(150℃)和恒定压力(4 MPa)下干燥 30 min。通过控制热压机的温度和时间，干燥后的试样在特定热环境和特定时间进行处理(具体参数详见表 3-1)。THM 耦合作用过程的 3 个重要工序均在压机系统中完成(图 3-1)。

表 3-1　THM 耦合作用方式

编号名称	压缩率(%)	处理温度(℃)	处理时间(h)	说明
NW				未处理材
PW	30			压缩材
THM180℃	30	180	3	
THM200℃	30	200	3	不同的热处理温度
THM220℃	30	220	3	
THM3 h	30	200	3	
THM4 h	30	200	4	不同的热处理时间
THM5 h	30	200	5	

（a）THM耦合作用

（b）试样

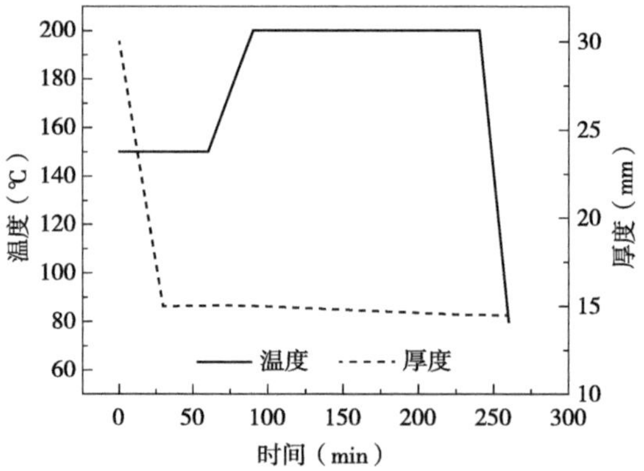

（c）THM耦合作用温度控制

图 3-1　THM 耦合作用试样及温度控制过程

三、THM耦合作用试样密度和剖面密度的测试

THM耦合作用试样采用GB/T 1933—2009《木材密度测定方法》标准进行绝干密度测量，试样尺寸为20 mm(纵向)×20 mm(弦向)×T mm(径向)。将试样置于103℃的恒温干燥箱中，直至达到恒定质量。每个试样的质量和尺寸(纵向、切向和径向)分别用分析天平(±0.001 g)和游标卡尺(±0.001 mm)测量，绝干密度见式(3-1)。

$$\rho_0=\frac{m_0}{V_0} \tag{3-1}$$

式中，ρ_0是绝干密度(g/cm^3)；m_0是质量(g)；V_0是体积(cm^3)。

用GreCon DAX 5000(进口)测试仪测定THM耦合作用试样的剖面密度。将尺寸为50 mm(纵向)×50 mm(弦向)×T(径向)的THM耦合作用试样进行干燥处理后，通过X射线传感器组合测试试样的剖面密度(测量速度可达1 mm/s)。T在本试验中，将窄X射线束切向投射到试样上，然后沿厚度方向扫描后得到剖面密度。代表THM耦合作用试样径向不同压缩尺寸。

四、THM耦合作用试样在不同响应中形状回弹测试

1. 水热响应回弹测试

选取规格为20 mm(纵向)×20 mm(弦向)×T(径向)的THM耦合作用试样(同一处理条件平行试样选24块)。将试样置于25℃去离子水中浸泡24 h，对应条件下最大程度回弹试样分3组(每组6块)，分别置于4种水热响应(25℃、60℃、95℃和125℃)中处理1 h后观察径向压缩形状回弹现象。测量湿态试样的尺寸和质量后，将试样置于103℃的恒温干燥箱中进行绝干处理，再次确定干燥尺寸和质量。其中25℃水热回弹循环5次后获得试样的循环回弹性能。

2. 逐步回弹测试

由于压缩木材在二甲基亚砜(DMSO)中浸泡时出现了异常膨胀，涉及细胞腔的膨胀，可能有助于形状记忆机制的研究。本试验通过测试试件在沸水和DMSO中的形状回弹率，对比分析形状记忆机理。

每组选取THM耦合作用试样12块，将试样置于25℃去离子水中最大程度回弹，确定其回弹尺寸。回弹后的试样置于95℃的蒸馏水中蒸煮处理后，再次水热处理最大程度回弹。将水热回弹后的试样置于25℃的DMSO中浸泡1周后测量在DMSO中的回弹尺寸。将试样浸入乙醇中1周，每天更换乙醇试剂，用乙醇置换试样中的DMSO试剂，将DMSO试剂置换完全后，用去离子水置换试样中的乙醇，置换完成后分别测量试样的湿态径向尺寸和干态径向尺寸。

3. 不同化学试剂响应回弹测试

每组选取THM耦合作用试样54块(图3-2)，分别浸泡在9种化学试剂中(表3-2)，

每种液体同一处理条件平行试样共 6 块。THM 耦合作用试样在 9 种不同的液体中浸泡超过 1 个月后，测量湿态试样的尺寸和质量，充分干燥到两次质量的变化不大于 0.02%后测量干态尺寸和质量。

图 3-2 THM 耦合作用试样在不同化学试剂中响应回弹

表 3-2 试验材料

试剂名称	纯度	厂家
甲苯	分析纯	福晨化学试剂有限公司
乙酸乙酯	分析纯	福晨化学试剂有限公司
乙醇	分析纯	福晨化学试剂有限公司
甲醇	分析纯	福晨化学试剂有限公司
乙二醇	分析纯	福晨化学试剂有限公司
吡啶	分析纯	福晨化学试剂有限公司
二甲基亚砜(DMSO)	分析纯	福晨化学试剂有限公司
正丙醇	分析纯	福晨化学试剂有限公司

五、THM 耦合作用试样形状记忆效应的表征方法

1. THM 耦合作用试样消除形状记忆效应编程过程

图 3-3 为 THM 耦合作用试样消除压缩形状记忆的编程过程，总过程分为以下 4 个步骤。

①试样干燥处理($t_0 \sim t_1$)，将试样置于 103℃的恒温干燥箱中干燥至绝干状态，测木材的绝干质量(W_D)及径向尺寸(L_{D0})，随后将木材置于去离子水中软化 12 h，测试样的湿态质量(W_W)及径向尺寸(L_{W0})，此干燥状态与润湿状态下的径向尺寸分别表示木材在该两个状态下的原始形状(Ori.)。

②THM 耦合作用(t_2)，按照 THM 耦合作用方法处理试样，使试样在特定温度、湿度、机械力作用下由原始尺寸(L_0)压缩到临时形状(L_i)。

③冷却固定(t_3)，将压缩到 L_i 的试样在室温中冷却以此固定临时形状，外部作用力消失后木材试样的尺寸为 L_f。

④形状回弹(t_4)，试样随后置于不同的水热和化学试剂中浸泡，浸泡回弹后的尺寸称为回弹长度，干态长度与湿态长度分别用 L_{Dr}和 L_{Wr}来表示。

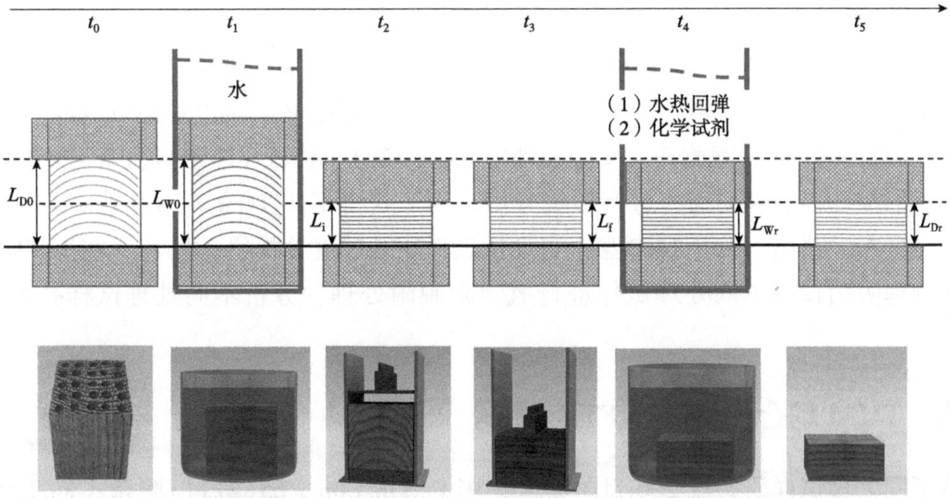

图 3-3 THM 耦合作用试样径向压缩形状记忆效应循环变形演示图

2. THM 耦合作用试样形状记忆效应表征方法

为了评价 THM 耦合作用试样在不同试剂响应的形状记忆效应，用 R_r和 R_f分别表示形状记忆材料的形状回弹率与形状固定率，R_r-W 代表湿态形状回弹率，R_r-D 代表干态形状回弹率，详见式(2-1)。

六、THM 耦合作用试样力学性能评价

1. THM 耦合作用试样形状回弹内应力测试

使用具有信息实时采集功能的压力传感器，测试 THM 耦合作用试样在水热响应过程中形状回弹内应力的变化，采样频率为 100 ms，传感器的量程为 0~10000 N，可以精确到 0. 01 N。传感器置于可调节温度的水浴装置中，通过调节温度控制水热响应温度。不同 THM 耦合作用试验重复 6 次，结果取平均值。

2. THM 耦合作用试样动态热机械性能测试

使用型号为 TA Q800 的动态热机械分析仪(进口)，测试 THM 耦合作用试样的动态热机械性能。该设备分辨率为 0. 00001 N，应变分辨率为 1 nm，模数范围为 1×10^3 ~ 3×10^{12} Pa，频率范围为 0. 01~200 Hz，动态热机械性能测试温度范围是-150~600℃，加热速度为 0. 1~20℃/min。该设备可以测试剪切、弯曲、压缩过程中的热机械性能，具有不同的测试夹具。单悬臂梁夹具比较适用于具有中等级别刚性的材料(如木材)，本试验采用单悬臂梁模式测试 THM 耦合作用试样动态热机械性能，THM 耦合作用试样加工成规格为 50 mm(纵向)×15 mm(径向)×35 mm(弦向)的试样，测试参数如下：测试频率 1 Hz，温度范围 30~

300℃，升温速率 3℃/min。

七、THM 耦合作用试样微观结构表征

THM 耦合作用试样置于水中充分软化后放置在滑走式切片机中，将 THM 耦合作用试样的横切面、径切面切光滑。在 15 kV 加速电压下，利用 PhenomPro Netherland 场发射扫描电子显微镜(进口)，观测真空喷金处理的素材(NW)、机械压缩木材(PW)和 THM 耦合作用试样的横切面和径切面，进行形貌分析。为了获得不同 THM 耦合作用试样的比表面积与孔径分布，选用 ASAP 2460 型全自动比表面积孔隙度分析仪(进口)，在 100℃的条件下使用物理吸附仪对不同处理试样进行氮吸附脱附处理，分析不同处理试样孔隙的变化情况。

八、THM 耦合作用试样 FTIR 测试

将不同处理试样研磨成 200 目的粉末，用 Perkin Elmer 65(进口)测量不同 THM 耦合作用粉末试样的 FTIR，分析主要官能团的变化。每组试样取 1 mg 粉末压制成薄片，采用 FTIR 测试，测试分辨率为 1 cm^{-1}，红外扫描波数范围为 600～4000 cm^{-1}，中红外区扫描 32 次。

九、THM 耦合作用试样 XRD 测试

用型号为 Thermo Scientific EscaLab 250Xi 的 X 射线衍射仪(进口)表征 NW、PW 和 THM 耦合作用木材试样的结晶度变化情况。在铜钾 α 射线(波长 0.154 nm)下以 4°/min 的速度扫描，扫描范围为 5°～40°，辐射管电压和电流参数分别为 40 kV 和 300 mA。为确保数据具有良好的重现性，数据为 2 次重复试验的平均值。衍射强度与扫描度数(2θ)的关系曲线中，扫描度数 $2\theta=16°$附近出现的极小峰值代表非结晶区背景衍射的散射强度 I_{am}，扫描度数 $2\theta=22°$附近出现的(002)衍射极大峰代表结晶区衍射角的极大强度 I_{002}。纤维素相对结晶度见 Turley 公式，即式(3-2)。

$$Crl=\frac{I_{002}-I_{am}}{I_{am}}\times 100\% \tag{3-2}$$

式中，Crl 是相对结晶度(%)；I_{am}是非结晶区背景衍射的散射强度(cps)；I_{002}是结晶区衍射角的极大强度(cps)。

木材的晶胞尺寸见式(3-3)。

$$B_{hki}=\frac{0.89\lambda}{\beta\cos\theta} \tag{3-3}$$

式中，B_{hki}是晶体宽度(nm)；λ 是波长(nm)；β 是衍射角 2θ 的最大半峰宽(rad)；θ 是衍射角(°)。

第三节　结果与讨论

一、THM 耦合作用试样水热响应形状记忆效应的变化分析

1. 剖面密度对形状记忆效应的影响

剖面密度是沿厚度方向上的密度分布，直接影响木材水热响应中的形状记忆性能[142]。图 3-4 显示了 NW 和 PW 试样的密度分布。在温度-湿度-机械力的耦合作用下，木材径向致密化发生在上下两个表面层。剖面密度呈上下对称结构，表层密度高于中心区，但中心区层的密度仍大于 NW 的密度，同时在致密化过程中最小密度和最大密度相应增加。对木材进行机械压缩是将低密度木材转化为高密度木材的有效方法[143-145]。NW 的最大密度为 473.3 kg/m³，最小密度为 388.5 kg/m³，分别对应杨木晚材和早材的密度，PW 的最大和最小密度分别增加到 759.5 kg/m³和 406.9 kg/m³，且剖面密度随着压缩率的增加而增加，如图 3-4 所示[146-147]。

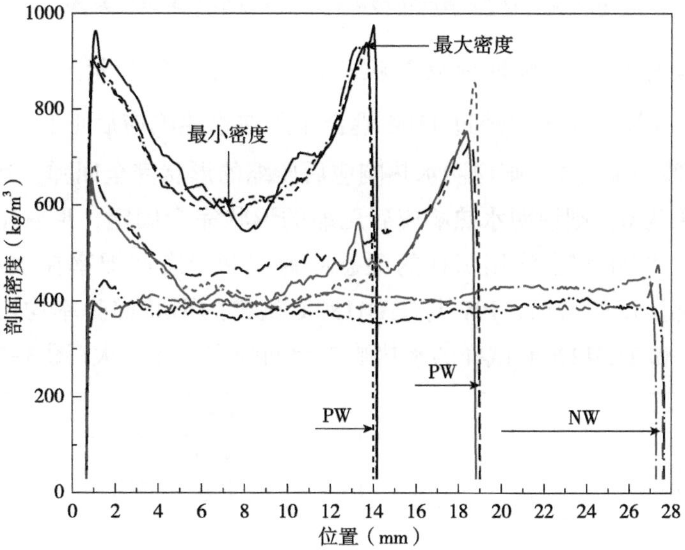

图 3-4　试样剖面密度分布

木材在超过 160℃无氧环境中进行热改性，将导致微观结构发生永久性变化[148-150]。不同 THM 耦合作用温度和时间对木材剖面密度的影响如图 3-5 所示。与 PW 相比，THM180℃和 THM200℃试样的各项密度均逐渐降低，THM220℃试样的各项密度下降接近 20%。通过分析高温 THM 耦合作用时间对试样密度分布的影响也得到了类似的结论，其中 THM5 h 各项密度下降接近 19%。木材在高温 THM 耦合作用过程中平衡含水率有所下降，木材总密度的降低归因于木材质量的损失[151]。半纤维素在木材热处理过程中发生降解，生成乙酸，碳水化合物聚合度降低归因于乙酸进一步催化碳水化合物裂解[152]。所以，

THM 耦合作用导致质量损失，而质量损失直接影响木材厚度方向上的剖面密度减少，微观上表现为维持木材原始形状的三维交联网络改变，进而影响木材的形状记忆效应[153-154]。接下来将证明 THM 耦合作用影响木材在水热响应中的形状记忆效应。

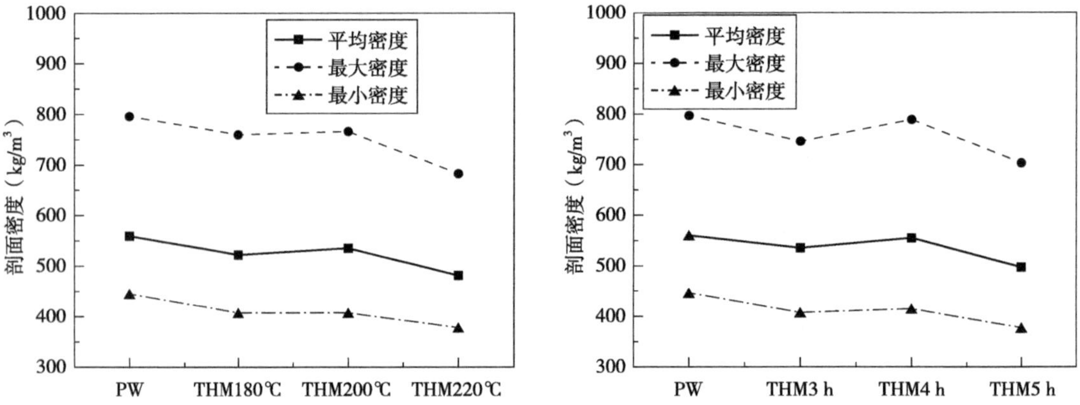

（a）不同处理温度　　（b）不同处理时间

图 3-5　THM 耦合作用试样($n=18$)剖面密度的变化

2. THM 耦合作用试样水热响应形状记忆效应的变化分析

图 3-6～图 3-8 展示了木材经过 THM 耦合作用在水热响应后形状回弹率的变化情况。R_r-W 和 R_r-D 的值如果为 1，则说明水热响应后压缩的形状完全回弹，达到对原始形状完全记忆。该值如果为 0，则说明水热响应后压缩的形状完全固定，形状记忆效应消失。图 3-6 是不同温度下 THM 耦合作用试样的湿态回弹率和干态回弹率在水热响应中的变化。图中显示随着水热温度的增加，PW 与 THM180℃试样的形状回弹率均出现不同程度的增加，而 THM200℃和 THM220℃试样的水热响应后回弹率变化不大(图 3-7)。

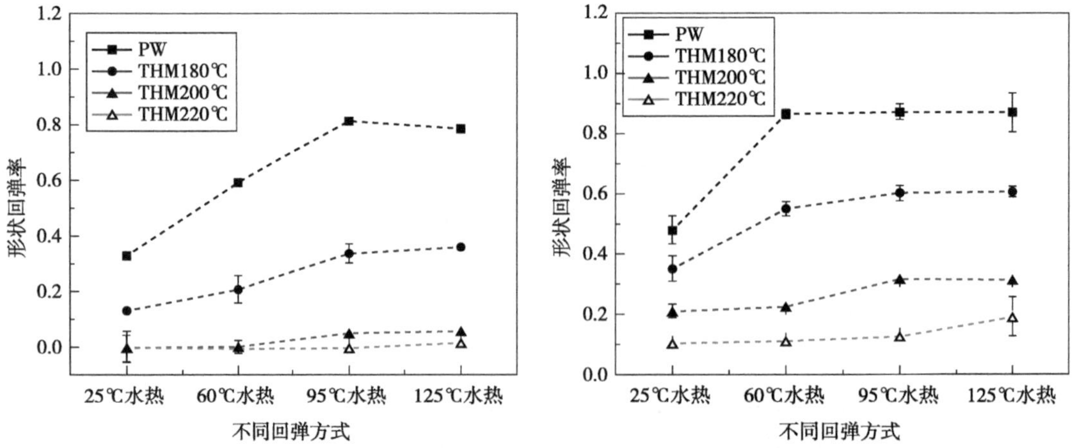

（a）干态形状回弹率　　（b）湿态形状回弹率

图 3-6　不同 THM 耦合作用温度的试样在水热响应中干态/湿态形状回弹率的变化

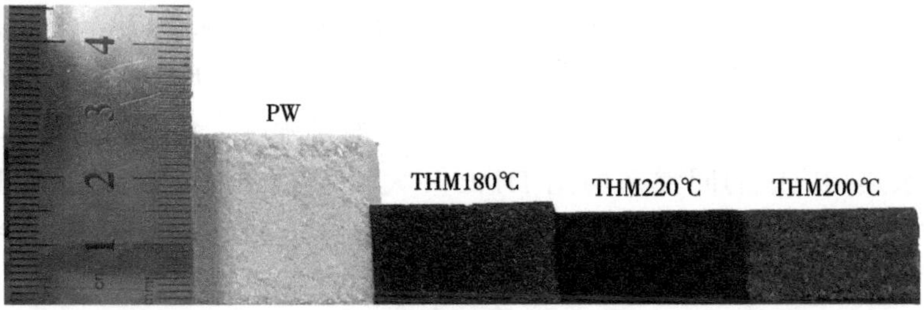

图 3-7　THM 耦合作用试样水热响应形状恢复后的形状

表 3-3 显示湿态回弹率的变化，25℃水热响应时，PW 与 THM180℃的湿态回弹率分别为 0.66 和 0.35，当水热响应温度为 125℃时分别上升到 0.94 和 0.61。与 PW 相比，THM180℃的湿态回弹率在两种水热响应中分别降低了 47%和 35%。与 PW 相比，THM200℃和 THM220℃在 125℃水热响应后试样的湿态回弹率分别降低了 67%和 79%。

表 3-3　THM 耦合作用试样水热响应的湿态回弹率

编号	25℃水热	60℃水热	95℃水热	125℃水热
PW	0.66	0.87	0.92	0.94
THM180℃	0.35	0.55	0.60	0.61
THM200℃	0.21	0.22	0.32	0.32
THM220℃	0.10	0.11	0.13	0.19
THM3 h	0.21	0.22	0.32	0.32
THM4 h	0.19	0.22	0.32	0.32
THM5 h	0.15	0.16	0.20	0.23

表 3-4 显示干态回弹率的变化，对比湿态，THM200℃和 THM220℃试样在各种水热响应下干态形状回弹率的变化均很小，125℃的水热响应中形状回弹率与 PW 相比分别减小了 93%和 98%。通过对上述数据的分析可知，未处理材经过 THM 耦合作用后形状记忆效应减弱。当处理温度高于 200℃时，木材即使在较高的水热响应下也不发生回弹。这充分证明木材经过 THM 耦合作用处理后，水热响应形状记忆效应有效地降低，当处理温度超过 200℃时木材的形状记忆效应消失。

表 3-4　THM 耦合作用试样水热响应的干态回弹率

编号	25℃水热	60℃水热	95℃水热	125℃水热
PW	0.54	0.71	0.85	0.86
THM180℃	0.13	0.21	0.34	0.36
THM200℃	0.00	0.00	0.05	0.06
THM220℃	0.00	-0.01	0.00	0.02
THM3 h	0.01	0.01	0.05	0.06
THM4 h	0.00	0.01	0.03	0.04
THM5 h	0.00	0.00	0.02	0.04

注：表格中出现的负值可能为测量误差。

图 3-8 展示了试样经过不同时间的 THM 耦合作用后，湿态回弹率和干态回弹率在水热响应中的变化。图 3-8 中显示，随着水热响应温度的增加 THM3 h、THM4 h 和 THM5 h 试样的湿态形状回弹率出现小幅度的增加，而干态形状回弹率变化较小。THM3 h 和 THM4 h 的湿态尺寸在水热响应中的回弹率均比 THM5 h 大，在 125℃ 的水热响应中回弹率分别增大了 27%和 29%，而干态试样三者间变化在 6%左右。说明与 THM 耦合作用温度相比，THM 耦合作用时间对木材在水热响应中形状记忆效应影响较小。

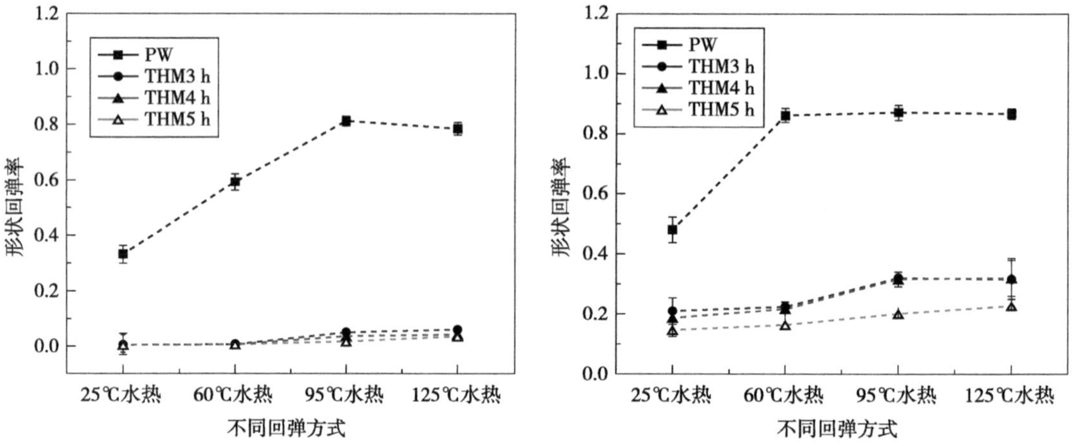

（a）干态形状回弹率　　（b）湿态形状回弹率

图 3-8　不同 THM 耦合作用时间试样在水热响应中干态/湿态形状回弹率的变化

综上所述，THM 耦合作用中，热处理温度是影响木材水热响应形状记忆效应的主要影响，高温处理时间对木材在水热响应中形状记忆效应影响较小，只是起到了促进作用。木材经过 THM 耦合作用高温处理后有效降低木材的水热响应形状记忆效应，当处理温度超过 200℃后，木材的形状记忆效应消失。第二章中提出木材细胞壁实质物质组成的三维交联网络维持了木材的原始形状。在外力的作用下发生形状变化时只是三维交联网络的构象熵发生了变化，在水热响应中发生形状恢复归因于无定形基体聚合物的热软化，在三维交联网络熵弹力的作用下恢复到木材的原始形状。但是，软化压缩后的木材在特定的 THM 耦合作用下破坏了维持木材原始形状的三维交联网络结构，储存在三维交联网络结构的冻结内应力消失，宏观表现为细胞壁“丧失弹性”，使木材失去形状记忆效应。接下来，证明在径向压缩中维持木材原始形状的三维交联网络结构的作用。

二、THM 耦合作用改变维持木材原始形状的三维交联网络结构分析

1. 水热、DMSO 逐步响应后形状回弹率的变化

THM 耦合作用试样经过 25℃水热、95℃水热、DMSO、乙酸和去离子水等 5 步骤逐步置换回弹后，回弹率的变化可以验证木材三维交联网络结构维持木材的原始形状这一结论。如图 3-9 所示，不同 THM 耦合作用试样在 25℃时出现形状的恢复，其中 PW 形状的

恢复较多。与 PW 相比，其他试样形状恢复随着 THM 耦合作用温度增加逐渐降低，这种形状降低的趋势在每种回弹中均存在。接下来，25℃回弹的试样在 95℃水热响应中再次最大程度回弹后，所有试样的形状再次回弹，但 THM 耦合作用试样回弹率的增加出现递减趋势。与 25℃水响应的回弹率相比，95℃水热响应后 THM180℃、THM200℃和 THM220℃的回弹率分别增加了 71%、48%和 30%。95℃水热响应最大程度回弹后的试样在 DMSO 中再次回弹，值得注意的是 PW 中回弹率增加的幅度最小，而 THM 耦合作用试样回弹率增加的幅度则较大。与 95℃水响应中的回弹率相比，PW 在 DMSO 中回弹率增加了 2%，而 THM180℃、THM200℃和 THM220℃的回弹率分别增加 32%，94%和 238%。DMSO 中回弹的试样用乙醇和去离子水置换干燥处理后得到径向压缩形状最大程度回弹后的尺寸。PW 回弹率远远高于 THM 耦合作用试样，95℃水热响应后压缩的形状基本完全回弹，进一步用 DMSO 回弹处理后形状回弹较小，因为纤维素的湿胀性使最大程度回弹后干态的回弹率与 95℃水热回弹和 DMSO 回弹的湿态相比有所下降。经过 THM 耦合作用后的试样在每次回弹过程中均出现递增趋势，只是在水热响应中回弹较少，而在 DMSO 的响应中回弹较大。但是最大程度回弹后的试样在干燥处理后回弹率除 THM180℃外均降低到水热回弹前的尺寸，THM200℃与 THM220℃的干态回弹率接近 0。

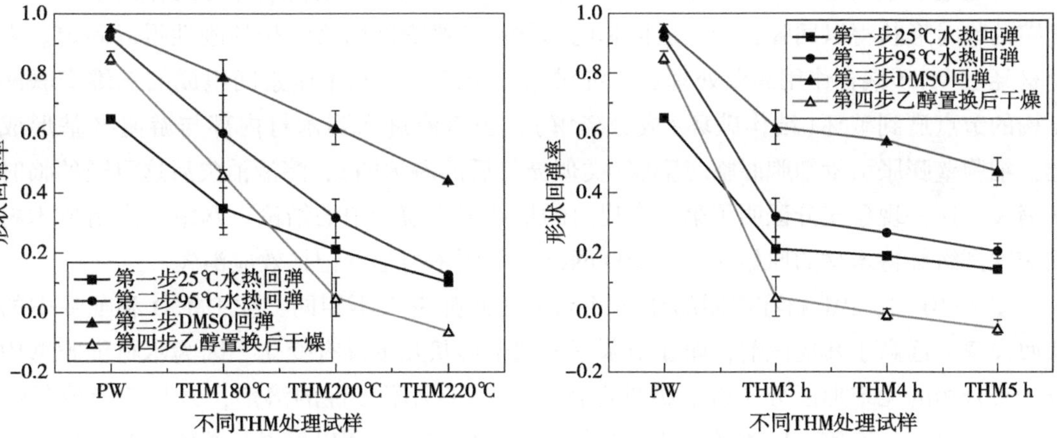

（a）不同处理温度　（b）不同处理时间

图 3-9 THM 耦合作用试样不同刺激逐步响应后形状回弹率的变化

THM 耦合作用试样在 DMSO、水热响应时湿态、干态间可逆的回弹可以用 Obataya 等的“泳圈理论”来形象地解释这一现象[155]：可逆细胞变形类似一个游泳圈的膨胀和塌陷，塌陷的环通过向泳圈内泵入空气来膨胀，而从泳圈中抽出空气则导致形状塌陷。PW 试样经过逐步回弹后，由于细胞的形状是由坚硬的细胞壁(三维交联网络)维持的，所以在整个湿润和干燥过程中，细胞腔几乎保持不变。然而，细胞壁屈曲并通过横向压缩紧密折叠后进行热处理，维持木材原始形状的三维交联网络结构被破坏，这使得通过膨胀(向泳圈中泵入空气)和收缩(从泳圈抽出空气)的泳圈状变形成为可能。THM 耦合作用高温处理后试样的结构类似塌陷的游泳圈，可以通过“泵入的空气”(水分子或极性溶剂)来支撑塌陷的结构恢复形状，但“空气”抽出后又恢复到塌陷的状态。而 PW 试样因其结构没有受到破坏，形状经过水热响应、DMSO 处理后逐步恢复到原始形状，结构的刚性支撑原始形状不因“抽出的空气”而发生塌陷。接下来进一步证明逐步回弹后所有试样的干态形状回弹率的变化与木材结构的变化有关。

2. 不同化学试剂响应后形状回弹率的变化

本试验采用不同的质子溶剂和非质子溶剂等化学试剂对压缩木材进行浸泡。质子溶剂含有羟基，可以作为氢键给体，非质子溶剂则不可以作为氢键给体。通过压缩木材尺寸的变化研究压缩木材的形状回弹是否与非晶聚合物中分子间氢键的重组等木材结构的变化有关。

图 3-10 显示了 THM 耦合作用试样在各种化学试剂液体中的形状回弹率，其中(a)(b)是试样的湿态形状回弹率，(c)(d)是试样的干态形状回弹率。同上一小节的结论一致，所有试样的湿态回弹率要大于试样的干态回弹率，THM 耦合作用高温处理后试样干态回弹率的变化远远高于 PW 试样。这充分说明未处理材软化后压缩，其纤维素、半纤维素和木质素间节点组成的三维交联网络结构只是形状上发生变化；当溶液进入到木材内部与游离羟基形成氢键，木材基体物质软化；在三维交联网络结构熵弹力的作用下未处理材压缩的临时形状得以回弹，干燥后回弹的形状因三维交联网络结构的刚性得以固定。未处理材经过 THM 耦合作用高温处理后，纤维素、半纤维素和木质素间组成的三维交联网络结构的节点遭到破坏(结构破坏+成分降解)，当溶液进入到木材内部与游离羟基形成氢键，细胞壁膨胀引发细胞腔临时膨胀(类似充气后的游泳圈)，溶液消失后这可逆的临时形状消失。这一现象充分证明了第二章提出的形状记忆模型中的结论：网络节点组成木材三维交联网络维持木材的原始形状，交联网络破坏则木材形状记忆效应消失。

图 3-10 中，PW 材在不同的化学试剂中的回弹率大不相同，在 DMSO 和吡啶中的形状回弹率远远高于其他试剂，而在甲苯等试剂中形状几乎没有变化。因为木材细胞壁中高分子聚合物的无定形区分子链上极性游离羟基易于吸附极性的溶剂，并与其形成氢键结合。水、甲醇、乙醇、1-丙醇、乙二醇等均为极性溶剂，所以可以与游离羟基形成氢键结合使压缩的形状恢复原始形状。PW 在非极性溶剂中没有形状恢复，如甲苯。非质子极性溶剂吡啶和 DMSO 的介电常数和分子极性比较大，吡啶和 DMSO 分子露在外部的负电荷容易与游离羟基反应形成氢键。图 3-10 中的试剂按极性大小排序为 DMSO>吡啶>水>乙二醇>甲醇>乙醇>1-丙醇>乙酸乙酯>甲苯，可见图 3-10 中 PW 在不同试剂中的回弹率与试剂极性大小一致。这是因为极性越大越容易进入到木材的分子内部与游离态羟基形成氢键，使木材中的高分子聚合物软化，负责形状回弹的恢复力(木质素的熵弹力)使木材恢复到原始形状。这个结论充分证明了第二章提出的形状记忆模型中的结论：氢键是木材形状记忆的开关。

通过本节的分析表明：①THM 耦合作用下，热处理温度是影响木材水热响应形状记忆效应的主要影响因素，高温处理时间对木材在水热响应中形状回弹性影响较小，只是起

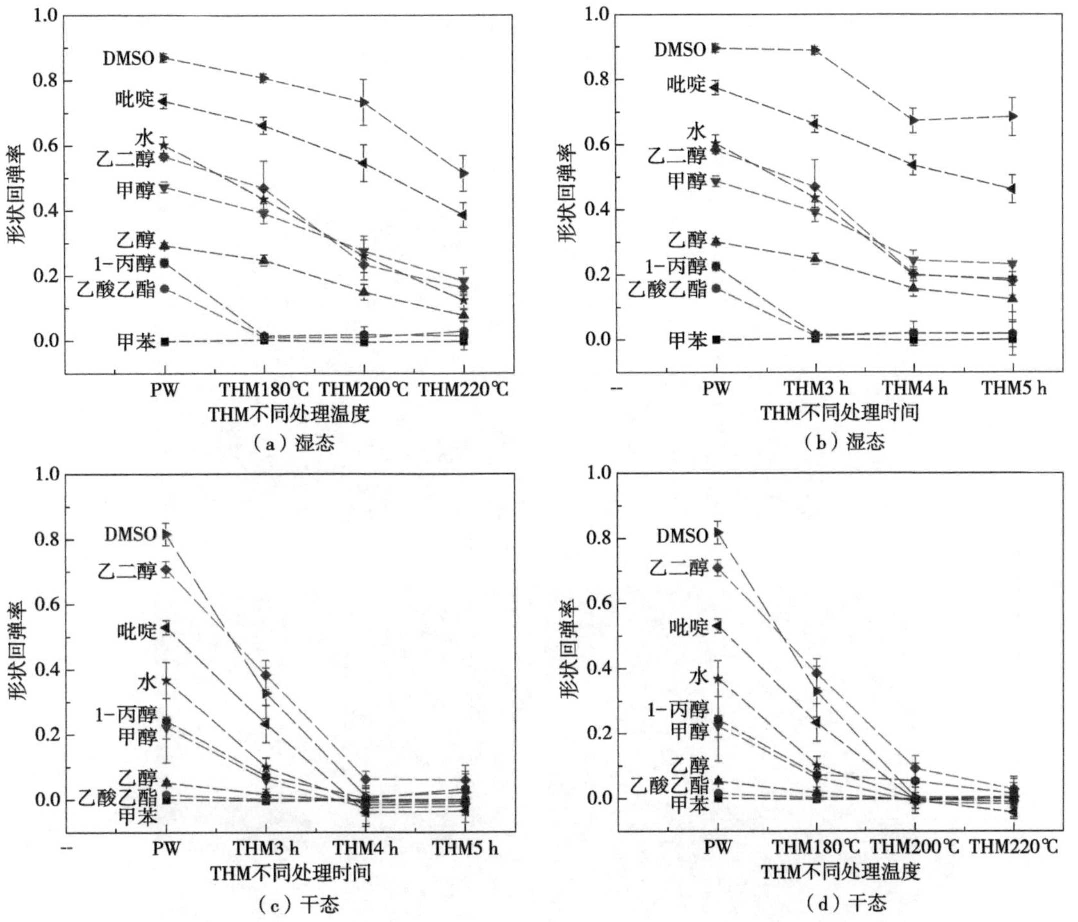

图 3-10 THM 耦合作用试样在不同化学试剂中回弹率的变化

到了促进作用。特定的 THM 耦合作用可以有效降低木材的水热响应形状记忆效应，如当处理温度超过 200℃后，木材的形状记忆效应消失；②木材的原始形状由细胞壁中主要成分间的三维交联网络决定，使变形后的木材具有恢复到原始形状的能力。温度超过 200℃的 THM 耦合作用使三维交联网络结构破坏，木材在水热响应后也无法回到原始形状；③木材径向压缩形状记忆效应与溶剂极性大小相一致。这是因为极性越大越容易进入到木材的分子内部与游离态羟基形成氢键，使木材中的高分子聚合物软化，负责形状回弹的恢复力(木质素的熵弹力)使木材恢复到原始形状，证明了氢键在木材形状记忆过程中的开关作用。

三、THM 耦合作用试样形貌结构及孔隙结构对形状记忆效应的影响

1. 形貌结构对形状记忆效应的影响

水热响应后回弹试样的微观形貌可以观察到细胞壁的变化情况。图 3-11 展示了 95℃水热响应后 PW 和 THM 耦合作用试样细胞壁形状变化情况。从图 3-11(a)可以观察出，

PW 压缩后的细胞在水热响应后基本恢复到原始形状，恢复后的细胞壁大多呈现“O”形，说明压缩的木材细胞壁在水热响应后恢复到原始形状，细胞壁中实质物质组成的三维交联网络结构的刚性支撑作用使回弹细胞在干燥中不发生形状的变化。

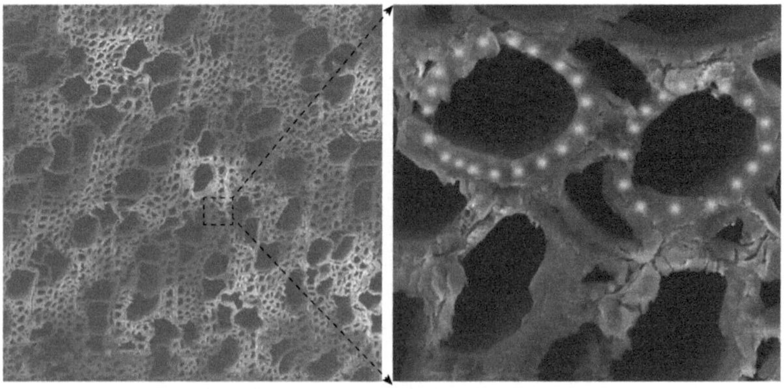

（a）PW-水热回弹后

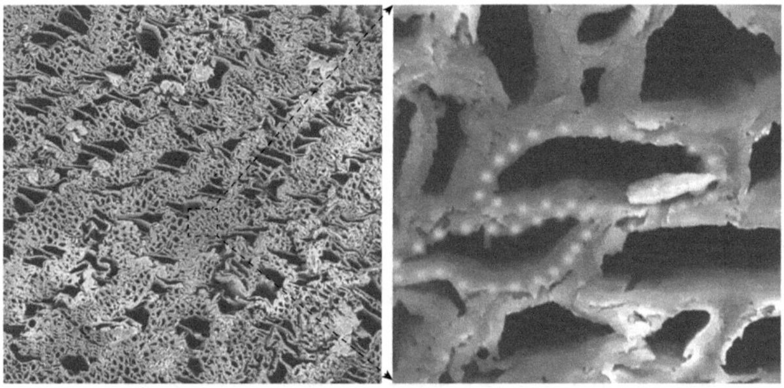

（b）THM-水热回弹后

图 3-11　95℃水热响应后 PW 和 THM 耦合作用试样细胞壁形状变化 SEM 图像

图 3-11(b)展示了 THM 耦合作用试样在 95℃水热响应后细胞壁的变化，在压缩率为 30%时，木材细胞壁实质物质的刚性作用使软化压缩时细胞腔没有完全消失，水热响应后压缩变形的细胞腔没有产生形状记忆且无形状恢复。THM 耦合作用高温处理使木材细胞壁失去形状记忆效应，变形后细胞壁的形貌不能回到原始形状。因为储存在木材三维交联网络结构中的半晶微纤丝和木质素中的熵弹力应变是压缩后形状恢复的主要动力[156]。THM 耦合作用后未处理材的形状记忆效应消失，可能是由于负责记忆效应的三维交联网络结构之间的化学键断裂，产生了新的化学键，在压缩位置上木质素软化形成共价键产生新的交联[157-158]。

图 3-12 展示了 PW 和 THM 耦合作用试样细胞壁在 DMSO 中响应回弹后湿态和干态形状的转变。图 3-12(a)(b)可见 PW 试样在 DMSO 响应回弹后，回弹形状恢复到了木材细胞的原始形状，回弹后细胞的形状在湿态和干态变化不大，只是细胞壁的厚度表现为湿态大于干态。

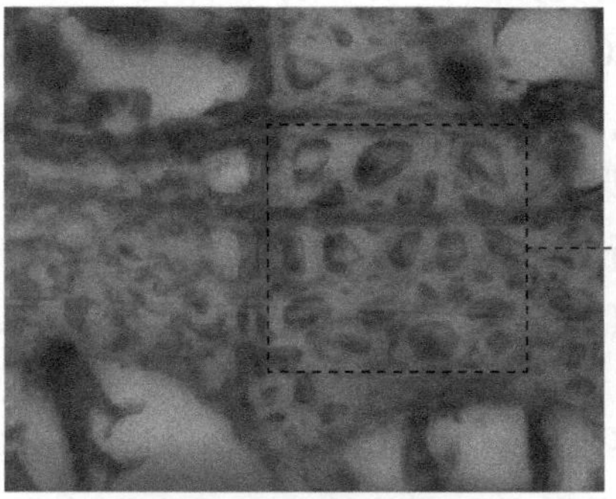

（a）PW-DMSO回弹湿态

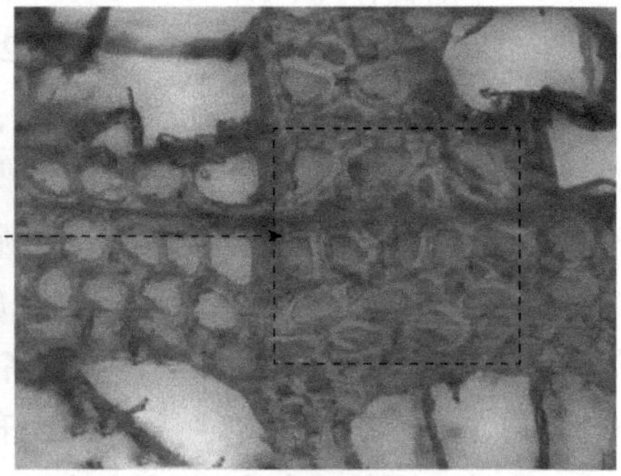

（b）PW-回弹后干态

（c）THM-DMSO回弹湿态

（d）THM-回弹后干态

图 3-12 PW 和 THM 耦合作用试样 DMSO 回弹后湿态和干态横切面细胞显微图像

图 3-12(c)(d)中发现，THM 耦合作用试样经过 DMSO 响应回弹后，湿态细胞腔发生了形状的恢复，这是因为细胞壁膨胀使得细胞腔的形状相应恢复，但是经置换后干态试样的形状又恢复到了 DMSO 响应前试样的形状。细胞壁的上述变化再次从微观结构的角度支持了维持木材原始形状的是三维交联网络结构这一结论。PW 是单纯的湿热机械力软化压缩处理，这一处理过程中未处理材细胞壁(具有节点的三维交联网络结构)的结构只是在形状上发生变化，当响应试剂进入到木材内部与游离羟基形成氢键后，软化后基体物质的熵弹力使临时形状得以回弹，干燥后回弹的形状因三维交联网络结构的刚性得以固定。但是，经过 THM 耦合作用高温处理后，三维交联网络结构的节点遭到破坏，当响应试剂进入到木材内部引发细胞壁和细胞腔临时膨胀(类似充气后的游泳圈)，但当试剂消失后，因为没有细胞壁刚性网络的支持，可逆的临时形状消失，使 THM 耦合作用试样恢复到试剂响应前的形状。

2. 孔隙结构对形状记忆效应的影响

木材细胞壁的比表面积较大，孔隙一般为孔径 2~50 nm 的介孔。部分木质素、半纤维素和抽提物在纤维素微纤丝之间填充后形成介孔[159-160]。通过研究不同 THM 耦合作用因素间介孔的变化，判断维持原始形状的三维交联网络结构的变化。通过探索三维交联网络结构在 THM 耦合作用中的变化揭示木材失去形状记忆效应的机理。

不同温度 THM 耦合作用试样的孔径分布情况如图 3-13 所示，介孔中 THM200℃的孔径最大，而 THM180℃的孔径则最小，THM220℃的居中。THM 试样在 5~10 nm的孔径范围内的分布较多，0.5~1.0 nm 的孔径范围内，THM200℃的分布远大于 THM180℃。孔径分布的变化一方面是当 THM 耦合作用中温度低于 180℃或者作用时间比较短时，木材细胞壁内部没有产生较大的化学反应，不会产生新的孔径；另一方面是 THM 耦合作用高温达到或超过 200℃时，木材细胞壁主要化学成分(尤其是半纤维素)在高温作用下热解，产生含有羧基或羰基的化学物质，木材细胞壁在高于 200℃或长时间高温热处理出现造孔现象。木材在 200℃高温 THM 耦合作用时，由于半纤维素的降解使细胞壁中纤维素微纤丝间出现大量微孔[161]。此外，因为木材细胞壁 S_2 层的纹孔是不耐热的非木质化物质，容易在高温 THM 耦合作用中破坏，细胞壁中大量纹孔膜的损坏产生较多新的微孔。

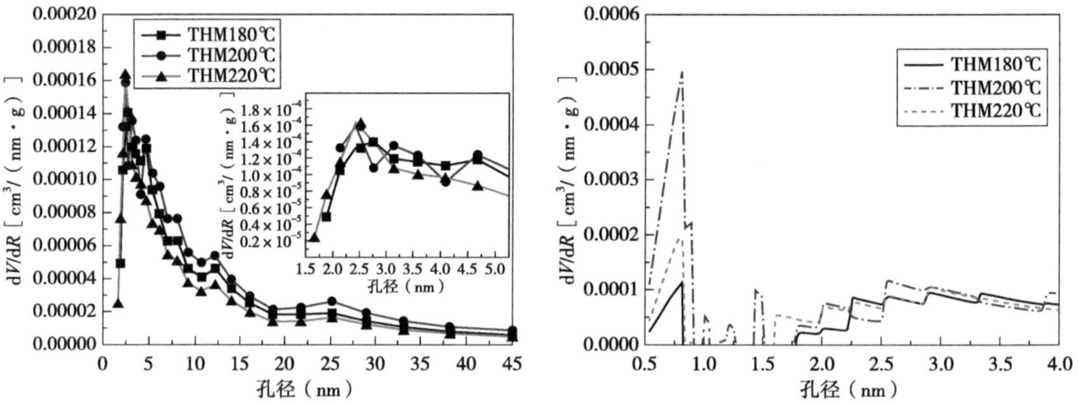

（a）1~45 nm （b）0.5~4.0 nm

图 3-13 不同处理温度 THM 耦合作用试样的孔径分布

图 3-13 显示 THM 耦合作用温度达到 220℃时，介孔的数量明显减少。220℃高温 THM 耦合作用下孔隙数量减少归因于管胞腔闭合现象和微孔堵塞现象。管胞腔闭合现象源于木材细胞壁中高分子聚合物(如木质素)的黏弹性，在高温环境中高分子聚合物由玻璃态向高弹态转变，在 THM 耦合作用下产生的形状变形使木材的管胞腔发生闭合现象[162]。微孔堵塞现象源于半纤维素热降解和木质素重新分布，当 THM 耦合作用温度达到 220℃时，木材细胞壁中的半纤维素热降解程度加剧，木质素由高弹态向黏流态转变后在细胞壁中重新分布，半纤维素热降解的产物与木质素的流动堵塞纤维素微纤丝间的大量微孔。图 3-14 中，THM220℃的孔比表面积积分分布中也存在同样的趋势，THM200℃在 2~50 nm 的介孔孔径所对应的比表面积高于 THM180℃和 THM220℃，而 THM220℃则最少。THM 耦合作用试样在 2~10 nm 的孔隙的比表面积分布最大，同样证明高温 THM 耦合作用使木材细胞壁及纹孔膜中出现大量的微孔。

上述细胞壁中孔隙结构的变化表明，木材细胞壁中高分子聚合物在高温 THM 耦合作用中产生形态的转变，当温度高于高分子聚合物(木质素)的玻璃化转变温度时，由玻璃化状态转变为高弹性状态，此时高分子聚合物(木质素)小的分子链段振动，并没有影响木材

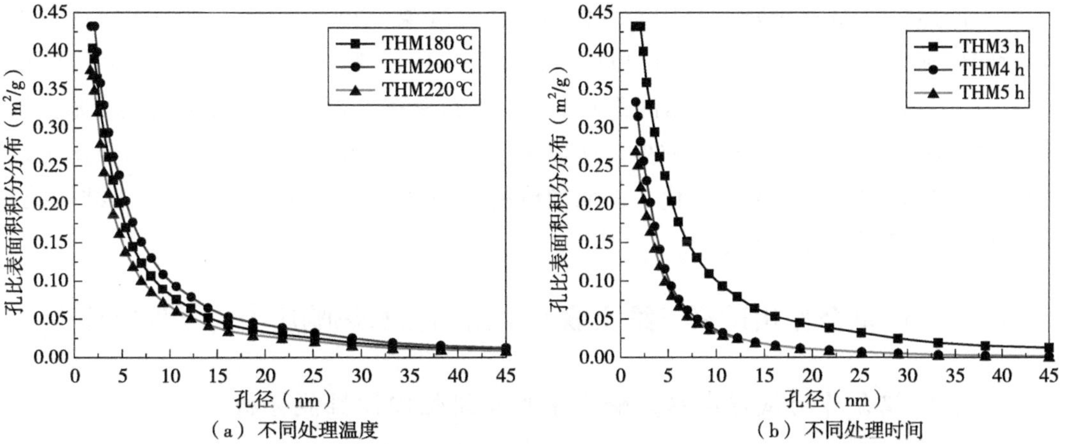

图 3-14 THM 耦合作用试样比表面积积分分布

细胞壁的孔隙构造。但温度持续增加后，随着高分子聚合物(木质素)分子热振动增强，分子链自由体积增大使短程运动的聚合物链段变为自由移动的整体运动。所以木质素的移动加之半纤维素高温降解产物使微孔的比表面积减少。

图 3-15 是不同时间 THM 耦合作用的孔径分布图，从中可以观察出孔径在 5~10 nm 内，THM3 h 分布的孔径远远比 THM4 h 和 THM5 h 多。THM 耦合作用时间增加后，宽度在 0. 5~1 nm 的微孔数量下降较大。图 3-14 中孔比表面积在 5~50 nm 内的数量也随着 THM 耦合作用时间的增加而减少，在 5~15 nm 内的孔比表面积的减少幅度较大。由于 THM 耦合作用时间越长，半纤维素降解效果越好。此外，由于 THM 耦合作用时间增加了低相对分子质量木质素分子水平，大量的短链低相对分子质量聚合物的比例越大，高聚物的玻璃化转变温度显著降低，玻璃化转变时摩擦阻力增大，木质素在 THM 耦合作用下产生一定程度的双相交联。所以 THM 耦合作用时间增加使木质素重新分布，热降解产物在微孔沉积导致孔径及孔比表面积减少[163]。

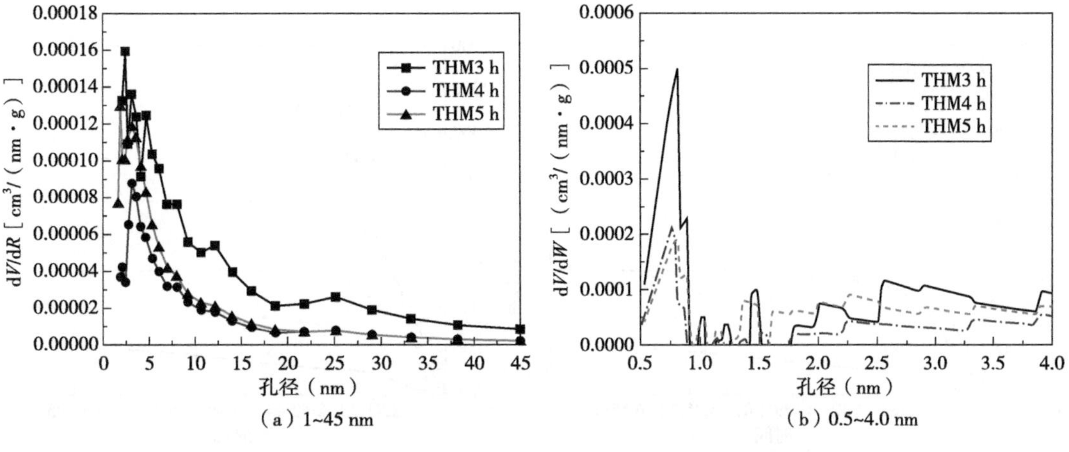

图 3-15 不同处理时间 THM 耦合作用试样的孔径分布

综上所述，THM 高温耦合作用使木材出现造孔现象。200℃时半纤维素热解使纤维素微纤丝间出现大量微孔。但是 THM220℃高温耦合作用或 200℃时延长作用时间导致试样中半纤维素热降解的产物和木质素的重新流动，纤维素微纤丝间出现大量微孔堵塞，从而使微孔数量减少，比表面积相应减少。所以说，木材实质物质在高温 THM 耦合作用过程中的化学变化导致微观孔隙的变化，进而使维持木材原始形状的三维交联网络结构破坏，使木材失去记忆原始形状的能力。

四、THM 耦合作用试样三维交联网络结构在水热响应中力学性能分析

1. THM 耦合作用试样在水热响应中形状记忆回弹性能分析

上述试验结果证明，网络节点组成的木材三维交联网络结构可以维持木材的原始形状，使其具有形状恢复能力，形状恢复力来源于交联网络的熵弹力。高温 THM 耦合作用过程使维持木材形状记忆效应的三维交联网络的节点破坏，导致木材失去形状记忆效应。测试试样在 25℃水热响应中形状回弹内应力的变化，证明高温 THM 耦合作用破坏了维持木材原始形状的三维交联网络结构，使试样的形状恢复力减弱或消失。

图 3-16 为 THM 耦合作用试样水热响应中形状回弹内应力的变化情况。未处理的天然木材(NW)没有进行径向压缩，细胞壁吸水膨胀产生的内应力达到 1099. 4 N，但远小于径向压缩木材(PW)的形状回弹内应力。THM 耦合作用试样的形状回弹内应力均随着水热响应时间的增加逐渐增加，最后趋于平稳状态。试样的形状回弹内应力达到平衡状态的时间约为 180 min。试样的形状回弹内应力随着 THM 耦合作用温度的升高而降低。THM180℃、THM200℃和 THM220℃的形状回弹内应力最大值分别为 4434. 8 N、2828. 6 N、2048. 3 N，与 PW 相比分别降低了 17. 9%、47. 6%、62. 1%。相应的 THM3 h、THM4 h 和 THM5 h 形状回弹内应力最大值分别为 2828. 6 N、2689. 5 N、2428. 8 N，分别降低了 47. 7%、50. 2%、55. 1%。THM220℃在水热响应中的有一定的形状回弹性，因为高温热降解的亲水产物留

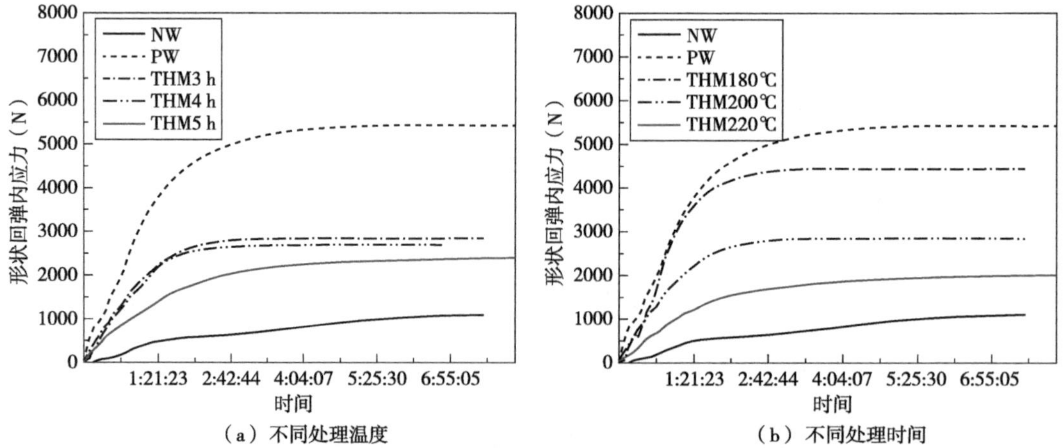

（a）不同处理温度　　（b）不同处理时间

图 3-16　THM 耦合作用试样水热响应形状回弹内应力变化

在细胞壁中，水热响应时使细胞壁够容纳一定的水。

木材 THM 耦合作用温度达到 220℃后或 200℃处理 5 h 后，水热响应形状回弹内应力明显降低。根据本章前几节的验证，高温 THM 耦合作用后维持木材原始形状的三维交联网络结构发生变化，体现在半纤维素降解和木质素产生新的交联等化学成分的改变。木材压缩后的形状恢复力来源于维持原始形状的三维交联网络的熵弹力，高温 THM 耦合作用后交联网络的回弹的内应力(熵弹力)减少或消失，导致水热响应后形状回弹的记忆效应消失。

2. THM 耦合作用试样动态热机械性能分析

根据上述分析表明，经过高温 THM 耦合作用后，木材的键合结构发生变化，由纤维素、半纤维素和木质素组成的维持木材原始形状的三维交联网络的变化使木材形状记忆效应消失。对试样进行动态热机械分析测试，可以分析不同 THM 耦合作用试样在交变应力下，弹性和黏性形变对温度响应的变化趋势。通过储能模量、损耗模量对温度响应的变化，分析分子运动的变化如何影响木材的形状变化。

THM 耦合作用试样储能模量的变化如图 3-17 所示，反映木材在形变过程中发生的弹性形变进而储存能量，表征 THM 耦合作用后木材刚度的变化。图 3-17 中温度谱的变化显示，随着温度的升高，THM 耦合作用试样的储能模量降低。这说明随着温度的升高，纤维素的晶格受热膨胀，维持木材原始形状的三维交联网络发生变化，热分子的振荡加剧使纤维素原子势能增大，纤维素原子间距离增大而产生热膨胀，导致木材内部弹性形变降低，所以储能模量随着温度升高而减小[164]。与 THM 耦合作用试样相比，NW 的储能模量出现两次下降速率加快的现象，分别在 110℃之前和 210℃之后。这说明 NW 对温度的敏感性更强，THM 耦合作用试样的耐热性强于 NW。NW 储能模量在 120℃的大幅下降是因为相对分子质量较小的二氧六环木质素软化，它的玻璃化转变温度发生在 130℃左右[98]。

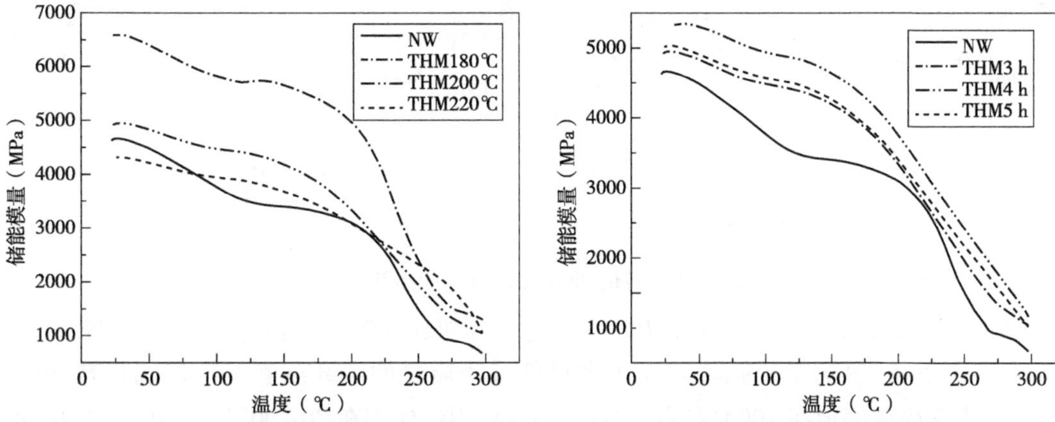

（a）不同处理温度　　（b）不同处理时间

图 3-17　THM 耦合作用试样的储能模量

THM 耦合作用试样储能模量大于 NW，THM220℃与 NW 的储能模量差别较小。究其原因是与三维交联网络结构中木质素的变化有关：一方面是木质素交联作用，木材中非结晶的多糖在高温 THM 耦合作用过程中产生降解反应，生成的糠醛产物进一步促进了木质素发生交联反应[165]；另一方面是相对木质素含量增加的作用，高温 THM 耦合作用中多糖降解，相对应木质素的含量则增加[166-167]。木质素是维持木材三维交联网络并提供细胞壁刚度的主要成分，因此，无论是木质素交联作用还是木质素相对含量增加的作用均导致储能模量增加[168]。与高温 THM 耦合作用时间相比，温度对储能模量的影响更大，随着温度的增加储能模量减少。组成木材三维交联网络内部活性化学基团在高温 THM 耦合作用发生改变，主要是活动程度和连接方式的改变，表现为高分子聚合物降解成低分子物质引起化学成分变化，部分氢键断裂引起结构变化。三维交联网络内部化学成分变化及结构变化使径向压缩木材临时固定的能量释放，所以在交变应力下弹性变形减小，储能模量降低。

THM 耦合作用试样损耗模量的变化如图 3-18 所示，反映木材由于黏性形变以热的形式消耗能量，表征 THM 耦合作用试样阻尼的变化。图 3-18 中显示，随着 THM 耦合作用温度的升高，试样的损耗模量均先增大后减小。木材单位体积内分子链数目通过径向压缩后有所增加，减小了木材细胞壁中分子链热运动时的空间，增大了分子链热运动的内摩擦阻力，热损耗也相应增加。温度升高后，木材中非结晶聚合物的支链降解使聚合物的聚合度降低，聚合物分子链热运动的空间相应增加，减小了聚合物分子运动内摩擦阻力，损耗模量相应降低。

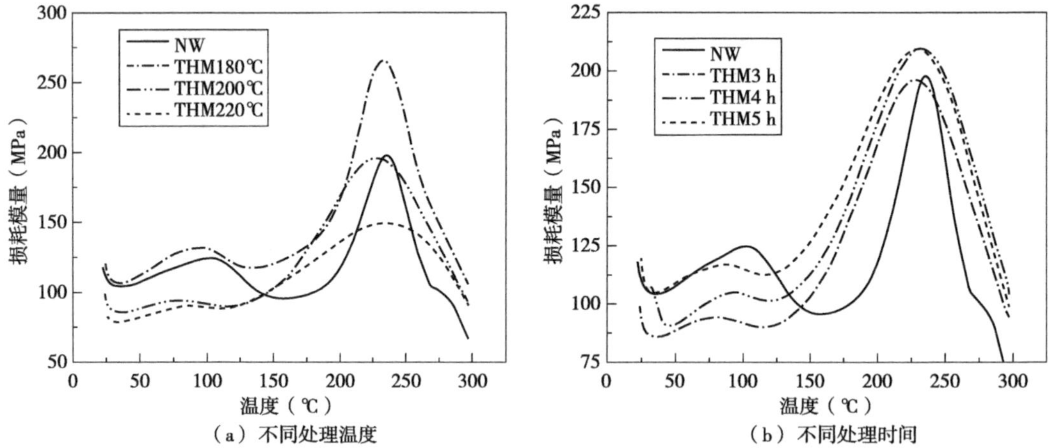

（a）不同处理温度　　（b）不同处理时间

图 3-18　THM 耦合作用试样的损耗模量

图 3-18 中温度谱内出现了 2 个力学松弛峰，分别是 100℃左右的 β 力学松弛峰和250℃的 α 力学松弛峰。β 力学松弛峰归属于木材低分子质量的半纤维素发生玻璃化转变[169]。NW 的 β 力学松弛峰值在 100℃左右，THM 耦合作用试样则在 70~90℃，THM 耦合作用温度和时间增加使 β 力学松弛峰的值呈现降低的趋势。这是因为 THM 耦合作用温度增加使木质素交联程度增加，木质素分子间结合致密度的增加使链段热运动受到限制，所以 NW

的 β 力学松弛峰值高于 THM 耦合作用试样。当木材细胞壁聚合物的非结晶区在热的作用下软化，软化聚合物的非结晶区产生微布朗运动引起 α 力学松弛峰[170]。低于玻璃化转变温度时，木材中聚合物分子链的运动处于"冻结"状态，减少了聚合物分子间的相对运动，分子间运动的摩擦阻力相应减少，产生的热量也较小，所以损耗模量较小。温度逐渐升高后损耗模量相应增加，温度上升后为木材聚合物分子的运动提供外界能量，使小分子运动单元产生运动，内部损耗模量增大。当温度高于玻璃化转变温度时，木材中的聚合物达到熔融态，减小了分子链间的摩擦阻力，损耗能量也相应减少。图 3-18 中显示，α 力学松弛峰的值随 THM耦合作用温度的升高而降低。因为半纤维素随着温度的升高其降解量也增加，木质素在温度增加后发生低分子化，使分子内摩擦变小，热损失降低导致损耗模量减少。

综上所述，THM 耦合作用试样的储能模量和损耗模量与 NW 相比明显降低，高温 THM 耦合作用使木材三维交联网络内部活性化学基团发生改变，集中在活动程度和连接方式的改变，释放木材径向压缩时临时固定的能量，增加了半纤维素的降解程度和木质素的低分子化程度，分子内摩擦变小。THM 耦合作用破坏了维持木材原始形状的三维交联网络结构，消除了木材水热响应形状记忆效应。

五、THM 耦合作用改变木材三维交联网络结构的机理分析

1. THM 耦合作用改变木材三维交联网络结构的键合结构

木材细胞壁中键合结构的变化直接影响维持木材原始形状的三维交联网络结构。木材的主要成分在 THM 耦合作用下经历了不同程度的化学变化[171]。

如图 3-19 所示，表面羟基和吸附水的羟基伸缩振动在 3411 cm^{-1}处的吸收峰发生变化，反映木材形状记忆过程中游离羟基的变化[172]。THM 耦合作用温度增加，此处特征峰的强度减弱，当温度达到 220℃时明显降低。这说明木材细胞壁在高温处理过程中发生了物理性脱水使游离羟基的数量显著减少，或者纤维素分子链间的游离羟基产生"架桥反应"，架桥反应指纤维素分子链间的游离羟基发生醚化[173-174]。另外，羟基的变化发生在木材聚合物半纤维素的脱乙酰化反应。木材在高温热处理过程中，半纤维素中的乙酰基首先发生水解反应，半纤维素乙酰基单元中碳氧双键伸缩振动特征峰，半纤维素聚木糖葡萄糖醛酸单元的特征峰，即 1733 cm^{-1}特征峰的降低证明了半纤维素脱乙酰化反应的产生[55]。半纤维素分解产生乙酸和醛类，木质素也发生分解或改性[175-177]。所以，高温 THM 耦合作用后维持木材原始形状的三维交联网络结构中游离羟基减少，导致木材对水热响应的敏感性降低。

在高温 THM 耦合作用下，木材中主要化学成分均发生了变化。半纤维素的特征峰 1462 cm^{-1}和 1235 cm^{-1}分别是碳氧单键的伸缩振动和木聚糖骨架主链 $C—H_2$的弯曲振动。木材经过 THM 耦合作用后，特征峰 1462 cm^{-1}和 1235 cm^{-1}均表现下降的趋势，THM180℃和 THM200℃下降不明显，而 THM220℃特征峰强度下降显著。这说明 180℃和 200℃的 THM 耦合作用使木聚糖的支链分裂脱落，220℃时半纤维素内木聚糖骨架主链部分开始降

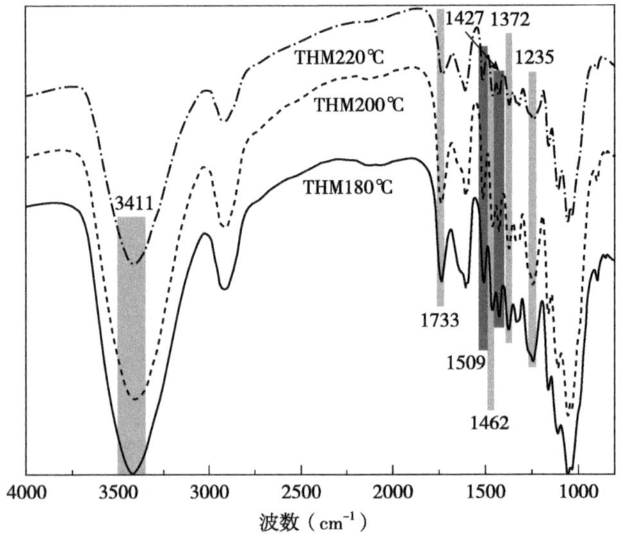

图 3-19 THM 耦合作用不同处理温度的红外光谱图

解[178-179]。表示 CH_2剪切振动和 C—H 弯曲振动的特征峰为 1427 cm^{-1}和 1372 cm^{-1}，是纤维素的特征峰。1427 cm^{-1}处峰强度明显下降归因于木材经过 THM 耦合作用后无定形纤维素减少；1372 cm^{-1}处峰强度明显下降归因于纤维素无定形区发生降解反应。本研究发现，属于木质素苯环上 C ═O 官能团的特征峰 1733 cm^{-1}处强度在 220℃处理时峰面积明显增加，这是因为高温 THM 耦合作用中木质素产生缩聚作用导致羰基的增加[180]。1509 cm^{-1}和 1462 cm^{-1}的峰值归属于木质素芳香环碳骨架中 C ═C 的伸缩振动，特征峰的相对峰强度发生了变化。这一变化与木质素芳香族单元发生的交联反应有关，也与木质素缩聚反应中发生的脂肪侧链断裂有关。高温 THM 耦合作用时间对木材中主要官能团的影响与热处理温度的影响规律一致，但高温 THM 耦合作用时间对峰强度的影响较小(图 3-20)。

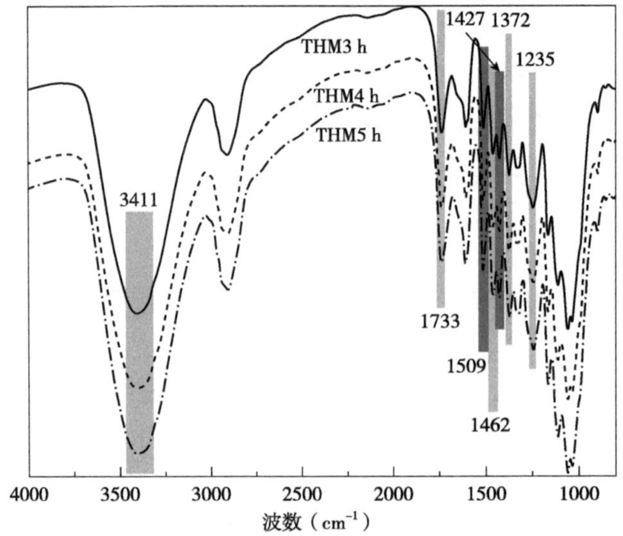

图 3-20 THM 耦合作用不同处理时间的红外光谱图

高温 THM 耦合作用中键合结构产生较大变化，半纤维素(乙酸、糠醛、甲基糠醛、羟基甲基糠醛)和木质素(乙酸、愈树酚、丁香酚、香草醛、丁香醛、乙酰香草酮、乙酰丁香酮)的降解产物随着 THM 耦合作用温度的升高而增加[181]。封闭系统将释放的乙酸和可能产生的甲酸残留在木材内部，酸性条件催化多糖的解聚[182-183]。总之，压缩木材经过高温 THM 耦合作用后，由于降解反应和脱乙酰基反应，半纤维素明显降解；纤维素分子链的降解发生在非结晶区，分子链间发生的醚化脱水反应使非结晶区有序化；木质素通过形成交联反应降低了水响应敏感基团的数量，使木材的三维交联网络结构形成新的交联。木材实质物质发生上述结构上的变化使维持木材原始形状的三维交联网络的结构发生变化，导致木材水热响应径向压缩形状记忆效应的消失。

2. THM 耦合作用改变木材三维交联网络结构的晶体结构

利用 X 射线衍射法测得 NW、PW 和 THM 耦合作用试样的结晶结构特性，通过对比结晶结构特性的变化，分析三维交联网络结构消除形状记忆效应的原因。试验结果如图3-21所示，木材细胞壁中纤维素(101)、(002)和(040)晶面的衍射峰处于 X 射线衍射扫描角度的 16°、22°和 35°处。纤维素 I 最大的(002)晶面衍射强度的 XRD 主衍射峰在 22°，纤维素 I 无定形区衍射强度在 16°。如图 3-21 所示，经过不同的 THM 耦合作用后，纤维素 I 只是衍射峰强度发生变化，衍射强度曲线的峰形和峰位置没有变化，这说明纤维素 I 结晶区单斜晶系的晶胞构造没有因为 THM 耦合作用发生改变，只是改变了纤维素的相对结晶度指数和晶胞尺寸。

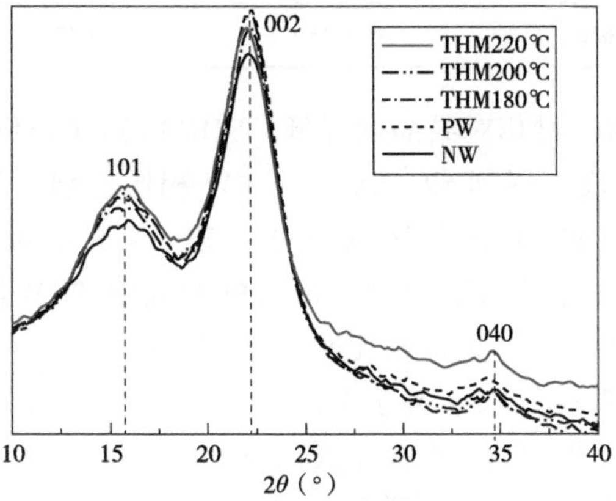

(a) 不同处理温度

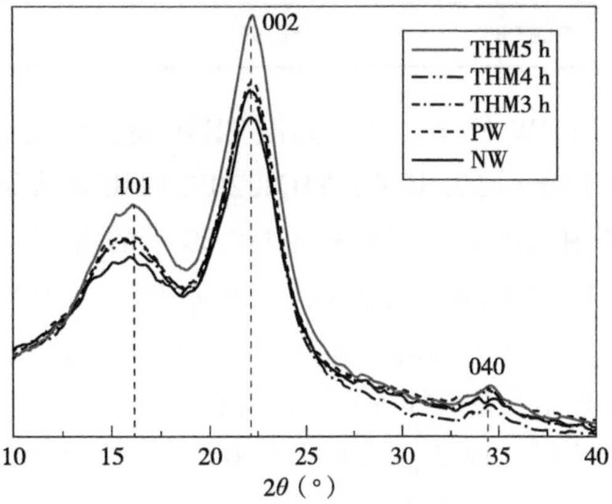

(b) 不同处理时间

图 3-21　THM 耦合作用试样的 XRD 图谱

表 3-5、表 3-6 是根据 Sherrera 方法获得不同条件作用下纤维素结晶结构的变化情况。与 NW 相比，PW 和 THM 耦合作用试样的相对结晶度均有所提高。NW 的相对结晶度为 51.79%，PW 的相对结晶度增加到 57.97%，增加了 11.9%。原因有两个：①在 THM 耦合作用压缩过程中，缩短了木材细胞壁纤维素微纤丝分子链间的距离，纤维素内游离羟基间及与羰基间产生氢键缔合，氢键缔合缩短了纤维素分子链间的距离，增大了纤维素分子链

间的作用力，使木材细胞壁中纤维素微纤丝间排列更为致密；②木材细胞壁中纤维素非结晶区微纤丝间形成氢键，无序结构取向排列[184]。以上两个原因导致PW的纤维素结晶度增加，力学性能相应增强[185]。

表3-5 不同处理温度THM耦合作用试样结晶度的变化

编号名称	相对结晶度指数(%)	半峰宽弧度(rad)	cosθ	晶胞尺寸(nm)
NW	51.79	0.0644	0.9815	1.75
PW	57.97	0.0541	0.9812	2.08
THM180℃	52.35	0.0384	0.9809	2.93
THM200℃	56.87	0.0348	0.9813	3.23
THM220℃	52.19	0.0376	0.9818	2.99

表3-6 不同处理时间THM耦合作用试样的结晶度变化

编号名称	相对结晶度指数(%)	半峰宽弧度(rad)	cosθ	晶胞尺寸(nm)
NW	51.79	0.0644	0.9815	1.75
PW	57.97	0.0541	0.9812	2.08
THM3 h	56.87	0.0348	0.9813	3.23
THM4 h	56.38	0.0482	0.9818	2.33
THM5 h	58.99	0.0636	0.9815	1.77

与PW相比，经过高温THM耦合作用后木材相对结晶度降低，THM180℃的相对结晶度下降到52.35%，THM220℃的相对结晶度下降到52.19%，与PW相比分别下降了9.7%和10.1%。但是THM200℃的相对结晶度的变化则较小，表3-5中显示，THM200℃的相对结晶度为56.87%，与PW相比仅下降了1.9%。200℃高温THM耦合作用后试样的相对结晶度与THM180℃和THM220℃试样相比明显增加，对比表3-6发现200℃处理试样5 h后，其相对结晶度达到58.99%，高于PW。在其他多个文献中也发现类似的现象；木材在200℃高温热处理时相对结晶度高于其他温度的热处理[186-188]。因为木材在180℃和220℃高温热处理时，半纤维素发生脱乙酰化反应后形成乙酸，而乙酸使得纤维素非结晶区在较高温度下发生部分酸解，纤维素结构的破坏降低了纤维素的聚合度[189]。两个原因使THM耦合作用温度为200℃时相对结晶度增加，一方面是破坏的纤维素分子链和非结晶区内部裂解的微纤丝再结晶的作用，另一方面是半纤维素中的木聚糖和甘露聚糖热解后结晶的作用[190]。

木材经过不同THM耦合作用后晶胞尺寸也有一定影响，NW的纤维素晶胞尺寸为1.75 nm，PW的晶胞尺寸增大到2.08 nm。THM耦合作用后晶胞尺寸均大于PW，THM200℃试样的晶胞尺寸增大到3.23 nm，增大了35.6%。纤维素晶胞尺寸的变化与相对结晶度的变化相一致，随着 THM 耦合作用温度的升高出现先增大后减小的现象。但是随着 THM 耦合作用时间的增加，纤维素晶胞尺寸出现下降趋势。与 THM3 h 相比，THM4 h 和 THM5 h 的纤维素晶胞尺寸分别下降到 2.33 和 1.77 nm，分别降低了 27.9%和 45.2%。这是因为 200℃高温作用使纤维素非结晶区域再结晶，增加了相对结晶度指数，从而提高相对应的晶胞尺寸。

上述结论表明，高温 THM 耦合作用影响纤维素结晶结构特性，PW 相对结晶度和晶胞尺寸都明显增加，但是经过高温热处理后有所下降，总体上呈现减小—增大—减小的趋势。高温 THM 耦合作用使维持木材原始形状的三维交联网络中结晶结构发生变化，表现为相对结晶度和晶胞尺寸的增加，结晶度的增加减弱了水热响应对木材结构的影响，使压缩变形后的形状更不容易恢复，使木材的形状记忆效应消失。

六、THM 耦合作用影响木材形状记忆效应的机理

木材径向压缩后物理节点与化学节点组成的三维交联网络决定了木材在水热响应后可以回到其原始形状，木材的网络节点包括物理节点和化学节点，高温 THM 耦合作用破坏了三维交联网络的节点，使木材失去形状记忆的效应并产生形状固定。

物理节点的变化包括：①交替结晶、取向一致的纤维素线性大分子链间相互缠结或相互穿插的物理节点，高温 THM 耦合作用后非结晶区减少、结晶区增加，大分子链间缠结更致密；②半纤维素与木质素组成的 matrix 基体三维网络与纤维素大分子网络相互穿插的物理节点，高温 THM 耦合作用后半纤维素热解，木质素与多糖分解产物之间的缩合反应产生交联。木质素在酸性水解条件下降解过程中产生的甲醛也可能促进木质素框架内的交联。

化学节点的变化包括：①高温 THM 耦合作用使半纤维素热解，增加了纤维素大分子链间氢键的数量；②半纤维素与纤维素和木质素的连接键分别是氢键和共价键，高温 THM 耦合作用破坏了半纤维素和纤维素间的氢键，削弱或者破坏了纤维素和木质素的连接键，微纤丝和 matrix 基体(半纤维素和木质素)中内应力因而得到一定程度的释放。③木质素与多糖分解产物缩合交联后形成醛和醚键。木材维持原始形状的三维交联网络因物理节点与化学节点的变化而发生破坏，使径向压缩后驱动木材回到原始形状的熵弹力消失或减弱，同时，新形成的交联限制细胞壁聚合物网络中无定形部分的流动性，进而木材失去了水热响应形状记忆效应并产生形状固定。木材经 THM 耦合作用后失去形状记忆效应机理，如图 3-22 所示。

基于本书第二章中建立的木材形状记忆效应模型，根据本书的试验结果验证：网络节点组成交联网络可以维持木材的原始形状，使其具有形状恢复能力，木材的形状恢复力来源于交联网络的熵弹力。高温 THM 耦合作用破坏了维持木材原始形状的三维交联网络，使木材失去形状记忆效应，并产生形状固定。

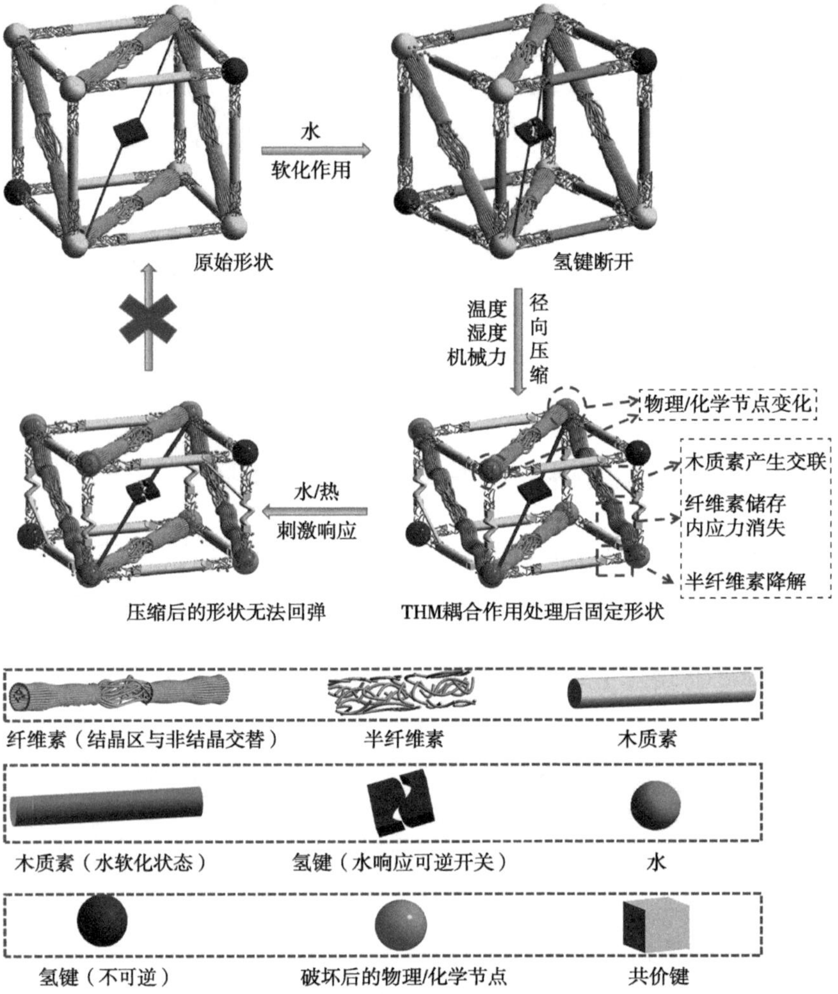

图 3-22　THM 耦合作用试样失去水热响应形状记忆效应的机理模型

第四节　本章小结

THM 耦合作用温度是影响木材水热响应形状记忆效应的主要因素，随着时间的延长起到了促进作用。高温 THM 耦合作用降低了压缩木材的剖面密度。THM180℃ 和 THM200℃ 的各项密度均逐渐降低，THM220℃试样的各项密度下降接近 20%，THM5 h 各项密度下降接近 19%。高温 THM 耦合作用可以有效地降低木材的水热响应形状记忆效应，当处理温度超过 200℃后，木材的形状记忆效应消失。

木材实质物质在高温 THM 耦合作用中微观形貌和孔隙结构发生变化，进而使维持木材原始形状的三维交联网络结构破坏。高温 THM 耦合作用使木材细胞壁失去形状记忆效应，变形后的细胞壁不能够回到原始的形状。由于木材三维交联网络结构维持木材原始形状，THM 耦合作用试样细胞腔在 DMSO 响应后的形状有所恢复，但是干态试样又恢复到了压缩后的形状。半纤维素在 200℃时热解使纤维素微纤丝间出现大量微孔。但是 220℃高温 THM 耦合作用或 200℃时延长作用时间使半纤维素热降解产物与木质素产生交联，纤维素微纤丝间出现大量微孔堵塞。

木材 THM 耦合作用温度达到 220℃后或 200℃处理 5 h 后，水热响应形状回弹内应力明显降低，储能模量和损耗模量也显著降低。这源于高温 THM 耦合作用使木材三维交联网络内部活性化学基团的活动程度和连接方式发生改变，使径向压缩临时固定的能量释放，半纤维素发生降解反应，木质素产生低分子化，上述变化降低了分子内摩擦阻力。

未处理材经过高温 THM 耦合作用，键合结构和结晶结构的变化导致维持木材原始形状的三维交联网络结构改变。半纤维素由于降解反应和脱乙酰化反应发生明显降解；纤维素分子链非结晶区产生降解；分子链间由于醚化脱水反应非结晶区更加有序；木质素通过形成交联反应降低了吸湿性较强基团的数量，从而对水热的敏感度降低。THM 耦合作用使结晶度和晶胞尺寸增加、分子间距离缩短，结构的变化使水热响应后的形状更不容易恢复。

第四章 木质素对木材形状记忆效应的影响与作用机理

第一节 引 言

木质化植物中木质素的含量仅次于纤维素，是丰富的天然可再生芳香族聚合物，广泛存在于木质化植物的细胞壁中，为其提供刚度和强度[191]。木质素保持木质化植物细胞壁结构的完整性，是次生壁加厚的关键结构成分[192]。木材细胞壁之间区域(即胞间层和细胞角隅)的木质素含量高达70%~80%，作为细胞壁间胶结成分，木质素提供木材细胞壁硬度且可抵抗生长应力和外界环境载荷[193]。木质素由3种苯丙烷单元通过醚键和碳-碳键两种共价键相互连接组成三维网络结构[194-195]。木质素可以发生多种化学反应，丰富的活性位点赋予木质素更高的反应活性，木质素的化学改性拓宽了其在高分子材料中的高值化应用范围[196]。

木质素的芳香骨架苯丙烷是疏水非极性基团，羟基和羧基等端基是亲水极性基团，敏感的亲疏水转变特性使木质素在刺激响应智能材料领域逐渐被开发研究[197]。热响应材料中木质素作为热响应弹性体，提高材料的力学强度及形状的固定性。Li等用一定摩尔比的三乙醇胺、三羟甲基氨基甲烷和正十二烷二元酸与木质素共聚制备了木质素基热响应弹性体，具有形状记忆效应。探索合理木质素含量下具有较高力学性能的共聚物弹性体，为使该共聚物弹性体材料应用在医疗领域，探索出介于室温和体温之间的转变温度[198]。Nguyen等制备含有木质素的基板(ALB基板)，通过与丙烯腈-丁二烯橡胶(NBR41)熔融共混完成，以聚丙烯涂料为黏合剂，在ALB基板上涂覆银纳米颗粒，制造出了形状记忆复合材料，多次循环形状记忆过程发现该材料的形状恢复和形状固定能力较好。涂覆上银纳米颗粒后，该材料具有可编辑导电率的能力，进行高温处理后机械性能提高，可以应用于传感器等领域[199-200]。

与热响应SMPs类似，木材细胞壁中的木质素在形状记忆效应中起到热响应弹性体的作用。木材具有形状记忆效应源于木质素在温度-湿度-机械力耦合作用下不同的存在状态。木材形状记忆性与木质素的玻璃化转变温度(T_g)有关，当温度低于木质素的T_g时，木材处于“冻结”状态，当升高温度至木质素的T_g以上时，木质素处于高弹态，受到机械力的作用产生形状变形后，在保持机械力的作用下将温度降至木质素的T_g以下，木材的形状被固定。当温度升高至T_g以上时，变形后的木质素自动发生形变导致木材恢复到原始形状。能使变形后材料恢复原始形状的温度也被表示为$T_{转变}$[201-202]，水的作用可以降低木材中木质素的玻璃化转变温度。所以，木质素活性羟基的亲水性及其芳环刚性结构，在木材中发挥固定相和偶联剂的作用，使木材可以在一定的水热响应中发生形状记忆效应。

目前，鲜有关于木质素对木材径向压缩形状记忆效应影响机理的研究。鉴于此，本章将在第二章建立的木材水热响应形状记忆模型研究的基础上，通过研究脱除木质素后的木材形状记忆效应，分析木质素对木材形状记忆效应的影响，探讨并建立了脱除木质素后消除木材形状记忆效应的机理，为木材工业中木材变形的固定提供解决思路，同时为拓宽木材的高值化应用奠定理论基础。

第二节　试验材料与方法

一、试验材料

选取与第二章一致的人工林北京杨(*Populus* × *beijingensis* W. Y. Hsu)原木为本试验的材料，将生长轮平直，无节疤、无应力木、无假年轮等缺陷的边材部分锯切成规格为30 mm(纵向)×30 mm(径向)×30 mm(弦向)的立方体试样，绝干密度为(394±1. 589)kg/m^3。

二、脱木质素木材制备方法

将杨木浸泡在2. 5 mol/L NaOH和0. 4 mol/L Na_2SO_3混合溶液中，在25℃下，将试样置于真空干燥箱中浸渍1 h(每隔15 min重新抽真空一次)，确保1 h后杨木试样达到完全浸渍的状态。将浸渍后的试样置于装有NaOH和Na_2SO_3混合溶液的三颈烧瓶中，在水浴锅中将溶液加热至沸腾，通过调整试样不同的蒸煮时间(0 h、0. 5 h、1 h、2 h、4 h、6 h、8 h、10 h、12 h) 得到具有不同木质素脱除率的脱木质素木材(DW)。将脱木质素木材试样浸泡在去离子水中，多次清洗后至中性备用。

三、脱木质素木材形状记忆回弹性能表征

1. 脱木质素木材压缩力学性能测试

干态、湿态DW在压缩及回弹过程中的应力-应变力学性能特征通过DAX-208微机控制电子万能试验机(国产)进行测试。通过设置不同的压缩应变(30%、40%、50%、70%)，测试未处理材(NW)、不同脱木质素木材(DW)在干、湿两种状态下压缩-回弹过程中应力-应变特征，以及在5次压缩-回弹循环过程中的应力-应变。

2. 脱木质素木材动态热机械性能测试

为测试 DW 的动态热机械性能，使用型号为 TA Q800 的动态热机械分析仪(进口)。该设备分辨率为 0.00001 V，应变分辨率为 1 nm，模数范围为 $1\times10^{3}\sim3\times10^{12}$Pa，频率范围为 0.01~200 Hz，动态热机械性能测试温度范围是-150~600℃，加热速度为 0.1~20℃/min。本试验采用单悬臂梁模式测试 DW 的动态热机械性能，试样加工成规格为 50 mm(纵向)×15 mm(径向)×35 mm(弦向)，测试参数如下：测试频率 1 Hz，温度范围 30~300℃，升温速率 3℃/min。

四、消除形状记忆效应的表征方法

1. 消除形状记忆效应编程方法

图 4-1 为木材消除压缩形状记忆的编程过程，总过程分为以下步骤：

①脱木质素处理($t_0\sim t_1$)，将木材置于 103℃的恒温干燥箱中干燥至绝干状态，测木材的绝干质量(W_D)及径向尺寸(L_{D0})，将木材进行脱木质素处理，测 DW 的湿态质量(W_W)及径向尺寸(L_{W0})，此时形状为 DW 的原始形状。

②压缩处理(t_2)，在特定温度、湿度、机械力作用下(100℃)DW 的原始长度(L_0)被压缩到临时长度(L_i)，因为木材脱木质素处理后细胞极易压缩，则 L_i处于 DW 的压缩极限状态，所有被测试样的压缩率[$(L_0-L_i)/L_0$]均为 77.5%±2.15%。

③干燥固定(t_3)，将压缩到 L_i的试样进行干燥并以此固定临时形状，得到脱木质素压缩木材(DPW)，释放机械外力后试样的径向长度为 L_f。

④形状回弹(t_4)，随后置于不同的水热响应(包括 25℃水热响应、60℃水热响应、95℃水热响应、125℃水热响应)中 60 min 进行形状恢复，这种状态被称为回弹形状，干态长度与湿态长度分别用 L_{Dr}和 L_{Wr}来表示。

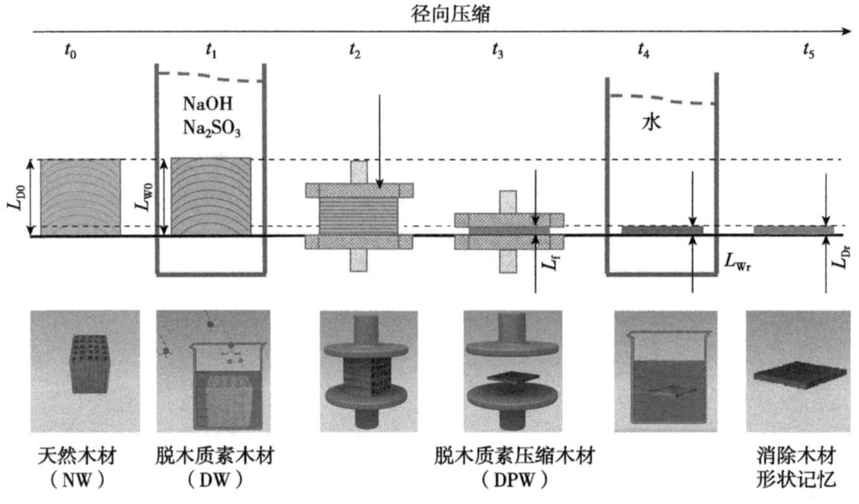

图 4-1 脱木质素木材径向压缩水热响应形状记忆效应循环变形示意图

2. 形状记忆效应表征方法

用R_r和R_f评价脱木质素试样水热响应形状记忆效应，分别表示脱木质素试样的形状回弹率与形状固定率，公式见式(2-1)、式(2-2)。因脱木质素试样在形状记忆编程过程中均被固定，所以形状固定率在文中未进行分析。

五、不同处理木材表面亲水性测试

为了对比 NW、DW 和 DPW 3 种处理试样吸水性的变化，使用 JY-PHa 静态接触角测试仪器(国产)测量 NW、DW 和 DPW 3 种处理试样表面水滴接触角，将体积约为 5 μL 的水滴滴在 NW、DW 和 DPW 3 种处理试样的横切面、径切面和弦切面，当水滴分别在 3 个切面停留 1 s 后读数。为确保数据具有良好的重现性，数据为同一试样表面不同部位 5 次重复试验的平均值。

六、不同处理木材微观形貌及孔隙结构测试

将不同处理试样置于水中充分软化后放置在滑走式切片机中，将试样的横切面、径切面切光滑。在 15 kV 加速电压下，利用 PhenomPro Netherland 场发射扫描电子显微镜(进口)，观测真空喷金处理的 NW、DW 和 DPW 的横切面和径切面，并进行形貌分析。为了获得比表面积与孔径分布，选用 ASAP 2460 型全自动比表面积孔隙度分析仪(进口)，在100℃的条件下使用物理吸附仪对不同处理试样进行氮吸附脱附处理，分析不同处理试样孔隙的变化情况。

七、不同处理木材化学结构测试

将不同处理试样研磨成 200 目的粉末，用 Perkin Elmer 65(进口)测量 NW、DW 和 DPW 3 种试样粉末样品的 FTIR，分析不同处理试样中主要官能团的变化。每组试样取 1 mg 粉末压制成薄片，FTIR 测试分辨率为 1 cm^{-1}，红外扫描波数范围为 600~4000 cm^{-1}，中红外区扫描 32 次。

用型号为 Thermo Scientific EscaLab 250Xi 的 X 射线衍射仪(进口)表征 NW、DW 和 DPW 3 种试样的结晶度变化情况，在铜钾 α 射线(波长= 0.154 nm)下以 4°/min 的速度扫描，试验中扫描范围为 5°~40°，辐射管电压和电流参数分别为 40 kV 和 300 mA。为确保数据具有良好的重现性，数据为 2 次重复试验的平均值。

衍射强度与扫描度数(2θ)的关系曲线中，扫描度数 16°附近出现的极小峰值代表非结晶区背景衍射的散射强度 I_{am}，扫描度数 22°附近出现的(002)衍射极大峰值代表结晶区衍射角的极大强度 I_{002}。纤维素相对结晶度用 Turley 公式表示，见式(3-2)。

根据晶面(002)处的最大半峰宽值，采用 Scherrer 公式计算木材的晶胞尺寸，见式(3-3)。

第三节　结果与讨论

一、脱木质素木材压缩回弹形状记忆性能分析

1. 压缩率对压缩回弹形状记忆性能的影响

图 4-2 展示了 NW 和 DW 分别在干态和湿态中径向压缩-回弹应力-应变特征。当干态试样的压缩率超过 50%时发生明显的损坏，所以干态的压缩-回弹应力-应变图没有 70%时的数据。径向压缩-回弹应力应变曲线均包括弹性期、平台期、回弹期，这一特性符合多细胞固体物质压缩回弹的特性。

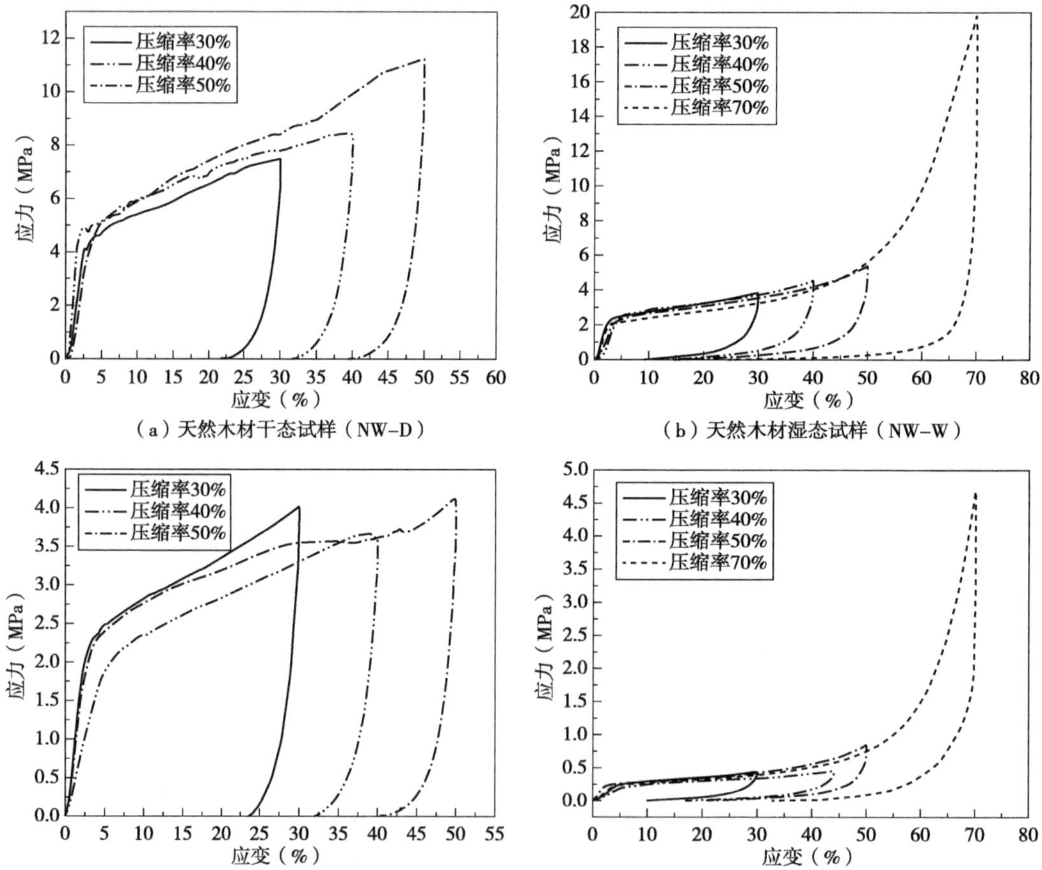

（a）天然木材干态试样（NW-D）　（b）天然木材湿态试样（NW-W）

（c）脱木质素木材干态试样（DW-D）　（d）脱木质素木材湿态试样（DW-W）

图 4-2　不同应变比下试样的应力-应变曲线

图 4-2(a)(c)分别为 NW 和 DW 的干态试样在压缩率 30%、40%和 50%时的应力-应变曲线。由图可知，NW 与 DW 干态试样径向压缩过程中应力随着应变的增加而增加，平台期曲线出现细小的波动，这说明压缩过程中干态试样的内部组织随着应力的增加出现损

伤。NW 应力随着压缩率的增加而增加，且明显高于 DW 的应力(50%压缩率下 NW 应力比 DW 应力高 172.96%)。由图 4-2 中回弹曲线可知，干态试样在释放应力后形状存在很大的不可逆应变，且压缩率越大不可逆应变越大。这表明干态试样在压缩过程中出现导致内部组织结构损伤的不可逆应变(压缩率为 50%时不可逆应变高达 40%)，内部损伤随着压缩率增大而增大。

图 4-2(b)(d)分别为 NW 和 DW 的湿态试样在压缩率 30%、40%、50%和 70%时的应力-应变曲线。由图 4-2 中可知，在径向压缩过程中 NW 与 DW 湿态试样的压缩应力远小于干态试样。压缩率为 50%时：①NW 试样干态、湿态压缩应力分别为 11.254 MPa 和 5.391 MPa，湿态比干态压缩应力小约 52.1%。②DW 干态、湿态压缩应力分别为 4.123 MPa 和 0.845 MPa，湿态比干态压缩应力小约 79.5%，图 4-2(c)(d)亦可观察到明显区别。③DW 与 NW 相比，湿态比干态压缩应力小约 84.3%。

通过对比图 4-2(b)(d)的回弹曲线与图 4-2(a)(c)的回弹曲线，可以发现无论是否进行木质素脱除处理，木材湿态试样的形状恢复能力均高于干态试样。但当压缩率较高时(70%)，脱木质素处理后形状的恢复能力较未处理材的形状恢复能力有所下降，充分证明在较高压缩率下，未处理材在湿态压缩回弹过程中储存的内应力导致压缩形状得以回弹，而脱木质素木材的微观结构发生了不可逆的破坏，储存的内应力较少，故不容易回弹。

2. 脱木质素处理时间对压缩回弹形状记忆性能的影响

图 4-3 是不同脱木质素处理时间的干态和湿态试样应力-应变曲线图。如图 4-3(a)所示，随着脱木质素处理时间的增加，径向压缩应力逐渐减弱，当脱木质素处理时间达到 12 h时，应力降到 3.686 MPa。与干态脱木质素试样相比，湿态试样径向压缩后的回弹性相对较好，值得注意的是，回弹性随着脱木质素处理时间的增加而减少，当处理时间超过 6 h 后，径向压缩回弹基本没有太大差异。

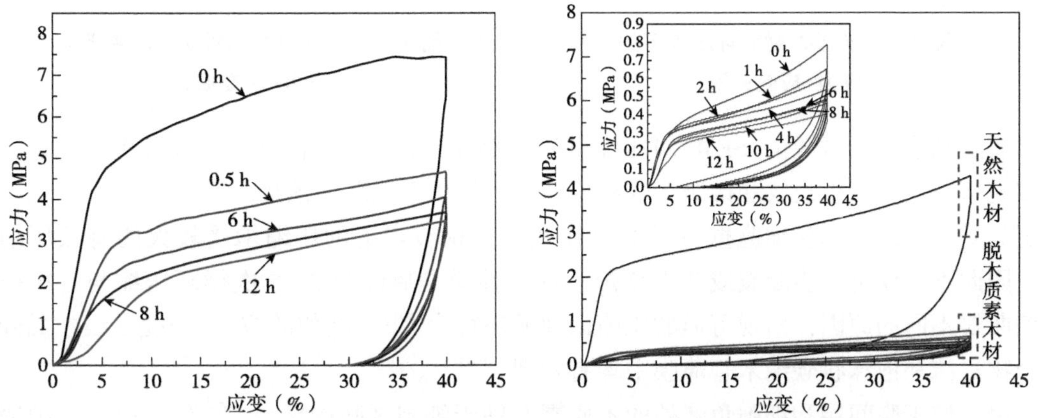

（a）脱木质素干态试样（DW-D）　（b）脱木质素湿态试样（DW-W）

图 4-3　不同脱木质素处理时间的干态和湿态试样应力-应变曲线

脱木质素程度可由脱木质素试样的失重重量计算得出[203]。结合不同脱木质素处理时间与脱木质素程度的关系可以发现，当脱木质素处理时间超过 6 h，脱木质素程度大于 29.40%± 0.02%后，径向压缩率为 40%时回弹性开始减弱。所以当脱木质素程度介于 29.40%± 0.02%(脱木质素处理时间为 6 h)是杨木压缩回弹的临界点，当处理时间大于 6 h (或压缩率超过 40%)时杨木径向压缩后回弹性减弱。

3. 循环压缩回弹形状记忆性能分析

图 4-4、图 4-5 是 NW 和 DW 5 次循环径向压缩-回弹(压缩率为 40%)的应力-应变曲线。在第 1 次径向压缩时，NW 与 DW 在应变为 2.5%附近时开始偏离线弹性行为，这与阔叶材中大孔(导管)相关。之后随着应变的不断增加出现斜率较缓的斜平台曲线行为，这与阔叶材中的导管内腔继续压缩和部分管胞开始形变相关。此时导管、管胞形变过程中储存的内应力使外力卸载后木材压缩的形状发生恢复，但存在不可逆应变。第 1 次压缩-回弹相对应的应力-应变行为在后 4 次循环压缩中不会重复。第 2 次循环压缩峰值应力消失，“伪硬化”行为发生变化，但应变达到 40%时应力水平与第 1 次循环压缩相比变化不大。后续循环压缩的应力-应变曲线与第 2 次基本一致。

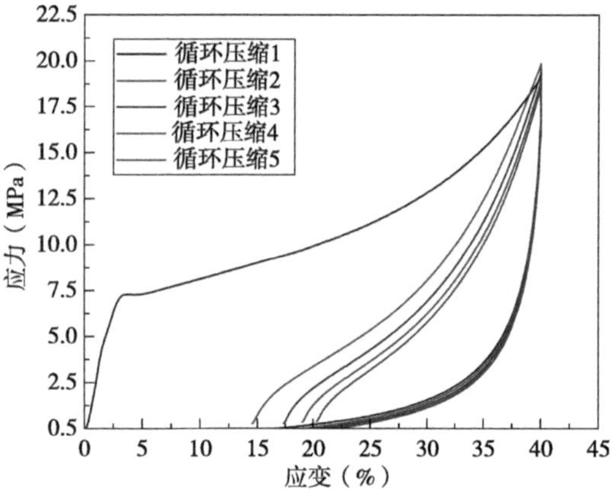

图 4-4　天然木材循环压缩下的应力-应变曲线

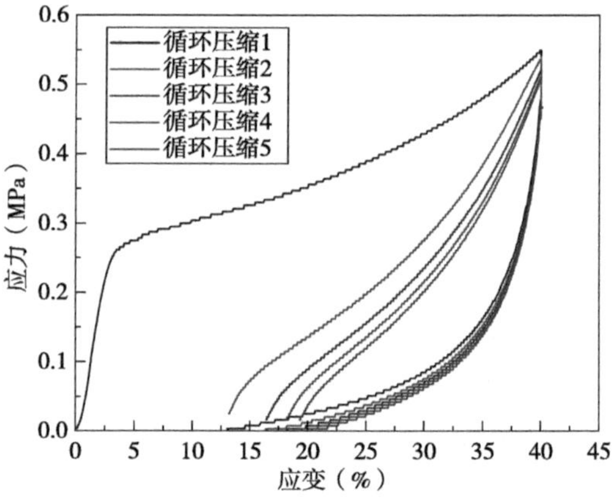

图 4-5　脱木质素木材循环压缩下的应力-应变曲线

通过扫描电子显微镜(SEM)对压缩材的细胞进行更仔细地检查，发现首次压缩过程中在细胞壁节点处产生裂纹和褶皱。这种损伤导致第 1 个循环压缩后的残余应变。一旦形成稳定的卸荷裂纹，木材细胞壁可以通过在残余结构节点上的压缩承受较大的有效压缩应变，因此不需要进一步断裂或塑性变形。这种性质是后续第 2~5 次循环压缩与首次循环压缩曲线不同的原因，出现可逆的压缩回弹循环行为[204]。类似的应力-应变曲线在黏弹性聚合物泡沫和泡沫状碳纳米管薄膜中均有发现[205-206]。

由于位于胞间层和细胞角隅处的木质素有助于细胞之间的结合[207-208]，也是细胞壁基质的主要成分，它与半纤维素一起支撑木材原始形状[209]。正是这些结构的弯曲和屈曲使得材料被压缩，结构的特性(组成、几何形状和尺寸等)决定了材料的抗压性能[210-211]。木材细胞角隅结构处木质素含量高于其他部位，木质素玻璃化转变温度润湿后降低，被水软化后的木材更容易压缩[212]。因此，此处的木质素大量脱除导致机械稳定性的损失。轻度脱木质素后的机械稳定性没有明显差异，而在恶劣条件下脱木质素的试样容易破碎，呈现蓬松和脆弱的结构[213]。

综上所述，可以得出以下结论：①木材通过脱木质素处理后在润湿的状态下用很小的应力可以对其径向进行压缩处理，且其无破坏最大压缩率高于未处理材。②脱木质素木材在较高的压缩率下将失去形状记忆的能力。③当杨木脱木质素程度大于 29.4%后，压缩率超过 40%的径向回弹性逐渐减弱。④木材循环压缩回弹由细胞间结构的性质决定，而木质素起到关键作用。

二、脱木质素木材水热响应压缩形状记忆效应分析

根据前面章节的内容可知未处理材具有形状记忆效应。形状记忆效应具有两个基本结构：可逆开关和网络节点，具有三维网络结构的木质素的熵弹力是木材形状恢复的主要恢复力。

木材细胞壁中木质素发生变化后，一方面使组成维持木材原始形状的三维交联网络结构发生不可逆的变化，另一方面使细胞壁失去形状恢复的动力，此时的木材将失去形状记忆效应。为此通过图 4-1 的试验编程过程，根据式(2-1)、式(2-2)计算脱木质素压缩木材(DPW)的形状记忆效应。为了评价 DPW 水热响应形状记忆效应，用 R_r表示形状记忆材料的形状回弹率，R_r越大意味着木质纤维的形状恢复能力越强。

1. 水热响应后形状回弹率的变化分析

如图 4-6 所示，PW 在水热的耦合作用下存在不同程度的形状回弹，由于纤维素在水中的润胀作用，湿态的 R_r要大于干态的 R_r。形状回弹的程度随着温度的增加而增加，当温度达到 95℃时基本达到形状完全回弹，湿态试样的形状回弹率达到 0.97，125℃水热响应中试样的 R_r高达 0.99。与 PW 相比，DPW(脱木质素处理时间为 6 h)的形状回弹率较小，随着水热温度的增加，干态形状回弹率变化差别不大。在 95℃水热响应中回弹的试样，PDW 的湿态试样形状回弹率为 0.30，比 PW 的形状回弹率小 69%，干态试样形状回弹率为 0.11，比 PW 的形状回弹率小 89%。

图 4-7 为不同脱木质素处理时间对水热响应(25℃水热响应处理 24 h)后形状回弹率的影响。当处理时间小于 6 h，随着脱木质素处理时间的增加，试样干态和湿态的形状回弹率均出现不同程度的递减趋势，试样的湿态曲线更明显。这是因为纤维素微纤丝间经过脱木质素处理后产生大量孔隙，暴露出的游离氢基增多，当水热响应后纤维素游离羟基与水产生氢键结合，使微纤丝间的距离增大，当干燥处理后纤维素新产生的游离羟基间形成新的氢键，使微纤丝间距离减少。当脱木质素处理时间超过 6 h 后，无论干态还是湿态的形状回弹率均趋于恒定，试样的干态回弹率平均值为 0.05，湿态平均值为 0.20。

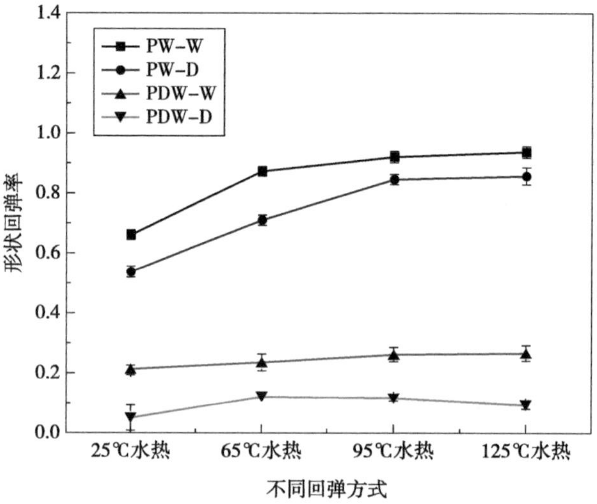

图 4-6 湿态和干态试样在水热响应中形状回弹率的变化

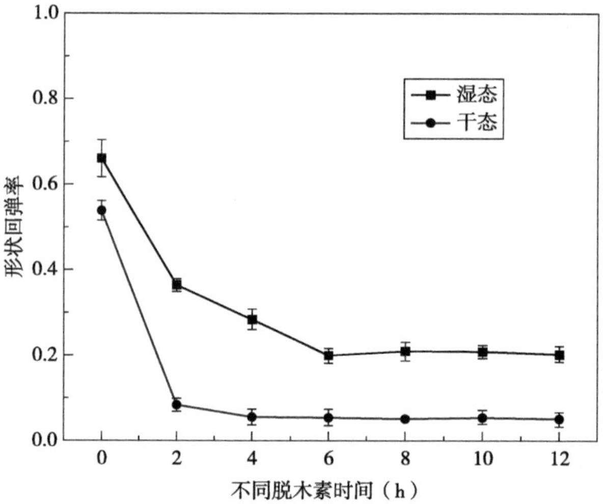

图 4-7 不同脱木质素处理时间的试样在水热响应中形状回弹率的变化

2. 循环形状回弹率变化分析

图 4-8 为 NW 和 DW(6 h)经过压缩处理后分别形成的 PW 和 DPW 在 120 h 内湿态试样的形状回弹率的变化情况。PW 和 PDW 在 24 h 内形状回弹率直线增加，当超过 24 h 后，形状回弹率的变化趋于恒定，PDW 的水热响应形状回弹率显著小于 PW。

通过对 PDW 进行 5 次水热响应循环过程(25℃水热响应处理 24 h，103℃干燥固定变形)来评价循环水热响应后的形状记忆效应。图 4-9 为经过 5 次的水热响应后 PDW 干态、湿态的形状回弹率。由于纤维素在水中的润胀作用，不同 PDW 处理的试样湿态的 R_r大于干态的 R_r。随着水热循环次数的增加，不同试样的形状回弹率均存在小幅度的增加，干态

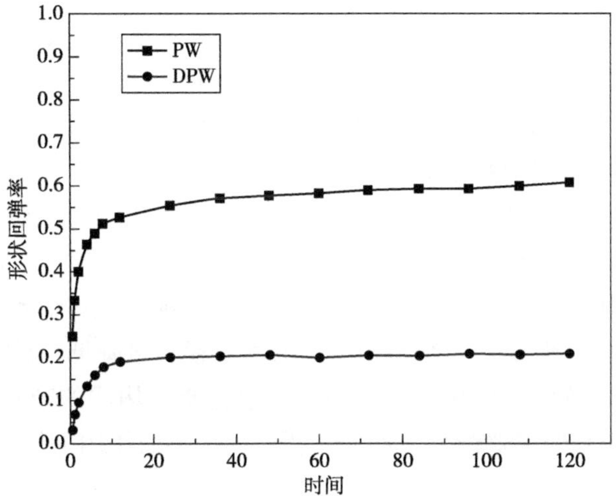

图 4-8 压缩木材、脱木质素压缩木材(6 h)在 120 h 内湿态试样形状回弹率的变化

试样的增加幅度大于湿态试样。与脱木质素处理 2 h 相比，处理 6 h 的湿态试样在第 1 次循环时回弹率减小了 49%，到第 5 次循环后，湿态形状回弹率为 0.22，比处理 2 h 的回弹率减小 44%，回弹率减小的幅度随着循环次数的增加而减少。与处理 2 h 相比，脱木质素处理 6 h 的干态试样在第 1 次循环时回弹率减小了 72%，脱木质素处理 6 h 的干态形状回弹率为 0.12，比处理 2 h 的回弹率减小 30%，减小的幅度在缩短。这说明多次循环回弹后脱木质素木材也能达到很好的形状固定。

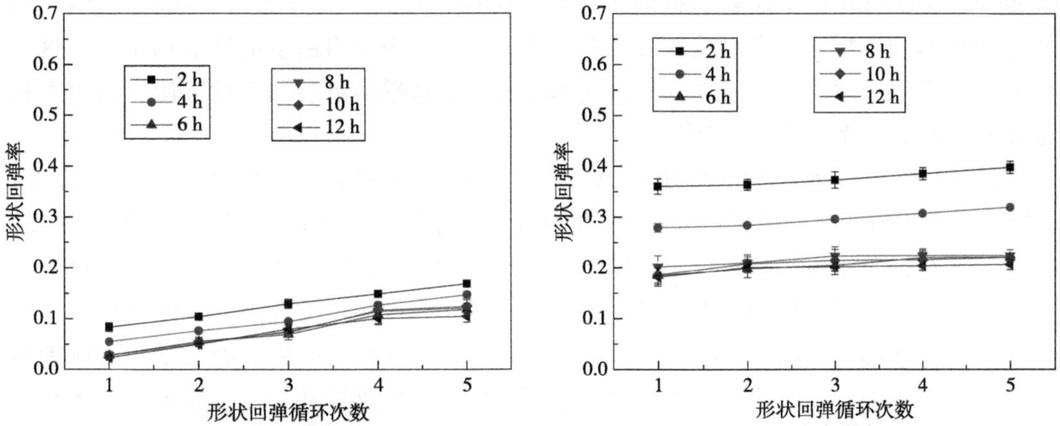

(a) 干态　(b) 湿态

图 4-9 脱木质素高压缩率试样 5 次水热响应后干态/湿态的形状回弹率

从图 4-9(b)可明显发现，脱木质素处理时间小于 6 h，随着处理时间的增加回弹率在减少，但达到 6 h 后回弹率的变化则较小。脱木质素处理时间较短时，木质素的下降主要发生在次生壁(S 层)，随着处理时间的增加，细胞角隅处木质素的损失增加[214]。因为脱木质素过程中，试剂首先通过细胞腔进入到木材内部，最先渗透到 S 层，则木质素的脱除首先从 S 层进行，S 层的木质素含量相较于复合胞间层和角隅处最低，则木材的原始结构没受到较大的破坏，所以细胞壁 S 层的木质素脱除对木材形状记忆效应的影响较小[215]。而且，S 层主要存在分支度较小、结构相对疏松的 S 型木质素，比较容易最先脱除，角隅处富含结构相对稳定的 G 型木质素，因此需要更长时间的脱除[216-217]。所以，当细胞角隅处的木质素减少时，木材细胞壁结构间的节点遭到破坏，对木材施加具有较高压缩率的径向压缩时，将失去水热响应形状记忆效应。

脱木质素木材的形状记忆效应研究表明，木材细胞角隅处的木质素是影响木材形状记忆效应的细胞壁结构间的关键节点。细胞壁 S 层的木质素减少时，木材施加具有较高压缩率的径向压缩时，细胞间相对位置没有发生变化，水热响应后在细胞角隅处木质素的作用下木材的形状发生回弹。但是，当细胞角隅处的木质素含量降低，施加较高压缩率的径向压缩时，细胞间相对位置发生变化，且维持木材细胞壁结构间的节点减弱（木质素的熵弹力减弱），木材形状恢复的主要恢复力消失，所以在水热的作用下形状记忆效应消除。

三、脱木质素木材亲水性变化分析

木材表界面的亲水性也受到脱木质素和高压缩率等因素影响。木材的主要成分（纤维素、半纤维素和木质素）中含有大量亲水官能团，木材中大孔、介孔和微孔等多级孔隙结构为水分进入木材内部提供通道。木材物理解剖结构和表面化学组成的变化对木材表面亲水性产生影响[218]。与未处理材相比，脱木质素木材及脱木质素压缩木材 3 个切面表面聚合物的分布组成、微观孔隙结构均发生了变化，直接影响到木材表面的亲水润湿特性。未处理材经脱木质素处理后，结构更加疏松，干燥后细胞壁发生皱缩，宏观上出现开裂、塌陷等问题。为了保留脱木质素木材的三维空间结构，对其进行湿态切割后冷冻干燥处理。表面粗糙度影响木材表面亲水性和表面自由能，且随着表面粗糙度的增加而增加，这是因为木材表面粗糙度增加了非极性分量，使木材的表面暴露出更多的活性基团，所以木材表面亲水性增加，接触角减小[219-220]。

如图 4-10(a)所示，与 NW 和 DPW 相比，DW 3 个切面的接触角均较小。从图 4-10(b)中 3 种处理材径切面接触角 1 s 内变化可知，脱木质素木材的径切面吸水性大幅提高。脱木质素木材的吸水时长是 2 s，比 NW 的径切面吸水时长缩短 72%。对比图 4-11 中 NW 与 DW 发现，脱木质素处理后木材细胞壁结构松散，出现明显的孔隙，使细胞壁内结合强度降低，利于水滴在其内部扩散吸收。脱木质素处理后细胞壁中的孔隙增加，纤维素微纤丝间产生大量孔隙，同时脱除束缚的微纤丝间产生大量游离羟基，导致脱木质素木材 3 个切面的亲水性均增强。NW 和 DW 横切面的接触角显著小于弦切面和径切面，这是因为木材的纵向具有蜂窝状结构，在加工过程中横切面的粗糙度较其他切面大，所以亲水性更强，木材横切面也是水热响应的重要通道[221-222]。脱木质素木材压缩处理后，3 个切面间接触角差别不大，但均高于 DW 与 NW 的 3 个切面。这是因为细胞中的孔隙消失，纤维素分子链间在氢键的作用下再次发生紧密的结合，使表面密度增加，表面活性基团减少（即表面的亲水性基团减少），脱木质素压缩处理后木材表面自由能降低，极性分量降低，所以液体在脱木质素压缩木材表面的接触角增加[223]。

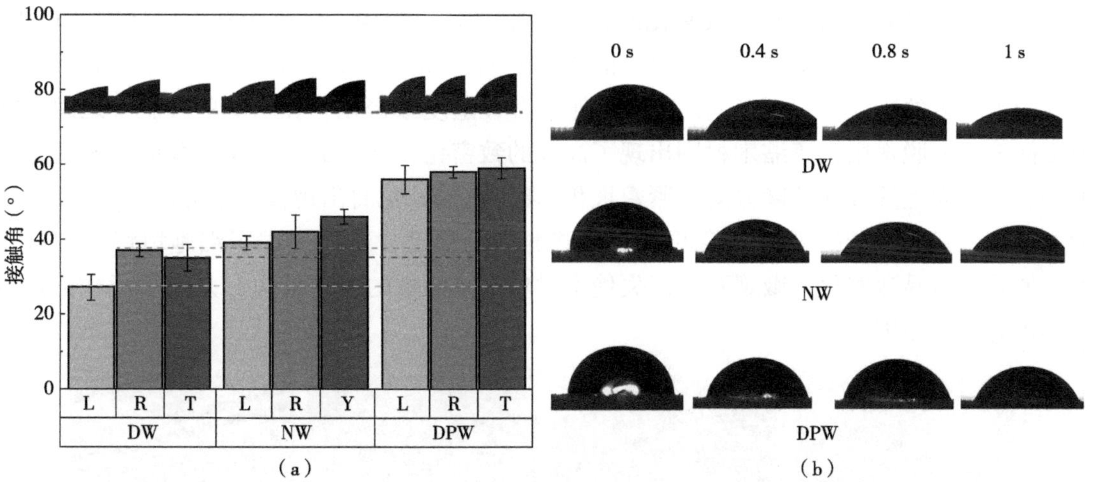

图 4-10　试样纵向(L)、径向(R)和弦向(T)的水滴接触角

综上所述，脱木质素处理的试样，细胞壁纤维素微纤丝间产生大量孔隙，同时脱除束缚的微纤丝间产生大量游离羟基，使得木材表面活性基团增加，表面自由能增加，极性分量增加，液体在木材表面的接触角减小。脱木质素木材经压缩处理后，细胞中的孔隙消失，水热响应的快速通道消失。纤维素分子链间在氢键的作用下再次发生紧密的结合，使表面密度增加，减少了木材表面的亲水性基团，降低了木材表面的自由能和极性分量，液体在木材表面的接触角增加。所以木材内部水热响应通道消失，且外部亲水性降低都是木材形状记忆效应消失的重要原因。

四、脱木质素木材形貌结构及孔隙结构对形状记忆效应的影响

1. 脱木质素木材形貌结构对形状记忆效应的影响

为了进一步揭示木质素的脱除改变木材结构对水热响应形状记忆效应的影响，利用扫描电镜(SEM)对 NW、DW 和 DPW 的微观结构进行了表征。图 4-11(a)为 NW 的微观结构，横切面上导管和韧性纤维两种细胞腔结构完整，管孔为椭圆形且呈径向排列，结构和分布相对均匀。杨木纤维细胞相互连接形成“蜂窝状”三维多孔结构，支撑木材完整的结构。图 4-11(a)中杨木的厚壁和薄壁(管状导管)纤维在纵向上对齐，胞间结构通过纹孔连接，用于胞间液体运输，未处理材细胞的形貌结构使其可以通过微观孔道对水热快速作出响应，且对形状记忆起到促进作用。

未处理材部分脱木质素处理后，细胞壁发生了显著的变化，纤维结构逐渐被破坏，纤维柔软度增加。图 4-11(b)中可以发现有少量的纤维发生脱落，细胞壁发现少部分断裂(可能是后续干燥过程中干燥应力所致)，细胞壁的原始结构基本保持稳定。由于脱木质素的作用，次级壁的胞间层中出现孔隙。脱木质素木材冷冻干燥后，细胞结构支架相对稳定，没有塌陷行为，保持多孔结构。但是普通干燥后，软化的细胞壁更容易坍塌，促进整个结构“压实”，这也是 DPW 水热响应后干态形状回弹率远小于湿态的原因[224]。

木材通过径向压缩实现的致密化改变了细胞的微观结构，细胞腔和细胞壁完全坍塌，高致密化使得木材的厚度减少到原尺寸的20%左右，如图4-11(c)所示。由于未处理材细胞壁中木质素的刚性作用，径向压缩后细胞只存在适度致密化，在坍塌的细胞壁之间存在很多间隙。但脱木质素压缩木材则出现了高度的致密化，横切面上完全折叠的细胞壁紧密缠绕，弦切面上纤维在长度方向上紧密堆积(切片水热软化时出现极少部分回弹)。脱木质素处理使木材细胞结构松散，降低了细胞壁的横向刚度，从而促进了细胞坍塌和细胞变形，使其更容易致密化，微观孔道消失使木材对水热响应的通道消失，是失去形状记忆效应不可忽视的原因。

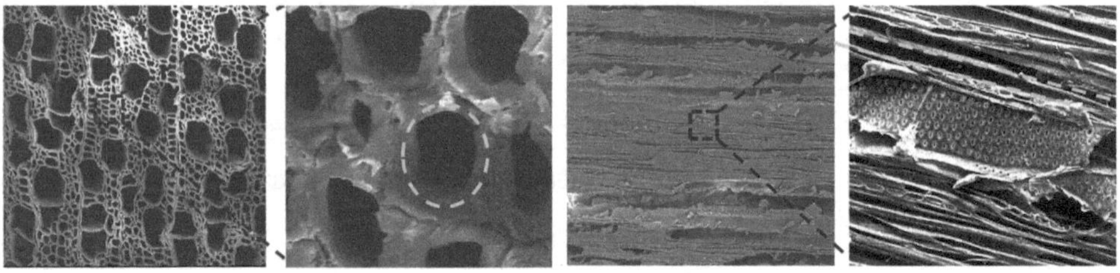

(a) NW

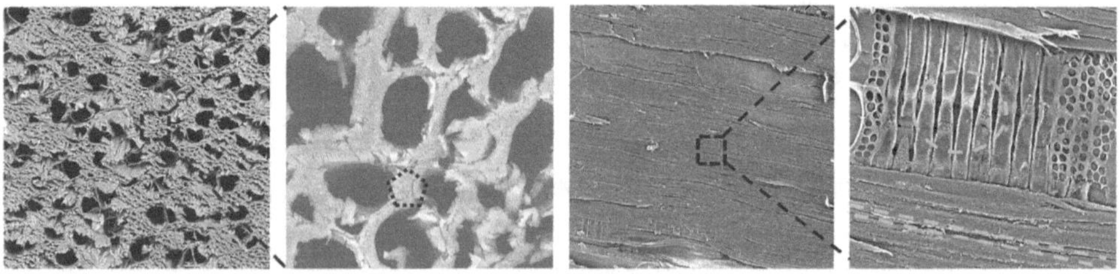

(b) DW

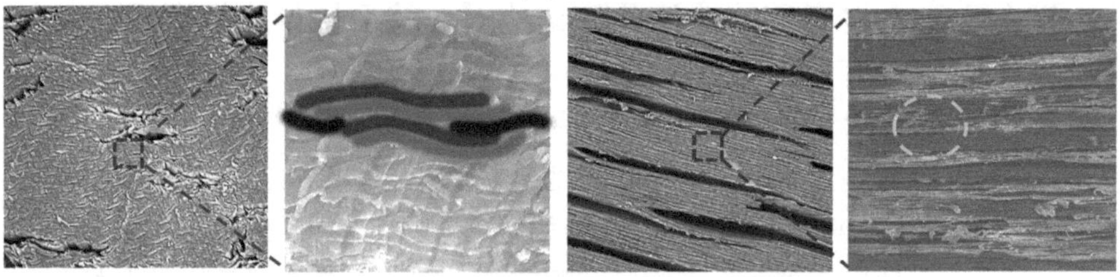

(c) DPW

图4-11 试样横切面和径切面的SEM图像

综上所述，木质素通过提供刚度和强度来保持木材细胞壁结构完整性，这使得水和溶质能够通过结构中的管状分子运输，微观孔道使木材对水热快速作出响应[225]。在温度-湿度-机械力耦合作用下，细胞壁结构产生形状变化，并在干燥后保持变化后的形状。当水热再次耦合作用于具有临时形状的木材时，水热响应"启动"木材细胞壁结构间的节点处的木质素，"唤醒"木质素维持原始形状的能力。但当木材细胞壁结构间节点处的木质素含量减少，会导致其不足以支撑木材的原始形状。木材细胞壁结构间的节点维持形状的能力下降，在温度-湿度-机械力耦合作用下木材很容易发生形状变化，在高压缩率下彻底破坏木材原始的三维交联网络结构，木材将失去水热响应下的形状记忆效应。

2. 脱木质素木材孔隙结构对形状记忆效应的影响

表 4-1 通过 6 种计算比表面积的方法对不同脱木质素处理的木材比表面积进行对比。除第 3 种计算方法外，表 4-1 中均表明脱木质素木材的比表面积随着处理时间的增加呈现增加的趋势。BET 法更适合木材比表面积的表征[226]。对比 BET 法比表面积值可以发现，试样脱木质素处理 6 h 后比表面积出现较大的增加，与电镜的对比图可以发现，大量木质素的脱除使木材内部孔隙更发达，细胞壁、胞间层、细胞角隅处产生大量孔隙。微观结构的变化再一次揭示脱木质素处理超过 6 h 的木材径向压弹处理后回弹性减弱的原因。

表 4-1　脱木质素木材的比表面积分析

编号	处理时间(h)	比表面积(cm^3/g)					
		BET 法	Langmuir 法	T-plot 法微孔	T-plot 法外	BJH 吸附孔的累积(1.7~300 nm)	BJH 脱附孔的累积(1.7~300 nm)
DW-0 h	0	0.28	0.02	0.62	−0.34	0.19	0.32
DW-4 h	4	0.28	0.46	0.43	−0.15	0.35	0.57
DW-6 h	6	0.70	1.34	0.49	0.20	0.46	0.77
DW-8 h	8	0.79	2.65	0.12	0.67	0.60	0.61
DW-12 h	12	1.46	5.56	0.26	1.20	1.05	1.39

图 4-12 中不同脱木质素木材的氮吸附脱附等温线属于Ⅲ型与Ⅳ型混合。随着压力的增加，当相对压力超过 0.9 后，脱木质素木材的氮吸附量直线上升。在最大压力点处，脱木质素处理时间越长，氮吸附量越大，脱木质素处理 12 h 后，氮气吸附量远远大于脱木质素处理 6 h 的试样。吸附质与吸附剂之间的相互作用与吸附质分子间的相互作用相比较弱，在吸附初期，吸附质较难吸附，随着吸附过程的推进，吸附出现自然加速的现象。当材料的中孔毛细凝聚填满后，材料的大孔继续吸附形成多分子层，吸附等温线继续上升。充分说明木材脱木质素处理后，细胞壁呈现多层级、多孔隙材结构，并产生了更多的孔隙。

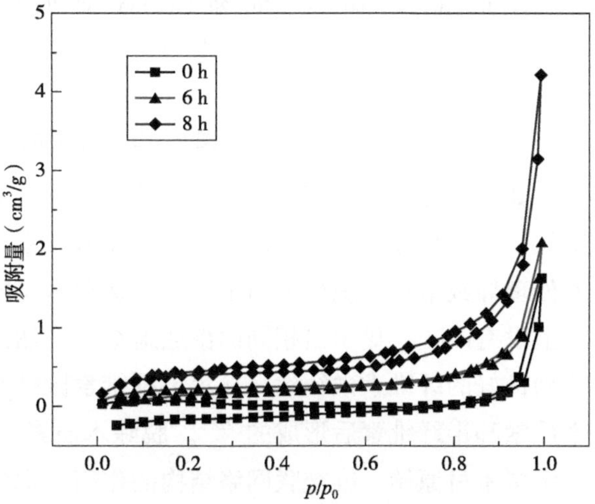

图 4-12　脱木质素木材氮吸附脱附曲线

脱木质素木材的氮吸附脱附回滞环属于 H_3 型迟滞环，说明脱木质素木材的孔隙结构有裂缝结构、楔形结构和平板狭缝结构等。回滞环与毛细管凝聚有关，在一个开放的孔道中(通孔，如管胞圆柱形)，多层吸附气体的亚稳态是导致冷凝延迟的主要原因。由于木材是三维交联网络结构，具有复杂的孔隙结构，网络效应和各种形式的孔隙阻塞决定了它的脱附路径。出现滞后现象是因为宽孔只能通过窄径通道(如墨水瓶孔的形状)连接到外表面。在解吸阶段，孔隙一直保持饱满状态，直到窄孔径的吸附剂气体在较低的蒸汽压力下首先蒸发并排空，宽孔内的吸附剂气体才蒸发解吸。在木材孔的网络结构中，孔径的大小和空间分布影响解吸蒸汽压。所以，未处理材的回滞环在较低相对压力处出现了交叉且不闭合的现象，说明未处理材中存在大量的纳米微孔，且木材大孔中气体的脱附需通过微孔通向外表面。经过脱木质素处理后，微孔与大孔间的部分通道被打开，回滞环接近重合。

为进一步说明脱木质素木材孔隙的变化情况，对不同脱木质素木材进行孔径分布分析。如图4-13(b)所示，脱木质素处理时间越长，<2 nm的微孔增加，因为木质素和半纤维素填充在微纤丝间，脱除后使纤维素微纤丝之间产生大量的微孔。微孔的增加有效增大了木材的比表面积，比表面积随着脱木质素处理时间的增加而增加。有研究同样证明，脱木质素处理导致了新孔的产生和部分孔相互连接[227]。木材中介孔(2~50 nm)主要是细胞壁孔隙，图4-13(a)展示了介孔的孔径分布，说明脱木质素处理后木材的介孔也显著增加。

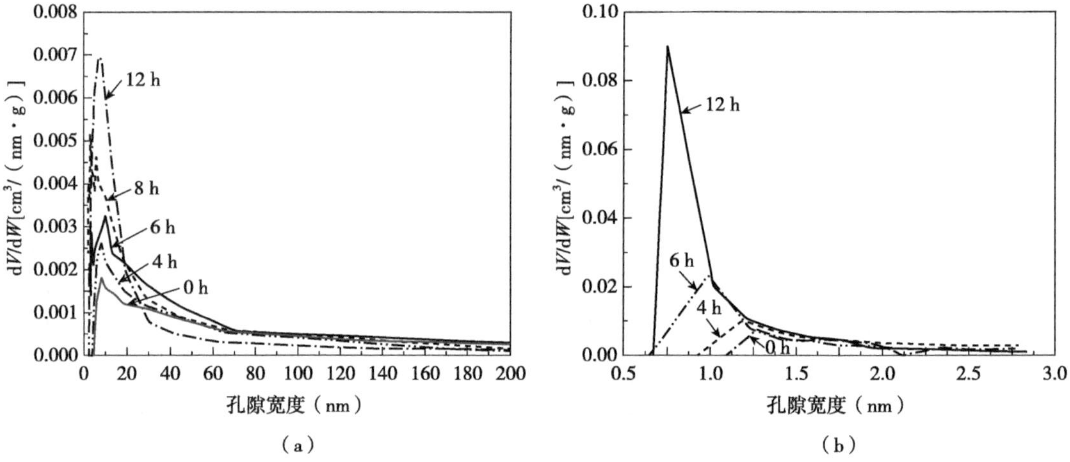

图4-13 脱木质素木材的孔径分布

如表4-2所列，对比具体的脱木质素木材孔体积分析数值，随着脱木质素处理时间的增加，孔体积逐渐增加，进一步说明脱木质素处理使木材中的原始结构发生变化。脱木质素处理导致木材细胞分离而不解体，保存木材的整体结构。脱木质素后的木材细胞在微尺度上没有改变，显示出相同的微通道结构。然而，从高倍扫描电镜图像中可以清楚地看到排列良好的纤维素微纤丝，显示出纤维素微纤丝之间存在大量的介孔，这些介孔是在脱除木质素和半纤维素后形成的[228]。脱除木质素后孔隙结构的变化从微观上侧面验证木质素对维持木材原始三维交联网络结构的作用，木质素脱除使得连接木材细胞间的三维支撑结构减少，压缩后形状记忆的动力减弱。

表 4-2 脱木质素木材的孔体积分析

编号	脱木质素处理时间(h)	总孔体积(cm^3/g)	BJH 法吸附孔体积(cm^3/g)	BJH 法脱附孔体积(cm^3/g)
DW-0 h	0	0.0005	0.0025	0.0025
DW-4 h	4	0.0009	0.0032	0.0032
DW-6 h	6	0.0012	0.0041	0.0041
DW-8 h	8	0.0014	0.0061	0.0062
DW-12 h	12	0.0027	0.0064	0.0064

五、脱木质素压缩过程中键合结构及结晶结构对形状记忆效应的影响分析

1. 脱木质素压缩过程中键合结构对形状记忆效应影响分析

图 4-14 中 FTIR 结果表明，表面羟基和吸附水的羟基伸缩振动在红外图谱中 3342~3403 cm^{-1}处吸收峰增宽，这是由半纤维素中的羟基变化引起的。与水热处理过程中无定形多糖(半纤维素)含量的热降解有关。与木质素相比，半纤维素的热降解温度较低，当水分存在时半纤维素表现出链迁移性，促进了半纤维素的降解。聚合物网络中最易移动的部分也是最容易接触到水的部分，当水饱和时，它们周围有孔隙，这也使得它们在饱和水下最容易被降解，其他脱木质素方法中也常见[229-231]。1642 cm^{-1}处为吸附水，随着脱木质素处理时间的增加有一定的增强，说明脱木质素处理过程中增加了游离态-OH，使木材内部的活性位点增强。

FTIR 图谱中 1419 cm^{-1}处的特征峰强度属于—CH_2剪切振动，1370 cm^{-1}处的特征峰强度属于(—CH)弯曲(面内)振动，1320 cm^{-1}处的特征峰强度属于羟基的面内弯曲，1052 cm^{-1}处的特征峰强度属于 C—O 伸缩振动，均代表纤维素特征峰。图 4-14 中显示脱木质素木材在上述 FTIR 的吸收峰没有变化，说明在脱木质素处理过程中纤维素没有受到影响[232]。FTIR 图谱中 2925 cm^{-1}和 2895 cm^{-1}处的特征峰强度属于—CH_2伸缩振动，是木质素的特征峰。图 4-14 中显示，脱木质素处理 4 h 时木质素处的特征峰强度变化不大，当处理 12 h 后峰强度发生了比较大的变化。FTIR 图谱中 1260 cm^{-1}处的特征峰强度属于愈创木酰基环振动，木质素中的碳氧键伸缩和甲氧基肉桂酰基中的碳氧键结合形成的碳链。FTIR 图谱中 1736 cm^{-1}处的特征峰强度属于木质素

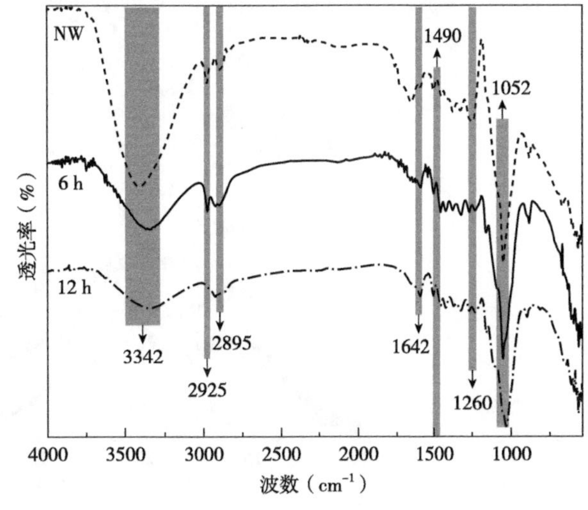

图 4-14 不同脱木质素处理时间的木材红外光谱图

—(C ═O)—的振动，在12 h脱木质素的木材中显著降低。1505 cm^{-1}和 1459 cm^{-1}处的特征峰强度属于木质素芳香环的 C ═C 伸缩振动[233]，图 4-14 中 FTIR 图谱观察到1505 cm^{-1}和 1459 cm^{-1}振动特性未完全消失，说明该过程属于木质素脱除。

上述峰型的分析说明在水热处理的脱木质素过程中，纤维素影响不大，但是半纤维素产生水解。脱木质素处理并未完全脱除木质素，剩余的木质素结构为木材提供了一定的刚性，并保留了木材细胞壁的骨架结构。同时，木材细胞壁中，脱除木质素和半纤维素后，纤维素大分子之间产生了较多的纳米孔隙，暴露的纤维素分子链表面的活性位点(游离的极性羟基)增加。

2. 脱木质素压缩过程中结晶结构对形状记忆效应影响分析

分子内或分子间氢键的作用增加了木材细胞壁中纤维素的结晶度。在自然界的生物合成过程中，纤维素分子链间在氢键的作用下产生聚集，形成尺寸小于 20 nm 的纤维素纳米晶。纤维素晶型一般有 5 类，未处理材属于纤维素 I 的同质异晶混合物，木材中约 30%的纤维素晶体为三斜晶胞(I_α)，约 70%为单斜晶胞(I_β)。

图 4-15 是脱木质素木材的 XRD 图谱，通过对比结晶特性的变化，分析木材消除形状记忆效应的原因。纤维素(040)、(002)和(101)晶面的衍射峰在的 XRD 图谱中以波峰形式表达，分别对应 XRD 图谱的扫描角度的 35°、22°和 16°附近的波峰。如图 4-15 所示，DW 与 DPW 均表现出纤维素 I 的典型 XRD 特征，在无定形区衍射强度对应 XRD 图谱扫描角度 16°，最大的(002)晶面衍射强度对应 XRD 图谱扫描角度 22°，衍射峰的形状和衍射峰的位置没有变化，只有衍射峰的强度出现差异。这表明脱木质素或脱木质素压缩处理没有改变纤维素 I 的晶体结构，只是纤维素的相对结晶度指数和晶胞尺寸发生了变化。脱木质素不显著改变和破坏键合结构，这一发现与 SEM 和 BET 的分析结果相一致，表明脱除木质素保留了木材的结构。

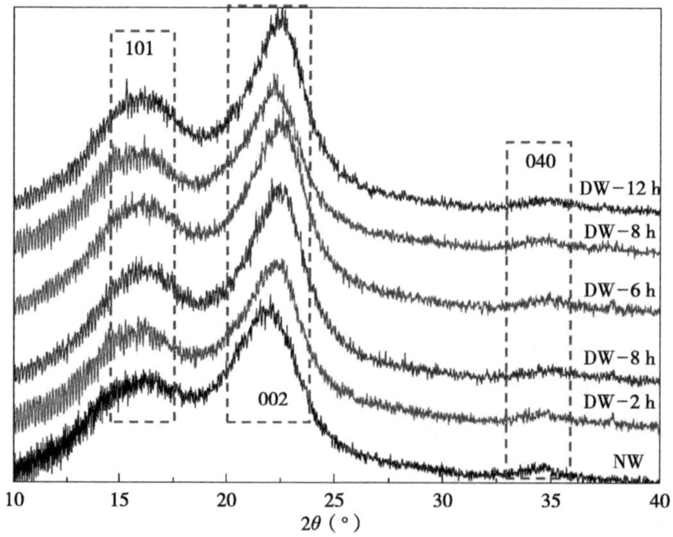

图 4-15　不同脱木质素处理时间木材的 XRD 图谱

表 4-3 为不同脱木质素处理时间下纤维素相对结晶度指数及晶胞尺寸的变化情况。NW 的晶胞尺寸为 2.85 nm，脱木质素处理 6 h 后晶胞尺寸增加，6 h 和 12 h 晶胞尺寸分别增加到 3.10 nm 和 3.13 nm。NW 的纤维素的相对结晶度指数为 51.79%，脱木质素处理 6 h 和 12 h 后相对结晶度指数分别增加到 57.44%和 60.51%。这与其他学者研究的脱木质素处理材的相对结晶度变化结果相一致[234]。这是因为脱木质素处理过程是从木材细胞壁的纤维素中脱除部分无定形基质（包含木质素与半纤维素），细胞壁中的无定形基质减少，对应的相对结晶度则增加[235]。同时，发现脱木质素处理 6 h 后相对结晶度指数的增加幅度显著提高，进一步验证上述推论，脱木质素处理 6 h 后细胞角隅处的木质素大量脱除，这是影响木材三维交联网络在水热形状回弹中的关键节点，这与 BET 观察到的结果可以相互验证。

表 4-3　不同脱木质素木材的结晶度变化

编号	相对结晶度指数（%）	半峰宽弧度（rad）	$\cos\theta$	晶胞尺寸（nm）
NW	51.79	0.04	0.98	2.85
DW-2	52.15	0.04	0.98	2.93
DW-4	54.39	0.04	0.98	2.81
DW-6	57.44	0.04	0.98	3.10
DW-10	58.12	0.04	0.98	3.11
DW-12	60.51	0.04	0.98	3.13

图 4-16 是 DPW 的 XRD 图谱，说明脱木质素木材经过压缩并在 100℃ 干燥后，同样保留了木材纤维素 I 的晶体结构。对比表 4-4 发现，经过热压处理后，与 DW 相比所有木材的相对结晶指数均明显升高，6 h 和 12 h 的脱木质素木材的相对结晶度指数经过热压处理后分别提高了 27.23%和 29.79%。同时纤维素晶胞尺寸也出现不同程度的增加，12 h 的晶胞尺寸由热压前的 3.13 nm 增加到 3.56 nm，与前人的研究结果基本一致[236]。发生这一现象的原因有 3 种解释：①纤维聚集增加相对结晶度指数，纤维素在干燥过程中发生纤维聚集现象，而经过脱木质素处理后暴露了更多的活性基团，促进纤维素微纤丝的缔合，使得纤维聚集现象更容易发生[237-238]。②无定形区域再结晶增加相对结晶度指数，经过脱木质素处理后的纤维素在热压过程中，一些无定形区域可能会重新结晶，从而提高相对结晶指数[239]。③共结晶现象增加相对结晶度指数，木质素和半纤维素的脱除暴露了更多的活性基团，促使相邻纤维中纤维素微晶的横向结合（即部分结晶区发生共结晶现象），晶胞尺寸增加的同时相对结晶度也随之增加[240-241]。显然，脱木质素木材经过热压处理提高了结晶度，结晶度的提高有利于提高压缩材料的尺寸稳定性，这是脱木质素木材经过压缩处理后失去形状记忆效应的重要原因。

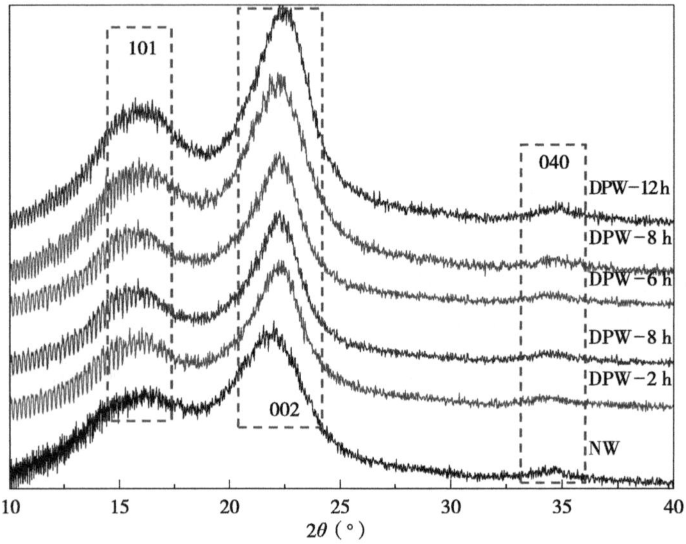

图 4-16　脱木质素压缩木材的 XRD 图谱

表 4-4　脱木质素压缩材结晶度变化

编号	相对结晶度指数(%)	半峰宽弧度(rad)	cosθ	晶胞尺寸(nm)
NW	51.79	0.04	0.98	2.85
DPW-2	57.22	0.04	0.98	3.00
DPW-4	59.94	0.04	0.98	3.07
DPW-6	63.38	0.04	0.98	3.26
DPW-10	65.89	0.03	0.98	3.25
DPW-12	67.22	0.03	0.98	3.56

综上所述，在脱除木质素的过程中，从木材细胞壁的纤维素中脱除部分无定形基质(包含木质素与半纤维素)，细胞壁中的无定形基质减少则对应的相对结晶度增加。且脱木质素处理 6 h 后相对结晶度指数的增加幅度显著提高，这是影响木材三维交联网络在水热形状回弹中的关键节点。由于脱木质素经过热压处理后发生纤维聚集、无定形区域再结晶和共结晶等现象，导致脱木质素木材经过热压处理后相对结晶度与晶胞尺寸均提高。显然，脱木质素木材经高压缩率处理后纤维结晶形态的变化是导致木材失去水热响应形状记忆的重要原因。

六、脱木质素处理对木材熵弹力的影响分析

组成木材细胞壁的主要化学物质(纤维素、半纤维素和木质素)的分子链具有一定柔性，在湿度-温度-机械力耦合作用下以大小不同的多重单元进行运动。利用 DMA 研究脱木质素木材分子运动单元的结构、分子运动及其运动状态转变均会在储能模量、损耗模量和损耗因子与温度有关的曲线上明显反映出来。

DW 的储能模量如图 4-17 所示，表示脱木质素处理后的木材在形变过程中产生弹性形变时储存的能量，主要表征未处理材中木质素的变化对其刚度的影响。温度谱显示，所有试样的储能模量均随着温度的升高而降低。因为随着温度的升高，木材细胞壁中的主要化学成分发生降解，其中以半纤维素最为显著，主要成分降解使木材内部的弹性形变降低，储能模量则随着温度升高而减小。图 4-17 中显示储能模量的变化分两个阶段，第一阶段储能模量的下降相对缓慢（20～200℃），第二阶段储能模量的下降速率明显增加（>200℃）。木材细胞壁中对温度比较敏感的是小尺寸单元，随温度运动比较活跃。这些小尺寸单元是木材细胞壁中聚合物的分子链段，包括主链或支链上的官能团，或者一些侧链和支链。木材吸收的能量随着温度升高而升高，大尺寸单元由于小尺寸单元的带动逐渐开始运动，分子链段热运动能量逐渐增加，木材的柔性相应增加，木材的储能模量降低，刚性降低。当温度高于 200℃后，木材细胞壁中木质素形态发生变化，转变为高弹态，这是储能模量下降速率增加的主要原因。

与 NW 相比，DW 的储能模量随着脱木质素处理时间的增长明显减少。这是因为作为木材细胞壁中的高分子聚合物，纤维素和半纤维素在热作用下小分子的链段活跃性远远低于木质素。当脱除木质素后，木材细胞壁中纤维素、半纤维素和木质素组成的三维交联网络结构的热运动量减少，弹性应变能量和储能模量相应减少。这同时解释了脱木质素压缩材水热响应后形状回弹率减少的原因。图 4-17 中发现脱木质素处理 6 h 木材的储能模量比处理 1 h 要多，这与纤维素结晶度增加、木质素结构发生流动或产生交联反应导致木材刚性增加有关，这种现象在其他文献中可见[242-243,186]。

DW 的损耗模量如图 4-18 所示，反映在形变过程中，由于黏性形变以热的形式消耗能量，主要表征脱木质素处理后的木材阻尼的变化。图 4-19 中损耗因子（$\tan\delta$）的变化也同样可以表征木材阻尼的变化。结合损耗因子温度谱可观察到在 200～250℃存在 α 力学松弛峰，研究认为 α 力学松弛峰主要与木质素发生玻璃化软化程度相关[244]，木材细胞壁中木质素的微布朗运动产生 α 力学松弛峰[245]。此外，纤维素的结晶度、微纤丝角度和其他

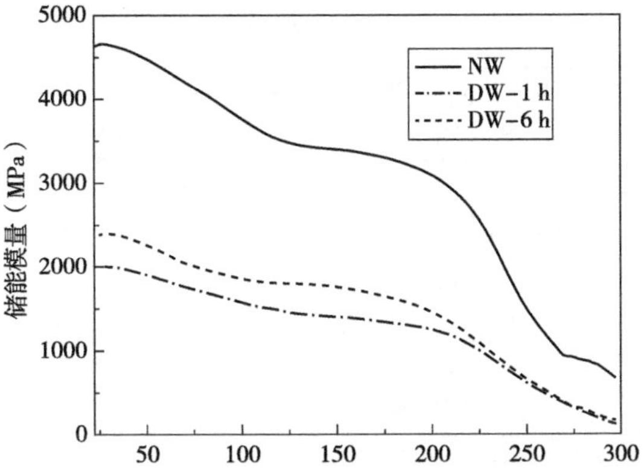

图 4-17　脱木质素木材的储能模量

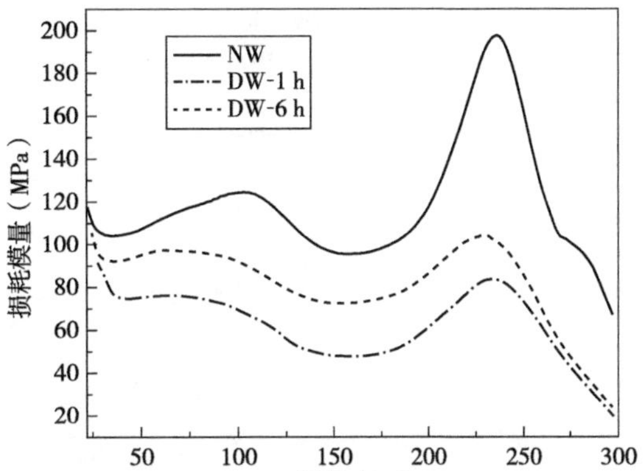

图 4-18　脱木质素木材的损耗模量

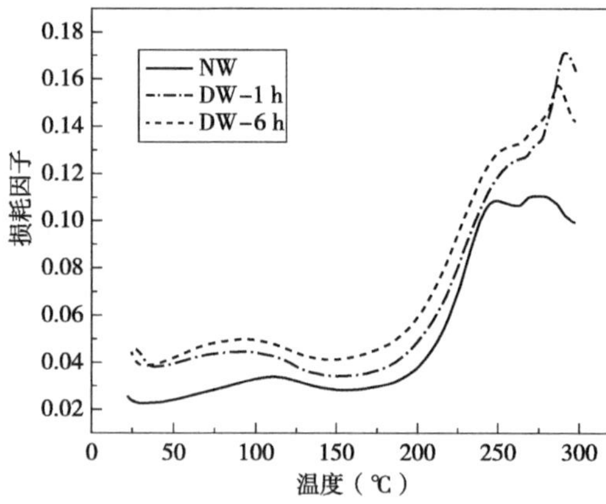

图 4-19　脱木质素木材的损耗因子

细胞壁成分均对其有影响。

与 NW 相比，DW 的损耗模量随着脱木质素处理时间的增长而明显减少。脱木质素处理后，BET 分析结果发现木材细胞壁内部产生大量孔隙，增大了木材内小分子链热运动的空间，内摩擦阻力减小，黏性能耗降低，损耗模量相应降低。处理 6 h 的木材损耗模量比处理 1 h的大，这是因为纤维素结晶度增加和木质素结构发生流动导致小分子链热运动的空间减小。增大分子链热动力的内摩擦阻力、黏性能耗和振动损耗，会导致损耗模量增大[246]。

当木材中的无定形聚合物(木质素)发生玻璃化转变时，对应的转变温度为玻璃化转变温度(T_g)。木质素分子链链段的柔性与 T_g 值的变化有较大关系，T_g 值较低说明木质素链段柔性越高，T_g 值较高说明木质素分子链链段的刚性较大。如图 4-20 所示，储能模量曲线上的折点、损耗能量峰和损耗因子峰均对应 T_g。储能模量曲线折点说明木材高聚物分子链段准备由玻璃态向黏流态转变，损耗能量峰

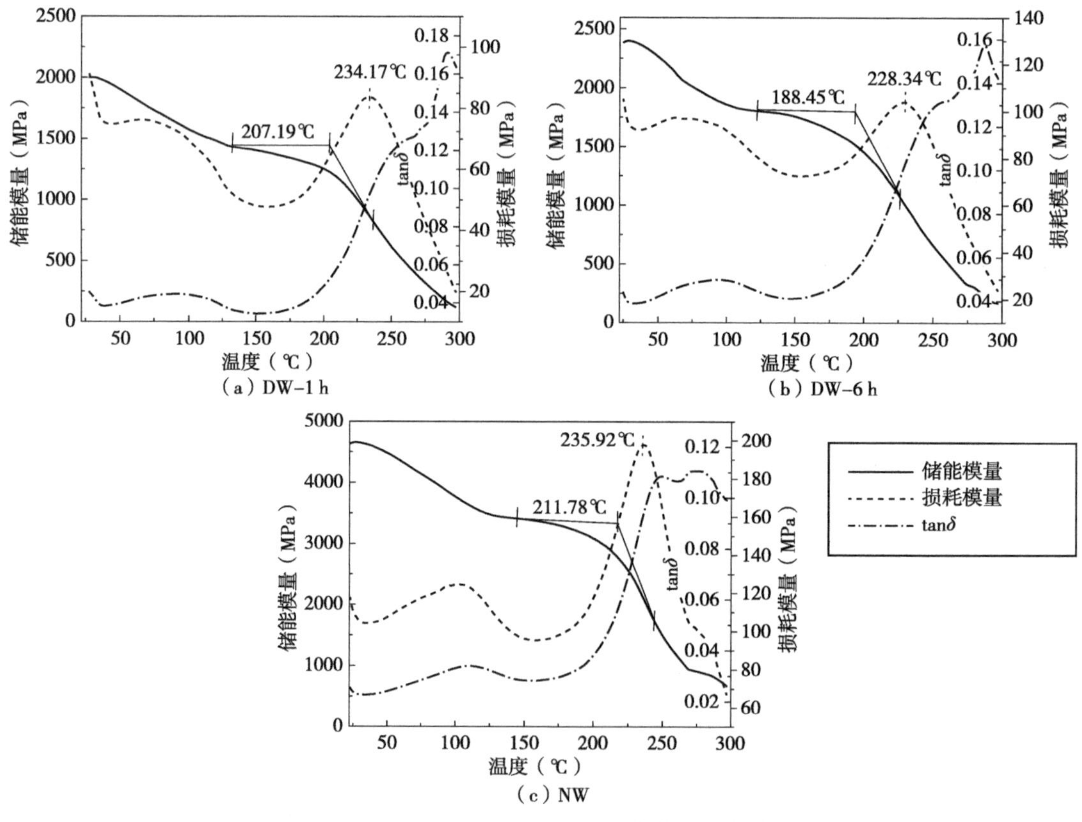

图 4-20　脱木质素木材的储能模量、损耗模量和损耗因子(tanδ)

说明木材高聚物分子链段正在发生玻璃化转变，损耗因子峰说明木材高聚物分子链已经由玻璃态转为黏流态。对比图 4-20 的折点处，T_g值由 NW 的 211.78℃降到 188.45℃。这是因为在本试验脱木质素处理过程中，形成链间氢键的羟基和醚基团被不能形成链间连接的磺酸基所取代，脱木质素处理降低了木质素的交联，导致软化温度线性下降[247]。如图 4-20所示，T_g呈下降趋势，木质素的软化伴随着损耗因子的显著增加。

木材的主要化学成分具有亲水基团，水的作用可以降低木材的 T_g值，起到软化木材化学组分的作用[248]。此时的温度为形状记忆转变温度 T_{trans}，木材聚合物链段木质素的柔性增大，表现出较低的杨氏模量，易于形变。在机械外力作用下，木材聚合物分子链在受力方向择优排列，分子链的重新组合导致分子链构象改变，降低了木材体系的构象熵。此时，形成了木材的临时形状，通过干燥处理后将外部机械力撤掉后得到木材的临时固定形状。干燥形成的冻结应力存在于木材三维交联网络骨架结构中[35]。在水热的耦合作用下，当木材中高聚物的 T_g值达到了 T_{trans}时，无外部机械力的作用下，高温激活了木质素分子链的热运动能力，使其自发恢复到构象熵的最大状态(原始状态)，同时释放了纤维素分子链在干燥过程中形成的冻结内应力。木材在水热响应下形状发生恢复。但当木质素被脱除后，木质素的交联度降低，维持木材三维交联网络的骨架结构遭到破坏，木材体系的构象熵发生变化无法恢复到最大状态，所以脱木质素压缩处理后破坏了木材的形状记忆效应。

综上所述，脱木质素木材储能模量、损耗模量和损耗因子的变化侧面证明了木质素可以维持木材三维交联网络结构的稳定性，在水热响应形状记忆过程中起到熵弹力恢复力的作用。脱除木质素(尤其是本试验脱木质素处理超过 6 h)对消除木材形状记忆效应发挥较重要的作用。未处理材具有形状恢复能力，其原始形状由具有三维交联网络的木质素维持。木质素交联网络具有一定的强度，保证木材软化时受到径向压缩形变后，木材内部体系仅仅发生分子链构象的改变。木材在形状记忆循环过程中，网络结构的部分交联点发生破坏，不能恢复到木材的原始形状，如产生分子链滑移或交联点降低等交联点破坏的现象。脱木质素过程导致维持木材原始形状的三维交联网络交联点破坏，交联网络稳定性下降，在高压缩率的作用下使纤维素分子链完全滑移，木材原始形状的三维交联网络产生不可恢复形变。所以脱木质素高压缩率消除了木材的形状记忆效应，使机械力形成的形状在水热响应下产生固定。

七、木质素影响木材形状记忆效应的机理

根据上述的分析可知，未处理材在经历脱除木质素和高压缩率的处理后，细胞的微观形貌及微观孔隙结构均发生较大的变化。木材的形状记忆压缩回弹力学性能降低，木材压缩后形状的恢复力减弱，消除了木材特有的形状记忆效应。基于本书第二章中建立的木材形状记忆效应模型，根据本章的试验研究，结果表明：在木材形状记忆效应中，木材中高分子聚合物——木质素是应变恢复的驱动力之一，力的驱动来源于高分子聚合物三维交联

网络的熵弹力。

微观层面：木质素具有无定形非结晶的三维空间网络结构，与具有高分支度、多亲水基团的半纤维素形成 matrix 基体交联的三维网络结构。matrix 基体三维网络结构与纤维素大分子链互穿形成木材的三维交联网络。当脱除木质素时，部分半纤维素也相应脱除，脱木质素处理初期半纤维素和木质素先从细胞腔的次生壁开始脱除。木质素的脱除使木材细胞壁的刚性减弱，软化后用很小的力即可使木材进行径向压缩。由于只是细胞壁的次生壁脱除部分木质素，木质素在木材中形成的整体三维交联网络结构还可以保持木材形状的完整性，但是此时脱木质素气干木材的压缩载荷明显小于天然木材的载荷(图 4-2)，说明脱木质素木材的网络结构和网络节点遭到破坏，导致脱木质素径向压缩后在水热响应中的形状回弹率大大减弱。当未处理材脱木质素处理时间超过 6 h，开始脱除木材细胞壁和胞间层中的木质素。木材细胞角隅处木质素的加强结点消失，使细胞壁开始分离，木材中木质素形成的牢固稳定形状开始被打破。由于木质素的大量脱除，细胞与细胞间的位置在径向压缩力作用时出现滑移，产生不可逆应变。木质素脱除使木材中的原始木质素三维网络遭到破坏，驱动木材回到原始形状的熵弹力消失，使木材形状记忆效应消除，如图 4-21 所示。

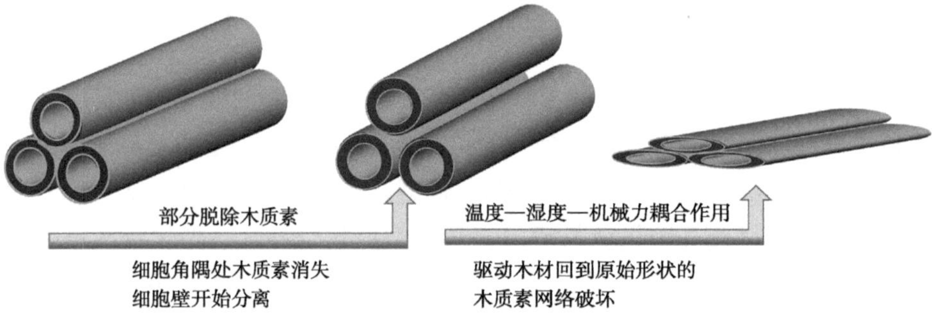

图 4-21　脱木质素压缩处理木材的细胞变化

分子层面：在水热响应下，脱木质素处理使木材细胞壁中半纤维素水解，木质素减少，纤维素暴露出更多的活性基团(羟基)，这些活性基团与水形成氢键。由于木质素刚性作用减弱和纤维素大分子的内聚力消失等原因，导致木材细胞壁更容易被压缩，在高的压缩率下木材细胞壁中纤维素大分子链间出现滑移运动。干燥固定形状过程中，脱木质素处理后的纤维素大分子链间距减少，更多的活性基团间缔合形成稳定的纤维聚集、纤维素无定形区域再结晶和纤维素微晶横向共结晶。脱木质素木材经过热压处理一方面通过提高纤维素结晶度来提高压缩材料的尺寸稳定性，另一方面脱木质素木材径向压缩后纤维素间的弹性变形减少，压缩过程中储存的弹性能量消失。在脱除木质素过程中不仅压缩形状记忆的驱动力(三维交联网络的熵弹力)减弱，而且热压过程中，木质素再分配产生新的交联并形成更为稳定的结构，限制弹性纤维的恢复，增加了压缩后形状的稳定性。所以水热响应后木材的形状记忆效应消失，如图 4-22 所示。

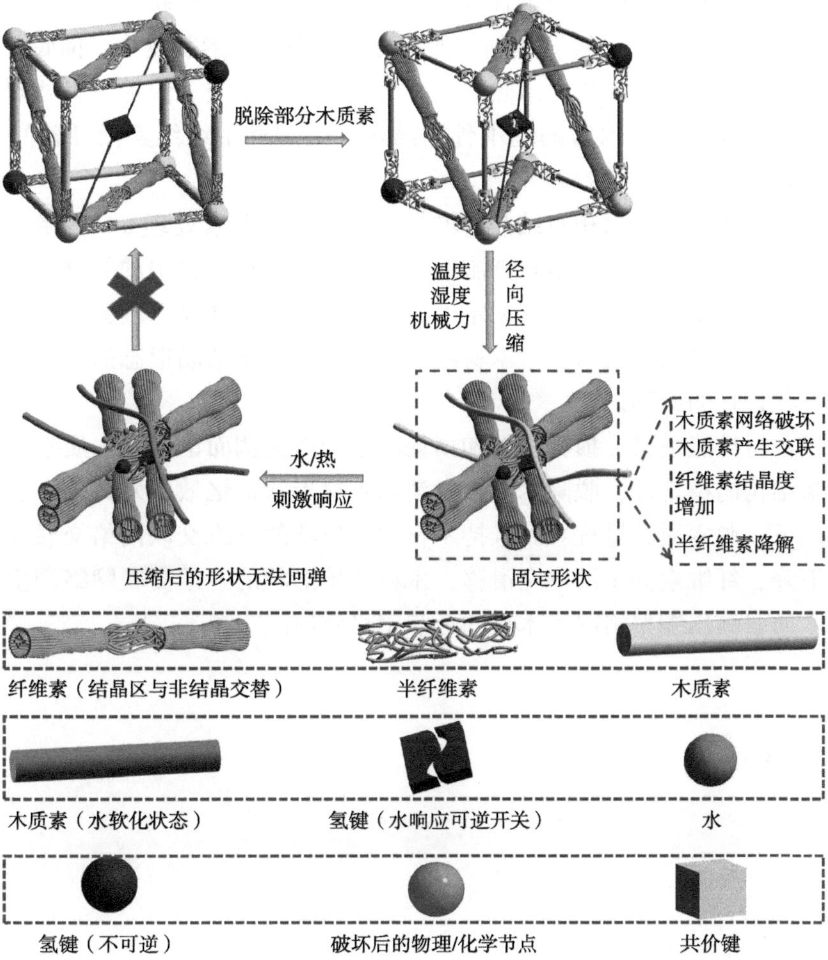

图 4-22　脱木质素处理使木材失去水热响应形状记忆效应的机理模型

第四节　本章小结

木质材料通过脱木质素处理后，在润湿状态下用很小的应力可以进行无破坏的压缩处理，且最大压缩率高于未处理材。当木材木质素含量少于 17.3%时，压缩率超过 40%后木材的径向回弹性逐渐减弱。当细胞角隅处的木质素含量降低时，对径向施加较高压缩率的机械力，细胞间相对位置发生变化，且维持木材细胞壁结构间的节点减弱（木质素的熵弹力减弱）。

脱木质素高压缩处理后，木材细胞中的孔隙消失，纤维素分子链间在氢键的作用下再次发生的紧密结合使表面密度增加，减少了木材表面的亲水性基团，降低了木材表面的自由能和极性分量，液体在木材表面的接触角增加，使木材的亲水性减弱和水热响应的快速通道消失。

木材细胞壁结构间节点的木质素含量减少，导致木材三维交联网络维持原始形状的能力下降，在温度-湿度-机械力耦合作用下的木材很容易发生形状变化，彻底破坏木材原始的三维交联网络结构，木材将失去水热响应下的形状记忆效应。脱木质素处理并未完全脱掉木质素，使木质素保留了木材的基本骨架结构，细胞壁中纤维素微纤丝间产生更多孔隙，暴露出更多的活性位点(游离羟基)。

木材经过脱木质素处理后相对结晶度增加。木材脱木质素处理 6 h 后相对结晶度指数的增加幅度显著提高，这是影响木材细胞壁结构在水热形状回弹中的关键节点。由于脱木质素经过热压处理后发生纤维聚集、无定形区域再结晶和共结晶等现象，导致相对结晶度与晶胞尺寸均提高。显然，脱木质素木材经压缩处理后纤维结晶形态的变化是导致木材失去水热响应形状记忆的原因。

脱木质素木材储能模量、损耗模量和损耗因子的变化侧面证明了木质素可以维持木材三维交联网络结构的稳定性，脱除木质素对消除木材形状记忆效应发挥较重要的作用。在高压缩率作用下，脱木质素过程导致维持木材原始形状的三维交联网络交联点破坏，交联网络稳定性下降，纤维素分子链完全滑移，木材原始形状的三维交联网络产生不可恢复形变。所以脱木质素高压缩率消除了木材的形状记忆效应。

第五章 氢键对木材水热响应形状记忆效应的影响与作用机理

第一节 引 言

近年来，水响应形状记忆聚合物(SMPs)在人体水环境中可产生形状恢复效应，使其在生物医学领域受到关注。氢键是以氢为媒介形式的一种特殊的分子间或分子内相互作用力，在水响应形状记忆效应中起到重要的作用。氢键作为开关单元被广泛应用到水响应形状记忆材料中，控制材料的形状恢复与固定：一方面利用体系中极性基团与水分子间的氢键作用引起 T_g 低于室温，导致临时形状浸水后产生形状的变化；另一方面利用自然界中纤维素在水环境中，通过氢键的作用使弹性基体的变形恢复到原始形状。天然生物质材料含有大量的纤维素，具有氢键作用的水响应形状记忆效应。木材是由嵌在木质素和半纤维素基质中的纤维素形成的天然纤维基复合材料，具有水响应形状记忆效应。

木材细胞壁中，氢键影响细胞壁中高分子聚合物的键合结构。①纤维素的键合结构由 β-1,4-糖苷键连接的线性葡萄糖单元链组成，纤维素的葡聚糖链通过氢键和范德华力聚集形成一个长长的丝状晶体结构，重复的 D-葡萄糖单元通过共价键和分子水平的链内和链间氢键组成，形成刚性的线性纤维素链。②半纤维素存在于微纤丝内部和微纤丝之间，纤维素微纤丝表面和半纤维素之间的键合完全是通过氢键，半纤维素的 β-(1,4)骨架促进氢键实现高效的空间配合[249-252]。③半纤维素在纤维素微纤丝的亲水表面和疏水木质素之间的氢键结合起到界面偶联剂的作用。因为硬木中最丰富的半纤维素-木聚糖是双重螺旋结构，其所有装饰物都在一侧，形成未取代的木聚糖表面，这能够与微纤丝的亲水表面对接，使微纤丝的表观直径达到 3.5~4.2 nm[253]。半纤维素对纤维素亲水表面的屏蔽创造了一个疏水表面，与木质素相互作用防止相邻微纤丝的聚集。

氢键网络影响木材的分子结构。纤维素、半纤维素和木质素形成的空间结构是氢键网络、共价键网络和大分子间物理结构 3 个相互渗透网络的叠加，其中氢键网络是碳水化合物之间的氢键网络，也是木质素与碳水化合物之间的氢键网络。氢键网络对水响应比较敏感，也是影响木材吸湿性及形状记忆效应的重要网络。

木材中的氢键分为水响应不可逆氢键和可逆氢键。不可逆氢键是水响应不能打开氢键并与之结合的氢键，纤维素分子链内葡萄糖单元的链内氢键属于不可逆氢键。可逆氢键，一部分是结合较弱氢键网络的氢键，是纤维素分子链间、半纤维素与纤维素间和半纤维素与木质素间的氢键网络，可以在水分子的作用下打开并与之形成新的氢键；另一部分是与羟基有关的氢键，亲水性的极性羟基基团极易与水分子结合形成氢键，是可逆氢键的主要贡献者。木材细胞壁高分子聚合物中存在大量游离极性羟基。纤维素分子链中部分无定形区中的羟基结合形成分子间氢键，部分极性羟基处于游离状态可以与水分子形成氢键结合。半纤维素主链和支链上存在较多羟基，水分容易进入与之形成氢键。木质素中的羟基同样具有与水分子结合的吸湿性，且在水分子的作用下软化使木材更容易塑形[254]。

木材中具有疏水结构的聚合物(木质素)从细胞壁上脱除，更多的游离羟基会暴露出来，提高了木材细胞壁对水响应的敏感性，同时也在细胞壁上产生了孔隙。在潮湿的条件下，脱木质素木材可以很容易地塑造成不同的形状。干燥后，游离的羟基相互形成氢键，将脱木质素木材固定成型[255]。游离羟基形成氢键的机理是脱木质素后，羟基表现出弱相互作用，在潮湿的条件下挤压时，纤维素很容易变形，一旦水从被挤压的木材中去除，纤维素微纤丝间形成稳定的氢键。冷冻干燥可以打开细胞结构，防止纤维素间羟基结合，为木材细胞结构提供了一个良好的环境来产生游离羟基，使木材对水响应变得非常敏感。Grnquist 等使用氘化试验(D_2O)来估计部分和完全脱木质素的云杉木材中游离羟基的数量，发现由于细胞壁的化学变化，羟基组数量从未处理材的 8.5~9 mmol/g 显著增加到脱木质素木材的 10~10.5 mmol/g[256]。

综上所述，氢键在水响应形状记忆聚合物中起到开关作用，木材的天然结构中存在氢键网络，其中与水分子间形成的氢键网络是可逆的，在木材吸湿性中起到重要的作用，但是氢键在木材压缩形状记忆过程中的开关作用目前还未见报道。本章通过对未处理材进行脱木质素处理，去除纤维素之间的屏障，在不破坏原始木材细胞结构的基础上利用冷冻干燥技术产生更多的游离羟基。通过疏水化处理后探究水响应中氢键对木材形状记忆效应的影响，为木材作为开发水响应形状记忆功能材料生物模板的研究奠定理论基础。

第二节　试验材料与方法

一、试验材料

选取的杨木与第二章第二节材料制备中所用木材一致，加工成规格为 20 mm(纵向)× 20 mm(径向)× 20 mm(弦向)的试样备用。

二、疏水木材气凝胶的制备方法

醋酸与过氧化氢配置成 1∶1 的混合溶液，将绝干后的试样浸没于混合溶液中，置于真空环境中浸渍，将浸渍完全的试样在95℃混合溶液中脱木质素处理7 h，获得白色木材气凝胶试样。试样置于去离子水中，将化学试剂多次清洗完全，直至试样呈中性，然后在50%、75%和100%的叔丁醇中进行梯度脱水处理，置于冷冻干燥机中处理24 h获得保留完整纤维素骨架的木材气凝胶(wood aerogel，WA)，如图5-1所示。

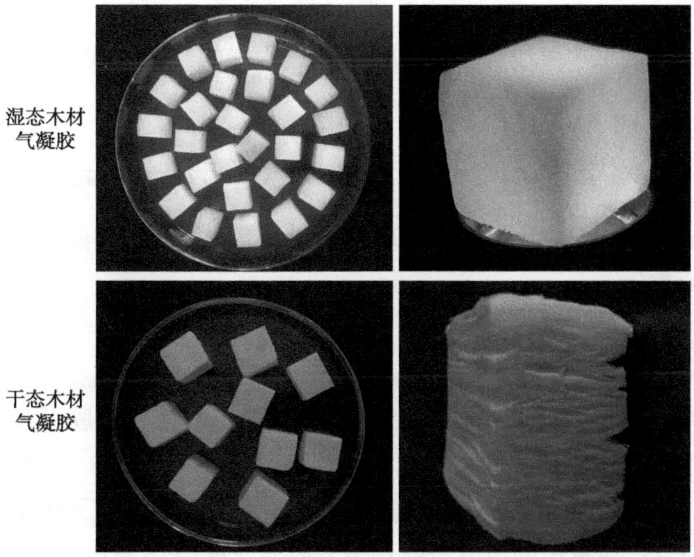

图5-1　木材气凝胶的图片

将未处理材和木材气凝胶分别浸泡在含有甲基三氯硅烷的正己烷溶液中(2%)，充分浸泡30 min后取出试样，在80℃恒温干燥箱中处理2 h，使试样实现超疏水特性，获得疏水化未处理材(hydrophobic natural wood，HNW)和疏水化木材气凝胶(hydrophobic wood aerogel，HWA)。

三、孔隙度及化学成分测试

试样孔隙度的计算公式见式(5-1)。

$$孔隙度(\%)=\left(1-\frac{\frac{m}{V}}{\rho_s}\right)\times 100\% \tag{5-1}$$

式中，ρ_s是木材的实质密度，根据纤维素的实质密度取1.5 g/cm^3；m是质量(g)；V是体积(cm^3)。

纤维素、半纤维素和木质素含量通过不同国家标准进行测试。根据《造纸原料酸不溶木素含量的测定》(GB/T 2677.8—1994)测量酸不溶木质素的含量，根据《造纸原料综纤维素含量的测定》(GB/T2677.10—1995)测量综纤维素(即纤维素和木质素)的含量，根据《纸浆α-纤维素的测定》(GB/T 744—1989)测量纤维素的含量。为确保数据具有良好的重现性，数据为3次重复试验的平均值。

四、增重率、羟基取代度

木材疏水化改性后增重率的变化见式(5-2)。

$$增重率(\%)=\frac{W_1-W_0}{W_0}\times 100 \tag{5-2}$$

根据改性前后的增重率可以计算疏水化改性过程中的羟基取代度，见式(5-3)[271]。

$$羟基取代度(mmol/g)=\frac{\frac{W_1-W_0}{W_0}}{甲基三氯硅烷相对分子质量}\times 1000 \tag{5-3}$$

式(5-2)、式(5-3)中，W_0是疏水化改性前木材试样的绝干质量(g)；W_1为疏水化改性后木材试样的绝干质量(g)。

五、木材气凝胶形状记忆效应的表征

如图 5-2 为木材气凝胶压缩形状记忆的编程过程，木材气凝胶循环湿热-干燥-机械力的过程分为以下 6 个步骤：

①软化处理($t_0\sim t_1$)，将木材气凝胶置于去离子水中，测软化后径向尺寸(L_0)。

②压缩处理(t_2)，在较小的机械力的作用下原始长度(L_0)被压缩到临时形状(L_i)，因为木材气凝胶较大的压缩率容易压溃，则所有被测试样的压缩率均为 40%。

③干燥固定(t_3)，将压缩到 L_i的试样气干处理，释放外部机械力后获得试样的临时形状，此时的尺寸为 L_f。

④形状回弹(t_4)，临时形状置于 25℃水环境中恢复试样原始长度，用 L_r来表示。形状记忆效应表征方法同式(2-1)、式(2-2)。

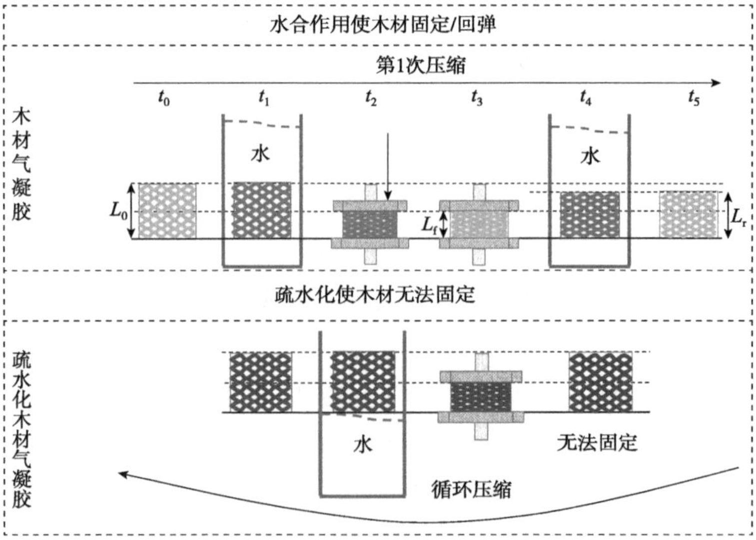

图 5-2 木材径向压缩水响应形状记忆效应循环变形示意图

六、疏水改性材亲水性测试

使用JY-PHa静态接触角测试仪器(国产)测量甲基三氯硅烷(MTCS)疏水改性后试样3个切面的水滴接触角，同时测试MTCS试样在180 s内接触角的动态变化情况。为确保数据具有良好的重现性，数据为同一试样表面不同部位5次重复试验的平均值。

七、形状记忆压缩回弹性能测试

压缩回弹的应力-应变性能通过DAX-208微机控制电子万能试验机(国产)进行测试。通过设置不同的压缩率(20%、40%、60%)，测试WA和HWA压缩-回弹过程中应力-应变特征。记录试样在压缩-回弹循环次数为100次(压缩率为40%)时的应力-应变曲线，并根据应力-应变曲线计算100次循环压缩过程中回弹率及能量损耗因子的变化。

八、微观形貌及孔隙结构的表征

在15 kV加速电压下，利用PhenomPro Netherland场发射扫描电子显微镜(进口)，观测真空喷金试样的横切面和径切面，进行形貌分析。随后采用SEM自带的X射线能谱仪(EDX)分析HWA表面元素组成。为了获得比表面积与孔径分布，选用ASAP 2460型全自动比表面积孔隙度分析仪(进口)，在100℃条件下进行脱氮气处理，使用物理吸附仪对不同处理试样进行氮吸附脱附处理，分析试样的微毛细管系统中孔隙的变化情况。

九、键合结构及结晶结构的测试

木材气凝胶疏水化试样官能团的变化和结晶度的变化测试方法同第四章第二节中的“七、不同处理木材化学结构测试”。

第三节　结果与讨论

一、疏水化处理后木材气凝胶羟基取代度的变化分析

如图5-3所示，未处理材经过脱除木质素处理后获得木材气凝胶，纤维素分子链暴露大量的游离羟基，羟基与MTCS的水解产物发生反应，将MTCS直接接枝在木材气凝胶上。

硅烷疏水改性后，木材气凝胶增重率为13.9%，体积膨胀率为0.34%。体积膨胀是因为MTCS接枝到木材气凝胶中，使MTCS与纤维素分子链作用后发生较小的膨胀所致。脱除木质素与半纤维素后，木材细胞壁出现大量孔隙，纤维素分子链间隙增大(羟基基团)。纤维素分子链上的羟基在疏水化过程中起着关键作用。大量的孔隙有助于MTCS渗透到纤维素分子链间。经计算获得未处理材和木材气凝胶的羟基取代度分别为0.156 mmol/g和0.929 mmol/g，说明木材气凝胶中的纤维素分子链中有大量的羟基与MTCS发生了化学反

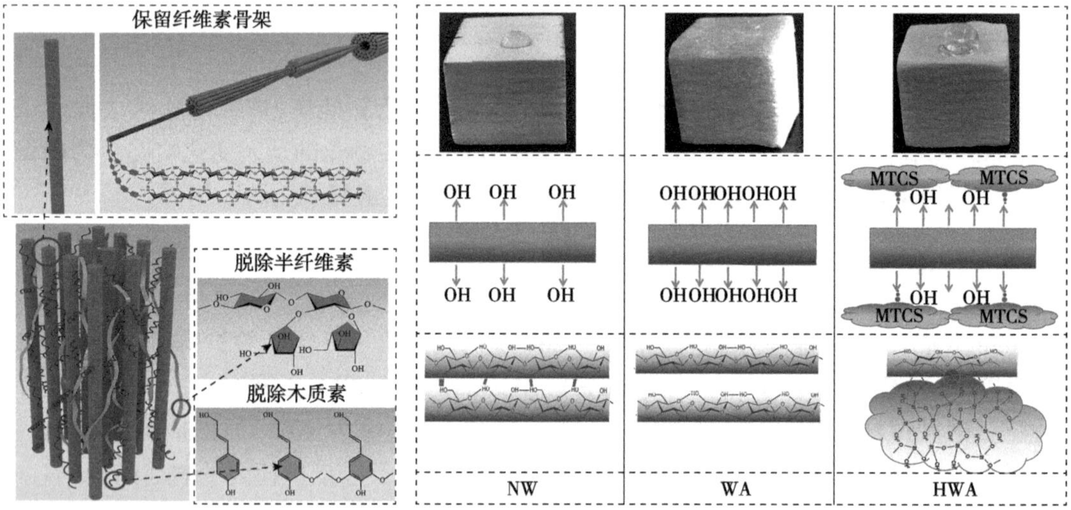

图 5-3 木材气凝胶疏水化合成机理

应，MTCS 中的烷基与纤维素分子链上的羟基(硅氧烷 Si-O-Si 和 HO-Si)产生化学作用，相互结合形成粗糙的表面，形成的聚甲基氢硅氧烷使水分子无法进入到纤维素内部后打开羟基间的氢键或与游离羟基形成氢键，从而无法影响疏水化木材气凝胶的形状变化。

二、羟基变化对木材水热响应形状记忆效应的影响

1. 羟基变化对木材亲水性的变化分析

丰富的孔隙结构和大量的游离羟基使径向压缩后的木材气凝胶可以快速与水分子结合生成氢键，由于纤维素大分子的半结晶性，氢键能迅速打开纤维素大分子链，释放暂时储存的弹性能量，使压缩后的形状恢复到原始形状，在氢键的开/关过程中产生形状记忆过程。疏水化处理阻断水分子与纤维素大分子链的接触路径，使水分子无法与纤维素分子链产生氢键，证明了氢键对木材气凝胶水响应形状记忆的开关作用。

图 5-4 中的数字图像显示了木材气凝胶和 MTCS 疏水化处理后颜色的物理变化。MTCS 疏水化处理的木材气凝胶疏水性通过简单的浸泡测试来确定，如图 5-4 所示。当把

图 5-4 木材气凝胶疏水化处理前后的表面亲水性对比

木材气凝胶和疏水化的木材气凝胶同时浸入水中，因为固液界面的液体接触面积大，木材气凝胶表面丰富的纤维素大分子亲水性基团(羟基)能使其快速与水接触，并通过丰富的孔隙将水快速传输至木材内部，内部孔隙迅速充满水并沉入水面以下。然而，疏水化处理后的木材气凝胶表面纤维素大分子亲水性基团(羟基)被 MTCS 取代，且表面粗糙度增加、表面自由能降低，使疏水化的木材气凝胶无法完全接触到水并浮在水面上。

羟基取代后疏水化木材气凝胶表面的亲水性通过测试表面水滴静态接触角进行阐释。因为木材气凝胶经过脱木质素与半纤维素处理后细胞壁结合松散，出现大量明显的孔隙，并且孔隙结构连通，细胞壁内结合强度降低，利于水分在其内部扩散吸收。此外，木材气凝胶细胞壁中纤维素微纤丝间孔隙增大，脱除束缚的微纤丝间产生大量游离羟基，导致木材气凝胶亲水性增强。所以，木材气凝胶大而多的疏松孔隙结构和极强的亲水性使水滴滴在上面瞬间被吸收，无法测得接触角。

图 5-5 展示了未处理材(NW)、疏水化未处理材(HNW)和疏水化木材气凝胶(HWA)试样 3 个切面上接触角的变化。NW 和 HWA 疏水化处理后显示出优异的疏水性，NW 的径向接触角为 39°，疏水化后 HNW 和 HWA 接触角分别显著增加到 139°和 146°。观察试样横切面在 180 s 内接触角的变化，水滴滴在木材气凝胶上瞬间就被吸收，滴在未处理材横切面接触角逐渐降低，25 s 后水滴基本上被吸收，如图 5-6 所示。HNW 和 HWA 在 180 s 内水滴的接触角基本不发生变化，保持在 130°以上，且 HWA 的接触角大于 HNW。HWA 横切面的接触角比 HNW 大，这是因为 WA 横切面的游离羟基多于 NW，固疏水化处理后 MTCS 取代度增大，相应提高了横切表面的粗糙度，较高的表面粗糙度降低了表面自由能，所以液体在 NW 横切面的接触角小于 HWA。疏水化处理阻断了水分与 HNW 和 HWA 表面的接触，使水分子无法与纤维素分子链接触，更无法进入到木材内部打开纤维素分子链间的氢键，径向压缩后的形状无法在水的作用下被临时固定或激活。所以，疏水化处理无法通过水与羟基间氢键的形成与打开来影响形状的变化，使木材气凝胶失去水响应形状记忆效应。

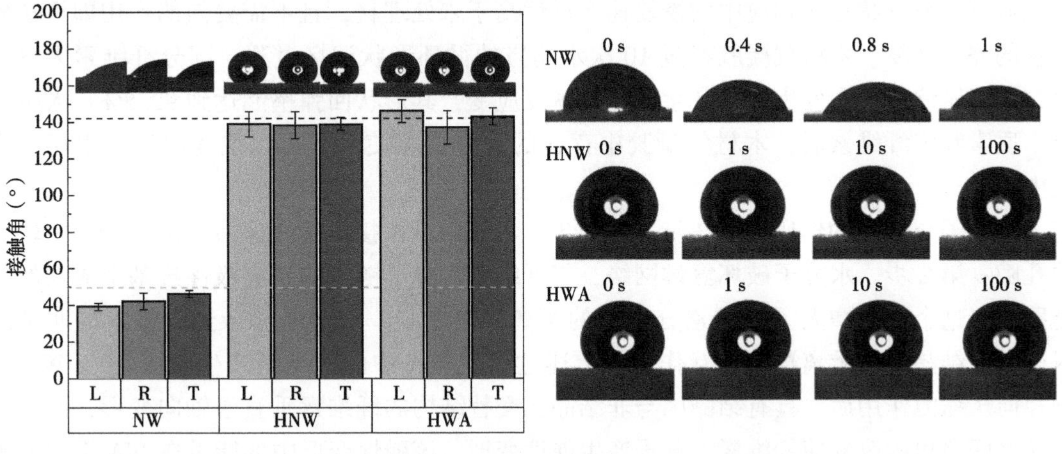

图 5-5　试样纵向(L)、径向(R)和弦向(T)的水滴接触角

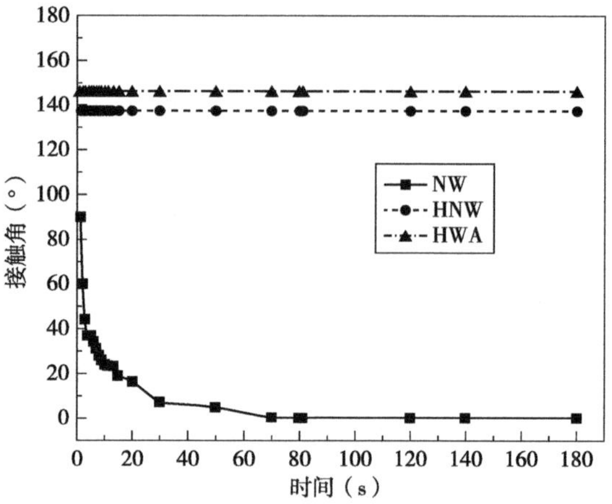

图 5-6　试样纵向(L)、径向(R)和弦向(T)的水滴接触角在 180 s 内的变化

2. 羟基变化对木材水热响应形状记忆效应的影响

未处理材由于其特殊的三维交联网络结构具有水热响应形状记忆效应，木质素网络是水热刺激过程中形状记忆的驱动力，同时提供刚性维持木材的原始形状。完全脱除木质素的木材只剩下纳米纤维素网络，纳米纤维素网络在水中容易瓦解，因为纤维素分子链键间暴露出更多的游离羟基，水分子与大量游离羟基作用产生的氢键增加了纤维素分子链间的距离，很小的外力就会使纤维素分子链分离。近年来，基于纤维素纳米纤维的水响应形状记忆材料受到广泛关注，纤维素纳米纤维主要用作水响应型氢键网络开关的供体，使材料具有水响应的特性。一般通过增加额外的化学交联来增强纤维素纳米纤维网络在水作用下的强度。本研究中的木材气凝胶由于少量木质素的作用，可以维持纤维素纳米纤维的网络结构，使其在水响应过程中不发生解体。

如图 5-7 所示，将水中软化的木材气凝胶径向压缩后干燥固定临时形状，将具有临时形状的木材气凝胶放在水中浸泡，迅速吸收水分后快速恢复到木材气凝胶的原始形态。木材气凝胶压缩形状在水响应中的恢复速率远远高于未处理材，且不需要热的作用即可达到形状的完全恢复。木材气凝胶经过 10 次水响应的循环形状记忆过程，部分纤维素大分子链在循环压缩过程中发生滑移产生了不可恢复应变，其形状回弹率能达到 92.5%。大量脱除木质素和半纤维素后，木材气凝胶中存在的大量孔隙使水分可以快速渗透到木材气凝胶中[257]。

水分子与 WA 的作用分为 3 步：第 1 步，水分与 WA 接触后快速渗入侵占 WA 中较大的孔隙；第 2 步，水分子破坏氢键网络，与纤维素大分子链间的游离极性羟基生成新的氢键网络，这个过程增大了纤维素分子链的距离；第 3 步，水分子深入到纤维素的非结晶区，与非结晶区的游离羟基相互作用。上述过程使 WA 中的纤维素产生膨胀[258]。WA 受到径向压缩力作用后，具有结晶区与非结晶区交替结构的纤维素垂直于轴向变形，纤维素微晶之间夹角的改变使纤维素大分子产生弹性变形，该弹性变形中的能量在 WA 干燥处理过程中被临时冻结，形成冻结应力，此时形成新的氢键网络[12]。径向压缩的 WA 水响应

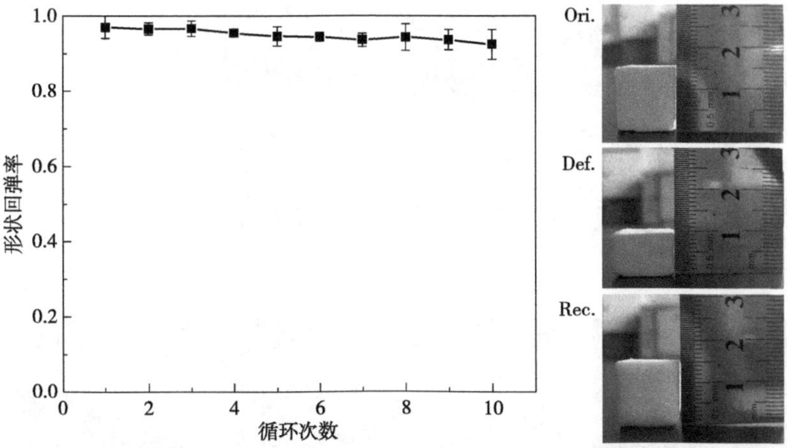

图 5-7　木材气凝胶 10 次水响应形状记忆过程中的形状回弹率及形态

后，水分子通过破坏氢键网络，释放储存在纤维素微纤丝中的弹性能量，使 WA 的原始形状得以恢复[88]。另外，水渗透到木材气凝胶中形成的流体动力通过使纤维素分子链膨胀也促进了压缩形状的恢复[271]。

三、羟基变化中形貌结构及孔隙结构对形状记忆效应的影响

1. 羟基变化中形貌结构对形状记忆效应的影响

杨木是典型的阔叶材，细胞主要由较大细胞腔的导管和韧型纤维组成，横截面是类似蜂窝状多孔结构。杨木是复杂的生物聚合物，细胞壁是三维交联网络结构，由纤维素、半纤维素和木质素组成的相互连接的网络[259-260]。纤维素微纤丝排列在半纤维素基质中，纤维素微纤丝表面和半纤维素之间的键合完全是通过氢键实现空间结构的结合。木质素作为胶结材料包覆纤维素与半纤维素的边缘，提供细胞壁硬度以抵抗生长应力和其他外部载荷[261]。

采用醋酸与过氧化氢蒸煮处理未处理材后，颜色由淡黄色变成白色。这是因为木材中木质素被降解后，显色基团在醋酸与过氧化氢的作用下被破坏。脱除木质素后经过 MTCS 疏水化处理，木材气凝胶由纯白色变成乳白色，如图 5-3 所示。木材细胞壁为蜂窝状结构，经过醋酸与双氧水处理后的纤维素骨架，冷冻干燥后得到的木材气凝胶结构变得更加疏松，并呈现分层结构(图 5-8)。

木材气凝胶的主要骨架物质由纤维素间的氢键网络维持，具有丰富的孔隙构造。此时，木质素与半纤维素脱除后，由氢键结合的纤维素大分子链择优排列，此时细胞壁由高度定向排列的纤维素组成，木材气凝胶分层结构的稳定性由氢键网络提供。疏水化处理后可以最大程度保留纤维素形成的层状孔隙结构，在木材气凝胶层状结构表面均匀覆盖一层聚硅氧烷涂层(图 5-9)。

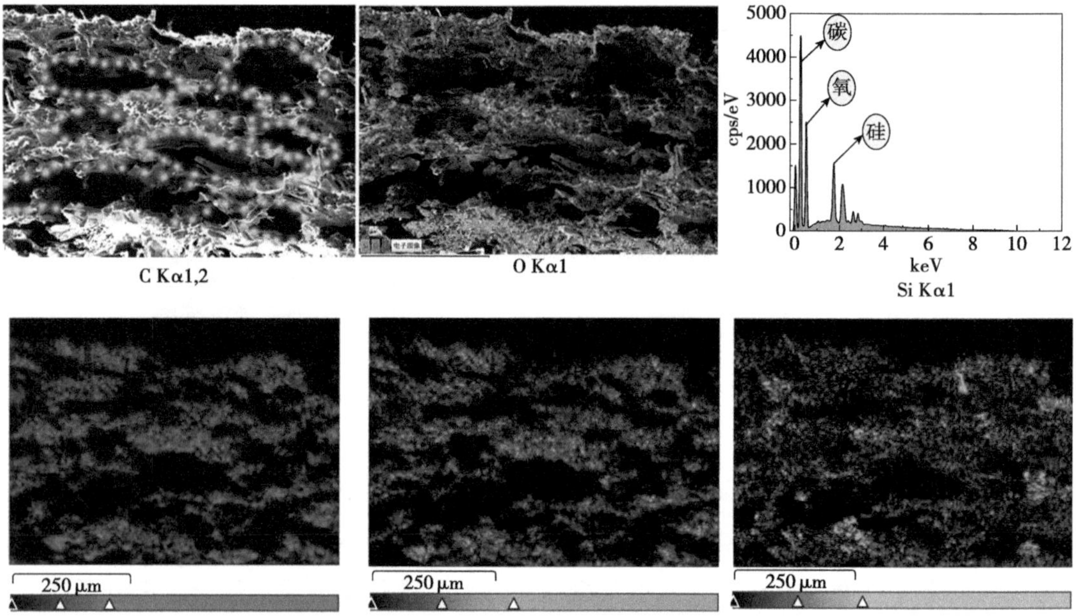

图 5-8　疏水化木材气凝胶横截面能谱图

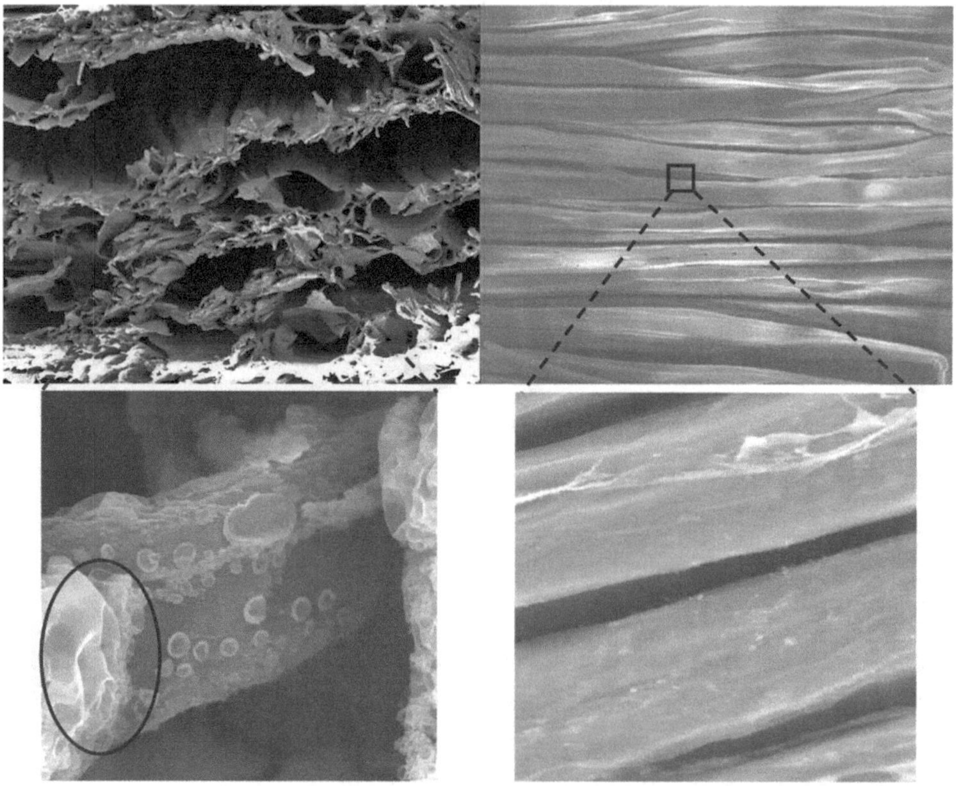

图 5-9　木材气凝胶疏水化处理前后微观形貌图

2. 羟基变化中孔隙结构对形状记忆效应的影响

纤维素微纤丝之间存在大量孔隙，是木质素、半纤维素和抽提物部分填充后产生的，当木质素和半纤维素脱除后，细胞壁纤维素分子链间出现大量纳米孔隙，这部分孔隙的比表面积较大。大量的孔隙结构使 MTCS 更容易进入细胞壁内，在细胞壁纤维素的表面形成疏水结构。

图 5-10(a)展示了 NW、WA 纤维素、半纤维素与木质素含量的变化。经过化学试剂脱除木质素处理后，与 NW 相比，WA 的木质素和半纤维素的含量均降低，分别降低到 3.7%和 6.93%，分别减少了 84.48%和 72.87%。由于木质素与半纤维素的脱除，纤维素的相对含量增加，从 51.61%增加到 89.37%。与此同时，WA 的密度降低孔隙度增加，使木材气凝胶试样可以立在蒲公英的白色绒球上，如图 5-10(b)所示。

图 5-10　杨木(NW)和杨木气凝胶(WA)的纤维素、半纤维素和木质素相对含量变化

WA 的密度降低到 184.55 mg/cm^3，比 NW 低 57.45%，WA 的孔隙度大幅增加，与 NW 相比增加到 88.25%，增加了 21.94%，见表 5-1。HWA 的三大素的含量与 WA 相差不大，因为 MTCS 包覆木材气凝胶中纤维素的表面，疏水化处理后试样的密度有所增加，孔隙度降低。

表 5-1　试样密度及孔隙参数表

材料	气干密度 (mg/cm^3)	孔隙度(%)	比表面积 多点 BET (m^2/g)	比表面积 BJH 吸附累积 (m^2/g)	比表面积 BJH 脱附累积 (m^2/g)	平均孔半径 (nm)
NW	433.81±1.8	72.37±0.49	0.11	0.19	0.32	49.80
WA	184.55±4.7	88.25±0.62	4.71	6.72	6.46	99.70
HWA	195.68±6.3	87.25±0.21	3.60	5.33	5.48	70.20

对木材气凝胶进行 BET 测试后进一步证实产生了大量的纳米孔隙。图 5-11 是 NW、WA 和 HWA 的氮吸附脱附等温线，保留了未处理试样的典型 I 型等温线，WA 与 HWA 的吸附等温线出现回滞环，说明脱木质素处理后出现大量的 2~50 nm 的介孔。NW 的比表面

积为 0.11 m^2/g，木材气凝胶的比表面积增加到 3.60 m^2/g。大量的微纳米级孔隙的产生来源于两个方面，一方面源于木材的细胞角隅处和胞间层区域的木质素大量脱除，另一方面源于填充在纤维素微纤丝间的木质素和半纤维素成分大量脱除。

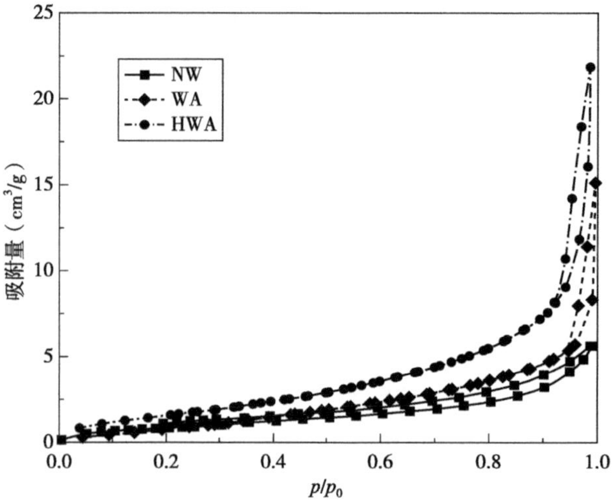

图 5-11 脱木质素木材氮吸附脱附曲线

图 5-12 中孔径分布曲线表明木材气凝胶中存在大量微孔和介孔。与 NW 的孔径分布相比，木材气凝胶小于 40 nm 的孔径范围明显增多，说明脱除木质素和半纤维素后木材中的介孔孔隙增多。木材气凝胶的平均孔径相对于 NW 的 49.80 nm，增加到 99.70 nm，MTCS 疏水化处理后平均孔径减少到 70.20 nm。孔径分布曲线中显示木材气凝胶小于 2 nm 的纳米孔隙与 NW 相比明显增多，再次证明纳米级孔隙的大量产生源于脱除填充在纤维素微纤丝间的木质素和半纤维素。经过 MTCS 的正己烷溶液浸渍处理后，木材气凝胶试样 2~40 nm 的介孔孔隙的数量相对减少，但是仍然高于 NW 中纳米孔隙的数量，而小于 2 nm

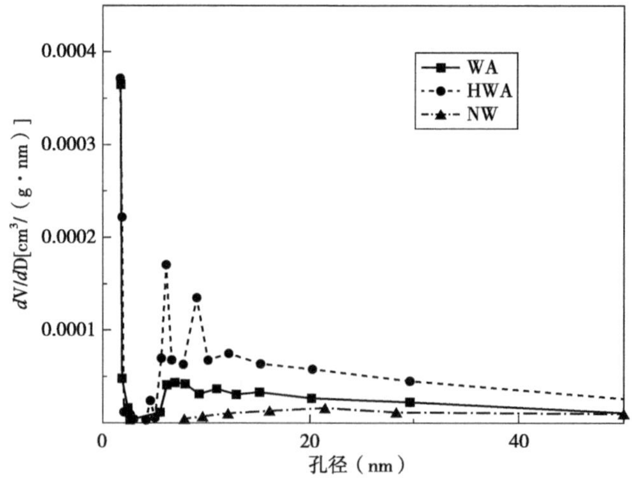

图 5-12 试样的孔径分布曲线

的纳米孔隙数量没有明显的变化，说明 MTCS 只是包覆在纤维素网络结构的外面，没有进入纤维素微纤丝间。图 5-8 能谱分布证明，经过 MTCS 疏水化处理后，木材气凝胶中碳、氧、硅元素均匀分布，碳、氧、硅元素在纤维素网络结构的表面呈现均匀的“云雾”状包覆，使相应介孔孔隙的数量减少。

综上所述，木质素与半纤维素脱除后产生的大量微米级孔隙和纳米级孔隙，不仅使纤维素分子链暴露出大量羟基，而且使 MTCS 更容易进入到木材气凝胶内部，与纤维素分子链中的羟基结合，起到隔绝水分与纤维素的作用。未进行疏水化处理的纤维素表面光滑，经 MTCS 处理后，很容易附着在纤维素表面，使表面变得粗糙。MTCS 疏水化处理若阻止水分进入纤维素的内部，则无法破坏纤维素分子链间氢键，从而使木材气凝胶无法通过水分的进入/脱除来固定临时形状。木材气凝胶浸渍在 MTCS 正己烷溶液中，与纤维素部分羟基反应，并且在纤维素表面垂直聚合，将未发生反应的羟基包覆在“云雾”状聚硅氧烷涂层内[262]。水分无法进入到纤维素分子链中打开氢键，所以疏水化的木材气凝胶中的纤维素无法通过水分的进入/离开来固定临时形状，故失去形状记忆效应。

四、羟基变化对木材气凝胶形状记忆压缩回弹性能分析

1. 压缩各向异性

木质素和半纤维素脱除后，湿态的木材气凝胶力学强度较低，水分子减弱了纤维素分子链间的氢键作用，使湿态木材气凝胶在较小的外力作用下即可被压缩，压缩率较大(超过 50%)时使纤维素纳米纤维网络产生滑移而被压溃。木材气凝胶干态时纤维素分子链间存在较强的氢键网络，有较大的形状记忆压缩力学性能。

图 5-13 为 WA 和 HWA 在纵向、弦向和径向的压缩应力-应变曲线，木材气凝胶在 3 个方向上压缩具有各向异性的特点。3 个方向的压缩行为均表现为线弹性、应力平台和致密化 3 个阶段，横向压缩出现“应力肩”。横向压缩过程：在较低应变时木材气凝胶由于

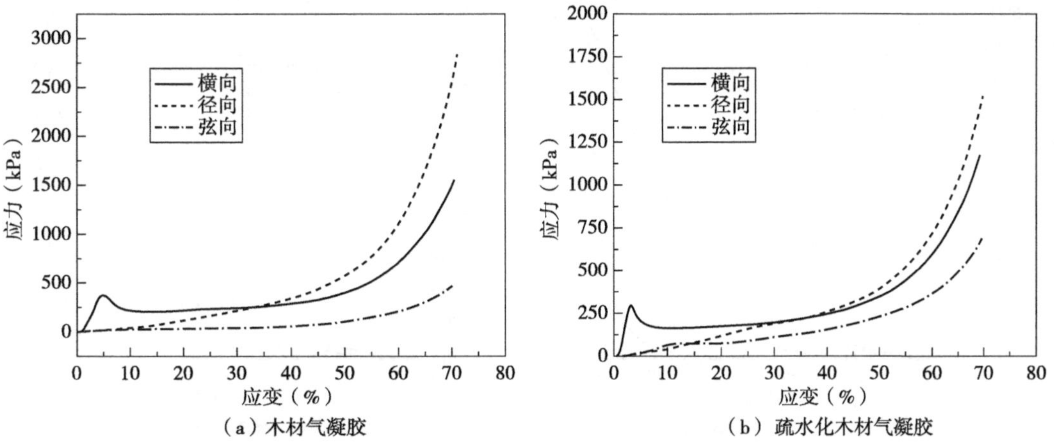

图 5-13　试样纵向、弦向和径向的压缩性能

细胞壁中的纤维素分子链横向弯曲产生线性弹性变形，当纤维素分子链的弯曲到达屈服点后产生非线性弹性变形，随着细胞壁逐渐塌陷直至应力集中处产生弯曲撕裂而被压溃(图5-13)；继续压缩密实化后应力线性增加，此应力应变曲线变化与其他天然水响应形状记忆聚合物的应力-应变曲线结论一致[263,7]；当压缩率达到70%时，WA和HWA的应力分别为1556.7 kPa和1169.7 kPa。弦向压缩和径向压缩应力应变曲线呈现的趋势一致，随着应力的增加而增加。因为前期的变形主要发生细胞腔体的压缩变形，应力的变化较平缓；当压缩率超过50%后，主要发生细胞层状结构的密实化过程(图5-13)，应力呈现线性增加，且斜率增大；当压缩率达到70%时，径向压缩的应力要大于弦向压缩的应力。因为径向压缩时除了早材、晚材交替承担受力外，木射线组织径向压缩弯曲提供支撑强度，而弦向压缩时早材、晚材是垂直受力，早材组织结构较脆弱受力后容易被压溃(图5-14)，且木射线组织平行方向受压，所以弦向压缩时应力较小[264]。HWA在3个方向的应力均小于WA，这可能是疏水化处理后削弱了纤维素网络的强度。

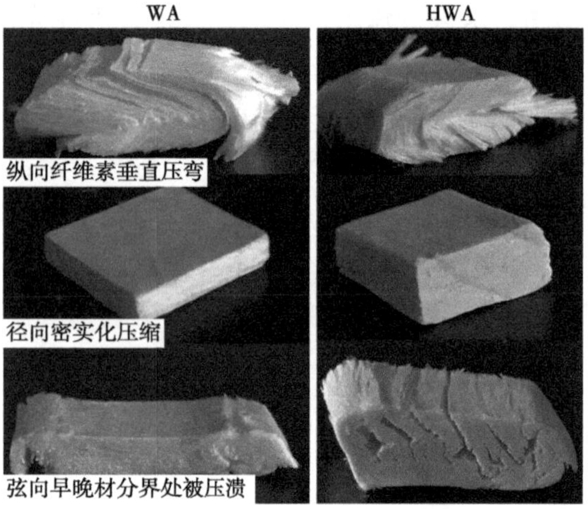

图5-14 试样纵向、弦向和径向压缩后的外观形貌

2. 径向压缩应变对形状记忆压缩回弹的影响

图5-15为WA和HWA在不同径向压缩应变(20%、40%和60%)下的应力-应变曲线图。曲线存在3个明显的区域，第1个区域应力呈线性增加，说明木材气凝胶的弹性特性应变值低于20%，主要是木材气凝胶细胞壁的弯曲。当应变从20%增加到40%时，木材气凝胶的层状结构逐渐受压，形成应力平台期。随着层状结构的不断变形，应变达到60%时应力迅速增大。WA和HWA在不同径向压缩应变下表现出高弹性能，应变为60%时，外

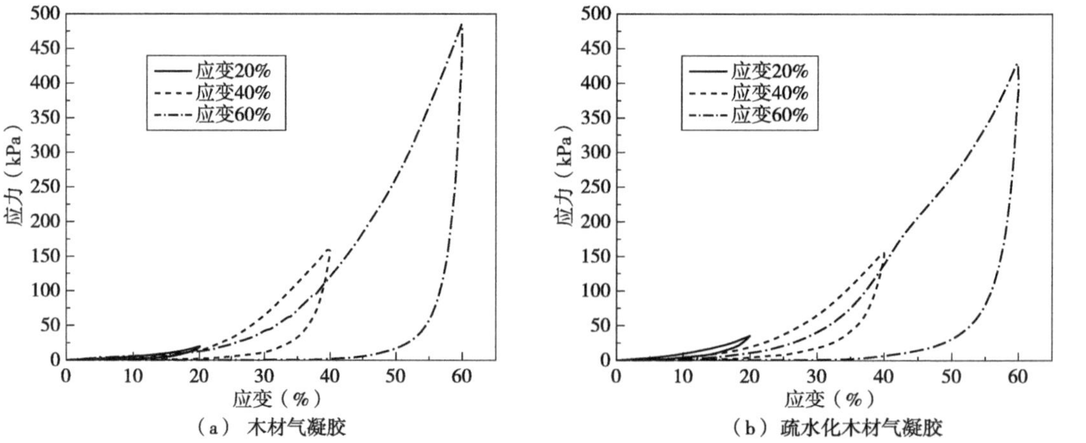

（a） 木材气凝胶　　（b）疏水化木材气凝胶

图5-15 具有不同应变比(20%、40%和60%)试样的应力-应变曲线

力释放后，仍然能够恢复到原始形状。由于 WA 和 HWA 在压缩的过程中细胞壁结构出现损坏，产生能量耗散，所以应力-应变曲线中出现明显的回滞环。当释放应力后，木材气凝胶通过形变能回到原来的形状，纤维素网络间形成的氢键网络具有较高的机械强度，说明木材气凝胶保留的木材结构使其具有良好的形状记忆压缩回弹性[265-266]。

3. 循环径向压缩对形状记忆压缩回弹的影响

恒定应变为40%时，WA 和 HWA 的循环应力-应变曲线如图 5-16 所示。图 5-16 中显示 100 次循环压缩-回弹后 WA 和 HWA 仍然具有形状恢复特性。由于第 1 次压缩时试样的微观结构出现局部损伤或断裂，第 1 次循环压缩的不可逆应变大于后续循环压缩的不可逆应变，后续加载应力均小于第 1 个循环压缩，应力-应变曲线的回滞环面积也逐渐减小。

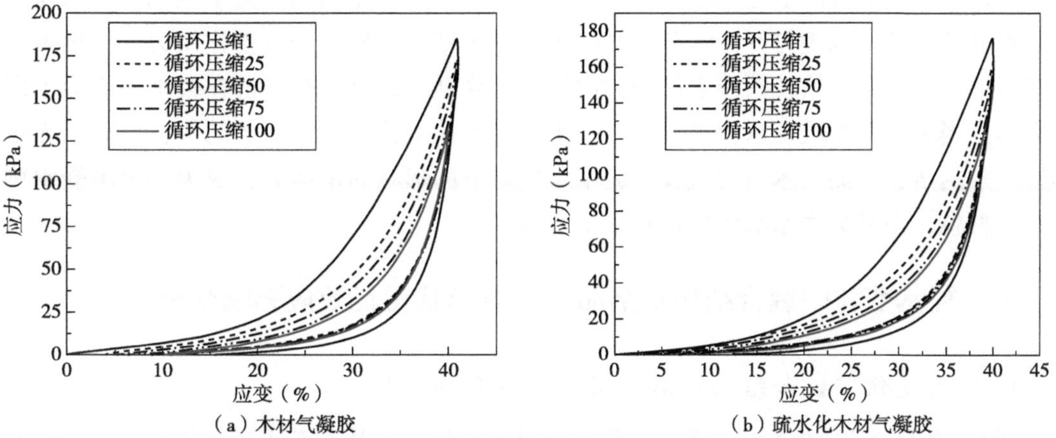

（a）木材气凝胶　（b）疏水化木材气凝胶

图 5-16　试样在 40%应变下 100 次循环压缩的应力-应变曲线

根据应力-应变曲线可以获得 WA 和 HWA 在 100 次循环压缩-回弹的回弹率和能量损耗因子，如图 5-17 所示。经过 100 次循环压缩-回弹后，WA 和 HWA 的回弹率有所降低，但是仍然大于 90%，HWA 的回弹率优于 WA，100 次循环后还能达到 95%以上。WA 和 HWA 在多次循环压缩后出现能量损耗，WA 能量损耗由第 1 次压缩时的 71.4 降到 34，

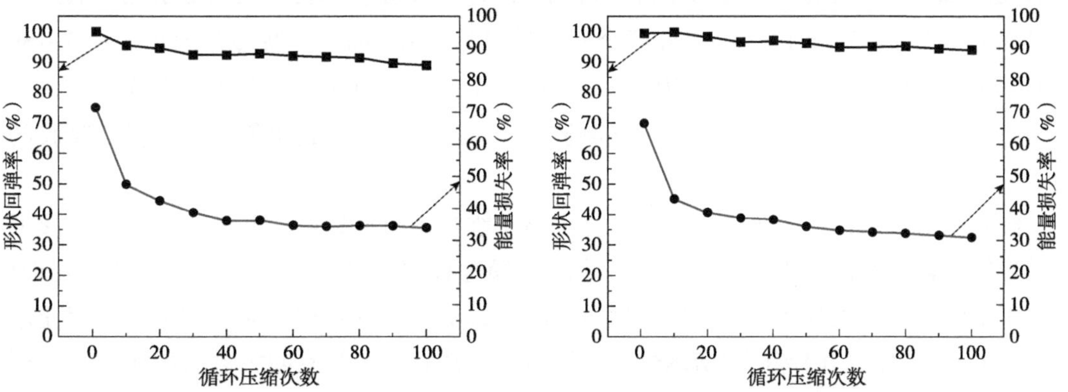

图 5-17　试样在 100 次循环压缩过程中回弹率和能量损耗因子的变化

HWA 由第 1 次压缩时的 66.5 降到 31.5。循环压缩–回弹试验表明 WA 和 HWA 的结构稳定性较高，有优良的形状记忆压缩性和抗疲劳性[267]。且木材气凝胶经过硅烷疏水化处理后压缩回弹性更好。这是因为在压缩过程中纤维素大分子链间距离缩短，使分子链中的部分羟基间产生氢键结合降低了压缩回弹率，疏水化处理后聚硅氧烷将纤维素分子链的羟基减少或包覆起来，防止了纤维素间的氢键结合，因此回弹率提升[53]。

WA 和 HWA 干态试样具有弯曲的层状结构，主要结构由纤维素支撑。木质素和半纤维素脱除后，纤维素暴露大量游离羟基，干燥后紧密结合到一起形成分子间氢键，在氢键网络的作用下纤维素形成弯曲的层状结构。当试样受到垂直于层状方向的外力时，层状结构间的孔隙被压缩后储存能量，移除外力时层状结构间储存的能量被释放，从而形状得以回弹。纤维素间形成的氢键网络贡献了木材气凝胶干态的压缩回弹力学性能，当该氢键网络被水分子破坏后氢键打开，水分子与纤维素分子链形成较弱的氢键作用力，纤维素分子链间新形成的氢键网络使纤维素结构的内结合力降低，纤维素分子链在较小的应力下即发生滑移。当木材气凝胶疏水化处理后，亲水性羟基被取代后形成新的结构，水分子无法破坏纤维素网络，从而使木材气凝胶失去了水响应下的形状固定能力，成为完全不受水刺激影响的材料，使其失去水响应的形状记忆效应。

五、羟基变化中键合结构及结晶结构对形状记忆效应影响分析

1. 羟基变化中键合结构对形状记忆效应影响分析

图 5–18 是 NW、WA 及其疏水化后的红外光谱图。木质素芳香环碳骨架中 C ═C 键的伸缩振动在红外光谱图中 1593 cm^{-1} 和 1504 cm^{-1} 处出现吸收峰。脱除木质素处理后，WA 在 1593 cm^{-1} 和 1504 cm^{-1} 处的吸收峰消失，说明木质素脱除。碳氧单键的伸缩振动在红外光谱图中 1462 cm^{-1} 处出现吸收峰，木聚糖骨架主链 C—H_2 的弯曲振动在红外光谱图中 1235 cm^{-1} 处出现吸收峰，这两处为半纤维素的特征峰。脱木质素处理后 1462 cm^{-1} 处特征峰消失，1235 cm^{-1} 处特征峰显著下降，说明半纤维素脱除。木材气凝胶疏水化后的红外光谱出现了 782 cm^{-1} 处和 1271 cm^{-1} 处两个新的特征峰，782 cm^{-1} 处新峰归因于 Si—O—Si 对称伸缩振动，1271 cm^{-1} 处新峰归因于 C—Si—O 单元中存在 C—Si 不对称拉伸[268–270]。这说明甲基三氯硅烷的水解产物与木材气凝胶发生反应，MTCS 成功负载到木材气凝胶的细胞壁中。

红外光谱分析说明，脱木质素处理将木材中维持木材原始形状并提供刚性的木质素脱除，半纤维素也在此过程中大量脱除，冷冻干燥过程保留了纤维素骨架。疏水化处理后，纤维素中的大量羟基与 MTCS 发生了化学反应，成功负载到木材气凝胶的表面，阻止水分进入到木材气凝胶的内部产生疏水性。所以水分无法打开纤维素间氢键后影响木材气凝胶的形状，再次证明水分与纤维素分子链间产生的氢键起到木材水响应形状记忆效应开关的作用。

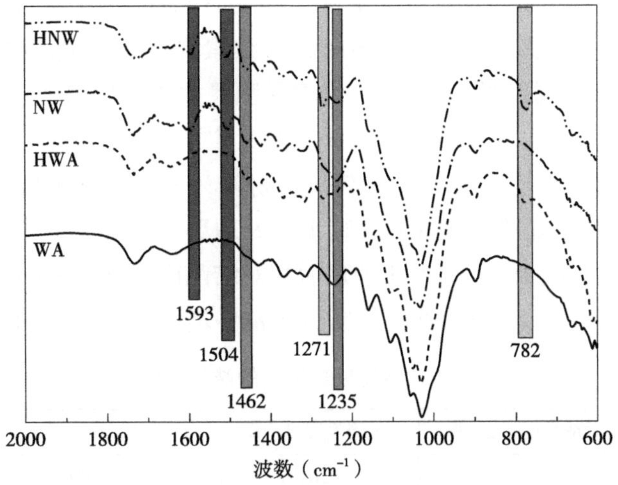

图 5-18　NW、WA 及其疏水化后木材的红外光谱图

2. 羟基变化中结晶结构对形状记忆效应影响分析

图 5-19 为 NW、WA 和 HWA 的 XRD 图。纤维素(040)、(002)和(101)晶面的衍射峰在的 XRD 图谱中以波峰形式表达，分别对应 NW、WA 和 HWA 的 X 射线衍射扫描角度 35°、22°和 16°附近的波峰。如图 5-19 所示，NW、WA 和 HWA 均表现出纤维素 I 的典型 XRD 特征，主衍射峰在 22°有最大的(002)晶面衍射强度，在 16°有非结晶区衍射强度，只是衍射峰强度改变，衍射强度曲线的峰形与峰位置没发生变化。这表明木质素半纤维素的脱除只改变了纤维素的相对结晶度指数和晶胞尺寸，晶胞构造没有改变，均为纤维素 I 结晶区单斜晶系晶胞构造。由于化学处理脱除了无定形物质并且破坏了纤维素无定形区，因此 WA 和 HWA 的衍射峰与 NW 相比强度明显增加[271]。

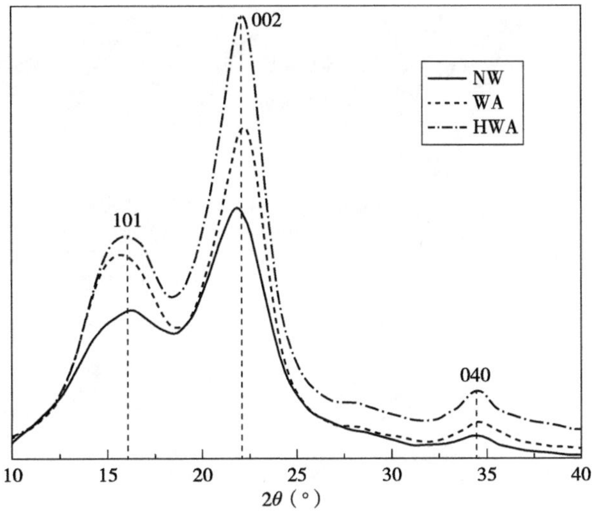

图 5-19　不同处理状态下木材的 XRD 图谱

从表5-2中纤维素相对结晶度变化发现，NW的相对结晶度为51.79%，WA的相对结晶度增加到60.40%，增加了16.7%。同时，纤维素晶胞尺寸也相对应增加，由NW的1.78 nm增加到2.35 nm。相对结晶度与纤维素晶胞尺寸的增加归因于木材中无定形物质脱除后，纤维素分子链间发生了纤维缔合、纤维素无定形区域再结晶[272]。经MTCS疏水化处理后，HWA的衍射谱图没有出现任何其他衍射峰，表明MTCS疏水化处理过程中木材气凝胶中没有形成新的结晶相。经MTCS疏水化处理后，纤维素的单斜结构得以保留。但是与疏水化处理前的WA相比，疏水化处理后相对结晶度增加到63.68%。这可能是MTCS与纤维素分子链发生反应后，直接在纤维素分子链中增大了纤维素的相对结晶度[273]。

表5-2　不同处理试样的结晶度变化

编号	相对结晶度指数(%)	半峰宽弧度(rad)	cosθ	晶胞尺寸(nm)
NW	51.79	0.0631	0.9816	1.78
WA	60.40	0.0479	0.9812	2.35
HWA	63.68	0.0492	0.9809	2.29

六、氢键影响木材水热响应形状记忆效应的机理

为了消除疏水结构聚合物木质素的影响，将更多的游离羟基暴露出来，突出羟基与水间的氢键作用，并在细胞壁上产生了孔隙，本试验进行脱木质素和半纤维素处理，利用冷冻干燥打开细胞结构防止纤维素间羟基结合。木材细胞结构提供了一个良好的环境来产生游离羟基，增加木材对水热的刺激响应的敏感性。通过本章的试验研究证明，氢键在木材水热响应形状记忆效应中具有开关作用，机理模型如图5-20所示。

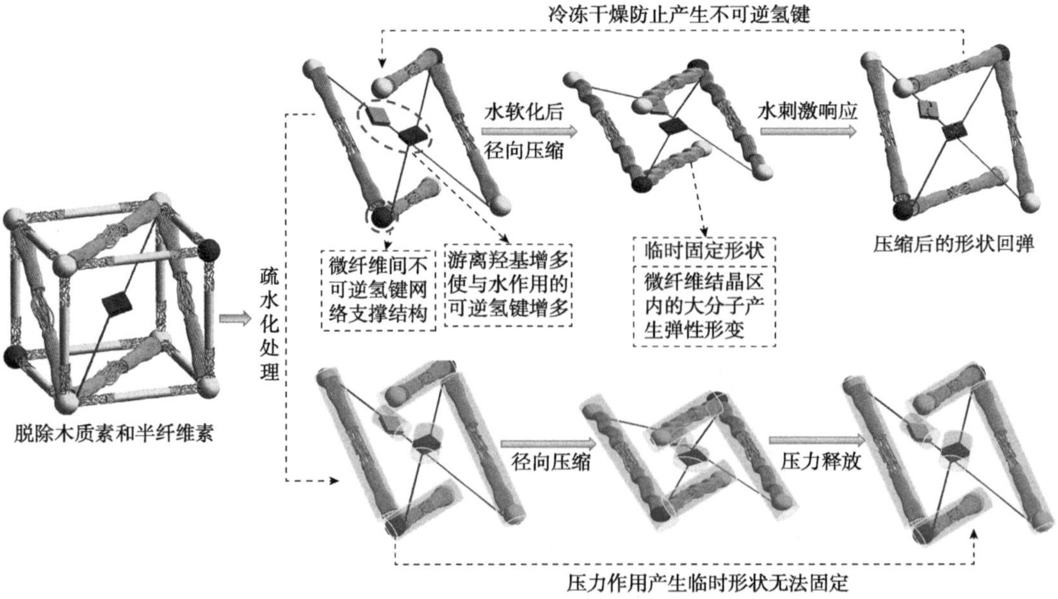

图5-20　氢键在木材形状记忆效应中的开关作用机理模型

1. 木材气凝胶氢键网络开关作用：水分进入和去除与羟基形成氢键来固定或恢复临时形状

干态时，木材气凝胶中游离羟基形成的氢键网络具有较大的机械强度和形状记忆回弹性能；纤维素氢键网络组成的层状结构受压时孔隙压缩，能量被储存；撤掉外力后，氢键网络的作用下能量被释放，形状恢复到原始形状。湿态时，木材气凝胶中的氢键网络与水形成新的较弱氢键网络；湿态压缩后的形状通过水分脱除后形成临时固定形状，此时形成新的较强的氢键网络；当具有临时形状的干态木材气凝胶再次浸水后，分子间氢键网络被水分子打开再次形成新的较弱的氢键网络，临时储存在纤维素大分子链间的冻结应力释放，压缩后的临时固定形状恢复到原始形状。

木材气凝胶在形状记忆过程中，纤维素的半晶特性使每个螺旋状的微纤丝垂直于轴向变形，微晶之间夹角变化使微纤丝结晶区内的大分子产生弹性形变。干燥处理后，储存在纤维素大分子间的弹性能量被临时“冻结”。当压缩的木材吸收水分以后，水可以打开纤维素主体间可逆氢键形成新的氢键网络，水的作用使纤维膨胀而恢复形状，热的作用可以促进此过程的进行。在此过程中，储存在微纤丝中的弹性能量释放，从而恢复木材气凝胶的原始形状。另外，水渗透到木材气凝胶中的过程中，在木材气凝胶孔隙内形成额外的流体动力，压缩的木材气凝胶在流体动力下的膨胀对恢复至原始形状也起到促进作用。

2. 疏水化木材气凝胶失去氢键网络开关作用：水分无法进入和去除与羟基形成氢键来固定或恢复临时形状

疏水化处理后纤维素中的大量羟基与 MTCS 发生了化学反应，成功负载到木材气凝胶的表面，阻断了水分与木材气凝胶表面的接触，使水分子无法与纤维素分子链接触，更无法进入木材内部打开纤维素分子链间的氢键。水分无法“打开”纤维素间氢键，疏水处理后径向压缩的形状在水的作用下“无法被临时固定或激活”。所以疏水化处理无法通过水与羟基间氢键的“形成”与“打开”来影响形状的变化，使木材气凝胶失去水热响应形状记忆效应。

第四节　本章小结

经过化学试剂脱除木质素和半纤维素后，得到的木材气凝胶产生大量游离羟基，其木质素和半纤维素的相对含量分别降低到 3.7% 和 6.93%，纤维素的相对含量增加到 89.37%。木材气凝胶密度降低到 184.55 mg/cm^3，孔隙度大幅增加，存在大量微孔和介孔。通过疏水化处理后木材气凝胶中羟基取代度达到 0.929 mmol/g，密度有所增加，孔隙度降低。

木材气凝胶径向压缩干燥后可以固定临时形状，吸收水分后能恢复到原始的形态，且不需要热的作用即可达到形状的完全恢复。木材气凝胶经过 10 次水响应的循环形状记忆过程，其形状回弹率能达到 92.5%。木材气凝胶疏水处理后亲水性降低，表面接触角显著增加到 146°，且在 180 s 内接触角基本不发生变化，疏水化的木材气凝胶无法固定临时形状。

干态木材气凝胶与疏水化木材气凝胶，均具有较稳定的形状记忆压缩-回弹性能。压缩率达到60%而不产生塑性变形，经过100次的循环压缩-回弹试验后形状回弹率均大于90%。优良的压缩-回弹性能与WA和HWA纤维素氢键网络形成的弯曲层状结构相关。

木材气凝胶在1593 cm^{-1}和1504 cm^{-1}处的吸收峰消失，说明木质素脱除；半纤维素特征峰在1462 cm^{-1}处消失，在1235 cm^{-1}处显著下降，说明半纤维素脱除；782 cm^{-1}和1271 cm^{-1}两个新的特征峰，说明甲基三氯硅烷的水解产物与木材气凝胶发生反应，MTCS成功负载到木材气凝胶的细胞壁中，证明疏水化处理阻断了羟基与水之间氢键的形成。

NW、WA和HWA均表现出纤维素Ⅰ的典型XRD特征，主衍射峰在22°有最大的(002)晶面衍射强度，在16°有非结晶区衍射强度，只是衍射峰强度改变，衍射强度曲线的峰形与峰位置没发生变化。WA和HWA纤维素相对结晶度及晶胞尺寸相对于未处理木材出现增加趋势。这表明脱除木质素和半纤维素后，没有改变未处理材中纤维素Ⅰ结晶区单斜晶系的晶胞构造，只是纤维素的相对结晶度指数和晶胞尺寸发生了变化。

参考文献

[1]XIE T. Tunable polymer multi-shape memory effect[J]. Nature, 2010, 464(7286): 267-270.

[2]WANG W X, LIU Y J, LENG J S. Recent developments in shape memory polymer nanocomposites: Actuation methods and mechanisms[J]. Coordination Chemistry Reviews, 2016, 320-321(1): 39.

[3]ZHAO Q, QI H J, XIE T. Recent progress in shape memory polymer: New behavior, enabling materials, and mechanistic understanding[J]. Progress in Polymer Science, 2015, 49(50): 79-120.

[4]LIU T Z, ZHOU T Y, YAO Y T, et al. Stimulus methods of multi-functional shape memory polymer nanocomposites: A review[J]. Composites: Part A, 2017, 100(5): 21.

[5]WANG K J, STRANDMAN S, Zhu X X. A mini review: Shape memory polymers for biomedical applications[J]. Frontiers of Chemical Science and Engineering, 2017, 11(2): 144.

[6]CHEN H M, WANG L, ZHOU S B. Recent Progress in Shape Memory Polymers for Biomedical Applications[J]. Chinese Journal of Polymer Science, 2018, 36(12): 2.

[7]XIAO X, WU G, LIU L, et al. Thermal insulation management of biopolymer hairs through water-stimulated shape memory effect of crispness[J]. Materials today: proceedings, 2019, 16: 1380-1386.

[8]XIAO X L, HU J L. Animal Hairs as Water-stimulated Shape Memory Materials: Mechanism and Structural Networks in Molecular Assemblies[J]. Scientific Reports, 2016, 6(5): 26393.

[9] EMILE O, LE F A, VOLLRATH F. Shape memory in spider draglines[J]. Nature, 2006, 440(20): 621.

[10]VENKATESAN H, CHEN J M, LIU H Y, et al. Artificial Spider Silk is Smart like Natural One: Having Humidity Sensitive Shape Memory with Superior Recovery Stress[J]. Materials Chemistry Frontiers, 2019, 11(3): 2473.

[11]UGOLEV B, GORBACHEVA G, BELKOVSKIY S. Quantification of wood memory effect. In: Proceedings annual IAWS meeting *Wood the Best Material for Mankind* and the 5th International Symposium on the *Interaction of Wood with Various Forms of Energy*[C]. Slovakia, 2013: 31-37.

[12] NAVI P, GIRARDET F. Effects of Thermo-Hydro-Mechanical Treatment on the Structure and Properties of Wood[J]. Holzforschung, 2000, 54(3): 287-293.

[13]Grönquist P, Schnider T, Thoma A, et al. Investigations on densified beech wood for application as a swelling dowel in timber joints[J]. Holzforschung, 2019, 73(6): 559-568.

[14]MENDEZ J, ANNAMALAI P K, EICHHORN S J, et al. Bioinspired mechanically adaptive polymer nanocomposites with water-activated shape-memory effect[J]. Macromolecules, 2011, 44(17): 6835.

[15]ZHU Y, HU J L, LUO H S, et al. Rapidly switch-able water-sensitive shape-memory cellulose/elastomer nano-composites[J]. Soft Matter, 2012, 8(8): 2517.

[16] LUO H, HU J L, ZHU Y. Tunable shape recovery of polymeric nano-composites[J]. Mater Lett, 2011, 65(s23-24): 3585.

[17] LUO H, HU J L, ZHU Y, et al. Achieving shape memory: reversible behaviors of cellulose-PU blends in wet-dry cycles[J]. Applied Polymer, 2012, 125(1): 657.

[18]ZHANG K, GEISSLER A, STANDHARDT M, et al. Moisture-responsive films of cellulose stearoyl

esters showing reversible shape transitions[J]. Scientific Reports, 2015, 5(1): 11011- 11023.

[19] WANG Y Z, CHENG Z J, LIU Z G, et al. Cellulose nanofibers/polyurethane shape memory composites with fast water-responsivity[J]. Journal of Materials Chemistry B, 2018, 6(11): 1668-1677.

[20] FANG Z Q, KUANG Y D, ZHOU P P, et al. Programmable Shape Recovery Process of Water-Responsive Shape-Memory Poly(vinyl alcohol) by Wettability Contrast Strategy[J]. ACS Applied Materials & Interfaces, 2017, 9(6): 5495-5502.

[21] XIE Y F, LEI D, WANG S F, et al. A Biocompatible, Biodegradable, and Functionalizable Copolyester and Its Application in Water-Responsive Shape Memory Scaffold[J]. ACS Biomaterials Science & Engineering, 2019, 5(4): 1668-1676.

[22] XIE T, ROUSSEAU I A. Facile tailoring of thermal transition temperatures of epoxy shape memory polymers[J]. Polymer 2009, 50: 1852-1858.

[23] 王刚，史新妍. 聚合物形状记忆材料的研究进展[J]. 高分子通报，2016(6): 23-30.

[24] UHRICH K E, CANNIZZARO S M, LANGER R S, et al. Polymeric systems for controlled drug release[J]. Chemical Reviews 1999, 99(11): 3181-3198.

[25] SKARJA G A, WOODHOUSE K A. Synthesis and characterization of degradable polyurethane elastomers containing an amino acid-based chain extender[J]. Journal of Biomaterials Science-Polymer Edition, 1998, 9(3): 271-295.

[26] QIAN Z, ZOU W, LUO Y, et al. Shape memory polymer network with thermally distinct elasticity and plasticity[J]. Science Advances, 2016, 2(1): 1501297.

[27] YANG B, LI C, LEE C M, et al. On the effects of moisture in a polyurethane shape memory polymer [J]. Smart Mater Struct, 2004, 13(1): 192.

[28] HUANG W M, YANG B, AN L, et al. Water-driven programmable polyurethane shape memory polymer: Demonstration and mechanism [J]. Applied Physics Letters, 2005, 86(11): 114105.

[29] YANG B, HUANG W M, LI C, et al. Effects of moisture on the thermo-mechanical properties of a polyurethane shape memory polymer[J]. Polymer, 2006, 47(4): 1349.

[30] JUNG Y C, SO H H, CHO J W. Water-responsive shape memory polyurethane block copolymer modified with polyhedral oligo-meric silsesquioxane[J]. Journal of Macromolecular Science, Part B, 2006, 45 (4): 461.

[31] XIAO X L, HU J L, GUI X T, et al. Is biopolymer hair a multi-responsive smart material? [J]. Polymer Chemistry, 2016, 8(1): 283-294.

[32] SHEN J H, XIE Y M, ZHOU S W, et al. Water-responsive rapid recovery of natural cellular material [J]. Journal of the Mechanical Behavior of Biomedical Materials, 2014, 34C: 283-293.

[33] GORBACHEVA G A, OLKHOV Y A, UGOLEV B N. Research of Molecular-Topological Structure at ShapeMemory Effect of Wood[C]. In 57th SWST International Convention 7th Wood Structure and Properties Conference 6th European Hardwood Conference. Zvolen, 2014: 187-195.

[34] KUTNAR A, SANDBERG D, HALLER P. Compressed and moulded wood from processing to products -a review[J]. Holzforschung, 2015, 69(7): 885.

[35] UGOLEV B N. General laws of wood deformation and theological properties of hardwood[J]. Wood. Science and Technology, 1976, 10(3): 181.

[36] UGOLEV B N. Wood as a natural smart material[J]. Wood Science and Technology, 2014, 48(3): 568.

[37]GORBACHEVA G A, UGOLEV B N, SANAEV V G, et al. Methods of characterization of memory effect of wood[J]. Proligno, 2015, 11(4): 72.

[38]TOBUSHI H, HASHIMOTO T, HAYASHI S, et al. Thermomechanical constitutive modeling in shape memory polymer of polyurethane series[J]. Journal of Intelligent Material Systems and Structures, 1997, 8(8): 718.

[39]GALL K, DUNN M L, LIU Y, et al. Shape memory polymer nanocomposite[J]. Acta Mater, 2002, 50(2): 5126.

[40] LENDLEIN A, LANGER R. Biodegradable, elastic shape-memory polymers for potential BIOMEDICAL applications[J]. Science, 2002, 296(5573): 1673-1676.

[41]LAN X, WANG X H, LIU Y J, et al. Fiber reinforced shape-memory polymer composite, its application in a deployable hinge[J]. Smart Mater Struct, 2009, 18(2): 024002.

[42]LIU Y, GALL K, DUNN M L, et al. Thermomechanical recovery couplings of shape memory polymers in flexure[J]. Smart Mater Struct, 2003, 12(6): 954.

[43]JAKES J E, NAYOMI N, ZELINKA S, et al. Water-activated, Shape Memory Twist Effect in Wood Slivers as an Inspiration for Biomimetic Smart Materials. In: Proceedings, 2012 International Conference on Nanotechnology for Renewable Materials[C]. Quebec, Canada, 2012.

[44] FAN K. Water-responsive shape memory hybrid: Design concept and demonstration[J]. Express Polymer Letters, 2011, 5(5): 409-416.

[45]OBATAYA E, CHEN S Y. Shape recovery and anomalous swelling of steamcompressed wood by swimming ringlike expansion of cell lumina[J]. Wood Science and Technology, 2018, 52(4): 1023.

[46]OTA S. Current status of irradiated heat-shrinkable tubing in Japan[J]. Radiation Physics & Chemistry, 1981, 18(1): 87.

[47]LENDLEIN A, KELCH S, KRATZ K, et al. Shape-memory Polymers[J]. Angewandte chemie-International Edition, 2010, 33(40): 251.

[48]LI J, VIVEROS J, WRUE M, et al. Shape-Memory Effects in Polymer Networks Containing Reversibly Associating Side-Groups[J]. Advanced Materials, 2007, 19(19): 2855.

[49]ZHANG S, YU Z J, GOVENDER T, et al. A novel supramolecular shape memory material based on partial α-CD-PEG inclusion complex[J]. Polymer, 2008, 49(15): 3210.

[50]HU J L, CHEN S. A review of actively moving polymers in textile applications[J]. Journal of Materials Chemistry, 2010, 20(17): 3346.

[51]NAVI P, HEGER F. Combined Densification and ThermoHydro-Mechanical Processing of Wood[J]. Materials Research Society, Bulletin, 2004, 29(5): 336.

[52]JAKES J E, NAYOMI N, ZELINKA S, et al. In: 2012 International Conference on Nanotechnology for Renewable Materials[C]. Quebec, 2012: 368.

[53]GUAN H, CHENG Z Y, WANG X Q. Highly Compressible Wood Sponges with a Spring-like Lamellar Structure as Effective and Reusable Oil Absorbents[J]. ACS Nano, 2018, 12(10): 10373.

[54]NORIMOTO M, OTA C, AKITSU H, et al. Permanent fixation of bending deformation in wood by heat

treatment[J]. WoodRes, 1993, 79: 23-33.

[55]GUO J, SONG K L, SALMÉN L, et al. Changes of wood cell walls in response to hygro-mechanical steam treatment[J]. Carbohydrate Polymers, 2015, 115(22): 214.

[56]MIYOSHI Y, FURUTANI M, FURUTA Y. Swelling behavior of cells in compressed wood[J]. Zairyo, 2016, 65(5): 346.

[57]CHEN S Y, OBATAYA E, MATSUO-UEDA M. Shape fixation of compressed wood by steaming: a mechanism of shape fixation by rearrangement of crystalline cellulose[J]. Wood Science and Technology, 2018, 52(5): 1241.

[58]LAINE K, BELT T, RAUTKARI L, et al. Measuring the thickness swelling and set-recovery of densified and thermally modified Scots pine solid wood[J]. Journal of Materials Science, 2013, 48(24): 8538 .

[59]INOUE M, NORIMOTO M, TANAHASHI M, et al. Steam or heat fixation of compressed wood[J]. Wood Fib Sci, 1993, 25(3): 235.

[60]LI L L, YU J F, SHEN Y L, et al. Study on recovery of thermally compressed Scots pine[J]. BioResources, 2018, 13(2): 3808.

[61]OBATAYA E, YAMAUCHI H. Compression behaviors of acetylated wood in organic liquids. Part II. Drying-set and its recovery[J]. Wood Science and Technology, 2005, 39(7): 559.

[62]INOUE M, SEKINO N, MOROOKA T, et al. Fixation of compressive deformation in wood by presteaming[J]. Journal of Tropical Forest Science, 2008, 20(4): 281.

[63]YIN J, YUAN T, LU Y, et al. Effect of compression combined with steam treatment on the porosity, chemical compositon and cellulose crystalline structure of wood cell walls[J]. Carbohydrate Polymers, 2016, 155(8): 172.

[64]HILL C A, RAMSAY J, BARBARA K, et al. The water vapour sorption properties of thermally modified and densified wood[J]. Journal of Materials Science, 2012, 47(7): 3192.

[65] ITO Y, TANAHASHI M, SHIGEMITSU M, et al. Compressive-molding of wood by high-pressure steam treatment: part 2. Mechanism of permanent fixation[J]. Holzforschung, 1998, 52(2): 221.

[66]GUO J, RENNHOFER H, YIN Y F, et al. The influence of thermo-hygro-mechanical treatment on the micro and nanoscale architecture of wood cell walls using small and wide-angle X-ray scattering[J]. Cellulose, 2016, 23(4): 2340.

[67] WEILAND J J, GUYONNET R. Study of chemical modifications and fungi degradation of thermally modified wood using DRIFT spectroscopy[J]. Holz als Roh und Werkstoff, 2003, 61(3): 220.

[68]WIKBERG H, MAUNU S L. Characterisation of thermally modified hard and softwoods by13C CPMAS NMR[J]. Carbohydrate Polymers, 2004, 58(4): 466.

[69]KULTIKOVA E V. Structure and Properties Relationships of Densified Wood[D]. Blacksburg: Virginia Polytechnic Institute and State University, 1999.

[70]ANDREJA, KUTNAR, DICK, et al. Compressed and moulded wood from processing to products[J]. Holzforschung, 2015, 69(7): 885-897.

[71] B MARTIN D, HAGER A, et al. Shape memory polymers: Past, present and future developments [J]. Progress in Polymer Science, 2015, 49(50): 3-33.

[72] TONCHEVA A, PILATE F, DUBOIS P, et al. Shape-memory nanocomposites for multi-responsive

polymer materials[M]. Nova science publishers, 2018.

[73]LI W, LIU Y, LENG J. Shape memory polymer nanocomposite with multi-stimuli response and two-way reversible shape memory behavior[J]. RSC Adv, 2014, 4(106): 61847-61854.

[74]PILATE F, et al. Design of multistimuli-responsive shape-memory polymer materials by reactive extrusion[J]. Chem Mater, 2014, 26: 5860-5867.

[75]WACHE H M, TARTAKOWSKA D J, HENTRICH A, et al. Development of a polymer stent with shape memory efect as a drug delivery system[J]. J Mater Sci Mater Med, 2003, 14: 109-112.

[76] LAN X, HUANG W M, LIU N, et al. Improving the electrical conductivity by forming Ni powder chains in a shape-memory polymer flled with carbon black [J]. Electroact PolymActuators Devices, 2008, 6927: 692717.

[77]LENG J, LU H, LIU Y, et al. Conductive nanoparticles in electro activated shape memory polymer sensor and actuator[J]. Nanosensors Microsens Bio-Systems, 2008, 6931: 693109.

[78]MONDAL S, HU J L, YONG Z. Free volume and water vapor permeability of dense segmented polyurethane membrane[J]. J Memb Sci, 2006, 280: 427-432.

[79]LIU Y, DU H, LIU L, et al. Shape memory polymers and their composites in aerospace applications: a review[J]. Smart Mater Struct, 2014, 23(1): 1-22.

[80] BARKOULA N M, ALCOCK B, CABRERA N O, et al. Flame-retardancy properties of intumescent ammonium poly(phosphate) and mineral fller magnesium hydroxide in combination with graphene[J]. Polym Polym Compos, 2008, 16: 101-113.

[81]GUNES I S, JANA S C. Shape memory polymers and their nanocomposites: a review of science and technology of new multifunctional materials[J]. J Nanosci Nanotechnol, 2008, 8(4): 1616-1637.

[82]邵亚丽，王喜明. 木材形状记忆效应与机理的研究进展[J]. 材料导报，2021，35(7)：7190-7198，7204.

[83]COUSINS S K, BROWN R M . Cellulose I microfibril assembly: computational molecular mechanics energy analysis favours bonding by van der Waals forces as the initial step in crystallization[J]. Polymer, 1995, 36(20): 3885-3888.

[84]FENGE D. Ideas on the ultrastructural organization of the cell wall components[J]. Journal of Polymer Science Part C: Polymer Symposia, 1971, 36(1): 383-392.

[85]SJOSTROM E. Wood Chemistry: Fundamentals and Applications[M]. New York: Gulf Professional Publishing, 1993.

[86]BARCELÓ A R. International Review of Cytology[M]. Amsterdam: Elsevier, 1997.

[87]HILL C, ALTGEN M, RAUTKARI L. Thermal modification of wood—a review: chemical changes and hygroscopicity[J]. Journal of Materials Science, 2021, 56(11): 6581-6614.

[88]李坚. 木材科学[M]. 北京：科学出版社，2014.

[89]LIU Z Q, JIAO D, ZHANG Z F. Remarkable shape memory effect of a natural biopolymer in aqueous environment[J]. Biomaterials, 2015, 65: 13-21.

[90]XIAO X, HU J. Animal Hairs as Water-stimulated Shape Memory Materials: Mechanism and Structural Networks in Molecular Assemblies[J]. Scientific Reports, 2016, 6: 26393.

[91]OLIVER K, SEDDON A, TRASK R S. Morphing in nature and beyond: a review of natural and syn-

thetic shape-changing materials andmechanisms[J]. Journal of Materials Science, 2016, 51(24): 10663-10689.

[92] MIYOSHI Y, FURUTANI M, FURUTA Y. Swelling Behavior of Cells in Compressed Wood[J]. Journal of the Society of Materials Science Japan, 2016, 65(5): 343-346.

[93]PAPADOPOULOS A N, HILL C A S, GKARAVELI A. Determination of surface area and pore volume of holocellulose and chemically modified wood flour using the nitrogen adsorption technique[J]. Holzals Roh-und Werkstof, 2003, 61(6): 453-456.

[94]EVERETT D H. Manual of Symbols and Terminology for Physicochemical Quantities and Units, Appendix II: Definitions, Terminology and Symbols in Colloid and Surface Chemistry[J]. Pure & Applied Chemistry, 1972, 31(4): 577-638.

[95]DONALDSONM L A, WONG K K Y, MACKIE K L. Ultrastructure of steam-exploded wood[J]. Wood Science and Technology, 1988, 22: 103-114.

[96]FENGEL D. The Ultrastructure of cellulose from wood-part 2: problems of the isolation of cellulose[J]. Wood Science and Technology, 1970, 4: 15-35.

[97]GIBSON L J, ASHBY M F. Cellular solids: structure and properties, seconded[M]. Cambridge: cambridge university Press, 1999.

[98]OBATAYA E, YOKOYAMA M, NORIMOTO M. Mechanical and dielectric relaxations of wood in a low temperature range I: Relaxations due to methylol groups and adsorbed water[J]. Mokuzai Gakkaishi, 1996, 42(3): 243-249.

[99]李坚，刘一星，刘君良. 加热、水蒸气处理对木材横纹压缩变形的固定作用[J]. 东北林业大学学报，2000，28(4)：4-8.

[100] NOGI M, YAMAMOTO H, OKUYAMA T. Relaxation mechanism of residual stress inside logs by heat treatment: choosing the heating time and temperature[J]. Journal of wood science, 2003, 49(1): 0022-0028.

[101]ROFII M N, KUBOTA S, KOBORI H, et al. Furnish type and mat density effects on temperature and vapor pressure of wood-based panels during hot pressing[J]. Journal of Wood Science, 2016, 62(2): 1-6.

[102]GIBSON L J, ASHBY M F. Cellular solids: structure and properties, seconded[M]. Cambridge: Cambridge University Press, 1999.

[103]SHEN J, XIE Y M, ZHOU S, et al. Water-responsive rapid recovery of natural cellular material[J]. Journal of the Mechanical Behavior of Biomedical Materials, 2014, 34: 283-293.

[104]SCHAEDLER T A, JACOBSEN A J, TORRENTS A, et al. Ultralight metallic microlattices[J]. Science, 2011, 334, 962-965.

[105]HARRAP B S, WOODS E F. Soluble derivatives of feather keratin. 1. Isolation, fractionation and amino acid composition[J]. Biochem J, 1964, 92: 8-18.

[106]ARAI KM, TAKAHASHI R, YOKOTE Y, et al. Amino-acid sequence of feather keratin from fowl [J]. Eur J Biochem, 1983, 132: 501-508.

[107]ARMSTRONG L D, KINGSTON R S T. Effect of moisture changes on creep in wood[J]. Nature, 1960, 185(4716): 862-863.

[108]JIN F Y, JIANG Z H, WU Q L. Creep behavior of wood Plasticized by moisture and temperature[J]. Bio Resources, 2016, 11(1): 827-838.

[109]PENG H, LU J, JIANG J, et al. Longitudinal Mechano-Sorptive creep behavior of chinese fir in tension during moisture adsorption processes[J]. Materials, 2017, 10(8): 931-944.

[110]SCHIESSEL H, METZLER R, BLUMEN A, et al. Generalized viscoelastic models: their fractional equations with solutions[J]. J Phys A Mach Gen, 1995, 28: 6567-6584.

[111]KOHLRAUSCH R. Theorie des elektrischen Rückstandes in der Leidner Flasche[J]. Pogg Ann Phys Chem, 1854, 91: 179-214.

[112]WILLIAMS G, WATTS D C. Non-symmetrical dielectric relaxation behavior arising from a simple empirical decay function[J]. Trans Farad Soc, 1970, 66: 80-85.

[113]HSICH H S Y. A nonlinear structural relaxation model for the glassy state: application to B_2O_3[J]. J Am Ceram Soc, 1977, 60: 485-492.

[114] HSICH H S Y. A non-linear structural relaxation model for the refractive index of glass during annealing[J]. J Mater Sci, 1978, 13: 750-758.

[115]LAIDLER K J, KING M C. The development of transition-state theory[J]. J Phys Chem, 1983, 87: 2657-2664.

[116]BEHL M, RAZZAQ M Y, LENDLEIN A. Multifunctional shape-memory polymers[J]. Adv Mater, 2010, 22: 3388-3410.

[117]EYRING H. The activated complex in chemicalreactions[J]. J Chem Phys, 1935, 3: 107-115.

[118]ENGELUND E T, SALMEN L. Tensile creep and recovery of Norway spruce influenced by temperature and moisture[J]. Holzforschung, 2012, 66(8): 959-965.

[119]KABOORANI A, BLANCHET P, LAGHDIR A. A rapid method to assess viscoelastic and mechano-sorptive creep in wood[J]. Wood & Fiber Science Journal of the Society of Wood Science & Technology, 2013, 45(4): 370-382.

[120]PLACET V, CISSE O, BOUBAKAR M L. Influence of environmental relative humidity on the tensile and rotational behaviour of hemp fibres[J]. Journal of Materials Science, 2012, 47(7): 3435-3446.

[121]HU J, YONG Z, HUANG H, et al. Recent advances in shape-memory polymers: Structure, mechanism, functionality, modeling and applications[J]. Progress in Polymer Science, 2012, 37(12): 1720-1763.

[122]TAO X. Recent advances in polymer shape memory[J]. Polymer, 2011, 52(22): 4985-5000.

[123]CHEN S, HU J, YUEN C W, et al. Novel moisture-sensitive shape memory polyurethanes containing pyridine moieties[J]. Polymer, 2009, 50(19): 4424-4428.

[124]SANDBERGD, HALLER P, NAVI P. Thermo-hydro and thermo-hydro-mechanical wood processing: An opportunity for future environmentally friendly wood products[J]. Wood Materials Science & Engineering, 2013, 8(1): 64-88.

[125] DWIANTO T, MOROOKA T, NORIMOTO M. Compressive creep of wood under high temperature steam[J]. Holzforschung, 2000, 54(1): 104-108.

[126]WELZBACHER C R, WEHSENER J, RAPP A O, et al. Thermo-mechanical densification combined with thermal modification of Norway spruce (Picea abies Karst) in industrial scale-dimensional stability and durability aspects[J]. European Journal of Wood and Wood Products, 2008, 66(1): 39-49.

[127]GAŠPARÍK M, GAFF M, ŠAFAŘÍKOVÁ L, et al. Impact bending strength and Brinell hardness of densified hardwoods[J]. BioResources, 2016, 11(4): 8638-8652.

[128]ITO Y, TANAHASHI M, SHIGEMATSU M. Compressive-Molding of Wood by High-Pressure Steam-Treatment: Part 2. Mechanism of Permanent Fixation[J]. Holzforschung, 1998, 52(2): 217-221.

[129]POPESCU M C, LISA G, FROIDEVAUX, et al. Evaluation of the thermal stability and set recovery of thermo-hydro-mechanically treated lime (Tilia cordata) wood[J]. Wood Science and Technology, 2014, 48: 85-97.

[130]LI T, CHENG D, AVRAMIDIS S, et al. Response of hygroscopicity to heat treatment and its relation to durability of thermally modified wood[J]. Constr Build Mater, 2017, 144: 671-676.

[131]龙克莹，王东，林兰英，等. 木材多尺度界面结构及其力学性能的研究进展[J]. 中国造纸学报，2021，36(1)：7.

[132]XUE L, ZHAO Z, ZHANG Y, et al. Analysis of gas hromatographcy-mass spectrometry coupled with dynamic headspace sampling on volatile organic compounds of heattreated poplar at high temperatures[J]. BioResources, 2016, 11: 3550-3560.

[133]CHEN R, WANG Y-Z, LIAO Q, et al. Hydrolysates of lignocellulosic materials for biohydrogen production[J]. BMB Reports, 2013, 46: 244-251.

[134]KARLSSON O, TORNIAINEN P, DAGBRO O, et al. Presence of water-soluble compounds in thermally modified wood: carbonydrates and furfurals[J]. BioResources, 2012, 7: 3679-3689.

[135]ZAINOL M M, AMIN N A S, ASMADI M. Kinetics and thermodynamic analysis of levulinic acid esterification using lignin-furfural carbon cryogel catalyst[J]. Renewable Energy, 2019, 130: 547-557.

[136]WAN G, FRAZIER C E. Lignin Acidolysis Predicts Formaldehyde Generation in Pine Wood[J]. ACS Sustainable Chem Eng, 2017, 5: 4830-4836.

[137]YOKOYAMA T. Revisiting the Mechanism of b-O-4 Bond Cleavage During Acidolysis of Lignin. Part 6: A Review[J]. J Wood Chem Technol, 2015, 35: 27-42.

[138]WANG P, FU Y, SHAO Z, et al. Structural changes to aspen wood lignin during autohydrolysis pretreatment[J]. BioResources, 2016, 11: 4086-4103.

[139] SASAKI T, UCHIDA T, SAKURAI K. Effect of crosslink on the characteristic length of glass transition of network polymers: Glass Transition of Network Polymers[J]. J Polym Sci B Polymhys, 2006, 44: 1958-1966.

[140]KUTNAR A, ŠERNEK M. Densification of wood[J]. Zbornik Gozdarstva in Lesarstva, 2007(82): 53-62.

[141]GONG M, LAMASON C, LI L. Interactive effect of surface densification and post-heat-treatment on aspen wood[J]. Journal of Materials Processing Technology, 2010, 210(2): 293-296.

[142]RAUTKARI L, LAINE K, KUTNAR A, et al. Hardness and density profile of surface densified and thermally modified Scots pine in relation to degree of densification[J]. Journal of Materials Science, 2013, 48(6): 2370-2375.

[143]DWIANTO W, NORIMOTO M, MOROOKA T, et al. Radial compression of sugi wood(Cryptomeria japonica D. Don)[J]. European Journal of Wood and Wood Products, 1998, 56(6): 403-410.

[144]KARIZ M, KUZMAN M K, SERNEK M, et al. Influence of temperature of thermal treatment on surface densification of spruce[J]. European Journal of Wood and Wood Products, 2017, 75(1): 113-123.

[145]KÚDELA J, ROUSEK R, RADEMACHER P, et al. Influence of pressing parameters on dimensional

stability and density of compressed beech wood[J]. European Journal of Wood and Wood Products, 2018, 76(1): 1241-1252.

[146]BLOMBERG J, PERSSON B, BLOMBERG A. Effects of semi-isostatic densification of wood on the variation in strength properties with density[J]. Wood Science and Technology, 2005, 39: 339-350.

[147]ARRUDA L M, MENEZZI C H S. Effect of thermomechanical treatment on physical properties of wood veneers[J]. International Wood Products Journal, 2013, 4(4): 217-224.

[148]LI H, JIANG X, RAMASWAMY H S, et al. High-pressure treatment effects on density profile, surface roughness, hardness, and abrasion resistance of Paulownia wood boards[J]. Transactions of the ASABE, 2018, 61(3): 1181-1188.

[149]LI L, WANG X, WU F. Chemical analysis of densification, drying, and heat treatment of Scots pine (Pinus sylvestris L.) through a hot-pressing process[J]. BioResources, 2016, 11(2): 3856-3874.

[150]LI T, CAI J B, AVRAMIDIS S. Effect of condition history on the characterization of hardness of thermo-mechanical densified and heat treated poplar wood[J]. Holzforschung, 2017, 71(6): 515-520.

[151]PELIT H, BUDAKÇI M, SÖNMEZ A. Density and some mechanical properties of densified and heat post-treated Uludağ fir, linden and black poplar woods[J]. European Journal of Wood and Wood Products, 2018, 76(1): 79-87.

[152] POPESCU C M, POPESCU M C, VASILEC. Structural analysis of photodegraded lime wood by means of FTIR and 2D IR correlation spectroscopy[J]. International Journal of Biological Macromolecules, 2011, 48(4): 667-675.

[153]ESTEVES B M, DOMINGOS I J, PEREIRA H M. Pine wood modification by heat treatment in air [J]. BioResources, 2008, 3(1): 142-154.

[154]PELIT H, YORULMAZ R. Influence of densification on mechanical properties of thermally pretreated spruce and poplar wood[J]. BioResources, 2019, 14(4): 9739-9754.

[155]OBATAYA E, CHEN S. Shape recovery and anomalous swelling of steam-compressed wood by swimming ring-like expansion of cell lumina[J]. Wood Science and Technology, 2018, 52(6): 1-15.

[156]HIGASHIHARA T, MOROOKA T, NORIMOTO M. Permanent fixation of transversely compressed wood by heating and its mechanism[J]. Mokuzai Gakkaishi, 2001, 47(3): 205-211.

[157]HIGASHIHARA T, MOROOKA T, TANAKA F, et al. Permanent fixation of cellulose fiber by steaming and its mechanism[J]. Journal of the Japan Wood Researh Society, 2003, 49(4): 260-266.

[158]KUTNAR A, KAMKE F A. Influence of temperature and steam environment on set recovery of compressive deformation of wood[J]. Wood Sci Technol, 2012, 46: 953-964.

[159]STONE J E, SCALLAN A M. A structural model for the cell wall of water-swollen wood pulp fibres based on their accessibility to macromolecules[J]. Cellulose Chemistry & Technology, 1968.

[160]王哲，王喜明．木材多尺度孔隙结构及表征方法研究进展[J]．林业科学，2014，50(10)：123-133.

[161]右田伸彦，米保正，近藤民雄．木材化学(下)[M]．日本：共立出版，1981.

[162]NAVI P, SANDBERG D. Thermo-hydro-mechanical processing of wood [M]. Boca Raton, USA: CRC Press, 2012.

[163]赵钟声，刘一星，沈隽．落叶松、杨木热处理材及压缩材热动态力学特性分析[J]．东北林业

大学学报，2008，36(4)：17-19.

[164]刘一星，赵广杰．木质资源材料学[M]．北京：中国林业出版社，2004.

[165]JALALUDIN Z，HILL C A S，XIE Y，et al. Analysis of the water vapour sorption isotherms of thermally modified acacia and sesendok[J]. Wood Material Science and Engineering，2010，5(3/4)：194-203.

[166]HERRERA R，ERDOCIA X，LLANO-PONTE R. Characterization of hydrothermally treated wood in relation to changes on its chemical composition and physical properties[J]. Journal of Analytical and Applied Pyrolysis，2014，107：256-266.

[167]MENG F，YU Y，ZHANG Y. Surface chemical composition analysis of heat-treated bamboo[J]. Applied Surface Science，2016，371：383-390.

[168]HOSSEINPOURPIA R，ADAMOPOULOS S，MAI C. Dynamic vapour sorption of wood and holocellulose modified with thermo setting resins[J]. Wood Science and Technology，2016，50(1)：165-178.

[169]FURUTA Y，MAKINAGA M，YANO H，et al. Thermal-softening properties of water-swollen wood Ⅱ. Anisotropic characteristics of thermal-softening properties[J]. Journal of the Japan Wood Researh Society，1997，43(1)：16-23.

[170]OBATAYA E，FURUTA Y，GRIL J. Dynamic viscoelastic properties of wood acetylated with acetic anhydride solution of glucose pentaacetate[J]. Journal of wood science，2003，49(2)：152-157.

[171]WINDEISEN E，STROBEL C，WEGENER G. Chemical changes during the production of thermo-treated beech wood[J]. Wood Science and Technology，2007，41(6)：523-536.

[172]李坚．木材波谱学[M]．北京：科学出版社，2003.

[173]李贤军，刘元，高建民，等．高温热处理木材的 FTIR 和 XRD 分析[J]．北京林业大学学报，2009，31(1)：104-107.

[174]TJEERDSMA B F，MILITZ H. Chemical changes in hydrothermal treated wood：FTIR analysis of combined hydrothermal and dry heat-treated wood[J]. HOLZ ALS ROH UND WERKSTOFF，2005，63(2)：102-111.

[175]BOONSTRA MJ，TJEERDSMA B. Chemical analysis of heat treated softwoods[J]. Holz Als Roh-und Werkst，2006，64：204-211.

[176]BRYNE LE，LAUSMAA J，ERNSTSSON M，et al. Ageing of modified wood. Part 2：Determination of surface composition of acetylated，furfurylated and thermally modified wood by XPS and ToF-SIMS[J]. Holzforschung，2010，64：305-313.

[177]CHIEN Y C，YANG T C，HUNG K C，et al. Effects of heat treatment on the chemical compositions and thermal decomposition kinetics of Japanese cedar and beech wood[J]. Polym Degrad Stab，2018，158：220-227.

[178]DWIANTO W，MOROOKAL T，NORIMOTOL M. Stress Relaxation of Sugi (Cryptomeria japonica D. Don) Wood in Radial Compression under High Temperature Steam[J]. Holzforschung，1999，53(5)：541-546.

[179]GARROTE G，DOMINGUEZ H，PARAJO J C. Study on the deacetylation of hemicelluloses during the hydrothermal processing of Eucalyptus wood[J]. Holz als Rohund Werkstoff，2001，59(1/2)：53-59.

[180]DUYGU K，SANDOR P，YAMAN B. Effect of thermal treatment on the chemical composition and mechanical properties of birch and aspen[J]. Bioresources，2008，3(2)：517-537 .

[181]CANDELIER K, CHAOUCH M, DUMARCAY S, et al. Utilization of thermodesorption coupled to GC-MS tostudy stability of different wood species to thermodegradation[J]. J Anal Appl Pyrol, 2011, 92: 376-383.

[182] SUNDQVIST B, KARLSSON O, WESTERMARK U. Determination of formic-acid and acetic acid concentrations formed during hydrothermal treatment of birch wood and its relation to colour, strength and hardness [J]. Wood Sci Technol, 2006, 40: 549-561.

[183]GARROTE G, NGUEZ H, PARAJÓ J C. Interpretation of deacetylation and hemicellulose hydrolysis during hydrothermal treatments on the basis of the severity factor[J]. Process Biochemistry, 2002, 37(10): 1067-1073.

[184]TOBA K, YAMAMOTO H, YOSHIDA M. Crystallization of cellulose microfibrils in wood cell wall by repeated dry-and-wet treatment, using X-ray diffraction technique[J]. Cellulose, 2013, 20(2): 633-643.

[185] SHAO Y L, CHEN Z J, WANG X M, et al. Effects of thermo-hydro-mechanical treatments on various physical and mechanical properties of poplar(Populus) wood[J]. BioRes, 2020, 15(4): 9596-9610.

[186]李丽丽. 高温热处理樟子松压密材的制备与形变固定机理研究[D]. 呼和浩特: 内蒙古农业大学, 2018.

[187]孙伟伦, 李坚. 高温热处理落叶松木材尺寸稳定性及结晶度分析表征[J]. 林业科学, 2010, 46(12): 114-118.

[188]MEHMET A, SÜLEYMAN K. The effect of heat treatment on some chemical properties and colour in Scots pine and Uludağ fir wood[J]. International journal of physical ences, 2012, 7(21): 2854-2859.

[189]NISHIYAMA Y, LANGAN P, H O'NEILL, et al. Structural coarsening of aspen wood by hydrothermal pretreatment monitored by small- and wide-angle scattering of X-rays and neutrons on oriented specimens[J]. Cellulose, 2014, 21(2): 1015-1024.

[190]AKGUL, M, GUMUSKAYA, et al. Crystalline structure of heat-treated Scots pine [Pinus sylvestris L.] and Uludag fir [Abies nordmanniana(Stev.) subsp bornmuelleriana (Mattf.)] wood[J]. Wood Sci Technol, 2007, 41: 281-289.

[191]LAURICHESSE S, AVEROUS L. Chemical modification of lignins: Towards biobased polymers[J]. Progress in Polymer Science, 2014, 39(7): 1266-1290.

[192]LIU C J. Deciphering the Enigma of Lignification: Precursor Transport, Oxidation, and the Topochemistry of Lignin Assembly[J]. Molecular Plant, 2012, 5(2): 304-317.

[193] ZINK-SHARP A. Formation and Structure of Wood[J]. Encyclopedia of Forest Sciences, 2004, 1806-1815.

[194]PU Y, ZHANG D, SINGH P M, et al. The new forestry biofuels sector[J]. Biofuels, Bioproducts and Biorefining, 2008, 2(1): 58-73.

[195]VANHOLME R, DEMEDTS B, MORR EE L K, et al. Lignin Biosynthesis and Structure[J]. Plant Physiology, 2010, 153(3): 895-905.

[196]UPTON B M, KASKO A M. Strategies for the conversion of lignin to high-value polymeric materials: Review and perspective[J]. Chemical Reviews, 2016, 116(4): 2275-2306.

[197]曾宪奎, 黄彩娟. 木质素基刺激响应智能材料的研究进展[J]. 广州化学, 2021, 46(2): 7-19.

[198]LI H, SIVASANKARAPILLAI G, MC DONALD A G. Lignin valorization by forming thermally stimulated shape memory copolymeric elastomers-partially crystalline hyperbranched polymer as crosslinks[J]. Journal of

Applied Polymer Science, 2014, 131(22): 41103. 1-41103. 10.

[199] NGUYEN N A, MEEK K M, BOWLAND C C, et al. An acrylonitrile-butadiene-lignin renewable skin with programmable and switchable electrical conductivity for stress/strain-sensing applications[J]. Macromolecules, 2018, 51(1): 115-127.

[200] NGUYEN N A, MEEK K M, BOWLAND C C, et al. Responsive lignin for shape memory applications[J]. Polymer, 2019, 160: 210-222.

[201] LENG J S, LAN X, LIU Y J, et al. Shape-memory polymers and their composites: Stimulus methods and applications[J]. Progress in Materials Science, 2011, 56(7): 1035-1077.

[202] XIE F, HUANG L, LENG J, et al. Thermoset shape memory polymers and their composites[J]. Journal of Intelligent Material Systems and Structures, 2016, 27(18): 2433-2455.

[203] VITAS S, SEGMEHL J S, BURGERT I, et al. Porosity and Pore Size Distribution of Native and Delignified Beech Wood Determined by Mercury Intrusion Porosimetry[J]. Materials, 2019, 12(3): 416.

[204] SORENSEN A E, LIAN J, SCHAEDLER T A, et al. Ultralight Metallic Microlattices[J]. Science, 2011, 334: 962-965.

[205] MILLS N J. Finite Element Models for the Viscoelasticity of Open-Cell Polyurethane Foam[J]. Cellular Polymers, 2006, 5(25): 293-316.

[206] CAO A, DICKRELL P, SAWYER W, et al. Super-Compressible Foamlike Carbon Nanotube Films [J]. Science, 2005, 310(5752): 1307-1310.

[207] LI Y, FU Q, ROJAS R, et al. Lignin-Retaining Transparent Wood[J]. ChemSusChem, 2017, 10: 3445-3451.

[208] BLAZEJ A. Chemie des Holzes[M]. VEB Fachbuchverlag: Leipzig, Germany, 1979.

[209] KASS A, WANGAARD F F, SCHROEDER H A. Chemical degradation of wood: The relationship between strength retention and pentosan content[J]. Wood Fiber Sci, 1970, 2: 31-39.

[210] ZHU H X, MILLS N J, KNOTT J F. Analysis of the high strain compression of open-cell foams[J]. Journal of the Mechanics & Physics of Solids, 1997, 45(11-12): 1875-1899, 1901-1904.

[211] KINNEY J H, MARSHALL G W, MARSHALL S J, et al. Three-Dimensional imaging of large compressive deformations in elastomeric foams[J]. 2001, 10(16): 1746-1755.

[212] SKYBA O, NIEMZ P, SCHWARZE F. Degradation of thermo-hygro-mechanically (THM)-densified wood by soft-rot fungi[J]. Holzforschung, 2008, 62(3): 277-283.

[213] ZHU J Y. Characterization of Microstructure, Chemical, and Physical Properties of Delignified and Densified Poplar Wood[J]. Materials, 2021, 14(19): 5709.

[214] QIAN J, ZHAO F, GAO J, et al. Characterization of the structural and dynamic changes of cell wall obtained by ultrasound-water and ultrasound-alkali treatments [J]. Ultrasonics Sonochemistry, 2021 (5813): 105672.

[215] JI Z, MA J, XU F. Multi-scale visualization of dynamic changes in poplar cell walls during alkali pretreatment Microsc[J]. Microanal, 2014, 20(2): 566-576.

[216] DONALDSON L A. Lignification and lignin topochemistry-an ultrastructural view[J]. Phytochemistry, 2001, 57(6): 859-873.

[217] STUDER H, DEMARTINI D J, DAVIS M F, et al. Wyman Lignin content in natural Populus

variants affects sugar release Proc. Natl[J]. Acad. Sci, 2011, 108: 6300-6305.

[218]HUBBE M A, GARDNER D J, SHEN W. Contact angles and wettability of cellulosic surfaces: a review of proposed mechanisms and test strategies[J]. Bioresources, 2015, 10(4): 8657-8749.

[219]YONG Q Z, GAO Q, ZHANG S F, et al. Wettability of sanded and aged fast-growing poplar wood surfaces: II Dynamic wetting models[J]. Bioresources, 2014, 9(4): 7176-7188.

[220]YONG Q Z, GAO Q, ZHANG S F, et al. Wettability of sanded and aged fast-growing poplar wood surfaces: I Surface free energy[J]. Bioresources, 2015, 10(1): 1008-1023.

[221] KIJLSTRA J, REIHS K, KLAMT A. Roughness and topology of ultra-hydrophobic surfaces[J]. Colloids and Surfaces A: Physicochemical and Engineering Aspects, 2002, 206(1): 521-529.

[222]秦志永，廖木荣，张一甫，等. 基于接触角的木材表界面润湿特性研究现状及问题分析[J]. 北华大学学报(自然科学版), 2019, 20(2): 249-255.

[223]KUTNAR A, LAURI R, KRISTIINA L, et al. Thermodynamic characteristics of surface densified solid Scots pine wood[J]. European Journal of Wood and Wood Products, 2012, 70(5): 727-734.

[224]FREY M, WIDNER D, SEGMEHL J S, et al. Delignified and Densified Cellulose Bulk Materials with Excellent Tensile Properties for Sustainable Engineering[J]. Acs Applied Materials & Interfaces, 2018, 10(5): 5030-5037.

[225]DONALDSON L A. Lignification and lignin topochemistry an ultrastructural view[J]. Phytochemistry, 2001, 57(6): 859-873.

[226]田英姿，陈克复. 用压汞法和氮吸附法测定孔径分布及比表面积[J]. 中国造纸, 2004, 23(4): 3.

[227]YANG T Y, CAO J Z, MEI CT, et al. Effects of chlorite delignification on dynamic mechanical performances and dynamic sorption behavior of wood[J]. Cellulose, 2021, 28: 9461-9474.

[228]JIANG F, LI T, L Y J, et al. Wood-based nanotechnologies toward sustainability[J]. Advanced materials, 2018, 30(1): 1-39.

[229]XIA C, WU Y, QIU Y, et al. Processing high-performance woody materials by means of vacuum-assisted resin infusion technology[J]. J. Clean. Prod. 2019, 241: 118340.

[230]YANG R, CAO Q, LIANG Y, et al. High capacity oil absorbent wood prepared through eco-friendly deep eutectic solvent delignification[J]. Chemical Engineering Journal, 2020, 401: 126150.

[231]YANG R, LIANG Y, HONG S, et al. Novel Low-Temperature Chemical Vapor Deposition of Hydrothermal Delignified Wood for Hydrophobic Property[J]. Polymers, 2020, 12(8): 1757.

[232]HAN J, WANG S, ZHU C, et al. Electrospun core-shell nanofibrous membranes with nanocellulose-stabilized carbon nanotubes for use as highperformance flexible supercapacitor electrodes with enhanced water resistance, thermal stability, and mechanical toughness[J]. ACS Appl. Mater. Interfances, 2019, 11(47): 44624-44635.

[233] SCHWANNINGER M, RODRIGUES J C, PEREIRAH, et al. Effects of short-time vibratory ball milling on the shape of FT-IR spectra of wood and cellulose[J]. Vib. Spectrosc. 2004, 36(1): 23-40.

[234]WANG Q, XIAO S, SHI S Q, et al. The effect of delignification on the properties of cellulosic fiber material[J]. Holzforschung, 2018, 72: 6.

[235]HORIKAWA Y, TSUSHIMA R, NOGUCHI K, et al. Development of colorless wood via two-step de-

lignification involving alcoholysis and bleaching with maintaining natural hierarchical structure[J]. Journal of Wood Science, 2020, 66(1): 37.

[236]KARIMI A, NAZARI S, GHASEMI I, et al. Effect of the delignification of wood fibers on the mechanical properties of wood fiber-polypropylene composites[J]. Journal of Applied Polymer Science, 2010, 102(5): 4759-4763.

[237]KIRBY A R, NG A, WALDRON K W, et al. AFM investigations of cellulose fibers in bintje potato (Solanum tuberosum l.) cell wall fragments[J]. Food Biophys, 2006, 1: 163-167.

[238]CHEN H, TIAN G L, FEI B H. Arrangement of cellulose microfibrils in primary cell wall of moso bamboo fiber studied with AFM[J]. Scientia Silvae Sinicae, 2014, 50: 91-94.

[239]WAN J Q, WANG Y, XIAO Q. Effects of hemicellulose removal on cellulose fiber structure and recycling characteristics of eucalyptus pulp[J]. Biores Technology, 2010, 101: 4577-4583.

[240]HULT E L, LARSSON P T, IVERSEN T. Cellulose fibril aggregation an inherent property of kraft pulps[J]. Polymer, 2001, 42: 3309-3314.

[241]NEWMAN R H. Carbon-13 NMR evidence for cocrystallization of cellulose as a mechanism for hornification of bleached kraft pulp[J]. Cellulose, 2004, 11: 45-52.

[242] ZHAN, JIAN-FENG, AVRAMIDIS, et al. Needle fir wood modified by surface densification and thermal post-treatment: hygroscopicity and swelling behavior[J]. European journal of wood and wood products, 2016, 74(1): 49-56.

[243] HORI R, MÜLLER M, WATANABE U, et al. The importance of seasonal differences in the cellulose microfibril angle in softwoods in determining acoustic properties[J]. J Mater Sci, 2002, 37: 4279-4284.

[244]SALME'N L. Viscoelastic properties of in situ lignin under water-saturated conditions[J]. J Mater, 1984, 19: 3090-3096.

[245] HAVIMO M. A literature-based study on the loss tangent of wood in connection with mechanical pulping[J]. Wood Science and Technology, 2009, 43(7/8): 627-642.

[246]SHARMA M, BRENNAN M, CHAUHAN S S, et al. Wood quality assessment of Pinus radiata (radiata pine) saplings by dynamic mechanical analysis [J]. Wood Science & Technology, 2015, 49(6): 1239-1250.

[247]ATACK D, HEITNER C. Dynamic mechanical properties of sulphonated eastern black spruce. In: International mechanical pulping conference[D]. Technical section, Canadian Pulp and Paper Association, 1979.

[248]KELLEY S S, RIALS T G, GLASSER W G. Relaxation behaviour of the amorphous components of wood[J]. Journal of Materials Science, 1987, 22(2): 617-624.

[249] HUGHES M, HILL C, PFRIEM A. The toughness of hygrothermally modified wood[J]. Holzforschung, 2015, 1-12.

[250]ÅKERHOLM M, SALMÉN L. Interactions between wood polymers studied by dynamic FT-IR spectroscopy[J]. Polymer, 2001, 42(3): 963-969.

[251]HINTERSTOISSER B, KERHOLM M, L SALMÉN. Effect of fiber orientation in dynamic FTIR study on native cellulose[J]. Carbohydrate Research, 2001, 334(1): 27-37.

[252] PAULY M, ALBERSHEIM P, DARVILL A, et al. Molecular domains of the cellulose/xyloglucan network in the cell walls of higher plants[J]. The Plant Journal, 2000, 20(6): 629-639.

[253]THOMAS L H, FORSYTH, et al. Structure and spacing of cellulose microfibrils in woody cell walls of dicots[J]. CELLULOSE, 2014, 21(6): 3887-3895.

[254]KARLSSON R, LARSSON P T, PETTERSSON T, et al. Swelling of Cellulose-Based Fibrillar and Polymeric Networks Driven by Ion-Induced Osmotic Pressure[J]. Langmuir, 2020, 36(41): 12261-12271.

[255]SONG C, CHEN C, WANG Y, et al. High-Performance Solar Steam Device with Layered Channels: Artificial Tree with a Reversed Design[J]. Advanced Energy Materials, 2018, 8(8): 1-8.

[256]GRNQUIST P, FREY M, KEPLINGER T, et al. Mesoporosity of Delignified Wood Investigated by Water Vapor Sorption[J]. ACS Omega, 2019, 4(7): 12425-12431.

[257] ZHANG W, ZHANG Y, LU C, et al. Aerogels from crosslinked cellulose nano/micro-fibrils and their fast shape recovery property in water[J]. Journal of Materials Chemistry, 2012, 22(23): 11642.

[258] WANG, YONGZHEN, CHENG, et al. Cellulose nanofibers/polyurethane shape memory composites with fast water-responsivity[J]. Journal of Materials Chemistry B Materials for Biology & Medicine, 2018, 6(11): 1668-1677.

[259]CHAFFEY N. Microfibril orientation in wood cells: new angles on an old topic[J]. Trends in Plant Science, 2000, 5(9): 360-362.

[260]ROWELL R M, PETTERSEN R, HAN J S, et al. Handbook of Wood Chemistry and Wood Composites[M]. Vol. 2, CRC Press, Boca Ra, et al. ton, FL, 2005.

[261]PARHAM R A, GRAY R L. The Chemistry of Solid Wood[M]. ACS Publications, Washington, DC, 1984.

[262]FADEEV A Y, MC CARTHY T J. Self-assembly is not the only reaction possible between alkyltrichlorosilanes and surfaces: monomolecular and oligomeric covalently attached layers of dichloro-and trichloroalkylsilanes on silicon[J]. Langmuir, 2000, 16(18): 7268-7274.

[263] BORREGA, GIBSON L J. Mechanics of balsa(Ochroma pyramidale) wood[J]. MECH MATER, 2015, 84: 75-90.

[264]RAHMAN M M, FUJIWARA S, KANAGAWA Y. Variations in volume and dimensions of rays and their effect on wood properties of teak[J]. Wood & Fiber Science Journal of the Society of Wood Science & Technology, 2005, 37(3): 497-504.

[265]HU H, ZHAO Z, WAN W, et al. Ultralight and Highly Compressible Graphene Aerogels[J]. Adv. Mater, 2013, 25: 2219-2223.

[266] SPADACCINI, CHRISTOPHER M, WORSLEY, et al. Highly compressible 3D periodic graphene aerogel microlattices[J]. Nature Communications, 2015, 6: 6962-6969.

[267]SUN H, XU Z, GAO C. Multifunctional, ultra-flyweight, synergistically assembled carbon aerogels[J]. Advanced Materials, 2013, 25(18): 2554-2560.

[268] GAO L, LU Y, LI J, et al. Superhydrophobic conductive wood with oil repellency obtained by coating with silver nanoparticles modified by fluoroalkyl silane[J]. Holzforschung, 2016, 70(1): 63-68.

[269]OTHMAN M, AHMAD Z, AKIL H M, et al. The effects of the SiOSi segment presence in BAPP/BPDA polyimide system on morphology and hardness properties for opto-electronic application[J]. Materials & Design, 2015, 82(5): 98-105.

[270]LIU F, MA M, ZANG D, et al. Fabrication of Superhydrophobic/Superoleophilic Cotton for Applica-

tion in the Field of Water/Oil Separation[J]. Carbohydr. Poly, 2014, 103: 480-487.

[271]王开立．基于表面微纳结构设计的超疏水木材制备与作用机制[D]．北京：北京林业大学，2019.

[272]KAILI W, et al. Two-dimensional membrane and three-dimensional bulk aerogel materials via top-down wood nanotechnology for multibehavioral and reusable oil/water separation [J]. Chemical Engineering Journal, 2019, 371: 769-790.

[273]DASHAIRYA L, BARIK D D, SAHA P. Methyltrichlorosilane functionalized silica nanoparticles-treated superhydrophobic cotton for oil-water separation[J]. Journal of Coatings Technology and Research, 2019, 16: 1021-1032.

2021年交通运输职业资格考试辅导丛书

公路水运工程试验检测人员考试
习题精练与解析
道 路 工 程

王 乾 耿九光 齐 琳 主编

人民交通出版社股份有限公司
北 京

内 容 提 要

本书根据2021年度《道路工程》科目考试大纲的相关要求，精心编写了大量练习题，并附有详细解析。全书包括习题及参考答案、典型易错题剖析、模拟试卷及参考答案三部分。第一部分共7章，分别为公路工程质量与技术评定、土工与土工合成材料、集料、路面基层与底基层材料、水泥与水泥混凝土、沥青与沥青混合料、路基路面现场测试。第二部分为典型易错题剖析。第三部分包括试验检测师和助理试验检测师模拟试卷。

本书可作为公路水运工程试验检测人员考前复习参考资料。

图书在版编目（CIP）数据

公路水运工程试验检测人员考试习题精练与解析. 道路工程 / 王乾，耿九光，齐琳主编. — 北京：人民交通出版社股份有限公司，2021.8

ISBN 978-7-114-17484-1

Ⅰ.①公… Ⅱ.①王… ②耿… ③齐… Ⅲ.①道路工程—试验—资格考试—题解②道路工程—检测—资格考试—题解 Ⅳ.①U41-44②U61-44

中国版本图书馆CIP数据核字（2021）第142234号

书　　名：公路水运工程试验检测人员考试习题精练与解析　道路工程
著 作 者：王　乾　耿九光　齐　琳
责任编辑：潘艳霞
责任校对：孙国靖　龙　雪
责任印制：刘高彤
出版发行：人民交通出版社股份有限公司
地　　址：（100011）北京市朝阳区安定门外外馆斜街3号
网　　址：http://www.ccpcl.com.cn
销售电话：（010）59757973
总 经 销：人民交通出版社股份有限公司发行部
经　　销：各地新华书店
印　　刷：北京市密东印刷有限公司
开　　本：787×1092　1/16
印　　张：17.75
字　　数：426千
版　　次：2021年8月　第1版
印　　次：2021年8月　第2次印刷
书　　号：ISBN 978-7-114-17484-1
定　　价：65.00元

前　言

《公路水运工程试验检测人员考试习题精炼与解析　道路工程》先后出版过2016年版、2018年版和2020年版，为满足广大考生复习备考需要发挥了重要作用，至今已成为有影响力和广受欢迎的考试辅导资料。

2021年版在总结近年来考试内容的基础上，结合《2021年度公路水运工程试验检测专业技术人员职业资格考试大纲》要求以及《公路土工试验规程》（JTG 3430—2020）、《公路工程水泥及水泥混凝土试验规程》（JTG 3420—2020）等最新标准规范，按照内容全面、重点突出的原则，对2020年版的部分内容进行了修订。

本次修订的主要内容有：

1. 完善部分试验方法的名称、适用范围、仪具与材料技术要求、方法与步骤；
2. 增加第二部分“典型易错题剖析”，摘选典型易错题进行详细解析；
3. 修改7章习题和2套模拟试卷中的部分题目，比例占20%～30%；
4. 删除各章超出考试大纲范围、废止停用及陈旧过时的习题；
5. 订正各章习题中的错误。

全书包括7章习题、典型易错题剖析和2套模拟试卷，由王乾主编并统稿。其中，第一、七章和2套模拟试卷及典型易错题剖析由王乾、杨国帆编写，第二章由齐琳、何坤编写，第三章由程可飞编写，第四章由马建国、张优编写，第五章由李力编写，第六章由耿九光、徐璐璐编写。

本书难免有疏漏和不足之处，请各位考生提出宝贵意见和建议，以便修订时参考。

主　编

2021年6月

致考生

《道路工程》科目要求考生全面、系统地理解道路工程专业相关的基础知识；了解、熟悉、掌握相关的工程技术标准、工程质量检验评定标准、道路工程养护评定标准、相关试验检测标准和规程等；了解、熟悉、掌握道路工程原材料、混合料、现场检测相关的主要内容、试验原理和试验方法；要求考生具备编制工程试验检测方案、现场试验检测操作、试验数据分析、编制试验报告及结论判断的综合能力。

一、《道路工程》考试科目

根据《2021 年度公路水运工程试验检测专业技术人员职业资格考试大纲》，《道路工程》考试科目包括：道路工程相关知识、土工与土工合成材料、集料、路面基层与底基层材料、水泥与水泥混凝土、沥青与沥青混合料、路基路面现场检测。

二、《道路工程》考试特点

因《道路工程》科目包含原《公路》和《材料》两门科目的考试内容，故《道路工程》科目涉及的知识点广、重点多、难点杂。其中，基本概念和原理、常用试验方法、测试参数（项目）、常用仪器和操作、对结果有影响的技术细节、评价指标、合格判定、重要注意事项等都是重点和难点，比如，承载板测定土基回弹模量试验方法的测定原理和适用条件、仪器设备、测点布置、操作方法和注意事项、土基回弹变形和总变形测定方法、数据处理方法、土基回弹模量计算等。

三、《道路工程》备考方法

1. 仔细梳理知识点

严格按照考试大纲要求，结合相关规范和规程，认真通读和理解考试用书，仔细梳理知识点和考核重点。

2. 抓住重点、有针对性地备考

本考试科目涉及知识点众多，因此，识别重点和高频考点、有针对性地进行重点和难点内容的复习准备是提高成绩的关键。

3. 重在理解、举一反三

经识别和梳理考试重点和高频考点后，在理解的基础上加以记忆，做到举一反三，这样才能应对变化多样的考题，取得好成绩。

4. 摸索和总结适合自身的合理的备考方法，做到事半功倍

考试大纲设置的四类题型，难度不一，应考准备也自然有差异。考生需要摸索和总结每一类题型的一般规律，用不同记忆方法复习，方可做到事半功倍。

5. 总结关键考点、凝练备考技巧

总结各考点的考查关键之处，如基本知识、方法步骤、数据计算分析、报告编制及结论判定等，提炼背记内容，归纳题目形式，凝练相关的备考技巧。

要特别强调的是，考生在备考复习过程中，一定要以考试大纲和考试用书作为主要复习资料，认真踏实复习，深入理解掌握各个知识点。本辅导书仅作为参考资料。

最后，预祝各位考生顺利通过考试！

目　　录

第一部分

习题及参考答案

第一章

公路工程质量与技术评定

一、单项选择题

1. 路基工作区是指汽车荷载通过路面传递到路基的应力与路基自重应力之比大于(　　)的应力分布深度范围。

A. 0.01　　B. 0.02　　C. 0.1　　D. 0.2

2. 特重交通荷载等级公路下路床的厚度为(　　)。

A. 0.3m　　B. 0.5m　　C. 0.7m　　D. 0.9m

3. 路堤通常是分层铺筑、分层压实。每层压实厚度一般不超过(　　)。

A. 0.3m　　B. 0.4m　　C. 0.5m　　D. 0.6m

4. 热拌沥青混合料路面摊铺后自然冷却到表面温度低于(　　)℃后,方可开放交通。

A. 20　　B. 30　　C. 40　　D. 50

5. 当面层集料的磨光值 PSV 大于(　　)时,水泥混凝土路面可采用露石抗滑构造。

A. 42　　B. 46　　C. 49　　D. 52

6. 水泥混凝土路面实测混凝土强度大于设计强度的(　　)后,可停止养护。

A. 75%　　B. 80%　　C. 85%　　D. 90%

7. 高速公路和一级公路的基层应在养护(　　)天内检测弯沉。

A. 3 ~5　　B. 5 ~7　　C. 7 ~10　　D. 10 ~14

8. 一般项目的合格率应不低于(　　),否则该检查项目为不合格。

A. 80%　　B. 85%　　C. 90%　　D. 95%

9. 根据《公路沥青路面设计规范》(JTG D50—2017)的规定,沥青路面设计应采用轴重(　　)kN 的单轴-双轮组轴载作为设计荷载。

A. 30　　B. 50　　C. 60　　D. 100

10.《公路工程质量检验评定标准　第一册　土建工程》(JTG F80/1—2017)适用于(　　)检测评定工作。

A. 普通公路　　B. 高速公路　　C. 国省干线公路　　D. 各等级公路

11. 以下属于路面工程分项工程的是(　　)。

A. 盲沟　B. 路缘石　C. 桥面防水层　D. 墙背填土

12. 工程质量评定按(　　)顺序逐级进行。

A. 单位工程、分部工程、分项工程

B. 分部工程、分项工程、单位工程

C. 分项工程、分部工程、单位工程

D. 单位工程、分项工程、分部工程

13. 底基层可作为(　　)的一个分项工程进行检查评定。

A. 土方路基　B. 石方路基　C. 路面工程　D. 排水工程

14. 下列可作为墙背填土的是(　　)。

A. 膨胀土　B. 腐殖土　C. 砂性土　D. 盐渍土

15. 反压护道的高度和宽度应满足设计要求,压实度不低于(　　)。

A. 80%　B. 85%　C. 90%　D. 95%

16. 下列关于土工合成材料处置层的说法,错误的是(　　)。

A. 土工合成材料应无老化,外观应无破损、污染

B. 土工合成材料应紧贴下承层,按设计和施工的要求铺设、张拉、固定

C. 土工合成材料的接缝搭接、黏结强度和长度应符合设计要求

D. 上下层土工合成材料搭接缝应对齐

17. 公路土方路基压实度按(　　)设定。

A. 两档　B. 三档　C. 四档　D. 五档

18. 路基、路面压实度以(　　)长的路段为检验评定单元。

A. 1～2km　B. 1～3km　C. 1～4km　D. 1～5km

19. 下列为无结合料稳定类路面基层材料的是(　　)。

A. 沥青稳定碎石　B. 水泥稳定粒料　C. 填隙碎石　D. 水泥土

20. 二级公路土方路基路床压实度规定值为(　　)。

A. ≥96%　B. ≥95%　C. ≥94%　D. ≥93%

21. 下列为有机结合料稳定类路面基层材料的是(　　)。

A. 石灰　B. 沥青　C. 粉煤灰　D. 水泥

22. 混凝土排水管安装基本要求中,管节接头处流水面高度差不得大于(　　)。

A. 3mm　B. 4mm　C. 5mm　D. 6mm

23. 上路堤是指路床以下(　　)厚度范围的填方部分。

A. 0.6m　B. 0.7m　C. 0.8m　D. 1.2m

24. 以下不属于《沥青路面施工技术规范》规定的确定沥青混合料拌和及碾压温度的试验是(　　)。

A. 标准黏度试验　B. 赛博特黏度试验

C. 布氏黏度试验　D. 运动黏度试验

25. 下列说法中,不属于浆砌排水沟基本要求的是(　　)。

A. 砌体砂浆配合比准确,砌缝内砂浆均匀饱满,勾缝密实

B. 浆砌片石、混凝土预制块的质量和规格应符合国家和行业强制性标准

C. 基础中缩缝应与墙身缩缝对齐

D. 砌体抹面应平整、压光、直顺,不得有裂缝、空鼓现象

26. 无机结合料稳定粒料基层透层油透入深度宜不小于(　　)。

A. 3mm　　B. 4mm　　C. 5mm　　D. 6mm

27. 下列有关砌体挡土墙的基本要求的说法中,错误的是(　　)。

A. 勾缝砂浆强度不得小于砌筑砂浆强度

B. 地基承载力、基础埋置深度应满足设计要求

C. 砌筑不应分层错缝,浆砌时要坐浆挤紧

D. 沉降缝、伸缩缝、泄水孔的位置、尺寸和数量应满足设计要求

28. 下列不属于稳定土基层和底基层实测项目中关键项目的是(　　)。

A. 压实度　　B. 纵断高程　　C. 厚度　　D. 强度

29. 路肩工程可作为路面工程的一个(　　)进行检查评定。

A. 分项工程　　B. 分部工程　　C. 单位工程　　D. 附属工程

30. 石方路基和土方路基相比较,实测项目相同但检测方法和频率不同的是(　　)。

A. 压实度　　B. 平整度　　C. 中线偏位　　D. 横坡

31. 下列软土地基处置基本要求中,有关砂垫层说法错误的是(　　)。

A. 应分层碾压施工

B. 砂垫层宽度应宽出路基边脚 0.5 ~ 1.0m,两侧端以片石护砌

C. 砂垫层厚度及其上铺设的反滤层应满足设计要求

D. 应设置施工临时排水系统

32. 下列袋装砂井、塑料排水板实测项目中,属于关键项目的是(　　)。

A. 井(板)距　　B. 井(板)长　　C. 井径　　D. 灌砂率

33. 路基平整度检测时,应对(　　)进行检测。

A. 每层　　B. 路中间　　C. 上路床　　D. 车行道

34. 采用 3m 直尺方法检查水泥混凝土面层平整度的频率为每半幅车道每 200m 测(　　)。

A. 2 处 ×5 尺　　B. 3 处 ×5 尺　　C. 2 处 ×10 尺　　D. 3 处 ×10 尺

35. 碾压贫混凝土的集料应具有合适的级配,水泥剂量宜不大于(　　)。

A. 11%　　B. 13%　　C. 15%　　D. 17%

36. 下列不属于检查(雨水)井砌筑基本要求的有(　　)。

A. 砌筑材料及井基混凝土强度应满足设计要求

B. 井盖质量应满足设计要求

C. 井框、井盖安装不应松动,井口周围不得有积水

D. 砌筑砂浆配合比准确,井壁砂浆饱满,灰缝平整

37. 工程实体检测以《公路工程竣(交)工验收办法实施细则》及其附件规定的抽查项目及频率为基础,外观检查发现的缺陷,在分部工程实测得分的基础上采用扣分制,扣分累计不得超过(　　)。

A. 3 分　B. 7 分　C. 10 分　D. 15 分

38. 高速公路、一级公路路面面层压实度代表值计算的保证率为(　　)。

A. 99%　B. 98%　C. 95%　D. 90%

39. (　　)代表值不是算术平均值的下置信界限。

A. 压实度　B. 厚度　C. 弯沉　D. SFC

40. 喷射混凝土抗压强度评定时,用标准试验方法测得的极限抗压强度,乘以(　　)的系数。

A. 0.80　B. 0.85　C. 0.90　D. 0.95

41. 评定水泥砂浆的强度应以标准养护 28d、边长为(　　)的立方体试件为准。

A. 50mm　B. 70.7mm　C. 100mm　D. 150mm

42. 当变异系数为 15% 时,无机结合料稳定材料强度评定试件数量应为(　　)个。

A. 6　B. 9　C. 12　D. 13

43. 下列有关弯沉值评定的说法,错误的是(　　)。

A. 每一双车道评定路段自动弯沉仪或贝克曼梁测量检查点数为 80

B. 路基、沥青路面弯沉代表值计算公式相同

C. 高速公路、一级公路不得舍弃特异值

D. 弯沉代表值小于设计验收弯沉值时,相应分项工程不合格

44. 隐蔽工程在(　　)应检查合格。

A. 隐蔽前　B. 质量评定前　C. 工程验收前　D. 下道工序施工后

45. 工程质量检验时,对外观质量应进行(　　)检查。

A. 抽样　B. 全面　C. 关键部位　D. 指定部位

46. 锚杆、锚定板和加筋挡土墙墙背填土距面板 1m 范围以内的压实度规定值为(　　)。

A. ≥75%　B. ≥85%　C. ≥90%　D. ≥95%

47. 边坡锚固防护预应力锚杆、锚索插入锚孔内的长度不得小于设计长度的(　　)。

A. 95%　B. 96%　C. 97%　D. 98%

48. 土钉抗拔力检查项目检查频率为(　　)。

A. 土钉总数 1% 且不小于 3 根　B. 土钉总数 2% 且不小于 5 根

C. 土钉总数 3% 且不小于 5 根　D. 土钉总数 5% 且不小于 10 根

49. 所含单位工程合格,且工程质量鉴定得分 75 分,该合同段工程质量鉴定等级为(　　)。

A. 合格　B. 不合格　C. 优　D. 良

50. 交工验收主要工作内容不包括(　　)。

A. 检查合同执行情况

B. 对合同是否全面执行、工程质量是否合格做出结论

C. 对工程质量进行评分,确定工程质量等级

D. 按合同段分别对设计、监理、施工等单位进行初步评价

51. (　　)外观检查存在缺陷,应在实测得分的基础上采用扣分制。

A. 分项工程　B. 分部工程　C. 单位工程　D. 合同段工程

52. 下列选项中,属于沉淀池实测项目中关键项目的是(　　)。

A. 混凝土强度　　B. 轴线平面偏位　　C. 几何尺寸　　D. 底板高程

53. 下列选项中,属于混凝土排水管安装实测项目中关键项目的是(　　)。

A. 混凝土抗压强度或砂浆强度　　B. 管轴线偏位

C. 管内底高程　　D. 基础厚度

54. 竣工验收工程实体检测中,涵洞抽查不少于总数的(　　)且每种类型抽查不少于(　　)座。

A. 10%,1　　B. 20%,1　　C. 10%,2　　D. 20%,2

55. 沥青路面重度块状裂缝为主要裂缝块度在 0.5 ~ 1.0m 之间,平均裂缝宽度大于(　　)。

A. 1mm　　B. 2mm　　C. 3mm　　D. 5mm

56. 高速公路施工现场沥青混凝土矿料级配进行检测时,实测结果应满足(　　)要求。

A. 目标配合比　　B. 生产配合比

C. 矿料级配范围　　D. 经验配合比

57. 沥青路面 11 类损坏中分轻度和重度 2 级的有(　　)类。

A. 7　　B. 8　　C. 9　　D. 10

58. 高速公路技术状况评定对路面抗滑性能的最低检测频率要求为(　　)。

A. 1 年 1 次　　B. 1 年 2 次　　C. 2 年 1 次　　D. 5 年 2 次

59. 属于锚杆、锚定板和加筋挡土墙墙背填土实测项目中,关键项目的是(　　)。

A. 锚杆间距　　B. 锚杆长度　　C. 压实度　　D. 混凝土强度

60. 路面损坏应纵向连续检测,横向检测宽度应不小于车道宽度的(　　)。

A. 60%　　B. 70%　　C. 80%　　D. 90%

61.《公路技术状况评定标准》(JTG 5210—2018)要求路面横向力系数 SFC 应每(　　)计算一个统计值。

A. 5m　　B. 10m　　C. 20m　　D. 100m

62. 水泥混凝土路面的坑洞病害是指板面上直径大于(　　)、深度大于(　　)的坑槽。

A. 25mm,10mm　　B. 25mm,25mm　　C. 30mm,10mm　　D. 30mm,25mm

63. 高速公路和一级公路土方路基下路床的压实度应不小于(　　)。

A. 92%　　B. 94%　　C. 96%　　D. 98%

64. 下列有关沥青表面处置面层基本要求的说法,错误的是(　　)。

A. 下承层表面应坚实、稳定、平整、清洁、干燥

B. 沥青浇洒应均匀,无露白,不得污染其他构筑物

C. 集料应趁热铺撒,扫布均匀,不得有重叠现象,并压实平整

D. 路面应无积水

65. 无压实度检查项目的是(　　)。

A. 稳定土基层和底基层　　B. 稳定粒料基层和底基层

C. 级配碎(砾)石基层和底基层　　D. 填隙碎石(矿渣)基层和底基层

66. 填隙碎石(矿渣)基层和底基层固体体积率的检查频率是(　　)。

A. 每 100m 测 1 点　　B. 每 100m 测 2 点
C. 每 200m 测 1 点　　D. 每 200m 测 2 点

67. 无表面连续离析不得超过 10m,累计离析不得超过 50m 外观质量要求的是(　　)。
A. 稳定土基层和底基层　　B. 稳定粒料基层和底基层
C. 级配碎(砾)石基层和底基层　　D. 填隙碎石(矿渣)基层和底基层

68. 下列不属于沥青混凝土路面损坏的是(　　)。
A. 沉陷　　B. 松散　　C. 车辙　　D. 错台

69. 水泥混凝土上加铺沥青面层复合式路面的沥青面层可不检查(　　)。
A. 压实度　　B. 平整度　　C. 弯沉　　D. 厚度

70. 高速公路沥青混凝土面层实测项目中,要求总厚度代表值的允许偏差为(　　)。
A. 设计值的 -5%　　B. 设计值的 -10%
C. 设计值的 -15%　　D. 设计值的 -20%

71. 下列四个选项中,属于水泥混凝土面层关键实测项目的是(　　)。
A. 弯拉强度　　B. 平整度　　C. 抗滑构造深度　　D. 相邻板高差

72. 浆砌挡土墙的浆砌缝开裂、勾缝不密实和脱落的累计换算面积不得超过该面面积的(　　)。
A. 0.5%　　B. 1.0%　　C. 1.5%　　D. 2.0%

73. 砌体和片石混凝土挡土墙与悬臂式和扶壁式挡土墙共同的关键实测项目为(　　)。
A. 砂浆强度　　B. 断面尺寸　　C. 混凝土强度　　D. 墙面坡度

74. 水泥稳定粒料基层厚度的检查频率为(　　)。
A. 每 100m 测 1 点　　B. 每 100m 测 2 点
C. 每 200m 测 1 点　　D. 每 200m 测 2 点

75. RQI 表示(　　)。
A. 公路技术状况指数　　B. 路面使用性能指数
C. 路面行驶质量指数　　D. 路面车辙深度指数

76. 在浆砌砌体的实测项目中,断面尺寸的检查方法为(　　)。
A. 水准仪　　B. 铅锤法　　C. 尺量　　D. 2m 直尺

77. 水泥混凝土面层、沥青混凝土面层、二灰稳定碎石基层实测项目中,都需检测的项目有(　　)。
A. 弯沉　　B. 压实度　　C. 平整度　　D. 构造深度

78. 一条高速公路的沥青路面损坏状况指数 PCI 为 91.35,该工程沥青路面状况评价等级为(　　)。
A. 优　　B. 良　　C. 中　　D. 次

79. 公路网公路技术状况评定时,应采用公路网内所有路线 MQI 的(　　)作为该公路网的 MQI。
A. 单元算术平均值　　B. 单元加权平均值
C. 长度算术平均值　　D. 长度加权平均值

80. 下面有关路面结构强度系数 SSR 的计算,描述正确的是(　　)。

A. 路面实测代表弯沉与弯沉标准值之比
B. 路面实测代表弯沉与容许弯沉之比
C. 路面弯沉标准值与实测代表弯沉之比
D. 路面容许弯沉与实测代表弯沉之比

二、判断题

1. 低路堤是指填土高度大于路基工作区深度的路堤。 （ ）
2. 路基高度是指路中线设计高程与原地面高程之差。 （ ）
3. 边沟、截水沟、排水沟都要求沟底纵坡不小于0.3%。 （ ）
4. 当采用复合防排水板作为隔离层时，须加设排水垫层。 （ ）
5. 公路路面底基层按材料力学特性划分为半刚性类、柔性类和刚性类。 （ ）
6. 面层沥青混合料动态压缩模量试验加载频率采用10Hz，基层沥青混合料加载频率采用5Hz。 （ ）
7. 交通荷载很小的情况下，路面结构可不设基层。 （ ）
8. 聚合物改性沥青包括SBS类改性沥青、SBR类改性沥青、EVA和PE类改性沥青。 （ ）
9. 粒料桩、加固土桩、水泥粉煤灰碎石桩、刚性桩都有两个关键实测项目。 （ ）
10. 未筛分碎石、天然砂砾、填隙碎石基层或底基层的施工工序主要是拌和、摊铺、碾压。 （ ）
11. 片石混凝土挡土墙实测项目只比干砌挡土墙实测项目多混凝土强度一项。 （ ）
12. 纵面线形由直坡段、圆曲线和竖曲线等基本要素组成。 （ ）
13. 路基承受由路面传递下来的行车荷载，应具有足够的强度、稳定性和耐久性。 （ ）
14. 分部工程得分大于或等于75分，则分部工程质量为合格，否则为不合格。 （ ）
15. 分项工程检查应对所列基本要求逐项检查，不符合规定时，不得进行质量检验评定。 （ ）
16. 关键项目是分部工程中对结构安全、耐久性和主要使用功能起决定性作用的检查项目。 （ ）
17. 检查项目的规定极值是指任一单个检测值都不能突破的极限值，不符合要求时该检查项目为不合格。 （ ）
18. 以路段长度规定的检查频率为双车道路段的最低检查频率，对多车道应按车道数与双车道之比相应增加检查数量。 （ ）
19. 在工程质量等级评定过程中，在进行分部工程和单位工程评分时，采用加权平均值计算法确定相应的评分值。 （ ）
20. 水泥基浆体抗压强度是采用数理统计方法进行检验评定的检查项目。 （ ）
21. 一般项目的合格率应不低于90%，否则该检查项目为不合格。 （ ）
22. 分项工程中有10个检查项目都应按照数理统计方法评定。 （ ）
23. 公路验收分为交工验收和竣工验收两个阶段。 （ ）

24. 土质路肩工程可作为路基工程的一个分项工程进行检查评定。 (　　)

25. 土工合成材料受到少量污染之后，仍可以正常使用。 (　　)

26. 截水沟设置在挖方路基的路肩外侧或路堤坡脚护坡道外侧。 (　　)

27. 砂垫层的压实度不是关键项目。 (　　)

28. 检查(雨水)井砌筑外观质量应符合：井框、井盖安装不应松动，井口周围不得有积水。 (　　)

29. 压实度为筑路材料压实后的干密度与标准最大干密度之比，以百分率表示。 (　　)

30. 浆砌水沟外观质量应符合：砌体抹面不得有空鼓，沟内不应有杂物，无排水不畅。 (　　)

31. 挡土墙是支撑路基填土或山坡土体、防止填土或土体变形失稳的墙体构造物。 (　　)

32. 悬臂式和扶壁式挡土墙断面尺寸检查方法和频率为：尺量，长度不大于50m时，测10个断面及10个扶壁，每增加10m增加1个断面及1个扶壁。 (　　)

33. 水泥砂浆强度的合格标准有：①同强度等级试件的平均强度不低于设计强度等级的1.1倍；②任意一组的强度不低于设计强度等级的85%。 (　　)

34. 路基所有检查项目均可在路基顶面进行检查测定。 (　　)

35. 二级及二级以下公路，当路基和粒料类基层、底基层的弯沉代表值不符合要求时，可将超出 $l \pm (2 \sim 3)S$ 的弯沉特异值舍弃，重新计算平均值和标准差。 (　　)

36. 粒料类基层和底基层应按正态分布计算顶面弯沉代表值。 (　　)

37. 水泥基浆体的抗压强度评定应以标准养护28d的试件为准，试件为40mm×40mm×160mm的棱柱体，每组3个试件。 (　　)

38. 石方路基进行压实项目的检测方法是灌砂法。 (　　)

39. 每一双车道评定路段(不超过1km)测量检查点数：落锤式弯沉仪(FWD)为40，自动弯沉仪或贝克曼梁为80。 (　　)

40. 下承层平整度、拱度是过滤排水工程土工合成材料处置层的关键实测项目。 (　　)

41. 土方路基外观质量要求：路基边坡、护坡道、碎落台不得有滑坡、塌方或深度超过100mm的冲沟。 (　　)

42. 跌水、急流槽、水簸箕等其他排水工程应按浆砌水沟的要求进行检验。 (　　)

43. 盲沟一般适用于地下水流量较大、渗流较长的地段。 (　　)

44. 浆砌排水沟基本要求：基础缩缝应与墙身缩缝错缝。 (　　)

45. 检查(雨水)井兼作渗井时，井壁应设置反滤层。 (　　)

46. 排水泵站沉井的关键实测项目是砂浆强度。 (　　)

47. 路面拦水带纳入路面工程的路缘石分项工程。 (　　)

48. 盲沟的实测项目中没有关键项目。 (　　)

49. 墙背填土的墙身强度达到设计强度的70%以上时便可开始填土。 (　　)

50. 砌体坡面防护外观质量要求浆砌缝开裂、勾缝不密实等累计换算面积不得超过被检查面积的1%。 (　　)

51. 悬臂式挡土墙的泄水孔应无反坡、堵塞。 (　　)

52. 当锚杆拉拔力设计未要求时，拉拔力平均值≥设计值；80%锚杆的拉拔力≥设计值；最小拉拔力≥0.9倍设计值。（　　）

53. 厚度是干砌片石砌体的关键实测项目。（　　）

54. 土钉支护基本要求：土钉插入锚孔深度不得小于设计长度的90%。（　　）

55. 导流工程外观质量要求：表面不平整、边线不顺畅的累计长度不得超过总长度的5%。（　　）

56. 按现行《公路工程质量检验评定标准　第一册　土建工程》规定，某等级公路土基压实度标准为95%，当某测点的压实度为92.5%时，判定路段压实度为不合格。（　　）

57. 水泥混凝土上加铺沥青面层的复合式路面，两种结构均需进行检查评定。其中，水泥混凝土路面结构不检查平整度。（　　）

58. 弯沉代表值大于设计验收的弯沉值时，相应分项工程为不合格。（　　）

59. 石方路基实测项目中的关键项目是压实度和平整度。（　　）

60. 稳定粒料和级配碎（砾）石基层和底基层厚度允许偏差相同。（　　）

61. 沥青表面处置面层外观质量要求：表面应无拖痕，松散、推挤、油丁、泛油、离析的累计长度不得超过50m。（　　）

62. 混凝土抗压强度或砂浆强度是混凝土排水管安装实测项目中的关键项目。（　　）

63. 路面磨耗和路面跳车为二选一指标，在检测与调查中可二选一。（　　）

64. 在水泥混凝土路面的技术状况评定中，有刻槽的水泥混凝土路面不进行路面磨耗的评定。（　　）

65. 土方路基应分层填筑压实，每层表面平整，路拱合适，排水良好，不得有明显碾压轮迹，不得亏坡。（　　）

66. 竣工验收时，交工验收提出的工程质量缺陷等遗留问题必须全部处理完毕，项目法人视情况决定是否对处理结果验收。（　　）

67. 公路技术状况评定中，除高速公路、一级公路外，其他等级公路不需要单独测量路面车辙计算RDI。（　　）

68. 建设项目工程质量鉴定得分计算公式中的投资额原则使用招标合同价。（　　）

69. 砂浆强度和轴线偏位是浆砌排水沟实测项目中的关键项目。（　　）

70. 中度路基构造物损坏应为勾缝损坏、沉降缝损坏、表面破损、钢筋外露和锈蚀等，每10m计1处，不足10m按1处计算。（　　）

71. 路面纵向裂缝换算为损坏面积时，应采用裂缝长度乘以0.2m。（　　）

72. 悬臂式挡土墙实测项目中的关键项目有两个。（　　）

73. 水泥混凝土路面破碎板是指板块被裂缝分为四块以上。（　　）

74. 填石路基应分层填筑压实，每层表面平整，路拱合适，排水良好，下路床不得有碾压轮迹，不得亏坡。（　　）

75. 工程质量等级应分为优秀、合格与不合格。（　　）

76. 水泥粉煤灰碎石桩施工前，应进行成桩工艺和成桩强度试验，混合料应拌和均匀，桩体施工应选择合理的施打顺序，成桩过程中应对已打桩的桩顶进行位移监测。（　　）

77. 管节铺设应平顺、稳固，管底坡度不得出现反坡，管节接头处流水面高度差不得大

于 5mm。（　）

78. 混凝土排水管安装外观质量要求管口缝带圈不得开裂脱皮，管口内缝砂浆不得有空鼓。（　）

79. 路面平整度自动化检测超出设备有效检测速度或有效减速度范围的数据应为无效数据。（　）

80. 各类基层和底基层单点压实度不得小于规定代表值。（　）

81. 路面损坏采用人工调查时应包含所有的行车道。（　）

82. 路面检测与调查应包括路面损坏、路面平整度、路面车辙、路面抗滑性能和路面结构强度五项内容。（　）

83. 水泥混凝土上加铺沥青面层的复合式路面，沥青面层可不检测路表弯沉。（　）

84. 高速公路的沥青混凝土面层需检测抗滑和渗水系数，其他等级公路无须检测。（　）

85. 框格梁不得与坡面脱空属于边坡锚固防护外观质量要求。（　）

86. 水泥稳定碎石基层与级配碎石基层不同的检查项目只有强度。（　）

87. 水泥混凝土面层的关键实测项目只有弯拉强度。（　）

88. 路面平整度、车辙、跳车、磨耗自动化检测均应采用断面类检测设备。（　）

89. 公路技术状况评定应以 1000m 路段长度为基本评定单元。在路面类型、交通量、路面宽度和养管单位等变化处，评定单元的长度可不受此规定限制。（　）

90. 沥青面层一般按沥青铺筑层总厚度进行评定，无须检查沥青上面层的厚度。（　）

三、多项选择题

1. 以下方法可用于路基路面现场试验选点的有（　）。

A. 均匀法　B. 随机法　C. 连续法　D. 综合法

2. 公路按技术等级可以分为（　）。

A. 高速公路　B. 汽车专用公路　C. 二级公路　D. 四级公路

3.《公路工程质量检验评定标准　第一册　土建工程》(JTG F80/1—2017)适用于（　）施工质量的检验评定。

A. 新建工程　B. 改建工程　C. 扩建工程　D. 日常养护工程

4. 按《公路工程质量检验评定标准　第一册　土建工程》(JTG F80/1—2017)将建设项目划分为（　）。

A. 单位工程　B. 分部工程　C. 分项工程　D. 单项工程

5.（　）属于沥青混凝土面层的关键实测项目。

A. 平整度　B. 压实度　C. 厚度　D. 宽度

6. 下列关于分层铺筑的高速公路沥青面层的说法，正确的是（　）。

A. 只需检查沥青设计总厚度

B. 沥青层厚度仅规定负允许偏差

C. 压实度和厚度是沥青混凝土面层实测项目中的关键项目

D. 弯沉值不是沥青混凝土面层实测项目中的关键项目

7. 下列有关工程质量评定的说法，正确的是(　　)。
A. 检验记录完整、实测项目合格、外观质量满足要求的分项工程质量评定为合格
B. 评定资料完整、所含分项工程及实测项目合格、外观质量满足要求的分部工程质量评定为合格
C. 评定资料完整、所含分部工程合格、外观质量满足要求的单位工程质量评定为合格
D. 评定为不合格的建设项目，经返工、加固、补强或调测，满足设计要求后，可以重新进行检验评定
8. 下列有关水泥混凝土面层厚度评定的说法，正确的是(　　)。
A. 评定路段内，水泥混凝土面层厚度应该按代表值和单个合格值的允许偏差进行评定
B. 厚度代表值为厚度的算术平均值的上置信界限
C. 厚度代表值小于设计厚度减去允许偏差时，检测结果为不合格
D. 厚度代表值大于或等于设计厚度减去代表值允许偏差时，则按单个检查值的偏差不超过单点合格值来计算合格率
9. (　　)的基本要求与沥青表面处置面层的基本要求相同。
A. 垫层　B. 透层　C. 黏层　D. 封层
10. 上拌下贯式面层上拌沥青混合料每日应做(　　)试验。
A. 沥青含量　B. 矿料级配　C. 马歇尔稳定度　D. 车辙
11. 下列有关沥青混凝土路面压实度的说法，正确的是(　　)。
A. 沥青混凝土路面压实度的检验评定单元为长 1 ~ 3km 的路段
B. 测定沥青面层压实度的方法有核子密度仪法、无核密度仪法、钻芯取样法
C. 使用核子密度仪进行压实度检测时，应经对比试验检验，确认其可靠性
D. 当 $K < K_0$ 时，评定路段的压实度为不合格
12. 公路中线的平面线形由(　　)组成。
A. 直线　B. 圆曲线　C. 缓和曲线　D. 竖曲线
13. (　　)不应出现单向累计长度超过 50m 的弯折。
A. 路基边线　B. 路基边坡　C. 护坡道　D. 碎落台
14. (　　)施工前，应进行成桩工艺和成桩强度试验。
A. 粒料桩　B. 加固土桩
C. 水泥粉煤灰碎石桩　D. 刚性桩
15. 喷射混凝土抗压强度的合格标准有(　　)。
A. 当同批试件组数 $n \geqslant 10$ 时，试件抗压强度平均值不低于 1.1 倍的设计值
B. 当同批试件组数 $n \geqslant 10$ 时，任一组试件抗压强度不低于 0.85 倍的设计值
C. 当同批试件组数 $n < 10$ 时，试件抗压强度平均值不低于 1.05 倍的设计值
D. 当同批试件组数 $n < 10$ 时，任一组试件抗压强度不低于 0.9 倍的设计值
16. 下列有关路面横向力系数评定的说法，正确的是(　　)。
A. 路面横向力系数按 SFC 的设计或验收标准值进行评定
B. SFC 代表值为 SFC 算数平均值的上置信界限值
C. 当 SFC 代表值不大于设计或验收标准时，以所有单个 SFC 值统计合格率

D. 当 SFC 代表值小于设计或验收标准时,评定结果为不合格

17.(　　)有相同外观质量要求。

A. 砌体挡土墙　　B. 边坡锚固防护

C. 砌体坡面防护　　D. 其他砌石构筑物

18. 以下四个说法中,正确的是(　　)。

A. 固体体积率采用密度法作为检测方法

B. 水泥稳定粒料基层压实度检查频率为每 200m 测 2 点

C. 石灰稳定粒料基层和二灰稳定粒料基层的关键实测项目相同

D. 级配碎石基层和填隙碎石基层的关键实测项目均是压实度和厚度

19.(　　)等应按土沟和浆砌水沟的要求进行检验。

A. 跌水　　B. 边沟　　C. 截水沟　　D. 排水沟

20. 路面结构中的功能层包括(　　)。

A. 面层　　B. 基层和底基层

C. 黏层和透层　　D. 排水层和防冻层

21. 下列有关基层压实度的说法,正确的是(　　)。

A. 水泥稳定粒料基层的压实度检查频率为每 200m 测 2 点

B. 当压实度代表值小于压实度标准值,评定压实度为不合格

C. 当压实度代表值大于压实度标准值,且单点压实度全部大于或等于规定极值时,按测定值不低于规定值减 2 个百分点的测点数计算合格率

D. 当压实度代表值大于压实度标准值时,则评定路段的压实度合格率为 100%

22. 下列有关基层厚度检查方法的说法,正确的是(　　)。

A. 石灰稳定土基层厚度检查频率为每 200m 测 2 点

B. 按规定频率,采用挖验和钻取芯样测定厚度

C. 基层厚度的检测方法有挖坑法,往往与灌砂法测定压实度同步进行

D. 水泥稳定粒料基层厚度检查频率为每 200m 测 1 点

23. 依据现行《公路技术状况评定标准》,路基损坏包括(　　)。

A. 路肩边沟不洁　　B. 路肩损坏

C. 路基构造物损坏　　D. 排水不畅

24. 下列有关强度检查方法的选项中,正确的是(　　)。

A. 强度是水泥稳定粒料基层的关键实测项目

B. 强度、压实度、厚度是水泥土基层的关键实测项目

C. 测定半刚性材料 7d 无侧限抗压强度时,试件应饱水 1d

D. 水泥稳定粒料应检测的强度指的是 7d 无侧限抗压强度

25. 单位工程、合同段、建设项目工程质量等级分为(　　)。

A. 优　　B. 良　　C. 合格　　D. 不合格

26. 路基排水不畅损坏程度应按下列(　　)标准判断。

A. 轻度应为边沟、排水沟、截水沟等排水系统存在杂物、垃圾

B. 中度应为边沟、排水沟和截水沟等排水系统全截面堵塞

C. 重度应为路基排水系统与外部排水系统不连通

D. 重度应为边沟、排水沟和截水沟等排水系统全截面堵塞

27. 以下属于水泥稳定材料的有(　　)。

A. 水泥稳定级配碎石　　B. 水泥稳定土

C. 水泥稳定砂　　D. 水泥石灰稳定土

28.《公路技术状况评定标准》(JTG 5210—2018)规定评定单元中出现下列(　　)情况，MQI直接评为0分。

A. 4类隧道　　B. 5类桥梁　　C. 危险涵洞　　D. 重度边坡坍塌

29. 一级公路技术状况评定时，(　　)的检测与调查频率为每年1次。

A. 路基SCI　　B. 路面抗滑性能　　C. 路面损坏　　D. 路面跳车

30. 对长度小于或大于1000m的非整千米评定单元，(　　)指标的实际扣分应换算成基本评定单元的扣分。

A. PQI　　B. SCI　　C. BCI　　D. TCI

四、综合题

1. 结合有关工程质量鉴定内容、等级评定内容，回答下列有关问题。

(1)根据现行《公路工程质量检验评定标准　第一册　土建工程》的划分，(　　)为分部工程。

A. 基层　　B. 排水工程

C. 大型挡土墙　　D. 土方路基

(2)下列工程中，可为单位工程的是(　　)。

A. 3km路基工程　　B. 10km路基工程

C. 3km路面工程　　D. 10km路面工程

(3)分项工程质量检测的内容有(　　)。

A. 基本要求　　B. 质量保证资料

C. 实测项目　　D. 外观质量

(4)在分部工程中，根据(　　)等划分的工程为分项工程。

A. 施工工序　　B. 施工特点

C. 结构部位　　D. 材料

(5)以下属于工程项目质量保证资料的有(　　)。

A. 原材料试验报告　　B. 材料配合比报告

C. 施工日志　　D. 隧道监控资料

2. 结合有关数理统计方法评定项目及规定内容，回答下列有关问题。

(1)水泥混凝土弯拉强度试件组数小于10组时，试件平均强度不得小于(　　)，任一组强度均不得小于(　　)。

A. $1.1f_r$；$0.80f_r$　　B. $1.15f_r$；$0.80f_r$

C. $1.1f_r$；$0.85f_r$　　D. $1.15f_r$；$0.85f_r$

(2)当混凝土强度等级小于C60时,水泥混凝土抗压强度评定中的合格判定系数 λ_3 取(　　)。

A.0.95　　B.1.05　　C.1.1　　D.1.15

(3)无机结合料稳定材料试件的平均强度应满足(　　)要求。

A. $\bar{k}-t_{\alpha}S/\sqrt{n}\geqslant K_0$　　B. $f_{cs}\geqslant f_r+K\sigma$

C. $m_{f_{cu}}\geqslant f_{cu,k}+\lambda_1 S_n$　　D. $\bar{R}\geqslant R_d/(1-Z_{\alpha}C_v)$

(4) 工程质量评定中,采用数理统计方法评定的项目有(　　)。

A.压实度　　B.厚度

C.路面横向力系数　　D.弯沉值

(5)水泥基浆体任意一组的强度不低于设计强度等级的(　　)。

A.80%　　B.85%　　C.90%　　D.95%

3.关于路基工程质量检验评定,请回答以下问题。

(1)关于土方路基的基本要求,正确的有(　　)。

A.在路基用地和取土坑范围内,应清除地表植被、杂物、积水、淤泥和表土,处理坑塘,并按施工技术规范和设计要求对基底进行压实

B.填方路基应分层填筑压实,每层表面平整,路拱合适,排水良好,不得有明显碾压轮迹,不得亏坡

C.应设置施工临时排水系统,避免冲刷边坡,路床顶面不得积水

D.在设定取土区内合理取土,不得滥开滥挖;完工后应按要求对取土坑和弃土场进行修整

(2)土方路基的关键项目为(　　)。

A.压实度　　B.弯沉

C.宽度　　D.平整度

(3)填石路基的基本要求包括(　　)。

A.填石路基应分层填筑压实,每层表面平整,路拱合适,排水良好,上路床不得有明显碾压轮迹,不得亏坡

B.修筑填石路基时应进行地表清理,填筑层厚度应符合规范规定并满足设计要求,填石空隙用石渣、石屑嵌压稳定

C.填石路基应通过试验路确定沉降差控制标准

D.上边坡不得有危石

(4)填石路基边线与边坡不应出现单向累计长度超过(　　)的弯折。

A.10m　　B.20m　　C.50m　　D.100m

(5)粒料桩、加固土桩、水泥粉煤灰碎石桩、刚性桩共同的关键项目为(　　)。

A.桩距　　B.桩径　　C.桩长　　D.强度

4.某高速公路开展竣工验收工作,为了对工程质量进行鉴定,开展试验检测工作,请根据相关规定回答以下问题。

(1)竣工验收工作开展的时间为(　　)。

A.与交工验收同年　　B.交工验收后12个月

C. 通车试运行两年以上　　D. 通车试运行三年以上

(2)以下与竣工验收有关工程实体检测抽样频率的说法,正确的有(　　)。

A. 路基工程边坡每公里抽查不少于一处

B. 排水工程断面尺寸每公里抽查 2 ~3 处

C. 涵洞抽查不少于总数的 10% ,且每种类型抽查不少于 1 道

D. 高速公路路面弯沉以每公里为评定单元进行评价

(3)以下属于特别严重问题的是(　　)。

A. 路基大面积高边坡失稳

B. 路面平整度指标 IRI 超过 3.0m/km

C. 路基重要支挡工程严重变形

D. 路面车辙深度大于 10mm 路段累计长度超过合同段车道总长度的 5%

(4)以下属于工程质量鉴定中路基工程抽查项目的有(　　)。

A. 小桥混凝土强度　　B. 沥青路面车辙

C. 排水工程铺砌厚度　　D. 涵洞工程涵底铺砌厚度

(5)沥青路面工程竣工验收需要复测的项目有(　　)。

A. 路基边坡　　B. 路面车辙

C. 路面弯沉　　D. 路面厚度

5. 结合有关挡土墙的实测项目内容,回答下列有关问题。

(1)对砌体挡土墙,当平均墙高达到或超过(　　)且墙身面积不小于(　　)时,为大型挡土墙,每处应作为分部工程进行评定。

A. $6m;1000m^2$　　B. $8m;1000m^2$

C. $6m;1200m^2$　　D. $8m;1200m^2$

(2)有关砌体挡土墙的基本要求描述,正确的有(　　)。

A. 勾缝砂浆强度不得小于砌筑砂浆强度

B. 地基承载力、基础埋置深度应满足设计要求

C. 砌筑应分层错缝,混凝土应分层浇筑

D. 砌块应相互错缝、咬扣紧密,嵌缝饱满密实

(3)悬臂式和扶壁式挡土墙实测项目中,关键项目有(　　)。

A. 断面尺寸　　B. 竖直度或坡度

C. 混凝土强度　　D. 表面平整度

(4)(　　)作为分部工程进行评定。

A. 锚杆挡土墙　　B. 砌体挡土墙

C. 桩板式挡土墙　　D. 锚定板挡土墙

(5)下列有关悬臂式和扶壁式挡土墙的外观鉴定,描述不正确的有(　　)。

A. 混凝土表面不应存在结构混凝土外观质量限制缺陷

B. 锚头不得外露,封锚混凝土或砂浆应无裂缝、疏松

C. 墙体不得出现外鼓变形

D. 泄水孔应无反坡、堵塞

6. 某二级公路路段的填方路床土方工程压实度检测值(单位:%)为:96.3、92.4、96.4、97.5、99.6、98.5、96.6、94.4、95.7、95.2、97.8、98.9。已知:$Z_{0.99}=2.327$,$Z_{0.95}=1.645$,$Z_{0.90}=1.282$,$t_{0.99}/\sqrt{12}=0.785$,$t_{0.95}/\sqrt{12}=0.518$,$t_{0.90}/\sqrt{12}=0.393$,依照题意回答下列问题。

(1)土方路基压实度检测可采用的方法有(　　)。

A. 灌砂法　　B. 无核密度仪法

C. 环刀法　　D. 钻芯法

(2)本路段土方路基压实度规定值是(　　)。

A. 92%　　B. 94%　　C. 95%　　D. 96%

(3)本路段土方路基压实度极值是(　　)。

A. 92%　　B. 90%　　C. 91%　　D. 93%

(4)本路段土方路基压实度代表值为(　　)。

A. 93.3%　　B. 95.0%　　C. 95.5%　　D. 95.8%

(5)本路段土方路基压实度合格率为(　　)。

A. 0　　B. 83.3%　　C. 91.7%　　D. 100%

7. 某试验检测机构受地方公路管理部门委托对A公路进行技术状况评定工作。A公路基本情况:公路技术等级为一级,长度为10.211km,双向六车道,路面类型为沥青混凝土路面,K2+000~K3+000间有一座中桥,评定为5类桥。检测机构选择多功能路况快速检测系统检测路面指标,不检测路面横向力系数和路面弯沉。请依据上述条件回答下列有关问题。

(1)从经济高效角度考虑,为满足《公路技术状况评定标准》(JTG 5210—2018)检测频率的基本要求,路面检测时应选择(　　)。

A. 单方向靠近中央分隔带的行车道

B. 双方向靠近外侧路肩的行车道

C. 双方向中间行车道

D. 双方向所有车道

(2)路面技术状况的评定需要检测(　　)。

A. 路面破损　　B. 路面车辙深度

C. 路面平整度　　D. 路面构造深度

(3)路面损坏类型中,轻度车辙深度的标准是(　　)。

A. 小于5mm　　B. 小于10mm

C. 10~15mm　　D. 10~20mm

(4)《公路技术状况评定标准》(JTG 5210—2018)将沥青混凝土路面损坏分为(　　)大类,并根据损坏程度分为(　　)项。

A. 11,20　　B. 11,21　　C. 10,20　　D. 10,21

(5)根据检测结果,评定单元K2+000~K3+000的各参数计算结果为SCI=90.11、PQI=91.05、BCI=0、TCI=86.21。已知SCI、PQI、BCI、TCI的计算权重分别为0.08、0.70、0.12、0.10,该评定单元公路技术状况指数MQI的结果为(　　)。

A. 79.565　　B. 79.56　　C. 80　　D. 0

8. 结合有关基层的关键实测项目内容,回答下列有关问题。

(1)稳定粒料基层和底基层表面连续离析不得超过(　　)m,累计离析不得超过(　　)m。

A. 10;20　　B. 10;50　　C. 20;50　　D. 20;100

(2)水泥土基层和底基层的实测项目中,高速公路和一级公路底基层压实度的规定值或允许偏差的代表值与极值分别为(　　)。

A. 91%;89%　　B. 93%;91%　　C. 95%;91%　　D. 93%;89%

(3)对石灰稳定粒料基层,下列说法正确的是(　　)。

A. 路拌深度应达到层底

B. 碾压检查合格后立即覆盖或洒水养护,养护期应符合规范规定

C. 表面应无松散、无坑洼、无碾压轮迹

D. 所检测的强度是指无侧限抗压强度

(4)水泥稳定粒料(碎石、砂砾或矿渣等)基层和底基层实测项目中,关键项目有(　　)项。

A. 2　　B. 3　　C. 4　　D. 5

(5)石灰土基层和底基层的实测项目中,其他等级公路基层厚度的规定值或允许偏差的代表值与合格值分别为(　　)。

A. -10mm; -12mm　　B. -10mm; -20mm

C. -10mm; -25mm　　D. -12mm; -35mm

习题参考答案及解析

一、单项选择题

1. C

【解析】路基工作区是指汽车荷载通过路面传递到路基的应力与路基自重应力之比大于0.1的应力分布深度范围。

2. D

【解析】上路床厚度为0.3m;下路床厚度在轻、中等及重交通荷载等级公路为0.5m,特重、极重交通荷载等级公路为0.9m。

3. A

【解析】路堤通常是分层铺筑,分层压实。每层压实厚度一般不超过0.3m。

4. D

【解析】热拌沥青混合料路面摊铺后自然冷却到表面温度低于50℃后,方可开放交通。

5. A

【解析】当面层集料的磨光值PSV大于42时,水泥混凝土路面可采用露石抗滑构造。

6. B

【解析】水泥混凝土路面实测混凝土强度大于设计强度的80%后,可停止养护。

7. C

【解析】高速公路和一级公路的基层应在养护7～10天内检测弯沉。

8. A

【解析】一般项目的合格率应不低于80%，否则该检查项目为不合格。

9. D

【解析】沥青路面设计采用轴重100kN的单轴-双轮组轴载作为设计轴载。

10. D

【解析】《公路工程质量检验评定标准　第一册　土建工程》（JTG F80/1—2017）是各等级公路新建、改扩建工程施工质量的检验评定和验收的依据。

11. B

【解析】路面分部工程包括的分项工程有：垫层、底基层、基层、面层、路缘石、路肩等。

12. C

【解析】公路工程质量评定按分项工程、分部工程、单位工程、合同段和建设项目逐级计算评分值。

13. C

【解析】路面分部工程包括的分项工程有：垫层、底基层、基层、面层、路缘石、路肩等。

14. C

【解析】墙背填土应采用设计要求的填料，严禁采用膨胀土、高液限黏土、腐殖土、盐渍土、淤泥和冻土块等不良填料。

15. C

【解析】反压护道的压实度不低于90%。

16. D

【解析】土工合成材料的接缝搭接应符合设计要求，上、下层土工合成材料搭接缝应交替错开。

17. B

【解析】公路土方路基压实度按高速公路和一级公路，二级公路，三、四级公路三档设定。

18. B

【解析】路基、路面压实度以1～3km长的路段为检验评定单元。

19. C

【解析】无结合料一般指：级配碎（砾）石、填隙碎石（矿渣）等。

20. B

【解析】二级公路土方路基路床压实度规定值为≥95%。

21. B

【解析】有结合料中按照稳定材料不同，可分为无机结合料稳定和有机结合料稳定。无机结合料一般指石灰、粉煤灰、水泥等；有机结合料一般指沥青。

22. C

【解析】管节铺设应平顺，稳固，管底坡度不得出现反坡，管节接头处流水面高度差不得大于5mm。

23. B

【解析】上路堤是指路床以下 0.7m 厚度范围的填方部分。

24. A

【解析】确定沥青混合料拌和及压实适宜温度的试验有赛博特黏度试验、布氏黏度（表观黏度）试验、运动黏度试验。

25. D

【解析】选项 A、B、C 属于浆砌水沟的基本要求。

26. A

【解析】粒料基层完工后应及时洒布透层油并铺筑下封层，透层油透入深度应不小于5mm。无机结合料稳定粒料基层透层油透入深度宜不小于 3mm。

27. C

【解析】砌体挡土墙砌筑时，应分层错缝，浆砌时要坐浆挤紧。

28. B

【解析】压实度、厚度、强度属于稳定土基层和底基层实测项目中的关键项目。

29. A

【解析】路肩工程应作为路面工程的一个分项工程进行检查评定。

30. A

【解析】土方路基压实度按密度法检查，每 200m 每压实层测 2 处。填石路基压实度按密度法检查，每 200m 每压实层测 1 处。

31. D

【解析】应设置施工临时排水系统，避免冲刷边坡为土方路基的基本要求。

32. B

【解析】井（板）长为袋装砂井、塑料排水板实测项目中的关键项目。

33. C

【解析】路基工程除压实度外，其他检查项目应在上路床进行检查测定。

34. A

【解析】3m 直尺方法检查水泥混凝土面层平整度的频率为：每半幅车道每 200m 测 2 处 ×5 尺。

35. B

【解析】碾压贫混凝土的集料应具有合适的级配，水泥剂量宜不大于 13%。

36. C

【解析】选项 C 为检查（雨水）井砌筑外观质量要求。

37. D

【解析】工程实体检测以《公路工程竣（交）工验收办法实施细则》及其附件规定的抽查项目及频率为基础，外观检查发现的缺陷，在分部工程实测得分的基础上采用扣分制，扣分累计不得超过 15 分。

38. C

【解析】高速公路、一级公路基层、底基层压实度代表值计算的保证率为 99%，路基、路面面层为95%；其他公路基层、底基层压实度代表值计算的保证率为95%，路基、路面面层为90%。

39. C

【解析】路基、沥青路面弯沉代表值为弯沉测量值的上波动界限。

40. D

【解析】喷射混凝土抗压强度评定时，用标准试验方法测得的极限抗压强度，乘以0.95的系数（精确到0.1MPa）。

41. B

【解析】评定水泥砂浆的强度应以标准养护28d的试件为准，试件为边长70.7mm的立方体，每组3个试件。

42. B

【解析】不论稳定细粒土、中粒土或粗粒土，当变异系数$C_v<10\%$时，可为6个试件，变异系数$C_v=10\%\sim15\%$，可为9个试件，$C_v>15\%$，应为13个试件。

43. D

【解析】D选项应为：弯沉代表值大于设计验收弯沉值时，相应分项工程不合格。

44. A

【解析】隐蔽工程在隐蔽前应检查合格。

45. B

【解析】外观质量应进行全面检查，并满足规定要求，否则该检验项目为不合格。

46. C

【解析】锚杆、锚定板和加筋挡土墙墙背填土距面板1m范围以内的压实度规定值为≥90%。

47. C

【解析】边坡锚固防护插入锚孔内的预应力锚杆、锚索长度不得小于设计长度的97%，其他不得小于98%。

48. A

【解析】土钉抗拔力检查项目检查频率为土钉总数1%且不小于3根。

49. A

【解析】所含单位工程合格，且得分大于或等于75分，小于90分，该合同段工程质量鉴定等级为合格。大于或等于90分，工程质量鉴定等级为优良。

50. C

【解析】C选项为竣工验收而不是交工验收主要工作内容。

51. B

【解析】分部工程外观检查存在缺陷，应在实测得分的基础上采用扣分制，扣分累计不得超过15分。

52. A

【解析】沉淀池实测项目中的关键项目是混凝土强度，B、C、D选项都不是关键项目。

53. A

【解析】混凝土抗压强度或砂浆强度是混凝土排水管安装实测项目中的关键项目。

54. A

【解析】竣工验收工程实体检测中,涵洞抽查不少于总数的10%且每种类型抽查不少于1座。

55. B

【解析】沥青路面轻度块状裂缝为主要裂缝块度大于1.0m,平均裂缝宽度在1~2mm之间。重度块状裂缝为主要裂缝块度在0.5~1.0m之间,平均裂缝宽度大于2mm。

56. B

【解析】高速公路施工现场沥青混凝土矿料级配进行检测时,实测结果应满足生产配合比要求。

57. B

【解析】沥青路面11类损坏中,分轻度和重度2级的有:块状裂缝、纵向裂缝、横向裂缝、沉陷、车辙、波浪拥包、坑槽、松散,共8类。龟裂分轻、中、重度3级,泛油和修补不分级。

58. C

【解析】高速公路技术状况评定对路面抗滑性能的最低检测频率要求为2年1次。

59. C

【解析】墙背填土的实测项目的关键项目是距面板1m范围内压实度。

60. B

【解析】路面损坏应纵向连续检测,横向检测宽度应不小于车道宽度的70%。

61. B

【解析】横向力系数SFC应每10m计算1个统计值。

62. C

【解析】水泥混凝土路面坑洞应为板面出现直径大于30mm、深度大于10mm的坑槽。

63. C

【解析】高速公路和一级公路土方路基下路床的压实度应不小于96%。

64. D

【解析】D选项为沥青表面处置面层外观质量要求而不是基本要求。

65. D

【解析】填隙碎石(矿渣)基层和底基层检查项目为固体体积率的而不是压实度。

66. D

【解析】填隙碎石(矿渣)基层和底基层固体体积率的检查频率为每200m测2点。

67. A

【解析】稳定土基层和底基层无此外观质量要求。

68. D

【解析】错台为水泥混凝土路面损坏。

69. C

【解析】水泥混凝土上加铺沥青面层复合式路面的沥青面层可不检查弯沉。

70. A

【解析】高速公路沥青混凝土面层实测项目中，要求总厚度代表值的允许偏差为设计值的 -5%。

71. A

【解析】水泥混凝土面层关键实测项目包括弯拉强度和板厚度。

72. C

【解析】浆砌挡土墙的浆砌缝开裂、勾缝不密实和脱落的累计换算面积不得超过该面面积的 1.5%。

73. B

【解析】砌体和片石混凝土挡土墙与悬臂式和扶壁式挡土墙共同的关键实测项目为断面尺寸。

74. D

【解析】水泥稳定粒料基层厚度检查频率为每 200m 测 2 点。

75. C

【解析】RQI 表示路面行驶质量指数。

76. C

【解析】在浆砌砌体的实测项目中，断面尺寸的检查方法为尺量。

77. C

【解析】弯沉和压实度不是水泥混凝土面层实测项目，构造深度不是二灰稳定碎石基层实测项目。

78. B

【解析】高速公路路面损坏状况指数 PCI 等级划分标准应为："优"大于或等于 92，"良"在 80 ~ 92 之间，其他保持不变。

79. D

【解析】公路网公路技术状况评定时，应采用公路网内所有路线 MQI 的长度加权平均值作为该公路网的 MQI。

80. C

【解析】路面结构强度系数 SSR 等于路面弯沉标准值与实测代表弯沉之比。

二、判断题

1. ×

【解析】低路堤是指填土高度小于路基工作区深度的路堤。

2. ×

【解析】路基高度是指路堤的填筑高度或路堑的开挖深度，是路基设计高程与原地面高程之差。路基中心高度是指路中线设计高程与原地面高程之差。

3. √

4. ×

【解析】当采用复合防排水板作为隔离层时，可不设排水垫层。

5. √

6. √

7. ×

【解析】交通荷载很小的情况下，路面结构可不设底基层。

8. √

9. ×

【解析】粒料桩只有一个关键实测项目：桩长。

10. ×

【解析】未筛分碎石、天然砂砾、填隙碎石基层或底基层的施工工序主要是摊铺和碾压。

11. √

12. ×

【解析】纵面线形由直坡段和竖曲线等基本要素组成。

13. √

14. √

15. √

16. ×

【解析】关键项目是分项工程中对结构安全、耐久性和主要使用功能起决定性作用的检查项目。

17. √

18. √

19. √

20. √

21. ×

【解析】一般项目的合格率应不低于80%，否则该检查项目为不合格。

22. √

23. √

24. ×

【解析】土质路肩工程可作为路面工程的一个分项工程进行检查评定。

25. ×

【解析】土工合成材料的质量应符合设计要求，无老化，外观无破损，无污染。

26. ×

【解析】截水沟一般设置在挖方路基坡顶以外、山坡路堤上方或边坡护坡道上。

27. √

28. √

29. √

30. √

31. √

32. √

33. √

34. ×

【解析】路基压实度应分层检测,其他检查项目应在上路床进行检查测定。

35. √

36. √

37. √

38. ×

【解析】石方路基进行压实项目的检测方法是密度法和精密水准仪法。

39. √

40. ×

【解析】过滤排水工程土工合成材料处置层实测项目没有关键项目。

41. √

42. √

43. ×

【解析】盲沟一般适用于地下水流量不大、渗流不长的地段。

44. ×

【解析】浆砌排水沟基本要求:基础缩缝应与墙身缩缝对齐。

45. √

46. ×

【解析】排水泵站沉井的关键实测项目是混凝土强度。

47. √

48. √

49. ×

【解析】墙背填土的基本要求规定,墙背填土的墙身强度达到设计强度的75%以上时方可开始填土。

50. ×

【解析】砌体坡面防护外观质量要求浆砌缝开裂、勾缝不密实和脱落的累计换算面积不得超过该面面积的1.5%,且单个最大换算面积不应大于0.08m^2。

51. √

52. √

53. ×

【解析】干砌片石砌体的实测项目有:顶面高程、断面尺寸(高度、厚度)、表面平整度,其中无关键项目。

54. ×

【解析】土钉支护基本要求:土钉插入锚孔深度不得小于设计长度的95%。

55. ×

【解析】导流工程外观质量要求:表面不平整、边线不顺畅的累计长度不得超过总长度的10%。

56. ×

【解析】该等级公路土基压实度标准为95%，则规定极限值应为90%，某测点92.5%的压实度小于规定值减2个百分点(93%)且大于规定极限值(90%)，则该测点为不合格而非路段压实度不合格(应根据合格率判定，条件不足)。

57. ×

【解析】水泥混凝土上加铺沥青面层的复合式路面，两种结构均需进行检查评定。其中，水泥混凝土路面结构不检查抗滑构造深度。

58. √

59. ×

【解析】石方路基实测项目中的关键项目为压实和弯沉。

60. √

61. ×

【解析】沥青表面处置面层外观质量要求：表面应无拖痕，松散、推挤、油丁、泛油、离析的累计长度不得超过50m。

62. √

63. ×

【解析】路面磨耗和路面抗滑性能为二选一指标，在检测与调查中可二选一。

64. √

65. √

66. ×

【解析】公路工程竣工验收应具备条件之一：交工验收提出的工程质量缺陷等遗留问题已全部处理完毕，并经项目法人验收合格。

67. √

68. ×

【解析】建设项目工程质量鉴定得分计算公式中的投资额原则使用结算价，当结算价暂时无法确定时，可使用招标合同价。

69. ×

【解析】浆砌排水沟实测项目中的关键项目只有砂浆强度。

70. ×

【解析】轻度路基构造物损坏应为勾缝损坏、沉降缝损坏、表面破损、钢筋外露和锈蚀等，每10m计1处，不足10m按1处计算。

71. ×

【解析】沥青路面纵向裂缝换算为损坏面积时，应采用裂缝长度乘以影响宽度0.2m；水泥混凝土路面裂缝换算为损坏面积时，应采用裂缝长度乘以影响宽度1.0m。

72. √

73. ×

【解析】水泥混凝土路面破碎板是指板块被裂缝分为3块及以上。

74. ×

【解析】填石路基应分层填筑压实,每层表面平整,路拱合适,排水良好,上路床不得有碾压轮迹,不得亏坡。

75. ×

【解析】分项和分部工程质量等级只有合格与不合格两个等级,单位工程、合同段、建设项目工程质量等级分为优良、合格与不合格三个等级。

76. √

77. √

78. √

79. √

80. ×

【解析】各类基层和底基层压实度代表值不得小于规定代表值,单点不得小于规定极值。

81. √

82. ×

【解析】路面检测与调查应包括路面损坏、路面平整度、路面车辙、路面跳车、路面磨耗、路面抗滑性能和路面结构强度七项内容。

83. √

84. ×

【解析】高速公路和一级公路需检测沥青混凝土面层的抗滑和渗水系数。

85. √

86. ×

【解析】水泥稳定碎石基层与级配碎石基层不同的检查项目有强度和弯沉。

87. √

88. √

89. √

90. ×

【解析】沥青面层一般按沥青铺筑层总厚度进行评定,高速公路和一级公路分 2 ~ 3 层评定时,还应进行上面层厚度检查和评定。

三、多项选择题

1. ABCD

【解析】路基路面现场测试选点方法有均匀法、随机法、定向法、连续法和综合法。

2. ACD

【解析】公路按使用任务、功能和适用的交通量,分为高速公路、一级公路、二级公路、三级公路和四级公路五个技术等级。

3. ABC

【解析】《公路工程质量检验评定标准　第一册　土建工程》(JTG F80/1—2017)是各等级公路新建、改扩建工程施工质量的检验评定和验收的依据。

4. ABC

【解析】一个公路建设项目通常可以划分为合同段、单位工程、分部工程和分项工程。

5. BC

【解析】沥青混凝土面层的关键实测项目是压实度、厚度、矿料级配和沥青含量。

6. BCD

【解析】A 选项应为：沥青面层一般按沥青铺筑层总厚度进行评定，高速公路和一级公路分 2～3 层铺筑时，还应进行上面层厚度检查和评定。

7. ABC

【解析】D 选项应为：评定为不合格的分项工程和分部工程，经返工、加固、补强或调测并满足设计要求后，可以重新进行检验评定。

8. ACD

【解析】厚度代表值为厚度的算术平均值的下置信界限。

9. BCD

【解析】路面工程一般规定：垫层应按相同材料的底基层检验。透层、黏层和封层的基本要求与沥青表面处置面层的基本要求相同。

10. ABC

【解析】沥青贯入式面层(上拌下贯式面层)基本要求：上拌沥青混合料每日应做沥青含量、矿料级配和马歇尔稳定度试验。

11. ABCD

【解析】沥青混凝土路面压实度的检验评定单元为 1～3km 长的路段，使用核子密度仪检测压实度时，应经对比试验检验，确认其可靠性。当 $K<K_0$ 时，评定路段的压实度为不合格。

12. ABC

【解析】公路中线的平面线形由直线、圆曲线、缓和曲线组成。

13. AB

【解析】土方路基外观质量要求：路基边线与边坡不应出现单向累计长度超过 50m 的弯折。

14. BC

【解析】加固土桩和水泥粉煤灰碎石桩施工前应进行成桩工艺和成桩强度试验，粒料桩施工前应进行成桩工艺和成桩挤密试验，刚性桩施工前应进行成桩试验；施工工艺应符合规范规定。

15. BCD

【解析】A 选项应为：当同批试件组数 $n \geqslant 10$ 时，试件抗压强度平均值不低于设计值。

16. AD

【解析】SFC 代表值为 SFC 算数平均值的下置信界限值。当 SFC 代表值不小于设计或验收标准时，以所有单个 SFC 值统计合格率。当 SFC 代表值小于设计或验收标准时，评定结果为不合格。

17. ACD

【解析】砌体挡土墙、砌体坡面防护、其他砌石构筑物有相同外观质量要求：浆砌缝开裂，勾缝不密实和脱落的累计换算面积不得超过该面积的 1.5%，且单个最大换算面积不应大于 0.08m²，换算面积应按缺陷缝长度乘以 0.1m 计算。

18. ABC

【解析】填隙碎石基层的关键实测项目是固体体积率和厚度。级配碎石基层的关键实测项目是压实度和厚度。

19. BCD

【解析】边沟、截水沟、排水沟等应按土沟和浆砌水沟的要求进行检验。

20. CD

【解析】路面结构中的功能层包括封层、黏层、透层、排水层和防冻层。

21. ABC

【解析】D 选项应为：当压实度代表值大于压实度标准值，且单点压实度全部大于或等于规定值减 2 个百分点时，评定路段的压实度合格率为 100%，其余说法正确。

22. ABC

【解析】根据《公路工程质量检验评定标准　第一册　土建工程》(JTG F80/1—2017)中的相关内容，水泥稳定粒料基层厚度检查频率为每 200m 测 2 点。

23. BCD

【解析】路基损坏包括路肩损坏、路基构造物损坏、排水不畅等 7 类。

24. ABCD

【解析】根据《公路工程质量检验评定标准　第一册　土建工程》(JTG F80/1—2017)中的相关内容，4 个选项全部正确。

25. CD

【解析】单位工程、合同段、建设项目工程质量等级分为优良、合格、不合格三个等级。

26. ABC

【解析】D 选项为《公路技术状况评定标准》(JTG H20—2007)规定，非《公路技术状况评定标准》(JTG 5210—2018)规定。

27. ABC

【解析】水泥石灰稳定土属于综合稳定材料。

28. BC

【解析】存在 5 类桥梁、5 类隧道、危险涵洞及影响交通安全的重度边坡坍塌的评定单元，MQI 值应取 0。

29. ACD

【解析】公路技术状况检测与调查频率，除了路面抗滑性能是 2 年 1 次和路面结构强度是抽样检测以外，其他指标都是 1 年 1 次。

30. BCD

【解析】除 PQI 外，SCI、BCI 和 TCI 三项指标的实际扣分应换算成基本评定单元的扣分[实际扣分 × 基本评定单元长度(1000m)/实际评定单元长度]。

四、综合题

1.(1)BC　　(2)BD　　(3)ABCD　　(4)AD　　(5)ABD

【解析】(1)排水工程和大型挡土墙为分部工程。

(2)每10km或每标段路基和路面工程都是单位工程。

(3)分项工程质量检验内容包括基本要求、实测项目、外观质量和质量保证资料四部分。

(4)在分部工程中,根据施工工序、工艺或材料等划分的工程为分项工程。

(5)施工日志不属于工程项目质量保证资料。

2.(1)D　　(2)D　　(3)D　　(4)ACD　　(5)B

【解析】(1)水泥混凝土弯拉强度试件组数小于10组时,试件平均强度不得小于$1.15f_r$,任一组强度均不得小于$0.85f_r$。

(2)当混凝土强度等级小于C60,水泥混凝土抗压强度评定中的合格判定系数λ_3取1.15。

(3)A选项为压实度评定公式,B选项为水泥混凝土弯拉强度评定公式,C选项为水泥混凝土抗压强度评定公式。

(4)《公路工程质量检验评定标准　第一册　土建工程》(JTG F80/1—2017)规定,压实度、水泥混凝土弯拉强度、水泥混凝土抗压强度、喷射混凝土抗压强度、水泥砂浆强度、无机结合料稳定材料强度、路面结构层厚度、弯沉值、路面横向力系数、水泥基浆体抗压强度等检查项目采用数理统计评定方法。

(5)水泥基浆体任意一组的强度不低于设计强度等级的85%。

3.(1)ABCD　　(2)AB　　(3)ABC　　(4)C　　(5)C

【解析】(1)选项全部正确。

(2)土方路基的关键项目为压实度和弯沉。

(3)D选项为填石路基外观质量要求。

(4)填石路基边线与边坡不应出现单向累计长度超过50m的弯折。

(5)桩距和桩径不是关键项目,强度不是粒料桩的关键项目。

4.(1)C　　(2)ABC　　(3)AD　　(4)AC　　(5)BC

【解析】(1)公路工程竣工验收应在通车试运营2年以上。

(2)D选项应为:路面弯沉、平整度检测,高速公路、一级公路以每半幅每公里为评定单元,其他等级公路以每公里为评定单元。

(3)B、C选项不属于特别严重问题。

(4)工程质量鉴定中路基工程抽查项目有路基土石方压实度、弯沉、边坡,排水工程断面尺寸、铺砌厚度,小桥混凝土强度、主要结构尺寸,涵洞混凝土强度、结构尺寸,支挡工程混凝土强度、断面尺寸。

(5)沥青路面工程竣工验收需要复测的项目有弯沉、车辙、平整度和抗滑。

5.(1)C　　(2)ABC　　(3)AC　　(4)ACD　　(5)ACD

【解析】(1)当平均墙高达到或超过6m且墙身面积不小于1200m²时,为大型挡土墙,每处应作为分部工程进行评定。

(2)D 选项为砌体坡面防护基本要求。

(3)悬臂式和扶壁式挡土墙实测项目有混凝土强度、平面位置、墙面坡度、断面尺寸、顶面高程和表面平整度。其中,混凝土强度和断面尺寸为关键项目。

(4)砌体、片石混凝土挡土墙,当平均墙高大于或等于 6m 且墙身面积大于或等于 1200m^2 时,每处可作为分部工程进行检验。

(5)B 选项为锚杆、锚定板和加筋土挡土墙外观质量要求。

6.(1)AC　　(2)C　　(3)B　　(4)D　　(5)C

【解析】(1)B 和 D 选项适用于沥青混合料压实度检测。

(2)二级公路上路床、各交通荷载等级下的下路床压实度规定值都是 95%。

(3)二级公路上路床、各交通荷载等级下的下路床压实度极值为规定值(95%)减 5 个百分点(90%)。

(4)压实度代表值 K = 压实度平均值 $- t_{\alpha}/\sqrt{n} \times S$,压实度平均值 = 96.6%,标准差 S = 2.034%,二级公路路基保证率为 90%,应取 $t_{0.90}/\sqrt{12} = 0.393$,则压实度代表值 K = 95.8%。

(5)路基、基层和底基层:当 $K \geqslant K_0$,且单点压实度全部大于或等于规定极值时,按测定值不低于规定值减 2 个百分点的测点数计算合格率,本题所有压实度都大于规定极值(90%),只有 1 个点(92.4%)低于规定值(95%)减 2 个百分点(93%),合格率为 91.7%。

7.(1)C　　(2)ABC　　(3)C　　(4)B　　(5)D

【解析】(1)路面技术状况检测应采用自动化检测设备。每个检测方向应至少检测一个主要行车道,主要行车道对于双向六车道为双方向的中间行车道。

(2)路面技术状况自动化检测指标应包括路面破损率 DR、国际平整度指数 IRI、路面车辙深度 RD、路面跳车 PB、路面构造深度 MPD、横向力系数 SFC 和路面弯沉 l_0。其中,路面构造深度 MPD 和横向力系数 SFC 应为二选一指标。

(3)车辙应按长度(m)计算,检测结果应用影响宽度(0.4m)换算成损坏面积。损坏程度应按下列标准判断:①轻度应为车辙深度在 10~15mm 之间。②重度应为车辙深度大于或等于 15mm。

(4)《公路技术状况评定标准》(JTG 5210—2018)将沥青混凝土路面损坏分为 11 大类,并根据损坏程度分为 21 项。

(5)存在 5 类桥梁、5 类隧道、危险涵洞及影响交通安全的重度边坡坍塌的评定单元,MQI 值应取 0。

8.(1)B　　(2)C　　(3)ABCD　　(4)B　　(5)B

【解析】(1)稳定粒料基层和底基层表面连续离析不得超过 10m,累计离析不得超过 50cm。

(2)高速公路和一级公路底基层的压实度的规定值或允许偏差的代表值与极值分别为 95%、91%。

(3)4 个选项都正确。

(4)水泥稳定粒料(碎石、砂砾或矿渣等)基层和底基层实测项目中,关键项目有压实度、厚度和强度共 3 项。

(5)石灰土基层和底基层的实测项目中,其他等级公路基层的厚度的规定值或允许偏差的代表值与合格值分别为 -10mm、-20mm。

第二章

土工与土工合成材料

一、单项选择题

1. 土中粗颗粒含量越多,则最大干密度(　　)。

A. 越小　　B. 越大　　C. 无规律　　D. 两者无关

2. 标定灌砂筒下部圆锥体内砂质量时,应重复测量(　　)次以上,最后取其平均值。

A. 2　　B. 3　　C. 4　　D. 5

3. 土的饱和度是指(　　)之比。

A. 土中水的体积与固体颗粒体积

B. 土中水的体积与孔隙体积

C. 土中水的体积与总体积

D. 孔隙中水的体积与孔隙体积

4. 液限碟式仪法测定土的液限,查得曲线上击数(　　)次所对应的含水率为液限。

A. 13　　B. 15　　C. 25　　D. 35

5. 土的毛细管水上升高度试验,取含水率等于(　　)对应点与水面的高差作为强烈毛细管水上升高度。

A. 液限　　B. 塑限

C. 1/2(液限+塑限)　　D. 缩限

6. 土的含水率平行试验中,当含水率为25%时,允许平行差值为(　　)。

A. 0.3%　　B. ≤1%　　C. ≤2%　　D. <3%

7. 蜡封法测定土的密度试验,若浸入蜡封试件中的水分质量超过(　　),应重做试验。

A. 0.01g　　B. 0.02g　　C. 0.03g　　D. 0.05g

8. 灌水法适用于现场测定(　　)的密度。

A. 细粒土　　B. 粉质土　　C. 石粒土　　D. 黏质土

9. 扰动土样采用击实法制备试件时,同一组试件与制备标准之差值,密度不大于(　　)g/cm^3,含水率不大于(　　)%。

A. ±0.2,1　　B. ±0.5,1　　C. ±0.1,1　　D. ±0.1,2

10. 为取得原状土样,当采用钻机取土时,土样直径不得小于(　　)cm。

A. 5　　B. 10　　C. 15　　D. 20

11. 土在 $C_u>5$ 且 $C_c=1\sim3$ 时,为级配良好。某土样从颗粒分析试验的级配曲线上求得

$d_{60}=8.3\text{mm}$，$d_{30}=2.4\text{mm}$，$d_{10}=0.55\text{mm}$，则判断该土样级配状况为(　　)。

A. 级配良好　　B. 级配不良

C. 无法判定　　D. 级配合格

12. 在土的粒组划分中，粗粒组和细粒组的区分界限为(　　)。

A. 200mm　　B. 60mm　　C. 2mm　　D. 0.075mm

13. 细粒土是试样中细粒组质量多于或等于总质量(　　)的土。

A. 15%　　B. 25%　　C. 30%　　D. 50%

14. 细粒土不包括(　　)。

A. 粉质土　　B. 黏质土　　C. 红黏土　　D. 有机质土

15. 某工地试验室采用液塑限联合测定法测定土的液限和塑限时，试验员操作步骤分解如下，正确顺序为(　　)。

①对代表性土样压碎并过筛。

②加入不同数量的蒸馏水，使土样的含水率分别控制在液限、略大于塑限和二者中间状态。

③取 200g 土样，分开放入三个盛土皿中。

④将土样充分搅拌均匀，分层装入盛土杯中，并刮成与杯边齐平。

⑤锥头上涂少许凡士林；转动升降旋钮，待锥尖刚好与土样表面接触，扭动锥下降旋钮，测定 5s 的锥入深度。

⑥测定土杯中土的含水率。

⑦对其他两个含水率土样进行测试。

A. ①③②⑤⑥④⑦　　B. ①②③④⑤⑥⑦

C. ①③②④⑤⑥⑦　　D. ①③②④⑥⑤⑦

16. 已知某土样的液限 w_L 为 41.7%，塑性指数 I_P 为 22.6%，稠度 w_C 为 0.17，则该土样的含水率 w 为(　　)。

A. 37.8%　　B. 31.4%　　C. 54.2%　　D. 36.5%

17. 重塑后的黏质土从饱和状态干燥收缩至体积不变时的界限含水率称为(　　)。

A. 液限　　B. 塑限　　C. 缩限　　D. 塑性指数

18. 土体由流动状态向可塑状态过渡的界限含水率称为(　　)。

A. 液限　　B. 塑限　　C. 缩限　　D. 液性指数

19. 液性指数的计算公式为(　　)。

A. $I_L=\dfrac{w-w_P}{w-w_L}$　　B. $I_L=\dfrac{w_P-w}{w_L-w}$

C. $I_L=\dfrac{w-w_P}{w_L-w_P}$　　D. $I_L=\dfrac{w-w_L}{w-w_P}$

20. 某土样的天然含水率为 27.0%，塑限为 16.0%，液限为 39.0%，则其塑性指数为(　　)。

A. 11.0%　　B. 12.0%　　C. 23.0%　　D. 48.0%

21. 当液性指数为 0 时，土处于(　　)。

A. 液限　B. 塑限　C. 缩限　D. 固态

22. 在液塑限联合测定法中,对测定精度影响最大的试样是含水率靠近(　　)的那个试样。

A. 液限　B. 塑限　C. 缩限　D. 中值

23. 在液塑限联合测定法中,土的性质对(　　)时入土深度有显著影响。

A. 液限　B. 塑限　C. 缩限　D. 天然含水率

24. 击实试验是为了获得路基土的(　　)。

A. 最小孔隙率和天然稠度　B. 最大干密度和最佳含水率

C. 最大干密度和最小孔隙率　D. 天然稠度和最佳含水率

25. 轻型击实和重型击实的本质区别是(　　)。

A. 击实次数不同　B. 击实厚度不同

C. 击实高度不同　D. 击实功不同

26. (　　)试验基本能够模拟实际工程中一般正常固结土层在工程竣工时或以后受到大量、快速的活荷载或新增加的荷载的作用所对应的受力情况。

A. 不固结不排水剪　B. 不固结排水剪

C. 固结不排水剪　D. 固结排水剪

27. 干土法击实试验,当土粒最大粒径为40mm时,每个试样需试料(　　)kg。

A. 2.5　B. 3.0　C. 4.0　D. 6.0

28. 轻型击实法的落锤高度为(　　)。

A. 15cm　B. 30cm　C. 45cm　D. 60cm

29. 土的击实试验中,大试筒击实后,试样不应高出筒顶面(　　)mm。

A. 3　B. 4　C. 5　D. 6

30. 土的击实试验中,大试筒适用于粒径不大于(　　)mm的土。

A. 10　B. 20　C. 30　D. 40

31. 采用振动台法并根据干土法测定土的最大干密度,测得干土试样质量为29kg,天然含水率为15.0%,试样体积为0.015m^3,则该土样的最大干密度为(　　)kg/m^3。

A. 1951.9　B. 1933.3　C. 1935.8　D. 2327.8

32. 一般而言,湿土法的(　　)小于干土法。

A. 最大干密度　B. 最佳含水率

C. 试筒内径　D. 最大粒径

33. 直剪试验结束后,以垂直压力 p 为横坐标,抗剪强度 s 为纵坐标绘制坐标图后,并连直线在纵坐标上的截距为(　　)。

A. 抗剪强度　B. 垂直压力

C. 摩擦角　D. 黏聚力

34. 选用筛分法进行颗粒分析试验时,粗筛有(　　)种。

A. 3　B. 4　C. 5　D. 6

35. 饱和土体所受到的总应力为有效应力与(　　)之和。

A. 重力　B. 孔隙水压力　C. 静水压力　D. 以上都有

36. 土样烘干时，烘箱的温度一般为(　　)。

A. 100～105℃　　B. 105～110℃

C. 110～115℃　　D. 115～120℃

37. 当针对坚硬易碎、含有粗粒、形态不规则的土样时，可采用(　　)测定密度。

A. 环刀法　　B. 蜡封法　　C. 灌砂法　　D. 灌水法

38. 用比重瓶法测土的比重，下述设备不属于该试验用具的是(　　)。

A. 容量100mL或50mL的比重瓶　　B. 称量200g，感量0.01g的天平

C. 真空抽气设备　　D. 分度值0.5℃的温度计

39. 虹吸筒法适用于粒径大于或等于5mm的土，且其中粒径大于或等于20mm土的含量(　　)总土质量的10%。

A. 小于　　B. 大于　　C. 不小于　　D. 不大于

40. 已知某土样的黏聚力为20kPa，剪切滑动面上的法向应力为45kPa，内摩擦角为45°，则该土样的抗剪强度为(　　)。

A. 20kPa　　B. 25kPa　　C. 45kPa　　D. 65kPa

41. CBR测试过程中，贯入量达2.5mm时对应的单位压力为490kPa，则CBR值为(　　)。

A. 6.0%　　B. 7.0%　　C. 8.0%　　D. 9.0%

42. CBR试验中，试样的最大粒径宜控制在(　　)以内。

A. 10mm　　B. 20mm　　C. 30mm　　D. 40mm

43. 固结试验过程中，将压缩容器置于加压框架正中，密合传压活塞和横梁后，应预加(　　)的压力。

A. 1kPa　　B. 2kPa　　C. 5kPa　　D. 10kPa

44. 固结试验适用于(　　)。

A. 饱和细粒土　　B. 非饱和黏质土　　C. 砂性土　　D. 粉土

45. 固结试验的固结稳定标准是最后1h变形量不超过(　　)。

A. 0.005mm　　B. 0.01mm　　C. 0.02mm　　D. 0.05mm

46. 固结试验过程中，如为饱和试样，则在施加第一级荷载后，应(　　)。

A. 记录试样高度变化值　　B. 立即向容器内注水至满

C. 用湿棉纱围住上下透水面四周　　D. 将百分表读数调整至零

47. 以下关于黏性土固结快剪试验描述，正确的是(　　)。

A. 试验用到环刀设备，内径80mm，高20mm

B. 每组试样制备不得少于3个

C. 试验过程中增加垂直压力，每1h测记垂直变形一次

D. 固结快剪时，剪切速度为1.2mm/min

48. 某路基填土施工速度快，土层排水不良，欲验算其稳定性，应采用(　　)。

A. 固结快剪或快剪　　B. 快剪

C. 慢剪　　D. 固结快剪

49. 粗粒土直接剪切试验中，若1min内剪切变形不超过(　　)，则施加下一级水平荷载。

A. 0.01mm　　B. 0.02mm　　C. 0.03mm　　D. 0.8mm

50. 试验室内土的承载比(CBR)试验所用荷载板直径为(　　)mm。

A. 100　　B. 150　　C. 300　　D. 800

51. 土的无侧限抗压强度试验应变在3%以前,每(　　)应变记读百分表读数一次。

A. 0.3%　　B. 0.5%　　C. 0.6%　　D. 1%

52. 若某土样试件无侧限抗压强度试验的应力-应变曲线中最大轴向应力不明显,取轴向应变(　　)处的应力作为该试件的无侧限抗压强度。

A. 10%　　B. 15%　　C. 20%　　D. 25%

53. 土体孔隙中水的体积与空隙体积之比称为(　　)。

A. 饱和度　　B. 孔隙率　　C. 孔隙比　　D. 土的含水率

54. 环刀法测试细粒土密度试验,平行试验差值要求不大于(　　)g/cm^3。

A. 0.01　　B. 0.03　　C. 0.1　　D. 0.2

55. 土工织物垂直渗透性能试验采用的恒水头渗透仪能设定的最大水头差应不小于(　　),有溢流和水位调节装置,能够在试验期间保持试件两侧水头恒定,有达到250mm恒定水头的能力。

A. 40mm　　B. 50mm　　C. 60mm　　D. 70mm

56. 土工合成材料直剪摩擦特性试验上下剪切盒相对位移达到剪切面长度的(　　)时结束试验。

A. 15%　　B. 15.5%　　C. 16%　　D. 16.5%

57. 土工织物宽条拉伸试验的预负荷伸长是指在相当于最大负荷(　　)的外加负荷下,所测的夹持长度的增加值,以mm表示。

A. 8%　　B. 5%　　C. 2%　　D. 1%

58. 土工织物条带拉伸试验测定拉伸性能中开动试验机连续加荷直至试样断裂,停机并恢复至初始标距位置。记录最大负荷,精确至满量程的(　　);记录最大负荷下的伸长量ΔL,精确到小数点后一位。

A. 1%　　B. 0.5%　　C. 0.3%　　D. 0.2%

59. 土工织物垂直渗透性能试验中,将试样置于含湿润剂的水中,至少浸泡(　　)直至饱和并赶走气泡。

A. 6h　　B. 12h　　C. 24h　　D. 48h

60. 土工织物垂直渗透性能试验中,调整水流,使水头差达到(　　)±(　　),记录此值,精确到1mm。

A. 70mm;10mm　　B. 80mm;10mm　　C. 70mm;5mm　　D. 80mm;5mm

61. 各种土工织物的渗透性能相差很大,当满足试样两侧达到(　　)的水头差时,可以考虑确定采用单层还是多层试样进行试验。

A. 30mm　　B. 40mm　　C. 50mm　　D. 60mm

62. 对于土工格栅,横向节距大于或等于(　　)的产品,其宽度方向上应包含至少两个完整的抗拉单位。

A. 45mm　　B. 55mm　　C. 65mm　　D. 75mm

63. 土工织物测定拉伸性能，如试样在夹具中滑移，或者多于(　　)的试样在钳口附近5mm范围内断裂，可采取相应措施。

A. 1/2　　B. 1/3　　C. 1/4　　D. 1/5

64. 对于土工格栅条带拉伸试验，单筋试样应有足够长度。试样的夹持线在节点处，除被夹钳夹持住的节点或交叉组织外，还应包含至少(　　)排节点或交叉组织。

A. 1　　B. 2　　C. 3　　D. 4

65. 以下不可用于路基防护的土工合成材料是(　　)。

A. 土工格室　　B. 土工模袋

C. 平面土工网　　D. 泡沫聚苯乙烯板块

66. 土工织物撕裂强度表示沿土工织物某一裂口将裂口逐步扩大过程中的最大(　　)，单位为N。

A. 剪力　　B. 压力　　C. 拉力　　D. 轴力

67. 土工合成材料大多以(　　)来评价承受荷载的能力。

A. 抗拉强度　　B. 顶破强度

C. 撕破强度　　D. 刺破强度

68. 按土工织物宽条拉伸试验规定，分别对纵向和横向两组试样的拉伸强度、最大负荷下伸长率及待定伸长率下的拉伸力计算平均值和变异系数，拉伸强度和特定伸长率下的拉伸力精确至(　　)位有效数字，最大负荷下伸长率精确至(　　)，变异系数精确至(　　)。

A. 3;0.1%;0.1%　　B. 3;0.1%;0.2%

C. 4;0.1%;0.1%　　D. 4;0.1%;0.2%

69. 土工织物宽条拉伸试验方法在夹持试样时，将试样在夹具中对中夹持，注意纵向和横向的试样长度应与拉伸力的方向(　　)。

A. 垂直　　B. 平行　　C. 重合　　D. 相交

70. 下列与土工织物垂直渗透性能试验操作无关的内容是(　　)。

A. 试件必须浸泡处理

B. 防止试验过程中水的侧漏和内层渗漏

C. 如试样未渗水，以每0.1MPa的极差逐级加压，直至有水渗出

D. 保证50mm的水头差，采用单层或多层试样进行试验

二、判断题

1. 原状土试件的制备可采用击实法。(　　)
2. 土是由土颗粒、水和气体三种物质组成的集合体。(　　)
3. 含气体的土称为非饱和土，不含气体的土称为饱和土。(　　)
4. 沉降分析法适用于粒径小于0.075mm的土颗粒组成。(　　)
5. 样本土的不均匀系数 $C_u > 10$ 时，表示该土是级配良好的土。(　　)
6. 孔隙率是指土中孔隙体积与土体总体积之比。(　　)
7. 土的含水率是指土中水的质量与土颗粒质量之比。(　　)
8. 灌水法测定土的密度试验适用于现场测定细粒土密度。(　　)

9. 土中的气体分为与大气相连通的自由气体和与大气隔绝的封闭气体。（　）
10. 酒精燃烧法适用于快速简易测定细粒土的含水率。（　）
11. 现行规范规定，粒径大于或等于 5mm 的土样中大于或等于 20mm 的颗粒含量小于 10% 时用浮称法测定比重。（　）
12. 由于粗颗粒的体积测试误差较大，所以虹吸筒法测得的土的比重结果不太稳定，测得的比重值一般偏大。（　）
13. 土的回弹模量测定方法只有杠杆压力仪法。（　）
14. 桥梁、涵洞、隧道、挡土墙、房层建筑物的天然地基等，应采取搅动土样。（　）
15. 在土的工程分类中，最常用的指标是粒度成分和反映塑性的指标。（　）
16. 试样中巨粒组土粒质量小于或等于总质量的 30%，且巨粒组土粒与粗粒组土粒质量之和大于总土质量 50% 的土称粗粒土。（　）
17. 在土的含水率平行试验中，当含水率在 40% 以上时，允许平行试验差值为 4%。（　）
18. 采用密度计法进行土颗粒分析测试时，对于一般易分散的土，用 25% 的氨水作为分散剂。（　）
19. 移液管法制取悬液的方法和密度计法不同。（　）
20. 土的液限与含水率之差和塑性指数之比，称为土的稠度。（　）
21. 一般而言，采用烘干法测定土的含水率时，越是均质的土样（如充分拌和均匀的土样）所需烘干试样可越多，反之亦然。（　）
22. 含水率相同的土样，其所处的状态相同。（　）
23. 相对密度是表征砂紧密程度的指标。（　）
24. 土粒在温度 100 ~ 105℃，烘至恒重时的质量与同体积 25℃时蒸馏水质量的比值称为土的比重。（　）
25. 对于同样密实的砂土，颗粒级配良好的土样比颗粒均匀的土样孔隙比大。（　）
26. 在塑限滚搓法中，当土条搓至直径为 5mm 时，其产生裂缝并开始断裂，则这时土条的含水率即为土的塑限含水率。（　）
27. 采用合理的压实方法，可以使土变得压实，在短期内提高土的强度。（　）
28. 土的击实试验原理与压缩试验原理相同，都是土体受到压密。（　）
29. 击实是指采用人工或机械对土施加夯压能量（如打夯、碾压、振动碾压等方式），使土颗粒重新排列紧密。（　）
30. 粗粒土和细粒土的击实原理基本一样。（　）
31. 在击实试验过程中，对于高含水率土宜选用干土法。（　）
32. 在单位体积击实功相同的情况下，同类土用轻型和重型击实试验的结果相同。（　）
33. 一般而言，采用烘干法测定土的含水率时，细粒土较粗粒土烘干时间长，土的数量越多，所需烘干时间越长。（　）
34. 土的承载比（CBR）试验用大试筒击实后，试样不宜高出筒高 6mm。（　）
35. 土的变形和强度只随有效应力而变化。（　）

36. 只有通过孔隙应力的分析,才能准确确定土的变形和安全度。 ( )

37. 自重湿陷系数试验目的是测定黄土(黄土类土)的大孔隙比和相对下沉系数。( )

38. 杠杆压力仪法适用于不同湿度、密度的细粒土及其加固土。 ( )

39. 用杠杆压力仪法测试土的回弹模量时,对于较软的土,如果 $p-l$ 曲线不通过原点,允许用初始直线段与纵坐标的交点当作原点。 ( )

40. 测定土的比重时,对含有一定量的可溶盐、不亲性胶体或有机质的土,用酸性液体测定,并用真空抽气法排出土内气体。 ( )

41. 含水率、击实功、压实机具和土粒级配都是影响压实的内在因素。 ( )

42. 土体对外荷载产生剪应力的极限抵抗能力称为抗剪强度。 ( )

43. CBR 是用于评定路基土和路面材料的强度指标。 ( )

44. CBR 是指试料贯入量达 1.5mm 时,单位压力对标准碎石压入相同贯入量时标准强度的比值。 ( )

45. 在固结试验过程中,如需确定原状土的先期固结压力,最后一级荷载应大于 500kPa。 ( )

46. 在固结试验过程中,当试样渗透系数大于 10^{-4}cm/s 时,允许以主固结完成作为相对稳定标准。 ( )

47. 标准固结试验用于非饱和土。 ( )

48. 土的无侧限抗压强度试验以轴向应变 1%/min ~ 3%/min 的速度转动手轮,使试验在 8 ~ 10min 内完成。 ( )

49. 土的无侧限抗压强度试验测力计百分表如读数无稳定值,则轴向应变达 20% 的即可停止试验。 ( )

50. CBR 试验根据 3 个平行试验结果计算得的承载比变异系数小于 12% 时,取 3 个结果的平均值。 ( )

51. 土工合成材料试验的试样应在同一样品中截取。 ( )

52. 土工织物可用于路堤和路基的隔离和加筋。 ( )

53. 土工织物厚度指在 2kPa 法向压力下,其顶面与底面之间的距离,单位为 mm。( )

54. 卷装土工合成材料的第一层不应取样做样品,其他层均可取样。 ( )

55. 土工织物试样需要在标准大气条件下调湿 4h 后再进行试验。 ( )

56. 土工织物用作反滤材料时,流水的方向垂直于土工织物的平面,此时,要求土工织物既能阻止土颗粒随水流失,又要求它具有一定的透水性。 ( )

57. 土工织物垂直渗透性能试验的试件放在渗透仪夹持器中,要注意旋紧夹持器压盖,以防止水从试样被压部分内层渗漏。 ( )

58. 土工织物有效孔径试验(干筛法)中 Q_{90} 表示 90% 的标准颗粒材料留在土工织物上,其过筛率 $B=1-90\%=10\%$,曲线上纵坐标为 90% 点所对应的横坐标即定义为有效孔径 Q_{90},单位为 mm。 ( )

59. 土工织物梯形撕破强力试验的拉伸速度为 60mm/min ± 5mm/min。 ( )

60. 土工织物宽条拉伸试验的伸长率:试验中试样实际夹持长度的增加与实际夹持长度的比值,以百分数(%)表示。 ( )

61. 土工织物宽条拉伸试验的实际夹持长度：名义夹持长度减去预负荷伸长（预加张力夹持时）。（　）

62. 土工织物宽条拉伸试验的隔距长度：试验机上下两夹持器之间的距离，当用夹具的位移测量时，隔距长度即为名义夹持长度。（　）

63. 对于针织土工织物、复合土工织物或其他土工织物，用刀剪切试样可能会影响其结构，此时可采用热切，但应在试验报告中说明。（　）

64. 土工织物测定接头/接缝拉伸强度时，开启拉伸试验机，直至接头/接缝或材料本身断裂，记录最大负荷，精确至满量程的1%，观察和记录断裂原因。（　）

65. 土工织物水力性能指标主要为等效孔径和渗透系数，是土工织物两个很重要的特性指标。（　）

66. 采用76g锥做液限试验，在 h-w 图上，查得纵坐标入土深度 $h=20$mm 所对应的横坐标的含水率，即为该土样的液限。（　）

67. 含水率小于最佳含水率时，土的干密度随含水率增加而减小；含水率大于最佳含水率时，土的干密度随含水率增加而增大。（　）

68. 土样含水率偏干时，含水率的变化对干密度的影响要更明显一些，因此含水率与干密度关系曲线的左侧较右侧陡一些。（　）

69. 黏性土抗剪强度主要取决于土的内摩擦角 φ。（　）

70. 杠杆压力仪法测量土的回弹模量试验中，要求每个平行试验的结果与平均值相差不应超过2%。（　）

三、多项选择题

1. 土样制备时，根据土的性质，下列说法正确的有（　）。
   A. 砂类土采用浸水饱和
   B. 较易透水的黏性土采用毛细管饱和法
   C. 较易透水的黏性土采用浸水饱和法
   D. 不易透水的黏性土采用真空饱和法

2. 粗粒土比重的种类通常有（　）。
   A. 视比重　B. 干比重　C. 饱和面干比重　D. 毛比重

3. 下列土质不宜采用酒精燃烧法测定含水率的有（　）。
   A. 含有机质土　B. 细粒土　C. 粗粒土　D. 盐渍土

4. 下列属于反映土的物理性能指标的有（　）。
   A. 含水率　B. 干密度　C. 孔隙率　D. 饱和度

5. 黄土湿陷试验包括（　）。
   A. 相对下沉系数试验　B. 自重湿陷系数试验
   C. 溶滤变形系数试验　D. 湿陷起始压力试验

6. 烘干法测定各种土类的含水率，取代表性试样要求（　）。
   A. 细粒土为15~30g　B. 细粒土不少于50g
   C. 砂类土、有机质土为50g　D. 砂类土、有机质土不少于100g

7. 采用烘干法测定含有石膏土样的含水率时，烘箱的温度可采用（　　）。

A. 70℃　　B. 80℃　　C. 100℃　　D. 105℃

8. 土体受外力所引起的压缩包括（　　）。

A. 土粒固体部分的压缩

B. 土体内孔隙中水的压缩

C. 水和空气从孔隙中被挤出以及封闭气体被压缩

D. 以上都不对

9. 烘干法测土含水率适用于下列（　　）土质试样。

A. 砂类土　　B. 高有机质含量土

C. 冻土　　D. 砂砾土

10. 砂的相对密度测定过程中，首先通过测定下面主要参数（　　），然后通过计算得到砂的相对密度。

A. 最大孔隙比　　B. 含水率

C. 天然孔隙比　　D. 最小孔隙比

11. 液限和塑限联合测定法测定土的液限和塑限，目的是用于（　　）。

A. 土类划分　　B. 计算天然稠度

C. 确定最佳含水率　　D. 计算塑性指数

12. 土的塑性指标包括（　　）。

A. 液限　　B. 塑限

C. 液性指数　　D. 塑性指数

13. 测定土的密度试验方法有（　　）。

A. 环刀法　　B. 蜡封法

C. 灌砂法　　D. 灌水法

14. 砂的相对密度试验测定最大孔隙比时，用到的仪器设备有（　　）。

A. 量筒　　B. 长颈漏斗

C. 振动仪　　D. 金属容器

15. 土的比重试验方法有（　　）。

A. 比重瓶法　　B. 浮力法

C. 浮称法　　D. 虹吸筒法

16. 土的颗粒分析试验（密度计法）中土样分散处理，（　　）。

A. 酸性土加氢氧化钠　　B. 中性土加草酸钠

C. 碱性土加六偏磷酸钠　　D. pH 值大于 8 的土加焦磷酸钠

17. 比重瓶法测定（　　）的比重，必须用中性液体测定。

A. 含有不亲性胶体的土　　B. 有机质土

C. 含盐量大于 0.5% 的土　　D. 砂土

18. 酒精燃烧法测定土的含水率试验需要称取（　　）。

A. 空盒的质量　　B. 湿土质量

C. 盒与湿土的总质量　　D. 干土质量

19. 在滚搓土条的过程中,应注意的是(　　)。

A. 将土条在玻璃板上进行无压力的滚动

B. 若土条搓成 3mm 时仍未产生裂缝及断裂,应将其重新捏成一团,重新搓滚

C. 如土条直径大于 3mm 时即断裂,应弃去,重新取土加适量水调匀后再搓

D. 若土条在任何含水率下始终搓不到 3mm 即开始断裂,应适当增大土样质量

20. 在液塑限联合测定法中,液限的确定方法有(　　)。

A. 若采用 76g 锥做液限试验,则在 h-w 图上,查得纵坐标入土深度 $h=17$mm 所对应的横坐标的含水率 w,即为该土样的液限

B. 通过 76g 锥入土深度 h 与含水率 w 的关系曲线,查得锥入土深度为 2mm 所对应的含水率,即为该土样的液限

C. 若采用 100g 锥做液限试验,则在 h-w 图上,查得纵坐标入土深度 $h=20$mm 所对应的横坐标的含水率 w,即为该土样的液限

D. 通过塑限与塑限入土深度的关系,查图或由公式计算得到液限

21. 有关烘干法测土的含水率试验,说法正确的是(　　)。

A. 本法是测定含水率的通用标准方法

B. 试验时,取具有代表性试样,放入称量盒内,立即盖好盒盖,称质量

C. 烘干后称取质量,细粒土、砂类土和有机质土准确至 0.01g,砾类土准确至 1g

D. 本试验须进行二次平行测定,取其算术平均值

22. 有关浮力法说法正确的有(　　)。

A. 浮力法适用于土的粒径小于 5mm 的土

B. 本试验目的是测定土颗粒的比重

C. 土的比重 $G_s = m_s/(m_3 - m_1 - m_2) \times G_{wt}$

D. 试验中采用干比重

23. 关于土的类别对最佳含水率和最大干密度的影响,说法正确的是(　　)。

A. 黏粒含量增多,最佳含水率增大

B. 黏粒含量增多,最大干密度增大

C. 粉粒含量增多,最佳含水率减小

D. 粉粒含量增多,最大干密度减小

24. 以下关于土的烧失量试验,描述正确的有(　　)。

A. 待测试样需预先在 100 ~ 105℃烘干 8h

B. 装好试样的坩埚放入未升温的高温炉内,慢慢升温至 950℃

C. 装好试样的坩埚放入已升温至 950℃的高温炉内

D. 重复烧灼达到恒重,即前后两次质量相差小于 0.5mg

25. 密度计法分析土的颗粒组成,需要测记(　　)的密度计读数。

A. 0.5min　　B. 1min

C. 720min　　D. 1440min

26. 土工试验中,土样制备时需要闷料的试验有(　　)。

A. 界限含水率试验　　B. 击实试验

C. 颗粒分析试验　　D. 密度试验

27. 采用表面振动压实仪法测定材料的最大干密度，其适用条件包括(　　)。

A. 粒径小于 0.075mm 的干土质量百分比不大于 15%

B. 堆石料

C. 无黏性自由排水粗粒土

D. 无黏性自由排水巨粒土

28. 土工合成材料耐静水压试验适用于(　　)。

A. 土工膜　　B. 土工格栅

C. 复合土工膜　　D. 土工网

29. 土工合成材料拉拔摩擦试验适用于(　　)。

A. 土工膜　　B. 土工格栅

C. 复合土工膜　　D. 土工网

30. 与土工合成材料 CBR 顶破强力试验有关的计算数值有(　　)。

A. 顶破强力　　B. 顶破位移

C. 变形率　　D. 剪切力

31. 标定灌砂筒下部圆锥体内砂的质量时，为保证标定时与实际试验时量砂的堆积密度相同，应(　　)。

A. 每次标定及试验需维持装砂质量一样，高度可以不同

B. 每次标定及试验需维持装砂高度一样，质量可以不同

C. 首次流出砂的体积与工地所挖试坑内的体积相当

D. 轻拿轻放，避免晃动储砂筒内的砂

32. 固结试验计算各级荷载作用下变形稳定后的孔隙比需要的已知条件是(　　)。

A. 单位沉降量　　B. 试样质量

C. 固结时间　　D. 初始孔隙比

33. 下列关于土中毛细管水上升高度试验的说法，错误的有(　　)。

A. 试验目的是估计地下水对路基的影响程度

B. 取代表性土样 3kg 分装到有机玻璃管中并摇动密实

C. 控制盛水桶水面与有机玻璃管零点齐平

D. 从小孔有水排出时计起，经 30min、60min，以后每隔数小时记录毛细管水上升高度

34. CBR 试验制件时，需制备 3 组不同的干密度试件，这 3 组试件每层击实次数分别为(　　)。

A. 30 次　　B. 50 次　　C. 59 次　　D. 98 次

35. 土工合成材料刺破强力试验适用于(　　)。

A. 土工膜　　B. 土工格栅

C. 土工织物　　D. 土工网

36. 土的酸碱度试验用到(　　)标准缓冲溶液。

A. pH 值 =4.01　　B. pH 值 =6.87　　C. pH 值 =7.50　　D. pH 值 =9.18

37. 石灰性土的烧失量包括(　　)。

A. 吸湿水　　B. 有机质
C. 结合水　　D. 二氧化碳

38. 重铬酸钾容量法——油浴加热法适用于测定有机质含量(　　)的土。
A. 5%　　B. 10%　　C. 15%　　D. 25%

39. 公路工程对土工织物及相关产品的要求主要是具有(　　)和加筋、防渗和防护作用。
A. 过滤　　B. 排水
C. 隔离　　D. 耐腐蚀

40. 土中易溶盐包括(　　)。
A. 氯化物盐类　　B. 硫酸盐类
C. 碳酸盐类　　D. 水溶性有机质

41. 我国现行《公路土工试验规程》中,土的膨胀性试验有(　　)试验。
A. 自由膨胀率　　B. 无荷载膨胀率
C. 有荷载膨胀率　　D. 膨胀力

42. 土的收缩试验目的是测定原状土和击实土试样在自然风干条件下的(　　)收缩指标。
A. 线缩率　　B. 体缩率
C. 缩限　　D. 收缩系数

43. 土工织物垂直渗透性能试验试样制备时,试样应保证(　　)。
A. 清洁,表面无污物　　B. 无可见损坏或折痕,不得折叠
C. 应放置于平处　　D. 上面不得施加任何荷载

44. 常水头渗透试验适用于测定(　　)渗透性。
A. 砂类土　　B. 黏质土
C. 含少量砾石的无黏聚性土　　D. 细粒土

45. 下列有关土工膜厚度测量方法,说法正确的有(　　)。
A. 当土工膜宽度大于 2000mm 时,每 200mm 测量一点
B. 当土工膜宽度在 300 ~ 2000mm 时,以大致相等间距测量 10 点
C. 当土工膜宽度在 100 ~ 300mm 时,每 100mm 测量一点
D. 当土工膜宽度小于 100mm 时,至少测量 3 点

46. 用于路堤加筋的土工合成材料可采用(　　)。
A. 土工织物　　B. EPS
C. 复合土工膜　　D. 土工格栅

47. 下列有关土工格栅、土工网网孔尺寸测试方法,说法正确的有(　　)。
A. 当网孔为矩形或偶数多边形时,测量相互平行的两边间的距离
B. 当网孔为三角形或奇数多边形时,测量顶点与对边的垂直距离
C. 同一测点平行测定两次,两次测定误差应小于 10%
D. 每个网孔至少测 3 个测点,读数精确到 0.1mm,取均值

48. 如果土工合成材料接头/接缝宽条拉伸试验出现(　　),则应剔除该试验结果并另取一试样进行测试。

A. 缝线断裂　　B. 试样与接头/接缝滑脱
C. 试样从非接头/接缝处断裂　　D. 试样在夹具中打滑

49. 土工合成材料直剪摩擦特性试验对试样施加(　　)法向应力。
A. 50kPa　　B. 100kPa　　C. 150kPa　　D. 200kPa

50. 土工织物垂直渗透性能试验试样两侧水头差可取(　　)mm。
A. 40　　B. 50　　C. 60　　D. 70

四、综合题

1. 关于土的密度试验请回答以下问题。

(1)密度是土的基本物理性指标之一,用它可以换算土的(　　)。
A. 干密度　　B. 孔隙比　　C. 孔隙率　　D. 饱和度

(2)下列属于土的密度试验的有(　　)。
A. 环刀法　　B. 蜡封法　　C. 灌砂法　　D. 灌水法

(3)有关环刀法测土的密度试验,说法正确的有(　　)。
A. 环刀高度与直径之比,对试验结果有影响
B. 本试验须进行二次平行测定,取算术平均值
C. 擦净环刀外壁,称取环刀与土的合质量 m_1,准确到 0.1g
D. 按工程需要取原状土或制备所需状态的扰动土样,整平两端,环刀内壁涂一薄层凡士林,刀口向下放在土样上

(4)蜡封法试验步骤正确的是(　　)。

①用细线将蜡封试件置于天平一端,使其浸浮在盛有纯水的烧杯中,注意试件不要接触烧杯壁,称蜡封试件的水下质量 m_2,准确至 0.01g,并测量纯水的温度。

②将石蜡加热至刚过熔点,用细线系住试件浸入石蜡中,使试件表面覆盖一薄层严密的石蜡,若试件蜡膜上有气泡,需用热针刺破气泡,再用石蜡填充针孔,涂平孔口。

③待冷却后,在天平上称量蜡封试件质量 m_1,准确至 0.01g。

④用削土刀切取体积大于 $30cm^3$ 试件,削除试件表面的松、浮土以及尖锐棱角,在天平上称量 m,准确至 0.01g。取代表性土样进行含水率测定。

⑤将蜡封试件从水中取出,擦干石蜡表面水分,在空气中称其质量,将其与 m_1 中所称质量相比,若质量增加,表示水分进入试件中;若浸入水分质量超过 0.03g,应重做。

A. ④②①③⑤　　B. ④②③①⑤
C. ④③②①⑤　　D. ④①②③⑤

(5)有关灌砂法测土的密度试验,说法正确的有(　　)。
A. 试样最大粒径不得超过 60mm,测定密度层的厚度为 150 ~ 200mm
B. 储砂筒中砂面的高度对砂的密度没有影响
C. 进行试验之前,首先要标定筒下部圆锥体内砂的质量以及量砂的密度
D. 标定罐的深度对砂的密度有影响

2. 关于土的比重试验请回答以下问题。

(1)目前测量土的比重试验方法有(　　)。

A. 比重瓶法　　B. 浮力法　　C. 浮称法　　D. 虹吸筒法

(2)已知土颗粒的质量为25g,体积为10cm^3,则土的比重为(　　)。

A. 2.5　　B. 1.5　　C. 1.0　　D. 0.5

(3)有关比重瓶法,说法正确的有(　　)。

A. 适用于粒径小于5mm的土

B. 比重瓶校正一般有称量校正法和计算校正法两种方法

C. 排气方法,试验中仍选用煮沸法为主。如需用中性液体时,则采用真空抽气法

D. 粗、细粒土混合料比重的测定,本方法规定分别测定粗、细粒土比重,然后取加权平均值

(4)有关浮力法,说法正确的有(　　)。

A. 适用于粒径大于或等于5mm的土,且其中粒径大于或等于20mm的土质量应小于总土质量的10%

B. 试验中采用干比重,这样比较方便,因为一般指的孔隙,实际上是指被水充填的孔隙

C. 浮力法所测结果较为稳定

D. 将试样浸在水中一昼夜取出,立即放入金属网篮,缓缓浸没于水中,并在水中摇晃,至无气泡逸出时为止

(5)浮称法试验步骤正确的是(　　)。

①取出试样烘干,称量m_s。

②称取金属网篮和试样在水中的总质量m_2'。

③取代表性试样500~1000g。彻底冲洗试样,直至颗粒表面无尘土和其他污物。

④称取金属网篮在水中质量m_1',并立即测量容器内水的温度,准确至0.5℃。

⑤将试样浸在水中一昼夜取出,立即放入金属网篮,缓缓浸没于水中,并在水中摇晃,至无气泡逸出时为止。

A. ③⑤①②④　　B. ③⑤②①④

C. ③②①④⑤　　D. ③②⑤④①

3. 某工程采用筛分法测得土样的颗粒组成数据如下,请结合表中数据回答下列问题。

粗筛分析			细筛分析		
孔径(mm)	累积留筛土质量(g)	小于该孔径的质量(g)	孔径(mm)	累积留筛土质量(g)	小于该孔径的质量(g)
40	0	2700	2.0	2095	605
20	360	2340	1.0	2415	285
10	910	1790	0.5	2584	116
5	1575	1125	0.25	2627	73
2	2095	605	0.075	2685	15
筛前土的总质量为2700g,孔径小于2mm土的质量为605g					

(1)对于该种土样,其代表性土样的质量可取为(　　)。

A. 1500g　　B. 2000g　　C. 2500g　　D. 3500g

(2)筛后各级筛上和筛底土总质量与筛前试样总质量之差，不应大于筛前试样总质量的(　　)。

A. 0.1%　　B. 0.5%　　C. 1%　　D. 3%

(3)若此土样为有黏土粒的粗粒土，则以下试验步骤正确的有(　　)。

A. 将土样充分碾散、拌匀、烘干、称量；将土样浸泡，使粗细颗粒分散

B. 浸润后的混合液过 2mm 的筛，将筛上洗净的土样烘干称量，进行粗筛分析

C. 将大于 0.075mm 的土样烘干称量并进行细筛分析

D. 将大于 0.075mm 颗粒及 2 ~ 0.075mm 的颗粒质量从原称量的总质量中减去，即为小于 0.075mm 颗粒质量

(4)小于 10mm 孔径土质量百分比为(　　)。

A. 41.7%　　B. 60.5%　　C. 66.3%　　D. 86.7%

(5)该土样粗粒组质量约占总质量的(　　)。

A. 89.4%　　B. 95.7%　　C. 97.3%　　D. 99.4%

4. 某工程对土样进行缩限测试，所得数据如下，请结合表中数据回答下列问题。

室内编号	Ⅰ		Ⅱ		Ⅲ	
液限(%)	45		51		62	
湿土质量(g)	56.8	56.5	59.8	59.2	65.6	65.2
干土质量(g)	37.6	37.2	39.5	39.3	40.2	40.3
皿的容积(cm^3)	37.1	37.2	38.2	37.1	38.5	38.1
干土体积(cm^3)	21.2	21.6	23.5	22.8	22.3	22.4

(1)土的缩限试验适用于(　　)的土。

A. 粒径小于 0.5mm　　B. 粒径小于 0.25mm

C. 有机质含量不超过 15%　　D. 有机质含量不超过 5%

(2)缩限试验所用收缩皿，其直径最好(　　)高度。

A. 大于　　B. 小于　　C. 等于　　D. 不小于

(3)测试过程中应注意的事项是(　　)。

A. 分层装填试样时，要注意不断挤压拍击

B. 用刀或直尺刮去多余土样，立即称取收缩皿加湿土质量

C. 收缩皿底和皿壁要保持粗糙状态

D. 采用排水法测定试样体积

(4)表中的三个试样中，(　　)的测试精度满足规范要求。

A. Ⅰ号　　B. Ⅱ号　　C. Ⅲ号　　D. 都不满足

(5)假定Ⅰ号土样的缩限计算结果为 8.5%，则其收缩指数为(　　)。

A. 81.1%　　B. 43.4%　　C. 36.5%　　D. 42.5%

5. 围绕土的击实试验原理和方法回答下列问题。

(1)击实试验结果处理时所用的含水率是(　　)。

A. 最佳含水率　　B. 天然含水率

C. 预配含水率　　D. 试件实测含水率

(2)在黏性土中加入砂后,其击实特性的变化是(　　)。

A. 最大干密度减小,最佳含水率增大

B. 最大干密度增大,最佳含水率减小

C. 最大干密度增大,最佳含水率不变

D. 最大干密度和最佳含水率都基本不变

(3)击实试验可分别采用干法制样和湿法制样,下列说法不正确的是(　　)。

A. 干法制样的土可以重复使用

B. 干法制样和湿法制样的土都不能重复使用

C. 湿法制样的土可以重复使用

D. 干法制样和湿法制样的土都可以重复使用

(4)从击实试验的结果可以得到土的含水率与干密度关系曲线,下列有关该曲线的描述不正确的有(　　)。

A. 击实曲线一般有个峰点,这说明在一定击实功作用下,只有当土的含水率为某一定值(最佳含水率)时,土才能击实至最大干密度;若土的含水率小于或大于最佳含水率时,则所得到的干密度都小于最大值

B. 当土的含水率偏干时,含水率的变化对干密度的影响要比含水率偏湿时的影响更为明显,一般曲线左段较右段陡

C.《公路土工试验规程》(JTG 3430—2020)中,含水率与干密度曲线右侧的一根曲线称为饱和曲线,它表示当土在饱和状态时的含水率与干密度之间的关系,饱和曲线与击实曲线永远不相交

D. 增加击实功就能将土中气体全部排出,击实曲线就能与饱和曲线相交

(5)土的击实试验分重型击实和轻型击实,下列说法正确的有(　　)。

A. 重型击实Ⅱ-1 和Ⅱ-2 击实功不完全相等,所用的击实筒尺寸也不一样

B. 重型击实和轻型击实试验所用的击实筒尺寸一样,锤的质量一样,仅锤的落高不一样

C. 重型击实后,试样不应高出筒顶面 6mm;轻型击实后,试样不应高出筒顶面 5mm

D. 重型击实试验击实功约为轻型击实试验击实功的 4.5 倍

6. 某路基工程中对土样进行液塑限试验,请回答以下问题。

(1)以下对塑性指数 I_P 描述正确的是(　　)。

A. 塑性指数 I_P 为天然含水率与塑限之差

B. 塑性指数 I_P 越大,土的可塑性越差

C. 塑性指数 I_P 越大,土的可塑性越好

D. 塑性指数 I_P 为液限与塑限之差

(2)采用液塑限联合测定法试验时用到的主要仪器有(　　)。

A. 液塑限联合测定仪,圆锥质量为 100g 或 76g,锥角为 30°

B. 天平,感量 0.01g

C. 筛,孔径 0.5mm

D. 游标卡尺,准确度 0.02mm

(3)当试验采用质量为 100g 的锥时,液限 w_L 对应锥入深度 h 为(　　)。

A. 5mm　　B. 17mm　　C. 20mm　　D. 25mm

(4)以下关于试验过程的说法,正确的有(　　)。

A. 锥头上涂少许凡士林

B. 扭动锥下降旋钮后 10s 读取锥入深度

C. 锥尖两次锥入位置距离不少于 1cm

D. 两次锥入深度允许平行误差为 1mm

(5)液塑限试验须进行两次平行试验,取其算术平均值,对于高液限土,允许差值要求不大于(　　)。

A. 0.5%　　B. 1.0%　　C. 1.5%　　D. 2.0%

7. 某工程采用标准固结试验测定土样的固结系数,测试数据如下,请根据表中数据回答下列问题。

试样原始高度 h_0 = 20mm,试验前孔隙比 e_0 = 1.12,t_{90} = 400s											
加荷时间(h)	压力(kPa)	总变形量(mm)	压缩后试样高度(mm)	单位沉降量(mm/m)	孔隙比	平均试样高度(mm)	单位沉降量差(mm/m)	压缩模量(MPa)	压缩系数(MPa^{-1})	排水距离(cm)	固结系数($10^{-3}cm^2/s$)
	0	0	20	0	1.12						
24	50	0.938	19.062	46.9	1.02	19.531	46.9	1.07	1.99	0.9766	2.53
24	100	1.408	18.592	70.4	0.97	18.827	23.5	2.13	1.00	0.941	1.88
24	200	1.986	18.014	99.3	0.91	18.303	28.9	3.46	0.61	0.915	1.78
24	400	2.652	17.348	132.6	0.84	17.681	33.3	6.01	0.35	0.884	1.36
24	800	3.435	16.565	171.75	0.76	16.957	39.15	10.22	0.21	0.848	1.22

(1)每级荷载作用下测记试样高度的时间一般有(　　)。

A. 1h　　B. 2h　　C. 12h　　D. 24h

(2)有关单轴固结仪法试验的主要步骤,正确的试验顺序为(　　)。

①底板上放入下透水石,将护环与试样一起放入容器内,土样上面覆滤纸、上透水石,然后放下加压导环和传压活塞,使各部密切接触,保持平稳。

②将准备好试样的环刀外壁擦净,将刀口向下放入护环内。

③去掉预压荷载,立即加第一级荷载,在加上砝码的同时,立即开动秒表。

④将压缩容器置于加压框架正中,密合传压活塞和横梁,预加压力,装好百分表。

⑤拆除仪器,小心取出完整土样,称取其质量,并测定其终结含水率。

A. ⑤①③②④　　B. ②①④③⑤

C. ③①⑤④②　　D. ③①②④⑤

(3)在计算初始孔隙比 e_0 时,必须已知土的(　　)指标。

A. 土粒密度　　B. 初始含水率

C. 饱和度　　D. 初始密度

(4)若试样的初始孔隙比 e_0 为 1.02,则 50kPa 和 100kPa 压力等级对应的压缩系数应分别为(　　)。

A. 1.89MPa^{-1}　　B. 1.75MPa^{-1}

C. 1.05MPa^{-1}　　D. 0.95MPa^{-1}

(5)对应下列选项中(　　)荷载作用下的固结系数计算有误。

A. 50kPa　　B. 100kPa　　C. 400kPa　　D. 800kPa

8. 关于土工合成材料试验,请回答以下问题。

(1)土工合成材料单位面积质量试验中,需要试样(　　)块。

A. 3　　B. 5　　C. 8　　D. 10

(2)土工膜厚度试验需要使用最小分度值为(　　)的千分表。

A. 0.001mm　　B. 0.002mm　　C. 0.01mm　　D. 0.02mm

(3)以下关于土工织物梯形撕破强力试验,描述正确的有(　　)。

A. 调整拉伸试验机具,设定满量程范围,使试样最大撕破负荷在满量程负荷的30% ~90%范围内

B. 将试样放入卡具内,使夹持线与夹钳钳口线相平齐,然后旋紧上、下夹钳螺栓,注意试样在上、下夹钳中间的对称位置

C. 开动拉伸试验机,直至试样完全撕破断开,记录最大撕破强力值作为试验结果

D. 如试样从夹钳中滑出或不在切口延长线处撕破断裂,则应剔除此次试验数值,取其余样品试验结果的算数平均值作为土工织物的撕破强力

(4)土工织物刺破强力试验时,试验机的加载速率要求为(　　)。

A. 100mm/min ±10mm/min　　B. 200mm/min ±10mm/min

C. 300mm/min ±10mm/min　　D. 400mm/min ±10mm/min

(5)用于路面防裂的土工织物类土工合成材料必须做(　　)试验。

A. 单位面积质量　　B. 有效孔径

C. 几何尺寸　　D. 拉伸强度

9. 关于土的颗粒分析试验请回答以下问题。

(1)常用的颗粒分析试验方法有(　　)。

A. 筛分法　　B. 密度计法　　C. 移液管法　　D. 浮力法

(2)有关筛分法,说法正确的是(　　)。

A. 适用分析粒径大于2.36mm的土颗粒组成

B. 筛后各级筛上和筛底土总质量与筛前试样总质量之差,不应大于筛前试样总质量的1%

C. 在选用分析筛的孔径时,可根据试样颗粒的粗、细情况选用

D. 用风干土样进行筛分试验,按四分法取代表性试样,数量随粒径大小而异,粒径越大,数量越多

(3)有关密度计法,说法正确的是(　　)。

A. 本试验方法适用于分析粒径小于0.075mm的细粒土

B. 密度计分析土样应采用风干土

C. 甲种密度计刻度以20℃时悬液的比重表示,刻度为0.995 ~1.020,最小分度值为

0.0002

D. 本试验规定对易溶盐含量超过总量0.5%的土样须进行洗盐，采用过滤法

(4)移液管法的正确试验步骤为(　　)。

①取代表性试样，黏质土为10～15g，砂类土为20g，按密度计法制取悬液。

②将盛土样悬液的量筒放入恒温水槽，使悬液恒温至适当温度。

③准备好50mL小烧杯，称量，准确至0.001g。

④准备好移液管，活塞应放在关闭位置上，旋转活塞应放在与移液管及吸球相通的位置上。

⑤用搅拌器将悬液上下搅拌各约30次，时间为1min，使悬液分布均匀。停止搅拌，立即开动秒表。

⑥根据各粒径的静置时间提前约10s，将移液管放入悬液中，浸入深度为10cm，靠连接自来水管所产生的负压或用吸球来吸取悬液。

⑦吸入悬液，至略多于25mL，旋转活塞180°，使与放液管相通，再将多余悬液从放液口放出。

⑧将移液管下口放入已称量的小烧杯中，再旋转活塞180°，使与移液管相通，同时用吸球将悬液(25mL)全部注入小烧杯内，在移液管上口预先倒入蒸馏水，此时开活塞，使水流入移液管中，再将这部分水连同管内剩余颗粒冲入小烧杯内。

⑨将烧杯内悬液浓缩至半干，放入烘箱内在105～110℃温度下烘至恒重。称量小烧杯连同干土的质量，准确至0.001g。

A. ①②③④⑤⑥⑦⑧⑨　　B. ①②④③⑥⑧⑦⑤⑨

C. ②③④①⑤⑧⑦⑥⑨　　D. ①②③④⑥⑦⑤⑧⑨

(5)采用筛分法试验时，某试样粒径小于2mm的颗粒质量百分数为30%，从通过2.0mm筛的土样中取试样10g再次筛分，通过1.0mm筛的颗粒质量6.5g，则该试样小于1.0mm筛的质量百分数为(　　)。

A. 19.5%　　B. 30.0%　　C. 35.0%　　D. 65.0%

10. 某试验室开展一条公路路基土的CBR试验，试料最大粒径为40mm，请结合试验内容完成下面题目。

(1)CBR试验需要的器具有(　　)。

A. 内径为152mm的试筒　　B. 端面直径为100mm的贯入杆

C. 百分表　　D. 荷载板4块，每块质量为1.25kg

(2)试件浸润时间：黏性土不得小于12h，粉性土可缩短到12h，砂土可缩短到(　　)，天然砂砾可缩短到2h左右。

A. 1h　　B. 4h　　C. 6h　　D. 8h

(3)重型击实法成型CBR试件时，以下关于试筒尺寸和装料层数说法正确的有(　　)。

A. 试筒内径10cm，高12.7cm　　B. 试筒内径15.2cm，高17cm

C. 层数为5层　　D. 层数为3层

(4)以下贯入试验步骤中，描述正确的有(　　)。

A. 从水槽中取出试件，静置25min后称量试件泡水后的质量

B. 将试件放置在路面材料强度仪的升降台上，调整偏球座，对准整平并使贯入杆与试件顶面接触，在贯入杆周围放置 4 块荷载板

C. 在贯入杆上施加少许荷载，将测力和测变形百分表指针调整至整数，记读初始读数

D. 加荷使贯入杆以 1 ~ 1.25mm/min 的速度压入试件，同时测记 3 个百分表的读数

(5) 当 3 个平行试验的承载比变异系数大于 12%，以下描述正确的是(　　)。

A. 取 3 个结果的平均值

B. 取中值作为试验结果

C. 去掉一个偏离大的值，取其余 2 个结果的平均值

D. 试验失败

习题参考答案及解析

一、单项选择题

1. B

【解析】一般粉粒和黏粒含量多，土的塑性指数愈大，土的最佳含水率也愈大，同时其最大干密度愈小。因此，一般砂性土的最佳含水率小于黏性土，而砂性土的最大干密度也大于黏性土。

2. B

【解析】标定灌砂筒下部圆锥体内砂质量时，应重复测量 3 次以上，最后取其平均值。

3. D

【解析】土的饱和度是指孔隙中水的体积与孔隙体积之比。

4. C

【解析】液限碟式仪法测定土的液限，查得曲线上击数 25 次所对应的含水率为液限。

5. B

【解析】土的毛细管水上升高度试验，取含水率等于塑限对应点与水面的高差作为强烈毛细管水上升高度。

6. B

【解析】土的含水率平行试验中，当含水率在 5% ~40% 时，允许平行差值为≤1%。

7. C

【解析】蜡封法测定土的密度试验，若浸入蜡封试件中的水分质量超过 0.03g，应重做试验。

8. C

【解析】灌水法适用于现场测定粗粒土和巨粒土的密度，A、B、D 选项都是细粒土。

9. D

【解析】扰动土样采用击实法制备试件时，同一组试件与制备标准之差值，密度不大于 $\pm 0.1\mathrm{g/cm^3}$，含水率不大于 2%。

10. B

【解析】为取得原状土样,当采用钻机取土时,土样直径不得小于10cm。

11. A

【解析】该土样不均匀系数 $C_u = d_{60}/d_{10} = 15.1$,曲率系数 $C_c = d_{30}^2/(d_{10} \times d_{60}) = 1.3$。

12. D

【解析】粗粒组和细粒组的区分界限为0.075mm。

13. D

【解析】细粒土是试样中细粒组质量多于或等于总质量50%的土。

14. C

【解析】细粒土分类包括:粉质土、黏质土和有机质土,红黏土是特殊土。

15. C

【解析】③在②之前,④在⑤之前,⑤在⑥之前。

16. A

【解析】稠度的计算公式为 $w_C = (w_L - w)/I_P$,则计算结果为37.8%。

17. C

【解析】缩限指的是重塑后的黏质土从饱和状态干燥收缩至体积不变时的界限含水率。

18. A

【解析】土体由流动状态向可塑状态过渡的界限含水率称为液限。

19. C

【解析】液性指数的定义:$I_L = (w - w_P)/(w_L - w_P)$。

20. C

【解析】塑性指数的定义:$I_P = w_L - w_P$,则可计算得到塑性指数为23%。

21. B

【解析】液性指数的定义:$I_L = (w - w_P)/(w_L - w_P)$,则可计算当 I_L 为0时,含水率等于 w_P,所以土处于塑限。

22. B

【解析】对联合测定精度最有影响的是靠近塑限的那个试样。

23. B

【解析】在液塑限联合测定法中,土的性质对塑限时入土深度有显著影响。

24. B

【解析】击实试验是为了获得路基土压实的最大干密度和相应的最佳含水率。

25. D

【解析】击实试验分轻型击实和重型击实。两者的本质区别是击实功不同。

26. C

【解析】固结不排水剪试验基本能够模拟。

27. D

【解析】当土中最大颗粒粒径大于或等于40mm,并且大于或等于40mm颗粒粒径的质量含量大于5%时,则应使用大尺寸试筒进行击实试验,对于大试筒,先将垫块放入筒内底板上;按五层法时,每层需试样约 900g(细粒土)~1100g(粗粒土);按三层法时,每层需试样 1700g 左右。

28. B

【解析】轻型击实法的落锤高度为 30cm。

29. D

【解析】土的击实试验中,大试筒击实后,试样不应高出筒顶面 6mm。

30. D

【解析】大试筒适用于粒径不大于 40mm 的土。

31. B

【解析】干土法计算土的最大干密度公式为:$\rho_{dmax}=M_d/V$。其中,M_d 为干土质量,V 为试样体积。则可以计算得到土样的最大干密度为 1933.3kg/m^3。

32. A

【解析】一般而言,湿土法的最大干密度小于干土法。

33. D

【解析】土样的抗剪强度连接线在纵轴上的截距是土样的黏聚力。

34. D

【解析】粗筛(圆孔)孔径(mm)为 60、40、20、10、5、2,共 6 种。

35. B

【解析】饱和土体所受到的总应力为有效应力与孔隙水压力之和。

36. B

【解析】土样烘干时,烘箱的温度一般为 105~110℃。

37. B

【解析】当针对坚硬易碎、含有粗粒、形态不规则的土样时,可采用蜡封法测定密度。

38. B

【解析】比重瓶法测土的比重所用天平的称量要求为 200g,感量要求为 0.001g。

39. C

【解析】虹吸筒法适用于粒径大于或等于 5mm 的土,且其中粒径大于或等于 20mm 土的含量大于等于总土质量的 10%。

40. D

【解析】抗剪强度表达式为:$\tau_f=c+\sigma\tan\varphi$,其中 c 为黏聚力,φ 为土的内摩擦角,σ 为剪切滑动面上的法向应力,则可计算得到抗剪强度为 65kPa。

41. B

【解析】CBR = $(p/7000)\times100$,其中 p 为 2.5mm 贯入量对应的单位压力。

42. B

【解析】试样的最大粒径宜控制在 20mm 以内,最大不得超 40mm 且含量不超过 5%。

43. A

【解析】将压缩容器置于加压框架正中,密合传压活塞和横梁后,应预加 1kPa 的压力。

44. A

【解析】固结试验适用于饱和细粒土。

45. B

【解析】固结稳定标准是最后 1h 变形量不超过 0.01mm。

46. B

【解析】如为饱和试样，则在施加第一级荷载后，应立即向容器内注水至满。

47. C

【解析】A 选项应为试验用到环刀设备，内径 61.8mm，高 20mm；B 选项应为每组试样制备不得少于 4 个；D 选项应为固结快剪试验的剪切速度 0.8mm/min。

48. B

【解析】应采用快剪法。由于施工速度快，且土层排水不良，所以土样所受到的剪切作用较快，且来不及排水固结。

49. A

【解析】若 1min 内剪切变形不超过 0.01mm，则施加下一级水平荷载。

50. B

【解析】试验室内土的承载比（CBR）试验所用荷载板直径为 150mm。

51. B

【解析】土的应变在 3% 以前，每 0.5% 应变记读百分表读数一次；应变达 3% 以后，每 1% 应变记读百分表读数一次。

52. B

【解析】以轴向应力为纵坐标，轴向应变为横坐标，绘制应力-应变曲线。以最大轴向应力作为无侧限抗压强度。若最大轴向应力不明显，取轴向应变 15% 处的应力作为该试件的无侧限抗压强度。

53. A

【解析】饱和度 S_r 是指孔隙中水的体积与空隙体积之比。

54. B

【解析】环刀法测试细粒土密度试验，平行试验差值要求不大于 0.03g/cm^3。

55. D

【解析】恒水头渗透仪能设定的最大水头差应不小于 70mm，有溢流和水位调节装置，能够在试验期间保持试件两侧水头恒定，有达到 250mm 恒定水头的能力。

56. D

【解析】土工合成材料直剪摩擦特性试验上下剪切盒相对位移达到剪切面长度的 16.5% 时结束试验。

57. D

【解析】预负荷伸长是指在相当于最大负荷 1% 的外加负荷下，所测夹持长度的增加值。

58. D

【解析】测定拉伸性能中开动试验机连续加荷直至试样断裂，停机并恢复至初始标距位置。记录最大负荷，精确至满量程的 0.2%；记录最大负荷下的伸长量 ΔL，精确到小数点后一位。

59. B

【解析】垂直渗透性能试验中，将试样置于含湿润剂的水中，至少浸泡12h直至饱和并赶走气泡。

60. C

【解析】垂直渗透性能试验中，调整水流，使水头差达到70mm ±5mm，记录此值，精确至1mm。

61. C

【解析】各种土工织物渗透性能相差很大，当满足试样两侧达到50mm的水头差时，可以考虑确定采用单层还是多层试样进行试验。

62. D

【解析】对于土工格栅，横向节距大于或等于75mm的产品，其宽度方向上应包含至少两个完整的抗拉单位。

63. C

【解析】测定拉伸性能，如试样在夹具中滑移，或者多于1/4的试样在钳口附近5mm范围内断裂，可采取相应措施。

64. A

【解析】对于土工格栅，单筋试样应有足够长度。试样的夹持线在节点处，除被夹钳夹持住的节点或交叉组织外，还应包含至少1排节点或交叉组织。

65. D

【解析】土工格室可用于路基加筋、防沙固沙、路基防护等场合。土工网和植生袋可用于边坡生态防护。土工模袋可用于路基冲刷防护等场合。泡沫聚苯乙烯板块(EPS)可用于桥头或软基路段以及需要减载场合。

66. C

【解析】土工织物撕裂强度表示沿土工织物某一裂口将裂口逐步扩大过程中的最大拉力，单位为N。

67. A

【解析】土工合成材料大多以抗拉强度来评价承受荷载的能力。

68. A

【解析】分别对纵向和横向两组试样的拉伸强度、最大负荷下伸长率及待定伸长率下的拉伸力计算平均值和变异系数，拉伸强度和特定伸长率下的拉伸力精确至3位有效数字，最大负荷下伸长率精确至0.1%，变异系数精确至0.1%。

69. B

【解析】拉伸强度试验方法在夹持试样时将试样在夹具中对中夹持，注意纵向和横向的试样长度应与拉伸力的方向平行。

70. C

【解析】C选项属于土工合成材料耐静水压试验操作。

二、判断题

1. ×

【解析】扰动土样试件制备可根据工程需要采用击实法或压样法,原装土样试件制备采用环刀切取。

2. √

3. √

4. √

5. ×

【解析】当同时满足 $C_u>5$、$C_c=1\sim3$,为级配良好的土。

6. √

7. √

8. ×

【解析】本试验方法适用于现场测定粗粒土和巨粒土,特别是后者的密度。

9. √

10. ×

【解析】酒精燃烧法适用于快速简易测定土(含有机质的土和盐渍土除外)的含水率。

11. √

12. ×

【解析】由于粗颗粒的体积测试误差较大,所以虹吸筒法测得的土的比重结果不太稳定,测得的比重值一般偏小。

13. ×

【解析】土的回弹模量测定方法有杠杆压力仪法和强度仪法。

14. ×

【解析】桥梁、涵洞、隧道、挡土墙、房层建筑物的天然地基等,应采取原状土样。

15. √

16. ×

【解析】试样中巨粒组土粒质量小于或等于总质量的15%,且巨粒组土粒与粗粒组土粒质量之和大于总土质量50%的土称粗粒土。

17. ×

【解析】在土的含水率平行试验中,当含水率在40%以上时,允许平行试验差值为2%。

18. √

19. ×

【解析】密度计法和移液管法制取悬液的方法相同。

20. √

21. ×

【解析】一般而言,采用烘干法测定土的含水率时,越是均质的土样(如充分拌和均匀的土样)所需烘干试样可越少,反之亦然。

22. ×

【解析】根据黏性土界限含水率的相关规定,几个含水率相同的土样,它们的液限、塑限不同,那么这些土样所处的状态可能不一样。

23. √

24. ×

【解析】土的比重定义为土粒在温度105~110℃,烘至恒重时的质量与同体积4℃时纯水质量的比值。

25. ×

【解析】对于同样密实的砂土,在颗粒均匀时孔隙比较大;当颗粒大小混杂(级配良好)时,孔隙比较小。

26. ×

【解析】当土条搓至直径为3mm时,其产生裂缝并开始断裂,则这时土条的含水率即为土的塑限含水率。

27. √

28. ×

【解析】击实是指采用人工或机械对土施加夯压能量使土颗粒重新排列紧密。土体的压缩变形主要是由于孔隙的减小所引起的。

29. √

30. ×

【解析】在击实过程中,对于粗粒土,因颗粒的紧密排列,增强了颗粒表面摩擦力和颗粒之间嵌挤形成的咬合力;对于细粒土,则因为颗粒间的靠紧而增强粒间的分子引力,从而使土在短时间内得到新的结构强度。所以两者的击实原理不一样。

31. ×

【解析】对于高含水率土,宜选用湿土法。

32. √

33. √

34. ×

【解析】土的承载比(CBR)试验用大试筒击实后,试样不宜高出筒高10mm。

35. √

36. ×

【解析】只有通过有效应力的分析,才能准确确定土的变形和安全度。有效应力为土颗粒间的接触面所承担的应力。

37. ×

【解析】自重湿陷系数试验目的是测定黄土(黄土类土)的自重湿陷系数。

38. ×

【解析】杠杆压力仪法适用于粒径不大于5mm的土。

39. √

40. ×

【解析】对含有一定量的可溶盐、不亲性胶体或有机质的土，必须用中性液体(煤油)测定，并采用真空抽气法排出土内气体。

41. ×

【解析】影响压实的内在因素包括含水率、土粒级配。

42. √

43. √

44. ×

【解析】CBR是指试件贯入量达规定值时，单位压力对标准碎石压入相同贯入量时标准强度的比值。

45. ×

【解析】如需确定原状土的先期固结压力，最后一级荷载应大于1000kPa。

46. ×

【解析】当试样渗透系数大于10^{-5}cm/s时，允许以主固结完成作为相对稳定标准。

47. ×

【解析】标准固结试验适用于饱和的细粒土，当只进行压缩试验时，可用于非饱和土。

48. √

49. √

50. √

51. √

52. √

53. √

54. ×

【解析】卷装材料的头两层不应取作样品。

55. ×

【解析】土工织物：试样应在标准大气压的条件下调湿24h，温度为20℃±2℃，相对湿度为65%±5%。塑料土工合成材料：试样应置于温度为23℃±2℃环境下，进行状态调节，时间不少于4h。

56. √

57. √

58. ×

【解析】Q_{90}表示90%的标准颗粒材料留在土工织物上，其过筛率$B=1-90\%=10\%$，曲线上纵坐标为10%点所对应的横坐标即定义为有效孔径Q_{90}，单位为mm。

59. ×

【解析】土工织物梯形撕破强力试验的拉伸速度为100mm/min±5mm/min。

60. √

61. ×

【解析】实际夹持长度：名义夹持长度加上预负荷伸长(预加张力夹持时)。

62. √

63. √

64. ×

【解析】土工织物测定接头/接缝拉伸强度时，开启拉伸试验机，直至接头/接缝或材料本身断裂，记录最大负荷，精确至满量程的2%，观察和记录断裂原因。

65. √

66. ×

【解析】采用76g锥做液限试验，在h-w图上，查得纵坐标入土深度$h=17\text{mm}$所对应的横坐标的含水率，即为该土样的液限。

67. ×

【解析】当含水率小于最佳含水率时，土的干密度随含水率增加而变大；当含水率大于最佳含水率时，土的干密度随含水率增加而变小。

68. √

69. ×

【解析】黏性土的抗剪强度主要取决于黏聚力c。

70. ×

【解析】杠杆压力仪法测量土的回弹模量试验中，要求每个平行试验的结果与平均值相差不应超过5%。

三、多项选择题

1. ABCD

【解析】土样制备时，根据土的性质，砂类土采用浸水饱和，较易透水的黏性土采用毛细管饱和法或浸水饱和法，不易透水的黏性土采用真空饱和法。

2. ABC

【解析】粗粒土比重的种类通常以视比重、干比重、饱和面干比重和比重四种形式表示。

3. AD

【解析】酒精燃烧法适用于快速简易测定土（含有机质的土和盐渍土除外）的含水率。

4. ABCD

【解析】反映土的物理性能指标有密度、比重、含水率、干密度、饱和密度、浮密度、孔隙比、孔隙率、饱和度等。

5. ABCD

【解析】黄土湿陷试验包括相对下沉系数试验、自重湿陷系数试验、溶滤变形系数试验和湿陷起始压力试验。

6. BD

【解析】烘干法测定各种土类的含水率，取代表性试样要求细粒土不少于50g，砂类土、有机质土不少于100g，砾类土不少于1kg。

7. AB

【解析】如果土中有石膏，则试样应该在不超过80℃的温度下烘干，并可能要烘更长的时间。

8. ABC

【解析】土是三相体,土体受外力引起的压缩,包括三部分:①土粒固体部分的压缩;②土体内孔隙中水的压缩;③水和空气从孔隙中被挤出以及封闭气体被压缩。

9. ABCD

【解析】烘干法适用于测定黏质土、粉质土、砂类土、砂砾土、有机质土和冻土类的含水率。

10. ACD

【解析】砂的相对密度计算需要用到最大孔隙比、最小孔隙比和天然孔隙比或填土的相应孔隙比。

11. ABD

【解析】液塑限联合测定法测定土的液限和塑限目的是用于划分土类,计算天然稠度、塑性指数,供公路工程设计和施工使用。

12. ABD

【解析】土的塑性指标包括液限、塑限和塑性指数。

13. ABCD

【解析】测定土的密度试验方法有环刀法、蜡封法、灌砂法、灌水法。

14. AB

【解析】砂的相对密度试验测定最大孔隙比时,用到的仪器设备有量筒、长颈漏斗、锥形塞、砂面拂平器等;测定最小孔隙比时,用到的仪器设备有电动最小孔隙比仪或金属容器、振动仪、击锤等。

15. ABCD

【解析】土的比重试验方法有比重瓶法、浮力法、浮称法、虹吸筒法。

16. ABCD

【解析】选项全部正确。

17. ABC

【解析】比重瓶法测定含盐量大于0.5%的土、含有不亲性胶体的土或有机质土的比重,必须用中性液体测定,并用真空抽气法排除土中气体。

18. AC

【解析】酒精燃烧法测定土的含水率试验需要称取空盒的质量、盒与湿土的总质量、干土和盒的质量。

19. BC

【解析】搓滚时须以手掌均匀施加压力于土条上,不得将土条在玻璃板上进行无压力的滚动;若土条搓成3mm时仍未产生裂缝及断裂,表示这时试样的含水率高于塑限,则将其重新捏成一团,重新搓滚;如土条直径大于3mm时即断裂,表示试样含水率小于塑限,应弃去,重新取土加适量水调匀后再搓;若土条在任何含水率下始终搓不到3mm即开始断裂,则认为该土无塑性。

20. AC

【解析】液限的确定方法有:若采用76g锥做液限试验,则在h-w图上,查得纵坐标入土深度$h=17$mm所对应的横坐标的含水率w,即为该土样的液限含水率;若采用100g锥做液限试验,则在h-w图上,查得纵坐标入土深度$h=20$mm所对应的横坐标的含水率w,即为该土样的液限含水率。

21. ABCD

【解析】本题考点为烘干法测土的含水率试验要点,选项全部正确。

22. BC

【解析】A 选项:浮力法适用于土的粒径大于或等于 5mm 的土;D 选项:试验中采用视比重。

23. AD

【解析】一般粉粒和黏粒含量多,土的塑性指数越大,土的最佳含水率也越大,同时其最大干密度越小。因此,一般砂性土的最佳含水率小于黏性土,而砂性土的最大干密度也大于黏性土。

24. ABD

【解析】B 选项和 C 选项矛盾,B 选项正确则 C 选项错误。

25. ABD

【解析】密度计法分析土的颗粒组成,需要测记 0.5min、1min、5min、15min、30min、60min、120min、240min 及 1440min 的密度计读数。

26. AB

【解析】颗粒分析试验(筛分法、密度计法、移液管法)和密度试验(环刀法、蜡封法、灌砂法、灌水法)都不需要加水闷料。

27. ABCD

【解析】表面振动压实仪法适用于无黏性自由排水粗粒土和巨粒土(包括堆石料,粒径小于 0.075mm 的干土质量百分比不大于 15%)的最大干密度。

28. AC

【解析】土工合成材料耐静水压试验适用于土工膜、复合土工膜。

29. ABCD

【解析】土工合成材料拉拔摩擦试验适用于所有的土工合成材料。

30. ABC

【解析】与土工合成材料 CBR 顶破强力试验有关的计算数值有顶破强力、顶破位移变形率。

31. CD

【解析】本题考点为使用灌砂筒注意事项。为保证标定时与实际试验时量砂的堆积密度相同,每次标定及试验需维持装砂质量与高度一样。

32. AD

【解析】按下式计算各级荷载作用下变形稳定后的孔隙比 e_i: $e_i = e_0 - (1 + e_0) \times S_i / 1000$,其中,$e_0$ 为初始孔隙比,S_i 为单位沉降量。

33. BC

【解析】B 选项应为:取具有代表性的风干土样 5kg 左右(每个管需土 2.0 ~ 2.5kg),借漏斗分数次装入有机玻璃管中,并用捣棒不断振捣,使其密实度均匀;C 选项应为:用水平尺控制盛水筒水面比有机玻璃管零点高出 0.5 ~ 1.0cm,然后固定挂绳于挂钩上,这时筒内水面高度将始终保持不变。

34. ABD

【解析】需要时，可制备3种干密度试件。如每种干密度试件制3个，则共制9个试件。每层击数分别为30次、50次和98次，使试件的干密度从95%到等于100%的最大干密度。

35. AC

【解析】土工合成材料刺破强力试验适用于土工膜、土工织物及其复合产品。

36. ABD

【解析】土的酸碱度试验用到pH值=4.01、6.87和9.18的标准缓冲溶液。

37. BCD

【解析】烧失量不包括吸湿水，仅包括有机质和结合水，石灰性土中还包括二氧化碳（由碳酸盐所产生的）。

38. ABC

【解析】重铬酸钾容量法——油浴加热法适用于测定有机质含量不超过15%的土。

39. ABC

【解析】公路工程对土工织物及相关产品的要求主要是具有过滤、排水和隔离加筋、防渗和防护作用。

40. ABC

【解析】土中易溶盐包括所有氯化物盐类、易溶的硫酸盐类和碳酸盐类，还包括水溶性有机质等。在采用质量法测定水溶性盐总量时，应用 H_2O_2 除去烘干残渣中的有机质后，即为水溶性盐总量。

41. ABCD

【解析】我国现行《公路土工试验规程》中，土的膨胀性试验有自由膨胀率试验、无荷载膨胀率试验、有荷载膨胀率试验和膨胀力试验。

42. ABCD

【解析】土的收缩试验目的是测定原状土和击实土试样在自然风干条件下的线缩率、体缩率、缩限及收缩系数等收缩指标。

43. ABCD

【解析】垂直渗透性能试验试样制备时，试样应保证清洁，表面无污物，无可见损坏或折痕，不得折叠，应放置于平处，上面不得施加任何荷载。

44. AC

【解析】常水头渗透试验适用于测定砂类土和含少量砾石的无黏聚性土的渗透性，变水头渗透试验适用于测定细粒土，即黏质土的渗透性。

45. ABD

【解析】C选项应为：当土工膜宽度为100～300mm时，每50mm测量一点。

46. AD

【解析】用于路堤加筋的土工合成材料可采用土工织物和土工格栅。

47. ABD

【解析】C选项应为：同一测点平行测定两次，两次测定误差应小于5%。

48. CD

【解析】如果土工合成材料接头/接缝宽条拉伸试验出现从非接头/接缝处开始断裂或试样在夹具中打滑现象，则应剔除该试验结果并另取一试样进行测试。

49. ABCD

【解析】土工合成材料直剪摩擦特性试验对试样分别施加 50kPa、100kPa、150kPa、200kPa 的法向应力。

50. BD

【解析】土工织物垂直渗透性能试验试样两侧水头差可取 50mm 和 70mm、56mm、42mm、28mm、14mm。

四、综合题

1.(1)ABCD　(2)ABCD　(3)ABD　(4)B　(5)ACD

【解析】(1)密度是土的基本物理性指标之一，用它可以换算土的干密度、孔隙比、孔隙率、饱和度等指标。

(2)选项均正确。

(3)C 选项：擦净环刀外壁，称取环刀与土的合质量 m_1，准确到 0.01g。其他选项均正确。

(4)步骤②应在步骤③之前，步骤③应在步骤①之前。

(5)B 选项：储砂筒中砂面的高度对砂的密度有影响。其他选项均正确。

2.(1)ABCD　(2)A　(3)ABCD　(4)ACD　(5)B

【解析】(1)土的比重试验方法有比重瓶法、浮力法、浮称法、虹吸筒法。

(2)计算公式为 $G_s=(m_s/V_s)/(m_w/V_{w4c})$，计算得土的比重为 2.5。

(3)选项均正确。

(4)B 选项：试验中采用视比重，这样比较方便，因为一般指的孔隙，实际上是指被水充填的孔隙。其他选项均正确。

(5)步骤⑤应在步骤②之前，步骤②应在步骤①之前。

3.(1)CD　(2)C　(3)ABCD　(4)C　(5)D

【解析】(1)按照下列规定取出具有代表性的试样：小于 2mm 颗粒的土 100 ~ 300g；最大粒径小于 10mm 的土 300 ~ 900g；最大粒径小于 20mm 的土 1000 ~ 2000g；最大粒径小于 40mm 的土 2000 ~ 4000g；最大粒径大于 40mm 的土 4000g 以上。

(2)精密度和允许差：筛后各级筛上和筛底土总质量与筛前试样总质量之差，不应大于筛前试样总质量的 1%。

(3)选项均正确。

(4)小于某粒径颗粒质量百分比的计算公式为：$X=A/B\times100$。其中，A 为小于某粒径的颗粒质量；B 为试样的总质量。由此可以计算得到小于 10mm 孔径土质量百分比为 66.3%。

(5)粗粒组的粒径范围为 0.075 ~ 60mm，所以该土样粗粒组质量约占总质量的 99.4%。

4.(1)AD　(2)A　(3)AB　(4)BC　(5)C

【解析】(1)缩限试验适用于粒径小于 0.5mm 和有机质含量不超过 5% 的土。

(2)缩限试验所用收缩皿，其直径最好大于高度，以便于蒸发干透，可用液限试验杯代替。

(3)分层装填试样时,要注意不断挤压拍击,以充分排气,否则不符合体积收缩等于水分减少的基本假定,而使计算结果失真;土样装满后,用刀或直尺刮去多余土样,立即称取收缩皿加湿土质量;要求收缩皿底和皿壁要平滑弯曲,目的是易于装土排气;用蜡封法代替水银排开法测定体积,目的是防止污染。

(4)缩限试验需进行二次平行测定,取其算术平均值,平行差值,高液限不得大于2%,低液限土不得大于1%。缩限的计算公式为:$w_s = w - [(V_1 - V_2)/m_s] \times \rho_w \times 100$。其中,$w$ 为试验前试样含水率(%);V_1 为湿试件体积(即收缩皿容积)(cm^3);V_2 为干试件体积(cm^3);m_s 为干试件质量(g);ρ_w 为水的密度,等于 $1g/cm^3$。则可以计算得到三个土样的缩限计算结果分别为:8.8%和9.9%,14.2%和14.2%,22.9%和22.8%。所以Ⅱ号和Ⅲ号土样的测试精度满足规范要求。

(5)收缩指数计算公式为:$I_s = w_L - w_s$。其中,w_L 为土的液限(%),则可计算得到Ⅰ号土样的收缩指数为36.5%。

5.(1)D　　(2)B　　(3)ACD　　(4)D　　(5)AD

【解析】(1)击实试验结果处理时所用的含水率是击实后土(试件)的实测含水率。

(2)一般砂性土的最佳含水率小于黏性土,而砂性土的最大干密度大于黏性土。

(3)干土法和湿土法,土样都不重复使用。

(4)D选项应为:击实土不可能达到完全饱和的状态,因此击实曲线必然位于饱和曲线左下侧。

(5)B选项应为:所用击实筒尺寸一样,锤的质量和落高不一样;C选项应为:小筒要求击实完后试样不应高出筒顶面5mm(轻型击实Ⅰ-1,重型击实Ⅱ-1),大筒要求击实完后试样不应高出筒顶面6mm(轻型击实Ⅰ-2,重型击实Ⅱ-2)。

6.(1)CD　　(2)ABC　　(3)C　　(4)AC　　(5)D

【解析】(1)塑性指数越大,表示土的可塑性越大。塑性指数 I_P 为液限与塑限之差。

(2)采用液塑限联合测定法试验时用到的主要仪器有:①液塑限联合测定仪,圆锥质量为100g或76g锥角为30°;②盛土杯;③天平,感量0.01g;④筛0.5mm,无游标卡尺。

(3)100g的锥时,液限 w_L 对应锥入深度 h 为20mm;76g的锥时,液限 w_L 对应锥入深度 h 为17mm。

(4)B选项应为:扭动锥下降旋钮后5s读取锥入深度;D选项应为:两次锥入深度允许平行误差为0.5mm。

(5)本试验应进行两次平行测定,其允许差值为:高液限土不大于2%,低液限土不大于1%,若不满足要求,则应重新试验。

7.(1)ABD　　(2)B　　(3)ABD　　(4)AD　　(5)ACD

【解析】(1)每级荷载作用下测记试样高度的时间一般有0s、15s、1min、2min、…、1h、2h、4h、10h、23h、24h

(2)步骤②最先。

(3)e_0 的计算公式为:$e_0 = [\rho_s(1 + 0.01w_0)]/\rho_0 - 1$。其中,$\rho_s$ 为土粒密度;w_0 为初始含水率;ρ_0 为初始密度。

(4)压缩系数的计算公式为:$a_v = (S_{i+1} - S_i)(1 + e_0)/1000/(p_{i+1} - p_i)$。其中,$S_i$ 为某一级

荷载 p_i 下的沉降量。可以计算得到 50kPa 和 100kPa 压力等级对应的压缩系数分别为 $1.89MPa^{-1}$ 和 $0.95MPa^{-1}$。

(5)固结系数的计算公式为：$C_v = 0.848\ \overline{h}^2/t_{90}$。其中，$\overline{h}$ 为某一级荷载下试样初始与终了的高度平均值之半；t_{90} 为某一压力下固结度为 90% 的时间。可以计算得到 50kPa、100kPa、400kPa 和 800kPa 压力等级对应的固结系数分别为 $2.02\times10^{-3}cm^2/s$、$1.88\times10^{-3}cm^2/s$、$1.66\times10^{-3}cm^2/s$ 和 $1.52\times10^{-3}cm^2/s$。

8.(1)D　(2)A　(3)ABC　(4)C　(5)ACD

【解析】(1)土工合成材料单位面积质量试验中，需要试样 10 块。

(2)土工膜厚度试验需要使用最小分度值为 0.001mm 的千分表。

(3)D 选项应为：如试样从夹钳中滑出或不在切口延长线处撕破断裂，则应剔除此次试验数值，并在原样品上再裁取试样，补足试验次数。

(4)土工织物刺破强力试验时，试验机的加载速率要求为 300mm/min ± 10mm/min。

(5)用于路面防裂的土工织物类土工合成材料必须做单位面积质量、几何尺寸、拉伸强度、CBR 顶破、刺破试验，选做厚度试验。

9.(1)ABC　(2)BCD　(3)ABD　(4)A　(5)A

【解析】(1)常用的颗粒分析试验分两大类：一是机械分析法，如筛分法；二是物理分析方法，如密度计法、移液管法。

(2)A 选项：适用分析土粒粒径范围 0.075 ~ 60mm 的土粒粒组含量和级配组成。其他选项均正确。

(3)C 选项：甲种密度计刻度以 20℃ 时每 1000mL 悬液内所含土质量的克数表示，刻度为 -5 ~ 50，最小分度值为 0.5。其他选项均正确。

(4)步骤①应在步骤②之前，步骤⑤应在步骤⑥之前。

(5)计算公式为 $X = a/b \times p \times 100\%$。其中，$a$ 为通过 2mm 筛的试样中小于 1.0mm 筛的颗粒质量(g)；b 为通过 2mm 筛的土样中所取试样的质量(g)；p 为粒径小于 2mm 的颗粒质量百分数(%)。

10.(1)ACD　(2)C　(3)BD　(4)BCD　(5)C

【解析】(1)B 选项应为：端面直径为 50mm、长度为 100mm 的贯入杆。

(2)砂土可缩短到 6h。

(3)试筒内径 15.2cm，高 17cm，分 3 层装料，每层击数 98 次。

(4)A 选项应为：从水槽中取出试件，倒出试件顶面的水，静置 15min，让其排水，然后卸去附加荷载和多孔板、底板和滤纸，并称质量。

(5)当 3 个平行试验的承载比变异系数小于 12%，则取 3 个结果的平均值；如果变异系数大于 12%，则去掉一个偏离大的值，取其余 2 个结果的平均值。

第三章

集　　料

一、单项选择题

1. 以下关于酒精燃烧法测定粗集料含水率试验的描述,正确的是(　　)。

A. 一份试样的质量需要按照集料公称最大粒径确定,集料公称最大粒径越大,试样质量越大

B. 向容器中加入酒精至完全浸没试样,拌和均匀后点火燃烧,并不断翻拌试样

C. 第二次加酒精时,为了减少酒精损失,宜将大桶中酒精直接加入容器中

D. 试样经两次燃烧后,若表面未呈现干燥色,须再加酒精燃烧

2. 试验人员拟采用网篮法测定2.36~4.75mm集料的毛体积相对密度,用于SMA-13沥青混合料目标配合比设计,以下表述正确的是(　　)。

A. 该档集料不宜采用网篮法测定毛体积相对密度

B. 试验过程中应特别小心,不得丢失集料

C. 试验前,室温保持浸水不少于48h

D. 在确定饱和面干状态时,宜采用湿毛巾逐颗擦干

3. 我国《公路工程集料试验规程》(JTG E42—2005)规定,沥青混合料用粗集料针片状颗粒含量采用(　　)测定。

A. 规准仪法　　　　B. CBR法

C. 游标卡尺法　　　　D. 加州承载比法

4. 游标卡尺法测定的针片状颗粒,是指粗集料颗粒的最大长度(或宽度)方向与最小厚度(或直径)方向的尺寸之比大于(　　)倍的颗粒。

A. 1　　B. 2　　C. 3　　D. 4

5. 10~20mm单档粗集料的公称最大粒径、最大粒径分别为(　　)。

A. 10mm,20mm　　　　B. 19mm,26.5mm

C. 9.5mm,19mm　　　　D. 16mm,19mm

6. 集料颗粒的各种密度存在(　　)关系。

A. 真实密度 > 表干密度 > 表观密度(视密度) > 毛体积密度 > 堆积密度

B. 真实密度 > 表观密度(视密度) > 毛体积密度 > 表干密度 > 堆积密度

C. 真实密度 > 表观密度(视密度) > 表干密度 > 毛体积密度 > 堆积密度

D. 真实密度 > 毛体积密度 > 表干密度 > 表观密度(视密度) > 堆积密度

7. 在沥青混合料中起填充作用的,粒径小于(　　)的矿物质粉末,称为填料。

A. 1.18mm　　B. 0.6mm　　C. 0.3mm　　D. 0.075mm

8. 材料的质量为 m,材料的实体体积为 V_0,材料的闭口孔隙体积为 V_1,材料的开口孔隙体积为 V_2,则该材料的毛体积密度为(　　)。

A. m/V_0　　B. $m/(V_0+V_1)$

C. $m/(V_1+V_2)$　　D. $m/(V_0+V_1+V_2)$

9. 粗集料磨光值试验是利用加速磨光机磨光集料,用摆式摩擦系数测定仪测定的集料经磨光后的摩擦系数值,以(　　)表示。

A. PSV　　B. VV　　C. AAV　　D. VCA

10. 测定矿粉的密度及相对密度,用于检验矿粉的质量,为(　　)配合比设计提供必要的参数。

A. 沥青混合料　　B. 水泥稳定碎石

C. 水泥混凝土　　D. 二灰稳定碎石

11. 细集料表观密度试验用容量瓶法测定,本方法适用于含有少量大于(　　)部分的细集料。

A. 1.18mm　　B. 2.36mm　　C. 4.75mm　　D. 9.5mm

12. 水泥混凝土用粗集料针片状颗粒含量试验的规准仪法适用于测定水泥混凝土使用的(　　)以上的粗集料的针状及片状颗粒含量,以百分率计。

A. 0.075mm　　B. 2.36mm　　C. 1.18mm　　D. 4.75mm

13. 取每组总质量为 3000g 的粗集料采用干筛法进行筛分试验,进行两次平行试验,第一组筛分后的总量为 2991.5g,第二组筛分后的总量为 2996.7g,则(　　)。

A. 第一组需重新试验　　B. 两组都需要重新试验

C. 两组都不需要重新试验　　D. 无法判断是否需要重新试验

14. 粗集料洛杉矶磨耗试验对水泥混凝土集料设定回转次数为(　　)转。

A. 250　　B. 400　　C. 500　　D. 1000

15. 以下关于矿粉热安定性试验的描述,不正确的是(　　)。

A. 称取矿粉 100g,装入蒸发皿或坩埚中,摊开

B. 将盛有矿粉的蒸发皿或坩埚置于煤气炉或电炉火源上加热,将温度计插入矿粉中,一边搅拌,一边测量温度,加热到 200℃,关闭火源

C. 将矿粉在室温中放置冷却,观察其颜色的变化

D. 若矿粉加热后颜色发生变化,判断该矿粉热安定性检验合格

16. 细集料筛分试验中用摇筛机摇筛后,还应手工逐个手筛,直到每分钟筛出量不超过筛上剩余量的(　　)时为止。

A. 0.1%　　B. 0.2%　　C. 0.3%　　D. 0.4%

17. 对于流动时间法测定细集料棱角性试验,以下说法正确的是(　　)。

A. 样品经筛分得到 0~2.36mm 或 0~4.75mm 试样进行试验

B. 0~2.36mm 试样应采用流出孔径 16mm 的漏斗

C. 0~4.75mm 试样质量要大于 0~2.36mm,因为前者粒径大

D. 一种试样需平行试验 5 次,以流动时间平均值作为试验结果

18. 粗集料的堆积密度是单位体积物质颗粒的质量,其中单位体积包括(　　)。

A. 物质颗粒固体、开口及闭口孔隙、颗粒间空隙体积

B. 物质颗粒固体、开口孔隙、颗粒间空隙体积

C. 颗粒间空隙、开口及闭口孔隙

D. 材料实体、开口及闭口孔隙

19. 试验室进行沥青混合科目标配合比设计,取 0 ~ 5mm 细集料进行水洗法筛分试验,水洗过程中可选择以下(　　)的试验筛组成套筛。

A. 上部 0.075mm,底部 1.18mm

B. 上部 1.18mm,底部 0.075mm

C. 上部 0.075mm,底部 2.36mm

D. 上部 4.75mm,底部 0.075mm

20. 粗集料坚固性试验所需要的粒级为 9.5 ~ 19mm 的试样中,应含有 9.9 ~ 16mm 粒级颗粒(　　),16 ~ 19mm 粒级颗粒(　　)。

A. 40%;60%　　B. 60%;40%　　C. 30%;70%　　D. 70%;30%

21. 下列说法正确的是(　　)。

A. 压碎值越小,集料抗压碎能力越差

B. 磨光值越低,抗滑性越好

C. 冲击值越小,表示集料的抗冲击性能越好

D. 磨耗值越大,表示抗磨耗性越好

22. 在进行集料试验时,取样方法直接影响试验结果。下列做法不正确的是(　　)。

A. 在采石场生产线的皮带运输机上取样时,可在皮带骤停状态下取其中一截的全部材料

B. 在材料场料堆上取样时,可直接从顶部、中部和底部取样

C. 从汽车上取样,需从不同位置和深度处抽取大致相等试样若干份

D. 从沥青拌和楼的热料仓取样时,应在放料口的全断面上取样

23. 当筛分试验各级过筛不彻底时,计算出的砂的细度模数将会(　　)。

A. 偏小

B. 偏大

C. 因各级均不彻底,最终不影响细度模数的大小

D. 变化无法确定

24. 容量瓶法测定细集料密度时,容量瓶中多次注水应尽量保持温度不变,试验方法要求水温差应控制在(　　)以内。

A. 1℃　　B. 2℃　　C. 3℃　　D. 4℃

25. 细集料泥块含量试验,两次试验结果的差值应不超过(　　)。

A. 0.1%　　B. 0.2%　　C. 0.3%　　D. 0.4%

26. 关于砂当量试验,下列说法正确的是(　　)。

A. 砂当量可以测定天然砂、人工砂所含黏性土及杂质的含量,但不适宜于石屑

B. 砂当量冲洗液由氧化钙、甘油按一定的比例配制的

C. 砂当量越大,说明黏性土或杂质的含量越低,细集料洁净度越高

D. 筛析法、砂当量和亚甲蓝试验都能对砂的洁净程度评价,但砂当量能更加准确地评价

27. 已知某粗集料两次平行试验 4 块试件磨光值的算数平均值 PSV_{ra} 为 44.2,两次平行试验 4 块标准试件磨光值的算数平均值 PSV_{bra} 为 48.0,则该粗集料磨光值 PSV 为(　　)。

A. 3.8　　B. 45　　C. 45.2　　D. 52.8

28. 细集料砂当量试验中,配制冲洗液过程中 3 种分析纯的先后顺序是(　　)。

A. 甘油、无水氯化钙、甲醛　　B. 甲醛、甘油、无水氯化钙

C. 甲醛、无水氯化钙、甘油　　D. 无水氯化钙、甘油、甲醛

29. 细度模数在 3.0 ~ 2.3 之间的砂为(　　)。

A. 粗砂　　B. 中砂　　C. 细砂　　D. 特细砂

30. 细集料的筛分试验应进行两次平行试验,以平均值作为测定值。若两次试验所得的细度模数之差大于(　　),应重新进行试验。

A. 0.1　　B. 0.2　　C. 0.3　　D. 0.4

二、判断题

1. 当采用烘干法测定细集料的含水率时,为了缩短烘干时间,可以提高烘干温度,这对试验结果不会有影响。(　　)

2. 在测定细集料的颗粒级配及粗细程度时,对水泥混凝土用细集料可采用水洗法或干筛法。(　　)

3. 单位毛体积(含物质颗粒固体及其闭口、开口孔隙体积)粗集料的质量称为毛体积密度。(　　)

4. 计算单位体积与毛体积密度相同,但计算质量以表干质量为准时,称表干毛体积密度,即通常所称的表干密度。(　　)

5. 矿粉的密度及相对密度试验,同一试样应平行试验两次,取平均值作为试验结果。若两次试验结果的差值大于 $0.01g/cm^3$,则应重新取样进行试验。(　　)

6. 集料分为酸性、中性和碱性,并以 CaO 含量来进行划分。(　　)

7. 集料的不同密度用途不同,根据振实密度所得到的间隙率可以用于 SMA 混合料配合比设计。(　　)

8. 当集料中二氧化硅含量大于 52% 时,属于酸性集料。(　　)

9. 针片状颗粒对水泥混凝土集料在拌和和成型过程中影响较大,但是混凝土结硬以后影响变小。(　　)

10. 粗集料针片状颗粒含量试验的游标卡尺法中侧面厚度 t 为平放状态的颗粒中最薄部位的厚度。(　　)

11. 当砂的细度模数适宜时,有利于矿料的级配合成和调整。(　　)

12. 集料试验取样数量与试验项目和最大公称粒径有关。(　　)

13. 粗集料密度试验时,用拧干的湿毛巾轻轻擦干颗粒的表面水,至表面看不到发亮的水

迹，即为饱和面干状态。（　）

14. 按照《公路工程集料试验规程》(JTG E42—2005)进行压碎值试验时，应先剔除针片状颗粒。（　）

15. 集料磨光值是利用加速磨光机磨光集料，用摆式摩擦系数测定仪测定的集料经磨光后的摩擦系数值，以 PSV 表示。（　）

16. 在粗集料软弱颗粒含量试验中，将粗集料分为 3 档，逐颗颗粒施加荷载，破裂颗粒即属于软弱颗粒。（　）

17. 在水泥混凝土中，细集料是指粒径小于 2.36mm 的天然砂、人工砂。（　）

18. 粗集料磨光值试验中粗砂磨光使用的是 C 标记橡胶轮；细砂磨光使用的是 X 标记橡胶轮。（　）

19. 确定碎石或砾石经饱和硫酸钠溶液多次浸泡与烘干循环，承受硫酸钠结晶压而不发生显著破坏或强度降低的性能，是测定石料坚固性能的方法。（　）

20. 规准仪法测定的针片状颗粒含量要比用游标卡尺法测定的针片状颗粒含量少得多。（　）

21. 集料碱活性检验是测定水泥砂浆试件的长度变化，以鉴定水泥中的碱与活性集料之间的反应所引起的膨胀是否有潜在危害。（　）

22. 粗集料洛杉矶磨耗值的大小与集料的耐磨性好坏没有直接关系。（　）

23. 进行天然砂云母含量试验时，先称取经缩分的试样 50g，在温度为 105℃ ±5℃ 的烘箱中烘干至恒重，冷却至室温后，筛去大于 4.75mm 和小于 0.3mm 的颗粒供试验使用。（　）

24. 有机质含量是指砂中混有动植物腐殖质、腐殖土等有机物，它会延缓混凝土凝结速度，并降低混凝土强度，多采用安定性法来检验。（　）

25. 洛杉矶磨耗试验主要是用于判断粗集料在高等级公路表层沥青路面上的适用性。（　）

26. 当粗集料颗粒长度尺寸大于其高度尺寸的 2.4 倍或 0.4 倍时，该颗粒判定为针状或片状颗粒。（　）

27. 细集料中石粉不会影响砂当量的大小。（　）

28. 集料的吸水率就是含水率。（　）

29. 进行细集料亚甲蓝试验时，采用 0 ~ 2.36mm 试样的试验结果应小于采用 0 ~ 0.15mm 试样的试验结果。（　）

30. 细集料的棱角性试验有间隙法和流动时间法，但间隙法更为准确，应优先选用。（　）

三、多项选择题

1. 亲水系数是试样在水中膨胀的体积与同一试样在煤油中膨胀的体积之比，用于评价沥青混合料用填料与沥青结合料的黏附性能，本方法适合评价(　　)填料。

A. 矿粉　　B. 水泥　　C. 消石灰　　D. 粉煤灰

2. 以下关于集料的表述正确的有(　　)。

A. 按粒径分为粗集料、细集料

B. 是不同粒径的碎石、砾石、砂等粒料的统称

C. 按级配类型分为粗级配和细级配

D. 细集料包括天然砂、人工砂和石屑

3. 细集料的表观密度试验需要测定以下(　　)数据。

A. 烘干后试样的质量　　B. 水和容量瓶的总质量

C. 试样、水和容量瓶的总质量　　D. 水的试验温度

4. 集料针片状颗粒含量试验中,下列描述正确的是(　　)。

A. 规准仪法如果需要,可以分别计算针状颗粒和片状颗粒的含量百分数

B. 用规准仪测定粗集料针片状颗粒含量的测定方法,仅适用于水泥混凝土集料

C. 在一定情况下,规准仪法与游标卡尺法可以混用

D. 可以用规准仪法代替游标卡尺法判定沥青混合料粗集料的形状

5. 关于集料筛分,以下表述正确的有(　　)。

A. 累计筛余百分率为该号筛以上各号筛的分计筛余百分率之和

B. 质量通过百分率等于 100 减去该号筛累计筛余百分率

C. 分计筛余百分率为各号筛上的分计筛余,除以干燥集料总质量与筛分造成的损耗质量之差

D. 质量通过百分率计算结果一般精确至 0.1%

6. 下面对粗集料压碎值试验的描述正确的是(　　)。

A. 选用石料若过于潮湿则需加热烘干,烘箱温度不得超过 100℃,烘干时间不超过 4h

B. 将试样分 2 次(每次数量大体相同)均匀装入试模中

C. 用 2.36mm 标准筛筛分经压碎的全部试样,可分几次筛分,均需筛到在 1min 内无明显的筛出物为止

D. 石料压碎值为试验前试样质量与试验后通过 2.36mm 筛孔的细料质量的比值

7. 测定粗集料的颗粒组成时,对(　　)应进行水洗法筛分。

A. 水泥混凝土用粗集料　　B. 沥青混合料用粗集料

C. 底基层用粗集料　　D. 基层用粗集料

8. 关于粗集料洛杉矶磨耗试验,说法正确的是(　　)。

A. 洛杉矶磨耗用以评定粗集料抵抗摩擦、撞击的能力

B. 同一采石场的同一集料,为减小试验误差,可以在一起筛分进行洛杉矶磨耗试验

C. 水泥混凝土用的粗集料回转动次数设定为 500 次,沥青混合料用粗集料则可能是 500 次或 1000 次

D. 水泥混凝土用粗集料磨耗试验放置的钢球数量与粗集料的公称粒径有关

9. 粗集料软弱颗粒试验需要的标准筛孔径有(　　)。

A. 2.36mm　　B. 4.75mm　　C. 9.5mm　　D. 16mm

10. 以下用于评价沥青混合料用细集料洁净程度的技术指标有(　　)。

A. 天然砂含泥量　　B. 机制砂含泥量

C. 砂当量　　D. 亚甲蓝值

11. 以下关于比色法测定集料有机质含量试验的表述,正确的有(　　)。

A. 该方法是定量测定集料中的有机质含量

B. 标准溶液应现配，制备后应静置 24h

C. 若试样上部的溶液颜色浅于标准溶液颜色，则试样的有机质含量为合格

D. 若试样上部的溶液颜色与标准溶液颜色接近，则应进行进一步试验

12. 下述粗集料磨光试验步骤正确的是(　　)。

A. 在试验前 2h 和试验过程中，应控制室温为 20℃ ±1℃

B. 从道路轮上卸下的试件应表面向下放在 18 ~ 20℃的水中 2h，然后再用摆式摩擦系数测定仪测定磨光值

C. 摆式摩擦系数测定仪测定磨光值时一块试件重复测试 5 次，5 次读数的最大值和最小值之差不得大于 2

D. 在摆式摩擦系数测定仪测定磨光值过程中的任何时刻，试件都应保持湿润

13. 关于细集料的亚甲蓝试验，下列说法正确的是(　　)。

A. 通过化学滴定测定亚甲蓝值，需要精度为 0.001g 的分析天平

B. 亚甲蓝标准溶液应储存在深色瓶，避光保存

C. 试验结束的标准是滴于滤纸上的沉淀物周围出现 2mm 稳定浅蓝色色晕

D. 亚甲蓝试验主要是确定细集料中是否存在膨胀性黏土矿物

14. 对于沥青混合料用粗集料质量技术要求，描述正确的有(　　)。

A. 高速公路及一级公路表面层的洛杉矶磨耗损失应不大于 26%

B. 高速公路及一级公路的其他面层的表观相对密度应不大于 2.50t/m^3

C. 其他等级公路的吸水率应不大于 3.0%

D. 其他等级公路的针片状颗粒含量应不大于 18%

15. 天然砂和机制砂、石屑在进行坍落筒法试验时，在掌握坍塌的尺度上应该有所不同，以下描述正确的有(　　)。

A. 对天然砂，宜以“在试样中心部分上部成为 2/3 左右的圆锥体，即大致坍塌 1/3 左右”作为标准状态

B. 对机制砂和石屑，宜以“当移去坍落筒第一次出现坍落时的含水率，即最大含水率”作为试样的饱和面干状态

C. 对天然砂，宜以“当移去坍落筒第一次出现坍落时的含水率，即最大含水率”作为试样的饱和面干状态

D. 对机制砂和石屑，宜以“在试样中心部分上部成为 2/3 左右的圆锥体，即大致坍塌 1/3 左右”作为标准状态

16. 关于细集料亚甲蓝试验，下述不正确的有(　　)。

A. 本方法适用于小于 2.36mm 或小于 0.15mm 的细集料，也可用于矿粉质量检验

B. 当细集料中 0.075mm 通过率小于 2% 时，可不进行此项试验即作为合格看待

C. 每次配制亚甲蓝溶液前，都必须首先确定亚甲蓝的含水率

D. 配制亚甲蓝溶液时水温不超过 50℃

17. 关于细集料筛分试验的描述，正确的有(　　)。

A. 干筛法试验过程中，所有各筛的分计筛余量和底盘中剩余量的总量与筛分前的试

样总量的差值不得超过后者的2%

B. 水洗法试验过程中,所有各筛的分计筛余量和底盘中剩余量的总质量与筛分前后试样总量的差值不得超过后者的1%

C. 根据各筛的分计筛余百分率,绘制级配曲线

D. 进行两次平行试验,如两次试验所得细度模数之差大于0.2,应重新进行试验

18. 以下对粗集料洛杉矶磨耗试验描述正确的有(　　)。

A. 本方法用于测定标准条件下粗集料抵抗摩擦、撞击的能力

B. 本方法适用于各种等级规格集料的磨耗试验

C. 计算粗集料洛杉矶磨耗损失时,结果精确至0.1%

D. 计算结果用洛杉矶磨耗损失 Q 表示

19. 关于细度模数的描述,正确的有(　　)。

A. 细度模数在1.6~2.2之间为中砂

B. 细度模数反映的是集料的平均颗粒大小,常用于细集料粗细程度的评定

C. 对砂的细度模数计算式中,分子上减去 $5A_{4.75}$ 的理由是:小于4.75mm 筛孔有5级,$A_{4.75}$ 被累计了5次,应扣除 $5A_{4.75}$

D. 普通混凝土用砂的细度模数范围一般为1.6~3.7,以中砂为宜

20. 矿粉筛分试验的标准筛孔径为(　　)。

A. 0.075mm　　B. 0.15mm　　C. 0.3mm　　D. 0.6mm

四、综合题

1. 关于粗集料的力学性质试验,请回答以下问题。

(1)有关粗集料的力学指标有(　　)。

A. 磨光值　　B. 磨耗值　　C. 冲击值　　D. 压碎值

(2)有关粗集料压碎值试验,说法正确的有(　　)。

A. 集料压碎值用于衡量石料在逐渐增加的荷载下抵抗压碎的能力

B. 每次试验的石料数量,应满足夯击后石料在试筒内的深度为100mm

C.《公路工程集料试验规程》(JTG E42—2005)规定加载方法为以1kN/s速率加载至200kN,稳压5s,然后卸荷

D. 注意过筛时小于2.36mm 颗粒的飞散损失,以免造成试验误差

(3)有关粗集料洛杉矶磨耗试验,说法正确的是(　　)。

A. 测定标准条件下粗集料抵抗摩擦、撞击的能力,以磨耗损失(%)表示

B. 本方法适用于各种等级规格集料的磨耗试验

C. 沥青路面及各种基层、底基层的粗集料,16mm 筛孔也可用13.2mm 筛孔代替

D. 将计数器调整到零位,设定要求的回转次数。对水泥混凝土集料,回转次数为500转

(4)有关粗集料道瑞磨耗试验,说法正确的是(　　)。

A. 本试验用于评定公路路面表层所用粗集料抵抗车轮撞击及磨耗的能力

B. 单次试验以28~30r/min 的转速转动转盘共500圈

C. 集料的道瑞磨耗值以 AAV 表示

D. AAV 值越小，表示集料抗磨耗性能越好

(5)粗集料压碎值试验步骤正确的是(　　)。

①将试筒安放在底板上。

②称取通过 2.36mm 筛孔的全部细料质量 m_1，准确至 1g。

③将试模从压力机上取下，取出试样。

④开动压力机，均匀地施加荷载，在 10min 左右的时间内达到总荷载 400kN，稳压 5s，然后卸荷。

⑤将装有试样的试模放到压力机上，同时将压头放入试筒内石料面上，注意使压头摆平，勿楔挤试模侧壁。

⑥用 2.36mm 标准筛筛分经压碎的全部试样，可分几次筛分，均需筛到在 1min 内无明显的筛出物为止。

⑦将要求质量的试样分 3 次(每次数量大体相同)均匀装入试模中，每次均将试样表面整平，用金属棒的半球面端从石料表面上均匀捣实 25 次；最后用金属棒作为直刮刀将表面仔细整平。

A. ①⑦⑤④⑥③②　　B. ①⑦⑤④③⑥②

C. ①⑦④②③⑤⑥　　D. ①⑤⑦③④⑥②

2. 某工程进行 AC-16 沥青混合料目标配合比设计，为配合此项工作，试验人员需要取集料样品开展相关的试验，请根据试验过程完成下列题目。

(1)以下关于集料取样方法的描述，正确的有(　　)。

A. 可从皮带运输机上取样。取样时，可在皮带运输机骤停的状态下取其中一截的全部材料，或在皮带运输机的端部连续接一定时间的料得到，将间隔 3 次以上所取的集料组成一组试样

B. 可在材料场同批来料的料堆上取样。应先铲除堆脚等处无代表性的部分，再在料堆的顶部、中部和底部，各由均匀分布的几个不同部位，取得大致相等的若干份组成一组试样

C. 可从沥青拌和楼的热料仓取样。应在放料口的全断面上取样，通常宜将一开始按正式生产的配比投料拌和的几锅(至少 10 锅以上)废弃，然后分别将每个热料仓放出至装载机上，倒在水泥地上后适当拌和，从 5 处以上的位置取样，拌和均匀，取要求数量的试样

D. 现场取样后，需要采用分料器法或四分法缩分，缩分后的试样数量应符合各项试验规定数量的要求

(2)以下关于针片状颗粒含量试验的描述，不正确的有(　　)。

A. 所取粗集料的针片状颗粒含量可以采用规准仪法，也可采用游标卡尺法进行测定

B. 按照游标卡尺法测定针片状颗粒含量时，试样数量应不少于 800g，并不少于 100 颗

C. 按照游标卡尺法测定针片状颗粒含量时，针片状颗粒是指最大长度方向与最大宽度方向的尺寸比大于 3 倍的颗粒

D. 游标卡尺法测定针片状颗粒含量时，需要分别找出针状颗粒和片状颗粒，计算两种

颗粒的总质量

(3)以下关于压碎值试验的描述,正确的有(　　)。

A. 将要求质量的试样分 3 次(每次数量大体相同)均匀装入试模中,每次均将试样表面整平,用金属棒的半球面端从试样表面上均匀捣实规定次数

B. 将装有试样的试模放到压力机上,同时将压头放入试筒内试样表面上,注意使压头摆平,勿楔挤试模侧壁

C. 开动压力机,均匀地施加荷载,在 10min 左右的时间内达到总荷载 500kN,稳压 5s,然后卸荷

D. 将试模从压力机上取下,取出试样,用 2.36mm 标准筛筛分经压碎的全部试样,可分几次筛分,均需筛到在 1min 内无明显的筛出物为止,称取通过 2.36mm 筛孔的全部细料质量

(4)细集料砂当量试验的测定值如下表,该样品的砂当量试验结果是(　　)。

试样编号	试筒中用活塞测定的集料沉淀物的高度(mm)	试筒中絮状物和沉淀物的总高度(mm)	试样的砂当量(%)
1号	78	121	64.5
2号	80	120	66.7

A. 64.5%　　B. 65%　　C. 66.0%　　D. 66%

(5)对于流动时间法测定 0 ~ 4.75m 细集料棱角性试验,以下表述不正确的有(　　)。

A. 将现场取来的试样,采用 4.75mm 标准筛过筛,无须水洗,烘干至恒重后直接进行试验

B. 试样所需的质量与试样的公称最大粒径有关,与试样的表观相对密度无关

C. 将试样从圆筒中央上方(高度与筒顶齐平)徐徐倒入漏斗,表面尽量倒平,如果不平可用带刃的直尺轻轻刮平表面

D. 平行试验 3 次,以平均值作为细集料棱角性的试验结果

3. 在沥青混合料拌和站取 10 ~ 20mm 和 5 ~ 10mm 粗集料进行网篮法测定集料密度,请根据已知条件完成下面题目。

(1)下面关于粗集料毛体积密度的表述,正确的是(　　)。

A. 单位体积(含材料的实体矿物成分及其闭口孔隙,开口孔隙等颗粒表面轮廓线所包围的毛体积)物质颗粒的干质量

B. 单位体积(含材料的实体矿物成分及其开口孔隙等颗粒表面轮廓线所包围的毛体积)物质颗粒的干质量

C. 单位体积(含物质颗粒固体及其闭口空隙、开口孔隙体积及颗粒间空隙体积)物质颗粒的质量

D. 单位体积(含材料的实体矿物成分及其闭口孔隙、开口孔隙等颗粒表面轮廓线所包围的全部毛体积)物质颗粒的饱和面干质量

(2)以下关于集料密度之间关系,说法错误的有(　　)。

A. 同一集料的毛体积相对密度数值大于毛体积密度数值

B. 同一集料的毛体积相对密度数值大于其表干相对密度数值

C. 同一集料的毛体积密度数值大于其表观密度数值

D. 同一集料的毛体积密度数值大于其堆积密度数值

(3)关于10~20mm集料样品缩分,以下说法正确的有(　　)。

A. 平行两个试样,每个试样的质量不少于1000g

B. 平行两个试样,每个试样的质量不小于1500g

C. 每一份集料试样浸泡、烘干后,当集料烘干质量小于规定值必须重新取样进行试验

D. 每一份集料试验浸泡、烘干后,当集料烘干质量稍小于规定值时可以继续试验

(4)对于5~10mm集料,一个试样的烘干质量为1003.1g,水中质量为621.4g,饱和面干质量为1014.1g,则以下试验结果表述正确的有(　　)。

A. 表观相对密度为2.628　　B. 表观密度为2.628g/cm^3

C. 毛体积相对密度为2.554　　D. 毛体积密度为2.554g/cm^3

(5)对于5~10mm集料,一个试样的烘干质量为1003.1g,水中质量为621.4g,饱和面干质量为1014.1g,则该吸水率的试验结果是(　　)。

A. 1.12%　　B. 1.10%　　C. 1.1%　　D. 1.08%

4. 针对评价细集料洁净程度的相关试验,回答下列问题。

(1)为评价机制砂洁净程度,可以采用下列(　　)试验方法。

A. 筛洗法　　B. 沉降法

C. 亚甲蓝试验　　D. 砂当量试验

(2)细集料的砂当量和亚甲蓝试验描述正确的有(　　)。

A. 砂当量和亚甲蓝值均可以评价细集料的洁净程度

B. 砂当量适用于测定细集料中所含的黏性土或杂质的含量

C. 亚甲蓝值适用于测定细集料中是否存在膨胀性黏土矿物

D. 亚甲蓝试验适用于粒径小于2.36mm或0.15mm的细集料,不适用于矿粉

(3)砂当量试验时,测得砂的含水率为1.5%,则应称取(　　)湿砂进行试验。

A. 101.5g　　B. 121.8g　　C. 138g　　D. 120g

(4)砂当量的试验步骤中,下列说法正确的有(　　)。

A. 将湿砂样用漏斗仔细地倒入加有冲洗液(试筒100mm刻度线)的竖立试筒中,除去气泡,润湿试样,然后放置10min

B. 开动机械振荡器,在30s±1s的时间内振荡90次

C. 将冲洗管直接插入试筒底部慢慢转动冲洗管并均匀缓缓提高,直至溶液达到380mm刻度线为止

D. 缓慢匀速向上拔出冲洗管,当冲洗管抽出液面,且当液面位于380mm刻度线处时,切断冲洗管,在无扰动的情况下静置20min±15s

(5)关于砂当量值,正确的说法有(　　)。

A. 砂当量值 $SE = h_2/h_1 \times 100$,以百分率计,用整数表示

B. 砂当量值越小,表明砂越洁净

C. h_1 为试筒中絮凝物和沉淀物的总高度

D. h_2 为试筒中目测沉淀物的高度

5. 洛杉矶磨耗试验的试验步骤为：

①分级称量，称取总质量 m_1，装入磨耗机圆筒中。

②将计数器调整到零位，设定要求的回转次数。开动磨耗机，以规定转速转动至要求的回转次数为止。

③将不同规格的集料用水冲洗干净，置烘箱中烘干至恒重。

④对所使用的集料，根据实际情况选择最接近的粒级类别，确定相应的试验条件，按规定的粒级组成备料、筛分。

⑤用水冲干净留在筛上的碎石，置烘箱中烘干至恒重，准确称量 m_2。

⑥选择钢球，将钢球加入钢筒中，盖好筒盖，紧固密封。

⑦取出钢球，将经过磨耗后的试样从投料口倒入接受容器中。

⑧将试样过筛，筛去试样中被撞击磨碎的细屑。

根据上述信息回答下列相关问题。

(1)以上步骤正确的排序为(　　)。

A. ③④①②⑥⑦⑧⑤　　B. ③⑥①②④⑦⑧⑤

C. ③④①⑥②⑦⑧⑤　　D. ③⑥②④①⑦⑧⑤

(2)有关该试验的描述正确的有(　　)。

A. 粗集料洛杉矶磨耗损失，计算精确至0.01%

B. 粗集料的磨耗损失取两次平行试验结果的算术平均值为测定值，两次试验的差值应不大于2%，否则须重做试验

C. 冲干净留在筛上的碎石，应置105℃ ±5℃烘箱中烘干至恒重，时间通常不少于4h

D. 对沥青混合料集料，要求的回转次数为500转

(3)试验中开动磨耗机，应以(　　)转速转动至要求的回转次数为止。

A. 20 ~ 23r/min　　B. 30 ~ 33r/min　　C. 30 ~ 35r/min　　D. 50 ~ 55r/min

(4)转动结束后，将试样用(　　)筛过筛，筛去试样中被撞击磨碎的细屑。

A. 0.075mm　　B. 1.7mm　　C. 2.36mm　　D. 4.75mm

(5)水泥混凝土用集料洛杉矶磨耗试验使用钢球个数(　　)，钢球总质量为(　　)。

A. 11 个；4850g ±25g　　B. 11 个；5000g ±25g

C. 12 个；4850g ±25g　　D. 12 个；5000g ±25g

6. 用于桥涵工程的某砂筛分结果如下，请回答有关细度模数的计算方法和含义，砂粗细程度的判定方法的问题。

筛孔尺寸(mm)	4.75	2.36	1.18	0.6	0.3	0.15	0.075
筛余量(g)	10	150	75	110	130	20	5

(1)计算该砂的细度模数，根据细度模数判断该砂为(　　)。

A. 粗砂　　B. 中砂　　C. 细砂　　D. 特细砂

(2)水泥混凝土用天然砂通常选用(　　)mm 筛筛除超粒径材料。

A. 9.5　　B. 4.75　　C. 2.36　　D. 1.18

(3)细集料筛分试验需要注意的有(　　)。

A. 如果试样含泥量超过5%,不宜采用干筛法

B. 所有各筛的分计筛余量和底盘中剩余量的总质量与筛分前试样总量 m_2 的差值不得超过后者的1%

C. 对沥青混合料及基层用细集料可采用干筛法,如果需要也可采用水洗法筛分

D. 恒重系指相邻两次称量间隔时间大于3h的情况下,前后两次称量之差小于该项试验所要求的称量精密度

(4)有关细集料筛分试验的结果描述正确的有(　　)。

A. 各号筛的累计筛余百分率为该号筛及大于该号筛的各号筛的分计筛余百分率之和,精确至0.1%

B. 各号筛的质量通过百分率等于100减去该号筛的累计筛余百分率,精确至0.1%

C. 进行两次平行试验,以试验结果的算术平均值作为测定值,如两次试验所得的细度模数之差大于0.2,应重新进行试验

D. 天然砂的细度模数计算应精确至0.1

(5)细集料筛分试验称量各筛筛余试样的质量应精确至(　　)。

A. 0.1g　　B. 0.2g　　C. 0.3g　　D. 0.5g

习题参考答案及解析

一、单项选择题

1. D

【解析】试样质量约500g,与集料公称最大粒径无关,所以A选项错误;向容器中试样加入酒精约50mL,拌和均匀后点火燃烧,并不断翻拌试样,所以B选项错误;每次加酒精,都是用量筒或量杯,严禁将大桶中酒精直接加入容器中,所以C选项错误。

2. B

【解析】A选项应为:该档集料应采用网篮法测定毛体积相对密度;C选项应为:试验前,室温下保持浸水不少于24h;D选项应为:在确定饱和面干状态时,宜采用拧干的湿毛巾逐颗擦干。

3. C

【解析】我国《公路工程集料试验规程》(JTG E42—2005)规定,沥青混合料用粗集料针片状颗粒含量用游标卡尺法测定。

4. C

【解析】游标卡尺法测定的针片状颗粒,是指粗集料颗粒的最大长度(或宽度)方向与最小厚度(或直径)方向的尺寸之比大于3倍的颗粒。

5. B

【解析】10~20mm粒径的单档集料肯定能100%通过的最小标准筛尺寸是26.5mm,所以最大粒径是26.5mm,只有B选项正确。

6. C

【解析】五种密度大小关系应为:真实密度 > 表观密度(视密度) > 表干密度 > 毛体积密度 > 堆积密度。

7. D

【解析】在沥青混合料中起填充作用的,粒径小于0.075mm 的矿物质粉末,称为填料。

8. D

【解析】毛体积密度是指单位体积(含材料实体矿物成分及其闭口孔隙、开口孔隙等颗粒表面轮廓线所包围的毛体积)物质颗粒的干质量。

9. A

【解析】粗集料磨光值试验是利用加速磨光机磨光集料,用摆式摩擦系数测定仪测定的集料经磨光后的摩擦系数值,以 PSV 表示。

10. A

【解析】测定矿粉的密度及相对密度,用于检验矿粉的质量,供沥青混合料配合比设计计算使用,同时适用于测定供拌制沥青混合料用的其他填料(如水泥、石灰、粉煤灰)的相对密度。

11. B

【解析】细集料表观密度试验用容量瓶法测定,本方法适用于含有少量大于2.36mm 部分的细集料。

12. D

【解析】规准仪法适用于测定水泥混凝土使用的4.75mm 以上的粗集料的针状及片状颗粒含量,以百分率计。

13. C

【解析】粗集料筛分要求各筛分计筛余量及筛底存量的总和与筛分前试样的干燥总质量相比,相差不得超过干燥总质量的0.5%。

14. C

【解析】粗集料洛杉矶磨耗试验对水泥混凝土集料设定回转次数为500 转。

15. D

【解析】D 选项应为:报告石粉在受热后的颜色变化,判断石粉的变质情况。

16. A

【解析】当每个筛子手摇筛出的量每分钟不超过筛上剩余量的0.1%时,停止过筛。

17. D

【解析】A 选项应为:样品经筛分得到0.075 ~2.36mm 或0.075 ~4.75mm 试样进行试验;B 选项应为:0.075 ~2.36mm 试样选用孔径为12mm 的漏斗,0.075 ~4.75mm 试样选用孔径为16mm 的漏斗;C 选项应为:试样质量与试样的表观密度有关,与粒径无关。

18. A

【解析】单位体积包括材料实体、开口及闭口孔隙、颗粒间空隙。

19. B

【解析】将悬浮液倒在由1.18mm 和0.075mm 组成的套筛上。

20. A

【解析】粗集料坚固性试验所需要的粒级为9.5～19mm的试样中，应含有9.9～16mm粒级颗粒40%，16～19mm粒级颗粒60%。

21. C

【解析】冲击值越小，表示集料的抗冲击性能越好。

22. B

【解析】B选项应为：在材料场同批来料的料堆上取样时，应先铲除堆脚等处无代表性的部分，再在料堆的顶部、中部和底部，在均匀分布的几个不同部位，各取得大致相等的若干份组成一组试样，务必使所取试样能代表本批来料的情况和品质。

23. B

【解析】各级过筛不彻底则分计筛余百分率 a_i 和累计筛余百分率 A_i 变大，因细度模数 $\mu_f = (A_{4.75} + A_{2.36} + A_{1.18} + A_{0.6} + A_{0.3} + A_{0.15})/100$，细度模数变大。

24. B

【解析】测量水温，要求前后两次水温差不超过2℃。

25. D

【解析】细集料泥块含量试验，以两个试样平行试验结果的算术平均值作为测定值。两次结果的差值如超过0.4%，应重新取样进行试验。

26. C

【解析】A选项应为：砂当量试验方法适用于测定天然砂、人工砂、石屑等各种细集料中所含的黏性土或杂质的含量，以评定集料的洁净程度；B选项应为：砂当量冲洗液由氯化钙、甘油和甲醛按一定的比例配制；D选项应为：筛析法、砂当量和亚甲蓝试验都能对砂的洁净程度评价，但亚甲蓝试验能更加准确地评价。

27. B

【解析】$PSV = PSV_{ra} + 49 - PSV_{bra}$，取整数，计算得45。

28. D

【解析】配制冲洗液过程中3种分析纯的先后顺序是无水氯化钙、甘油、甲醛。

29. B

【解析】粗砂细度模数在3.7～3.1之间。中砂细度模数在3.0～2.3之间。细砂细度模数在2.2～1.6之间。特细砂细度模数在1.5～0.7之间。

30. B

【解析】细集料的筛分试验应进行两次平行试验，以平均值作为测定值。若两次试验所得的细度模数之差大于0.2，应重新进行试验。

二、判断题

1. ×

【解析】无此说法。

2. √

3. √

4. √

5. √

6. ×

【解析】集料分为酸性、中性和碱性,并以 SiO_2 含量来进行划分。SiO_2 含量大于 65%,属于酸性;低于 52%,属于碱性;介于两者之间的是中性集料。

7. ×

【解析】根据捣实密度所测得的粗集料骨架间隙率 VCA_{DRC} 可以用于 SMA 混合料配合比设计。

8. ×

【解析】当集料中二氧化硅含量大于 65% 时,属于酸性集料。

9. √

10. √

11. √

12. √

13. √

14. ×

【解析】按照行业标准《公路工程集料试验规程》(JTG E42—2005),试样处理是要保留全部粒径范围内的颗粒;而按照国家标准《建设用卵石、碎石》(GB/T 14685—2011),试样处理是要除去针片状颗粒。

15. √

16. √

17. ×

【解析】在水泥混凝土中,细集料是指粒径小于 4.75mm 的天然砂、人工砂及石屑。

18. √

19. √

20. √

21. √

22. ×

【解析】粗集料洛杉矶磨耗值的大小与集料的耐磨性好坏有直接关系。

23. √

24. ×

【解析】有机质含量是指砂中混有动植物腐殖质、腐殖土等有机物,它会延缓混凝土凝结时间,并降低混凝土强度,多采用比色法来检验。

25. ×

【解析】表层沥青路面的粗集料适用性采用磨光值试验或道瑞磨耗试验评价。

26. ×

【解析】在沥青混合料中,针、片状颗粒是指用游标卡尺测定的粗集料颗粒的最大长度(或宽度)方向与最小厚度(或直径)方向的尺寸之比大于 3 倍的颗粒。

27. ×

【解析】细集料中石粉也会影响砂当量的大小。

28. ×

【解析】集料的吸水率不是含水率。

29. √

30. ×

【解析】推荐流动时间法作为我国测定细集料棱角性的标准试验方法使用。

三、多项选择题

1. ABCD

【解析】本方法适用于测定供拌制沥青混合料用矿粉及其他填料(如水泥、石灰、粉煤灰)的亲水系数。

2. ABD

【解析】C 选项应为:按级配类型分为连续级配、间断级配和开级配。

3. ABCD

【解析】细集料的表观密度试验需要测定烘干后试样的质量,水和容量瓶的总质量,试样、水和容量瓶的总质量,水的试验温度。

4. AB

【解析】C 选项应为:用规准仪测定粗集料针片状颗粒含量的测定方法,仅适用于水泥混凝土集料;D 选项应为:由于沥青路面对粗集料针片状颗粒的要求更为严格,两种不同用途集料的针片状颗粒检测方法采用不同的手段,因此不能用规准仪法代替游标卡尺法判定沥青混合料粗集料的形状。

5. ABCD

【解析】选项全部正确。

6. ACD

【解析】B 选项应为:将试样分 3 次(每次数量大体相同)均匀装入试模中。

7. BCD

【解析】对水泥混凝土用粗集料可采用干筛法筛分。

8. ABC

【解析】D 选项应为:水泥混凝土用粗集料洛杉矶磨耗试验条件固定,即钢球数量 12 个,转动次数 500 次,与粗集料的公称粒径无关。

9. BCD

【解析】粗集料软弱颗粒试验需要的标准筛孔径有 4.75mm、9.5mm、16mm。

10. ACD

【解析】筛洗法测定的天然砂含泥量(不能测定机制砂含泥量),亚甲蓝试验测定的亚甲蓝值,砂当量试验测定的砂当量,可以评价沥青混合料用细集料洁净程度。

11. BC

【解析】A 选项应为:该方法是非定量测定集料中有机质含量。D 选项应为:若试样上部的溶液颜色与标准溶液颜色接近，则应将该试样（包括上部溶液）倒入烧杯中，再将烧杯放在温度为 60 ~ 70℃ 的水槽锅中加热 2 ~ 3h，然后再与标准溶液比色。如溶液的颜色深于标准色，则应做进一步试验。

12. BD

【解析】A 选项应为：在试验前 2h 和试验过程中应控制室温为 20℃ ±2℃；C 选项应为：摆式摩擦系数测定仪测定磨光值时一块试件重复测试 5 次，5 次读数的最大值和最小值之差不得大于 3。

13. BD

【解析】A 选项应为：称量细集料用感量 0.1g 的天平，称量亚甲蓝粉末用感量 0.01g 的天平；C 选项应为：试验结束的标准是滴于滤纸上的沉淀物周围出现 1mm 稳定浅蓝色色晕。

14. BC

【解析】A 选项应为：高速公路及一级公路表面层的洛杉矶磨耗损失应不大于 28%；D 选项应为：其他等级公路的针片状颗粒含量应不大于 20%。

15. AB

【解析】对天然砂，宜以"在试样中心部分上部成为 2/3 左右的圆锥体，即大致坍塌 1/3 左右"作为标准状态；对机制砂和石屑，宜以"当移去坍落筒第一次出现坍落时的含水率，即最大含水率"作为试样的饱和面干状态。

16. BD

【解析】B 选项应为：当细集料中的 0.075mm 通过率小于 3% 时，可不进行此项试验即作为合格看待；D 选项应为：配制亚甲蓝溶液时水温不超过 40℃。

17. BD

【解析】A 选项应为：干筛法试验过程中，所有各筛的分计筛余量和底盘中剩余量的总量与筛分前的试样总量，相差不得超过后者的 1%；C 选项应为：根据各筛的累计筛余百分率，绘制级配曲线。

18. ABCD

【解析】A、B 选项为该试验的目的与适用条件；计算结果用洛杉矶磨耗损失 Q 表示，结果精确至 0.1%。

19. BCD

【解析】A 选项应为：细度模数在 2.3 ~ 3.0 之间为中砂。

20. ABCD

【解析】矿粉筛分试验的标准筛孔径为 0.6mm、0.3mm、0.15mm 和 0.075mm。

四、综合题

1.（1）ABCD　（2）ABD　（3）ABCD　（4）ABCD　（5）B

【解析】（1）有关粗集料的力学指标有磨光值、磨耗值、冲击值、压碎值。

（2）C 选项应为：《公路工程集料试验规程》（JTG E42—2005）规定加载方法为在 10min 左右的时间内达到总荷载 400kN，稳压 5s，然后卸荷。

（3）选项均为粗集料洛杉矶磨耗试验要点。

(4)选项均为粗集料道瑞磨耗试验要点。

(5)步骤⑦应在步骤⑤之前,步骤⑤应在步骤④之前,步骤③应在步骤⑥之前。

2.(1)ABD　(2)ACD　(3)ABD　(4)D　(5)ABCD

【解析】(1)C选项应为:可从沥青拌和楼的热料仓取样。应在放料口的全断面上取样,通常宜将一开始按正式生产的配比投料拌和的几锅(至少5锅以上)废弃,然后分别将每个热料仓放出至装载机上,倒在水泥地上后适当拌和,从3处以上的位置取样,拌和均匀,取要求数量的试样。

(2)A选项应为:因是沥青混合料,所以粗集料的针片状颗粒含量只能采用游标卡尺法进行测定;C选项应为:针片状颗粒是指底面最大长度方向与最大厚度方向尺寸之比大于3的颗粒;D选项应为:沥青混合料用粗集料针片状颗粒试验(游标卡尺法)结果仅以针片状颗粒总含量表示。

(3)C选项应为(行标方法):开动压力机,均匀地施加荷载,在10min左右的时间内达到总荷载400kN,稳压5s,然后卸荷。

(4)一种集料应平行测定2次,取两个试样的平均值,并以活塞测得砂当量为准,并以整数表示。

(5)A选项应为:以水洗法除去小于0.075mm的粉尘部分,取0.075~4.75mm的试样约6kg放入105℃ ±5℃烘箱中烘干至恒重,在室温下冷却;B选项应为:试样所需的质量与试样的表观相对密度有关,与试样的公称最大粒径无关;C选项应为:将试样从圆筒中央开口处(高度与筒顶齐平)徐徐倒入漏斗,表面尽量倒平,但倒完后不得以任何工具扰动或刮平试样;D选项应为:一种试样需平行试验5次,以流动时间的平均值作为细集料棱角性的试验结果。

3.(1)A　(2)BC　(3)AD　(4)AC　(5)B

【解析】(1)C选项是堆积密度定义,D选项是表干密度定义。

(2)毛体积密度=毛体积相对密度×水的密度,在常温下,水的密度一般都小于1。各密度大小关系为:真实密度>表观密度>表干密度>毛体积密度>堆积密度。

(3)10~20mm集料的公称最大粒径是19mm,所以每份试样最小质量为1kg。试验前的试样,含一定的风干水以及尘土细颗粒等,洗净烘干后,总质量(即烘干质量)会稍微减小,可以继续试验。

(4)表观相对密度=烘干质量/(烘干质量-水中质量)=1003.1/(1003.1-621.4)=2.628,毛体积相对密度=烘干质量/(饱和面干质量-水中质量)=1003.1/(1014.1-621.4)=2.554,密度=相对密度×水的密度。在常温下,水的密度一般都小于1,换算后,密度在数值上肯定小于相对密度。

(5)吸水率 w_X =(饱和面干质量-烘干质量)/烘干质量=(1014.1-1003.1)/1003.1=1.10%,精确至0.01%。

4.(1)CD　(2)ABC　(3)B　(4)ABD　(5)AC

【解析】(1)A选项为天然砂洁净程度试验方法;B选项为土颗粒分析试验方法。

(2)D选项应为:亚甲蓝试验适用于小于2.36mm或小于0.15mm的细集料,也可用于矿粉的质量检验。

(3)湿砂质量 $m_1=120\times(100+w)/100$,w 为湿砂样的含水率(%)。本题 $w=1.5\%$,则

湿砂质量 $m_1=121.8g$。

(4)C 和 D 选项说法矛盾。

(5)B 选项应为：砂当量越大，说明砂中小于 0.075mm 的颗粒中黏性土所占的数量越少，对应砂的洁净度越高，则砂的品质越好；D 选项应为：h_2 试筒中用活塞测定的集料沉淀物的高度。

5.(1)C　　(2)BC　　(3)B　　(4)B　　(5)D

【解析】(1)第①步应在第⑥步之前，第⑥步应在第②步之前。

(2)A 选项应为：粗集料洛杉矶磨耗损失，计算精确至 0.1%；D 选项应为：对水泥混凝土集料，回转次数为 500 转，对沥青混合料集料，回转次数应符合《公路工程集料试验规程》(JTG E42—2005)中表 T 0317—2005 的要求。

(3)试验中开动磨耗机，应以 30～33r/min 转速转动至要求的回转次数为止。

(4)转动结束后，将试样用 1.7mm 方孔筛过筛，筛去试样中被撞击磨碎的细屑。

(5)水泥混凝土用集料洛杉矶磨耗试验使用钢球个数 12 个，钢球总质量为 5000g ± 25g。

6.(1)A　　(2)A　　(3)ABD　　(4)ABC　　(5)D

【解析】(1)集料总质量 $=10+150+75+110+130+20+5=500g$，计算各筛分计筛余率：$a_{4.75}=10/500\times100\%=2\%$；$a_{2.36}=150/500=30\%$；$a_{1.18}=75/500=15\%$；$a_{0.6}=110/500=22\%$；$a_{0.3}=130/500=26\%$；$a_{0.15}=20/500=4\%$。计算各筛累计筛余百分率：$A_{4.75}=2\%$；$A_{2.36}=32\%$；$A_{1.18}=47\%$；$A_{0.6}=69\%$；$A_{0.3}=95\%$；$A_{0.15}=99\%$。计算砂细度模数：$M_x=[(A_{2.36}+A_{1.18}+A_{0.6}+A_{0.3}+A_{0.15})-5A_{4.75}]/(100-A_{4.75})=[(32+47+69+95+99)-5\times2]/(100-2)=3.4$。因为细度模数在 3.1～3.7 之间，故为粗砂。

(2)根据样品中最大粒径的大小，选用适宜的标准筛，通常采用 9.5mm 筛(水泥混凝土用天然砂)或 4.75mm 筛(沥青路面及基层用天然砂、石屑、机制砂等)筛除其中的超粒径材料。

(3)C 选项应为：对水泥混凝土用细集料可采用干筛法，如果需要也可采用水洗法筛分；对沥青混合料及基层用细集料必须采用水洗法筛分。

(4)D 选项应为：天然砂的细度模数计算应精确至 0.01。

(5)细集料筛分试验称量各筛筛余试样的质量应精确至 0.5g。

第四章

路面基层与底基层材料

一、单项选择题

1. 一般半刚性基层的力学性能都是在饱水(　　)后的力学特征,因而也是水稳定性能的反映。

A. 7h　　B. 14h　　C. 24h　　D. 48h

2. 下列不属于无机结合料稳定类材料的是(　　)。

A. 水泥稳定碎石　　B. 石灰稳定砂砾

C. 综合稳定类材料　　D. 沥青稳定碎石

3. 烘干法测定无机结合料稳定土含水率的试验内容如下,正确的试验步骤为(　　)。

①将盛有试样的铝盒打开盒盖,置于烘箱中充分烘干。

②称取铝盒和烘干试样质量。

③称量铝盒质量。

④将盛有试样的铝盒盖紧盒盖并放置冷却。

⑤试样粉碎后放入铝盒,盖上盒盖后称取质量。

A. ⑤①②④③　　B. ⑤①④②③

C. ③⑤①②④　　D. ③⑤①④②

4. 采用烘干法对石灰稳定土含水率进行测定时,下列做法正确的是(　　)。

A. 将石灰稳定土取样后,置于烘箱中,将烘箱调整到 110℃

B. 将石灰稳定土取样后,置于烘箱中,将烘箱调整到 105℃

C. 将石灰稳定土取样后,置于温度已达到 105℃的烘箱中

D. 将石灰稳定土取样后,置于温度已达到 110℃的烘箱中

5. 路面基层施工中,采用 EDTA 滴定法进行石灰或水泥剂量测定时,首先要制作标准曲线。在整个施工过程中,可能要二次制作标准曲线,需重新制作标准曲线的原因是(　　)。

A. 原材料发生变动

B. EDTA 溶液用完后需重新配制

C. 待测无机结合料取样方式改变

D. 施工环境发生改变

6. 某一无机稳定碎石材料需要控制材料的延迟时间,延迟时间是指(　　)。

A. 从加水拌和到开始铺筑的时间

B. 从加水拌和到开始碾压的时间

C. 从加水拌和后到开始碾压的时间

D. 从加水拌和后到碾压终了的时间

7. 粉煤灰烧失量测定方法用于测定粉煤灰中的(　　)。

A. 含硫量　　B. 含钙量　　C. 含镁量　　D. 含碳量

8. 粉煤灰烧失量测定方法中，将试样放在马福炉内灼烧(　　)min。

A. 10 ~ 15　　B. 15 ~ 20　　C. 20 ~ 25　　D. 25 ~ 30

9. 石灰有效氧化钙和氧化镁含量的简易测定试验内容如下，正确的试验步骤是(　　)。

①三角瓶口上插一短颈漏斗，使用带电阻电炉加热 5min(调到最高挡)，但勿使液体沸腾，放入冷水中迅速冷却。

②称取 0.8 ~ 1.0g 石灰试样放入 300mL 三角瓶中并记录试样质量。

③向三角瓶中滴入酚酞指示剂 2 滴，记录滴定管中盐酸标准溶液体积。

④在不断摇动下以盐酸标准溶液滴定，控制速度为 2 ~ 3 滴/s，至粉红色完全消失，稍停，又出现红色，继续滴入盐酸，如此重复几次，直至 5min 内不出现红色为止，记录滴定管中盐酸标准溶液体积。

⑤向三角瓶中加入 150mL 新煮沸并已冷却的蒸馏水和 10 颗玻璃珠。

A. ①②⑤③④　　B. ①②⑤④③

C. ②⑤①③④　　D. ②⑤①④③

10. 以下无机结合料稳定土中，需要控制延迟时间的有(　　)。

①石灰稳定细粒土。

②水泥稳定细粒土。

③石灰水泥稳定细粒土。

④石灰粉煤灰稳定细粒土。

⑤水泥粉煤灰稳定细粒土。

⑥石灰稳定粗粒土。

A. ①③⑤　　B. ②③⑥

C. ②③⑤　　D. ①②③④⑤⑥

11. 半刚性基层材料无侧限抗压强度应以(　　)龄期的强度为评定依据。

A. 7d　　B. 14d　　C. 28d　　D. 90d

12. 水泥稳定碎石采用集中厂拌法施工时，混合料实际水泥剂量宜比室内试验确定的剂量增加(　　)。

A. 0.3%　　B. 0.5%　　C. 0.7%　　D. 1.0%

13. 无机结合料稳定材料应在现场碾压结束后及时检测压实度，压实度检测中，测定的含水率与规定含水率的绝对误差应不大于(　　)。

A. 1%　　B. 2%　　C. 3%　　D. 4%

14. 以下不属于无机结合料稳定材料目标配合比设计技术内容的是(　　)。

A. 选择级配范围

B. 确定料仓供料比例

C. 验证混合料相关的设计及施工技术指标

D. 确定结合料类型及掺配比例

15. 级配碎石目标配合比曲线确定后，还需进行(　　)的确定。

A. 级配离散度　　B. 级配合理变化范围

C. 级配关键筛选择　　D. 级配均匀性

16. 级配碎石配合比设计时，当确定目标级配曲线后，针对各档材料进行筛分，确定各档材料的平均筛分曲线及变异系数，并按(　　)倍标准差计算各档材料筛分级配的波动范围。

A. 1.5　　B. 1.645　　C. 2　　D. 3

17. 对石灰进行化学分析时，主要是测定(　　)的含量。

A. 有效氧化镁　　B. 有效氧化钙

C. 有效氧化钙和氧化镁　　D. 氧化钙和氧化镁

18. 我国《公路工程无机结合料稳定材料试验规程》(JTG E51—2009)测量回弹模量的方法有(　　)。

①室内抗压回弹模量试验方法(顶面法)。

②室内抗压回弹模量试验方法(承载板法)。

③动态抗压回弹模量试验方法。

④劈裂回弹模量试验方法。

⑤弯拉回弹模量试验方法。

A. ①②③④　　B. ②③④⑤

C. ①③④⑤　　D. ①②③④⑤

19. 对于无机结合料稳定材料，由振动压实试验确定的最佳含水率(　　)击实试验确定的最佳含水率，最大干密度(　　)击实试验确定的最大干密度。

A. 大于；大于　　B. 大于；小于

C. 小于；大于　　D. 小于；小于

20. 无机结合料稳定材料试验室标准养护条件为(　　)。

A. 温度20℃ ±2℃，湿度≥95%

B. 温度60℃ ±2℃，湿度≥95%

C. 温度20℃ ±2℃，湿度≤95%

D. 温度60℃ ±2℃，湿度≤95%

21. 下列针对粉煤灰烧失量测定操作，说法正确的是(　　)。

A. 烧失量主要来自粉煤灰中硫化物

B. 温度控制是烧失量检测的核心控制因素

C. 粉煤灰细度越高烧失量越大

D. 试验时要严格控制高温灼烧时间

22. 用EDTA滴定法测定水泥和石灰稳定材料中水泥或石灰的剂量时，溶液颜色变化为(　　)。

A. 玫瑰红色→紫色→蓝色

B. 玫瑰红色→蓝色→紫色

C. 紫色→蓝色→玫瑰红色

D. 蓝色→紫色→玫瑰红色

23. 击实试验甲法试样层数为(　　)层,每层击实次数为(　　)次。

A. 3;27　　B. 5;59　　C. 3;59　　D. 5;27

24. 无侧限抗压强度 $R_c = P/A$,其中 P 是指(　　)。

A. 试件破坏过程平均压力

B. 试件破坏过程最大压力

C. 试件破坏过程最小压力

D. 试件开始破坏时的压力

25. EDTA 滴定法确定水泥稳定材料中水泥剂量的试验,在准备标准曲线时应变化 5 个水泥剂量、准备 5 种混合料。若最佳水泥剂量为 6%,则以下无须配制的水泥剂量是(　　)。

A. 0%　　B. 2%　　C. 4%　　D. 6%

26. 下列属于无机结合料稳定材料快速养护试验方法试验步骤的是(　　)。

①将高温养护室的温度调至规定的温度 60℃ ±1℃,湿度也保持在 95% 以上,并能自动控温控湿。

②试件从试模内脱出并量高称重后,中试件和大试件应装入塑料薄膜袋内。试件装入塑料袋后,将袋内的空气排除干净,扎紧袋口,将包好的试件放入养护室。

③将制定的试件量高称重后,小心装入塑料薄膜袋内。试件装入塑料袋后,将袋内的空气排除干净,并将袋口用麻绳扎紧,将包好的试件放入养护箱中。

④养护期的最后一天,将试件从高温养护室内取出,凉至室温(约 2h),再打开塑料袋取出试件,观察试件有无缺损,量高称重后,浸入 20℃ ±2℃ 恒温水槽中,水面高出试件顶 2.5cm。浸水 24h 后,取出试件,用软布擦去可见自由水,称重量高后,立即进行相关试验。

⑤在养护期的最后一天,将试件取出,观察试件的边角有无磨损和缺块,并量高称重,然后将试件浸于 20℃ ±2℃ 的水中,应使水面在试件顶上约 2.5cm。

A. ①②③　　B. ①②⑤　　C. ①③④　　D. ②③④

27. EDTA 滴定法测定石灰剂量的试样,正确的试验顺序为(　　)。

①搅拌 3min,放置沉淀 10min,转移上部清液。

②移液管吸取上层悬浮液置于三角瓶,加入 1.8% 氢氧化钠,加入钙红指示剂并摇匀。

③称取 300g 混合料放在搪瓷杯中,搅散并加入 600mL 的 10% 氯化铵溶液。

④准备标准曲线。

⑤选取有代表性的混合料。

⑥EDTA 标准溶液滴定,并记录消耗量。

A. ④②③①⑤⑥　　B. ④⑤③①②⑥

C. ①⑤②③④⑥　　D. ①⑤④③②⑥

28. 采用 EDTA 滴定法进行水泥剂量检测过程中,溶液从玫瑰红直接变为蓝色,其原因可能是(　　)。

A. 说明滴定试验成功　　B. EDTA 二钠溶液浓度过低

C. 滴定速度过快　　D. 钙红指示剂滴定量不足

29. 某水泥稳定碎石重型击实试验测试结果为：试筒质量6590g，试筒容积2177cm^3，试筒与湿样合计质量11600g，代表试样含水率6.2%，则混合料干密度为(　　)g/cm^3。

A. 2.17　　B. 2.30　　C. 2.44　　D. 2.48

30. 若m_0为混合料质量，m_1为干混合料质量，m_2为无机结合料质量，δ为计算混合料质量的冗余量，α为无机结合料的掺量，内掺法计算每个试件的无机结合料质量计算公式为(　　)。

A. $m_2 = m_1 \times \alpha/(1+\alpha)$　　B. $m_2 = m_1 \times \alpha$

C. $m_2 = m_1 \times \delta$　　D. $m_2 = V \times \rho_{max}$

二、判断题

1. 基层材料力学强度越高，越利于其抗开裂或抗冲刷性能。(　　)

2. 石灰中有效氧化镁含量越高，石灰的品质越低。(　　)

3. 用于水泥稳定基层的普通硅酸盐水泥初凝时间大于4h，终凝时间大于6h。(　　)

4. 无机结合料的粗集料若选用花岗岩，其压碎值的范围较石灰岩更严格。(　　)

5. 生石灰未消化残渣含量试验，称取试样倒入装有清水的筛筒，静置消化时间如果过短，可能会导致试验结果偏小。(　　)

6. 石灰消解之后需陈伏一段时间再使用，以防止石灰应用过程中发生不安定现象。(　　)

7. 对无机结合料稳定级配碎石或砾石材料，应根据当地材料特点和技术要求，优化设计混合料级配，确定目标级配曲线和合理的变化范围。(　　)

8. 无机结合料生产配合比验证工作分为两个阶段，第一阶段是各个料仓生产剂量的标定和调整，使得最终的混合料级配能够与室内试验确定的级配曲线尽量吻合一致；第二阶段是对生产过程中结合料剂量和水量的控制手段与标准的确认。(　　)

9. 半刚性基层施工现场压实度的测定，应以当天通过现场取样并成型试件测得到的最大干密度为准进行评定。(　　)

10. 在进行石灰有效氧化钙和氧化镁的测定时，应将生石灰样品打碎，使颗粒不大于1.18mm，拌和均匀后用四分法缩减至300g左右，放置瓷研钵中研细。(　　)

11. 水泥稳定碎石圆柱形试件，养护期边角发现损伤，应立即进行修补。(　　)

12. 在无侧限抗压强度试验中，直径相同的试件，随着试件高度增加，抗压强度会先增加后减小。(　　)

13. 水泥稳定材料动态抗压回弹模量试验，制备的试件应按照标准养护条件养护90d，同时圆柱形试件的两个端面应用水泥净浆彻底抹平，再饱水24h。(　　)

14. EDTA滴定法适用于水泥在初凝之前的水泥含量测定，并可用于检查现场拌和与摊铺均匀性。(　　)

15. 在粉煤灰烧失量试验中，若试样灼烧的温度约850℃，反复灼烧至恒量，则测得的烧失量结果可能偏高。(　　)

16. 在无机结合料稳定材料标准养护试验中，对养护90d和180d的试件，养护期间，关于

试件的质量损失，稳定细粒材料试件不超过1g；中粒材料不超过4g；粗粒材料不超过10g。（　　）

17. 无侧限抗压强度试验时水泥稳定碎石养护7d，在最后一天需泡水，水温为室温。（　　）

18. EDTA标准曲线用来确定水泥或石灰稳定材料中水泥或石灰的剂量，曲线以同一水泥或石灰剂量稳定材料EDTA消耗量的平均值为横坐标，以水泥或石灰剂量为纵坐标。（　　）

19. 级配碎石配合比设计时，应按试验确定的级配和最佳含水率，以及现场施工的压实度标准成型标准试件进行CBR强度试验。（　　）

20. 一般来说，无机结合料稳定材料振动压实试验确定的最佳含水率大于击实试验确定的最佳含水率，最大干密度大于击实试验确定的最大干密度。（　　）

三、多项选择题

1. 在确定路面基层、底基层混合料的技术要求时，需要考虑的因素有（　　）。
   A. 公路等级　　B. 交通荷载等级
   C. 结构形式　　D. 材料类型

2. 某新建二级公路为确定基层无机结合料稳定材料的最大干密度，可采用（　　）。
   A. 振动压实　　B. 重型击实
   C. 轻型击实　　D. 试验路压实机压实

3. 粉煤灰的技术指标要求有（　　）。
   A. SiO_2、Al_2O_3和Fe_2O_3总含量
   B. 烧失量
   C. 比表面积
   D. 含水率

4. 以水泥稳定类材料为例，生产配合比设计技术内容应包括（　　）。
   A. 确定料仓供料比例
   B. 确定水泥稳定材料的容许延迟时间
   C. 确定结合料剂量的标定曲线
   D. 混合料的最佳含水率和最大干密度

5. 路面基层施工过程中，现场基层材料试验取样需要考虑的因素包括（　　）。
   A. 取样数量　　B. 取样部位
   C. 取样温度　　D. 取样方法

6. 在取芯检验无机结合料稳定材料整体性时，符合石灰粉煤灰稳定基层材料取芯时间的有（　　）。
   A. 7d　　B. 15d　　C. 18d　　D. 20d

7. 无机结合料稳定材料无侧限抗压强度试验方法中，试件制备的方法有（　　）。
   A. 静压法　　B. 振动成型法
   C. 击实法　　D. 轮碾法

8. 水稳碎石配合比设计时，如果设计抗压强度大于5.0MPa，现行规范推荐的水泥试验剂量为(　　)。

A. 3%　　B. 4%　　C. 5%　　D. 6%

9. 级配碎石配合比设计确定施工参数时，第二阶段试验应符合(　　)规定。

A. 通过混合料中实际含水率的测定，确定施工过程中水流量计的设定范围

B. 通过混合料中实际结合料剂量测定，确定施工过程中结合料掺加的相关技术参数

C. 通过击实试验，确定含水率变化对混合料最大干密度的影响

D. 通过CBR试验，确定材料的实际强度水平和拌和工艺的变异水平

10. 以下关于水泥稳定碎石击实试验中试验准备工作的描述，正确的有(　　)。

A. 将具有代表性的风干试样用木锤捣碎或用木碾碾碎，土团应破碎到能通过4.75mm的筛孔

B. 必要时可将试料在105℃烘箱中烘干至恒重

C. 在预定做击实试验的前一天，取有代表性的试料测定其风干含水量

D. 在试验前用游标卡尺准确测量试模的内径、高和垫块的厚度，以计算试筒的容积

11. 在水泥稳定碎石混合料目标配合比设计中，可选择(　　)个结合料剂量，分别确定各剂量条件下混合料的最佳含水率和最大干密度。

A. 3　　B. 4　　C. 5　　D. 6

12. 下列说法正确的是(　　)。

A. 用标准盐酸测定石灰中有效氧化钙含量，以溶液粉红色消失为终点

B. 为防止氧化钙生成碳酸钙，要用新煮沸过而尽量除去二氧化碳的蒸馏水

C. 测定石灰中氧化镁含量时，需用滴定钙、镁含量标准液的消耗量减去滴定钙标准液的消耗量

D. 测定石灰中有效氧化钙和氧化镁含量时，溶液加热时，为防止沸腾可加入玻璃珠

13. 下列关于制备EDTA标准曲线内容正确的是(　　)。

A. 不同龄期的无机结合料稳定材料，应用不同的EDTA二钠消耗量的标准曲线

B. EDTA标准液滴定过程，溶液颜色由玫瑰红色变为紫色，并最终变为蓝色

C. 若结合料剂量较大时，可不做素集料和低剂量结合料的试样，而直接做高剂量试验

D. 每一个试样，需加入2倍试样质量体积的10%氯化铵溶液浸泡

14. 无机结合料稳定土的含水率测定方法有(　　)。

A. 烘干法　　B. 比重法　　C. 酒精法　　D. 碳化钙气压法

15. 以下关于水泥稳定级配碎石无侧限抗压强度试验，表述正确的有(　　)。

A. 根据混合料公称最大粒径不同，试件采用不同尺寸，但是试件径高比均为1∶2

B. 无侧限抗压强度一般采用标准养护方法进行7d的标准养护

C. 试件两顶面用刮刀刮平，必要时采用水泥砂浆抹平试件顶面

D. 为保证试验的可靠性和准确性，根据试件大小不同每组试件的数目也不同

16. 下列关于无机结合料稳定材料振动压实试验，说法正确的是(　　)。

A. 该试验适用于在室内对水泥、石灰、石灰粉煤灰稳定粒料土基层材料进行振动压实试验

B. 以水泥为结合料的试验拌和后要在 1h 内完成该试验

C. 确定不同含水率下的压实效果时,高含水率下是以压头回弹跳起为停止振动压实的控制条件

D. 混合料拌和后装料时应严格按四分法进行,混合料的离析对室内试验结果有很大影响

17. 下列关于无机结合料稳定材料取样方法正确的是(　　)。

A. 在无机结合料料堆取样应从中部取样,不得在顶部和底部取样

B. 为评价施工离散性,宜在施工现场取样

C. 在施工过程中取样时,宜在摊铺机后取样,且取料来源于 3 ~4 台不同料车

D. 生产配合比阶段取样总质量应大于分料取样后每份质量的 4 ~8 倍

18. 水泥稳定类基层材料加水时间超过 1h 后成型,将对水泥基层材料造成的影响有(　　)。

A. 密实度变小　　　　B. 含水率变大

C. 水泥水化反应变慢　　　　D. 成型后的强度降低

19. 以下关于无机结合料养护方法的说法中,正确的是(　　)。

A. 标准养护和快速养护相对湿度分别为 95%、98% 以上

B. 标准养护时,发现湿度不够,应立即对试件冲水保湿

C. 快速养护的温度为 60℃ ±1℃

D. 高温养护需确定龄期与强度的关系

20. 路面基层稳定土粒料进行无侧限抗压强度试验符合条件是(　　)。

A. 在规定温度下保湿养护 6d

B. 在规定温度下养护 6d

C. 浸水 24h

D. 浸水 12h

四、综合题

1. 某公路路面底基层为石灰稳定细粒土,基层为水泥稳定碎石,围绕混合料配合比设计,路面基层施工中的相关试验,请回答下列问题。

(1)石灰稳定细粒土配合比设计中不需要进行的试验项目是(　　)。

A. 石灰的有效氧化钙和氧化镁含量试验

B. 液塑限试验

C. 压碎值试验

D. 有机质含量

(2)进行石灰稳定细粒土击实试验,在试验准备环节,需风干试料,同时土团应捣碎到能通过(　　)的筛备用。

A. 1.18mm　　B. 2.36mm　　C. 4.75mm　　D. 9.5mm

(3)进行石灰稳定土击实试验,以下不属于该次试验的计算和处理的内容有(　　)。

A. 湿密度的计算　　　　B. 干密度的计算

C. 级配的确定和计算　　D. 最大干密度和最佳含水率的确定

(4)水泥稳定碎石配合比设计中,必须进行的试验项目有(　　)。

A. 硫酸盐含量测定　　B. 击实试验

C. 压碎值试验　　D. 有机质含量测定

(5)在底基层和基层施工环节需要进行 EDTA 滴定法测定石灰和水泥剂量,以下叙述正确的是(　　)。

A. 基层施工中,可取 300g 湿混合料进行滴定试验

B. 底基层施工中,更换的取土坑,不需要重做标准曲线

C. 底基层施工中,更换了石灰厂家,需要重做标准曲线

D. 基层施工中,更换了水泥厂家,需要重做标准曲线

2. 关于无机结合料稳定材料击实试验方法,请回答以下问题。

(1)无机结合料稳定材料击实试验,甲、乙两类方法的区别在于(　　)。

A. 试样尺寸　　B. 每层击数

C. 平均单位击实功　　D. 容许公称最大粒径

(2)无机结合料稳定材料击实试验准备正确的有(　　)。

A. 如试料是细粒土,将已捣碎的具有代表性的土过 4.75mm 筛备用(用甲法或乙法做试验)

B. 如试料中含有粒径大于 4.75mm 的颗粒,则先将试料过 19mm 的筛,如存留在孔径为 19mm 筛中颗粒的含量不超过 10%,则过 26.5mm 筛,留作备用(用甲法或乙法做试验)

C. 如试料中粒径大于 19mm 的颗粒含量超过 10%,则将试料过 37.5mm 筛,如存留在孔径为 37.5mm 筛中颗粒的含量不超过 10%,则过 53mm 筛备用(用乙法或丙法做试验)

D. 如试料中粒径大于 37.5mm 的颗粒含量超过 10%,则过 53mm 筛备用(用丙法做试验)

(3)无机结合料稳定材料击实试验,甲类方法的正确步骤为(　　)。

①齐筒顶细心刮平试样,并拆除底板。

②用刮土刀沿套环内壁削挖(使试样与套环脱离)后,扭动并取下套环。

③进行第一层试样及其余四层试样的击实。

④按预定含水率制备试样。

⑤用脱模器推出筒内试样。

⑥将所需要的无机结合料加到浸润后的试样中。

⑦用工字形刮平尺齐筒顶和筒底将试样刮平。

A. ④⑥③①⑤⑦②　　B. ④⑥③①⑤②⑦

C. ④⑥③②①⑤⑦　　D. ④⑥③②①⑦⑤

(4)当试样中大于规定最大粒径的超尺寸颗粒含量为(　　)时,对试验所得最大干密度和最佳含水率进行校正。

A. 5% ~30%　　B. 10% ~30%　　C. 15% ~30%　　D. 20% ~30%

(5)无机结合料稳定材料击实试验报告应包括(　　)。

A. 试样的最大粒径、超尺寸颗粒的百分率

B. 无机结合料类型及剂量

C. 所用试验方法类别

D. 最大干密度(g/cm^3)和最佳含水率(%)

3. 关于无机结合稳定材料无侧限抗压强度试验方法,请回答以下问题。

(1)粗粒土试模的直径×高为(　　)。

A. 50mm×50mm　　B. 100mm×100mm

C. 150mm×150mm　　D. 200mm×200mm

(2)试件制备和养护中,为保证试验结果的可靠性和准确性,每组试件的数目要求为:小试件不少于6个,中试件不少于(　　)个,大试件不少于(　　)个。

A. 9;12　　B. 9;13　　C. 10;12　　D. 10;13

(3)将试件放在路面材料强度试验仪或压路机上,并在升降台上先放一扁球座,进行抗压试验。试验过程中,应保持加载速率为(　　)mm/min。

A. 1　　B. 2　　C. 3　　D. 4

(4)同一组试验的变异系数 C_v(%)应符合下列规定,方可为有效试验:小试件 $C_v \leq 6\%$;中试件 $C_v \leq$(　　);大试件 $C_v \leq 15\%$。

A. 9%　　B. 10%　　C. 11%　　D. 12%

(5)试件的无侧限抗压强度 R_c(MPa)用下列相应的公式计算:$R_c = P/A$,其中 P、A 各代表(　　)。

①试件破坏时的最大压力。②试件破坏时的最小压力。③试件的截面积。④试件的表面积。

A. ①③　　B. ②③　　C. ①④　　D. ②④

4. 关于无机结合料稳定材料试件制作方法(圆柱形)、养护试验方法、无侧限抗压强度试验方法,请回答以下问题。

(1)无机结合料稳定材料试件制作方法(圆柱形)制作1个100mm×100mm的试件需要干土(　　)。

A. 1700~1900g　　B. 1700~2000g

C. 1800~2000g　　D. 1800~2100g

(2)无机结合料稳定材料试件制作方法(圆柱形)注意事项有(　　)。

A. 在采用生石灰粉时,必须与土拌和后一起进行浸润,而且浸润时间不应少于3h,使生石灰粉能充分消解

B. 40kN反力框架和液压千斤顶适宜于制备50mm×50mm的试件,也可用它制备100mm×100mm的试件

C. 在科学研究中,根据需要可采用径高比为1∶1.5或1∶2甚至1∶2.5(或1∶3)的试件

D. 对于粗粒料稳定材料(水泥稳定类材料除外),由于细集料较少,在成型过程中,内壁涂机油是必要的

(3)无机结合料稳定材料养护试验方法对养护90d的试件,要求试件质量损失应符合(　　)。

A. 小试件不超过1g

B. 中试件不超过10g

C. 大试件不超过20g

D. 质量损失超过规定的试件,应该作废

(4)无机结合料稳定材料无侧限抗压强度试验方法要求每组大试件不少于(　　)个。

A. 10　　B. 11　　C. 12　　D. 13

(5)某无机结合稳定材料7d无侧限抗压强度的试验结果见下表,下列说法正确是(　　)。

试件编号	试件1	试件2	试件3	试件4	试件5	试件6
无侧限抗压强度(MPa)	3.0	2.7	4.4	4.5	2.5	3.3

A. 试件3试验结果不是异常值

B. 试件3试验结果是异常值

C. 试件4试验结果不是异常值

D. 试件4试验结果是异常值

5. 某试验室拟设计一组质量比为石灰∶粉煤灰∶土 = 10∶14∶76的二灰稳定细粒土试件,经击实试验得到的最大干密度为1.68g/cm^3,最佳含水率为18%,压实度96%,原材中粉煤灰的含水率20%,土样含水率10%,请回答以下问题。

(1)单个试件的湿质量为(　　)。

A. 158.26g　　B. 164.85g　　C. 186.74g　　D. 194.52g

(2)单个试件石灰的用量为(　　)。

A. 15.8g　　B. 16.5g　　C. 18.7g　　D. 19.4g

(3)单个试件粉煤灰的用量为(　　)。

A. 22.1g　　B. 26.1g　　C. 26.6g　　D. 31.4g

(4)单个试件土的用量为(　　)。

A. 120.3g　　B. 132.3g　　C. 141.9g　　D. 156.1g

(5)单个试件水的用量为(　　)。

A. 12.0g　　B. 14.2g　　C. 28.5g　　D. 33.6g

习题参考答案及解析

一、单项选择题

1. C

【解析】半刚性基层的力学性能都是在饱水24h后的力学特征。

2. D

【解析】有结合料稳定类一般指沥青稳定碎石，水泥土，水泥稳定粒料（碎石、砂砾或矿渣等）等。

3. D

【解析】步骤③在⑤前，④在②前。

4. C

【解析】对于水泥稳定材料，将烘箱温度调到110℃；对于其他材料（本题为石灰稳定土），将烘箱调到105℃；待烘箱达到设定的温度后，取下盒盖，并将盛有试样的铝盒放在盒盖上，然后一起放入烘箱中进行烘干。

5. A

【解析】如制作标准曲线所用素土、水泥或石灰发生改变，则必须重做标准曲线。

6. D

【解析】延迟时间是指从加水拌和后至碾压成型之前的时间。

7. D

【解析】该方法用于测定粉煤灰中的含碳量。

8. B

【解析】该方法中，将试样放在马福炉内从低温开始逐渐升高温度，在900～1000℃灼烧15～20min。

9. C

【解析】第②步应在第①步之前，第③步应在第④步之前。

10. C

【解析】对水泥稳定、水泥粉煤灰稳定材料，分别进行不同成型时间条件下的混合料强度试验，绘制相应的延迟时间曲线，并根据设计要求确定容许延迟时间。

11. A

【解析】半刚性基层材料无侧限抗压强度应以7d的强度为评定依据。

12. B

【解析】对水泥稳定材料，工地实际采用的水泥剂量应比室内试验确定的剂量多0.5%～1.0%。采用集中厂拌法施工时，可只增加0.5%；采用路拌法施工时，宜增加1%。

13. B

【解析】无机结合料稳定材料应在现场碾压结束后及时检测压实度，压实度检测中，测定的含水率与规定含水率的绝对误差应不大于2%；不满足要求时，应分析原因并采取必要的措施。

14. B

【解析】B选项是生产配合比技术内容。

15. B

【解析】应根据已确定的各档材料使用比例和各档材料级配的波动范围，计算实际生产中混合料的级配波动范围，并应针对这个波动范围的上、下限验证性能。

16. C

【解析】级配碎石配合比设计时，确定目标级配曲线后，应针对各档材料进行筛分，确定各档材料的平均筛分曲线以及相应的变异系数，并按2倍标准差计算各档材料筛分级配的波动范围。

17. C

【解析】石灰中有较多的氧化钙和氧化镁起作用，石灰稳定效果越好，因此，主要测定有效氧化钙和氧化镁的含量。

18. D

【解析】五种方法全是测定回弹模量的方法。

19. C

【解析】一般来说振动压实试验确定的最佳含水率小于击实试验确定的最佳含水率，最大干密度大于击实试验确定的最大干密度。

20. A

【解析】标准养护室温度为20℃ ±2℃，相对湿度在95%以上。

21. B

【解析】A选项应为：烧失量主要来自粉煤灰中的含碳量；C选项：无此说法；D选项：高温灼烧时间不确定。

22. A

【解析】用EDTA滴定法测定水泥和石灰综合稳定材料中结合料的剂量时，溶液颜色由玫瑰红色变为紫色时，放慢滴定速度，直至变为蓝色为止，确定EDTA二钠消耗量。

23. D

【解析】击实试验甲法试样层数为5层，每层击实次数为27次。

24. B

【解析】P 指的是试件破坏过程最大压力。

25. B

【解析】5种混合料水泥剂量应为：水泥剂量为0，最佳水泥剂量左右，最佳水泥剂量±2%和+4%。若最佳水泥剂量为6%，则应该配制下列剂量的水泥稳定材料：0%、4%、6%、8%、10%。

26. C

【解析】①③④为快速养护试验方法步骤，其余为标准养护试验方法。

27. B

【解析】步骤④在⑤之前，⑤在②之前。

28. C

【解析】溶液从玫瑰红直接变为蓝色，说明滴定过量，只有C选项正确。

29. A

【解析】该水泥稳定碎石湿密度 $=(11600-6590)/2177=2.30\text{g/cm}^3$，干密度 $=2.30/(1+6.2\%)=2.17\text{g/cm}^3$。

30. B

【解析】干扰项A为外掺法计算公式，B选项为内掺法计算公式。

二、判断题

1. ×

【解析】通常混合料的抗压强度越高，其抗冲刷性能越好，与抗开裂性能无关。因此，可通过适当提高抗压强度的方法来提高半刚性基层的抗冲刷性能。

2. ×

【解析】石灰中有效氧化镁含量越高，石灰品质越高。

3. ×

【解析】用于水泥稳定基层的普通硅酸盐水泥初凝时间大于3h，终凝时间大于6h且小于10h。

4. ×

【解析】如采用花岗岩类的压碎值指标要求石灰岩，则放宽了对原材料的技术要求，不利于工程的质量控制。

5. ×

【解析】生石灰未消化残渣含量试验，称取试样倒入装有清水的筛筒，静置消化时间如果过短，可能会导致试验结果偏大。

6. √

7. √

8. √

9. √

10. ×

【解析】在进行石灰有效氧化钙和氧化镁的测定时，应将生石灰样品打碎，使颗粒不大于1.18mm，拌和均匀后用四分法缩减至200g左右，放置在瓷研钵中研细。

11. ×

【解析】如养护期间有明显的边角缺损，试件应该作废。

12. ×

【解析】在无机结合料稳定材料无侧限抗压强度试验中，直径相同的试件，随着试件高度增加，抗压强度会先减小。

13. √

14. ×

【解析】EDTA 滴定法适用于水泥在终凝之前的水泥含量测定。

15. ×

【解析】在粉煤灰烧失量试验中，若试样灼烧的温度约850℃（应在950～1000℃下灼烧），反复灼烧至恒量，则测得的烧失量结果可能偏小。

16. ×

【解析】对养护90d和180d的试件，养护期间，关于试件的质量损失，中粒材料不超过10g；粗粒材料不超过20g。

17. ×

【解析】无侧限抗压强度试验时水泥稳定碎石养护 7d，在最后一天需泡水，水温为 20℃ ±2℃。

18. ×

【解析】EDTA 标准曲线以同一水泥或石灰剂量稳定材料 EDTA 消耗量的平均值为纵坐标(而不是横坐标)，以水泥或石灰剂量为横坐标。

19. √

20. ×

【解析】一般来说，该振动压实试验确定的最佳含水率应小于击实试验确定的最佳含水率。

三、多项选择题

1. ABD

【解析】在确定路面基层、底基层混合料的技术要求时，需要考虑的因素有公路等级、交通荷载等级、材料类型、结构层位。

2. AB

【解析】确定无机结合料稳定材料最大干密度指标时，宜采用重型击实方法，也可采用振动压实方法，与公路等级无关。

3. ABCD

【解析】粉煤灰的技术指标要求有：粉煤灰中 SiO_2、Al_2O_3 和 Fe_2O_3 的总含量应大于 70%，烧失量不应超过 20%，比表面积应大于 2500cm^2/g 和含水率不宜超过 35%。

4. ABCD

【解析】本题考查水泥稳定类材料生产配合比设计与技术要求。

5. ABD

【解析】无机结合料稳定材料现场取样需要考虑取样数量、取样部位和取样方法。

6. BCD

【解析】用于基层的石灰粉煤灰稳定材料，龄期 14 ~ 20d。用于底基层的石灰粉煤灰稳定材料，龄期 20 ~ 28d。

7. AB

【解析】该试验试件制备采用静压法或振动成型法。

8. CD

【解析】水稳碎石配合比设计时，如果设计抗压强度大于 5.0MPa，现行《公路路面基层施工技术细则》(JTG/T F20—2015)推荐水泥试验剂量为 5%、6%、7%、8%、9%。

9. ACD

【解析】B 选项是无机结合料稳定材料配合比设计确定施工参数时，第二阶段试验应符合的规定。

10. ACD

【解析】B 选项应为：必要时也可将试料在 50℃ 烘箱内烘干。

11. CD

【解析】在水泥稳定碎石混合料目标配合比设计中，选择不少于5个结合料剂量，分别确定各剂量条件下混合料的最佳含水率和最大干密度。

12. BCD

【解析】用标准盐酸测定石灰中有效氧化钙含量，以溶液粉红色消失并在30s内不再复现为终点。

13. ABCD

【解析】本题关于EDTA标准曲线制作的选项都正确。

14. AC

【解析】无机结合料稳定土的含水率测定方法有烘干法、砂浴法和酒精法。

15. BCD

【解析】A选项应为：试件径高比均为1∶1。

16. ABD

【解析】该试验方法适用于在室内对水泥、石灰、石灰粉煤灰稳定粒料土基层材料进行振动压实试验；对于水泥稳定类材料，从加水拌和到进行压实试验间隔的时间越长，水泥的水化作用和结硬程度就越大，因此，要求以水泥为结合料的试验拌和后要在1h内完成试验；由于振动压实中水分的影响作用显著，高含水率下压头回弹跳起现象很难出现，因此，高含水率下是以试料挤出为停止振动压实的控制条件；混合料拌和后装料时应严格按四分法进行，混合料的离析对室内试验结果有很大影响。

17. BCD

【解析】A选项应为：无机结合料稳定材料料堆取样应在料堆的上部、中部和下部各取一份试样，混合后按四分法分料取样。

18. AD

【解析】对于水泥稳定类材料，从加水拌和到进行压实试验间隔的时间越长，水化作用越大，用水越多，含水率越小，水化反应越快。

19. CD

【解析】A选项应为：标准养护采用标准养护室温度20℃ ±2℃，相对湿度在95%以上。快速养护采用高温养护室温度60℃ ±1℃，相对湿度95%以上；B选项应为：试件表面应保持一层水膜，并避免用水直接冲淋。

20. AC

【解析】对无机结合料稳定材料无侧限抗压强度试验，标准养护方法养护龄期为7d，最后一天泡水。

四、综合题

1.(1)C　　(2)C　　(3)C　　(4)ACD　　(5)CD

【解析】(1)石灰稳定细粒土无粗集料，不需要进行粗集料压碎值试验。

(2)将具有代表性的风干试料(必要时，也可以在50℃烘箱内烘干)用木锤或木碾捣碎，土团均应捣碎到能通过4.75mm的筛孔，但应注意不使粒料的单个颗粒破碎或不使其破碎程度超过施工中拌和机械的破碎率。

(3)击实试验不需要确定和计算级配。

(4)水泥稳定碎石配合比设计中确定最大干密度指标时,可采用击实方法,也可采用振动压实方法,击实试验不是必做试验。

(5)A 选项应为:基层(水泥稳定碎石)施工中,滴定试验需要取 1000g 试样;制作标准曲线所用素土、水泥或石灰发生改变,则必须重做标准曲线,故 B 选项错误。

2.(1)AB　(2)AB　(3)D　(4)A　(5)ABCD

【解析】(1)无机结合料稳定材料击实试验,甲、乙两类方法区别在于试样尺寸、每层击数。

(2)对于 C 选项,如试料中粒径大于 19mm 的颗粒含量超过 10%,则将试料过 37.5mm 筛。如存留在孔径为 37.5mm 筛中颗粒的含量不超过 10%,则过 53mm 筛备用(用丙法试验)。无 D 选项说法。

(3)步骤②应在步骤①之前,步骤⑦应在步骤⑤之前。

(4)当试样中大于规定最大粒径的超尺寸颗粒含量为 5% ~30% 时,对试验所得最大干密度和最佳含水率进行校正。

(5)无机结合料稳定材料击实试验报告应包括:试样的最大粒径、超尺寸颗粒的百分率、无机结合料类型及剂量、所用试验方法类别、最大干密度(g/cm^3)和最佳含水率(%)。

3.(1)C　(2)B　(3)A　(4)B　(5)A

【解析】(1)细粒土,试模的直径 × 高 =50mm ×50mm;中粒土,试模的直径 × 高 =100mm ×100mm;粗粒土,试模的直径 × 高 =150mm ×150mm。

(2)小试件不少于 6 个,中试件不少于 9 个,大试件不少于 13 个。

(3)将试件放在路面材料强度试验仪或压路机上,并在升降台上先放一扁球座,进行抗压试验。试验过程中,应保持加载速率为 1mm/min。

(4)同一组试验的变异系数 C_v(%)应符合下列规定,方可为有效试验:小试件 $C_v \leq 6\%$;中试件 $C_v \leq 10\%$;大试件 $C_v \leq 15\%$。

(5)P 为试件破坏时的最大压力;A 为试件的截面面积。

4.(1)A　(2)ABC　(3)ABCD　(4)D　(5)AC

【解析】(1)对 50mm ×50mm 的试件,1 个试件需干土 180 ~210g;对于 100mm ×100mm 的试件,1 个试件需干土 1700 ~ 1900g;对于 150mm × 150mm 的试件,1 个试件需干土 5700 ~6000g。

(2)D 选项应为:对于粗粒料稳定材料(特别是水泥稳定类材料),由于细集料较少,在成型过程中,内壁涂机油是必要的。

(3)对养护 90d 和 180d 的试件,在养护期间,试件质量损失应符合下列规定:小试件不超过 1g,中试件不超过 10g,大试件不超过 20g。质量损失超过此规定的试件,应该作废。

(4)为保证试验结果的可靠性和准确性,每组试件的数目要求为:小试件不少于 6 个,中试件不少于 9 个,大试件不少于 13 个。

(5)与平均值相差大于 3 倍标准差的试验结果为异常值,该组试件 7d 无侧限抗压强度试验结果平均值 $\overline{R_C}$ =3.4MPa,标准差 S =0.8MPa,因试件 3 和 4 试验结果与平均值相差均小于 3 倍标准差,所以都不是异常值。

5.(1)C　(2)A　(3)C　(4)B　(5)A

【解析】单个试件的湿质量 = 试件体积 × 最大干密度 ×（1 + 最佳含水率）× 压实度 = $\pi R^2 h \times 1.68 \times (1+18\%) \times 96\% = \pi \times 2.5^2 \times 5 \times 1.68 \times (1+18\%) \times 96\% = 186.74$g（因是细粒土，所以试件的尺寸是：直径 × 高 = 50mm × 50mm）。

单个试件的干质量 = 单个试件的湿质量/（1 + 最佳含水率）= 186.74/（1 + 18%）= 158.25g。

单个试件石灰的用量 = 单个试件的干质量 × 10% = 158.25 × 10% = 15.8g。

单个试件粉煤灰的用量 = 单个试件的干质量 × 14% ×（1 + 20%）= 26.6g。

单个试件土的用量 = 单个试件的干质量 × 76% ×（1 + 10%）= 132.3g。

单个试件水的用量 = 单个试件的干质量 × 18% −（158.25 × 14% × 20% + 158.25 × 76% × 10%）= 12.0g。

第五章

水泥与水泥混凝土

一、单项选择题

1. 以下不属于水泥物理性能指标的是(　　)。

A. 细度　　B. 烧失量　　C. 安定性　　D. 凝结时间

2. 在水泥不溶物含量试验方法中,用中速定量滤纸过滤,用热的硝酸铵溶液充分洗涤至少(　　)次。

A. 13　　B. 14　　C. 15　　D. 16

3. 测定水泥胶砂强度试件尺寸为(　　)。

A. 40mm ×40mm ×100mm　　B. 40mm ×40mm ×150mm

C. 40mm ×40mm ×160mm　　D. 40mm ×40mm ×200mm

4. 矿渣水泥不适宜用作(　　)。

A. 耐热耐火要求的混凝土

B. 大体积混凝土

C. 有抗硫酸盐侵蚀要求的混凝土

D. 早期强度要求高的混凝土

5. 水泥主要矿物成分中,抗化学侵蚀性最好的是(　　)。

A. 硅酸三钙　　B. 硅酸二钙　　C. 铝酸三钙　　D. 铁铝酸四钙

6. 硅酸盐水泥熟料中,(　　)矿物的含量最大。

A. 硅酸三钙　　B. 硅酸二钙　　C. 铝酸三钙　　D. 铁铝酸四钙

7. 火山灰质、粉煤灰硅酸盐水泥的密度一般为(　　)kg/m^3。

A. 3150 ~3250　　B. 3100 ~3200

C. 2600 ~3000　　D. 2700 ~3100

8. 水泥凝结时间试验中,在临近初凝时间时,一般每隔(　　)测定一次。

A. 5min　　B. 10min　　C. 15min　　D. 20min

9. 水泥混凝土用硅酸盐水泥,初凝时间不少于(　　)min,终凝时间不大于(　　)min。

A. 45;390　　B. 45;600　　C. 60;390　　D. 60;600

10. 混凝土立方体抗压强度试验中,混凝土抗压强度试件以边长 150mm 的正方体为标准试件,其集料公称最大粒径为(　　)。

A. 13.2mm　　B. 26.5mm　　C. 31.5mm　　D. 53mm

11. 用维卡仪法测定水泥标准稠度用水量时,要求整个操作应在搅拌后(　　)内完成。

A. 60s　　B. 90s　　C. 120s　　D. 150s

12. 用维卡仪法测定水泥标准稠度用水量时,规定当试杆距离玻璃板小于(　　)时,应当适量减水。

A. 5mm　　B. 6mm　　C. 7mm　　D. 8mm

13. 水泥碱含量试验方法中,加入热水,压碎残渣使其溶解,加入一滴甲基红指示剂溶液,用(　　)中和至黄色。

A. 氨水　　B. 盐酸　　C. 硫酸　　D. 磷酸

14. 水泥密度试验时,两次试验结果的差值不应大于(　　)kg/cm^3。

A. 5　　B. 10　　C. 15　　D. 20

15. 水泥标准稠度用水量用调整水量法测定时,以试锥下沉深度(　　)时的净浆为标准稠度净浆。

A. 28mm ± 1mm　　B. 28mm ± 2mm　　C. 30mm ± 1mm　　D. 30mm ± 2mm

16. 水泥混凝土拌合物在外力作用下,集料在水泥浆体中保持均匀分布,不会产生离析或出现泌水现象的性能为(　　)。

A. 流动性　　B. 可塑性　　C. 稳定性　　D. 易密性

17. 当水泥细度检验采用负压筛法和水筛法得到的结果发生争议时,应以(　　)为准。

A. 负压筛法　　B. 水筛法

C. 两种方法的算术平均值　　D. 结果较小的方法

18. 为满足施工要求,水泥的初凝时间不宜太(　　),终凝时间不宜太(　　)。

A. 长;短　　B. 长;长　　C. 短;短　　D. 短;长

19. 混凝土立方体抗压强度试验,强度等级大于 C30、小于 C60 时,则取(　　)的加荷速度。

A. 0.3 ~ 0.5MPa/s　　B. 0.5 ~ 0.8MPa/s

C. 0.8 ~ 1.0MPa/s　　D. 1.0 ~ 1.5MPa/s

20. 非圆柱体普通水泥混凝土试件成型时,试件抹面与试模边缘高低差不得超过(　　)。

A. 0.5mm　　B. 1.0mm　　C. 1.5mm　　D. 2.0mm

21. 水泥混凝土立方体抗压强度试验采用 200mm × 200mm × 200mm 非标准试件时,计算抗压强度值应乘以尺寸换算系数(　　)。

A. 0.85　　B. 0.95　　C. 1.00　　D. 1.05

22. 测定水泥初凝时间时,试件在湿气养护箱中养护至加水后(　　)进行第一次测试。

A. 30min　　B. 45min　　C. 60min　　D. 75min

23. 混凝土的(　　)对混凝土起着极为关键的作用,是保证混凝土各项性能的核心指标。

A. 原材料特性　　B. 单位用水量　　C. 水灰比　　D. 砂率

24. 当混凝土拌合物的坍落度大于限值时,用钢尺测量混凝土扩展后最终的最大直径和最小直径,在这两个直径之差小于(　　)的条件下,用其算术平均值作为坍落扩展度值。

A. 10mm　　B. 50mm　　C. 100mm　　D. 220mm

25. 在水泥混凝土坍落度试验中,从开始装料到提坍落度筒的整个过程应连续并在

(　　)内完成。

A. 50s　　B. 100s　　C. 150s　　D. 200s

26. 采用试饼法测定水泥安定性，当两个试饼判别结果有矛盾时，该水泥的安定性(　　)。

A. 合格　　B. 不合格

C. 再做一个试饼测定　　D. 换雷氏夹法测定

27. 用试饼法测定水泥安定性时，要求将试件放入煮沸箱中在30min ±5min 内加热水至沸腾，并恒沸(　　)。

A. 60min ±5min　　B. 120min ±5min

C. 180min ±5min　　D. 240min ±5min

28. 采用雷氏夹法测定水泥安定性，当两个试件煮后增加距离($C-A$)的平均值不大于(　　)mm时，即认为该水泥安定性合格。

A. 3.0　　B. 4.0　　C. 5.0　　D. 6.0

29. 水泥混凝土拌合物凝结时间取3个试样的平均值，如果有1个与中间值之差超过值的(　　)，则以中间值为试验结果。

A. 5%　　B. 10%　　C. 15%　　D. 20%

30. 混凝土配合比设计正确的顺序为(　　)。

①提出基准配合比。

②确定试验室配合比。

③计算初步配合比。

④换算工地配合比。

A. ①②③④　　B. ②③①④　　C. ③①②④　　D. ④③②①

31. 水泥胶砂抗压强度以一组6个断块试件抗压强度结果的平均值为试验结果，当6个强度中有一个超出平均值(　　)时，应剔除后再取剩余5个值的平均值作为试验结果，如果5个值中再有超出平均值(　　)的，则该组试件无效。

A. ±5%；±5%　　B. ±10%；±5%

C. ±10%；±10%　　D. ±5%；±10%

32. 应以标准养护(　　)龄期的试件为准评定水泥混凝土弯拉强度。

A. 3d　　B. 7d　　C. 14d　　D. 28d

33. 水泥氯离子含量试验应用硝酸汞标准滴定溶液滴定至(　　)出现。

A. 蓝色　　B. 黄色　　C. 紫色　　D. 樱桃红色

34. 在水泥浆数量一定时，砂率过大，集料的总表面积及空隙率都会增大，需较多水泥浆填充和包裹集料，使(　　)。

A. 水泥浆增多，流动性增大　　B. 水泥浆减少，流动性减小

C. 水泥浆增多，流动性减小　　D. 水泥浆减少，流动性增大

35. 在新拌混凝土中，加入少量(　　)，能使流动性大幅度增加。

A. 早强剂　　B. 减水剂　　C. 膨胀剂　　D. 引气剂

36. 为保证水泥安定性合格，对于硅酸盐水泥和普通硅酸盐水泥，水泥中氧化镁含量不得

超过(　　)。

A. 5.0%　　B. 6.0%　　C. 6.5%　　D. 7.0%

37. 水泥凝结时间试验中,在临近终凝时间时每隔 15min 测定一次,当试针沉入(　　)mm,而环形附件未在试件上留下痕迹时,认为水泥达到终凝状态。

A. 4 ±1　　B. 0.5　　C. 2 ±0.5　　D. 0.5 ±0.1

38. 当水泥氯离子含量为 0.10% ~0.30% 时,氯离子测定结果的允许差为(　　)。

A. 0.002%　　B. 0.005%　　C. 0.010%　　D. 0.020%

39. 烧失量是指水泥在(　　)高温下产生的质量损失。

A. 800℃　　B. 850℃　　C. 900℃　　D. 950℃

40. (　　)可以测定水泥中三氧化硫含量。

A. 液体排代法　　B. 磷酸蒸馏-汞盐滴定法

C. 硫酸钡质量法　　D. 火焰光度法

41. 混凝土拌合物凝结时间试验步骤正确的顺序为(　　)。

①记下从开始加水拌和所经过的时间和环境温度。

②然后转动手轮让测针在 10s ±2s 内垂直且均匀地插入试样内,深度为 25mm ±2mm。

③将砂浆试样筒置于贯入阻力仪上,测针端面刚刚接触砂浆表面。

④每个试样的贯入测试应不少于 6 次,直至单位面积贯入阻力大于 28MPa 为止。

A. ①②③④　　B. ①③②④　　C. ③②①④　　D. ④③②①

42. 水泥碱含量试验(火焰光度法)结果精确至(　　)。

A. 0.1%　　B. 0.05%　　C. 0.01%　　D. 0.001%

43. 水泥三氧化硫含量试验方法(硫酸钡质量法)所用试剂不包括(　　)。

A. 盐酸　　B. 氯化钡　　C. 硝酸银　　D. 氢氧化钠

44. 水泥混凝土抗氯离子渗透试验(RCM 法)浸泡试件用的是(　　)。

A. 饱和氢氧化钙溶液　　B. 蒸馏水

C. 去离子水　　D. 饱和盐酸溶液

45. 氯离子渗透性评定为高,可采用的典型混凝土种类是(　　)。

A. 水胶比大于 0.60 的普通混凝土

B. 中等水胶比为 0.50 ~0.60 的普通混凝土

C. 低水胶比为 0.40 ~0.50 的普通混凝土

D. 低水胶比小于 0.38 含矿物微细粉混凝土

46. 水泥混凝土棱柱体抗压弹性模量试验,如果循环后任一根轴心抗压强度与循环前轴心抗压强度之差超过后者的(　　),则弹性模量值按另两根试件试验结果算术平均值计算。

A. 5%　　B. 10%　　C. 15%　　D. 20%

47. 水泥混凝土棱柱体抗压弹性模量试验,持荷时间为(　　)。

A. 30s　　B. 60s　　C. 90s　　D. 120s

48. 水泥胶砂强度试验的试件成型温度为(　　),相对湿度大于(　　)。

A. 20℃ ±1℃,90%　　B. 20℃ ±2℃,90%

C. 20℃ ±1℃,50%　　D. 20℃ ±2℃,50%

49. 做水泥混凝土拌合物坍落度试验时要求将代表样分三层装入筒内，每层装入高度稍大于筒高的1/3，用捣棒在每一层的横截面上均匀插捣(　　)次。

A. 15　　B. 20　　C. 25　　D. 30

50. 坍落度法测定水泥混凝土拌合物稠度的适用条件是(　　)。

A. 坍落度大于15mm，集料公称最大粒径不大于31.5mm

B. 坍落度小于15mm，集料公称最大粒径不小于31.5mm

C. 坍落度大于10mm，集料公称最大粒径不大于31.5mm

D. 坍落度小于10mm，集料公称最大粒径不小于31.5mm

51. 下列外加剂对改善混凝土流动性最显著的是(　　)。

A. 减水剂　　B. 引气剂　　C. 增稠剂　　D. 速凝剂

52. 采用贯入阻力试验方法测定水泥混凝土拌合物的凝结时间，通过绘制贯入阻力-时间关系曲线，当单位面积贯入阻力为(　　)时，对应的时间应为初凝时间。

A. 2.5MPa　　B. 3.0MPa　　C. 3.5MPa　　D. 4.0MPa

53. 水泥不溶物含量试验(盐酸-氢氧化钠处理)需要用到(　　)。

A. 快速定量滤纸　　B. 中速定量滤纸　　C. 慢速定量滤纸　　D. 玻璃纤维滤纸

54. 混凝土强度等级是根据(　　)标准值来确定的。

A. 立方体抗压强度　　B. 棱柱体抗压强度

C. 棱柱体抗折强度　　D. 立方体抗冲击强度

55. 混合式气压法测定水泥混凝土拌合物含气量适用于集料公称最大粒径不大于(　　)，含气量不大于(　　)且坍落度不为零的水泥混凝土拌合物。

A. 31.5mm；8%　　B. 37.5mm；8%　　C. 31.5mm；10%　　D. 37.5mm；10%

56. 水泥氧化镁含量试验(原子吸收分光光度法)在空气-乙炔火焰中，于波长(　　)处测定溶液的吸光度。

A. 258.2nm　　B. 258.5nm　　C. 285.2nm　　D. 285.5nm

57. 混凝土电通量试验中，对试件施加60V直流恒电压并开始记录电流值，直至通电(　　)。

A. 4h　　B. 5h　　C. 6h　　D. 7h

58. 水泥混凝土抗折强度试验非标准试件的尺寸是(　　)。

A. 100mm×100mm×400mm　　B. 100mm×100mm×550mm

C. 150mm×150mm×400mm　　D. 150mm×150mm×550mm

59. 进行混凝土凝结时间测定时，需要更换测针的情况是(　　)。

A. 贯入阻力超过一定程度　　B. 经过一段时间之后

C. 环境温度或湿度发生改变　　D. 贯入操作时在测孔边出现微裂缝

60. 水泥混凝土棱柱体抗压弹性模量试验方法规定，水泥混凝土的受压弹性模量取轴心抗压强度(　　)时对应的弹性模量。

A. 1/2　　B. 1/3　　C. 1/4　　D. 1/5

61. 一组水泥混凝土标准立方体试件进行抗压强度试验，极限荷载分别为780kN、710kN、900kN，该组试件的抗压强度为(　　)。

A. 35.4MPa　　B. 34.7MPa　　C. 33.1MPa　　D. 作废

62. 水泥混凝土抗渗性试验时，水压从 0.1MPa 开始，每隔 8h 增加水压(　　)MPa，一直加至 6 个试件中有 3 个试件表面发现渗水，即可停止试验。

A. 0.1　　B. 0.2　　C. 0.3　　D. 0.4

63. 进行混凝土配合比设计时，计算出水灰比后还要根据(　　)进行校正。

A. 强度　　B. 耐久性　　C. 流动性　　D. 用水量

64. 在混凝土中掺减水剂，若保持用水量不变，则可以提高混凝土的(　　)。

A. 强度　　B. 耐久性　　C. 流动性　　D. 抗渗性

65. 在进行混凝土初步配合比设计时，第一步应(　　)。

A. 计算混凝土配制强度　　B. 计算水灰比

C. 确定单位用水量　　D. 确定砂率

66. 水泥胶砂强度检验是将水泥和标准砂以(　　)的比例混合后，以水灰比(　　)拌制成一组塑性胶砂，然后采用规定的方法测出抗折和抗压强度。

A. 1∶2;0.5　　B. 1∶2;0.6　　C. 1∶3;0.5　　D. 1∶3;0.6

67. 从作用机理方面分析，减水剂在混凝土中的作用不包括(　　)。

A. 吸附分散作用　　B. 润滑作用

C. 湿润作用　　D. 缓凝作用

68. 早强剂对混凝土的早期强度有利，主要是因为早强剂影响了混凝土的(　　)。

A. 流动性　　B. 耐久性

C. 收缩性　　D. 水化硬化

69. 缓凝剂之所以能延缓水泥凝结时间，是因为在水泥及其水化物表面上的(　　)而达到缓凝效果。

A. 吸附作用　　B. 润滑作用

C. 润湿作用　　D. 减水作用

70. 泌水率测定试验中，自抹面开始计算时间，在前 60min，每隔 10min 用吸液管吸出泌水一次，以后每隔(　　)min 吸水一次，直至连续三次无泌水为止。

A. 10　　B. 15　　C. 20　　D. 25

二、判断题

1. 在同一车水泥混凝土中取样，应从三处以上的不同部位抽取大致相同份量的代表性样品，并搅拌均匀。(　　)

2. 硅酸盐水泥中完全不掺混合料的称为Ⅰ型硅酸盐水泥。(　　)

3. 火山灰水泥中熟料矿物的含量比硅酸盐水泥多。(　　)

4. 水泥的细度越大，水化反应和凝结速度就越快，早期强度就越高。(　　)

5. 在水胶比相同的条件下，达到最佳浆集比后，混凝土强度随着混凝土浆集比的增加而降低。(　　)

6. 水泥标准稠度用水量是指水泥净浆对标准试杆沉入时所产生的阻力达到规定状态所用的水量。(　　)

7. 工程实践中主要关注的混凝土力学指标有抗压强度和抗折强度。(　　)

8. 硅酸盐水泥的细度用比表面积表示，普通硅酸盐水泥的细度采用筛余量表示。（　）

9. 水泥中碱含量以 $Na_2O + 0.658K_2O$ 计时，不得超过 0.6%。（　）

10. 采用维卡仪法测定水泥标准稠度用水量，以试杆距底板的距离为 5mm ± 1mm 作为水泥标准稠度的判定标准。（　）

11. 水泥和粉煤灰细度试验均采用负压筛法，但是粉煤灰需筛析时间更长。（　）

12. 比表面积法是一种测定水泥细度的试验方法。（　）

13. 水泥安定性测定的标准方法是雷氏夹法。（　）

14. 在同一个试验室和试验环境条件下，水泥比表面积试验与水泥成型试验可同时进行。（　）

15. 混凝土的抗渗等级划分为 P4、P6、P8、P10、P12 五个等级。（　）

16. 水泥的初凝时间是指从水泥全部加入水中到水泥浆完全失去塑性的时间。（　）

17. 只要条件许可，水泥混凝土用砂应优先选用中砂，普通混凝土的坍落度与砂率成正比关系。（　）

18. 混凝土的抗拉强度只有抗压强度的 1/10 ~ 1/20。（　）

19. 测定水泥初凝时间时，达到初凝时应立即重复测定一次，当两次结果不同时，以第一次结果为准。（　）

20. 测定水泥初凝时间时，当试针沉至距底板 6mm ± 1mm 时，为水泥达到初凝状态。（　）

21. 水泥的安定性不良是由水泥中某些有害成分造成的。（　）

22. 道路路面或机场道面用水泥混凝土，以抗压强度为主要强度指标，抗弯拉强度作为参考指标。（　）

23. 用雷氏夹法测定水泥安定性时，沸煮箱中的水位必须要保证在整个沸煮过程中都能没过试件。（　）

24. 采用质量法计算水泥混凝土初步配合比粗细集料的用量要首先假定一个合适的混凝土表观密度等于混凝土各组成材料的单位用量之和。（　）

25. 用试饼法测定水泥安定性时，目测试饼未发现裂缝，但用钢直尺检查时有弯曲，则该试饼安定性合格。（　）

26. 水泥强度与水泥的矿物熟料组成密切相关，但与水泥细度无关。（　）

27. 水泥的胶砂强度主要是指抗压强度。（　）

28. 水泥标准稠度用水量测定用水泥净浆制备搅拌方式是慢速搅拌 120s，停拌 15s，再快速搅拌 120s。（　）

29. 水泥混凝土的密实程度是决定水泥混凝土耐久性的重要指标。（　）

30. 水泥的有害成分主要是指对水泥流动性造成不利影响的化学成分。（　）

31. 新拌混凝土中的水泥浆过稀，造成黏聚性和保水性不良，产生流浆和离析现象。（　）

32. 目前对水泥安定性不良的检测主要是检测游离氧化钙引起的水泥体积安定性不良。（　）

33. 通用硅酸盐水泥技术指标中的化学指标不包括氯离子含量。（　）

34. 国家标准规定，硅酸盐水泥的初凝时间不大于45min。（　　）

35. 对新拌混凝土流动性起决定作用的是用水量。在拌制混凝土时，常用改变用水量的办法来调整新拌混凝土的流动性。（　　）

36. 水泥凝结时间测定用初凝试针和终凝试针长度相同，直径不同，终凝试针下端带有一个环形附件。（　　）

37. 硅酸盐水泥有32.5、32.5R、42.5、42.5R、52.5、52.5R六个等级。（　　）

38. 水泥中不溶物测定时，试样先用氢氧化钠溶液处理，尽量避免可溶性氧化硅的析出，滤出的不溶渣再用酸溶液处理。（　　）

39. 水泥胶砂成型前组装三联模时要涂抹一些黄油，其作用是防止试模与水泥胶砂的粘连。（　　）

40. 公路面层水泥混凝土的配合比设计应首先满足经济性。（　　）

41. 随着砂率的提高，水泥混凝土的坍落度将会降低。（　　）

42. 混凝土坍落度越大，表示混凝土的保水性就越差。（　　）

43. 水泥混凝土路面的设计标准采用28d龄期的水泥混凝土抗弯拉强度。（　　）

44. 水泥净浆标准稠度用水量采用代用法时，如果不变水量法的结果和调整水量法的结果有冲突时，以不变水量法的结果为准。（　　）

45. 水泥混凝土强度等级越高，力学试验加载时要求的标准加载速率就应越快。（　　）

46. 普通硅酸盐水泥、矿渣硅酸盐水泥、火山灰质硅酸盐水泥、粉煤灰硅酸盐水泥和复合硅酸盐水泥初凝不小于45min，终凝不大于600min。（　　）

47. 雷氏法是观察由两个试针相对位移所指示的水泥标准稠度净浆体积膨胀程度。（　　）

48. 进行水泥混凝土抗压强度试验时，其破坏荷载宜在压力机全量程的10%～90%之间。（　　）

49. 在混凝土中掺加掺合料，能增加新拌混凝土的黏聚性，减少离析和泌水。（　　）

50. 在用贯入阻力法测定混凝土凝结时间的试验中，测定之前不需要将混凝土拌合物做过筛处理。（　　）

51. 从加水拌和时算起，常温下普通混凝土凝结时间在3h后开始测定，以后每次间隔为1h。（　　）

52. 水泥胶砂强度试验（ISO法）三个抗折强度试验结果中，有一个超出平均值±10%时，取中值为测定结果。（　　）

53. 缓凝剂是在混凝土坍落度基本相同的条件下，能减少拌和用水的外加剂。（　　）

54. 根据经验，普通混凝土强度等级和水泥强度等级之间大致有1.0～1.5倍的匹配关系。（　　）

55. 减小水灰比可以提高混凝土的抗渗性能。（　　）

56. 混凝土试件应在温度为20℃±5℃，相对湿度在50%以上的标准养护室进行养护。（　　）

57. 成型混凝土立方体和棱柱体试件前，应进行坍落度或维勃稠度试验，认为品质合格后再成型。（　　）

58. 混凝土的强度等级是以混凝土立方体抗压强度标准值划分的。（　）

59. 水泥混凝土拌合物表观密度的实质为水泥混凝土拌合物的毛体积密度。（　）

60. 水泥混凝土拌合物凝结时间测定单位面积贯入阻力 3.5～20.0MPa 应选用 $50mm^2$ 型号测针。（　）

61. 混凝土强度的评定是通过测定 7d 龄期的强度进行的。（　）

62. 混凝土抗折强度试验的三个试件中，如有一个断面位于加荷区间外侧，则取另外两个试件测定值的算术平均值作为测定结果，并要求这两个测值的差值不大于其中较小测值的 15%。（　）

63. 无论混凝土的抗压强度还是抗折强度试验，均以三个试件测定值的算术平均值作为测定结果，如果任一个测定值与中值的差超过中值的 15%，则取另外两个测定值的算术平均值作为测定结果。（　）

64. 混凝土抗压强度试件以边长为 150mm 正立方体为标准试件。（　）

65. 水泥凝结时间测定的起始时间是指第一次测定的时间。（　）

66. 水泥混凝土路面高温期施工宜采用普通型水泥。（　）

67. 在进行水泥混凝土配合比设计时，原则上水泥用量能少则少。（　）

68. 要使混凝土达到耐久性要求，必须严格控制混凝土的水灰比和水泥用量。（　）

69. 水泥混凝土拌合物含气量试验方法（混合式气压法）两次测量结果相差大于 0.2% 时，应重新试验。（　）

70. 水泥混凝土抗渗等级按下式计算：$P = 10H - 1$，H 为第四个试件顶面开始有渗水时的水压力。（　）

71. 快速氯离子迁移系数法适用于以测定氯离子在混凝土中非稳态迁移的迁移系数来确定混凝土抗氯离子的渗透性能。（　）

72. 水泥混凝土坍落度试验提筒宜控制在 3～7s 内完成，并使混凝土不受横向及扭力作用。（　）

73. 采用体积法计算水泥混凝土初步配合比粗细集料的用量认为混凝土拌合物的总体积等于混凝土各组成材料的绝对体积之和。（　）

74. 减水剂能减少水泥中的拌和用水。（　）

75. 缓凝剂会对混凝土后期的物理力学性能产生不良影响。（　）

76. 减水剂只能改善新拌混凝土的工作性，对其他方面的性能没有贡献。（　）

77. 测定水泥混凝土拌合物坍落扩展度达 500mm 的时间，即 T_{500}，应自坍落筒提起离开底板时开始计时。（　）

78. 水泥混凝土拌合物坍落扩展度试验从开始装料到测得混凝土扩展度值的整个过程应连续进行，并应在 4min 内完成。（　）

79. 水泥胶砂强度试件的龄期是从水泥加水搅拌时开始计算。（　）

80. 混凝土使用引气剂后，将有利于混凝土的抗冻性能，但不利于混凝土的力学性能。（　）

三、多项选择题

1. 下列水泥不能用于配制严寒地区处在水位升降范围内的混凝土的是(　　)。

A. 普通硅酸盐水泥　　B. 硅酸盐水泥

C. 火山灰水泥　　D. 粉煤灰水泥

2. 复合硅酸盐水泥的特性有(　　)。

A. 早期强度较低,后期强度增长较快

B. 抗冻性较差

C. 抗碳化能力较强

D. 耐硫酸盐腐蚀性较好

3. 下列水泥中可应用在有抗硫酸盐侵蚀要求工程的水泥品种有(　　)。

A. 矿渣水泥　　B. 粉煤灰水泥

C. 火山灰水泥　　D. 硅酸盐水泥

4. 下列有关水泥标准稠度用水量的说法正确的是(　　)。

A. 测定水泥标准稠度用水量的方法有标准法和代用法

B. 水泥标准稠度用水量是指水泥净浆对标准试杆沉入时所产生的阻力达到规定状态所具有的水泥和水用量百分率

C. 标准稠度是水泥凝结时间、安定性试验结果具有可比性的基础

D. 水泥的标准稠度用水量与水泥品种无关

5. 测定水泥标准稠度用水量的方法有(　　)。

A. 维勃稠度法　　B. 比表面积法

C. 标准维卡仪法　　D. 代用维卡仪法

6. 下列有关测定水泥标准稠度用水量的方法,正确的是(　　)。

A. 代用法测定水泥标准稠度用水量时,行标以试锥贯入的深度为 28mm ± 2mm 时的拌和水量作为该水泥的标准稠度用水量

B. 采用维卡仪法测定水泥标准稠度用水量,以试杆距底板的距离为 6mm ± 1mm 作为水泥达到标准稠度的判定标准

C. 试锥法可分为调整水量法和不变水量法

D. 采用固定用水量法不适宜试锥下沉深度小于 13mm 时的水泥

7. 配制混凝土时所采用的粗集料质量要求有(　　)。

A. 力学性质　　B. 粒径、颗粒形状及级配

C. 有害物质　　D. 细度模数

8. 混凝土合理砂率随(　　)而变化,需要根据实际施工条件,通过试验来选择。

A. 粗集料种类

B. 最大粒径和级配

C. 砂子的粗细程度和级配

D. 混凝土的水胶比和施工要求的流动性

9. 下列有关水泥凝结时间的说法,正确的是(　　)。

A. 水泥的矿物组成和细度会影响水泥的凝结时间
B. 水泥的初凝时间是指从水泥全部加入水中到水泥浆开始失去塑性所需的时间
C. 水泥的终凝时间是指从水泥全部加入水中到水泥浆完全失去塑性所需的时间
D. 水泥的凝结时间分为初凝时间和终凝时间

10. 水泥对新拌混凝土和易性的影响主要是水泥的(　　)。
A. 需水量　　B. 保水性　　C. 泌水性　　D. 黏聚性

11. 集料对新拌混凝土和易性的影响主要是(　　)。
A. 集料的级配　　B. 颗粒形状　　C. 表面特征　　D. 最大粒径

12. 下列选项中,属于测定水泥中氯离子含量试验方法的有(　　)。
A. 硫氰酸铵容量法　　B. 火焰光度法
C. 电位滴定法　　D. 离子色谱法

13. 测定水泥凝结时间的仪器除和测定水泥净浆稠度试验相同的外,还需要(　　)。
A. 养护箱　　B. 试针　　C. 试锥　　D. 维卡仪

14. 强度等级为32.5的水泥品种包括(　　)。
A. 硅酸盐水泥　　B. 火山灰硅酸盐水泥
C. 粉煤灰硅酸盐水泥　　D. 复合硅酸盐水泥

15. 下列有关水泥安定性的说法,正确的是(　　)。
A. 安定性是水泥的一项力学性质
B. 水泥安定性不良可能对水泥结构造成严重的结构破坏,因此必须测定水泥的安定性
C. 水泥中有害成分如游离氧化钙和游离氧化镁含量过多,在水泥硬化过程中或硬化后引起水泥石内部体积膨胀,可能引发水泥石结构的严重破坏
D. 如果水泥的安定性不良,但其他指标均合格,则该水泥仍为合格水泥

16. 测定水泥安定性的方法有(　　)。
A. 雷氏夹法　　B. 试饼法
C. 调整水量法　　D. 筒压法

17. 下列关于用雷氏夹法测定水泥安定性的说法,正确的是(　　)。
A. 必须同时测定两个试件
B. 沸煮前必须将试件放在标准养护箱中进行养护
C. 沸煮过程中必须使沸煮箱中的水位没过试件
D. 是测定水泥安定性的唯一方法

18. 下列有关用试饼法测定水泥体积安定性的说法,错误的是(　　)。
A. 当与其他测定方法的测定结果有争议时,以试饼法为主
B. 沸煮前无须对试件进行养护
C. 沸煮前必须先检查试饼是否完整,如试饼表面出现开裂,应检查原因,若没有外因作用时,该试饼已属于不合格产品,不必煮沸
D. 沸煮过程中必须使沸煮箱中的水位没过试饼

19. (　　)会影响水泥的强度。

A. 水泥矿物熟料组成和细度　　B. 石膏的掺量
C. 养护条件　　D. 龄期

20. 下列关于勃氏法测量水泥比表面积说法不正确的有(　　)。
A. 试样需要烘干并冷却　　B. 试样需要过 1.0mm 筛
C. 试验室相对湿度≥50%　　D. 平行试验结果相差不大于 1%

21. 下列跳桌法测定水泥胶砂流动度的试验步骤正确的有(　　)。
A. 如跳桌在 24h 内未被使用,先空跳一个周期 25 次
B. 将拌好的水泥胶砂分两层迅速装入流动试模,第一层装至截锥圆模高度约 2/3 处
C. 将截锥圆模垂直向上轻轻提起,立刻开动跳桌,每秒钟一次,在 25s ± 1s 内完成 25 次跳动
D. 从胶砂拌和开始到测量扩散直径结束,须在 6min 内完成

22. 游离氧化钙引起的水泥安定性不良,可用(　　)进行检测。
A. 试饼法　　B. 雷氏夹法
C. 蒸压法　　D. 滴定法

23. 水泥混凝土用细集料的有害物质包括(　　)。
A. 云母　　B. 轻物质　　C. 氯离子　　D. 硫酸盐

24. 硅酸盐水泥的物理指标主要包括(　　)。
A. 凝结时间　　B. 安定性　　C. 强度　　D. 不溶物

25. 硅酸盐水泥的强度等级主要是以不同龄期的(　　)进行划分的。
A. 抗拉强度　　B. 抗剪强度　　C. 抗压强度　　D. 抗折强度

26. 判断水泥是否合格的指标包括(　　)。
A. 化学指标　　B. 凝结时间　　C. 安定性　　D. 强度

27. 在水泥混凝土拌合物凝结时间试验中用到的仪器设备包括(　　)。
A. 贯入阻力仪　　B. 测针　　C. 坍落度仪　　D. 计时器

28. 下列关于用坍落度法测定混凝土拌合物流动性的说法正确的是(　　)。
A. 坍落度法适合测定集料公称最大粒径不大于 31.5mm 的混凝土
B. 坍落度越大表示流动性越大
C. 当混凝土拌合物的坍落度大于 200mm 时,坍落度不能准确反映混凝土的流动性
D. 测定坍落度的同时应观察混凝土拌合物的黏聚性和保水性,以全面评定新拌混凝土的工作性

29. 以下水泥(　　)检测均有标准法和代用法,实际检测时应首选标准法。
A. 标准稠度用水量　　B. 凝结时间
C. 安定性　　D. 抗折强度

30. 普通混凝土路面的配合比设计在兼顾经济性的同时,应满足下列(　　)技术要求。
A. 弯拉强度　　B. 工作性
C. 抗压强度　　D. 耐久性

31. 水泥混凝土拌合物含气量的测定试验(混合式气压法)主要包括对(　　)的含气量的测定。

A. 混凝土拌合物　　B. 集料
C. 水泥　　D. 外掺料

32. 测得混凝土坍落度值后，应进一步观察其黏聚性。具体做法是用捣棒轻轻敲击拌合物，若混凝土试体出现(　　)，说明混凝土黏聚性差。

A. 突然倒坍　　B. 部分崩裂、石子离析
C. 底部明显有水流出　　D. 表面泌水

33. 水泥混凝土拌合物凝结时间试验中，以下试验描述正确的有(　　)。

A. 每批混凝土拌合物取一个试样，共取三个试样，分装三个试样筒
B. 试件静置于温度为20℃ ±2℃环境中
C. 每个试样作贯入阻力试验应在0.2 ~28MPa间，且不少于5次
D. 普通混凝土从加水拌和时算起，2 ~3h后开始测定

34. 测定混凝土拌合物和易性的现行主要方法有(　　)。

A. 坍落度法　　B. 贯入阻力法
C. 维勃稠度法　　D. 目测法

35. 下列因素中(　　)会影响新拌混凝土的和易性，因此在混凝土配合比设计时要不断调整，使其和易性满足相关要求。

A. 水灰比　　B. 砂率　　C. 用水量　　D. 外加剂

36. 在新拌混凝土中掺加(　　)能增大流动性。

A. 减水剂　　B. 引气剂
C. 增稠剂　　D. 速凝剂

37. 下列关于新拌混凝土工作性的调整，说法正确的是(　　)。

A. 在组成材料一定的情况下，混凝土拌合物的流动性随单位用水量的增加而加大
B. 水灰比小，则水泥浆稠度大，混凝土拌合物流动性小
C. 存在一合适的砂率使新拌混凝土的和易性最佳
D. 砂率越大，工作性越好

38. 下列关于用贯入阻力法测定混凝土凝结时间试验的说法，正确的是(　　)。

A. 当单位面积贯入阻力为3.5MPa时，对应的时间应为初凝时间
B. 当单位面积贯入阻力为28MPa时，对应的时间应为终凝时间
C. 测点与试样筒壁的距离不小于25mm
D. 测定时，每个试样筒每次测3个点，各测点的间距不小于15mm

39. 改善混凝土耐久性的外加剂的有(　　)。

A. 减水剂　　B. 早强剂
C. 阻锈剂　　D. 防水剂

40. 调节混凝土凝结时间和硬化功能的外加剂有(　　)。

A. 减水剂　　B. 缓凝剂
C. 早强剂　　D. 速凝剂

41. 下列关于水泥混凝土试件制作的描述，正确的有(　　)。

A. 立方体抗压强度试件标准尺寸为150mm ×150mm ×150mm

B. 非圆柱体试件成型时，坍落度大于 25m 且小于 70mm 的水泥混凝土可采用人工成型

C. 采用人工成型直径为 200m 圆柱体试件时，拌合物需分厚度大致相等的三层装入试模，每层插捣 25 下

D. 圆柱体试件用抹刀仔细抹平后，使表面略低于试模边缘 0.5mm

42. 水泥混凝土抗弯拉强度试验可以选用的试件尺寸有(　　)。

A. 100mm × 100mm × 400mm　　B. 150mm × 150mm × 550mm

C. 150mm × 150mm × 600mm　　D. 150mm × 150mm × 650mm

43. 水泥混凝土抗压强度试验时，抗压强度测定值可能为(　　)。

A. 最大值　　B. 最小值　　C. 平均值　　D. 中间值

44. 下列关于水泥凝结时间测定，说法正确的是(　　)。

A. 最初测定的操作时应轻扶金属柱，使其徐徐下降，以防止试针撞弯，但结果以自由下落为准

B. 在整个测试过程中，试针沉入的位置至少要距试模内壁 25mm

C. 每次测定不能让试针落入原针孔

D. 每次测定完毕须将试针擦净并将试模放回湿气养护箱内，整个测试过程要防止试模振动

45. ISO 标准砂用于检验水泥胶砂强度的基准物质，由粒径范围(　　)级配石英砂组成。

A. 0.08 ~ 0.5mm　　B. 0.5 ~ 1.0mm

C. 1.0 ~ 2.0mm　　D. 2.0 ~ 5.0mm

46. 判断水泥安定性状态合格与否的错误方法是(　　)。

A. 采用代用法测定试饼膨胀量

B. 采用标准法测定雷氏夹沸煮后指针端部增加距离

C. 采用代用法观察钢尺与试饼之间的接触情况

D. 采用标准法测定雷氏夹指针在 300g 砝码重量下打开程度

47. 水泥中的有害成分指(　　)。

A. 石膏　　B. 游离氧化镁

C. 三氧化硫　　D. 氯离子或碱含量

48. 混凝土配合比设计需满足的要求是(　　)。

A. 满足结构物设计强度要求　　B. 满足施工工作性要求

C. 满足耐久性要求　　D. 满足经济性要求

49. 水泥混凝土配合比设计步骤包括(　　)。

A. 计算初步配合比　　B. 提出基准配合比

C. 确定试验室配合比　　D. 换算施工配合比

50. 在混凝土基准配合比设计阶段，通过具体的坍落度试验，下列调整初步配合比设计方法正确的有(　　)。

A. 坍落度值达到设计要求，且混凝土的黏聚性和保水性亦良好，则原有初步配合比无须调整

B. 混凝土的坍落度不能满足设计要求，但黏聚性和保水性却较好时，此时应在保持原有水灰比不变的条件下，调整水和水泥用量，直至工作性满足要求

C. 当试拌并实测后，如发现流动性能够达到设计要求，但黏聚性和保水性却不好，此时，保持原有水泥和水的用量，在维持砂石总量不变的条件下，适当调整砂率，改善混凝土的黏聚性和保水性，直至坍落度、黏聚性和保水性均满足要求

D. 当试拌并实测后，如发现拌合物的坍落度不能满足要求，且黏聚性和保水性也不好，则应在水灰比和砂石总量维持不变的条件下，改变用水量和砂率，直至符合要求为止

51. 水泥胶砂强度试验的试件成型步骤中，每成型三条试件需称量的材料用量为(　　)。

A. 水泥 350g ±2g　　B. 水泥 450g ±2g

C. ISO 砂 1050g ±5g　　D. ISO 砂 1350g ±5g

52. 以下可以获得水泥细度的试验方法有(　　)。

A. 负压筛法　　B. 水筛法

C. 比表面积仪法　　D. 观察法

53. 水泥胶砂强度试验(ISO 法)加载速度可以是(　　)。

A. 50N/s　　B. 500N/s　　C. 1500N/s　　D. 2500N/s

54. 成型后的混凝土养护分为初期的带模养护和脱模后的正常养护，下列选项中说法正确的是(　　)。

A. 带模养护：保湿条件下室温 20℃ ±5℃，相对湿度大于 50%

B. 脱模养护：温度 20℃ ±2℃，相对湿度大于 95%

C. 带模养护：温度 20℃ ±2℃，相对湿度大于 90%

D. 脱模养护：水温 20℃ ±5℃的饱和石灰水浸泡

55. 混凝土施工配合比是在试验室配合比的基础上修正了(　　)用量。

A. 水泥　　B. 细集料　　C. 粗集料　　D. 水

56. 水泥混凝土棱柱体抗压回弹模量试验需要的器具有(　　)。

A. 压力试验机　　B. 分度值为 1mm 的钢尺

C. 微变形测量仪　　D. 毛玻璃片

57. 特重交通荷载等级公路的面层水泥混凝土可采用(　　)。

A. 道路硅酸盐水泥　　B. 硅酸盐水泥

C. 矿渣硅酸盐水泥　　D. 普通硅酸盐水泥

58. 水泥混凝土按初步配合比试拌并实测之后，发现流动性能够达到设计要求，但黏聚性和保水性却不好，经过调整，得到基准配合比，同初步配合比对照，(　　)的用量肯定发生改变。

A. 水泥　　B. 水　　C. 砂　　D. 石

59. 水泥氧化镁含量测定是以(　　)试样的方法制备溶液。

A. 氢氟酸-高氯酸分解　　B. 硝酸分解

C. 氢氧化钠熔融　　D. 碳酸钠熔融

60. 采用混合式气压法测定水泥混凝土拌合物含气量时，需要标定(　　)。

A. 量钵容积　　B. 含气量 0% 点

C. 含气量 1% ~10%　　D. 集料含气量

四、综合题

1. 关于水泥混凝土立方体抗压强度和抗弯拉强度试验方法，请回答以下问题。

(1)关于水泥混凝土立方体抗压强度试验方法、试验步骤正确的有(　　)。

A. 以成型时侧面为上下受压面，试件中心应与压力机几何对中

B. 强度等级小于 C30 的混凝土取 0.3 ~0.5MPa/s 的加荷速度

C. 强度等级大于 C30 小于 C60 时，则取 0.5 ~0.8MPa/s 的加荷速度

D. 强度等级大于 C60 的混凝土，取 0.8 ~1.0MPa/s 的加荷速度

(2)水泥混凝土立方体抗压强度试验方法测定的 3 个试件测值中的最大值或最小值，如有一个与中间值之差超过中间值的(　　)，则取中间值为测定值。

A. 5%　　B. 10%　　C. 15%　　D. 20%

(3)采用非标准试件时，在三分点加荷的试验方法同前，但所取得的抗折强度值应乘以尺寸换算系数(　　)。

A. 0.80　　B. 0.85　　C. 0.90　　D. 0.95

(4)关于水泥混凝土抗弯拉强度试验方法注意事项，正确的有(　　)。

A. 3 根试件中如果有 1 根试件均出现断裂面位于加荷点外侧，则该组结果无效

B. 弯拉强度试验装置对于试验结果有显著影响，所以试验过程中必须使用符合规定的装置

C. 试验时应选择合适的压力机加载量程，否则可能引起较大误差

D. 试验要求的加载速率单位是 MPa/s

(5)关于水泥混凝土立方体抗压强度和抗弯拉强度试验结果，计算说法正确有(　　)。

A. f_{cu}为混凝土抗弯拉强度

B. f_f 为混凝土立方体抗压强度

C. 混凝土立方体抗压强度试验结果计算精确至 0.1MPa

D. 混凝土抗弯拉强度试验结果计算精确至 0.01MPa

2. 关于新拌水泥混凝土的工作性(和易性)，请回答以下问题。

(1)新拌混凝土的工作性又称和易性，是指混凝土具有(　　)等几方面的一项综合性能。

A. 流动性　　B. 可塑性　　C. 稳定性　　D. 易密性

(2)影响混凝土工作性的因素有(　　)。

A. 水泥浆的数量和稠度　　B. 砂率

C. 组成材料的性质　　D. 时间和温度

(3)当混凝土拌合物的坍落度大于(　　)时，坍落度不能准确反映混凝土的流动性，用混凝土扩展后的平均直径，即坍落扩展度，作为流动性指标。

A. 160mm　　B. 180mm　　C. 200mm　　D. 220mm

(4)关于水泥混凝土拌合物稠度试验方法(坍落度仪法)试验要求，错误的有(　　)。

A. 将代表样分三层装入筒内，每层装入高度稍大于筒高的 1/3，用捣棒在每一层的横

截面上均匀插捣 25 次

B. 坍落筒中的装填插捣操作，是将捣棒垂直压下，而不能采用冲击的方式进行

C. 从开始装筒至提起坍落筒的全过程，不应超过 150s

D. 当混凝土试件的一侧发生崩坍或一边剪切破坏，则表示该混凝土和易性不好

(5) 做坍落度试验的同时，可用目测方法评定混凝土拌合物的(　　)。

A. 棍度　　B. 含砂情况　　C. 黏聚性　　D. 保水性

3. 设计强度为 C35 的水泥混凝土，施工抽检了 10 组试件，其 28d 的抗压强度(标准尺寸试件、标准养护)为：33.0MPa、34.0MPa、36.0MPa、35.0MPa、33.0MPa、36.0MPa、35.0MPa、35.0MPa、38.0MPa、35.0MPa，取判定系数 $K_1=1.7$，$K_2=0.9$，请回答以下问题。

(1) $S_n=$(　　)。

A. 1.149MPa　　B. 1.491MPa　　C. 1.941MPa　　D. 2.100MPa

(2) $R_n-K_1S_n=$(　　)。

A. 33.05MPa　　B. 32.46MPa　　C. 31.70MPa　　D. 31.43MPa

(3) $R_n-K_1S_n$(　　)$0.9R$。

A. 大于　　B. 等于　　C. 小于　　D. 无法判断

(4) 下列水泥混凝土抗压强度的合格标准正确的是(　　)。

A. $R_n \geqslant K_2R$　　B. $R_n \leqslant K_1R$

C. $R_{min} \geqslant K_2R$　　D. $R_{min} \geqslant (K_1-K_2)R$

(5) 该组试件强度(　　)要求。

A. 满足　　B. 不满足　　C. 部分满足　　D. 无法判断

4. 某试验室按体积法设计某混凝土配合比，混凝土设计强度等级为 C40，强度标准差 $\sigma=4.5$MPa。可供材料：42.5 级硅酸盐水泥，密度 $\rho_c=3.1\times10^3$kg/m³，富余系数 $\gamma_c=1.16$；中砂，表观密度 $\rho_s=2.65\times10^3$kg/m³；碎石，最大粒径为 20mm，表观密度 $\rho_g=2.70\times10^3$kg/m³。回归系数 $a_a=0.47$、$a_b=0.08$，单位用水量 190kg，砂率取 31%，要求最大水灰比限制值为 0.55，最小水泥用量限定值为 280kg/m³。请回答以下问题。

(1) 该混凝土的水灰比为(　　)。

A. 0.41　　B. 0.47　　C. 0.50　　D. 0.55

(2) 该混凝土的单位水泥用量为(　　)。

A. 354kg/m³　　B. 390kg/m³　　C. 415kg/m³　　D. 476kg/m³

(3) 该混凝土的单位砂用量为(　　)。

A. 534kg/m³　　B. 550kg/m³　　C. 557kg/m³　　D. 566kg/m³

(4) 该混凝土的单位碎石用量为(　　)。

A. 1188kg/m³　　B. 1224kg/m³　　C. 1239kg/m³　　D. 1259kg/m³

(5) 该混凝土的初步配合比为(　　)。

A. 354 : 195 : 566 : 1259　　B. 390 : 195 : 557 : 1239

C. 415 : 195 : 550 : 1224　　D. 476 : 195 : 534 : 1188

5. 在水泥混凝土配合比设计中，混凝土性能是非常重要的内容，根据配合比设计过程和设计要求回答下列问题。

(1)公路面层水泥混凝土的配合比设计应满足(　　)要求。

A. 经济性　　B. 耐久性　　C. 和易性　　D. 抗压强度

(2)水泥混凝土配合比设计应包括(　　)阶段。

A. 目标配合比设计　　B. 施工配合比设计

C. 计算配合比设计　　D. 理论配合比设计

(3)为提高水泥混凝土的强度,可以采取的措施有(　　)。

A. 选用高强度水泥　　B. 提高浆集比

C. 提高粗集料的最大粒径　　D. 降低水灰比

(4)水泥混凝土抗弯拉强度试验的标准试样尺寸为(　　)。

A. 100mm×100mm×100mm　　B. 150mm×150mm×550mm

C. 150mm×150mm×150mm　　D. 350mm×350mm×550mm

(5)养护28d的一组水泥混凝土抗折强度试验用标准小梁,采用标准方法试验时,测得的最大抗弯拉荷载分别是30.20kN、36.55kN、37.75kN,则该试验结果为(　　)。

A. 4.64MPa　　B. 4.87MPa　　C. 4.95MPa　　D. 作废

6. 通过经验方法得到混凝土的室内初步配合比为水泥：砂：石=1：1.73：3.33,W/C=0.42。但是,该配合比还需进行一系列检验和修正,以确保室内配合比满足设计要求。针对这样的工作内容,请回答下列问题。(配合比结果四舍五入取整数,水灰比保留2位小数)

(1)不同条件下,当配制$1m^3$混凝土时,各材料用量计算结果正确的选项有(　　)。

A. 如果水泥用量是370kg,则配合比是水泥：水：砂：石=370：155：640：1232(kg/m^3)

B. 如果用水量160kg,则配合比是水泥：水：砂：石=381：160：659：1269(kg/m^3)

C. 如果砂用量是660kg,则配合比是水泥：水：砂：石=382：160：660：1272(kg/m^3)

D. 如果碎石用量是1300kg,则配合比是水泥：水：砂：石=385：162：674：1300(kg/m^3)

(2)当采用水泥用量为370kg/m^3的配合比进行坍落度试验时,发现测得的坍落度值不满足工作性设计要求,而黏聚性和保水性较好,需要调整3%的用水量。则调整后正确的配合比有可能有(　　)。

A. 水泥：水：砂：石=370：160：623：1266(kg/m^3)

B. 水泥：水：砂：石=381：160：623：1266(kg/m^3)

C. 水泥：水：砂：石=370：150：623：1266(kg/m^3)

D. 水泥：水：砂：石=381：150：623：1266(kg/m^3)

(3)当对上述工作性的配合比进行强度验证时,发现强度偏低,需要适当降低混凝土的水灰比,由原来水灰比降低0.02,则下述对配合比调整的结果可能有(　　)。

A. 水泥：水：砂：石=400：160：623：1266(kg/m^3)

B. 水泥：水：砂：石=381：152：623：1266(kg/m^3)

C. 水泥：水：砂：石=375：150：623：1266(kg/m^3)

D. 水泥：水：砂：石=359：144：623：1266(kg/m^3)

(4)若对上述问题(3)四个选项分别进行密度修正,假设实测密度均为2450kg/m^3,则正确的修正结果可能有(　　)。(密度修正系数四舍五入取小数点后2位)

A. 水泥：水：砂：石=400：160：623：1266(kg/m^3)

B. 水泥：水：砂：石 =385：154：629：1279(kg/m^3)

C. 水泥：水：砂：石 =379：152：629：1279(kg/m^3)

D. 水泥：水：砂：石 =366：147：635：1291(kg/m^3)

(5)当砂、石含水率分别是3%和1%时，正确的工地配合比有(　　)。

A. 室内配合比水泥：水：砂：石 =400：160：623：1266(kg/m^3)对应的工地配合比是水泥：水：砂：石 =400：123：648：1279(kg/m^3)

B. 室内配合比水泥：水：砂：石 =400：160：623：1266(kg/m^3)对应的工地相对用量配合比是水泥：砂：石 =1：1.56：3.17；W/C =0.40

C. 室内配合比为水泥：水：砂：石 =384：154：629：1279(kg/m^3)，如需拌和0.5m^{3}的混凝土，工地材料组成计算结果(kg)是：水泥：水：砂：石 =192：61：324：646

D. 室内配合比水泥：水：砂：石 =384：154：629：1279(kg/m^3)对应的工地相对用量配合比是水泥：砂：石 =1：1.69：3.36：1279；W/C =0.32

7. 关于水泥胶砂强度检验方法(ISO法)，请回答以下问题。

(1)水泥胶砂强度检验方法(ISO法)要求水泥与ISO砂的质量比为(　　)，水灰比为(　　)。

A. 1：2；0.4　　B. 1：3；0.4　　C. 1：2；0.5　　D. 1：3；0.5

(2)水泥胶砂强度检验方法(ISO法)要求各龄期(试件龄期从水泥加水搅拌开始算起)的试件应在(　　)时间内进行强度试验。

A. 龄期24h，试验时间24h ±15min

B. 龄期48h，试验时间48h ±30min

C. 龄期7d，试验时间7d ±2h

D. 龄期28d，试验时间28d ±8h

(3)水泥胶砂强度检验方法(ISO法)试件养护要求有(　　)。

A. 对于24h龄期的，应在破型试验前20min内脱模

B. 对于24h以上龄期的，应在成型后2 ~8h内脱模

C. 脱模时要非常小心，应防止试件损伤。硬化很慢的水泥允许延期脱模，但须记录脱模时间

D. 试件脱模后即放入水槽中养护，试件之间间隙和试件上表面的水深不得小于5mm

(4)关于水泥胶砂强度检验方法(ISO法)试验步骤要求，正确的是(　　)。

A. 采用杠杆式抗折试验机试验时，试件放入前，应使杠杆呈水平状态

B. 抗折强度试验，试件放入后调整夹具，使杠杆在试件折断时尽可能地接近水平位置

C. 抗压试验不用夹具进行，试件受压面为试件成型时的两个侧面，面积为40mm ×40mm

D. 抗压强度试验，压力机加荷速度应控制在2400N/s ±200N/s速率范围内，在接近破坏时应更严格掌握

(5)某水泥抗折强度试验结果分别为：4.4MPa、3.6MPa、3.8MPa，则其抗折强度为(　　)。

A. 3.6MPa　　B. 3.7MPa　　C. 3.8MPa　　D. 3.9MPa

8. 某工地试验室的试验人员开展水泥标准稠度用水量试验，请根据你掌握的试验知识完成下列题目。

(1)开展试验工作的试验室温度应为(　　)，室内相对湿度应不低于(　　)。

A. 20℃ ±1℃，50%　　B. 20℃ ±1℃，90%

C. 20℃ ±2℃，50%　　D. 20℃ ±2℃，90%

(2)以下关于水泥浆拌制工作的描述，正确的有(　　)。

A. 搅拌机运行正常

B. 搅拌锅内先加水，后加水泥

C. 搅拌锅内先加水泥，后加水

D. 低速搅拌 120s 停 15s，再高速搅拌 120s

(3)标准稠度的水泥净浆是指试杆沉入净浆并距底板(　　)的水泥净浆。

A. 5mm ±1mm　　B. 6mm ±1mm　　C. 5mm ±2mm　　D. 6mm ±2mm

(4)以下关于代用法测定标准稠度用水量的描述，正确的有(　　)。

A. 分为调整水量法和不变水量法

B. 不变水量法的拌和用水量为 142.5mL

C. 试锥停止下沉时记录下沉深度

D. 当试锥下沉深度小于 13mm 时，应改用调整水量法测定

(5)以下关于标准法测定标准稠度用水量的描述，正确的有(　　)。

A. 浆体一次性装入试模

B. 整个操作应在搅拌后 3min 内完成

C. 试验结束时，试杆升起后应立即擦净

D. 当试杆距玻璃板小于 5mm 时，应适当减水，重复试验

习题参考答案及解析

一、单项选择题

1. B

【解析】烧失量是水泥化学性质指标。

2. B

【解析】用中速定量滤纸过滤，用热的硝酸铵溶液充分洗涤至少 14 次。

3. C

【解析】水泥胶砂强度试件尺寸为 40mm ×40mm ×160mm。

4. D

【解析】矿渣水泥不适用的范围是：早期强度要求高的工程、有抗冻性要求的混凝土工程。

5. D

【解析】水泥主要矿物成分中抗化学侵蚀性最好是铁铝酸四钙。

6. A

【解析】硅酸盐水泥熟料矿物中，硅酸三钙的含量为63% ~67%；硅酸二钙的含量为21% ~24%；铝酸三钙的含量为4% ~7%；铁铝酸四钙的含量为2% ~4%。

7. D

【解析】火山灰质、粉煤灰硅酸盐水泥的密度一般为2700 ~3100kg/m^3。

8. A

【解析】水泥凝结时间试验中，在临近初凝时间时，一般每隔5min（或更短时间）测定一次。

9. A

【解析】硅酸盐水泥初凝时间不小于45min，终凝时间不大于390min。其他类型水泥初凝时间不小于45min，终凝时间不大于600min。

10. C

【解析】混凝土立方体抗压强度试验。

11. B

【解析】用维卡仪测定水泥标准稠度用水量时整个过程应在搅拌后90s内完成。

12. A

【解析】用维卡仪测定水泥标准稠度用水量时，当试杆距离玻璃板小于5mm时，应适当减水。

13. A

【解析】碱含量试验方法中，加入热水，压碎残渣使其溶解，加入一滴甲基红指示剂溶液，用氨水中和至黄色。

14. D

【解析】水泥密度试验时，两次试验结果的差值不应大于20kg/cm^3。

15. C

【解析】水泥标准稠度用水量用调整水量法测定时，以试锥下沉深度30mm ±1mm时的净浆为标准稠度净浆。

16. C

【解析】水泥混凝土拌合物在外力作用下，集料在水泥浆体中保持均匀分布，不会产生离析或出现泌水现象的性能为稳定性。

17. A

【解析】水泥细度检验采用负压筛法与水筛法测定的结果发生争议时，以负压筛法为准。

18. D

【解析】水泥的初凝时间太短，不利于混凝土施工工序的正常进行，终凝时间太长，不利于混凝土强度的形成。

19. B

【解析】混凝土立方体抗压强度试验相关内容。

20. A

【解析】非圆柱体普通水泥混凝土试件成型时，试件抹面与试模边缘高低差不得超过0.5mm。

21. D

【解析】水泥混凝土立方体抗压强度试验采用200mm×200mm×200mm非标准试件时，计算抗压强度值应乘以尺寸换算系数1.05，采用100mm×100mm×100mm非标准试件时，计算抗压强度值应乘以尺寸换算系数0.95。

22. A

【解析】测定水泥初凝时间时，试件在湿气养护箱中养护至加水后30min时进行第一次测试。

23. C

【解析】混凝土的水灰比对混凝土起着极为关键的作用，是保证混凝土各项性能的核心指标。

24. B

【解析】最大直径和最小直径之差小于50mm的条件下，用其算术平均值作为坍落扩展度值。

25. C

【解析】在水泥混凝土坍落度试验中，从开始装料到提坍落度筒的整个过程应连续并在150s内完成。

26. B

【解析】采用试饼法测定水泥安定性，当两个试饼判别结果有矛盾时，该水泥的安定性不合格。

27. C

【解析】用试饼法测定水泥安定性时，要求将试件放入煮沸箱中在30min±5min内加热水至沸腾，并恒沸180min±5min。

28. C

【解析】采用雷氏夹法测定水泥安定性，当两个试件煮后增加距离$(C-A)$的平均值不大于5.0mm时，即认为该水泥安定性合格。

29. B

【解析】水泥混凝土拌合物凝结时间取3个试样的平均值，如果有1个与中间值之差超过中间值的10%，则以中间值为试验结果。

30. C

【解析】混凝土配合比设计正确的顺序为：计算初步配合比、提出基准配合比、确定试验室配合比、换算工地配合比。

31. C

【解析】抗压强度结果为一组6个断块试件抗压强度的算术平均值，如果6个强度中有一个超过平均值±10%的，应剔除后以剩下的5个值的算术平均值作为最后结果；如果5个值中再有超出平均值±10%的，则此组试件无效。

32. D

【解析】应以标准养护28d龄期的试件为准评定水泥混凝土的弯拉强度。

33. D

【解析】水泥氯离子含量试验应用硝酸汞标准滴定溶液滴定至樱桃红色出现。

34. B

【解析】在水泥浆数量一定时,砂率过大,集料的总表面积及空隙率都会增大,需较多水泥浆填充和包裹集料,使起润滑作用的水泥浆减少,新拌混凝土的流动性减小。

35. B

【解析】在新拌混凝土中,加入少量减水剂,能使流动性大幅度增加。

36. A

【解析】为保证水泥安定性合格,对于硅酸盐水泥和普通硅酸盐水泥,水泥中氧化镁含量不得超过5.0%。

37. B

【解析】水泥凝结时间检验临近终凝时间每隔15min测定一次。当试针沉入试件0.5mm时,即环形附件开始不能在试件上留下痕迹时,水泥达到终凝状态。

38. C

【解析】当水泥氯离子含量为0.00%~0.10%时,氯离子测定结果的允许差为0.002%,当水泥氯离子含量为0.10%~0.30%时,氯离子测定结果的允许差为0.010%,当水泥氯离子含量为0.30%~1.00%时,氯离子测定结果的允许差为0.020%。

39. D

【解析】烧失量是指水泥在950℃高温下产生的质量损失。

40. C

【解析】硫酸钡质量法可以测定水泥中三氧化硫含量。液体排代法测定水泥密度,磷酸蒸馏-汞盐滴定法测定水泥中氯离子含量,火焰光度法测定水泥中碱含量。

41. C

【解析】本题考查混凝土拌合物凝结时间试验。

42. C

【解析】水泥碱含量试验(火焰光度法)结果精确至0.01%,水泥氯离子含量试验(磷酸蒸馏-汞盐滴定法)结果精确至0.001%,水泥三氧化硫含量试验(硫酸钡质量法)结果精确至0.01%。

43. D

【解析】水泥三氧化硫含量试验方法(硫酸钡质量法)所用试剂不包括氢氧化钠。

44. A

【解析】水泥混凝土抗氯离子渗透试验(RCM法)浸泡试件用的是饱和氢氧化钙溶液,电通量法使用蒸馏水或去离子水。

45. A

【解析】氯离子渗透性评定为高,可采用的典型混凝土种类是水胶比大于0.60的普通混凝土;氯离子渗透性评定为中,可采用的典型混凝土种类是中等水胶比为0.50~0.60的普通混凝土;氯离子渗透性评定为低,可采用的典型混凝土种类是低水胶比为0.40~0.50的普通混凝土。

46. D

【解析】水泥混凝土棱柱体抗压弹性模量试验，如果循环后任一根轴心抗压强度与循环前轴心抗压强度之差超过后者的20%，则弹性模量值按另两根试件试验结果算术平均值计算。

47. B

【解析】水泥混凝土棱柱体抗压弹性模量试验，持荷时间为60s，30s读数时间。

48. D

【解析】水泥胶砂试件成型试验室应保持试验室温度为20℃ ±2℃，相对湿度大于50%。

49. C

【解析】做坍落度试验时要求将代表样分三层装入筒内，每层装入高度稍大于筒高的1/3，用捣棒在每一层的横截面上均匀插捣25次。

50. C

【解析】水泥混凝土拌合物坍落度试验适用于坍落度大于10mm，集料公称最大粒径不大于31.5mm的水泥混凝土拌合物。

51. A

【解析】减水剂能使新拌混凝土的流动性大幅增加。

52. C

【解析】采用贯入阻力试验方法测定混凝土的凝结时间时，当单位面积贯入阻力为3.5MPa时对应的时间应为初凝时间。

53. B

【解析】水泥不溶物含量试验(盐酸-氢氧化钠处理)需要用到中速定量滤纸。

54. A

【解析】混凝土强度等级是根据立方体抗压强度标准值来确定的。

55. C

【解析】此方法适用于集料公称最大粒径不大于31.5mm，含气量不大于10%且坍落度不为零的水泥混凝土拌合物。

56. C

【解析】水泥氧化镁含量试验(原子吸收分光光度法)在空气-乙炔火焰中，于波长285.2nm处测定溶液的吸光度。

57. C

【解析】混凝土电通量试验中，对试件施加60V直流恒电压，并通电6h。

58. A

【解析】水泥混凝土抗弯拉强度(抗折强度)试验非标准试件的尺寸是100mm × 100mm × 400mm。

59. D

【解析】水泥混凝土拌合物凝结时间试验当观察到测针压入砂浆表面时，测孔周围出现微小裂缝,则应改换截面积较小的测针。

60. B

【解析】水泥混凝土棱柱体抗压弹性模量试验方法规定,水泥混凝土的受压弹性模量取轴心抗压强度1/3时对应的弹性模量。

61. B

【解析】水泥混凝土抗压强度$f_{cu}=k\times F_{max}/A_0$,其中$F_{max}$为极限荷载、$A_0$为试件受压面积(标准立方体试件为150mm×150mm)、k为尺寸换算系数(标准立方体试件为1.0)。3个试件的抗压强度分别为31.6MPa、34.7MPa、40MPa,40MPa与中值34.7MPa的差(5.3MPa)超过中值34.7MPa的15%(5.2MPa),应取中值34.7MPa为该组试件的抗压强度。

62. A

【解析】该试验中,水压从0.1MPa开始,每隔8h增加水压0.1MPa,一直加至6个试件中有3个试件表面发现渗水,即可停止试验。

63. B

【解析】按强度要求计算出水灰比后,还应根据混凝土所处环境和耐久性要求进行校正。

64. C

【解析】减水剂能在用水量不变的前提下提高混凝土的流动性。

65. A

【解析】混凝土的初步配合比的设计步骤是:计算混凝土配制强度、计算水灰比、单位用水量的确定、外加剂用量的确定、计算胶凝材料、矿物掺合料和水泥用量、砂率、粗细集料用量。

66. C

【解析】水泥胶砂强度检验是将水泥和标准砂以1:3的比例混合后,以水灰比0.5拌制成一组塑性胶砂,制成40mm×40mm×160mm标准试件,在标准条件下养护到规定的龄期,然后采用规定的方法测出抗折和抗压强度。

67. D

【解析】减水剂在混凝土中的主要作用是:吸附分散作用、润滑作用和湿润作用。

68. D

【解析】早强剂能加速水泥的水化硬化,具有早期的作用。

69. A

【解析】缓凝剂之所以能延缓水泥凝结时间,是因为在水泥及其水化物表面上的吸附作用或与水泥反应生成不溶层而达到缓凝效果。

70. C

【解析】自抹面开始计算时间,在前60min,每隔10min用吸液管吸出泌水一次,以后每隔20min吸水一次,直至连续三次无泌水为止。

二、判断题

1. √
2. √

3. ×

【解析】矿渣水泥、火山灰水泥和粉煤灰水泥中熟料矿物的含量比硅酸盐水泥少得多。

4. √

5. √

6. √

7. √

8. ×

【解析】硅酸盐水泥和普通硅酸盐水泥的细度采用比表面积表示，要求不小于 $300m^2/kg$；其他类型水泥采用筛余量表示，要求 80μm 方孔筛筛余量不大于 10% 或 45μm 方孔筛筛余量不大于 30%。

9. √

10. ×

【解析】采用维卡仪法测定水泥标准稠度用水量，以试杆沉入净浆并距底板的距离为 6mm ± 1mm 的水泥净浆作为标准稠度净浆。

11. √

12. √

13. √

14. ×

【解析】水泥比表面积试验（试验室相对湿度≤50%）与水泥成型试验（试验室相对湿度>50%）要求的湿度环境不一样，不可同时进行。

15. ×

【解析】混凝土的抗渗等级划分为 P2、P4、P6、P8、P10、P12 六个等级。

16. ×

【解析】水泥的初凝时间是指从水泥全部加入水中到水泥浆开始失去塑性的时间。

17. ×

【解析】普通混凝土的坍落度随着砂率增大先增大后减小，在最佳砂率时混凝土拌合物获得最大流动性而且保持良好黏聚性和保水性。

18. √

19. ×

【解析】测定水泥初凝时间时，达到初凝时应立即重复测一次，当两次结论相同时才能定为达到初凝状态。

20. ×

【解析】测定水泥初凝时间时，当试针沉至距底板 4mm ± 1mm 时，为水泥达到初凝状态。

21. √

22. ×

【解析】道路路面或机场道面用水泥混凝土，以抗弯拉强度为主要强度指标，抗压强度作为参考指标。

23. √

24. √

25. ×

【**解析**】用试饼法测定水泥安定性时，目测试饼未发现裂缝，用钢直尺检查也没有弯曲，则该试饼安定性合格；反之为不合格。

26. ×

【**解析**】水泥的熟料矿物组成和细度都会影响水泥强度。水泥的水化硬化过程都是从水泥颗粒的表面开始的，水泥的颗粒越细，水泥与水发生反应的表面积越大，水化速度就越快。

27. ×

【**解析**】水泥的胶砂强度包括抗压强度和抗折强度。

28. √

29. √

30. ×

【**解析**】水泥的有害成分主要是指对水泥物理力学性能造成不利影响的化学成分。

31. √

32. √

33. ×

【**解析**】通用硅酸盐水泥的化学指标中对不溶物、烧失量、三氧化硫、氧化镁和氯离子含量都做了明确要求。

34. ×

【**解析**】国家标准规定，硅酸盐水泥的初凝时间不小于45min。

35. ×

【**解析**】在拌制混凝土时，不能用单纯改变用水量的办法来调整新拌混凝土的流动性。单纯加大用水量会降低混凝土的强度和耐久性。

36. ×

【**解析**】水泥凝结时间测定用初凝试针长度为50mm ± 1mm，终凝试针长度为30mm ± 1mm，直径相同，终凝试针下端带有一个环形附件。

37. ×

【**解析**】硅酸盐水泥有42.5、42.5R、52.5、52.5R、62.5、62.5R六个等级。

38. ×

【**解析**】水泥中不溶物测定时，试样先用盐酸溶液处理，尽量避免可溶性二氧化硅的析出，滤出的不溶渣再用氢氧化钠溶液处理，以盐酸中和、过滤后，残渣经灼烧后称量。

39. √

40. ×

【**解析**】在满足设计要求、工作性和耐久性要求的前提下，设计中通过合理减少价高材料（如水泥）的用量，多采用当地材料以及利用一些替代物（如工业废渣）等措施，降低混凝土费用,提高经济效益。

41. ×

【解析】随着砂率的提高,水泥混凝土坍落度先增大后减小。

42. ×

【解析】混凝土坍落度越大,表示混凝土的流动性越大,不能表示保水性。

43. √

44. ×

【解析】采用代用法时,如果不变水量法的结果和调整水量法的结果有冲突时,以调整水量法的结果为准。

45. √

46. √

47. √

48. ×

【解析】进行水泥混凝土抗压强度试验时,其破坏荷载宜在压力机全量程的 20% ~ 80% 之间,否则可能引起较大的误差。

49. √

50. ×

【解析】测定前要将混凝土拌合物用 4.75mm 筛尽快筛出砂浆,筛去 4.75mm 以上的粗集料。

51. ×

【解析】从加水拌和时算起,常温下普通混凝土凝结时间在 2 ~ 3h 后开始测定,以后每次间隔为 0.5h。

52. ×

【解析】水泥胶砂强度试验(ISO 法)三个抗折强度试验结果中,有一个超出平均值 ±10% 时,应舍去,取其余两个测定值的平均值作为抗折强度测定结果。

53. ×

【解析】减水剂是在混凝土坍落度基本相同的条件下,能减少拌和用水的外加剂。

54. √

55. √

56. ×

【解析】混凝土试件应在温度为 20℃ ±5℃,相对湿度在 95% 以上的标准养护室进行养护。

57. √

58. √

59. √

60. √

61. ×

【解析】混凝土的抗压强度的评定和弯拉强度的评定都是测定 28d 强度。

62. √

63. ×

【解析】无论混凝土的抗压强度还是抗折强度试验，均以三个试件测定值的算术平均值作为测定结果，如果任一个测定值与中值的差超过中值的15%，则取中值作为测定结果。

64. √

65. ×

【解析】水泥凝结时间测定的起始时间是指水泥全部加入水中的时间。

66. √

67. ×

【解析】进行水泥混凝土配合比设计时，在满足设计要求、工作性和耐久性要求的前提下，设计中通过合理减少价高材料（如水泥）的用量，多采用当地材料以及一些替代物（如工业废渣）等措施，可以降低混凝土费用，提高经济效益。

68. √

69. ×

【解析】水泥混凝土拌合物含气量试验方法（混合式气压法）两次测量结果相差大于0.5%时，应重新试验。

70. ×

【解析】水泥混凝土抗渗等级按下式计算：$P = 10H - 1$，H为第三个试件顶面开始有渗水时的水压力。

71. √

72. √

73. √

74. √

75. ×

【解析】缓凝剂是能延缓混凝土的凝结时间，对混凝土后期物理力学性能无不利影响。

76. ×

【解析】减水剂不仅会显著改善新拌混凝土的工作性，而且会对硬化后的混凝土带来一系列优点。

77. √

78. √

79. √

80. √

三、多项选择题

1. CD

【解析】火山灰水泥和粉煤灰水泥都具有抗冻性差的特点，都不适用于有抗冻性要求的混凝土。

2. ABD

【解析】复合硅酸盐水泥的特性是：早期强度较低，后期强度增长较快，水化热较小；抗冻性较差;抗碳化能力较差;耐硫酸盐腐蚀及耐软水侵蚀性较好。

3. ABC

【解析】矿渣水泥、粉煤灰水泥、火山灰水泥均可应用在有抗硫酸盐侵蚀要求的工程中。

4. ABC

【解析】D 选项应为:水泥的标准稠度用水量与水泥品种有关。

5. CD

【解析】测定水泥标准稠度用水量的方法有标准维卡仪法和代用维卡仪法。

6. BCD

【解析】A 选项应为:代用法测定水泥标准稠度用水量时,行标以试锥贯入的深度为30mm ± 1mm 时的拌和水量作为该水泥的标准稠度用水量。

7. ABC

【解析】配制混凝土时所采用的粗集料质量有以下几个方面:力学性质、粒径、颗粒形状及级配、有害物质。

8. ABCD

【解析】混凝土合理砂率随粗集料种类、最大粒径和级配、砂子的粗细程度和级配,混凝土的水胶比和施工要求的流动性而变化,需要根据实际施工条件,通过试验来选择。

9. ABCD

【解析】选项全部正确。

10. AC

【解析】水泥对新拌混凝土和易性的影响主要是水泥的需水量和泌水性。

11. ABCD

【解析】集料对新拌混凝土和易性的影响主要是集料的级配、颗粒形状、表面特征及最大粒径。

12. ACD

【解析】测定水泥中氯离子含量试验方法包含:硫氰酸铵容量法(基准法)、(自动)电位滴定法(代用法)、离子色谱法(代用法);B 选项火焰光度法为水泥中氧化钾和氧化钠含量测定方法。

13. AB

【解析】测定水泥凝结时间的仪器除和测定水泥净浆稠度试验相同外,还需要养护箱和试针。

14. ABC

【解析】复合硅酸盐水泥的强度等级分为 32.5R、42.5、42.5R、52.5、52.5R 五个等级,不包括 32.5 等级。

15. BC

【解析】A 选项应为:水泥的安定性是水泥的一项物理性质;D 选项应为:如果水泥的安定性不良,但其他指标均合格,则该水泥为不合格水泥。

16. AB

【解析】测定水泥安定性的主要方法有雷氏夹法和试饼法。

17. ABC

【解析】测定水泥安定性的主要方法有雷氏夹法和试饼法,用雷氏夹法测定时必须同时测定两个试件;测试前要将试件在标准养护箱中养护 24h ± 2h;应调整好沸煮箱中的水位,使之在整个沸煮过程中都能没过试件,不需要中途添加试验用水。

18. AB

【解析】A 选项应为:当雷氏夹法和试饼法测定的结果有争议时以雷氏夹法为主;测试前要将试件在标准养护箱中养护 24h ± 2h;应调整好沸煮箱中的水位,使之在整个沸煮过程中都能没过试件,不需要中途添加试验用水。B 选项应为:沸煮前需要对试件进行养护;沸煮前必须先检查试饼是否完整,如试饼表面出现开裂,应检查原因,若没有外因时,该试饼已属于不合格产品,不必煮沸。

19. ABCD

【解析】水泥矿物熟料组成和细度、石膏的掺量、养护条件、龄期都会影响水泥的强度。

20. BCD

【解析】B 选项应为:水泥试样,应先通过 0.9mm 方孔筛;C 选项应为:试验室相对湿度不大于 50%;D 选项应为:平行试验结果相差不大于 2%。

21. ABCD

【解析】选项全部正确。

22. AB

【解析】游离氧化钙引起的水泥安定性不良,可用沸煮法进行检测,而沸煮法包括试饼法和雷氏夹法。

23. ABCD

【解析】有害物质包括:泥或泥块、有机质、云母、轻物质、硫化物及硫酸盐(按三氧化硫质量计)以及氯离子等。

24. AB

【解析】硅酸盐水泥的物理指标主要包括凝结时间和安定性。

25. CD

【解析】硅酸盐水泥的强度等级主要是以不同龄期的抗压强度和抗折强度进行划分的。

26. ABCD

【解析】水泥的化学指标、凝结时间、安定性和强度必须满足规范要求,凡不符合其中任何一条的均为不合格产品。

27. ABD

【解析】水泥混凝土拌合物凝结时间试验中用到的仪器设备包括:贯入阻力仪、测针、圆形试模、捣棒、4.75mm 标准筛、铁质拌和板、吸液管、玻璃片和计时器等。坍落度仪用于水泥混凝土拌合物坍落度试验。

28. ABD

【解析】C 选项应为:当混凝土拌合物的坍落度大于 160mm 时,坍落度不能准确反映混凝土的流动性。

29. AC

【解析】水泥标准稠度用水量检测有标准法(标准维卡仪法)和代用法(代用维卡仪法),安定性检测有标准法(雷氏夹法)和代用法(试饼法)。

30. ABD

【解析】普通混凝土路面的配合比设计在兼顾经济性的同时应满足弯拉强度、工作性、耐久性。

31. AB

【解析】水泥混凝土拌合物含气量的测定试验(混合式气压法)主要包括对混凝土拌合物和集料的含气量的测定。

32. AB

【解析】当混凝土试体出现突然倒坍、部分崩裂、石子离析时,说明混凝土的黏聚性不好。

33. ABD

【解析】C 选项应为:每个试样的贯入测试不少于 6 次,直至单位面积贯入阻力大于 28MPa 为止。

34. AC

【解析】测定新拌混凝土工作性的现行主要试验方法有坍落度法和维勃稠度法。

35. ABCD

【解析】水灰比、砂率、用水量和外加剂都会影响和易性,因此,在混凝土设计时要不断调整。

36. AB

【解析】加入减水剂和引气剂会增大新拌混凝土的流动性。

37. ABC

【解析】D 选项应为:过大的砂率和过小的砂率都会使混凝土的流动性变差,因此存在合适的砂率使得和易性最好。

38. ABC

【解析】D 选项应为:测定时,每个试样筒每次测 1 ~ 2 个点,各测点的间距不小于 15mm。

39. CD

【解析】改善混凝土耐久性的外加剂有阻锈剂和防水剂。

40. BCD

【解析】混凝土凝结时间和硬化功能的外加剂有缓凝剂、早强剂、速凝剂。

41. AC

【解析】B 选项应为:非圆柱体试件成型,当坍落度大于 25mm 且小于 90mm 时,采用标准振动台成型;D 选项应为:圆柱体试件用抹刀仔细抹平后,使表面略低于试模边缘 1 ~ 2mm。

42. AB

【解析】水泥混凝土抗弯拉强度试验可以选用的试件尺寸有 100mm × 100mm × 400mm

和 150mm × 150mm × 550mm。

43. CD

【解析】水泥混凝土抗压强度试验时，抗压强度测定值可能为平均值或中间值。

44. ACD

【解析】B 选项应为在整个测试过程中，试针沉入的位置至少要距试模内壁 10mm。

45. ABC

【解析】ISO 标准砂用于检验水泥胶砂强度的基准物质，由粒径范围 0.08 ~ 0.5mm、0.5 ~ 1.0mm、1.0 ~ 2.0mm 级配石英砂组成。

46. ACD

【解析】只有 B 选项正确。

47. BCD

【解析】水泥中的有害成分指游离氧化镁、三氧化硫、氯离子或碱含量。

48. ABCD

【解析】混凝土配合比设计需满足的要求有：满足结构物设计强度要求、满足施工工作性要求、满足耐久性要求和满足经济性要求。

49. ABCD

【解析】水泥混凝土配合比设计步骤包括：计算初步配合比、提出基准配合比、确定试验室配合比和换算施工配合比。

50. ABCD

【解析】四个选项调整初步配合比设计方法都正确。

51. BD

【解析】每成型三条试件需称量的材料及用量为：水泥 450g ± 2g；ISO 砂 1350g ± 5g；水 225mL ± 1mL。

52. ABC

【解析】水泥细度的试验方法有负压筛法、水筛法和比表面积法(勃氏法)。

53. AD

【解析】水泥胶砂强度包括抗折强度和抗压强度，抗折强度加荷速度为 50N/s ± 10N/s，抗压强度加荷速度应控制在 2400N/s ± 200N/s 速率范围内。

54. AB

【解析】成型后的混凝土用湿布覆盖表面，在室温 20℃ ±5℃、相对湿度大于 50% 的环境中，静放 1 ~ 2 个昼夜，然后拆模并做第一次外观检查并编号，对有缺陷的试件应除去或加工补平。将完好混凝土试件放入标准养护室进行养护，标准养护室温度为 20℃ ±2℃、相对湿度为 95% 以上。

55. BCD

【解析】混凝土施工配合比是在试验室配合比的基础上修正了细集料、粗集料和水的用量。

56. ABC

【解析】水泥混凝土棱柱体抗压回弹模量试验需要的器具有：压力机或万能试验机、球座、微变形测量仪、微变形测量仪固定架两对、钢尺(量程600mm,分度值为1mm)、502胶水、铅笔和秒表等。

57. ABD

【解析】极重、特重、重交通荷载等级公路面层水泥混凝土应采用旋窑生产的道路硅酸盐水泥、硅酸盐水泥、普通硅酸盐水泥,中、轻交通荷载等级公路面层水泥混凝土可采用矿渣硅酸盐水泥。高温期施工宜采用普通型水泥,低温期施工宜采用早强型水泥。

58. CD

【解析】其中水泥和水的用量可能未变(也有可能在改变砂率的同时,相应调整水泥浆的用量,使水泥和水的用量也发生变化),但砂和石各自的用量肯定发生改变。

59. ACD

【解析】水泥氧化镁含量测定——原子吸收分光光度法(基准法)是以氢氟酸-高氯酸分解或氢氧化钠熔融或碳酸钠熔融试样的方法制备溶液。

60. ABC

【解析】采用混合式气压法测定水泥混凝土拌合物含气量需要进行量钵容积、含气量0%点、含气量1%~10%的标定。

四、综合题

1. (1)ABCD　(2)C　(3)B　(4)BCD　(5)CD

【解析】(1)水泥混凝土立方体试件以成型时侧面为上下受压面,试件中心应与压力机几何对中。强度等级小于C30的混凝土取0.3~0.5MPa/s的加荷速度。强度等级大于C30小于C60时,则取0.5~0.8MPa/s的加荷速度。强度等级大于C60的混凝土,取0.8~1.0MPa/s的加荷速度。

(2)水泥混凝土立方体抗压强度试验方法测定的3个试件测值中的最大值或最小值,如有一个与中间值之差超过中间值的15%,则取中间值为测定值;如最大值和最小值之差均超过中间值的15%,则该组试验结果无效。

(3)水泥混凝土抗弯拉强度试验方法中,采用非标准试件时,在三分点加荷的试验方法同前,但所取得的抗折强度值应乘以尺寸换算系数0.85。

(4)A选项应为:3根试件中如果有2根试件均出现断裂面位于加荷点外侧,则该组结果无效。

(5)A选项应为:f_{cu}为混凝土立方体抗压强度。B选项应为:f_f为混凝土抗弯拉强度。

2. (1)ABCD　(2)ABCD　(3)A　(4)D　(5)ACD

【解析】(1)新拌混凝土的工作性又称和易性,是指混凝土具有流动性、可塑性、稳定性和易密性等几方面的一项综合性能。

(2)影响混凝土工作性的因素有水泥浆的数量和稠度、砂率、组成材料的性质、时间和温度等。

(3)当混凝土拌合物的坍落度大于160mm时,用钢尺测量混凝土扩展后最终的最大直径和最小直径,在这两个直径之差小于50mm的条件下,用其平均值作为坍落扩展度值;否则,此次试验无效。

(4)D 选项应为：当混凝土试件的一侧发生崩坍或一边剪切破坏，则应重新取样另测。如果第二次仍发生上述情况，则表示该混凝土和易性不好，应记录。

(5)坍落度试验的同时，可用目测方法评定混凝土拌合物的棍度、黏聚性和保水性，并予记录。

3.(1)D　　(2)D　　(3)C　　(4)C　　(5)B

【解析】(1)试件组数 $n=10$，10 组试件强度的平均值 $R_n=\sum_{i=1}^{10}R_i/n=35.00\text{MPa}$，$S_n=\sqrt{(\sum_{i=1}^{n}R_i^2-nR_n^2)/(n-1)}=1.491\text{MPa}$，但因是设计强度为 C35 的水泥混凝土，所以混凝土设计强度等级 $R=35\text{MPa}$，$0.06R=2.100\text{MPa}$，$S_n=1.491\text{MPa}<0.06R=2.100\text{MPa}$，所以取 $S_n=0.06R=2.100\text{MPa}$。

(2)因 $R_n=35.00\text{MPa}$，$K_1=1.7$，$S_n=2.100\text{MPa}$，所以 $R_n-K_1S_n=31.43\text{MPa}$。

(3)因 $R_n-K_1S_n=31.43\text{MPa}$，$0.9R=31.5\text{MPa}$，所以 $R_n-K_1S_n<0.9R$。

(4)水泥混凝土抗压强度的合格标准为：当试件多于 10 组(包含 10 组)时，应以数理统计方法按下述条件规定：$R_n-K_1S_n\geqslant0.9R$，$R_{\min}\geqslant K_2R$，$S_n=\sqrt{(\sum_{i=1}^{n}R_i^2-nR_n^2)/(n-1)}$。当试件小于 10 组时，可用非统计方法按下述条件进行评定：$R_n\geqslant1.15R$，$R_{\min}\geqslant0.95R$。

(5)因 $R_n-K_1S_n<0.9R$，所以该组试件强度不满足要求。

4.(1)B　　(2)C　　(3)B　　(4)B　　(5)C

【解析】(1)计算混凝土的配制强度：$f_{cu,0}=f_{cu,k}+1.645\sigma=40+1.645\times4.5=47.4\text{MPa}$。

(2)计算水灰比：水泥的实际强度 $f_{ce}=\gamma_c\times f_{cu,g}=1.16\times42.5=49.3\text{MPa}$。

$W/C=a_af_{ac}/(f_{cu,0}+a_aa_bf_{ce})=0.47\times49.3/(47.4+0.47\times0.08\times49.3)=0.47$，满足最大水灰比限制值为 0.55 要求。

(3)计算单位水泥用量：$m_{co}=m_{wo}/(W/C)=195/0.47=415\text{kg/m}^3$，满足最小水泥用量限定值为 280kg/m^3。

(4)计算单位碎石用量(体积法)：单位砂用量 $m_{so}=550\text{kg/m}^3$，单位碎石用量 $m_{go}=1224\text{kg/m}^3$。

(5)初步配合比为：$m_{co}:m_{wo}:m_{so}:m_{go}=415:195:550:1224$。

5.(1)ABC　　(2)AB　　(3)AD　　(4)B　　(5)B

【解析】(1)公路面层水泥混凝土的配合比设计应满足力学性能(弯拉强度)、工作性(和易性)、耐久性与经济性要求。

(2)配合比设计包括目标配合比设计和施工配合比设计两个阶段。

(3)B 选项：在水胶比相同的条件下，达到最佳浆集比后，混凝土强度随着混凝土浆集比的增加而降低；C 选项：粗集料最大粒径增加对混凝土强度带来双重(有利和不利)影响。

(4)水泥混凝土抗弯拉强度试验的标准试样尺寸为 150mm×150mm×550mm。

(5)3 个试件的抗弯拉强度分别为 4.03MPa、4.87MPa、5.03MPa，4.03MPa 与中值 4.87MPa的差超过中值 4.87MPa 的 15%，故应取中值 4.87MPa 为试验结果。

6.(1)ABC　　(2)B　　(3)A　　(4)ABCD　　(5)CD

【解析】(1)D选项应为:水泥∶水∶砂∶石=390∶164∶675∶1300(kg/m^3)。

(2)本题只有B选项水灰比=0.42,B选项是基准配合比。

(3)本题单位用水量应与上一题的基准配合比(B选项)单位用水量一致为160kg。

(4)选项全部正确。

(5)A选项应为:400∶129∶642∶1279(kg/m^3);B选项应为:1∶1.61∶3.20,$W/C=0.32$;C、D选项的施工配合比都是:水泥∶水∶砂∶石=384∶122∶648∶1282。

7.(1)D　　(2)ABCD　　(3)ACD　　(4)ABD　　(5)B

【解析】(1)水泥胶砂强度检验方法(ISO法)中,水泥与ISO砂的质量比为1∶3,水灰比为0.5。

(2)水泥胶砂强度检验方法(ISO法)中,龄期24h,试验时间24h±15min。龄期48h,试验时间48h±30min。龄期7d,试验时间7d±2h。龄期28d,试验时间28d±8h。

(3)B选项应为:对于24h以上龄期的,应在成型后20~24h内脱模。

(4)C选项应为:抗压试验须用抗压夹具进行,试件受压面为试件成型时的两个侧面,面积为40mm×40mm。

(5)抗折强度试验结果的平均值=(4.4+3.6+3.8)/3=3.9MPa,因(4.4-3.9)/3.9=12.8%>10%,所以应剔除,则该水泥抗折强度=(3.6+3.8)/2=3.7MPa。

8.(1)C　　(2)ABD　　(3)B　　(4)ABCD　　(5)ACD

【解析】(1)试验室的温度为20℃±2℃,相对湿度不低于50%。

(2)注意先加水,后加水泥。

(3)以试杆沉入净浆并距底板6mm±1mm的水泥净浆为标准稠度净浆。

(4)选项全部正确。

(5)B选项应为整个操作应在搅拌后90s内完成。

第六章

沥青与沥青混合料

一、单项选择题

1. 试验过程中尽量减少沥青重复加热取样的次数,对于质量仲裁检验的样品,重复加热次数(　　)。

A. 不得超过1次　　B. 不得超过2次

C. 不得超过3次　　D. 特殊情况下允许出现3次

2. 沥青的相对密度和密度分别是在(　　)℃条件下测定的。

A. 25;20　　B. 25;15　　C. 25;25　　D. 20;15

3. 我国现行规范规定在(　　)℃温度条件下进行沥青针入度标准试验。

A. 20　　B. 25　　C. 30　　D. 35

4. 沥青的标号是由针入度决定的,针入度越大标号(　　);标号越高软化点(　　);标号越高延度(　　)。

A. 越高;越低;越大　　B. 越高;越高;越大

C. 越低;越高;越小　　D. 越低;越低;越小

5. 进行沥青性质常规检验的取样数量为:黏稠沥青或固体沥青不少于(　　)kg;液体沥青不少于1L;沥青乳液不少于4L。

A. 1　　B. 2　　C. 3　　D. 4

6. 真空减压毛细管黏度计用于测定黏稠沥青的(　　)。

A. 布氏旋转黏度　　B. 标准黏度

C. 动力黏度　　D. 运动黏度

7. 某试验人员进行试验,测得同一试件其标准针贯入深度为7.25mm、7.60mm和7.55mm,则最终的针入度值为(　　)。

A. 75　　B. 74.7　　C. 74.67　　D. 应重做

8. 沥青软化点试验结果受升温速度的影响,升温速度快,结果(　　)。

A. 保持不变　　B. 偏大

C. 偏小　　D. 对较稠硬的沥青无影响

9. 沥青软化点试验中,当试样软化点大于80℃时,复现性试验的允许差为(　　)。

A. 5℃　　B. 6℃　　C. 7℃　　D. 8℃

10. 沥青动力黏度试验,一次试验的3支黏度计平行试验的误差应不大于平均值的

(　　),否则需重新试验。

A. 5%　　B. 6%　　C. 7%　　D. 8%

11. 下列试验操作中,需对沥青样品质量进行准确称重的是(　　)。

A. 薄膜烘箱试验　　B. 针入度试验

C. 软化点试验　　D. 延度试验

12. 沥青材料老化后其质量将(　　)。

A. 减小　　B. 增加　　C. 不变　　D. 有的减小,有的增加

13. 以下关于热沥青取样的描述不正确的是(　　)。

A. 有搅拌设备的储罐中取样时,先将经加热已经变成流体的黏稠沥青充分搅拌后,用取样器从沥青层的中部取规定数量样品

B. 从沥青罐车中取样,当仅有放料阀时,待放出全部沥青的 1/2 时取样;若从顶盖处取样时,可用取样器从中部取样

C. 当从沥青罐车卸料过程中取样时,按时间间隔均匀地取至少 3 个规定数量的沥青,然后将这些沥青充分混合后取规定数量样品

D. 沥青样品可存放在密封带盖的金属容器中,或灌入塑料桶等密闭容器中。存放样品应存放在阴凉干净处,注意防止污染

14. 沥青动力黏度试验(真空减压毛细管法)将备好的沥青注入毛细管黏度计中,应使沥青试样液面在(　　)标线处 ±2mm 之内。

A. A　　B. B　　C. E　　D. F

15. SBS 改性沥青的针入度试验内容包括:①将位移计或刻度盘指针复位为零。②将盛有试样的平底玻璃皿置于针入度仪的平台上。③按下释放键,这时计时与标准针落下贯入试样同时开始,至 5s 时自动停止。④取出达到恒温的盛样皿,并移入水温控制在试验温度 ±0.1℃ 的平底玻璃皿中的三脚支架上,试样表面以上的水层深度不小于 10mm。⑤慢慢放下针连杆,用适当位置的反光镜或灯光反射观察,使针尖恰好与试样表面接触。⑥读取位移计或刻度盘指针的读数。正确的试验步骤是(　　)。

A. ②④①⑤③⑥　　B. ④②①⑤③⑥

C. ④②⑤①③⑥　　D. ②④⑤①③⑥

16. 沥青软化点试验中,当试样软化点小于 80℃时,重复性试验的允许差为(　　)。

A. 1℃　　B. 2℃　　C. 3℃　　D. 4℃

17. 沥青密度与相对密度试验,对固体沥青,重复性试验的允许差为(　　),复现性试验的允许差为(　　)。

A. $0.02g/cm^3$;$0.02g/cm^3$　　B. $0.02g/cm^3$;$0.03g/cm^3$

C. $0.01g/cm^3$;$0.02g/cm^3$　　D. $0.01g/cm^3$;$0.03g/cm^3$

18. 蜡在高温时融化,沥青黏度和温度敏感性的变化规律是(　　)。

A. 沥青黏度降低,减小温度敏感性　　B. 沥青黏度增大,减小温度敏感性

C. 沥青黏度降低,增大温度敏感性　　D. 沥青黏度增大,增大温度敏感性

19. 我国沥青蜡含量要求的试验方法是以(　　)分离出油分后,将规定的溶剂在规定的低温条件下结晶析出的固体物质当作蜡。

A. 薄膜加热法　　B. 蒸馏法　　C. 环球法　　D. 离心分离法

20. 沥青溶解度测定采用(　　)对沥青进行过滤。

A. 古氏坩埚　　B. 沥青过滤装置

C. 沥青过滤装置和玻璃纤维滤纸　　D. 古氏坩埚和玻璃纤维滤纸

21. 木质素纤维的吸油率不小于纤维自身质量的(　　)倍。

A. 3　　B. 4　　C. 5　　D. 6

22. 木质素纤维进行灰分含量测定,下列步骤正确顺序为(　　)。

①加热高温炉至试验温度:595 ~650℃。

②取出坩埚,放入干燥器中冷却(不少于30min),称取坩埚质量 m_3,精确至0.01g。

③将瓷坩埚放入高温炉中烘干至恒重,然后置于干燥器中冷却后称取质量 m_2,精确至0.01g。

④称取烘干过的纤维 m_1 =2.00g ±0.10g,放入瓷坩埚中,然后将瓷坩埚置于预热的高温炉中,615℃恒温2h。

A. ①②③④　　B. ①③④②　　C. ③①④②　　D. ③④①②

23. 木质素纤维耐热性试验要求木质素纤维在(　　)℃烘箱中恒温2h。

A. 150　　B. 160　　C. 200　　D. 210

24. 以下条件适用C级沥青的有(　　)。

A. 高速公路、一级公路沥青下面层及以下的层次

B. 三级及三级以下公路的各个层次

C. 二级及二级以下公路的各个层次

D. 用作改性沥青、乳化沥青、改性乳化沥青、稀释沥青的基质沥青

25. 以下不属于沥青中蜡对路用性能的影响主要表现是(　　)。

A. 蜡使沥青与集料的亲和力变小,影响沥青的黏结力及抗水剥离性

B. 蜡在低温时结晶析出,分散在其他各组分之间,减小了分子间的紧密联系

C. 蜡在高温时融化,使沥青黏度降低,影响高温稳定性,减小温度敏感性

D. 减小了低温时的应力松弛性能,使沥青的收缩应力迅速增加而容易开裂

26. 乳化沥青不适用于(　　)。

A. 沥青表面处置路面　　B. 沥青贯入式路面

C. 热拌沥青混合料路面　　D. 喷洒透层、黏层、封层

27. 下列表征沥青混合料高温稳定性的指标是(　　)。

A. 空隙率　　B. 矿料间隙率

C. 沥青饱和度　　D. 马歇尔稳定度

28. 液体石油沥青宜采用针入度较大的石油沥青,使用前按照(　　)顺序,掺配(　　),经适当的搅拌、稀释制成。

A. 先加热沥青后加稀释剂;重柴油

B. 先加热沥青后加稀释剂;煤油或轻柴油

C. 先加稀释剂后加热沥青和稀释剂;煤油

D. 先加稀释剂后加热沥青和稀释剂;重柴油

29. 以下不属于 SBS 改性沥青特点的是(　　)。

A. 在温差较大的地区有很好的耐高温、抗低温能力

B. 具有较好的抗车辙能力,其弹性和韧性提高了路面的抗疲劳能力

C. 提高了路面的抗滑能力

D. 增大了路面表面的构造深度

30. 适用于炎热地区的 SBS 改性沥青是(　　)。

A. Ⅰ-D 型　B. Ⅰ-C 型　C. Ⅰ-B 型　D. Ⅰ-A 型

31. 空隙率在 18% 以上的沥青混合料类型为(　　)。

A. AC　B. OGFC　C. SMA　D. AM

32. 尤其适合于高温地区,交通量较大路段的沥青混合料结构类型是(　　)。

A. 悬浮密实型　B. 骨架密实型　C. 骨架空隙型　D. 均匀密实型

33. 残留稳定度表征沥青混合料的(　　)。

A. 承载能力　B. 高温稳定性　C. 抗变形能力　D. 水稳性

34. 随沥青含量增加,沥青混合料空隙率将(　　)。

A. 增加　B. 出现谷值　C. 减少　D. 保持不变

35. 沥青混合料理论最大相对密度试验常用(　　)进行测定。

A. 表干法　B. 水中重法　C. 真空法　D. 蜡封法

36. 轮碾法成型一块沥青混合料板型试件至少要碾压(　　)次。

A. 12　B. 14　C. 24　D. 28

37. 密实型沥青混合料空隙率一般为(　　)。

A. 3% ~8%　B. 3% ~6%　C. 2% ~6%　D. 2% ~4%

38. 一个沥青混合料标准马歇尔试件的材料用量约为(　　)。

A. 1000g　B. 1250g　C. 1200g　D. 4050g

39. 不同类型沥青混合料采用的级配应不同,ATB-25 宜采用(　　)。

A. 连续级配　B. 间断级配　C. 开级配　D. 半开级配

40. 下列不是 OGFC 沥青混合料特点的是(　　)。

A. 细颗粒较少　B. 比普通 AC 更容易老化

C. 排水功能显著　D. 力学性能较好

41. 饱和度是用来评价沥青混合料(　　)的指标。

A. 高温稳定性　B. 低温抗裂性　C. 耐久性　D. 抗滑性

42. 沥青混合料空隙率偏小,对沥青路面可能带来的问题是(　　)。

A. 耐久性变差　B. 高温抗车辙能力较低

C. 水稳性不好　D. 低温环境易于开裂

43. 沥青混合料试件制作方法(击实法)制作的标准试件,直径应符合(　　)。

A. 101.6mm ±0.2mm　B. 63.5mm ±1.3mm

C. 152.4mm ±0.2mm　D. 95.3mm ±2.5mm

44. 沥青混合料试件制作方法(击实法)将沥青试样用烘箱加热至规定的沥青混合料拌和温度,但不得超过(　　)℃。

A. 110　　B. 163　　C. 175　　D. 180

45. 当缺乏沥青黏度测定条件时,道路石油沥青混合料拌和温度可参考选用(　　)。

A. 140 ~ 160℃　　B. 130 ~ 150℃　　C. 140 ~ 150℃　　D. 150 ~ 160℃

46. 当缺乏沥青黏度测定条件时,道路石油沥青混合料压实温度可参考选用(　　)。

A. 140 ~ 160℃　　B. 120 ~ 150℃　　C. 110 ~ 130℃　　D. 110 ~ 140℃

47. 对 OGFC 沥青混合料试件的密度测定应采用(　　)。

A. 表干法　　B. 水中重法　　C. 蜡封法　　D. 体积法

48. 已知称取 1200g 沥青混合料,击实完成后所得马歇尔试件高度为 66.0mm,若要得到高度符合要求的标准马歇尔试件,则应称取质量调整为(　　)的沥青混合料再击实。

A. 1050g　　B. 1100g　　C. 1150g　　D. 1250g

49. 确定马歇尔试件材料用量时,若已知沥青混合料的密度时,则可根据试件的标准尺寸计算并乘以(　　)得到要求的混合料质量。

A. 1.00　　B. 1.01　　C. 1.02　　D. 1.03

50. 计算沥青混合料空隙率,除需要沥青混合料的毛体积相对密度之外,还需要沥青混合料的(　　)。

A. 材料组成比例　　B. 表观相对密度

C. 理论最大相对密度　　D. 试件的压实度

51. 将沥青混合料密度试验的 4 种方法与它们的适用条件用短线相组合,其正确组合是(　　)。

①表干法;②水中重法;③蜡封法;④体积法;⑤试件吸水率小于 0.5%;⑥试件吸水率大于 2%;⑦蜡封法不能解决的问题;⑧试件吸水率小于 2%。

A. ①-⑧,②-⑤,③-⑥,④-⑦　　B. ①-⑤,②-⑥,③-⑦,④-⑧

C. ①-⑥,②-⑦,③-⑤,④-⑧　　D. ①-⑦,②-⑧,③-⑥,④-⑤

52. 沥青旋转黏度试验(布洛克菲尔德黏度计法)重复性试验和再现性试验的允许误差分别为平均值的(　　)。

A. 1.5%;12.5%　　B. 1.5%;14.5%　　C. 3.5%;12.5%　　D. 3.5%;14.5%

53. 沥青混合料马歇尔试件毛体积密度试验结果保留(　　)位小数。

A. 1　　B. 2　　C. 3　　D. 4

54. 沥青混合料马歇尔稳定度单位为(　　)。

A. Pa　　B. MPa　　C. N　　D. kN

55. 沥青混合料马歇尔稳定度试验试件加载速率是(　　)。

A. 10mm/min　　B. 0.5mm/min　　C. 1mm/min　　D. 50mm/min

56. 黏稠石油沥青混合料马歇尔稳定度试验温度是(　　)。

A. 50℃　　B. 60℃　　C. 65℃　　D. 80℃

57. 一组沥青混合料马歇尔稳定度试验,5 个试件测定结果分别为 7.00kN、8.00kN、9.00kN、10.00kN、11.00kN,则该沥青混合料马歇尔稳定度试验结果为(　　)。

A. 9.00kN　　B. 8.50kN　　C. 9.50kN　　D. 10.00kN

58. 一组沥青混合料马歇尔试件计算得马歇尔模数为 4.4kN/mm,测得流值为 2.2mm,则该组试件的马歇尔稳定度为(　　)。

A. 6.66kN　　B. 8.86kN　　C. 9.68kN　　D. 10.46kN

59. 真空法测定沥青混合料理论最大相对密度时,可选用的负压容器有(　　)种。

A. 2　　B. 3　　C. 4　　D. 5

60. 真空法测定沥青混合料理论最大相对密度时的温度为(　　)。

A. 20℃　　B. 25℃　　C. 30℃　　D. 50℃

61. 采用真空法测定沥青混合料理论最大相对度时,集料公称最大粒径若为 19mm,则试样质量最小为(　　)。

A. 500g　　B. 1000g　　C. 1500g　　D. 2000g

62. 真空法测定沥青混合料理论最大相对密度时,要求将沥青混合料团块仔细分散,粗集料不破碎,那么对细集料团块的粒径要求是小于(　　)。

A. 4.75mm　　B. 5.2mm　　C. 6.4mm　　D. 6.8mm

63. 我国现行规范通过(　　)等指标的控制,来保证沥青混合料的耐久性。

A. 空隙率、饱和度和残留稳定度　　B. 稳定度、流值和马歇尔模数

C. 空隙率、含蜡量和含水率　　D. 针入度、针入度指数

64. 进行沥青混合料马歇尔试件密度测定时,当过度擦去混合料马歇尔试件开口空隙中的水分后,测得的毛体积密度结果将(　　)。

A. 偏大　　B. 偏小　　C. 不受影响　　D. 偏差不明显

65. 不可用于改善酸性集料与沥青黏附性的材料是(　　)。

A. 水泥　　B. 消石灰　　C. 氢氧化钠溶液　　D. 抗剥落剂

66. 以下关于木质素纤维灰分含量试验的表述正确的是(　　)。

A. 灰分含量越高,说明纤维杂质越多,因此灰分含量越低越好

B. 如果燃烧温度过高,灰分含量的试验结果会偏大

C. 相同试样质量,燃烧后残留物含量越高,则灰分含量越高

D. 某一样品的灰分含量为 11%,则该样品的灰分含量指标可评定为合格

67. 制作沥青混合料马歇尔试件的拌和温度与压实温度参考范围,沥青针入度较小时,应取(　　);针入度较大时,取(　　)。

A. 高限;低限　　B. 高限;高限　　C. 低限;高限　　D. 低限;低限

68. 随着沥青用量的增加,以下指标会持续增加的是(　　)。

A. 稳定度　　B. 空隙率　　C. 密度　　D. 流值

69. 在进行 SBS 改性沥青离析试验时,将沥青徐徐注入盛样管后放入烘箱中静置一段时间,关于烘箱温度和静置时间正确的是(　　)。

A. 163℃ ±5℃;48h ±1h　　B. 163℃ ±5℃;24h ±1h

C. 135℃ ±5℃;24h ±1h　　D. 根据施工温度确定;24h ±1h

70. 沥青混合料谢伦堡沥青析漏试验时,在玻璃上加玻璃板盖,放入(　　)的烘箱中较合适。

A. 167℃　　B. 171℃　　C. 173℃　　D. 175℃

71. 沥青混合料生产配合比设计阶段确定(　　)个沥青用量进行马歇尔试验及试拌。

A. 2　　B. 3　　C. 4　　D. 5

72. 对沥青混合料浸水飞散试验,先在 60℃ ±0.5℃恒温水槽中养护(　　),然后取出在室温中放置。

A. 12h　　B. 24h　　C. 36h　　D. 48h

73. 计算沥青混合料最佳沥青用量 OAC_2 无须用到的指标是(　　)。

A. 马歇尔稳定度　　B. 空隙率　　C. 沥青饱和度　　D. 矿料间隙率

74. 沥青混合料配合比设计中马歇尔试验结果分析的步骤如下:

①绘制沥青用量与物理力学指标关系图:以沥青用量为横坐标,以密度、空隙率、饱和度、稳定度和流值为纵坐标,将试验结果绘制成沥青用量与各指标的关系曲线图;

②根据稳定度、密度和空隙率确定最佳沥青用量初始值 OAC_1:在图中取相应于稳定度最大值的沥青用量 a_1,相应于密度最大值的沥青用量 a_2,和相应于规定空隙率范围的中值的沥青用量 a_3,取三者的最大值作为最佳沥青用量的初始值 OAC_1;

③根据符合各项技术指标的沥青用量范围确定沥青最佳用量初始值 OAC_2:按满足各项指标选择沥青用量的范围 OAC_{min} ~ OAC_{max},取 OAC_{min} 和 OAC_{max} 平均值为 OAC_2;

④一般情况下,OAC_1 和 OAC_2 的平均值即为沥青最佳用量 OAC。

上述叙述中可能存在的错误共有(　　)。

A. 一处　　B. 两处　　C. 三处　　D. 四处

75. 沥青混合料高温稳定性不足可能引起的病害不包括(　　)。

A. 车辙　　B. 推移　　C. 拥包　　D. 松散

76. 某试验人员对沥青混合料的马歇尔稳定度和流值测定时未进行修正,测得的马歇尔稳定度可能会(　　)。

A. 偏大　　B. 偏小　　C. 不能确定　　D. 不变

77. 车辙试验主要是用来评价沥青混合料的(　　)。

A. 高温稳定性　　B. 低温抗裂性　　C. 耐久性　　D. 抗滑性

78. 车辙试验可在沥青混合料配合比设计的(　　)阶段用到。

A. 目标配合比设计　　B. 生产配合比设计

C. 生产配合比验证　　D. 目标配合比验证

79. 沥青混合料车辙试验用通常尺寸为(　　)的板块试件。

A. 300mm ×300mm ×50mm　　B. 300mm ×300mm ×500mm

C. 300mm ×300mm ×300mm　　D. 300mm ×300mm ×30mm

80. 高温稳定性和低温抗裂性都较好的沥青混合料结构类型是(　　)。

A. 悬浮密实型　　B. 骨架空隙型　　C. 骨架密实型　　D. 均匀密实型

81. 不能用来评价沥青混合料高温稳定性的指标有(　　)。

A. 马歇尔稳定度　　B. 流值　　C. 动稳定度　　D. 浸水残留稳定度

82. 在沥青软化点试验中,如估计试样软化点高于(　　),则试样环和试样底板(不得用玻璃板)均应预热至 80 ~100℃。

A. 80℃　　B. 100℃　　C. 120℃　　D. 140℃

83. 沥青混合料车辙试验时,试件内部温度要求为(　　)。

A. 60℃ ±0.1℃　　B. 60℃ ±0.5℃

C. 60℃ ±1℃　　D. 60℃ ±1.5℃

84. 乳化沥青破乳速度试验中,(　　)不属于破乳速度分级。

A. 快凝　　B. 迅凝　　C. 中凝　　D. 慢凝

85. 沥青混合料浸水马歇尔稳定度试验中,其中一组马歇尔试件是在60℃热水中恒温30min,另一组的保温时间为(　　)。

A. 12h　　B. 24h　　C. 36h　　D. 48h

86. 沥青混合料冻融劈裂试验试件的击实次数为双面各(　　)次。

A. 50　　B. 75　　C. 112　　D. 120

87. 沥青混合料中,沥青含量试验(离心分离法)以3次试验的平均值作为试验结果时,3次试验的最大值与最小值之差不得大于(　　)。

A. 0.3%　　B. 0.4%　　C. 0.5%　　D. 0.6%

88. 离心分离法测定沥青混合料中沥青含量时,沥青混合料的用量要求为(　　)。

A. 800 ~ 1000g　　B. 1000 ~ 1200g

C. 1000 ~ 1500g　　D. 1500 ~ 1800g

89. 燃烧炉法测定沥青混合料中沥青含量时,当沥青用量的修正系数 C_f 大于0.5%时,设定(　　)燃烧温度重新标定。

A. 538℃ ±3℃　　B. 538℃ ±5℃

C. 482℃ ±3℃　　D. 482℃ ±5℃

90. 车辙试验前,车辙板需在规定温度下恒温一定时间,当恒温时间明显不足时,试验有可能(　　)。

A. 随季节变化测得不同的动稳定度

B. 导致动稳定度偏高

C. 随混合料的类型变化对动稳定度造成不同影响

D. 不影响动稳定度试验结果

91. 采用离心分离法测定沥青混合料的沥青含量时,应考虑泄漏入抽提液中矿粉的含量;如果忽略该部分质量,测得的结果较真实值(　　)。

A. 偏大　　B. 偏小　　C. 相同　　D. 大小不能确定

92. 离心分离法测定沥青混合料中沥青含量时,离心机的转速要求为(　　)。

A. 3000r/min　　B. 2000r/min　　C. 1000r/min　　D. 500r/min

93. 离心分离法测定沥青混合料中沥青含量时,滤纸干燥后的增重部分为(　　)。

A. 沥青　　B. 矿粉　　C. 石屑　　D. 其他杂质

94. 按组成结构分类,SMA属于(　　)结构。

A. 悬浮密实型　　B. 骨架空隙型

C. 骨架密实型　　D. 均匀密实型

95. SMA混合料的特点是"三多一少",其中"一少"指的是(　　)。

A. 沥青　　B. 粗集料　　C. 细集料　　D. 矿粉

96. SMA混合料最常用的纤维类型是(　　)。

A. 木质素纤维　B. 玻璃纤维　C. 石棉纤维　D. 任意纤维

97. OGFC 混合料所属的沥青混合料结构类型是(　　)。

A. 悬浮密实型　B. 骨架密实型

C. 骨架空隙型　D. 均匀密实型

98. 对于低温延度,当试验温度高于规定时,试验结果(　　),相反(　　)。

A. 偏大;偏小　B. 偏小;偏小　C. 偏大;偏大　D. 偏小;偏大

99. 对于改性 SMA 混合料,析漏试验的温度为(　　)。

A. 170℃　B. 175℃　C. 180℃　D. 185℃

100. 标准飞散试验可用于确定沥青路面表面层使用的 SMA 混合料所需(　　)沥青用量。

A. 最多　B. 最少　C. 中值　D. 最佳

二、判断题

1. 直馏沥青为原油通过常压或减压蒸馏方法得到的沥青产品,当该产品符合沥青标准的就是直馏沥青,不符合沥青标准的是裂化沥青。(　　)

2. 沥青标号的选用,宜按照公路等级、气候条件、交通条件、路面类型及在结构层中的层位及受力特点、施工方法等,结合当地的使用经验,经技术论证后确定。(　　)

3. 因为沥青的针入度是本身固有的,所以在做沥青针入度试验时标准针的破损与否对试验没有影响。(　　)

4. 针入度测得的是沥青的黏度而非稠度。(　　)

5. 当沥青桶不便加热熔化沥青时,可在桶高的中部将桶凿开取样,但样品应在距桶壁 5cm 以上的内部凿取。(　　)

6. 通常,沥青的软化点越高,黏度也越高,针入度越小。(　　)

7. 为避免混进气泡,在沥青灌模时应反复搅动沥青。(　　)

8. 液体石油沥青宜采用针入度较小的石油沥青,使用前按先加热沥青后加稀释剂的顺序,掺配煤油或轻柴油,经适当的搅拌、稀释制成。(　　)

9. 当试样软化点大于 80℃时,重复性试验精度的允许差为 1℃,再现性试验精度允许差为 4℃。(　　)

10. 对 SBS、SBR 等聚合物改性沥青,要求试验温度为 5℃,拉伸速度为 5cm/min ± 0.25cm/min条件下的延度。(　　)

11. 沥青延度试验当试验结果小于 100cm 时,重复性试验的允许差为平均值的 20%;复现性试验的允许差为平均值的 30%。(　　)

12. 薄膜烘箱或旋转薄膜烘箱加热后的沥青各项指标与加热前的沥青相比,其差别越小,说明沥青的抗老化能力越高。(　　)

13. 木质素纤维的吸油率越大,吸收沥青越多,造成一定浪费。(　　)

14. 沥青混合料进行取样时,试样数量根据试验目的决定,宜不少于试验用量的 2 倍。(　　)

15. 木质素纤维灰分含量越低说明纤维纯度越高，因此灰分含量越低纤维质量越好。（　　）

16. 液体沥青密度与相对密度试验中注意勿使沥青黏附瓶口或上方瓶壁，并防止混入气泡。（　　）

17. 沥青密度与相对密度试验中的比重瓶水值的测定步骤：瓶塞顶部需要擦拭干净，膨胀瓶塞上不得有小水滴。（　　）

18. 蜡随着温度升高极易融化，使沥青的黏度增加，进而减小沥青的温度敏感性。（　　）

19. 利用布洛克菲尔德黏度计测定的不同温度的表观黏度，绘制黏温曲线。一般可采用135℃及175℃测定的表观黏度，不能采用其他温度。（　　）

20. 木质素纤维的耐热性试验宜按照拌和楼拌和时的温度进行加热。（　　）

21. 对于中粒式或粗粒式密级配沥青混合料，可以适当地减少沥青的用量来提高混合料的高温稳定性。（　　）

22. 最大粒径大于13.2mm的粗集料，应选用水浸法来确定其黏附性。（　　）

23. 当同一种料源集料最大粒径既有大于又有小于13.2mm的集料时，取小于13.2mm水浸法试验为标准。（　　）

24. 在黏附性试验中，黏附性等级为"1"，说明沥青膜完全保存，剥离面积百分率接近于0。（　　）

25. 用水浸法测定沥青与矿料的黏附性试验中，按每100g矿料加入沥青5.5g±0.2g的比例称取沥青，准确至0.1g，放入小型拌和容器中，放入同一烘箱中加热30min。（　　）

26. 考虑高温稳定性时，沥青混合料中粗集料的粒径要大一些；考虑耐久性时，粗集料的粒径要小一些。（　　）

27. 混合料的空隙率随着沥青用量的增加先降低后升高。（　　）

28. SBS改性沥青可显著提高路面的使用性能、延长路面的使用寿命，却大大增加了养护费用。（　　）

29. 对道路石油沥青，延度试验中要求温度为15℃或10℃，拉伸速度通常为5cm/min±0.25cm/min。（　　）

30. 聚合物改性沥青混合料不得采用真空法测定理论最大相对密度。（　　）

31. 通过沥青延度试验测定沥青能够承受的塑性变形总能力，并用于评价沥青在高温状态下的抗车辙性。（　　）

32. 沥青饱和度指沥青混合料试件内沥青部分的体积占矿料部分以外的体积的百分率。（　　）

33. 马歇尔稳定度和流值是表示沥青混合料高温时的稳定性和抗变形能力的指标。（　　）

34. 由于沥青混合料中的空隙易于造成混合料的老化，所以路用沥青混合料中的空隙率越小越好。（　　）

35. 薄膜加热试验中，把烘箱调整水平，使转盘在水平面上以5.5r/min±1r/min的速度旋转，温度计位置距转盘中心和边缘距离相等。（　　）

36. 沥青混合料中的剩余空隙率，其作用是以备高温季节沥青材料膨胀。（　　）

37. 沥青混合料试件的空隙率要大于沥青混合料试件的矿料间隙率。（　　）

38. 我国现行规范采用马歇尔方法确定沥青混合料的最佳沥青用量。 (　　)

39. 在使用轮碾法进行沥青混合料试件制作时，连同试模将成型好的试件放置24h，然后脱模。 (　　)

40. 凡在试验室制作的沥青混合料马歇尔试件，高度超出误差规定都应视为废试件。 (　　)

41. 沥青混合料成型马歇尔试件时，套筒不需加热。 (　　)

42. 沥青混合料成型马歇尔试件时，试模内壁应用黄油适当擦拭。 (　　)

43. 沥青针入度较小时，应取成型马歇尔试件的温度范围上限。 (　　)

44. 基于温度的考虑，沥青混合料马歇尔试件的成型过程须在一定时间内完成。 (　　)

45. 沥青混合料标准马歇尔试件质量按1200g计，1200g乘以油石比即为所需沥青的质量。 (　　)

46. 沥青混合料马歇尔稳定度试验时的温度越高，则稳定度越大，流值越小。 (　　)

47. 毛细管运动黏度试验方法适用于采用毛细管黏度计测定黏稠石油沥青、固体沥青及其蒸馏后残留物的运动黏度。 (　　)

48. 表干法测定沥青混合料马歇尔试件毛体积密度时，将试件置于网篮中，若天平读数持续变化，不能很快达到稳定，说明试件吸水较严重，不适用于此法测定。 (　　)

49. 表干法测定沥青混合料马歇尔试件毛体积密度时，饱和面干状态应用干毛巾擦拭获得。 (　　)

50. 表干法测定沥青混合料马歇尔试件毛体积密度时，擦拭过程不宜超过5s，称量过程中流出的水不得再擦拭。 (　　)

51. 马歇尔稳定度指按规定条件采用马歇尔试验仪测定的沥青混合料所能承受的最大荷载。 (　　)

52. 马歇尔稳定度是设计沥青混合料配合比的主要技术指标。 (　　)

53. 如果低温延度值较大，则在低温环境下沥青的开裂性相对较大。 (　　)

54. 沥青混合料马歇尔稳定度试验中，仪器压头可不必保温。 (　　)

55. 沥青混合料浸水马歇尔稳定度试验结果中，浸水残留稳定度与马歇尔稳定度单位一致。 (　　)

56. 沥青混合料马歇尔稳定度试验结果中，稳定度与流值结果精度要求一致。 (　　)

57. 沥青密度与相对密度试验凡涉及密度瓶在盛满物体时的称重，都要对密度瓶进行加热操作，以达到更加精确的测定结果。 (　　)

58. 真空法适合于测定各种沥青混合料的理论最大相对密度。 (　　)

59. 采用真空法测定沥青混合料理论最大相对密度时，为有助于抽真空的效果，可在真空容器的水中添加少量无泡沫表面活性剂。 (　　)

60. 采用真空法测定沥青混合料理论最大相对密度，进行负压容器标定时，尤其注意要将气泡排尽。 (　　)

61. 空隙率越小，沥青混合料的耐久性越好。 (　　)

62. 沥青面层中集料的公称最大粒径应与该层压实后的结构厚度相匹配，即要求压实层厚度不宜小于集料公称最大粒径的2.5～3倍。 (　　)

63. 沥青混合料的矿料级配应使其空隙率尽可能的小。　　(　)

64. 乳化沥青稀浆混合料的配合比设计过程中，进行拌和试验和黏聚力试验时，可拌和时间的试验温度应考虑最高施工温度，黏聚力试验的温度应考虑施工中可能遇到的最低温度。　　(　)

65. 为改善沥青混合料水稳性，可以采用干燥的消石灰粉或水泥部分替代填料。　　(　)

66. 夏季温度高、高温持续时间长的路段，宜选用粗型密级配沥青混合料。　　(　)

67. 确定沥青混合料最佳沥青用量时，沥青用量与各马歇尔指标关系曲线图中横坐标是油石比。　　(　)

68. 随着沥青用量的增加，混合料的马歇尔稳定度会持续增加。　　(　)

69. 乳化沥青筛上筛余量试验，是测定乳化沥青 1.18mm 试验筛筛上剩余物含量，对于阳离子乳液和阴离子乳液均采用蒸馏水将筛网润湿。　　(　)

70. 沥青混合料目标配合比设计即为确定最佳沥青用量。　　(　)

71. 沥青与集料的黏附性试验主要是评价沥青与集料的吸附能力。　　(　)

72. 沥青混合料在规定温度下燃烧产生的损失量即是沥青混合料中沥青含量。　　(　)

73. 沥青混合料最佳沥青用量 OAC_1 是稳定度、密度、空隙率及饱和度 4 个指标中对应沥青用量的最大值。　　(　)

74. 沥青混合料最佳沥青用量 OAC_2 是各指标均符合技术标准（不包括 VMA）的沥青用量范围最大值和最小值的平均值。　　(　)

75. 沥青混合料因高温稳定性不足而出现车辙、拥包等病害，是温度、荷载和时间综合作用的结果。　　(　)

76. 车辙是沥青混合料高温稳定性不足引起的典型路面病害。　　(　)

77. 高温季节，重载路段的沥青路面更容易出现车辙、拥包等病害。　　(　)

78. 车辙试验不可用于沥青混合料配合比设计的高温稳定性检验。　　(　)

79. 沥青混合料车辙试验中，要求至少平行试验 3 个试件，结果取其平均值。　　(　)

80. 空隙率较大的沥青混合料，高温稳定性较好。　　(　)

81. 现行规范采用沥青混合料低温弯曲试验评价沥青混合料的低温性能。　　(　)

82. 沥青混合料车辙试验时，直接在拌和厂取拌和好的样品冷却后，可二次加热重塑制作试件。　　(　)

83. 沥青混合料车辙试验结果计算中 $t_2 - t_1$ 肯定等于 15（min）。　　(　)

84. 我国将测定针入度的标准条件设定为温度 25℃，针总质量 100g，贯入时间 10s。　　(　)

85. 空隙率越大的沥青混合料的疲劳寿命越长。　　(　)

86. 间断级配的沥青混合料施工过程中易发生离析。　　(　)

87. 沥青混合料冻融劈裂试验结果不满足要求，则说明其抗冻性能不满足要求。　　(　)

88. 马歇尔稳定度是评价沥青混合料高温性能的指标，而残留稳定度则是评价沥青混合料水稳定性的指标。　　(　)

89. 沥青混合料冻融劈裂试验用试件的击实次数与马歇尔稳定度试验用试件的击实次数相同。　　(　)

90. 离心分离法抽提的沥青不可再做他用。　　(　)

91. 沥青混合料中掺加纤维或橡胶粉时,采用燃烧炉法测定沥青含量的结果需仔细修正检查。 ( )

92. 沥青混合料中沥青含量试验,可以采用离心分离法和燃烧炉法,离心分离法可以直接得出试验结果,但是操作复杂、溶剂会影响环境;燃烧炉法效率高、但事前必须标定。 ( )

93. 沥青混合料的级配范围中,靠近级配范围下限的级配曲线总体偏粗,靠近上限的级配曲线总体偏细。 ( )

94. 燃烧炉法测定沥青混合料中沥青含量时,如果482℃与538℃得到的沥青用量的修正系数差值在0.1%以内,以482℃的沥青用量作为最终的修正系数 C_f。 ( )

95. 通过针入度的测定不仅能够掌握不同沥青的黏稠性以及进行沥青标号的划分,而且可以用来建立描述沥青的温度敏感性的指标,如针入度指数、当量软化点和当量脆点等。 ( )

96. 在薄膜加热试验中,蒸发"损失"试验计算结果只有正值,表明加热时沥青试样不仅没有损失,而且还有一定增加,原因在于加热过程中沥青与空气中某些成分发生了反应。 ( )

97. 采用离心分离法测定沥青混合料中沥青含量时,至少应进行两次平行试验。 ( )

98. 采用燃烧炉法测定沥青混合料中沥青含量时,对每一种沥青混合料都必须进行标定。 ( )

99. SMA 混合料中粗集料多,矿粉多,沥青多,细集料少。 ( )

100. SMA 混合料所用的沥青结合料要求必须是改性沥青。 ( )

101. 实际工程中,往往选择能够兼顾高温时变形量较小,但低温时又有一定变形能力的凝胶型沥青。 ( )

102. 石油沥青的黏滞性是指沥青材料在外力作用下,沥青粒子产生相互位移时抵抗剪切变形的能力。 ( )

103. OGFC 混合料抗滑性能优异,主要是由于其空隙率较大,排水能力较好。 ( )

104. OGFC 混合料的空隙率通常大于20%。 ( )

105. 对于 SMA 混合料,粗集料通常指的是粒径大于4.75mm 的集料。 ( )

106. 对于 SMA 混合料,析漏试验是确定其沥青用量的一种辅助试验方法。 ( )

107. 对于 SMA 混合料,飞散试验是检验结合料与集料黏附性的方法。 ( )

108. SMA 混合料的配合比设计采用马歇尔试件的体积设计方法进行,但马歇尔试验的稳定度和流值并不作为配合比设计接受或者否决的唯一指标。 ( )

109. 浸水飞散试验是在60℃水中浸水48h 后进行的试验,目的是考察试件在热水中膨胀和沥青老化,对集料和沥青黏结力下降的影响,对于积雪寒冷地区不可进行飞散试验。 ( )

110. 最佳沥青用量是指能够使沥青混合料各项指标达到最好状态时所对应的用量。 ( )

三、多项选择题

1. 沥青针入度试验的关键性条件是( )。

A. 温度　B. 湿度　C. 测试时间　D. 针的质量

2. 乳化沥青储存稳定性试验时,储存时间按需要可选( )。

A. 1d　B. 2d　C. 5d　D. 7d

3. 根据沥青针入度试验测试结果按公式计算法可以计算(　　)。

A. 针入度指数　　B. 延度　　C. 当量软化点　　D. 当量脆点

4. 进行沥青试验前，试样准备工作包括(　　)。

A. 落实生产沥青的油源　　B. 除去沥青中所含水分

C. 确认沥青所属等级　　D. 筛除沥青中的异物

5. 环球法适用于测定(　　)的软化点。

A. 石油沥青　　B. 煤沥青

C. 页岩沥青　　D. 聚合物改性沥青

6. 对热沥青试样的制备，下列说法不正确的有(　　)。

A. 石油沥青试样中含有水分时，将沥青置于温度90℃左右烘箱中加热脱水

B. 无水石油沥青在电炉上直接加热至135℃

C. 采用电炉加热时，加热时间不得超过30min

D. 加热后的沥青需要过0.6mm筛才能灌模

7. 沥青延度试验适用于测定(　　)的延度。

A. 道路石油沥青　　B. 聚合物改性沥青

C. 液体石油沥青蒸馏残留物　　D. 乳化沥青蒸发残留物

8. 我国沥青及沥青混合料试验规程使用(　　)试验来估计沥青发生的短期老化。

A. TFOT　　B. RTFOT

C. “加速加载”　　D. “压力老化容器加速沥青老化”

9. 沥青旋转薄膜加热试验，根据需要测定旋转薄膜加热后残留物的(　　)等各项性质的变化。

A. 针入度及针入度比　　B. 软化点及软化点增值

C. 黏度及黏度比　　D. 密度及密度比

10. 克利夫兰开口杯适合测定(　　)的闪点。

A. 70号道路石油沥青　　B. SBS聚合物改性沥青

C. 闪点在79℃以上的液体石油沥青　　D. SBR聚合物改性

11. 软化点试验过程中，对试验结果产生影响的因素包括(　　)。

A. 试验起始温度　　B. 升温速度

C. 球的质量　　D. 球的直径

12. 以下是沥青与矿料黏附性试验水浸法操作步骤的有(　　)。

A. 将集料过13.2mm、19mm的筛，取存留在13.2mm筛上的颗粒5个，要求试样表面规整、接近立方体

B. 集料过13.2mm、9.5mm的筛，取粒径9.5～13.2mm形状规则的集料200g，洗净并在105℃的烘箱中烘干备用

C. 用细线将试样集料颗粒逐个系牢，继续放入105℃的烘箱中加热待用

D. 按四分法称取备用试样颗粒100g置搪瓷盘上，连同搪瓷盘一起放入已升温至沥青拌和温度以上5℃的烘箱中持续加热1h

13. 关于石油沥青延度试验，说法错误的是(　　)。

A. 恒温水槽温度控制精度为 ±0.1℃

B. 根据试验温度有两种不同的拉伸速度

C. 石油沥青延度对沥青混合料的低温性能影响显著

D. 采用循环水域的延度仪时,在试验过程中不得关闭循环系统

14. 下列属于热拌沥青混合料取样方法的有(　　)。

A. 在沥青混合料拌和厂取样　　B. 在碾压成型的路面上取样

C. 在沥青混合料运料车上取样　　D. 在道路施工现场取样

15. 以下属于再生沥青混合料的有(　　)。

A. 厂拌热再生混合料　　B. 乳化沥青冷再生混合料

C. 就地热再生混合料　　D. 泡沫沥青冷再生混合料

16. 以下关于沥青弹性恢复试验,说法正确的有(　　)。

A. 非经注明,试验温度为 25℃,拉伸速率为 5cm/min ±0.5cm/min

B. 拉伸一停止就立即用剪刀在中间将沥青试样剪断

C. 注意在停止拉伸后至剪断试样之间不得有时间间隔,以免使拉伸应力松弛

D. 取下两个半截的回缩的沥青试样轻轻捋直,但不得施加拉力,移动滑板使改性沥青试样的尖端刚好接触

17. SBS 改性沥青的高温、低温性能都好,且有良好的弹性恢复性能,所以采用(　　)作为主要指标。

A. 软化点　　B. 5℃低温延度

C. 回弹率　　D. 闪点

18. SBS 改性沥青的技术指标以改性沥青的(　　)。

A. 针入度反映改性后沥青感温性的改善程度

B. 针入度指数反映改性后沥青感温性的改善程度

C. 针入度作为分级的主要依据

D. 针入度指数作为分级的主要依据

19. 以下是 SBS 改性沥青的安全要求指标、纯度指标和 SBS 改性沥青混合料工作性要求指标的有(　　)。

A. 闪点　　B. 溶解度　　C. 回弹率　　D. 135℃运动黏度

20. 不属于悬浮密实结构类型的沥青混合料有(　　)。

A. AC　　B. SMA　　C. AM　　D. OGFC

21. 沥青混合料的技术指标包括(　　)。

A. 稳定度和流值　　B. 矿料间隙率

C. 空隙率　　D. 沥青饱和度

22. 沥青混合料的主要技术性能有(　　)。

A. 高温稳定性　　B. 低温抗裂性

C. 耐久性　　D. 抗滑性

23. 沥青混合料试件空隙率的影响因素包括(　　)。

A. 矿料级配　　B. 沥青用量　　C. 压实程度　　D. 试件尺寸

24. 与沥青混合料空隙率相关的不同密度有(　　)。

A. 毛体积相对密度　　B. 表观相对密度

C. 理论最大相对密度　　D. 真实密度

25. 沥青混合料空隙率过小可能引起的损害有(　　)。

A. 车辙　　B. 泛油　　C. 老化　　D. 推移

26. 一些沥青常规试验制样时需使用隔离剂,下列试验项目中需要隔离剂的有(　　)。

A. 针入度试验　　B. 薄膜烘箱试验

C. 软化点试验　　D. 延度试验

27. 当缺乏沥青黏度测定条件时,制作 90 号石油沥青混合料试件的拌和温度可选用(　　)。

A. 120℃　　B. 130℃　　C. 150℃　　D. 160℃

28. 参考现行《公路工程沥青及沥青混合料试验规程》(JTG E20),当缺乏沥青黏度测定条件时,道路石油沥青混合料试件压实温度可选用(　　)。

A. 110℃　　B. 120℃　　C. 130℃　　D. 140℃

29. 沥青的黏度为(　　)时,对应的温度适宜进行沥青混合料的碾压成型。

A. 0.20Pa · s　　B. 0.25Pa · s　　C. 0.30Pa · s　　D. 0.35Pa · s

30. 以下沥青混合料大型马歇尔试件高度符合要求的有(　　)。

A. 92.0mm　　B. 94.0mm　　C. 96.0mm　　D. 98.0mm

31. 沥青混合料马歇尔试件成型过程中,需要加热的仪具有(　　)。

A. 击实锤　　B. 套筒　　C. 试模　　D. 底座

32. 成型马歇尔试件时,计算材料用量需要用到的参数有(　　)。

A. 矿料级配　　B. 粉胶比　　C. 沥青用量　　D. 空隙率

33. 造成沥青路面产生车辙的原因有(　　)。

A. 沥青标号偏低　　B. 采用高黏度沥青

C. 沥青混合料中矿料嵌挤力不够　　D. 矿料的棱角性不好

34. 易造成沥青混合料高温稳定性不好的内在原因是(　　)。

A. 空隙率过高　　B. 空隙率过低

C. 沥青用量偏高　　D. 集料的酸碱性

35. 沥青混合料马歇尔试件毛体积密度计算时,考虑的体积包括(　　)。

A. 材料实体　　B. 闭口孔隙

C. 开口孔隙　　D. 表面凹陷

36. 可用表干法测定其马歇尔试件毛体积密度的沥青混合料类型有(　　)。

A. AC　　B. OGFC　　C. SMA　　D. AM

37. 表干法测定马歇尔试件毛体积密度的温度可以为(　　)。

A. 24.0℃　　B. 24.5℃　　C. 25.0℃　　D. 25.5℃

38. 表干法测定马歇尔试件毛体积密度过程中,试件浸水时间可为(　　)。

A. 3min　　B. 4min　　C. 5min　　D. 6min

39. 沥青蜡含量试验(蒸馏法)使用的化学试剂有(　　)。

A. 三氯乙烯　　B. 无水乙醚　　C. 无水乙醇　　D. 石油醚

40. 某试验人员对沥青混合料进行取样，其做法不对的是(　　)。

A. 用于检验拌和质量时，应从拌和机一次放料的下方或提升斗中取样，但不得分多次取样并混合后使用

B. 在拌和厂的运输车中取样时，宜在装料一半时从不同的3个方向进行取样

C. 在达到现场的运输车中取样时，宜从3台不同车的顶面取样并混合

D. 道路施工现场取样时，应在摊铺后、未碾压前，在摊铺宽度的两侧1/3～1/2位置处取样

41. 马歇尔稳定度试验过程的主要控制因素有(　　)。

A. 试件保温温度　　B. 试件尺寸

C. 试件保温时间　　D. 室内温度

42. 按浸水条件的不同，沥青混合料马歇尔稳定度试验有(　　)。

A. 标准马歇尔稳定度试验　　B. 浸水马歇尔稳定度试验

C. 真空饱水马歇尔稳定度试验　　D. 残留稳定度试验

43. 沥青混合料马歇尔稳定度试验中，标准试件保温时间为(　　)。

A. 20min　　B. 30min　　C. 40min　　D. 50min

44. 沥青混合料马歇尔稳定度试验过程消耗时间(保温完成取出试件至测试完成)可为(　　)。

A. 15　　B. 25　　C. 35　　D. 45

45. 一组沥青混合料马歇尔稳定度试验，4个试件测定结果分别为5.20kN、8.55kN、9.65kN、14.00kN，结果评定时($k=1.46$)应选取(　　)求算平均值作为试验结果。

A. 5.20kN　　B. 8.55kN　　C. 9.65kN　　D. 14.00kN

46. 随着沥青含量的增加，以下指标不会出现峰值的是(　　)。

A. 稳定度　　B. 空隙率　　C. 饱和度　　D. 流值

47. 沥青混合料马歇尔稳定度试验试件数目一般为(　　)。

A. 3　　B. 4　　C. 5　　D. 6

48. 真空法测定沥青混合料理论最大相对密度时，若混合料较坚硬，可用烘箱适当加热进行分散，那么加热温度可为(　　)。

A. 50℃　　B. 55℃　　C. 60℃　　D. 65℃

49. 真空法测定沥青混合料理论最大相对密度时，负压容器内负压可为(　　)。

A. 3.0kPa　　B. 3.5kPa　　C. 4.0kPa　　D. 4.5kPa

50. 真空法测定沥青混合料理论最大相对密度时，振动及抽真空过程可持续(　　)。

A. 10min　　B. 12min　　C. 14min　　D. 16min

51. 沥青混合料所用沥青应根据(　　)来综合选择。

A. 气候条件　　B. 混合料类型

C. 道路等级及交通条件　　D. 路面类型

52. 以下关于SMA沥青混合料谢伦堡沥青析漏和肯塔堡飞散试验描述正确的有(　　)。

A. 谢伦堡沥青析漏试验时，随着沥青用量增加，析漏损失逐渐增加

B. 肯塔堡飞散试验时,随着沥青用量增加,飞散损失逐渐降低
C. 对于同一 SMA 沥青混合料,按析漏损失标准确定的沥青用量一般要高于按飞散损失标准确定的沥青用量
D. 增加试验温度,两种试验的测定结果都会增加

53. 取(　　)对应的沥青用量计算确定最佳沥青用量初始值 OAC_1。
A. MS　B. FL
C. 毛体积相对密度　D. 空隙率

54. 在沥青混合料配合比设计过程中,当空隙率与稳定度均较低时,可采用(　　)的方法进行调整。
A. 降低沥青含量　B. 增加粗集料
C. 增加细集料　D. 增加矿粉

55. 沥青混合料配合比设计包括(　　) 阶段。
A. 目标配合比设计　B. 试验室配合比设计
C. 生产配合比设计　D. 生产配合比验证

56. 沥青混合料目标配合比设计阶段工作的中心是(　　)。
A. 材料选择　B. 矿质混合料配合比设计
C. 最佳沥青用量确定　D. 配合比检验

57. 压实沥青混合料密度试验有(　　)。
A. 表干法　B. 水中重法　C. 蜡封法　D. 体积法

58. 对于寒区和旅游区道路,可在 OAC 基础上增加(　　)作为最佳沥青用量。
A. 0.2%　B. 0.3%　C. 0.4%　D. 0.5%

59. 以下为沥青混合料车辙试验的相关条件,正确的是(　　)。
A. 试验温度 60℃　B. 加载水平 0.7MPa
C. 试验持续时间 1h　D. 试件保温时间 8h

60. 密级配沥青混合料有(　　)。
A. 沥青混凝土　B. 沥青稳定碎石
C. 沥青碎石　D. 沥青玛䗖脂碎石

61. 下列措施有助于提升沥青混合料高温性能的是(　　)。
A. 使用较低标号的沥青　B. 使用质地坚硬、表面接近立方体的集料
C. 混合料采用较粗的级配　D. 沥青用量应偏下限

62. 沥青混合料的表观密度是指单位表观体积混合料的质量,表观体积包括(　　)。
A. 实体体积　B. 不吸水的内部闭口孔隙体积
C. 开口孔隙体积　D. 部分开口孔隙体积

63. 关于 SBS 沥青闪点试验,以下表述正确的有(　　)。
A. 开始加热试样时,升温速度可快一些,后期升温速度可以降低一些,并保持恒定升温速度
B. 当试样液面上最初出现一瞬间即灭的蓝色火焰时,立即从温度计上读记温度,作为试样的闪点

C. 同一样品,试验时大气压越低,测定的闪点越低

D. 同一样品至少平行试验两次,两个测定值之差超过允许误差时,可以再增加测试一个试样,取三个测定值的平均值作为试验结果

64. 根据现行规范的要求,(　　)为通常路用沥青的针入度指数适宜值。

A. -1.5　　B. -0.5　　C. 0.5　　D. 1.5

65. 车辙试验时,要求试件的保温时间可为(　　)。

A. 3h　　B. 8h　　C. 12h　　D. 15h

66. 我国规范采用(　　)来评价沥青混合料的水稳定性。

A. 浸水马歇尔试验　　B. 浸水车辙试验

C. 冻融劈裂试验　　D. 浸水劈裂试验

67. 沥青混合料水稳定性的评价主要是(　　)。

A. 评价沥青与集料黏附性　　B. 评价沥青混合料渗水性能

C. 评价沥青混合料空隙情况　　D. 评价沥青混合料浸水后的力学性能

68. 用来评价沥青混合料水稳定性的指标有(　　)。

A. 浸水残留稳定度　　B. 劈裂强度比

C. 残留强度比　　D. 渗水系数

69. 沥青含量太高,沥青混合料可能出现的病害是(　　)。

A. 车辙　　B. 泛油　　C. 拥包　　D. 析漏

70. 离心分离法测定沥青混合料中沥青含量时,沥青混合料的用量可为(　　)。

A. 800g　　B. 1000g　　C. 1500g　　D. 2000g

71. 燃烧炉法测定沥青混合料中沥青含量时,设定修正系数为0对应的燃烧温度可为(　　)。

A. 530℃　　B. 535℃　　C. 540℃　　D. 545℃

72. 燃烧炉法测定沥青混合料中沥青含量时,燃烧前后混合料级配允许差值包括(　　)。

A. ±0.5%　　B. ±1.0%　　C. ±2.0%　　D. ±3.0%

73. 沥青混合料谢伦堡沥青析漏试验供检验(　　)最大沥青用量使用。

A. SMA　　B. OGFC　　C. AM　　D. AC

74. 相比于普通沥青混合料,SMA配合比设计新增的性能检验试验包括(　　)。

A. 车辙试验　　B. 析漏试验

C. 飞散试验　　D. 浸水马歇尔试验

75. 计算SMA混合料粗集料骨架间隙率时需用到的参数有(　　)。

A. 粗集料骨架的合成毛体积相对密度　　B. 混合料试件的毛体积相对密度

C. 粗集料占混合料的质量比　　D. 粗集料松装堆积密度

76. 对于沥青混合料车辙试验,下列说法正确的有(　　)。

A. 其结果可用于评价沥青混合料的高温稳定性

B. 恒温室与试件内部温度应保持在60℃ ±1℃

C. 试验报告应注明试验温度,试验轮接地压强、试件密度、空隙率及试件制作方法等

D. 公称最大粒径大于或等于26.5mm的混合料试件厚度比公称最大粒径小于

26.5mm的混合料试件厚度要厚

77. 关于沥青与粗集料的黏附性能试验，说法正确的是（　　）。

A. 水煮法和水浸法都要由两名以上经验丰富的试验人员分别目测评定取平均等级

B. 同一种粒料存在大于 13.2mm 和小于 13.2mm，对于小于 13.2mm 的粒料应采用水浸法

C. 水浸法的浸泡水温度 80℃ ±1℃

D. 评价沥青混合料的综合抗水损能力还需要进行浸水马歇尔试验和渗水试验

78. 普通沥青混合料的马歇尔稳定度试验和冻融劈裂试验操作方法的不同之处有（　　）。

A. 试件的尺寸　　B. 加载方式

C. 试件成型方法　　D. 试件加载时的温度

79. 关于沥青混合料水稳定性，说法正确的是（　　）。

A. 我国对改性沥青混合料要求要严于普通沥青混合料

B. 浸水马歇尔试验和冻融劈裂试验都能检验混合料的水稳定性

C. 粗集料采用石灰岩的沥青混合料水稳定性要优于花岗岩性的沥青混合料

D. 从混合料组成结构来看，产生水稳定性差的主要原因是混合料矿料间隙率太大

80. 关于同一沥青混合料的沥青含量和油石比关系，以下说法正确的有（　　）。

A. 沥青含量指沥青占沥青混合料的百分数

B. 油石比指沥青与矿料质量比的百分数

C. 在配合比设计过程中采用油石比更为方便

D. 沥青含量一般大于油石比

四、综合题

1. 某沥青针入度、延度、软化点试验结果如下，请回答以下问题。

试样编号	技术指标		
	针入度(0.1mm)	延度(cm)	软化点(℃)
1	88	101	50.0
2	90	102	51.0
3	86	103	—
试验结果	88	>100	50.5

（1）沥青针入度试验要求包括（　　）。

A. 其标准试验条件为温度 25℃，荷重 100g，贯入时间 5s

B. 试验开始前，用适当位置的反光镜或灯光反射观察，使针尖恰好与试样表面接触

C. 同一试样平行试验至少 3 次，各测试点之间及与盛样皿边缘的距离不应少于 10mm

D. 测定针入度大于 200 的沥青试样时，每次试验应将标准针取下用蘸有三氯乙烯溶剂的棉花或布揩净，再用干棉花或布擦干

（2）沥青延度试验注意事项包括（　　）。

A. 将隔离剂拌和均匀，涂于清洁干燥的试模底板和试模的内侧表面

B. 用热刮刀自试模的中间刮向两端刮除高出试模的沥青，使沥青面与试模面齐平

C. 在试验过程中，仪器不得有振动，水面不得有晃动

D. 当试样出现上浮或下沉时，应调整水的密度，重新试验

(3) 沥青软化点试验(环球法)使用的金属支架中金属环下面距下层底板为(　　)。

A. 12.7mm　　B. 19mm　　C. 25.4mm　　D. 51mm

(4) 有关沥青针入度、延度、软化点、针入度指数指标说法正确的有(　　)。

A. 针入度值越大，表示沥青黏度越低

B. 延度值越大，表示沥青低温抗裂性越好

C. 软化点越高，表示沥青高温稳定性越好

D. 针入度指数越小，表示沥青的感温性越低

(5) 该沥青的针入度指数为(　　)。

A. 0.4　　B. 0.5　　C. 0.6　　D. 0.8

2. 某一试验室需要进行 AC-20C 沥青混合料(70 号 A 级道路石油沥青)马歇尔试验。已知沥青混合料最佳沥青用量为 4.5%；粗集料、细集料和矿粉的比例分别为 65%、32% 和 3%，粗、细集料毛体积相对密度分别为 2.723、2.685，矿粉的表观相对密度为 2.710。最佳沥青用量对应的沥青混合料理论最大相对密度为 2.497，马歇尔试件毛体积相对密度为 2.386。请回答下列问题。

(1) 进行成型试验时，称量一个马歇尔试件的混合料总质量约为(　　)。

A. 1200g　　B. 1268g　　C. 1248g　　D. 1228g

(2) 计算得到的最佳沥青用量相应的空隙率为(　　)。

A. 4.2%　　B. 4.0%　　C. 4.4%　　D. 4.6%

(3) 计算得到的合成矿料的毛体积相对密度为(　　)。

A. 2.707　　B. 2.710　　C. 2.71　　D. 2.713

(4) 计算得到的矿料间隙率为(　　)。

A. 15.9%　　B. 16.2%　　C. 15.7%　　D. 16.4%

(5) 试验过程中发现第一个击实成型的马歇尔试件的高度为 65.7mm，以下操作正确的有(　　)。

A. 无须调整，继续进行马歇尔击实成型所有试件

B. 提高拌和温度 5 ~ 10℃，称量 1168g 混合料重新进行马歇尔击实成型所有试件

C. 第一个试件应废弃，并重新进行试验

D. 称量 1186g 混合料重新进行马歇尔击实试件，再次测量，判断试件高度是否满足要求

3. 关于沥青混合料马歇尔试件制作，密度、马歇尔稳定度、车辙、冻融劈裂试验，请回答以下问题。

(1) 沥青混合料拌和时，最后加入的材料是(　　)。

A. 粗集料　　B. 细集料　　C. 沥青　　D. 矿粉

(2) 关于表干法测定沥青混合料毛体积密度试验要求，正确的是(　　)。

A. 把试件置于网篮中时注意尽量不要晃动水

B. 称取试件的水中质量时若天平读数持续变化,不能很快达到稳定,说明试件吸水较严重

C. 用洁净柔软的拧干湿毛巾轻轻擦去试件的表面水时,不得吸走空隙内的水

D. 从试件拿出水面到擦拭结束不宜超过5s,称量过程中流出的水应尽快擦拭

(3)某沥青混合料马歇尔稳定度试验结果如下,该沥青混合料马歇尔稳定度为(　　)。

试件编号	1	2	3	4	5
稳定度值(kN)	8.20	8.50	8.82	7.04	11.62
k	1.67				

A. 8.14kN　　B. 8.50kN　　C. 8.66kN　　D. 8.84kN

(4)在寒冷地区的沥青混合料车辙试验温度可以为(　　)。

A. 40℃　　B. 45℃　　C. 50℃　　D. 55℃

(5)沥青混合料冻融劈裂试验第二组试件冻融操作正确的包括(　　)。

A. 在真空度97.3~98.7kPa条件下保持15min,然后常压水中放置0.5h

B. 放入-18℃±2℃恒温冰箱中,保持16h±1h

C. 放入已保温为60℃±0.5℃的恒温水槽中24h

D. 浸入温度为25℃±0.5℃的恒温水槽中不少于2h

4. 关于沥青混合料试件制作方法(击实法),请回答以下问题。

(1)沥青混合料试件制作方法(击实法)要求包括(　　)。

A. 当集料公称最大粒径小于或等于26.5mm时,一组试件的数量不少于4个

B. 当集料公称最大粒径大于26.5mm时,一组试件数量不少于6个

C. 大部分聚合物改性沥青,混合料的拌和与压实温度通常比普通沥青提高10~20℃

D. 沥青混合料保持在要求的拌和温度范围内,标准的总拌和时间为3min

(2)沥青混合料试件制作方法(击实法)成型步骤正确顺序应为(　　)。

①插入温度计至混合料中心附近,检查混合料温度。

②在装好的混合料上面垫一张吸油性小的圆纸。

③用小铲将混合料铲入试模中,插捣后将沥青混合料表面整平。

④将装有击实锤及导向棒的压实头放入试模中。

⑤试件击实一面后,以同样的方法和次数击实另一面。

⑥将试模装在底座上,放一张圆形的吸油性小的纸。

⑦待将试模连同底座一起放在击实台上固定。

A. ③①②⑥⑦④⑤　　B. ⑥③①⑦②④⑤

C. ③①⑥②⑦④⑤　　D. ⑥⑦③①②④⑤

(3)乳化沥青混合料试件在两面击实后,有一组试件需置于烘箱中养护24h,养护取出后再立即两面击实各(　　)次。

A. 25　　B. 50　　C. 75　　D. 112

(4)某大型马歇尔试件高度为98mm,原用混合料质量为4000g,则应(　　)混合料质量

再制件会使高度符合要求。

A. 增加 50g　　B. 减少 50g　　C. 保持不变　　D. 以上均可

(5)沥青混合料试件制作方法(击实法)注意事项包括(　　)。

A. 矿料、试模、套筒及击实座等要按规范置于烘箱中加热

B. 严格控制混合料的拌和时间和矿粉加入时机

C. 浸水脱模法不能用于测量密度、空隙率等各项物理指标

D. 标准马歇尔试件击实次数为 75 次,大马歇尔试件为 90 次

5. 某类型沥青混合料配合比设计过程中,需进行马歇尔试件制件、试件密度测定、混合料理论最大相对密度测定及车辙的等试验项目,请根据相关条件回答下列问题。

(1)已知马歇尔试件制作采取标准击实法,试件高度符合要求的有(　　)。

A. 62.2mm　　B. 63.8mm　　C. 64.8mm　　D. 64.9mm

(2)在制件过程中,试验人员往 7500g 矿料里加入了 377g 沥青,则该试件的沥青含量是(　　)。

A. 4.7%　　B. 4.8%　　C. 4.9%　　D. 5.0%

(3)试件密度测定过程中,测得干燥试件的空气中的质量为 1220.1g,试件的水中质量为 719.6g,试件的表干质量为 1221.3g,试件的高度为 64.1mm。对于此沥青混合料试件,下述所用测试方法及相关表述正确的是(　　)。

A. 用水中重法,测得表观密度,以表观相对密度代替毛体积相对密度

B. 用表干法,测得毛体积相对密度

C. 用体积法,测得毛体积相对密度

D. 用蜡封法,测得毛体积相对密度

(4)有关真空法测定沥青混合料理论最大相对密度试验,以下叙述正确的是(　　)。

A. 真空法不适用吸水率大于 3% 的多孔性集料的沥青混合料

B. 测定前需将沥青混合料团块仔细分散,粗集料不破损,细集料团块分散到小于 6.4mm

C. 测定时,开动真空泵,使负压容器内负压在 2min 内达到 3.7kPa ±0.3kPa

D. 负压达到后,开动振动装置持续 10min ±2min

(5)对于聚合物改性沥青混合料,成型车辙试件后,放置的时间以(　　)为宜,使聚合物改性沥青充分固化后方可进行车辙试验,室温放置时间不得长于(　　)。

A. 24h;1 周　　B. 24h;2 周　　C. 48h;1 周　　D. 48h;2 周

6. 某一试验室需要进行 AC-20C 沥青混合料(70 号 A 级道路石油沥青)目标配合比试验。已知沥青混合料最佳沥青用量为 4.5%,马歇尔试件毛体积相对密度为 2.412。请回答下列问题。

(1)目标配合比性能验证的一般试验参数有(　　)。

A. 动稳定度和渗水系数

B. 燃烧法或离心分离法检验沥青含量

C. 冻融劈裂残留强度比和浸水马歇尔稳定度

D. 淅漏和飞散

(2)若成型5cm车辙试件,一块车辙试件的混合料总质量约为(　　)。

A. 10820g　　B. 10854g　　C. 10980g　　D. 11180g

(3)车辙试验的动稳定度结果为500次/mm,以下分析正确的有(　　)。

A. 结果不满足规范的动稳定度指标要求

B. 设计的沥青混合料最佳沥青用量可能偏高

C. 设计沥青混合料级配需要调细一些

D. 沥青混合料所用沥青软化点肯定偏低

(4)沥青混合料冻融试验中,以下分析正确的有(　　)。

A. 成型试件不少于8个,一般每个试件采用马歇尔双面击实50次

B. 劈裂强度试验温度为25℃,加载速率为10mm/min

C. 真空饱水时,在规定的真空度条件下将试件抽真空并保持15min;随后打开阀门,回复常压,试件在水中浸泡30min

D. 冻融劈裂试验强度比为经冻融循环后有效试件劈裂抗拉强度代表值除以未冻融循环的有效试件劈裂抗拉强度代表值,以百分比表示

(5)车辙试验时,三个平行试件的动稳定度测定值分别为:5790次/mm、6230次/mm和6710次/mm;标准差为460次/mm。下列试验结果表述正确的是(　　)。

A. 试验误差过大,应追加试验　　B. 动稳定度测定结果为6243次/mm

C. 动稳定度测定结果为>6000次/mm　　D. 试验误差过大,应重新试验

7. 某一工程从现场取SBS改性沥青样品进行试验,请回答下列问题。

(1)如果取沥青样品进行全套指标检测,则取样过程正确的有(　　)。

A. 采用金属容器,取不少于4kg样品

B. 热沥青制样时加热温度可采用135℃

C. 在沥青灌模时可搅动沥青,但不得反复搅动

D. 当沥青试样中含有水分时,将盛样器皿放在可控温的砂溶,油溶、电热套上加热脱水,不得已采用电炉、燃气炉加热脱水时必须加放石棉垫

(2)该试样无须进行的试验项目有(　　)。

A. 针入度　　B. 离析软化点差　　C. 蜡含量　　D. 10℃延度

(3)该试样25℃针入度试验三个检测记录分别为48.1(0.1mm)、47.2(0.1mm)、44.3(0.1mm),则以下说法正确的是(　　)。

A. 该试样25℃针入度为45.9(0.1mm)

B. 该试样25℃针入度为46(0.1mm)

C. 该试验结果无效,应重新进行试验

D. 该试样满足SBS-I-D沥青针入度指标要求

(4)该试样软化点试验两个检测记录分别为61.3℃、61.9℃,则以下说法正确的是(　　)。

A. 该试样软化点为62℃

B. 该试样软化点为61.5℃

C. 该试样软化点为60℃

D. 该软化点试验结果无效，需要重新进行试验

(5)以下关于该样品离析试验，说法正确的是(　　)。

A. 离析试验温差越大，说明该沥青的改性剂与基质沥青相容性越差

B. 盛样管和沥青从烘箱中取出后，放入冰箱的冷柜中，保持盛样管处于水平状态不少于4h，使改性沥青试样凝为固体

C. 可用剪刀将盛样管剪成相等的3截，取顶部和底部试样分别进行软化点试验

D. 离析试验温差越大，说明用于改性沥青的基质沥青质量差

8. 下列关于沥青密度与相对密度试验的说法，请回答以下问题。

(1)非经说明，测定沥青密度的标准温度为(　　)，而沥青的相对密度是指(　　)时与相同温度下水的密度之比。

A. 15℃;20℃　　B. 15℃;25℃　　C. 20℃;25℃　　D. 20℃;30℃

(2)下列关于沥青密度与相对密度试验的注意问题，说法正确的有(　　)。

A. 凡涉及密度瓶在盛满物体时的称重，都要对密度瓶进行恒温操作，以达到更加精确的测定结果

B. 对黏稠及液体沥青，重复性试验的允许差为0.005g/cm^3，复现性试验的允许差为0.007g/cm^3

C. 密度瓶的水值应经常校正，一般每年至少进行两次

D. 抽真空不宜过快，防止样品被带出密度瓶

(3)试验所涉及的主要仪器与材料有(　　)。

A. 恒温水槽　　B. 密度瓶　　C. 石棉垫　　D. 温度计

(4)下列关于固体沥青密度与相对密度试验步骤，正确的顺序应为(　　)。

①取下瓶塞，将恒温水槽内烧杯中的蒸馏水注入比重瓶，水面高于试样约10mm。

②取0.6~2.36mm的粉碎试样不少于5g放入清洁、干燥的比重瓶中，塞紧瓶塞后称其质量，准确至1mg。

③将保温烧杯中的蒸馏水再注入比重瓶中至满，轻轻地塞好瓶塞，再将带塞的比重瓶放入盛有蒸馏水的烧杯中，并塞紧瓶塞。

④取下瓶塞，将盛有试样和蒸馏水的比重瓶置真空干燥箱(器)中抽真空，逐渐达到真空度98kPa(735mmHg)不少于15min。

⑤将有比重瓶的盛水烧杯再置恒温水槽(试验温度±0.1℃)中保持至少30min后，取出比重瓶，迅速揩干瓶外水分后称其质量，准确至3位小数。

A. ②④①③⑤　　B. ②④③①⑤

C. ②①③④⑤　　D. ②①④③⑤

(5)试验温度下液体沥青试样的相对密度按式$\gamma_b=\frac{m_3-m_1}{m_2-m_1}$计算，$m_3$是指(　　)。

A. 比重瓶质量　　B. 液体沥青质量

C. 比重瓶与盛满水时的合计质量　　D. 比重瓶与盛满液体沥青试样时的合计质量

9. 某试验室从拌和楼取沥青、纤维及沥青混合料进行相关试验。沥青为SBS改性沥青，沥青混合料为SMA-13，其中掺加0.3%木质素纤维，请完成下列题目。

(1)以下关于材料取样正确的有(　　)。

A. 沥青宜采用金属容器作为盛样容器

B. 沥青混合料宜采用搪瓷盘或金属盛样容器

C. 纤维样品宜现场密封,防止受潮

D. 沥青和沥青混合料取样时应采取必要的防护措施

(2)以下关于 SBS 改性沥青弹性恢复试验的描述正确的是(　　)。

A. 试验温度为 25℃,试样拉伸 10cm 停止拉伸

B. 试验温度为 15℃,试样拉伸 10cm 停止拉伸

C. 试验温度为 15℃,试样拉伸 15cm 停止拉伸

D. 试验温度为 10℃,试样拉伸 15cm 停止拉伸

(3)进行木质素纤维试验时,已知纤维干燥质量为 10.0g,煤油浸泡后质量为 61.9g,则该纤维吸油率为(　　)。

A. 619%　　　B. 519%　　　C. 6.2 倍　　　D. 5.2 倍

(4)采用击实法双面击实 50 次成型试件后测定 SMA-13 试件毛体积相对密度,主要试验步骤包括:①将溢流水箱水温保持在 25℃,挂上网篮,浸入溢流水箱中,调节水位,将天平调平并复零,把试件置于网篮中浸水中 3min ~ 5min,称取水中质量;②除去试件表面的浮粒,称取干燥试件的空中质量;③从水中取出试件,用洁净柔软的拧干湿毛巾轻轻擦去试件的表面水,称取试件的表干质量,从试件拿出水面到擦拭结束不宜超过 5s;④选择适宜的浸水天平,最大称量应满足试件质量的要求。正确的试验步骤排序为(　　)。

A. ④②①③　　　B. ①②④③　　　C. ④③①②　　　D. ②④③①

(5)采用轮碾法成型板块式试件进行 SMA-13 车辙试验,以下表述正确的有(　　)。

A. 该板块试件厚度一般为 50mm

B. 车辙试验时温度一般为 50℃

C. 成型的试件需要按照要求放置一定时间才能进行车辙试验

D. 车辙试验时,试件不脱模,试件连同试模一起放入恒温室内

10. 某沥青混合料物理力学指标测定结果如下,请回答以下问题。

油石比(%)	密度(g/cm^3)	VV(%)	VMA(%)	VFA(%)	稳定度(kN)	流值(0.1mm)
3.5	2.470	5.0	15.1	60.0	10.70	19.5
4.0	2.480	4.5	15.2	68.0	11.60	22.0
4.5	2.490	3.8	15.3	73.0	12.50	25.0
5.0	2.480	3.4	15.4	80.0	11.70	28.0
5.5	2.470	2.9	15.5	84.0	10.60	30.0
技术标准	—	3 ~ 6	不小于 15	70 ~ 85	不小于 7.5	20 ~ 40

(1)该沥青混合料的最佳沥青用量 OAC_1 为(　　)。

A. 4.2%　　　B. 4.4%　　　C. 4.6%　　　D. 4.8%

(2)该沥青混合料的最佳沥青用量 OAC_2 为(　　)。

A. 4.6%　　　B. 4.7%　　　C. 4.8%　　　D. 4.9%

(3)对寒冷地区公路、交通量很少的公路，最佳沥青用量可以在 OAC 的基础上增加(　　)。

A. 0.1%　　B. 0.2%　　C. 0.3%　　D. 0.4%

(4)关于沥青混合料配合比指标调整原则，下列说法正确的有(　　)。

A. 空隙率与稳定度均较低，在混合料中添加粗矿料以提高 VMA 值

B. 空隙率与稳定度均较低，在混合料中提高沥青含量

C. 空隙率高，稳定度满足要求，通常采用的方法是适当增加细料

D. 空隙率低，稳定度满足要求，在混合料中提高沥青含量

(5)标准配合比的矿料合成级配中，至少应包括(　　)筛孔的通过率接近优选的工程设计级配范围的中值。

A. 0.075mm　　B. 2.36mm　　C. 4.75mm　　D. 公称最大粒径

11. 关于沥青旋转黏度试验(布洛克菲尔德黏度计法)，请回答以下问题。

(1)布洛克菲尔德黏度计法适用于测定道路沥青在(　　)以上温度范围内的表观黏度。

A. 35℃　　B. 40℃　　C. 45℃　　D. 50℃

(2)135℃测定时，对 RV、HA、HB 型黏度计可采用转子速率为(　　)。

A. 0.5r/min　　B. 2r/min　　C. 12r/min　　D. 20r/min

(3)关于沥青旋转黏度试验(布洛克菲尔德黏度计法)的试验步骤，正确的包括(　　)。

A. 将转子与盛样筒一起置于已控温至试验温度的烘箱中保温，维持 1.5h

B. 使沥青试样在恒温容器中保温，达到试验所需的平衡温度(不少于 15min)

C. 开动布洛克菲尔德黏度计，观察读数，扭矩读数应在 10% ~98% 范围内

D. 在每个试验温度下，每隔 60s 读数一次，连续读数 3 次

(4)沥青旋转黏度试验(布洛克菲尔德黏度计法)试验要求正确的包括(　　)。

A. 仪器在安装时必须调至水平，使用前应检查仪器的水准器气泡是否对中

B. 在整个测量黏度过程中，不能改变设定的转速，改变剪变率

C. 如果在试验温度下的扭矩读数不在 10% ~98% 的范围内，必须更换转子重新试验

D. 绘制黏温曲线。一般可采用 135℃及 175℃测定的表观黏度

(5)关于黏温曲线说法正确的有(　　)。

A. 当使用石油沥青时，宜以黏度为 0.28Pa · s ±0.03Pa · s 时的温度作为拌和温度范围

B. 当使用石油沥青时，宜以黏度为 0.17Pa · s ±0.02Pa · s 时的温度作为压实成型温度范围

C. 黏温曲线斜率越大，拌和温度范围越小

D. 黏温曲线斜率越小，压实成型温度范围越大

12. 关于沥青老化性能评定试验，请回答以下问题。

(1)老化的沥青三大指标的变化规律(　　)。

A. 针入度减小，软化点升高，延度减少　　B. 针入度增加，软化点升高，延度减少

C. 针入度减小，软化点降低，延度增加　　D. 针入度增加，软化点降低，延度增加

(2)沥青薄膜加热试验的要求包括(　　)。

A. 沥青试样分别注入 4 个已称质量的盛样皿中 35g ±0.5g，并形成沥青厚度均匀的薄膜

B. 不允许将不同品种或不同标号的沥青同时放在一个烘箱中试验

C. 把烘箱调整水平，使转盘在水平面上以 5.5r/min ±1r/min 的速度旋转

D. 从放置试样开始至试验结束的总时间，不得超过 5.25h

(3) 沥青旋转薄膜加热试验的要求包括(　　)。

A. 用汽油或三氯乙烯洗净盛样瓶后，置温度 105℃ ±5℃烘箱中烘干

B. 选择盛样瓶的数量应能满足试验的试样需要，通常不少于 8 个

C. 沥青试样分别注入已称质量的盛样瓶中其质量为 50g ±0.5g

D. 若 10min 内达不到试验温度 163℃ ±0.5℃时，试验不得继续进行

(4) 关于沥青薄膜加热试验和旋转薄膜加热试验结果误差要求，错误的有(　　)。

A. 当薄膜加热后质量变化小于或等于 0.4% 时，重复性试验的允许误差为 0.04%

B. 当薄膜加热后质量变化小于或等于 0.4% 时，再现性试验的允许误差为 0.16%

C. 当薄膜加热后质量变化大于 0.4% 时，重复性试验的允许误差为平均值的 8%

D. 当薄膜加热后质量变化大于 0.4% 时，再现性试验的允许误差为平均值的 32%

(5) 关于沥青薄膜加热试验和旋转薄膜加热试验说法正确的有(　　)。

A. 当黏度较高的沥青在进行沥青薄膜加热试验时，有时就会发生沥青从瓶口流出的现象

B. 旋转薄膜烘箱试验使试验时间缩短，并且试验结果精度较高

C. 沥青薄膜加热试验和旋转薄膜加热试验后的质量变化可正可负

D. 沥青薄膜加热试验和旋转薄膜加热试验允许互相替代

习题参考答案及解析

一、单项选择题

1. B

【解析】对于质量仲裁检验的样品，重复加热次数不得超过 2 次。

2. B

【解析】测定沥青密度的标准温度为 15℃，而沥青的相对密度是指 25℃时与相同温度下水的密度之比。

3. B

【解析】我国现行规范规定针入度标准试验条件为温度 25℃，针总质量 100g，贯入时间 5s。

4. A

【解析】沥青的标号是由针入度决定的，针入度越大标号越高；标号越高软化点越低；标号越高延度越大。

5. D

【解析】进行沥青性质常规检验的取样数量为:黏稠沥青或固体沥青不少于4kg;液体沥青不少于1L;沥青乳液不少于4L。

6. C

【解析】真空减压毛细管黏度计用于测定黏稠石油沥青的动力黏度。

7. A

【解析】同一试样3次平行试验结果的最大值和最小值之差在允许误差范围内时(50~149允许误差为4),计算3次试验结果的平均值,取整数作为针入度试验结果,以0.1mm计。

8. B

【解析】沥青软化点试验结果受升温速度的影响,升温速度快,结果偏大。

9. D

【解析】沥青软化点试验中,当试样软化点等于或大于80℃时,重复性试验的允许差为2℃,复现性试验的允许差为8℃。

10. C

【解析】一次试验的3支黏度计平行试验误差应不大于平均值的7%,否则需重新试验。

11. A

【解析】薄膜加热试验是通过加热状态下测定道路石油沥青薄膜加热后的质量损失以及其他指标的变化,以评价沥青的耐老化性能,对沥青样品质量需准确称重。

12. D

【解析】蒸发"损失"试验的计算结果可正可负,正值表明加热时沥青试样不仅没有损失,而且还有一定增加,原因在于加热过程中沥青与空气中某些成分发生了反应。

13. D

【解析】D选项应为:除液体沥青、乳化沥青外,所有需要加热的沥青试样必须存放在密封带盖的金属容器中,严禁灌入纸袋、塑料袋中存放。试样应存放在阴凉干净处,注意防止试样污染。

14. C

【解析】应使沥青试样液面在E标线处±2mm之内。

15. C

【解析】第④步应在第②步之前,第⑤步应在第①步之前。

16. A

【解析】沥青软化点试验中,当试样软化点小于80℃时,重复性试验的允许差为1℃,复现性试验的允许差为4℃。

17. C

【解析】沥青密度与相对密度试验,对固体沥青,重复性试验的允许误差为0.01g/cm^3,再现性试验的允许误差为0.02g/cm^3。

18. C

【解析】蜡在高温时融化,使沥青黏度降低,影响高温稳定性,增大温度敏感性。

19. B

【解析】我国沥青蜡含量要求的试验方法是以蒸馏法分离出油分后，将规定的溶剂在规定的低温条件下结晶析出的固体物质当作蜡。

20. D

【解析】沥青溶解度测定采用古氏坩埚和玻璃纤维滤纸对沥青进行过滤。

21. C

【解析】木质素纤维的吸油率不小于纤维自身质量的 5 倍。

22. B

【解析】木质素纤维进行灰分含量测定，正确试验步骤顺序为①③④②。

23. D

【解析】木质素纤维耐热性试验要求木质素纤维在 210℃ 烘箱中恒温 2h。

24. B

【解析】三级及三级以下公路的各个层次适用于 C 级沥青。

25. C

【解析】C 选项应为：蜡在高温时融化，使沥青黏度降低，影响高温稳定性，增大温度敏感性。

26. C

【解析】乳化沥青适用于沥青表面处置路面、沥青贯入式路面、冷拌沥青混合料路面、修补裂缝、喷洒透层、黏层与封层等。

27. D

【解析】空隙率、饱和度和残留稳定度表征沥青混合料的耐久性；马歇尔稳定度和流值表征沥青混合料的高温稳定性。

28. B

【解析】液体石油沥青宜采用针入度较大的石油沥青，使用前按照先加热沥青后加稀释剂顺序，掺配煤油或轻柴油，经适当的搅拌、稀释制成。

29. D

【解析】SBS 改性沥青的特点：在温差较大的地区有很好的耐高温、抗低温能力；具有较好的抗车辙能力，其弹性和韧性提高了路面的抗疲劳能力；其黏结能力特别强，能显著改善路面遇水后的抗拉能力，并极大地改善了沥青的水稳定性；提高了路面的抗滑能力；增强了路面的承载能力；减少路面因紫外线辐射而导致的沥青老化现象；减少因车辆渗漏柴油、机油和汽油而造成的破坏。

30. A

【解析】Ⅰ-A 型、Ⅰ-B 型适用于寒冷地区，Ⅰ-C 型用于较热地区，Ⅰ-D 型用于炎热地区及重交通量路段。

31. B

【解析】空隙率在 18% 以上的沥青混合料类型为 OGFC。

32. B

【解析】骨架密实结构沥青混合料黏结力和内摩阻力均较高，高温稳定性较好，抗水损害、疲劳和低温性能较好。

33. D

【解析】残留稳定度是反映沥青混合料抗水损害的一个重要指标。

34. C

【解析】随沥青含量增加,沥青混合料空隙率将减少。

35. C

【解析】表干法用于测定沥青混合料毛体积密度;水中重法用于测定沥青混合料表观密度;蜡封法用于测定沥青混合料毛体积密度。

36. D

【解析】轮碾法成型一块沥青混合料板型试件需先在一个方向碾压2个往返(碾压4次);卸荷,抬起试验轮,将试模调转方向,然后继续碾压12个往返(24次),使试件达到马歇尔标准密度100% ±1%,至少需碾压28次。

37. B

【解析】密实型沥青混合料空隙率在3% ~6%之间,这类沥青混合料主要有沥青混凝土(AC)、沥青稳定化碎石(ATB)和沥青玛琋脂碎石(SMA)。

38. C

【解析】一个试件所需的用量:标准马歇尔试件约1200g,大型马歇尔试件约4050g。

39. A

【解析】ATB-25宜采用连续级配。

40. D

【解析】开级配沥青混合料:级配主要由粗集料组成,细集料及填料很少。典型代表是排水式沥青磨耗层混合料(OGFC),空隙率往往在18%以上。

41. C

【解析】我国现行规范通过空隙率、饱和度和残留稳定度等指标的控制,来保证沥青混合料的耐久性。

42. B

【解析】沥青混合料中必须留有一定的空隙,以备夏季沥青材料的膨胀变形之用。

43. A

【解析】沥青混合料标准马歇尔试件尺寸应符合直径为101.6mm ±0.2mm、高度为63.5mm ±1.3mm的要求。

44. C

【解析】沥青混合料试件制作方法(击实法)将沥青试样用烘箱加热至规定的沥青混合料拌和温度,但不得超过175℃。

45. A

【解析】当缺乏沥青黏度测定条件时,道路石油沥青混合料拌和温度可参考选用140 ~160℃。

46. B

【解析】当缺乏沥青黏度测定条件时,道路石油沥青混合料压实温度可参考选用120 ~150℃。

47. D

【解析】体积法仅适用于不能用表干法、蜡封法测定的空隙率较大(往往在18%以上)的沥青碎石混合料,以及大空隙透水性开级配沥青混合料(OGFC 排水式沥青磨耗层,空隙率大于18%)等。

48. C

【解析】调整后混合料质量 =(要求试件高度 × 原用混合料质量)/所得试件高度 = [(63.5 ±1.3) ×1200]/66.0 = 1131 ~ 1178g。

49. D

【解析】当已知沥青混合料的密度时,可根据试件的标准尺寸计算并乘以1.03得到要求的混合料数量。

50. C

【解析】空隙率 VV =(1 - 毛体积相对密度 γ_b/理论最大相对密度 γ_t) ×100%。

51. A

【解析】表干法适用于测定吸水率不大于2%的各种沥青混合料试件;水中重法适用于测定吸水率小于0.5%的密实沥青混合料试件的表观相对密度或表观密度;蜡封法适用于测定吸水率大于2%的沥青混凝土或沥青碎石混合料试件的毛体积相对密度或毛体积密度;体积法仅适用于不能用表干法、蜡封法测定的空隙率较大的沥青碎石混合料及大空隙透水性开级配沥青混合料(OGFC)等。

52. D

【解析】沥青旋转黏度试验(布洛克菲尔德黏度计法)重复性试验的允许误差为平均值的3.5%,再现性试验的允许误差为平均值的14.5%。

53. C

【解析】计算沥青混合料马歇尔试件的毛体积相对密度和毛体积密度,取3位小数。

54. D

【解析】马歇尔稳定度(MS)是按规定条件采用马歇尔试验仪测定的沥青混合料所能承受的最大荷载,以 kN 计,准确至0.01kN。

55. D

【解析】启动加载设备,使试件承受荷载,加载速度是50mm/min ±5mm/min。

56. B

【解析】将恒温水槽调节至要求的试验温度,对黏稠石油沥青或烘箱养护过的乳化沥青混合料为60℃ ±1℃,对煤沥青混合料为33.8℃ ±1℃,对空气养护的乳化沥青或液体沥青混合料为25℃ ±1℃。

57. A

【解析】当一组测定值中某个测定值与平均值之差大于标准差的 k 倍时,该测定值应予舍弃,并以其余测定值的平均值作为试验结果。当试件数目 n 为3个、4个、5个、6个时,k 值分别为1.15、1.46、1.67、1.82。本题测定结果的平均值为9.00kN,标准差1.58kN,1.58 × 1.67 = 2.64,9.00 - 7.00 = 2.00 < 2.64,9.00 - 8.00 = 1.00 < 2.64,9.00 - 9.00 = 0 < 2.64,10.00 - 9.00 = 1.00 < 2.64,11.00 - 9.00 = 2.00 < 2.64。应取5个测定结果的平均值作为试

验结果。

58. C

【解析】试件的稳定度 = 试件的马歇尔模数 × 试件的流值 = 4.4kN/mm × 2.2mm = 9.68kN。

59. B

【解析】负压容器类型有三种：A 类型容器为耐压玻璃，塑料或金属制的罐，容积大于 1000mL；B 类型容器为容积大于 2000mL 的真空容量瓶；C 类型容器为 4000mL 耐压真空干燥器。

60. B

【解析】真空法测定沥青混合料理论最大相对密度时的温度为 25℃。

61. D

【解析】集料公称最大粒径为 19mm 时，试样最小质量为 2000g。

62. C

【解析】将平底盘中的热沥青混合料，在室温中冷却或者用电风扇吹，一边冷却一边将沥青混合料团块仔细分散，粗集料不破碎，细集料团块分散到小于 6.4mm。

63. A

【解析】我国现行规范通过空隙率、饱和度和残留稳定度等指标的控制，来保证沥青混合料的耐久性。

64. A

【解析】当过度擦去混合料马歇尔试件开口空隙中的水分后，沥青混合料饱和面干试件在空气中的质量变小，即毛体积密度变大。

65. C

【解析】当使用不符合要求的粗集料时，利用碱性材料处理酸性石料表面，使其活化，宜掺加消石灰、水泥或用饱和石灰水处理后使用，必要时可同时在沥青中掺加耐热、耐水、长期性能好的抗剥落剂。

66. C

【解析】A 选项应为：并不是灰分含量越低纤维质量越好；B 选项应为：如果燃烧温度过高，灰分含量的试验结果会偏小；D 选项应为：某一样品的灰分含量为 11%，则该样品的灰分含量指标可评定为不合格。

67. A

【解析】针入度小、稠度大的沥青取高限；针入度大、稠度小的沥青取低限；一般取中值。

68. D

【解析】稳定度和密度随沥青用量的增加而增加，但到达一定程度后却逐渐减小。由于沥青用量的增加，逐步填充矿料间的空隙，所以空隙率随沥青用量的增加而逐渐减小，沥青饱和度与流值随沥青用量的增加而逐渐增加。

69. A

【解析】将试样管连同架子(或烧杯)一起放入 163℃ ±5℃ 的烘箱中，在不受任何扰动的情况下静放48h ±1h。

70. B

【解析】沥青混合料谢伦堡沥青析漏试验时，在玻璃上加玻璃板盖，放入170℃ ±2℃的烘箱中。

71. B

【解析】取目标配合比设计的最佳沥青用量OAC、OAC ±0.3%等3个沥青用量进行马歇尔试验和试拌。

72. D

【解析】对沥青混合料浸水飞散试验，先在60℃ ±0.5℃恒温水槽中养护48h，然后取出在室温中放置24h。

73. D

【解析】以马歇尔稳定度、流值、空隙率、沥青饱和度等各项指标均符合技术标准(不含VMA)的沥青用量范围OAC_{min} ~ OAC_{max}的中值作为OAC_2。

74. A

【解析】②应为：取相应于密度最大值、稳定度最大值、相应于空隙率要求范围的中值或目标空隙率、相应于沥青饱和度范围的中值的沥青用量a_1、a_2、a_3、a_4取平均值作为OAC_1。如果在所选择的沥青用量范围中，沥青饱和度未能满足要求，则可不考虑饱和度。

75. D

【解析】沥青混合料高温稳定性是指在高温条件下，沥青混合料能够抵抗车辆反复作用，不会产生显著永久变形(车辙、拥包、波浪)，保证沥青路面平整的特性。

76. D

【解析】沥青混合料马歇尔稳定度试验结果修正后，流值变小，马歇尔稳定度不变，马歇尔模数变大，未修正则流值偏大，马歇尔稳定度不变，马歇尔模数偏小。

77. A

【解析】沥青混合料车辙试验适用于测定沥青混合料的高温抗车辙能力，供沥青混合料配合比设计时的高温稳定性检验使用。

78. A

【解析】沥青混合料配合比设计的目标配合比设计阶段，进行车辙试验来检验设计沥青混合料的高温抗车辙能力。

79. A

【解析】在试验室或工地制备成型的车辙试件，板块状试件尺寸为长300mm × 宽300mm × 厚(50 ~ 100)mm(厚度根据需要确定)。

80. C

【解析】当采用间断型密级配时，混合料中既有一定数量的粗集料形成骨架，同时细集料足以填满骨架的空隙。这种沥青混合料黏结力和内摩阻力均较高，高温稳定性较好，抗水损害、疲劳和低温性能较好。

81. D

【解析】评价沥青混合料水稳定性的指标有浸水残留稳定度和冻融劈裂强度比。

82. C

【解析】在沥青软化点试验中，如估计试样软化点高于120℃，则试样环和试样底板（不得用玻璃板）均应预热至80～100℃。

83. B

【解析】保持恒温室温度60℃ ±1℃（试件内部温度60℃ ±0.5℃）。

84. B

【解析】乳化沥青破乳速度试验适用于各种类型的乳化沥青的拌和稳定度试验，以鉴别乳液属于快裂（RS）、中裂（MS）或慢裂（SS）的型号。

85. D

【解析】沥青混合料浸水马歇尔稳定度试验方法与标准马歇尔稳定度试验方法的不同之处在于试件在已达规定温度恒温水槽中的保温时间为48h，其余步骤均与标准马歇尔试验方法相同。

86. A

【解析】沥青混合料冻融劈裂试验采用马歇尔击实法成型的圆柱体试件，击实次数为双面各50次，集料公称最大粒径不得大于26.5mm。

87. C

【解析】同一沥青混合料试样至少平行试验2次，两次试验结果差值应小于0.3%，当大于0.3%但小于0.5%时，应补充平行试验一次，以3次试验的平均值作为试验结果，3次试验的最大值与最小值之差不得大于0.5%。

88. C

【解析】取混合料试样质量1000～1500g（粗粒式沥青混合料用高限，细粒式用低限，中粒式用中限），准确至0.1g。

89. D

【解析】当沥青用量的修正系数 C_f 大于0.5%时，设定482℃ ±5℃燃烧温度重新标定。

90. B

【解析】当恒温时间明显不足时，试件受高温影响有限，不易出现车辙，动稳定度偏高。

91. A

【解析】忽略泄漏入抽提液中的矿粉质量，沥青混合料中矿料的总质量减小，沥青含量增大。

92. A

【解析】开动离心机，转速逐渐增至3000r/min，沥青溶液通过排出口注入回收瓶中，待流出停止后停机。

93. B

【解析】滤纸干燥后的增重部分为矿粉的一部分。

94. C

【解析】沥青玛蹄脂碎石混合料（SMA）是一种典型的骨架密实型结构。

95. C

【解析】综合SMA的特点，可以归纳为“三多一少”：粗集料多、矿粉多、沥青多、细集料少。

96. A

【解析】SMA 混合料通常情况用木质素纤维或矿物纤维。

97. C

【解析】工程实践中使用的透水沥青混合料(OGFC)是典型的骨架空隙型结构。

98. A

【解析】试验温度对于延度结果的影响要分两种情况:一是低温延度,当试验温度高于规定时,试验结果偏大,相反偏小;二是对高温延度(25℃),当温度高时,对较软的沥青结果可能偏小,温度低时结果可能偏大,但对较稠硬的沥青可能情况正好相反。

99. D

【解析】当为改性沥青 SMA 时宜用 185℃,持续 60min ± 1min。

100. B

【解析】标准飞散试验可用于确定沥青路面表面层使用的沥青玛蹄脂碎石混合料(SMA)、排水式大空隙沥青混合料、抗滑表层混合料、沥青碎石或乳化沥青碎石混合料所需的最少沥青用量。

二、判断题

1. ×

【解析】直馏沥青为原油通过常压或减压蒸馏方法得到的沥青产品,当该产品符合沥青标准的就是直馏沥青,不符合沥青标准的是渣油沥青。

2. √

3. ×

【解析】试验时要定期检验标准针,尤其不能使用针尖被损的标准针,在每次试验时,均应用三氯乙烯擦拭标准针。

4. ×

【解析】针入度测得的是沥青的稠度而非黏度。但两者关系密切,也就是说,稠度越高的沥青,其黏度也就越高。

5. √

6. √

7. ×

【解析】为避免混进气泡,在沥青灌模时不得反复搅动沥青。

8. ×

【解析】液体石油沥青宜采用针入度较大的石油沥青,使用前按先加热沥青后加稀释剂的顺序,掺配煤油或轻柴油,经适当的搅拌、稀释制成。

9. ×

【解析】当试样软化点小于 80℃时,重复性试验的允许误差为 1℃,再现性试验的允许误差为 4℃。

10. √

11. √

12. √

13. ×

【解析】木质素纤维的吸油率越大，吸收沥青越多，性质越好。

14. √

15. ×

【解析】依据现行《公路沥青路面施工技术规范》(JTG F40)的规定，木质素纤维的灰分含量要求是18% ±5%，所以并不是灰分含量越低纤维质量越好。

16. ×

【解析】黏稠沥青密度与相对密度试验中注意勿使沥青黏附瓶口或上方瓶壁，并防止混入气泡。

17. ×

【解析】将烧杯从水槽中取出，再从烧杯中取出比重瓶，立即用干净软布将瓶塞顶部擦拭一次，再迅速擦干比重瓶外面的水分，称其质量(m_2)，准确至1mg。瓶塞顶部只能擦拭一次，即使由于膨胀瓶塞上有小水滴也不能再擦拭。

18. ×

【解析】蜡随着温度升高极易融化，使沥青的黏度降低，加大沥青温度敏感性。

19. ×

【解析】利用布洛克菲尔德黏度计测定不同温度的表观黏度，绘制黏温曲线。一般可采用135℃及175℃的表观黏度，根据需要也可以采用其他温度。

20. ×

【解析】木质素纤维耐热性试验是将一定质量未经烘干的木质素纤维在210℃烘箱中恒温2h后，测定其热失重。

21. √

22. ×

【解析】对于最大粒径大于13.2mm的集料应用水煮法；对最大粒径小于或等于13.2mm的集料应用水浸法进行试验。

23. ×

【解析】当同一种料源集料最大粒径既有大于又有小于13.2mm的集料时，取大于13.2mm水煮法试验为标准。

24. ×

【解析】黏附性等级为1时，说明沥青膜完全被水所移动，石料基本裸露，沥青全浮于水面上；等级为5时，说明沥青膜完全保存，剥离面积百分率接近于0。

25. ×

【解析】水浸法试验中，按每100g集料加入沥青5.5g ±0.2g的比例称取沥青，准确至0.1g，放入小型拌和容器中，一起置于同一烘箱中加热15min。

26. √

27. ×

【解析】随着沥青用量的增加，沥青混合料的空隙率减小。

28. ×

【解析】SBS改性沥青在高等级公路、城市干道和机场跑道等的应用，显著提高了路面的使用性能，延长了路面使用寿命，大大降低了养护费用，收到了良好的社会与经济效益。

29. √

30. √

31. ×

【解析】通过沥青延度试验测定沥青能够承受的塑性变形总能力，并用于评价沥青在低温状态下的抗裂性。

32. √

33. √

34. ×

【解析】沥青混合料中的空隙率小，环境中易造成老化的因素介入的机会就少，所以从耐久性考虑，希望沥青混合料空隙率尽可能的小一些。但沥青混合料中还必须留有一定的空隙，以备夏季沥青材料的膨胀变形之用。

35. √

36. √

37. ×

【解析】沥青混合料试件的空隙率要小于沥青混合料试件的矿料间隙率。

38. √

39. ×

【解析】在使用轮碾法进行沥青混合料试件制作时，连同试模将成型好的试件放置12h，然后脱模。

40. √

41. ×

【解析】从烘箱中取出预热的试模及套筒，用沾有少许黄油的棉纱擦拭套筒、底座及击实锤底面。

42. √

43. √

44. √

45. ×

【解析】沥青含量是指沥青质量占沥青混合料总质量的百分率，油石比指沥青质量与沥青混合料中的矿料总质量比的百分数，本题应为1200g乘以沥青含量即为所需沥青的质量。

46. ×

【解析】温度越高，马歇尔稳定度越小，流值越大。

47. ×

【解析】毛细管运动黏度试验方法适用于采用毛细管黏度计测定黏稠石油沥青，液体石油沥青及其蒸馏后残留物的运动黏度。

48. √

49. ×

【解析】从水中取出试件，应用洁净柔软的拧干湿毛巾轻轻擦去试件的表面水（不得吸走空隙内的水）。

50. √

51. √

52. √

53. ×

【解析】如果低温延度值较大，则在低温环境下沥青的开裂性相对较小。

54. ×

【解析】将马歇尔试验仪的上下压头放入水槽或烘箱中达到试验温度。

55. ×

【解析】马歇尔稳定度的单位为 kN，而浸水残留稳定度是浸水 48h 后的稳定度与未浸水 48h 稳定度的百分比，无量纲。

56. ×

【解析】流值结果精度要求准确至 0.1mm；稳定度结果精度要求准确至 0.01kN。

57. ×

【解析】沥青密度与相对密度试验凡涉及密度瓶在盛满物体时的称重，都要对密度瓶进行恒温操作，以达到更加精确的测定结果。

58. ×

【解析】沥青混合料理论最大相对密度试验（真空法）不适用于吸水率大于 3% 的多孔性集料的沥青混合料。

59. √

60. √

61. √

62. √

63. ×

【解析】空隙率较低固然可以减小沥青胶结料的老化，也减少水分进入混合料穿透沥青薄膜、沥青从集料剥落的可能性，但空隙率也不能过低，应满足高温稳定性要求，允许夏季材料膨胀。

64. √

65. √

66. √

67. ×

【解析】确定沥青混合料最佳沥青用量时，沥青用量与各马歇尔指标关系曲线图中横坐标是沥青用量而不是油石比。

68. ×

【解析】沥青混合料马歇尔稳定度随沥青用量的增加而增加，但到达一定程度后却逐渐减小。

69. ×

【解析】阳离子乳液采用蒸馏水将筛网润湿,阴离子乳液采用油酸钠溶液将筛网润湿。

70. ×

【解析】热拌沥青混合料的配合比设计应通过目标配合比设计、生产配合比设计、生产配合比验证三个阶段,确定沥青混合料的材料品种及配合比、矿料级配、最佳沥青用量。

71. ×

【解析】沥青与集料的黏附性试验主要是评价沥青与集料的抗水剥离能力。

72. ×

【解析】沥青混合料在规定温度下燃烧产生的损失量包括灼烧掉的沥青和部分矿料,不仅仅只有沥青。

73. ×

【解析】沥青混合料最佳沥青用量 OAC_1 是稳定度、密度、空隙率及饱和度 4 个指标最大值对应沥青用量的平均值。

74. √

75. √

76. √

77. √

78. ×

【解析】沥青混合料车辙试验适用于测定沥青混合料的高温抗车辙能力,供沥青混合料配合比设计时的高温稳定性检验使用,也可用于现场沥青混合料的高温稳定性检验。

79. ×

【解析】同一沥青混合料或同一路段路面,至少平行试验 3 个试件。当 3 个试件动稳定度变异系数不大于 20% 时,取其平均值作为试验结果;变异系数大于 20% 时应分析原因,并追加试验。

80. √

81. √

82. ×

【解析】直接在拌和厂取拌和好的沥青混合料样品,如果温度稍有不足,可放在烘箱中稍事加热(时间不超过 30min)后成型,但不得将混合料放冷却后二次加热重塑制作试件。

83. √

84. ×

【解析】我国将测定针入度的标准条件设定为温度 25℃,针总质量 100g,贯入时间 5s。

85. ×

【解析】沥青混合料的疲劳寿命会随着空隙率的降低而增长。

86. √

87. ×

【解析】沥青混合料冻融劈裂试验适用于在规定条件下对沥青混合料进行冻融循环,

测定混合料试件在受到水损害前后劈裂破坏的强度比,以评价沥青混合料的水稳定性。

88. √

89. ×

【解析】沥青混合料冻融劈裂试验用试件击实次数为双面各50次,马歇尔稳定度试验用试件击实次数为双面各75次。

90. ×

【解析】用沥青混合料中沥青含量试验(离心分离法)抽提的沥青溶液可用于回收沥青,以评定沥青的老化性质。

91. √

92. √

93. √

94. ×

【解析】如果482℃与538℃得到的沥青用量的修正系数差值在0.1%以内,则仍以538℃的沥青用量作为最终的修正系数C_f。

95. √

96. ×

【解析】蒸发"损失"试验的计算结果可正可负。

97. √

98. √

99. √

100. ×

【解析】SMA黏结性要求高,希望选用针入度小、软化点高、温度稳定性好的沥青。最好采用聚合物改性沥青,以提高低温变形性能及与矿料的黏结力,防止沥青析漏、减少感温性。

101. ×

【解析】实际工程中,往往选择能够兼顾高温时变形量较小,但低温时又有一定变形能力的溶凝胶型沥青。

102. √

103. ×

【解析】OGFC混合料空隙率较大,排水能力好,因而其在雨天抗滑性较好;但其抗滑性能优良主要是由于其较高的摩擦系数和路表构造深度。

104. ×

【解析】OGFC混合料的空隙率通常大于18%。

105. ×

【解析】对于SMA-16和SMA-13,粗集料通常指的是粒径大于4.75mm的集料;对于SMA-10,粗集料通常指的是粒径大于2.36mm的集料。

106. √

107. √

108. √

109. ×

【解析】浸水飞散试验是在60℃水中浸水48h后进行试验的，目的是考察试件在热水中膨胀和沥青老化，对集料和沥青黏结力下降的影响，对于积雪寒冷地区，也可进行较低温度的飞散试验。

110. ×

【解析】空隙率VV、饱和度VFA都是中值对应的沥青用量用于最佳沥青用量计算。

三、多项选择题

1. ACD

【解析】针入度试验的三项关键性条件分别是温度、测试时间和针的质量。如这三项试验条件控制不准，将严重影响试验结果的准确性。

2. AC

【解析】非经注明，乳液的储存温度为乳液制造时的室温，储存时间为5d，根据需要也可为1d。

3. ACD

【解析】根据测试结果可按公式计算法和诺谟图法计算针入度指数、当量软化点及当量脆点。

4. BD

【解析】沥青在装卸、运输和储存过程中混入水和异物，会影响以后试验检测的结果。沥青试样准备原理是通过加热和过筛方式，将水分和异物分别除去。

5. ABD

【解析】沥青软化点试验（环球法）适用于测定道路石油沥青、聚合物改性沥青的软化点，也适用于测定液体石油沥青、煤沥青蒸馏残留物或乳化沥青蒸发残留物的软化点。

6. AB

【解析】A选项应为：当石油沥青试样中含有水分时，烘箱温度80℃左右，加热至沥青全部熔化后供脱水用。B选项应为：当石油沥青中无水分时，烘箱温度宜为软化点温度以上90℃，通常为135℃左右。对取来的沥青试样不得直接采用电炉或煤气炉明火加热，当石油沥青试样中含有水分时，将盛样器皿放在可控温的砂浴、油浴、电热套上加热脱水，不得已采用电炉、煤气炉加热，脱水时必须加放石棉垫。时间不超过30min，并用玻璃棒轻轻搅拌，防止局部过热。

7. ABCD

【解析】沥青延度试验适用于测定道路石油沥青、聚合物改性沥青、液体石油沥青蒸馏残留物和乳化沥青蒸发残留物等材料的延度。

8. AB

【解析】我国沥青及沥青混合料试验规程使用薄膜烘箱试验（TFOT）以及旋转薄膜烘箱试验（RTFOT）来估计沥青发生的短期老化。

9. ABC

【解析】沥青旋转薄膜加热试验适用于测定道路石油沥青、聚合物改性沥青旋转薄膜烘箱加热(简称 RTFOT)后的质量变化,并根据需要测定旋转薄膜加热后,沥青残留物的针入度、软化点、黏度、延度及脆点等性质的变化,以评定沥青的老化性能。

10. ABCD

【解析】克利夫兰开口杯(简称 COC)测定黏稠石油沥青、聚合物改性沥青及闪点在79℃以上的液体石油沥青的闪点和燃点,以评定施工的安全性。

11. ABCD

【解析】软化点试验过程中,试验起始温度、升温速度、球的质量和球的直径都有严格的规定,都会对结果产生影响。

12. BD

【解析】B、D 选项属于水浸法,A、C 选项属于水煮法。

13. CD

【解析】C 选项应为:改性沥青延度对沥青混合料的低温性能影响显著;D 选项应为:采用循环水域的延度仪时,在试验过程中应暂时关闭循环系统。

14. ACD

【解析】在碾压成型的路面上取样属于常温条件下取样,不适用于热拌沥青混合料。

15. ABCD

【解析】选项全部正确。

16. BCD

【解析】A 选项应为:非经注明,试验温度为25℃,拉伸速率为5cm/min ±0.25cm/min。

17. ABC

【解析】SBS 改性沥青的高温、低温性能都好,且有良好的弹性恢复性能,所以采用软化点、5℃低温延度、回弹率作为主要指标。

18. BC

【解析】改性沥青的技术指标以改性沥青的针入度作为分级的主要依据,改性沥青的针入度指数 PI 反映改性后沥青感温性的改善程度。

19. ABD

【解析】安全要求指标是闪点。溶解度是反映 SBS 改性沥青的纯度指标。135℃运动黏度是对 SBS 改性沥青混合料工作性要求的指标。

20. BCD

【解析】AC 为悬浮密实结构,SMA 为骨架密实结构,AM 和 OGFC 为骨架空隙结构。

21. ABCD

【解析】沥青混合料技术指标:空隙率、矿料间隙率、沥青饱和度、稳定度、流值。

22. ABCD

【解析】沥青混合料的主要技术性能包括高温稳定性、低温抗裂性、水稳定性、耐久性、抗滑性、施工和易性等。

23. ABC

【解析】沥青混合料试件空隙率的大小取决于矿料的级配、沥青材料的用量以及压实程度等多个方面。

24. AC

【解析】空隙率 $VV=(1-\gamma_f/\gamma_t)\times100\%$，其中，$\gamma_f$ 为沥青混合料试件的毛体积相对密度；γ_t 为沥青混合料试件理论最大相对密度。

25. ABD

【解析】沥青混凝土的空隙率过小，沥青膨胀空间有限，面层容易产生车辙和推挤现象，也可能由于沥青用量过大而产生泛油现象。

26. CD

【解析】沥青软化点和延度试验需要用到甘油滑石粉隔离剂。

27. CD

【解析】90 号石油沥青混合料试件拌和温度的范围为 150～160℃。

28. BCD

【解析】参考现行《公路工程沥青及沥青混合料试验规程》(JTG E20)，当缺乏沥青黏度测定条件时，道路石油沥青混合料试件压实温度范围为 120～150℃。

29. BC

【解析】沥青的黏度为 0.28Pa·s±0.03Pa·s 时，对应的温度适宜进行沥青混合料的碾压成型。

30. BC

【解析】沥青混合料大型马歇尔试件高度应符合 95.3mm±2.5mm 的要求。

31. BC

【解析】沥青混合料马歇尔试件成型过程中，需要加热的仪具有试模和套筒。

32. AC

【解析】沥青混合料中沥青结合料和矿料质量可由沥青用量计算得到，各级矿料质量则可由矿料级配计算得到。

33. CD

【解析】沥青标号偏低和采用高黏度沥青不易造成沥青路面产生车辙。

34. BC

【解析】B 选项：沥青混合料中还必须留有一定的空隙，以备夏季沥青材料的膨胀变形之用；C 选项：适当降低沥青混合料中的沥青数量，也有利于沥青混合料高温稳定性。

35. ABC

【解析】毛体积密度指规定条件下，材料单位毛体积(包括材料实体、开口及闭口孔隙)的质量。

36. AC

【解析】压实沥青混合料密度试验(表干法)适用于测定吸水率不大于 2% 的各种沥青混合料试件，包括密级配沥青混凝土、沥青玛蹄脂碎石混合料(SMA)和沥青稳定碎石等沥青混合料试件的毛体积相对密度和毛体积密度。

37. BCD

【解析】标准温度为 25℃±0.5℃。

38. ABC

【解析】把试件置于网篮中(注意不要晃动水)浸水中3~5min,称取水中质量。

39. BCD

【解析】沥青蜡含量试验(蒸馏法)使用的化学试剂有无水乙醚、无水乙醇和石油醚。

40. AC

【解析】A选项应为:拌和厂取样时,宜用专用的容器(一次可装5~8kg)装在拌和机卸料斗下方,每放一次料取一次样,顺次装入试样容器中,每次倒在清扫干净的平板上,连续几次取样,混合均匀,按四分法取样。C选项应为:在车到达施工现场后取样时,应在卸掉一半后将车开出去从不同方向的3个不同高度处取样。宜从3辆不同的车上取样混合使用。注意:在运料车上取样时不得仅从满载的运料车车顶上取样且不允许只在一辆车上取样。

41. ABC

【解析】试件保温温度、时间和试件尺寸对马歇尔稳定度都有直接的影响,室内温度对试验结果可能也有影响,但一般不可控,故不予考虑。

42. ABC

【解析】为区别试验时浸水条件的不同,将沥青混合料马歇尔稳定度试验分别称为标准马歇尔试验、浸水马歇尔试验及真空饱水马歇尔试验三类。

43. BC

【解析】保温时间:标准马歇尔试件需30~40min,大型马歇尔试件需45~60min。

44. AB

【解析】从恒温水槽中取出试件至测出最大荷载值的时间,不得超过30s。

45. ABCD

【解析】本题测定结果的平均值为9.35kN,标准差3.63kN,$3.63\times1.46=5.35$,$9.35-5.20=4.15<5.35$,$9.35-8.55=0.8<5.35$,$9.65-9.35=0.3<5.35$,$14.00-9.35=4.65<5.35$。故应取4个测定值的平均值作为试验结果。

46. BCD

【解析】随着沥青用量的增加,空隙率呈下降趋势,流值与饱和度呈上升趋势,无峰值。而稳定度随着沥青用量增加会呈先增大后下降的趋势,有峰值。

47. BCD

【解析】一组试件的数量最少不得少于4个。

48. ABC

【解析】若混合料较坚硬时可用烘箱适当加热后分散,加热温度不超过60℃。

49. BC

【解析】将负压容器放到试验仪上,与真空泵、压力表等连接,开动真空泵,使负压容器内负压在2min内达到3.7kPa±0.3kPa。

50. CD

【解析】负压容器内负压在2min内达到3.7kPa±0.3kPa时,开始计时,同时开动振动装置和抽真空,持续15min±2min。

51. ABCD

【解析】沥青混合料所用沥青应根据气候条件和沥青混合料类型、道路等级、交通性质、路面性质、施工方法及当地使用经验等，经技术论证后确定。

52. ABCD

【解析】选项全部正确。

53. ACD

【解析】取相应于马歇尔稳定度(MS)和毛体积密度最大值、空隙率要求范围中值或目标空隙率、沥青饱和度范围中值的沥青用量取平均值作为 OAC_1。

54. AB

【解析】空隙率与稳定度均较低，可能原因为沥青含量过多或细料偏多。因此可以采取的办法是在混合料中添加粗矿料以提高 VMA(矿料间隙率)值或适当降低沥青含量。

55. ACD

【解析】沥青混合料配合比设计包括目标配合比设计、生产配合比设计、生产配合比验证三个阶段。

56. BC

【解析】无论是沥青混合料配合比设计的哪个阶段，工作的中心就是进行矿料的级配组成设计和最佳沥青用量确定两部分内容。

57. ABCD

【解析】压实沥青混合料密度试验有：表干法、水中重法、蜡封法和体积法。

58. AB

【解析】对于寒区公路、旅游公路、交通量很少的公路，最佳沥青用量可在 OAC 基础上增加 0.1% ~0.3%。

59. ABCD

【解析】试验温度为60℃，加载水平为0.7MPa；开动车辙变形自动记录仪，然后启动试验机，使试验轮往返行走，时间约1h，或最大变形达到25mm 时为止；保温不少于5h，也不得超过12h。

60. ABD

【解析】沥青碎石属于半开级配混合料。

61. ABCD

【解析】从材料角度，使用黏度较大的沥青及质地坚硬、表面粗糙、多棱角且颗粒接近立方体的集料有助于提升混合料的高温性能；从设计角度，采用较低的沥青用量和较粗的级配可提升沥青混合料的高温性能。

62. AB

【解析】表观体积包括沥青混合料实体体积与不吸水的内部闭口孔隙体积之和。

63. ABC

【解析】D 选项应为：同一样品至少平行试验两次，两个测定值之差不超过重复性试验允许误差 8℃时，取其平均值的整数作为试验结果。

64. ABC

【解析】根据现行规范的要求，通常路用沥青的针入度指数宜在 -1.5 ~ +1.0 为宜。

65. BC

【解析】保温不少于5h,也不得超过12h。

66. AC

【解析】我国规范采用浸水马歇尔试验和冻融劈裂试验来评价沥青混合料的水稳定性。

67. AD

【解析】沥青混合料水稳定性评价:一是评价沥青与矿料的黏附性;二是评价沥青混合料的浸水以后的力学性能。

68. AB

【解析】评价水稳定性的指标有浸水残留稳定度和冻融劈裂强度比。

69. ABCD

【解析】沥青混合料中沥青含量太高,混合料的温度敏感性及变形能力会明显增加,高温稳定性会显著降低,易出现车辙拥包等病害,同时也会由于空隙率不足而出现泛油现象。析漏是SMA及OGFC等骨架显著、沥青用量较大的混合料易出现的病害,因此,在混合料配合比设计时,采用析漏试验来检验其沥青用量是否过大。

70. BC

【解析】取混合料试样质量1000~1500g(粗粒式沥青混合料用高限,细粒式用低限,中粒式用中限),准确至0.1g。

71. BC

【解析】将燃烧温度设定538℃±5℃,设定修正系数为0。

72. AD

【解析】≥2.36mm筛孔燃烧前后混合料级配允许差值为±5%,0.15~1.18mm筛孔允许差值为±3%,0.075mm筛孔允许差值为±0.5%。

73. ABC

【解析】沥青混合料谢伦堡沥青析漏试验用于检验沥青玛蹄脂碎石混合料(SMA)、排水式大空隙沥青混合料(OGFC)或沥青碎石类混合料(AM)的最大沥青用量。

74. BC

【解析】相比于普通沥青混合料,SMA配合比设计还必须进行谢伦堡析漏试验和肯塔堡飞散试验。

75. ABC

【解析】粗集料骨架间隙率计算公式:$VCA_{mix}=100-(\gamma_f/\gamma_{ca})\times P_{ca}$,其中,$\gamma_f$为试件毛体积的相对密度;$\gamma_{ca}$为矿料中所有粗集料的合成毛体积相对密度;$P_{ca}$为矿料中所有粗集料质量占沥青混合料总质量的百分率。

76. ACD

【解析】B选项应为:保持恒温室温度60℃±1℃(试件内部温度60℃±0.5℃)。

77. AC

【解析】B选项应为:同一种粒料存在大于13.2mm和小于13.2mm,取大于13.2mm水煮法试验为标准,对细粒式沥青混合料应以水浸法试验为标准。D选项应为:对于沥青混合料的综合抗水损害能力,必须通过浸水马歇尔试验、冻融劈裂试验等进行检验。

78. CD

【解析】C 选项：试件成型方法冻融劈裂试验用试件击实次数为双面各 50 次，马歇尔稳定度试验用试件击实次数为双面各 75 次。D 选项：试件加载时的温度，马歇尔稳定度试验为 60℃，冻融劈裂试验为 25℃。

79. ABC

【解析】D 选项应为：从耐久性（耐久性包括水稳定性）考虑，希望沥青混合料空隙率尽量小一些。

80. ABC

【解析】D 选项应为：沥青含量一般小于油石比。

四、综合题

1.（1）ABC　（2）BCD　（3）C　（4）ABC　（5）A

【解析】（1）D 选项应为：每次试验应换一根干净标准针或将标准针取下用蘸有三氯乙烯溶剂的棉花或布揩净，再用干棉花或布擦干。测定针入度大于 200 的沥青试样时，至少用 3 支标准针，每次试验后将针留在试样中，直至 3 次平行试验完成后，才能将标准针取出。

（2）A 选项应为：将隔离剂拌和均匀，涂于清洁干燥的试模底板和两个侧模的内侧表面。

（3）沥青软化点试验（环球法）使用的金属支架中金属下面距下层底板为 25.4mm。

（4）D 选项应为：针入度指数越大，表示沥青的感温性越低。

（5）
$$PI=\frac{30}{1+50\left(\frac{\lg 800-\lg P_{25℃,100g,5s}}{T_{R\&B}-25}\right)}-10=\frac{30}{1+50\times\left(\frac{\lg 800-\lg 88}{50.5-25}\right)}-10$$
$$=\frac{30}{1+50\times 0.037592}-10=0.4$$

其中，针入度值 $P_{25℃,100g,5s}=88(0.1mm)$，环球法测定的软化点 $T_{R\&B}=50.5℃$。

2.（1）D　（2）C　（3）B　（4）A　（5）CD

【解析】（1）标准马歇尔试件尺寸为 $\phi 101.6\times 63.5$mm，由题目已知马歇尔试件毛体积相对密度为 2.386，则一个标准马歇尔试件质量为：$\pi\times(101.6/2)^2\times 63.5\times 2.386\approx 1228$g。

（2）$VV=(1-\gamma_b/\gamma_t)\times 100=(1-2.386/2.497)\times 100=4.4\%$。VV 为试件的空隙率（%）；$\gamma_b$ 为沥青混合料试件的毛体积相对密度，无量纲；γ_t 为沥青混合料理论最大相对密度，无量纲。

（3）矿料混合料的合成毛体积相对密度 $\gamma_{se}=100/(P_1/\gamma_1+P_2/\gamma_2+\cdots+P_n/\gamma_n)=100/(65\%/2.723+32\%/2.685+3\%/2.710)=2.710$，取 3 位小数。$P_1$、$P_2$、…、$P_n$ 为不同规格集料所占比例，其和为 100；γ_1、γ_2、…、γ_n 为对应各规格集料的相对密度，可采用毛体积相对密度或表观相对密度，无量纲。

（4）$VMA=(1-\gamma_b\times P_s/\gamma_{sb})\times 100=(1-2.386/2.710\times 95.5\%)\times 100=15.9\%$。VMA 为试件的矿料间隙率（%）；$\gamma_b$ 为沥青混合料试件的毛体积相对密度，无量纲；P_b 为各种矿料占沥青混合料总质量的百分率之和（%）；γ_{sb} 为矿料混合料的合成毛体积相对密度，无量纲。

（5）沥青混合料标准马歇尔试件高度为 63.5mm ± 1.3mm，如高度不符合要求时，试件应作废，并按下式调整试件的混合料质量：$m_2 = h_s \times m_1 / h_1 = 63.5 \times 1228/65.7 = 1186$g。$m_2$为击实得到所需高度时试件的质量(g)；$m_1$为第一次击实所称得的沥青混合料质量(g)；$h_1$为第一次击实完成后所得到的试件高度(mm)；$h_s$为马歇尔试件标准高度或所需高度(mm)。

3.(1)D　　(2)ABC　　(3)D　　(4)B　　(5)ABCD

【解析】(1)沥青混合料拌和时，材料依次加入的顺序为粗细集料、沥青、矿粉。

(2)D选项应为：从试件拿出水面到擦拭结束不宜超过5s，称量过程中流出水不得再擦拭。

(3)①测定值由小到大排序：7.04kN、8.20kN、8.50kN、8.82kN、11.62kN。

②计算特征值：平均值=8.84kN，标准差=1.70kN。

③计算统计值：$(8.84-7.04)/1.70=1.06<k=1.67$；

$(8.84-8.20)/1.70=0.38<k=1.67$；

$(8.84-8.50)/1.70=0.20<k=1.67$；

$(8.84-8.82)/1.70=0.01<k=1.67$；

$(11.62-8.84)/1.70=1.64<k=1.67$。

④没有测定值与平均值之差大于标准差的1.67倍，无测定值应予舍弃。

⑤该沥青混合料的马歇尔稳定度为8.84kN。

(4)在寒冷地区的沥青混合料车辙试验温度可采用45℃，在高温条件下试验温度可采用70℃。

(5)选项全部正确。

4.(1)ABCD　　(2)B　　(3)A　　(4)B　　(5)ABC

【解析】(1)本题关于沥青混合料试件制作方法(击实法)要求的选项都正确。

(2)第⑥步应在第③步之前，第①步应在第⑦步之前。

(3)乳化沥青混合料试件在两面击实后，有一组试件需置于烘箱中养护24h，养护取出后再立即两面击实各25次。

(4)大型马歇尔试件高度要求为95.3mm±2.5mm，用量约为4050g，如高度不符合要求时，试件应作废，并按下式调整试件的混合料质量。调整后混合料质量=要求试件高度×原用混合料质量/所有试件的高度。

(5)D选项应为：标准马歇尔试件击实次数为75次，大马歇尔试件为112次。

5.(1)ABC　　(2)B　　(3)A　　(4)ABC　　(5)C

【解析】(1)沥青混合料标准马歇尔试件高度应符合63.5mm±1.3mm的要求，即试件高度在62.2~64.8mm之间都符合要求。

(2)沥青用量可以采用沥青含量或油石比两种方式来表达，沥青含量是指沥青占沥青混合料的百分数，油石比是沥青与矿料质量比的百分数，本题沥青含量$=377/(7500+377)\times 100\%=4.8\%$。

(3)试件吸水率$S_a=(1221.3-1220.1)/(1221.3-719.6)=0.2\%$，试件几乎不吸水，应采用水中重法测定表观密度，又因试件饱和面干质量与空气中质量非常接近，可采用本方法测定的表观相对密度代替表干法测定的毛体积相对密度。

(4)D选项应为：负压达到后，开动振动装置持续15min±2min。

(5)聚合物改性沥青混合料,成型车辙试件后,放置时间以48h为宜,使聚合物改性沥青充分固化后方可进行车辙试验,室温放置时间不得长于1周。

6.(1)AC　(2)B　(3)AB　(4)ACD　(5)C

【解析】(1)常规沥青混合料目标配合比性能验证的一般试验参数有:水稳定性检验(浸水马歇尔试验或冻融劈裂试验)参数——冻融劈裂残留强度比和浸水马歇尔稳定度;高温稳定性检验(车辙试验)参数——动稳定度;其他性能检验(低温性能、室内渗水试验)参数——渗水系数等。

(2)车辙板试件通常尺寸为300mm×300mm×50mm,该沥青混合料毛体积相对密度为2.412,则一块车辙试件的质量=30×30×5×2.412=10854g。

(3)C选项应为:设计沥青混合料级配需要调粗一些;D选项说法过于绝对,错误。

(4)B选项应为:劈裂强度试验温度为25℃,加载速率为50mm/min。

(5)3个试件动稳定度变异系数 C_v=460/6243=7.4%,小于20%,取平均值作为试验结果;如动稳定度大于6000次/mm,记作:>6000次/mm。

7.(1)ACD　(2)CD　(3)C　(4)B　(5)AC

【解析】(1)B选项应为:当石油沥青中无水分时,烘箱温度宜为软化点温度以上90℃,通常为135℃左右。而SBS改性沥青软化点往往达到60℃以上,烘箱温度宜为150℃左右。

(2)SBS改性沥青需要测定针入度、针入度指数、5℃延度、软化点、135℃运动黏度、闪点、溶解度、25℃弹性恢复、黏附性、韧性以及储存稳定性离析48h软化点差、老化等指标。

(3)聚合物改性沥青(包括SBS、SBR、EVA、PE类改性沥青)针入度试验结果允许误差与普通沥青一致,当针入度试验结果在0~49(0.1mm)范围内时,允许误差为2(0.1mm)。本题3个检测记录的最大值48.1(0.1mm)与最小值44.3(0.1mm)之差3.8(0.1mm)超出允许误差,试验结果无效,应重新进行试验。

(4)聚合物改性沥青(包括SBS、SBR、EVA、PE类改性沥青)软化点试验结果允许误差与普通沥青一致,当试样软化点小于80℃时,允许误差为1℃。本题两个检测记录61.3℃、61.9℃的差值为0.6℃符合允许误差要求,取其平均值61.5℃(准确至0.5℃)作为试验结果。

(5)B选项应为:盛样管和沥青从烘箱中取出后,放入冰箱的冷柜中,保持盛样管处于竖立状态不少于4h,使改性沥青试样凝为固体。D选项应为:离析试验温差越大,说明改性剂与基质沥青的相容性越差。

8.(1)B　(2)AD　(3)C　(4)D　(5)D

【解析】(1)测定沥青密度的标准温度为15℃,而沥青的相对密度是指25℃时与相同温度下水的密度之比。

(2)对黏稠及液体沥青,重复性试验的允许差为0.003g/cm^3,复现性试验的允许差为0.007g/cm^3。密度瓶的水值应经常校正,一般每年至少进行一次。

(3)沥青密度与相对密度试验的试验不需要用到的材料为石棉垫。

(4)固体沥青密度与相对密度试验步骤正确顺序应为②①④③⑤。

(5)m_3是比重瓶与所盛满液体沥青试样的合计质量。

9.(1)ABCD　(2)A　(3)D　(4)A　(5)ACD

【解析】(1)选项全部正确。

(2)非经注明,试验温度为25℃,拉伸速率为5cm/min±0.25cm/min。

(3)纤维吸油率=(煤油浸泡后质量-纤维干燥质量)/纤维干燥质量,要求不小于纤维自身质量的5倍。

(4)第②步在第①步之前,第①步在第③步之前。

(5)B选项应为:车辙试验时温度一般为60℃。

10.(1)B　(2)C　(3)ABC　(4)AC　(5)ABCD

【解析】(1)取相应于密度和稳定度最大值,空隙率与饱和度要求范围中值的沥青用量a_1、a_2、a_3、a_4的平均值为OAC_1,本题$a_1=4.5\%$,$a_2=4.5\%$,$a_3=4.0\%$,$a_4=4.8\%$,则$OAC_1=(a_1+a_2+a_3+a_4)/4=(4.5\%+4.5\%+4.0\%+4.8\%)/4=4.4\%$。

(2)以VV、VFA、稳定度和流值均符合技术标准(不含VMA)的沥青用量范围$OAC_{min}\sim OAC_{max}$的中值作为OAC_2。本题$OAC_{min}=4.2\%$,$OAC_{max}=5.4\%$,则$OAC_2=(OAC_{min}+OAC_{max})/2=(4.2\%+5.4\%)/2=4.8\%$。

(3)对寒冷地区公路、旅游公路、交通量很少的公路,最佳沥青用量可以在OAC的基础上增加0.1~0.3个百分点。

(4)B选项应为:空隙率与稳定度均较低,在混合料中降低沥青含量。D选项应为:空隙率低,稳定度满足要求,在混合料中降低沥青含量。

(5)标准配合比的矿料合成级配中,至少应包括0.075mm、2.36mm、4.75mm及公称最大粒径筛孔的通过率接近优选的工程设计级配范围的中值,并避免在0.3~0.6mm处出现"驼峰"。

11.(1)C　(2)D　(3)ABCD　(4)ABD　(5)CD

【解析】(1)布洛克菲尔德黏度计法适用于测定不同类型沥青在45℃以上温度范围内的表观黏度。

(2)135℃测定时,对RV、HA、HB型黏度计可采用转子速率为20r/min。

(3)本题关于沥青旋转黏度试验(布洛克菲尔德黏度计法)试验步骤的选项都正确。

(4)C选项应为:如果在试验温度下的扭矩读数不在10%~98%的范围内,必须更换转子或降低转子转速后重新试验。

(5)A选项应为:当使用石油沥青时,宜以黏度为0.17Pa·s±0.02Pa·s时的温度作为拌和温度范围。B选项应为:当使用石油沥青时,宜以黏度为0.28Pa·s±0.03Pa·s时的温度作为压实成型温度范围。

12.(1)A　(2)BCD　(3)ABD　(4)D　(5)BCD

【解析】(1)老化的沥青三大指标的变化规律:针入度减小,软化点升高,延度减少。

(2)A选项应为:沥青试样分别注入4个已称质量的盛样皿中50g±0.5g,并形成沥青厚度均匀的薄膜。

(3)C选项应为:沥青试样分别注入已称质量的盛样瓶中其质量为35g±0.5g。

(4)D选项应为:当薄膜加热后质量变化大于0.4%时,再现性试验的允许误差为平均值的40%。

(5)A选项应为:沥青,尤其是对聚合物改性沥青,当黏度较高的沥青在进行旋转薄膜加热试验时,在旋转过程中沥青容易堆积在瓶口处,有时就会发生沥青从瓶口流出的现象,如果不注意就会着火。

第七章

路基路面现场测试

一、单项选择题

1. 摆值受路面温度影响很大，一般以(　　)为标准温度，当路面为其他温度时应进行修正。

A. 15℃　　B. 18℃　　C. 20℃　　D. 25℃

2. 指针式摆式仪摆值最小刻度为(　　)。

A. 1　　B. 2　　C. 5　　D. 10

3. 自动弯沉仪测试路面弯沉方法要求当路面横坡超过(　　)时，应进行弯沉值的横坡修正。

A. 1%　　B. 2%　　C. 3%　　D. 4%

4. 贝克曼梁测试路基路面弯沉方法测试的是路基路面的(　　)。

A. 动态弯沉　　B. 总弯沉　　C. 动态回弹弯沉　　D. 静态回弹弯沉

5. 手推式断面仪测量路面国际平整度指数(IRI)单位为(　　)。

A. mm/m　　B. mm/km　　C. cm/km　　D. m/km

6. 手推式断面仪测量路面国际平整度指数(IRI)保留(　　)位小数。

A. 0　　B. 1　　C. 2　　D. 3

7. 贝克曼梁法测试弯沉，测试前应将试验车后轮轮隙对准(　　)位置。

A. 测点后 30～50mm　　B. 测点正上方

C. 测点前 30～50mm　　D. 测点前 50～70mm

8. 核子仪法与挖坑灌砂法相关性试验时，对相同的路面厚度、配合比设计、碾压遍数、松铺厚度、机械组合及压实度标准的路面结构层，使用前应在试验段至少测试(　　)处，求取两种不同方法在每处的偏差值。

A. 5　　B. 10　　C. 15　　D. 20

9. 采用贝克曼梁单侧测试路表弯沉时，如果已知待测路段在标准轴载作用下的弯沉影响半径为 3.0m，采用(　　)测试是最适宜的。

A. 1 台 3.6m 贝克曼梁弯沉仪　　B. 2 台 3.6m 贝克曼梁弯沉仪

C. 1 台 5.4m 贝克曼梁弯沉仪　　D. 2 台 5.4m 贝克曼梁弯沉仪

10. 车载式颠簸累积仪测试平整度时测试车停在测试起点前(　　)处，按照测试路段的现场技术要求设置完毕所需的测试状态。

A. 0 ~ 100m　　B. 100 ~ 300m

C. 300 ~ 500m　　D. 500m 以上

11. 贝克曼梁测试路基路面回弹弯沉时加载车单轮传压面当量圆面积的可为(　　)。

A. $5\times10^4mm^2$　　B. $3.56\times10^4mm^2$

C. $2.13\times10^4mm^2$　　D. $0.7\times10^4mm^2$

12. 路面回弹弯沉的温度修正可以根据查图法进行，修正后的路面回弹弯沉公式为(　　)。

A. $L_r=L+Z_aS$　　B. $L_T=(L_1-L_2)\times2$

C. $L_T=(L_1-L_2)\times4$　　D. $L_{20}=L_T\times K$

13. 回弹仪测试水泥混凝土强度方法不适用于厚度(　　)的水泥混凝土强度测试。

A. 小于 50mm　　B. 大于 50mm

C. 小于 100mm　　D. 大于 100mm

14. 弯沉测试中，当贝克曼梁弯沉仪置于规定位置，调整百分表读数至 300，在指挥汽车缓缓前进时迅速读取到的最大读数为 360，当汽车开出影响半径以外百分表读数稳定后，读取终读数为 270，那么该测点处回弹弯沉为(　　)(0.01mm)。

A. 180　　B. 120　　C. 60　　D. 90

15. 其他情况一致的条件下，路表构造深度越大，路面的抗滑能力(　　)。

A. 越强　　B. 越差

C. 不一定越强　　D. 强、弱无规律

16. 横向力系数 SFC 表征的含义为(　　)。

A. 测试车制动时轮胎与路面的摩阻系数

B. 测试轮轴向摩擦阻力与垂直荷载的比值

C. 测试轮在刹车时受到的横向力大小

D. 测试轮侧面测得的横向力与测试车质量的比值

17. 钻孔取样应在路面完全冷却后进行，对普通沥青路面通常在(　　)取样。

A. 第一天　　B. 第二天　　C. 第三天　　D. 第四天

18. 单轮式横向力系数测试系统测试路面摩擦系数时，其测试轮静态垂直标准荷载可为(　　)。

A. 1.27kN　　B. 2kN　　C. 3kN　　D. 4kN

19. 以下关于激光平整度仪测定平整度的试验步骤说法中不正确的是(　　)。

A. 正式测试之前应让承载车以测试速度行驶 5 ~ 10km

B. 承载车停在测试起点前 50 ~ 100m 处，启动平整度测试系统并按照测试路段的现场技术要求设置所需的测试状态

C. 正常测试时，承载车的车速可以由测试人员随意选择

D. 测试完成后，测试人员停止数据采集和记录并恢复仪器各部分至初始状态

20. 以下在测量错台工作中不会用到的器具是(　　)。

A. 水准仪　　B. 温度计　　C. 塞尺　　D. 基准尺

21. 核子密湿度仪测试压实度用于测试沥青混合料面层的压实密度或硬化混凝土等难以

打孔材料的密度时，宜使用( )；用于测试厚度不大于30cm的土基、基层材料或非硬化水泥混凝土等可以打孔材料的密度及含水率时，应使用( )。

A.散射方式；间接透射方式　　B.间接透射方式；散射方式

C.散射方式；直接透射方式　　D.直接透射方式；散射方式

22.如果动态旋转式摩擦系数测试仪(DF仪)橡胶滑块厚度小于( )mm，应及时更换。

A.1　　B.2　　C.3　　D.4

23.摆式仪测试时摆在路面上滑动长度为( )。

A.410mm ±5mm　　B.410mm ±1mm

C.126mm ±5mm　　D.126mm ±1mm

24.动态旋转式摩擦系数测试仪测试路面摩擦系数时同一测点测试3次，3次测试结果最大值与最小值的差值应不大于( )。

A.0.1　　B.0.5　　C.1　　D.3

25.当路面温度为T(℃)时测得的摆值BPN_T应按式( )换算成标准温度20℃的摆值BPN_{20}。

A. $BPN_{20} = BPN_T - \Delta BPN$　　B. $BPN_{20} = BPN_T + \Delta BPN$

C. $BPN_{20} = BPN_T \times \Delta BPN$　　D. $BPN_{20} = BPN_T + 2\Delta BPN$

26.土石路堤或填石路堤压实沉降差测试结果精确到( )。

A.0.001mm　　B.0.01mm　　C.0.1mm　　D.1mm

27.用铺砂法测试路面表面构造深度，我国规程规定使用( )的砂25cm^3。

A.0.15～0.2mm　　B.0.1～0.15mm

C.0.1～0.3mm　　D.0.15～0.3mm

28.使用手工铺砂法进行路面构造深度测试时，按照规定的方法选取路段测点横断面位置，同时测点应选在车道的轮迹带位置，且距路面边缘不得小于( )。

A.1m　　B.2m　　C.1.5m　　D.2.5m

29.使用手工铺砂法进行路面构造深度的测试时，同一处平行测试应该不少于( )次。

A.2　　B.3　　C.4　　D.5

30.用摆式仪测试路面抗滑性能时，重复5次测试的差值应不大于( )。

A.1　　B.3　　C.5　　D.7

31.环刀尽量打入到压实层的( )位置，否则可能造成测试结果的偏差。

A.表层　　B.中部　　C.边缘　　D.底部

32.摆式仪测试路面摩擦系数时，计算每个测试位置( )个测点摆值的平均值作为该测试位置的摆值，取整数。

A.2　　B.3　　C.4　　D.5

33.温度对无核密度仪测试结果影响较小，但为防止仪器损伤，一般在( )以下的条件下使用。

A.110℃　　B.130℃　　C.150℃　　D.170℃

34.无核密度仪上显示被测试材料表面的湿度值超过( )时，数据作废，应重新选点测试。

A. 1　B. 5　C. 9　D. 10

35. 3m 直尺测试平整度方法测试路表与 3m 直尺基准面的最大间隙,准确至(　　)。

A. 0.1mm　B. 0.2mm　C. 0.5mm　D. 1mm

36. 土基现场 CBR 值测试可在贯入量达(　　)时结束试验。

A. 5.0mm　B. 5.5mm　C. 6.5mm　D. 7.5mm

37. 承载板测试土基回弹模量数据处理进行原点修正后,土基回弹模量(　　)。

A. 变大　B. 变小　C. 不变　D. 无法确定

38. 摆式仪测试路面摩擦系数过程中,下面不正确的做法是(　　)。

A. 将仪器置于路面测点上,并使摆的摆动方向与行车方向一致

B. 校准滑动长度,使符合 126mm ±1mm 的要求

C. 用喷水壶浇洒测点处路面,使之处于湿润状态

D. 每个测点测试 3 个值,以每个测点 3 个摆值的平均值作为该测点的摆值,每个测试位置 5 个测点摆值的平均值作为该测试位置的摆值,取整数

39. 当水泥混凝土碳化深度值极差大于(　　)时,在每一测区分别测量碳化深度值。

A. 0.5mm　B. 1.0mm　C. 1.5mm　D. 2.0mm

40. 新建沥青路面的渗水试验宜在沥青路面碾压成型后(　　)内完成。

A. 12h　B. 24h　C. 36h　D. 48h

41. 热拌沥青混合料的施工温度测试不包括(　　)。

A. 沥青混合料的出厂温度　B. 施工现场的摊铺温度

C. 碾压时混合料的温度　D. 沥青混合料厂内拌和温度

42. 在测试车测定交通噪声同时,连续测定测试车的实际运行速度,计算每 20m 小路段的平均车速 v,此速度不得偏离标准速度 V 的(　　)。

A. 1% ±5%　B. 1% ±10%　C. 1% ±15%　D. 1% ±20%

43. 将每个小路段的总 A 计权声压级与中位值比较,差值大于(　　)的小路段为受干扰的无效小路段,其测定结果应进行舍弃。

A. 0.5dB　B. 1.0dB　C. 1.5dB　D. 2.0dB

44. 在颠簸累积仪测值与国际平整度指数 IRI 相关性试验中,按照 IRI 值每段间距大于1.0 的范围选择不少于(　　)段不同平整度水平,且有足够加速或减速长度的路段。

A. 2　B. 3　C. 4　D. 5

45. 沥青喷洒法测试施工材料用量方法使用的受样盘面积不小于(　　)cm^2。

A. 10　B. 100　C. 1000　D. 10000

46. 沥青喷洒法测试施工材料用量当两个测试值之差超过平均值的(　　)时,需要重新试验。

A. 2%　B. 5%　C. 8%　D. 10%

47. 落球仪测试土质路基模量方法不适用于最大粒径超过(　　)的土质路基模量测试。

A. 4.75mm　B. 37.5mm　C. 75mm　D. 100mm

48. 落球仪测试土质路基模量时要求每个测区至少包含(　　)个测点。

A. 3　B. 5　C. 7　D. 10

49. 有结合料材料透层油渗透深度测试时，用钢板尺或量角器将芯样顶面圆周平均分成(　　)等份。

A. 4　　B. 6　　C. 8　　D. 10

50. 透层油渗透深度测试(　　)作为单个测点的渗透深度结果。

A. 去掉1个最小值，计算其他4个渗透深度测试值的算术平均值

B. 去掉2个最小值，计算其他3个渗透深度测试值的算术平均值

C. 去掉3个最小值，计算其他5个渗透深度测试值的算术平均值

D. 去掉4个最小值，计算其他6个渗透深度测试值的算术平均值

51. 激光式高速路面弯沉测定仪用于测试路面的(　　)。

A. 回弹弯沉　　B. 动态弯沉　　C. 最大弯沉　　D. 平均弯沉

52. 下列有关雷达测试路面结构层厚度的说法，错误的是(　　)。

A. 利用短脉冲雷达进行路面面层厚度的检测，属于无损检测

B. 用于检测路面厚度的雷达天线频率一般为1.0GHz以上

C. 雷达发射的电磁波在道路面层传播过程不受环境影响

D. 此种测试方法的工作原理是：利用雷达波在不同物质界面上的反射信号，识别分界面，通过电磁波的走时和在介质中的波速推算相应介质的厚度

53. 落锤式弯沉仪测值和激光式高速路面弯沉测定仪测值之间的相关性关系式，相关系数 R 应不小于(　　)。

A. 0.99　　B. 0.97　　C. 0.95　　D. 0.90

54. 路面激光车辙仪技术要求有效测试宽度不小于(　　)m，测点不少于(　　)点。

A. 3.5;10　　B. 3.75;10　　C. 3.5;13　　D. 3.75;13

55. 新铺设道路不宜测试交通噪声，应在通车(　　)个月之后进行测试。

A. 1　　B. 3　　C. 6　　D. 12

56. 国际平整度指数IRI是(　　)平整度评价指标。

A. 反应类　　B. 断面类　　C. 标准差类　　D. 平均值类

57. 下列关于挖坑法和钻芯法检测路面结构层厚度试验的说法中，错误的是(　　)。

A. 挖坑法和钻芯法为破坏性检验

B. 路面结构层厚度的检测可与压实度的检测同时进行

C. 沥青面层和水泥混凝土路面板的厚度应用挖坑法确定

D. 钻芯法数据直观，结果准确

58. 在路面钻芯取样方法中，宜选择直径大于集料最大粒径(　　)倍的钻头。

A. 1.5　　B. 2　　C. 2.5　　D. 3

59. 钻芯测试路面厚度方法中，对基层材料有可能损坏试件时，也可用直径为(　　)的钻头，钻孔深度必须达到层厚。

A. 120mm　　B. 130mm　　C. 140mm　　D. 150mm

60. 路基路面中线偏位检测中，中线偏位 Δ_{CL} 的测量结果应准确至(　　)。

A. 1mm　　B. 5mm　　C. 10mm　　D. 50mm

61. 利用挖坑法测试测试层厚度时，测试方法是(　　)。

A. 钢直尺沿对称的十字方向四处中的任一处量取坑底至平面的距离

B. 钢直尺沿对称的十字方向四处量取坑底至平面的距离

C. 直接用钢直尺在坑的中部位置垂直伸至坑底，测量坑底至平面的距离

D. 将直尺平放横跨于坑的两边，用钢直尺在坑的中部位置垂直伸至坑底，测量坑底至直尺下缘的距离

62. 采用3m 直尺测试水泥混凝土面层平整度时，以(　　)作为指标。

A. IRI　　B. 最大间隙　　C. VBI　　D. 标准差

63. 核子密湿度仪测试压实度时，在周围(　　)之内不能存在其他核子仪和任何其他放射源。

A. 2m　　B. 4m　　C. 6m　　D. 8m

64. 采用落锤式弯沉仪进行脱空测试，当测点的线性回归截距值 b 大于(　　)时，可判定为脱空。

A. 10μm　　B. 20μm　　C. 50μm　　D. 100μm

65. 采用 FWD 分别测试同一板块板中、板边中点和板角位置的弯沉，当板角弯沉/板中弯沉的比值大于(　　)且板边中点弯沉/板中弯沉的比值大于(　　)时，可判定为脱空。

A. 2;2　　B. 2;3　　C. 3;2　　D. 3;3

66. 牵引连续式平整度仪的速度应保持匀速，速度宜为 5km/h，最大不能超过(　　)。

A. 3km/h　　B. 5km/h　　C. 10km/h　　D. 12km/h

67. 若试坑上不放基板进行灌砂，计算填满试坑所需砂的质量 $m_b = m_1 - m_4 - m_2$，已知 m_4 为灌砂后储砂筒内剩余砂的质量，m_1 是灌砂前灌砂筒内砂的质量，m_2 是(　　)。

A. 试坑中取出的全部材料的质量

B. 灌砂筒下部圆锥体内砂的质量

C. 灌砂筒下部圆锥体内及基板和粗糙表面间砂的合计质量

D. 量砂的单位质量

68. 在进行土基现场 CBR 值计算时，$CBR = p_1/p_0 \times 100$，当贯入量为 2.5mm 时，标准压强 p_0 为 7MPa；当贯入量为 5.0mm 时，标准压强 p_0 为(　　)。

A. 6.5MPa　　B. 7MPa　　C. 9MPa　　D. 10.5MPa

69. 层间黏结强度测试方法拉拔测试拉伸速率为(　　)。

A. 5kPa/s ±1kPa/s　　B. 10kPa/s ±5kPa/s

C. 15kPa/s ±10kPa/s　　D. 25kPa/s ±15kPa/s

70. 层间黏结强度测试方法每个位置的 3 个测试值应不超过其平均值的(　　)，否则该位置的测试结果应舍弃。

A. 5%　　B. 10%　　C. 15%　　D. 20%

71. 进行摆式仪测试摆值温度修正时，其修正公式为 $BPN_{20} = BPN_T + \Delta BPN$，其中 BPN_T 是指(　　)。

A. 温度修正值　　B. 换算成标准温度为 20℃的摆值

C. 路面温度 T 时测得的摆值　　D. 换算成标准温度为 25℃的摆值

72. 采用单点弯沉测值进行脱空判定，当弯沉值大于(　　)时，可判定为该处脱空。

A. 0.1mm　　B. 0.2mm　　C. 0.3mm　　D. 0.4mm

73. 我国《公路路基施工技术规范》(JTG/T 3610—2019)规定，填石路堤施工过程可采用(　　)测试指标检测压实质量。

A. 挖坑灌砂法　　B. 环刀法

C. 钻芯法　　D. 沉降差法

74. 落锤式弯沉仪(简称 FWD)测试的是路面的(　　)。

A. 静态回弹弯沉　　B. 静态总弯沉

C. 动态回弹弯沉　　D. 动态总弯沉

75. 落锤式弯沉仪(简称 FWD)测试路面弯沉时，每个测点重复测试应不少于(　　)次。

A. 2　　B. 3　　C. 4　　D. 5

76. 沥青路面渗水系数测试方法以(　　)个测点渗水系数的平均值作为该测试位置的结果，准确至 1mL/min。

A. 3　　B. 4　　C. 5　　D. 6

77. 非插入式温度计红外温度计法测试沥青混合料碾压过程中压实温度，需要直接对准测量的沥青混合料表面连续测试 3 次以上，直至后 3 次温度差值不大于 1℃，读记(　　)测试温度。

A. 第一次　　B. 第二次　　C. 第三次　　D. 平均值

78. 灌砂法试验测得试坑材料湿密度为 2.30g/cm^3，含水率为 5.5%，该材料室内标准击实试验最大干密度为 2.25g/cm^3，则该测点的压实度为(　　)。

A. 92.4%　　B. 96.6%　　C. 96.9%　　D. 102.2%

79. 以下关于短脉冲雷达测试路面厚度方法的说法中错误的是(　　)。

A. 路面过度潮湿情况下不适用该方法

B. 最小分辨层厚不大于 40mm

C. 测量深度 8cm 时，系统的测量误差应不超过 3mm

D. 可以采用 500MHz 地面耦合天线检测

80. 关于热拌热铺沥青混合料的施工温度测试方法，不正确的说法是(　　)。

A. 可采用非插入式温度计

B. 混合料的出厂温度或运输至现场温度应在运料卡车上测试

C. 混合料摊铺温度宜在摊铺机的一侧拨料器的前方混合料堆上测试

D. 在沥青混合料碾压过程中采用插入式温度计测试压实温度，测试时插入式温度计插入深度不小于 150mm

二、判断题

1. 承载板测试土基回弹模量，采用逐级加载-卸载的方式进行测试。(　　)

2. 一般来说，基层或砂石路面的厚度可采用挖坑法测试，沥青面层及水泥混凝土路面板的厚度应采用钻芯法测试。(　　)

3. 钻芯取样法测试路面厚度时，用钢尺量取试坑深度，作为路面检查层的厚度。(　　)

4. 采用核子密湿度仪测试沥青路面面层的压实度时，在表面用直接透射法测试。(　　)

5. 当挖坑灌砂法测试压实度产生争议时，可以采用无核密度仪进行仲裁检测。　(　　)

6. 弯沉测试中的自动弯沉仪法属于动态测试方法。　(　　)

7. 用两台贝克曼梁同时进行左右轮弯沉测定时，应按两个独立点考虑，不能采用左右两点的平均值。　(　　)

8. 落锤式弯沉仪属于动态测试方法，其测试的弯沉为动态回弹弯沉。　(　　)

9. 连续式平整仪适用于测试路面的平整度，但不适用于在已有较多坑槽、破损严重的路面上测试。　(　　)

10. 同一沥青路面，高温条件下测得的回弹弯沉比低温时测得的大。　(　　)

11. 平整度指标 IRI 越大，则路面平整性越好。　(　　)

12. 自动弯沉仪测试路面弯沉方法中，在测试路段前 20m 处将测量架放落在路面上。　(　　)

13. 环刀法测试的密度仅代表环刀深度范围内的平均密度，不能代表碾压层的平均密度。　(　　)

14. 激光构造深度仪既适用于沥青混凝土路面，也适用于水泥混凝土路面构造深度检测。　(　　)

15. 采用 5.4m 贝克曼梁弯沉仪进行检测可避免支点变形带来的麻烦。　(　　)

16. 激光构造深度仪的测值应通过相关性试验建立相关性关系式，转换为铺砂法构造深度值后，才能进行测试结果的评定。　(　　)

17. 基准尺法测试路面错台时，将基准尺垂直置于错台高出的一侧，将测头顶出至与沉降面接触为止，稳定后并读数，即为该处的错台高度 D，准确至 1mm。　(　　)

18. 核子密湿度检测仪是利用同位素（伽马源或中子源）的放射原理，在施工现场快速地检测路基、路面材料密度和含水率的电子仪器。　(　　)

19. 贝克曼梁测试路基路面回弹模量的原理是：在土基或者厚度不小于 1m 的粒料整层表面，用弯沉仪测试数个测点的回弹弯沉值，根据圆形均布荷载作用下的弹性半无限体理论，计算求得该材料的回弹模量值。　(　　)

20. 当路面温度大于 20℃时，弯沉的温度修正系数大于 1。　(　　)

21. 渗水系数是指在单位时间内渗入路面规定面积的水的体积，以 mL/s 计。　(　　)

22. 平整度指标 σ 值越大，则路面平整性越好。　(　　)

23. 单轮式横向力系数测试系统测试路面摩擦系数试验步骤中，洒水位置应在测试轮接触地面中点沿行驶方向前方 400mm ± 50mm 处，洒水宽度应为中心线两侧各不小于 75mm。　(　　)

24. 摆式仪测试路面摩擦系数，当路面温度不是 20℃时，应进行温度修正。　(　　)

25. 摆式仪的测试结果受摆的橡胶片硬度等因素的影响。　(　　)

26. 数字式摆式仪避免了指针式摆式仪结构零位标定和人工读值方式造成的不稳定性和数据误差，较好地提高了测试结果的稳定性和准确度。　(　　)

27. 摆式仪测试过程中发现橡胶片磨损过度，更换橡胶片后即可进行测试评价。　(　　)

28. 通常路面摩擦系数试验方法的测试结果会随测试速度发生变化，速度越快，结果越小。　(　　)

29. 用摆式仪测试路面摩擦系数时,5 个摆值中最大值与最小值的差值不得大于 5。（　　）

30. 贝克曼梁法测试路面弯沉时,梁的测头应放在轮轴后方 3 ~ 5cm 处。（　　）

31. 渗水系数指在规定的初始水头压力下,单位时间内渗入路面规定面积的水的体积。（　　）

32. 路面钻芯取样由于试验需要不能用水冷却时,通常以低温 CO_2 等冷却气体代替冷却水。（　　）

33. 使用渗水仪测试渗水系数的过程中,需要用密封材料对环状密封区域进行密封处理,密封材料可以进入内圈。（　　）

34. 贝克曼梁测试路基路面回弹模量方法适用于土基或厚度不小于 1m 的粒料整层表面。（　　）

35. 回弹法测试的水泥混凝土路面抗压强度,可以作为仲裁或工程验收的依据。（　　）

36. 路面错台指相邻水泥混凝土板块接缝间出现的高程突变。（　　）

37. 挖坑灌砂法适用于填石路堤等有大孔洞或大空隙的结构压实度测试。（　　）

38. 测量高速公路路面宽度时,读数准度不低于 5mm。（　　）

39. 连续式平整度仪的工作测量速度不宜小于 12km/h。（　　）

40. 当制动式摩擦系数测试设备或其他类型横向力式测试设备需换算成 SFC 使用时,应进行相关性试验,建立其他类型测试结果与 SFC 值的相关性关系。（　　）

41. 热拌沥青混合料的施工温度测试包括拌和厂沥青混合料的出厂温度、施工现场的摊铺温度、碾压时混合料的温度等。（　　）

42. 为了解路面基层含水率情况,可以选用配有淋水冷却装置和 150mm 钻头的钻机取芯检测。（　　）

43. 纵缝顺直度测试时,将尼龙线沿板长对齐面板纵缝两端并拉直,用钢直尺量测纵缝与尼龙线的最大间距,以 mm 计,准确至 1mm,即为该板的纵缝顺直度。（　　）

44. 测试水泥混凝土路面损坏时,计算测试路段的裂缝总长度、其他路面损坏的总面积,根据需要可计算破损率、裂缝率等指标。（　　）

45. 测试沥青混合料碾压过程中的压实温度时,将温度计仔细插入路面混合料压实层一半深度处,轻轻压紧温度计旁被扰动的混合料,注视温度计变化至不再继续上升为止,读记温度。（　　）

46. 水泥混凝土路面的错台可以采用连续平整度仪检测。（　　）

47. 若半刚性基层上透层油渗透效果不好,则会出现透层油“洒而不透”情况,致使基层和面层之间的黏结性差。（　　）

48. 核子密湿度仪测试压实度时,直接透射不需要打孔,较为方便。（　　）

49. 碾压混凝土(RCC)工程的施工现场,环境湿度总是很高的,使用核子密湿度仪时应特别注意防潮。（　　）

50. 坡度测量仪测试路基边坡坡度时,将坡度测量仪的测试面垂直于路中线放在待测边坡上,旋转刻度盘,将水平气泡调到水平位置。（　　）

51. 坡度测量仪结构简单,使用方便,有效测试长度长,测试结果受坡面施工质量影响较小。（　　）

52. 环刀法检测压实度时,环刀打入深度对检测结果没有影响。（　）

53. 使用核子密湿度仪进行压实度检测时,无须进行对比试验。（　）

54. 当用灌砂法进行压实度检测时,可通过量取试坑的深度,从而得到结构层的厚度。（　）

55. 环刀测试压实度方法适用于现场测试细粒土及龄期不超过 2d 的无机结合料稳定细粒土结构的密度,并计算施工压实度,以评价结构层的压实质量。（　）

56. 单轮式横向力系数测试系统测试的路面摩擦系数称为横向力系数 SFC。（　）

57. 挖坑及钻芯法会对路面造成一定的破坏,需做填补处理。（　）

58. 利用挖坑法进行检查层厚度测试时,测试结果以 mm 计,精确至 0.1mm。（　）

59. 采用钻机取芯法测量路面厚度时,钻头直径必须为 100mm。（　）

60. 钻芯取样法测试厚度时,从芯样中取对称的两点测试,取其平均值作为该层的厚度。（　）

61. 取样位置离路面中心线的距离值为正(+),表示在中心线的左侧;为负(-)表示在中心线的右侧。（　）

62. 有中线坐标的道路:首先从设计资料中查出待测点 P 的设计坐标,用经纬仪对该设计坐标进行放样,并在放样点 P' 做好标记,量取 PP' 的长度,即为中线偏位。（　）

63. 有中央分隔带的道路的路面横坡是指中央分隔带两侧直线部分的坡度,以百分比表示。（　）

64. 回弹仪测试水泥混凝土强度时,将 1 个测区的 16 个测点的回弹值,去掉 2 个最大值及 2 个最小值,以其余 12 个回弹值计算测区平均回弹值。（　）

65. 超声回弹法适用于密度为 1.9~2.5t/m^3,板厚大于 100mm,龄期大于 28d,强度已达到设计抗压强度 80% 以上的水泥混凝土。（　）

66. 沥青路面渗水系数测试方法适用于在路面现场测试沥青路面或室内测试沥青混合料试件的渗水系数。（　）

67. 测试人员将手推式断面仪按规定速度沿直线向前匀速推行,到达测试终点时,在测定梁处于提起状态时,锁住测定轮。（　）

68. 落球仪测试土质路基模量时,每个测点最多只能测试 3 次。（　）

69. 激光式高速路面弯沉测定仪可以非常精确地测试路面弯沉,不需要进行温度修正。（　）

70. DF 仪的摆放方向应便于底部排水管将水排向测试点的方向。（　）

71. 路面横坡测量时,横断面宽度的测量应用钢卷尺测量两测点的水平距离。（　）

72. 无核密度仪在使用前应在试验段上标定与标准方法的相关性。（　）

73. 土基现场 CBR 试验的贯入量应以两个百分表的平均值计,当两个百分表读数差值超过其平均值的 50% 时,应停止试验,检查原因。（　）

74. 当气温为 20℃时,贝克曼梁法测路面弯沉的结果可以不进行温度修正。（　）

75. 使用落锤式弯沉仪检测路面弯沉时,一般舍去单个测点的首次测值,取其后几次测值的平均值作为该点的弯沉值。（　）

76. 取芯法测试水泥混凝土路面强度试验中,芯样加工要求试件的实际高径比应控制在

0.95 到 1.05 之间。 (　　)

77. 铺砂法测试路面构造深度后收集回的量砂必须经晾干过筛后方可以继续使用。 (　　)

78. 摆值是摆式摩擦系数测定仪测试路面在潮湿条件下的路面摩擦系数表征值，简称 BPN。 (　　)

79. 双轮式横向力系数测试系统的直接测值需要换算成标准 SFC 值才可用以评价工程质量。 (　　)

80. 可以采用受样盘法测试沥青表面处置、透层、黏层等采用喷洒法施工部分的沥青用量。 (　　)

三、多项选择题

1. 下列有关现场测试土基回弹模量的说法，正确的是(　　)。
   A. 现场测试土基回弹模量的方法主要有承载板法和贝克曼梁法
   B. 利用承载板法进行土基回弹模量测试时，需要进行预压，然后再加载
   C. 承载板法是利用逐级加、卸载的方法测试出每一级荷载下的土基回弹变形，从而计算出土基回弹模量 E_0
   D. 回弹模量的单位为 MN

2. 现场测试水泥混凝土路面强度可以采用(　　)。
   A. 回弹仪法　　B. 低应变法　　C. 落球仪法　　D. 超声回弹法

3. 影响手工铺砂法测试路面构造深度结果的因素有(　　)。
   A. 推平板的直径　　B. 装砂的密度
   C. 量砂筒的容积　　D. 摊平砂的圆形直径

4. 在用承载板法测试土基回弹模量的试验中，下列说法不正确的是(　　)。
   A. 安置承载板前，应在土基表面撒一层细砂
   B. 当回弹变形值超过 1mm 时，即可停止加载
   C. 计算回弹模量时将实测回弹变形值代入公式
   D. 当两台弯沉仪百分表读数之差超过平均值的 30% 时取平均值

5. 挖坑灌砂法适用于下列(　　)的压实度检测。
   A. 基层　　B. 沥青路面　　C. 路基土　　D. 填石路堤

6. 承载板法测试土基回弹模量时，测试完总影响量后，还要测试试验点的(　　)。
   A. CBR　　B. 含水率　　C. 压实度　　D. 密度

7. 平整度的测试方法有(　　)。
   A. 手推式断面仪法　　B. 连续式平整度仪法
   C. 激光平整度仪法　　D. 颠簸累积仪法

8. 连续式平整度仪进行平整度测试时，下列说法正确的是(　　)。
   A. 当进行路面工程质量检查验收或路况评定时，通常以行车道一侧车轮轮迹带作为连续测试的标准位置
   B. 对已形成车辙的路面，取一侧车辙中间位置为测点位置

C. 当施工过程中有质量控制需要时,测试地点根据需要决定
D. 不可用人力拖拉连续式平整度仪测试路面的平整度

9. 反映平整度的技术指标有(　　)。
A. 最大间隙　　B. 标准差
C. 国际平整度指数　　D. 横向力系数

10. 路面抗滑性能的指标有(　　)。
A. 最大间隙　　B. 摆值　　C. 构造深度　　D. 横向力系数

11. 车载式激光构造深度仪可用于(　　)。
A. 新建路面的工程质量验收
B. 改建路面的工程质量验收
C. 无严重破损病害及没有积水、积雪、泥浆等正常行车条件下连续采集路面构造深度
D. 带有沟槽构造的水泥路面构造深度的确定

12. 贝克曼梁弯沉仪常用的规格有(　　),杠杆比一般为2∶1。
A. 5.4m　　B. 7.2m　　C. 1.2m　　D. 3.6m

13. 下列关于连续式平整度仪测试路面平整度的说法中,正确的有(　　)。
A. 连续式平整度仪的标准长度为3.6m　　B. 测试时,速度应保持匀速
C. 测试速度最大不应超过15km/h　　D. 自动采集位移数据时,测试间距为100mm

14. 下列四个选项中,(　　)是贝克曼梁法测试路基路面回弹弯沉的准备工作。
A. 检查并保持测试用加载车的车况及制动性能良好,轮胎气压应符合要求
B. 给加载车配重,并用地中衡称量后轴总质量及单侧双轮荷载
C. 若启用新加载车或加载车轮胎发生较大磨损时应测试轮胎传压面面积
D. 通过气象台了解前5d的平均气温(日高气温与低气温的平均值)

15. 连续式平整度仪自动采集位移数据时,(　　)。
A. 测试间距为100mm　　B. 每一计算区间的长度为100m
C. 100m输出一次结果　　D. 1km输出一次结果

16. 对贝克曼梁测试弯沉用加载车的要求有(　　)。
A. 双后轴　　B. 后轴双侧4轮
C. 轮胎气压0.5MPa　　D. 后轴标准轴载100kN±1kN

17. 土石路堤或填石路堤压实沉降差测试报告应包括(　　)内容。
A. 石料等级、填料类型　　B. 机械组合、碾压参数
C. 沉降差、孔隙率　　D. 含水率、密度

18. 弯沉测试方法主要有(　　)。
A. 贝克曼梁法　　B. 核子密湿度仪法
C. 自动弯沉仪法　　D. 激光式高速路面弯沉测定仪法

19. 手推式断面仪是用于连续采集和测量路面信息包括(　　)的一种高精度仪器。
A. 距离　　B. 断面坡度
C. 国际平整度指数　　D. 车辙

20. (　　)等都会影响手推式断面仪测试结果。

A. 仪器放置时间　　B. 行驶距离

C. 温度　　D. 湿度

21. 以下关于摆式仪测试摆值的温度修正，说法正确的是(　　)。

A. 当路面温度不是25℃时所测得的摆值必须修正

B. 当路面温度不是20℃时所测得的摆值必须修正

C. 修正公式为 $BPN_{20} = BPN_T + \Delta BPN$

D. 公式中的 ΔBPN 为温度修正值

22. 下列关于核子密湿度仪说法正确的有(　　)。

A. 按规定方法标定后，测试结果可以用于评定验收

B. 应每6个月进行一次校验

C. 经维修或使用过程中不能满足规定的限值时，应重新校验后使用

D. 校验后仪器在所有标定块上的每一测试深度上的标定响应应达到 $\pm 16kg/m^3$

23. 采用摆式仪测试路面抗滑值时，当橡胶片(　　)时，应该更换新的橡胶片。

A. 端部在长度方向上磨耗超过1.6mm　　B. 有油类污染

C. 边缘在宽度方向上磨耗超过3.2mm　　D. 有效使用期超过半年

24. 落球仪测试土质路基模量时，需要设定球冠的(　　)等参数。

A. 质量　　B. 曲率半径　　C. 下落高度　　D. 下落次数

25. 对手工铺砂法要求说法正确的是(　　)。

A. 量砂应干燥、洁净、匀质，粒径为0.15～0.30mm

B. 测点应选在车道的轮迹带位置，且距路面边缘不得小于2m

C. 同一处平行测试不少于3次，3个测点间距3～5m

D. 为了避免浪费，回收砂可直接使用

26. 下面属于沉降差法测试土石路堤压实程度试验步骤的有(　　)。

A. 路基碾压施工完成后，将振动压路机停放在测试路段前20m处，启动振动压路机，并调至强振挡位

B. 振动压路机以不大于4km/h的速度对测试路段进行碾压，往返一次为一遍

C. 碾压结束后用水准仪逐点测量固定物顶面高程 h_{i1}、h_{i2}、…、h_{ij}，精确到0.1mm

D. 随机选取有代表性的区域，按照《公路土工试验规程》中的灌水法测试材料干密度

27. 根据《公路路基路面现场测试规程》(JTG 3450—2019)的规定，人工调查路面损坏时，以下病害可以用矩形量测面积的有(　　)。

A. 块状裂缝　　B. 松散　　C. 泛油　　D. 修补

28. 下列有关灌砂法测试现场密度的说法中，正确的是(　　)。

A. 试洞的深度应等于测试层厚度

B. 用大灌砂筒测试时，测试土样的含水率，对于细粒土，不少于100g，对于中粒土，不少于500g

C. 表面粗糙而采用不放基板的测试方法进行测试时，则压实度的检测结果有可能偏小

D. 当需要测试测试层厚度时，应先测量厚度后再称量试洞挖出材料总质量

29. 下列有关手工铺砂法测试路面构造深度的说法，正确的是(　　)。
   A. 铺砂法的测试指标为构造深度 TD
   B. 铺砂法是将已知体积的砂，摊铺在所要测试路表的测点上，以表面不留浮砂为原则，量取摊平覆盖的面积
   C. 砂的体积与所覆盖平均面积的比值，即为构造深度
   D. 铺砂法是定点测试，设备成本低，受人为因素影响大
30. 手工铺砂法测试路面构造深度的注意事项有(　　)。
   A. 用小铲向圆筒中缓缓注入准备好的量砂至高出量筒成尖顶状
   B. 手提圆筒上方，在硬质路面上轻轻叩打 3 次，使砂密实
   C. 将砂倒在路面上，用摊平板由里向外重复做摊铺运动
   D. 摊铺时不可用力过大或向外推挤
31. 下面关于单轮式横向力系数测试系统测试过程，描述正确的有(　　)。
   A. 测试前需要对路面进行清扫　　B. 测试轮胎调整气压至 0.3MPa
   C. 测试速度可以采用 60km/h　　D. 测试时要求空气温度(20 ±5)℃
32. 下述(　　)属于用摆式仪法测试路面摩擦系数的测试步骤。
   A. 清洁路面　　B. 仪器调平
   C. 指针调零　　D. 校核滑动长度
33. 适用于测试路面结构层厚度的方法有(　　)。
   A. 断面仪法　　B. 钻芯法
   C. 短脉冲雷达法　　D. 挖坑法
34. 落球仪测试土质路基模量方法适用于落球仪快速测试(　　)土质路基的压缩模量和回弹模量。
   A. 黏土　　B. 粉土　　C. 砂石土　　D. 砾石土
35. 沥青路面渗水系数测试，待水面下降至 100mL 刻度时，立即开始计时，(　　)。
   A. 每间隔 60s，读记仪器管的刻度一次，至水面下降 500mL 时为止
   B. 计时 3min 后立即记录水量，结束试验
   C. 当计时不到 3min 水面已下降至 500mL 时，立即记录水面下降至 500mL 时的时间，结束试验
   D. 当开关打开后 3min 时间内水面无法下降至 500mL 刻度时，则开动秒表计时测试 3min 内渗水量即可结束试验
36. 下列关于贝克曼梁测试路基路面回弹弯沉的说法，正确的有(　　)。
   A. 本方法适用于测试路基及沥青路面的回弹弯沉，以便评价其承载能力
   B. 本方法测试的是路面结构体的总弯沉
   C. 弯沉温度修正的控制温度是沥青面层平均温度，并非路表温度，更不是气温
   D. 本方法不适用于路基冻结后的回弹弯沉检测
37. (　　)可作为沥青路面渗水系数测试所用密封材料。
   A. 防水腻子　　B. 油灰　　C. 橡皮泥　　D. 玻璃密封胶
38. 沥青路面渗水系数测试所需的仪具与材料包括(　　)。

A. 路面渗水仪　　B. 密封材料
C. 秒表　　D. 水筒及大漏斗

39. 落球仪测试土质路基模量方法测区应满足(　　)条件。
A. 表面无明显积水或潮湿现象,无明显碎石等杂物,表面填筑材料较为均匀
B. 土基面坡度小于10°
C. 附近无影响测试的施工作业、磁场、静电等
D. 每车道可每隔50~100m设一测区

40. 激光式高速路面弯沉测定仪测试结果需要进行(　　)。
A. 温度修正　　B. 横坡修正
C. 速度修正　　D. 支点变形修正

41. 车辙测试的基准测量宽度应符合的规定是(　　)。
A. 对于高速公路,以发生车辙的一个车道两侧标线宽度中点到中点的距离为基准测量宽度
B. 对于二级及二级以下公路,有车道区划线时,以发生车辙的一个车道两侧标线宽度中点到中点的距离为基准测量宽度
C. 对于二级及二级以下公路,无车道区划线时,以形成车辙部位的一个设计车道作为基准测量宽度
D. 对于一级公路,以形成车辙部位的一个设计车道作为基准测量宽度

42. 数字式摆式仪的测量机构由(　　)及算法软件等构成。
A. 高精度角度传感器　　B. 嵌入式摆值测量系统
C. 温度传感器　　D. 指针和刻度盘

43. 下列有关热拌沥青混合料出厂温度测试方法的说法,正确的是(　　)。
A. 有温度测试孔时,用插入式温度计直接插入测试孔内的混合料中测试
B. 应在运料卡车上测试,每车测试一次
C. 没有温度测试孔时,可在运料车的混合料堆上部的侧面测试
D. 没有温度测试孔时,可在运料车的混合料堆底面测试

44. 路面表观损坏测试方法适用于人工法和视频法测试沥青路面和水泥路面(　　)等表观损坏,以评价路面技术状况。
A. 裂缝　　B. 坑槽　　C. 修补　　D. 唧泥

45. 沥青喷洒法测试施工材料用量方法适用于测试(　　)的沥青用量或撒布的碎石用量。
A. 沥青表面处置　　B. 沥青贯入式
C. 透层　　D. 黏层

46. 在对沥青路面进行损坏调查或判定时,(　　)。
A. 若在路面的相同区域上存在不同等级的单根裂缝损坏,且难以区分,则按照最严重的损坏等级计算
B. 若单根裂缝穿过龟裂或块裂的区域,则该区域里的裂缝长度不计入裂缝计算的总长度内

C. 对于沥青路面中的坑槽、松散、龟裂、块裂损坏，若在路面的相同区域上存在不同等级的坑槽（松散、龟裂、块裂）损坏，且难以区分，则按照最严重的损坏等级计算

D. 若坑槽（块裂）的区域内包含有龟裂损坏，则记录坑槽（块裂）总面积时应减去龟裂的面积

47. 水泥混凝土路面表观损坏测试具体记录方式包括（　　）。

A. 裂缝缝宽按照该条裂缝宽度最大值计，宽度准确至 1mm

B. 裂缝缝长按照沿裂缝走向累计长度计算，调查结果准确至 0.01m

C. 边角剥落、接缝料损坏、唧泥及裂缝修补等：主要量测其长度。调查结果准确至 0.01m

D. 破碎板、板角断裂、拱起、坑洞、露骨及修补等：主要量测其面积。按照涉及的板块、板角或包络面积计算，调查结果准确至 0.0001m^2

48. 关于横向力系数描述正确的是（　　）。

A. 与摆式仪测量的摆值一样，用于评价路面抗滑性能

B. 交工验收时，检测了摩擦系数就不用检测构造深度

C. 单轮式横向力测试系统测试轮胎的气压为 0.3MPa

D. 横向力系数测试车的检测速度越快，检测结果越大

49. 路基路面压实度测试方法包括（　　）。

A. 钻芯法　　　　B. 无核密度仪法

C. 短脉冲雷达法　　　　D. 核子密湿度仪法

50. 车载式颠簸累积仪测试平整度报告应包括（　　）。

A. 颠簸累积值 VBI　　　　B. 国际平整度 IRI

C. 测试车种类　　　　D. 测试速度

51. 关于单轮式横向力系数 SFC 测试系统，正确的说法有（　　）。

A. 测试轮的偏置角为 20°

B. 测试轮胎的气压与垂直荷载应符合 BZZ-100 的要求

C. 未在标准测试速度测试的 SFC 值必须进行速度修正

D. SFC 值不存在温度修正问题

52. 弯沉法测试水泥混凝土路面脱空方法适用于（　　）测试水泥混凝土路面的板底脱空。

A. 贝克曼梁弯沉仪　　　　B. 自动弯沉仪

C. 落锤式弯沉仪　　　　D. 激光弯沉仪

53. 根据《公路路基路面现场测试规程》（JTG 3450—2019），钻芯法适用于（　　）的测试。

A. 能够取出完整芯样的基层厚度　　　　B. 沥青面层厚度

C. 砂石路面厚度　　　　D. 水泥混凝土路面板厚度

54. 下列有关挖坑法厚度测试的说法中，正确的是（　　）。

A. 利用挖坑法测试厚度时，用钢直尺沿对称的十字方向四处量取坑底至平面的距离，即为检查层的厚度

B. 在选择的试验地点，选一块约 400mm × 400mm 的平坦表面，用毛刷将其清扫干净

后,进行挖铲

C. 将直尺平放横跨于坑的两边,用钢直尺在坑的中部位置垂直伸至坑底,测量坑底至直尺下缘的距离,即为测试层的厚度

D. 进行开挖时,在便于开挖的前提下,开挖面积应尽量缩小

55. T 0911—2019 路基路面几何尺寸测试方法适用于测试(　　),以评价道路线形和几何尺寸。

A. 厚度　　B. 宽度

C. 边坡坡度　　D. 水泥混凝土路面相邻板高

56. 下列有关钻芯法进行厚度测试的说法中,正确的是(　　)。

A. 路面取芯钻机钻头的标准直径为 ϕ100mm

B. 对基层材料有可能损坏试件时,也可用直径为 ϕ150mm 的钻头

C. 钻孔深度应超过测试层的底面

D. 用钢直尺沿芯样圆周对称的一字方向两处量取表面至分界面的高度,计算其平均值,即为测试层的厚度

57. 用挖坑灌砂法测试密度和压实度时,应符合下列(　　)规定。

A. 当填料的最大粒径小于 13.2mm,测试层厚度不超过 150mm 时,宜采用直径 100mm 的小型灌砂筒测试

B. 当填料的最大粒径等于或大于 13.2mm,但小于 31.5mm,测试层厚度不超过 200mm 时,应用直径 150mm 的中型灌砂筒测试

C. 当填料的最大粒径等于或大于 31.5mm,但小于 63mm,测试层厚度不超过 300mm 时,应用直径 200mm 的大型灌砂筒测试

D. 当填料的最大粒径等于或大于 63mm,但小于 100mm,测试层厚度不超过 400mm 时,应用直径 250mm 及以上的灌砂筒测试

58. 当采用落锤式弯沉仪进行脱空测试时,可采用(　　)进行脱空判定。

A. 截距值法　　B. 斜率法　　C. 弯沉比值　　D. 弯沉差值

59. 下列关于标定灌砂设备下部圆锥体内砂的质量试验步骤,正确的是(　　)。

A. 在储砂筒筒口高度上,向储砂筒内装砂至离筒顶距离为 15mm ± 5mm

B. 将开关打开,让砂自由流出,并使流出砂的体积与标定罐的容积相当(或等于工地所挖试坑的体积),然后关上开关

C. 不晃动储砂筒,轻轻地将灌砂筒移至玻璃板上,将开关打开,让砂流出,直到筒内砂不再下流时,将开关关上,取走灌砂筒

D. 称量留在玻璃板上的砂或称量储砂筒内砂的质量,准确至 0.1g。玻璃板上的砂质量就是圆锥体内砂的质量(m_2)

60. 自动弯沉仪测试路面弯沉的适用范围为(　　)。

A. 各类 Lacroix 型自动弯沉仪在正常通车条件下的路面弯沉测试

B. 测试沥青路面的回弹弯沉,以评价其整体承载能力

C. 路面无严重坑槽、车辙等病害,避免损坏探测梁

D. 大风或雨雪天气采用,周围有重型交通或振动时

61. 挖坑灌砂法测试过程中,(　　)会使测试结果偏小。

A. 测试层表面不平整而操作时,未放置基板测试粗糙表面的耗砂量

B. 标定砂锥质量时,未流出一部分与工地所挖试坑体积相当的砂而直接用全部的砂来形成砂锥

C. 开凿试坑时飞出的石子未捡回

D. 所挖试坑的深度只达到测试层的一半

62. 探坑法测试路面结构病害方法,根据病害严重程度确定开挖矩形形状的边长要求有(　　)。

A. 在病害位置沿路线横断面画线,确定开挖边长为 $L_{横}$,须大于严重病害在横断面位置的包络宽度

B. 在病害位置沿路线纵向画线,确定开挖边长为 $L_{纵}$,其长度不小于病害在路线纵向的长度

C. 沿 $L_{横}$ 两端且与其垂直的病害方向纵向画线(2 条),确定开挖的另一边长 $L_{纵}$,其长度不小于病害在路线纵向的长度

D. 两条 $L_{纵}$ 端点连接,形成要开挖的矩形框,其中底层长度和宽度不小于 400mm

63. 探坑法测试路面结构病害方法的注意事项有(　　)。

A. 表面层的开挖深度以达到下一层的顶面为宜,注意尽可能不要触碰到下面层,特别是在裂缝位置

B. 第二层以后的各层开挖宜每边比上一层对应边长缩短 150mm,即开挖成台阶状,台阶宽度不宜小于 100mm

C. 记录各层厚度时,可用 500mm 的钢尺沿坑槽四角及每边中间部位测量其不同断面的厚度,取所测厚度的平均值作为该层的厚度,准确至 1mm

D. 调查车辙病害时,采用路面切缝机垂直于车辙方向横向切割整个面层,使之形成一个光滑的横断面

64. 标定灌砂设备下部圆锥体内砂的质量时,为保证标定时与实际试验时量砂的堆积密度相同,应(　　)。

A. 每次标定及试验需维持装砂质量一样,高度可以不同

B. 每次标定及试验需维持装砂质量与高度一样

C. 首次流出砂的体积与工地所挖试坑内部的体积相当

D. 轻拿轻放,避免晃动储砂筒内的砂

65. 当采用落锤式弯沉仪进行脱空测试时,对同一测点推荐施加(　　)荷载进行测试。

A. 30kN　　B. 50kN　　C. 70kN　　D. 90kN

66. 下列有关挖坑灌砂法标定量砂松方密度的说法中,正确的是(　　)。

A. 用水确定标定罐的容积,精确至 10mL

B. 此测量需重复 3 次,取其平均值

C. 在整个流砂过程中,不要碰灌砂筒,直到储砂筒内的砂不再下流时,再将开关关闭

D. 量砂的松方密度是计算试坑体积的关键参数,标定时应以不干扰量砂正常流动,不改变量砂堆积密度为原则

67. 路面横坡可以采用(　　)进行测试。

A. 经纬仪　　B. 水准仪

C. 几何数据测试系统　　D. 短脉冲雷达

68. 层间黏结强度测试方法适用于测试和评价(　　)与结构层等两种不同材料之间的层间黏结强度,也可以评价结构层-黏结层-结构层的黏结强度。

A. 封层　　B. 黏层　　C. 透层　　D. 防水层

69. 对于半刚性基层透层油渗透深度测试,以下说法正确的有(　　)。

A. 测试工作应在透层油渗透稳定后进行

B. 钻芯直径应为 ϕ150mm

C. 测试时需将芯样晾干

D. 将芯样顶面圆周分成 4 等份并分别测量等分处透层油渗透深度

70. 层间黏结强度测试方法采用(　　)计算扭剪强度。

A. 最大拉力　　B. 实测拉头直径

C. 最大扭矩　　D. 扭剪盘直径

四、综合题

1. 请回答有关路基路面几何尺寸测试方法的问题。

(1)《公路路基路面现场测试规程》(JTG 3450—2019)新增了(　　)测试方法。

A. 中线偏位　　B. 边坡坡度

C. 相邻板高差　　D. 纵、横缝顺直度

(2)纵断面高程测试闭合差应达到(　　)水准测量要求。

A. 一等　　B. 二等　　C. 三等　　D. 四等

(3)中线偏位正确的测试步骤包括(　　)。

A. 对有中线坐标的道路:根据待测点的施工桩号,在道路上标记,从设计资料中查出该点的设计坐标

B. 对有中线坐标的道路:用经纬仪(全站仪)对待测点设计坐标进行放样,并在放样点做好标记,量取两点间的长度,即为中线偏位

C. 对无中线坐标的道路:根据待测点的施工桩号,在道路上标记,由设计资料计算出该点的坐标

D. 对无中线坐标的道路:用经纬仪(全站仪)对待测点计算坐标进行放样,并在放样点做好标记,量取两点间的长度,即为中线偏位

(4)路基边坡坡度测试方法有(　　)。

A. 水准仪法　　B. 经纬仪法

C. 全站仪法　　D. 坡度测量仪法

(5)相邻板高差测试结果准确至(　　)。

A. 0.1mm　　B. 0.5mm　　C. 1mm　　D. 5mm

2. 关于路面压实度测试方法,请回答以下问题。

(1)挖坑灌砂测试压实度,当(　　)时,宜采用直径为 100mm 的小型灌砂设备测试。

A. 填料最大粒径小于 13.2mm　　　　B. 填料最大粒径小于 31.5mm

C. 测试层厚度不超过 150mm　　　　D. 测试层厚度不超过 200mm

(2)挖坑灌砂测试压实度,试坑上放有基板,计算填满试坑所用砂的质量需要(　　)。

A. 灌砂前灌砂筒内砂的质量

B. 灌砂筒下部圆锥体内砂的质量

C. 灌砂后,储砂筒内剩余砂的质量

D. 灌砂筒下部圆锥体内及基板和粗糙表面间砂的合计质量

(3)采用人工取土器测试黏性土及无机结合料稳定细粒土密度的步骤,正确的顺序应为(　　)。

①去掉击实锤和定向筒,用镐将环刀及试样挖出。

②擦净环刀外壁,用天平称取出环刀及试样合计质量。

③在试验地点,将地面清扫干净,并将压实层表面浮动及不平整的部分铲去。

④将导杆保持垂直状态,用取土器落锤将环刀打入压实层中。

⑤擦净环刀,称取环刀质量。

⑥将定向筒齿钉固定于铲平的地面上,顺次将环刀、环盖放入定向筒内与地面垂直。

⑦自环刀中取出试样,取具有代表性的试样,测定其含水率。

⑧轻轻取下环盖,用修土刀自边至中削去环刀两端余土,用直尺测试直至修平为止。

A. ⑤③①⑥④⑧②⑦　　　　B. ⑤③④①⑥⑧②⑦

C. ⑤③⑥④②①⑧⑦　　　　D. ⑤③⑥④①⑧②⑦

(4)关于钻芯测试路面压实度方法,说法正确的是(　　)。

A. 将试件晾干或用电风扇吹干不少于 24h,直至恒重

B. 通常情况下采用表干法测试试件的毛体积相对密度

C. 对吸水率大于 2% 的试件,宜采用蜡封法测试试件的毛体积相对密度

D. 对吸水率小于 2% 特别致密的沥青混合料,在施工质量检验时,允许采用水中重法测试表观相对密度

(5)某路段压实度检测结果为:平均值为 96.3%,标准差为 2.2%,则压实度代表值为(　　)。(注:$t_\alpha/\sqrt{n}=0.518$)

A. 94.1%　　　B. 95.2%　　　C. 97.4%　　　D. 98.5%

3. 关于挖坑灌砂法测试压实度方法,请回答以下问题。

(1)下列不适用于该方法检测的是(　　)。

A. 现场测试基层或底基层压实度

B. 砂石路面压实度

C. 路基压实度

D. 填石路堤等有大孔洞或大空隙结构压实度

(2)挖坑灌砂法测定压实度试验的注意事项有(　　)。

A. 量砂要规则,每换一批次量砂,都需要重新测试圆锥体内砂的质量和松方密度

B. 试坑内回收的量砂未经处理不得重复使用,因此量砂宜事先多准备,切勿到试验时临时找砂

C. 灌砂筒的选择应遵循以填料粒径为主,测试层厚度为辅的原则

D. 量砂的松方密度标定结果直接影响压实度测试结果

(3)标定灌砂设备下部圆锥体内砂的质量试验步骤正确顺序应为( )。

①重复上述测量3次,取其平均值。

②称量留在玻璃板上的砂或称量储砂筒内砂的质量,准确至1g。

③在储砂筒筒口高度上,向储砂筒内装砂至距筒顶距离为15mm ±5mm。

④将开关打开,让砂自由流出,并使流出砂的体积与标定罐的容积相当(或等于工地所挖试坑的体积),然后关上开关。

⑤不晃动储砂筒,轻轻地将灌砂筒移至玻璃板上,将开关打开,让砂流出,直到筒内砂不再下流时,将开关关上,取走灌砂筒。

A. ③⑤②④①　　B. ③⑤④②①

C. ③④⑤②①　　D. ③①④⑤②

(4)试验所使用的主要仪具与材料有( )。

A. 灌砂设备　　B. 天平　　C. 量砂　　D. 钢直尺

(5)大规模施工检测中,可以用深度为15cm的标定罐标定的量砂松方密度测试不同厚度的压实层,但层厚不应超过( )cm。

A. 20　　B. 30　　C. 40　　D. 50

4. 请回答有关水泥混凝土强度现场测试方法的问题。

(1)回弹仪通常有( )情况之一时,由法定计量检定机构进行检定。

A. 弹击拉簧前端不在拉簧座原孔位或调零螺钉松动

B. 数字式回弹仪数字显示的回弹值与指针直读示值相差大于1

C. 经保养后,在钢砧上率定值不合格

D. 回弹仪弹击超过2000次

(2)回弹仪有( )情况之一时,需进行保养。

A. 回弹仪弹击超过2000次　　B. 在钢砧上的率定值不合格

C. 对测试值有怀疑　　D. 遭受严重撞击或其他损害

(3)超声回弹法测试水泥混凝土路面的( )。

A. 抗压强度　　B. 抗弯强度

C. 劈裂强度　　D. 回弹强度

(4)超声回弹法测试水泥混凝土路面抗弯强度方法不适用于( )情况的水泥混凝土。

A. 隐蔽或外露局部缺陷区

B. 裂缝或微裂区(包括路面伸缩缝和工作缝)

C. 路面角隅钢筋和边缘钢筋处,特别是超声波与钢筋方向相同时

D. 距路面边缘小于100mm的部位

(5)取芯法测试水泥混凝土路面强度方法应按照( )加工芯样。

A. 劈裂试验芯样直径为150mm,抗压试验芯样直径为150mm或100mm

B. 高度与直径之比可为1或2

C. 芯样试件内不得含有钢筋或钢纤维

D. 锯切后的芯样应进行端面处理，可采取在磨平机上磨平端面的处理方法

5. 关于路面压实度、平整度、承载能力测试方法，请回答以下问题。

(1)环刀测试压实度方法适用于测定(　　)结构的密度。

A. 细粒土　　B. 粗粒土

C. 中粒土　　D. 龄期不超过 2d 的无机结合料稳定细粒土

(2)环刀测试压实度时，应注意以下环节：(　　)。

A. 环刀尽量打入到压实层的中部位置

B. 截取环刀时，不要扰动环刀上下底面之间的材料

C. 环刀在压实层上部位置时测得的密度值偏小

D. 环刀在压实层下部位置时测得的密度值偏大

(3)平整度测试设备有两类，其中(　　)为断面类测试设备。

A. 3m 直尺、连续式平整度仪　　B. 3m 直尺、颠簸累积仪

C. 连续式平整度仪、颠簸累积仪　　D. 3m 直尺、连续式平整度仪、颠簸累积仪

(4)动力锥贯入仪测试路基路面 CBR 时，对于粒料基层，可每(　　)次锤击读数一次。

A. 1　　B. 2　　C. 5　　D. 10

(5)下列有关贝克曼梁的支点变形修正，说法正确的有(　　)。

A. 当采用长度为 3.6m 的贝克曼梁进行弯沉测试时，若支点变形，则需要进行支点变形修正

B. 当采用长度为 5.4m 的贝克曼梁测试时，可不进行支点变形修正

C. 当在同一结构层上测定时，可在不同位置测定 5 次，求取平均值，以后每次测试时以此作为修正值

D. 5.4m 的贝克曼梁和 3.6m 的贝克曼梁测试时，均需要进行支点变形修正

6. 请回答有关平整度测试方法的问题。

(1)采用 3m 直尺测试平整度时，在测试路段路面上选择测试地点的要点是(　　)。

A. 当测试沥青路面施工过程中的质量时，应以单尺方式测试，且测试位置应选在接缝处

B. 除测试沥青路面施工过程中的质量外，其他情况一般以连续 10 尺方式测试

C. 除特殊需要外，应以行车道一侧车轮轮迹(距车道线 0.8 ~ 1.0m)作为连续测试的位置

D. 对既有道路已形成车辙的路面，应取车辙中间位置为测定位置

(2)3m 直尺测试平整度方法的测试要点为(　　)。

A. 将 3m 直尺沿道路纵向摆在测试位置的路面上

B. 目测 3m 直尺底面与路表面之间的间隙情况，确定最大间隙的位置

C. 将具有高度标线的塞尺塞进间隙处，测试其最大间隙的高度

D. 用深度尺在最大间隙位置测试直尺上顶面距地面的深度，即为测试点最大间隙的高度

(3)楔形塞尺的长度与高度之比不小于(　　)，宽度不大于(　　)，边部有高度标记，分度值不大于(　　)。

A. 10;15mm;0.2mm　　B. 15;10mm;0.2mm

C. 10;15mm;0.5mm　　D. 15;10mm;0.5mm

(4)连续式平整度仪测试平整度方法需要注意(　　)。

A. 测试速度不能过快,以 5km/h 为宜

B. 不适用于在已有较多坑槽、破损严重的路面上测试

C. 不能测试水泥混凝土路面

D. 测试时应保持匀速,并不得左右摆动

(5)连续式平整度仪测试平整度方法以 100m 为一个计算区间,每隔一定距离采集路面凹凸偏差位移值,其中自动采集间距为(　　),人工采集间距为(　　)。

A. 10cm;1.0m　　B. 15cm;1.0m　　C. 10cm;1.5m　　D. 15cm;1.5m

7. 关于路基路面损坏、水泥混凝土路面脱空、层间黏结强度、拖车法测定路面对轮胎噪声影响测试方法,请回答以下问题。

(1)路面表观损坏测试方法测试沥青路面损坏时,计算测试路段(　　)等指标。

A. 裂缝总长度　　B. 破损率　　C. 裂缝率　　D. 断板率

(2)采用弯沉比值判定板底脱空时,应采用同一恒定荷载对(　　)进行弯沉测试。

A. 仅板角　　B. 仅板中和板边

C. 仅板中和板角　　D. 板中、板边和板角

(3)层间黏结强度测试时,每个测点间距不小于(　　),总间距控制在(　　)内。

A. 200mm;2m　　B. 200mm;5m　　C. 500mm;2m　　D. 500mm;5m

(4)轮胎/路面噪声测试过程中,一个测试轮至少在(　　)设置传声器进行测试。

A. 侧前方位置　　B. 侧后方位置　　C. 正前方位置　　D. 正后方位置

(5)出现(　　)的情况时,交通噪声测量可能会受干扰。

A. 当某一个小路段内车速变化较大,或者存在明显的加、减速时

B. 弯曲半径过小,或纵坡大于 6% 的路段

C. 当测试的抗外部背景噪声能力不满足要求时,在噪声测定时有临近车道交通车辆通过,或出现离传声器距离小于 2m 的隧道、桥梁、护栏等结构物时

D. 路表面有接缝,或坑槽等病害时

8. 承载板测试土基回弹模量方法的测试步骤如下:

①测试土基的压力-变形曲线。

②测定总影响量。

③用千斤顶开始加载,注视测力环或压力表,至预压和稳压,使承载板与土基紧密接触,同时检查百分表的工作情况是否正常,然后放松千斤顶油门卸载。

④在紧靠试验点旁边的适当位置,用灌砂法或环刀法等测试土基的密度。

⑤计算各级荷载的回弹变形和总变形。

⑥在试验点下取样,测定材料含水率。

(1)以上试验步骤的正确顺序是(　　)。

A. ③①⑤⑥②④　　B. ③①②⑤⑥④

C. ③①⑤②⑥④　　D. ③①②⑥⑤④

(2)承载板测试土基回弹模量方法,在逐级加载卸载过程中应(　　)。

A. 加载后稳定 1min,卸载后稳定 1min　　B. 加载后稳定 1min,卸载后稳定 2min

C. 加载后稳定 2min,卸载后稳定 1min　　D. 加载卸载后均不需要稳定

(3)回弹变形等于(　　)之差乘以贝克曼梁杠杆比。

A. 加载初始前读数平均值　　B. 加载后读数平均值

C. 卸载后读数平均值　　D. 总影响量

(4)承载板测试土基回弹模量方法,刚性承载板的板厚和直径一般为(　　)。

A. 板厚 20mm　　B. 板厚 40mm　　C. 直径 30cm　　D. 直径 76cm

(5)承载板测试土基回弹模量,测得各级承载板压力值总和为 3.5MPa,相应的回弹变形值总和为 1.875cm,土基泊松比为 0.30,则土基回弹模量为(　　)。

A. 25MPa　　B. 30MPa　　C. 35MPa　　D. 40MPa

9. 关于路面压实度、平整度、强度及模量、承载能力测试方法,请回答以下问题。

(1)压实度现场检测方法包括(　　)。

A. 挖坑灌砂法　　B. 核子密湿度仪法

C. 环刀法　　D. 无核密度仪法

(2)环刀测试压实度计算两次平行试验结果的差值,若不大于(　　),取其算术平均值作为测试结果。

A. 0.01g/cm^3　　B. 0.02g/cm^3

C. 0.03g/cm^3　　D. 0.05g/cm^3

(3)平整度测试设备有断面类和反应类两类,3m 直尺和颠簸累积仪(　　)测试设备。

A. 均属于反应类　　B. 均属于断面类

C. 分别属于反应类、断面类　　D. 分别属于断面类、反应类

(4)承载板测试土基回弹模量方法,当两台贝克曼梁百分表读数之差不超过平均值的(　　)时,取平均值。

A. 10%　　B. 20%　　C. 30%　　D. 40%

(5)下列关于贝克曼梁测试路基路面回弹弯沉方法,说法正确的是(　　)。

A. 当沥青面层厚度大于 50mm 时,回弹弯沉值应根据沥青面层平均温度进行温度修正

B. 贝克曼梁只能是单侧测试,双侧同时测试不能适用

C. 当百分表示值最大时,迅速读取初读数 L_1;待示值回转稳定后,读取终读数 L_2

D. 当采用 5.4m 贝克曼梁测试弯沉时,一般可不进行支点变形修正

10. 手工铺砂法测试路面构造深度方法测试步骤如下:

①用小铲向圆筒中缓缓注入准备好的量砂至高出量筒成尖顶状,手提圆筒上部,用钢尺轻轻叩打圆筒中部 3 次,并用刮尺边沿筒口一次刮平。

②用钢板尺测量其所构成圆的两个垂直方向的直径,取其平均值。

③用扫帚或毛刷子将测点附近的路面清扫干净。

④将砂倒在路面上,用推平板由里向外重复做摊铺运动,稍稍用力将砂向外均摊开,使砂填入路表面的空隙中,尽可能将砂摊成圆形。

(1)以上试验步骤正确的排序为(　　)。

A. ③④①②　　B. ③④②①

C. ③①②④　　D. ③①④②

(2)有关试验步骤,下列说法正确的有(　　)。

A. 不可直接用量砂筒装砂,以免影响量砂密度的均匀性

B. 路面清扫面积不少于 50cm × 50cm

C. 摊铺时不可用力过大或向外推挤

D. 同一处平行测试不少于 2 次,2 个测点均位于轮迹带上,测点间距 3 ~ 5m

(3)若细砂没有摊铺好,表面留有浮动余砂或用的砂过粗,则试验结果(　　)。

A. 表面留有浮动余砂,试验结果偏小;若用的砂过粗,试验结果偏小

B. 表面留有浮动余砂,试验结果偏大;若用的砂过粗,试验结果偏大

C. 表面留有浮动余砂,试验结果偏小;若用的砂过粗,试验结果偏大

D. 表面留有浮动余砂,试验结果偏大;若用的砂过粗,试验结果偏小

(4)铺砂法适用于测试(　　)构造深度。

A. 基层表面　　B. 刻槽水泥混凝土路面表面

C. 沥青路面　　D. 无刻槽水泥混凝土路面表面

(5)有关试验仪具与材料,下列说法中正确的有(　　)。

A. 量砂筒附专用的刮尺,可将筒口量砂刮平

B. 推平板底面粘一层厚 1.5mm 的橡胶片,上面有一圆柱把手

C. 量砂为粒径 0.15 ~ 0.30mm 的匀质砂

D. 量砂筒的尺寸与容积必须严格测量确定或者经过检定,否则,将会严重影响测试结果

11. 请回答有关摆式仪测试路面摩擦系数方法问题。

(1)下列有关路面抗滑性能的说法中,正确的有(　　)。

A. 制动距离越长,抗滑性能越好

B. 横向力系数 SFC 越大,抗滑性能越好

C. 构造深度 TD 越大,抗滑性能越好

D. 摆值 BPN 越大,抗滑性能越好

(2)用摆式仪测试沥青路面的抗滑性能时,要进行温度修正的原因是(　　)。

A. 低温时测得摆值偏小　　B. 低温时沥青混合料强度降低

C. 高温时沥青混合料强度降低　　D. 高温时测得摆值偏小

(3)在高温条件下用摆式仪测试的沥青面层摩擦系数比在低温条件下测得的摩擦摆值(　　)。

A. 大　　B. 小　　C. 相同　　D. 不确定

(4)摆式仪测试路面摩擦系数方法测试步骤如下,正确的顺序是(　　)。

①指针调零。

②仪器调平。

③用喷水壶浇洒测点处路面,使之处于湿润状态。

④校核滑动长度。

⑤清洁路面。

⑥将摆固定在右侧悬臂上，使摆处于水平释放位置，并把指针拨至右端靠紧摆杆。

⑦按下右侧悬臂上的释放开关，使摆在路面滑过，当摆杆回落时，用手接住摆杆并读数，但不作记录。

⑧在测点处用温度计测记潮湿路表温度。

⑨重复以上操作5次。

A. ⑤①②④⑥⑦③⑨⑧　　B. ⑤④②①⑥③⑦⑨⑧

C. ⑤②①④⑦⑥⑨③⑧　　D. ⑤②①④⑥③⑦⑨⑧

(5)下列有关该测试方法的说法，正确的有(　　)。

A. 每个测点5个摆值中最大值与最小值的差值不得大于3

B. 每个测试位置布设3个测点，测点间距离为3～5m

C. 调零允许误差为±1

D. 测试位置应选在车道横断面上轮迹处，且距路面边缘不应小于1m

12. 某高速公路工程交工验收，检测人员需要对路面进行现场检测。该工程的路面为沥青混凝土路面，为提高检测工作效率，项目负责人决定采用横向力系数测定车方法检测路面摩擦系数，实施过程中，检测人员实测现场路面温度为35℃，经查《公路路基路面现场测试规程》(JTG 3450—2019)，SFC值温度修正表注明温度为35℃时，修正值为+4。请根据以上所述完成下面问题。

(1)根据《公路工程质量检验评定标准　第一册　土建工程》(JTG F80/1—2017)，该路面摩擦系数采用横向力系数测定车方法的检测频率为(　　)。

A. 50m一处　　B. 100m一处　　C. 200m一处　　D. 连续检测

(2)以下内容属于检测前需要做好的准备工作有(　　)。

A. 用洒水车在路面上洒水

B. 按照设备使用手册对系统进行标定

C. 检查测试轮气压，保证在规定范围

D. 新安装的测试轮胎应进行不少于5km的试测

(3)检测人员在正式检测时，可以采用的检测速度有(　　)。

A. 40km/h　　B. 46km/h　　C. 50km/h　　D. 60km/h

(4)横向力系数原始测得值为54，经过温度修正后的测得值为(　　)。

A. 50　　B. 51　　C. 54　　D. 58

(5)以下说法不正确的有(　　)。

A. 构造深度与摩擦系数都是表征路面抗滑能力的指标，交工验收时可任选其中一个指标进行检测和评价

B. 根据《公路工程质量检验评定标准　第一册　土建工程》(JTG F80/1—2017)，横向力系数只需要计算算术平均值和合格率进行统计评价

C. 横向力系数测定车方法在4℃以上的地面温度条件下均可采用，但测值时需要做温度修正后方可使用

D. 横向力系数是无量纲量

习题参考答案及解析

一、单项选择题

1. C

【解析】摆值受路面温度影响很大，一般以 20℃为标准温度，当路面为其他温度时应进行修正。

2. B

【解析】指针式摆式仪摆值最小刻度为 2。

3. D

【解析】当路面横坡不超过4%时，不进行横坡修正。

4. D

【解析】贝克曼梁测试路基路面回弹弯沉方法测试的是路基路面的静态回弹弯沉。

5. D

【解析】手推式断面仪测量路面国际平整度指数(IRI)单位为 m/km。

6. C

【解析】手推式断面仪测量路面国际平整度指数(IRI)保留 2 位小数。

7. C

【解析】使用贝克曼梁法测试弯沉时，将贝克曼梁插入加载车后轮轮隙处，与加载车行车方向一致，梁臂不得接触轮胎。贝克曼梁测头置于轮隙中心前方 30 ~ 50mm 处测点上。

8. C

【解析】核子仪法与挖坑灌砂法相关性试验时，对相同的路面厚度、配合比设计、碾压遍数、松铺厚度、机械组合及压实度标准的路面结构层，使用前应在试验段至少测试 15 处，求取两种不同方法在每处的偏差值。

9. C

【解析】采用 5.4m 贝克曼梁弯沉仪进行检测时，可不进行支点变形修正。

10. C

【解析】测试车停在测试起点前 300 ~ 500m 处，启动平整度测试系统程序，按照测试路段的现场技术要求设置完毕所需的测试状态。

11. B

【解析】贝克曼梁测试路基路面回弹弯沉时加载车单轮传压面当量圆面积的要求为 $(3.56 \pm 0.20) \times 10^4 mm^2$。

12. D

【解析】路面回弹弯沉的温度修正可以根据查图法进行，查出温度修正系数 K 后，沥青路面回弹弯沉按下式计算：$L_{20} = L_T \times K$。

13. C

【解析】回弹仪测试水泥混凝土强度方法不适用于厚度小于 100mm 的水泥混凝土强

度测试。

14. A

【解析】路面测点的回弹弯沉值按式 $L_T = (L_1 - L_2) \times 2$ 计算。

15. A

【解析】构造深度 TD 越大，路面的抗滑性能越好。

16. B

【解析】用行车方向成 20°偏角的测定轮以一定速度行驶时，专用轮胎与潮湿路面之间的测试轮轴向摩擦阻力与垂直荷载的比值，简称 SFC，无量纲。

17. B

【解析】钻孔取样应在路面完全冷却后进行，普通沥青路面通常在第二天取样。

18. B

【解析】单轮式横向力系数测试系统测试路面摩擦系数时，其测试轮静态垂直标准荷载为 2000N ±20N。

19. C

【解析】C 选项错误，正确说法应为：驾驶员应按照要求的测试速度范围驾驶承载车，宜在 50 ~80km/h，避免急加速和急减速，急弯路段应放慢车速，沿正常行车轨迹驶入测试路段。

20. B

【解析】路面错台测试方法需要的仪具有 3m 直尺或 2m 直尺、深度尺、钢直尺、钢卷尺、塞尺、水准仪、全站仪等。

21. C

【解析】核子密湿度仪测试压实度用于测试沥青混合料面层的压实密度或硬化混凝土等难以打孔材料的密度时，宜使用散射方式；用于测试厚度不大于 30cm 的土基、基层材料或非硬化水泥混凝土等可以打孔材料的密度及含水率时，应采用直接透射方式。

22. C

【解析】如果动态旋转式摩擦系数测试仪（DF 仪）橡胶滑块厚度小于 3mm，应及时更换。

23. D

【解析】测试时摆在路面上滑动长度为 126mm ±1mm。

24. A

【解析】动态旋转式摩擦系数测试仪测试路面摩擦系数时同一测点测试 3 次，3 次测试结果最大值与最小值的差值应不大于 0.1，否则应重新选择测点进行测试。

25. B

【解析】当路面温度为 T(℃)时测得的摆值 BPN_T 应按式 $BPN_{20} = BPN_T + \Delta BPN$ 换算成标准温度 20℃ 的摆值 BPN_{20}。

26. C

【解析】土石路堤或填石路堤压实沉降差测试结果精确到 0.1mm。

27. D

【解析】用铺砂法测试路面表面构造深度，我国规程规定使用 0.15～0.3mm 的砂 $25cm^3$。

28. A

【解析】按照规定的方法选取路段测点横断面位置，同时测点应选在车道的轮迹带位置，且距路面边缘不得小于 1m。

29. B

【解析】使用手工铺砂法进行路面构造深度的测试时，同一处平行测试不少于 3 次。

30. B

【解析】用摆式仪测试路面抗滑性能时，重复 5 次测试的最大值和最小值的差值应不大于 3。

31. B

【解析】环刀尽量打入到压实层的中部位置，否则可能造成测试结果的偏差。

32. B

【解析】计算每个测试位置 3 个测点摆值的平均值作为该测试位置的摆值，取整数。

33. D

【解析】温度对无核密度仪测试结果影响较小，但为防止仪器损伤，一般在 170℃ 以下的条件下使用。

34. D

【解析】无核密度仪上显示被测试材料表面的湿度值超过 10 时，数据作废，应重新选点测试。

35. C

【解析】3m 直尺测试平整度方法测试路表与 3m 直尺基准面的最大间隙，准确至 0.5mm。

36. D

【解析】土基现场 CBR 值测试可在贯入量达 7.5mm 时结束试验。

37. A

【解析】承载板测试土基回弹模量数据处理进行原点修正后，土基回弹模量变大。

38. D

【解析】D 选项错误，正确做法应为：每个测点测试 5 个值，以每个测点 5 个摆值的平均值作为该测点的摆值，每个测试位置 3 个测点摆值的平均值作为该测试位置的摆值，取整数。

39. D

【解析】当水泥混凝土碳化深度值极差大于 2.0mm 时，在每一测区分别测量碳化深度值。

40. A

【解析】新建沥青路面的渗水试验宜在沥青路面碾压成型后 12h 内完成。

41. D

【解析】热拌沥青混合料的施工温度测试包括拌和厂沥青混合料的出厂温度、施工现场摊铺温度、碾压时混合料的温度等。

42. C

【解析】在测试车测定交通噪声同时，连续测定测试车的实际运行速度，计算每 20m 小路段的平均车速 v，此速度不得偏离标准速度 V 的 1% ±15%。

43. C

【解析】将每个小路段的总 A 计权声压级与中位值比较，差值大于 1.5dB 的小路段为受干扰的无效小路段，其测定结果应进行舍弃。

44. C

【解析】按照 IRI 值每段间距大于 1.0 的范围选择不少于 4 段不同平整度水平，且有足够加速或减速长度的路段。

45. C

【解析】沥青喷洒法测试施工材料用量方法使用的受样盘面积不小于 $1000cm^2$。

46. D

【解析】沥青喷洒法测试施工材料用量当两个测试值之差超过平均值的 10% 时，需要重新试验。

47. D

【解析】落球仪测试土质路基模量方法不适用于最大粒径超过 100mm 的土质路基的模量测试。

48. C

【解析】落球仪测试土质路基模量时要求每个测区至少包含 7 个测点。

49. C

【解析】用钢板尺或量角器将芯样顶面圆周平均分成 8 等份，分别量测圆周上各等分点处透层油渗透的深度。

50. C

【解析】透层油渗透深度测试去掉渗透深度测试值中 3 个最小值，计算其他 5 个渗透深度测试值的算术平均值，作为单个测点的渗透深度结果。

51. C

【解析】激光式高速路面弯沉测定仪用于测试路面的最大弯沉。

52. C

【解析】雷达发射的电磁波在道路面层传播过程受环境条件的影响较大，并会逐渐衰减。

53. D

【解析】落锤式弯沉仪测值和激光式高速路面弯沉测定仪测值之间的相关性关系式，相关系数 R 应不小于 0.90。

54. C

【解析】要求激光车辙仪有效测试宽度不小于 3.5m，测点不少于 13 点。

55. C

【解析】新铺设道路不宜测试交通噪声，应在通车 6 个月之后进行测试。

56. B

【解析】国际平整度指数 IRI 是断面类平整度评价指标。

57. C

【解析】沥青面层及水泥混凝土路面板的厚度应用钻芯法测定。

58. D

【解析】在路面钻芯取样方法中,宜选择直径大于集料最大粒径 3 倍的钻头。

59. D

【解析】钻芯测试路面厚度方法中,对基层材料有可能损坏试件时,也可用直径为 150mm 的钻头,钻孔深度必须达到层厚。

60. A

【解析】中线偏位 Δ_{CL}测量结果应准确至 1mm。

61. D

【解析】利用挖坑法测试测试层厚度时,将直尺平放横跨于坑的两边,用钢直尺在坑的中部位置垂直伸至坑底,测量坑底至直尺下缘的距离,即为测试层的厚度。

62. B

【解析】采用 3m 直尺测试水泥混凝土面层平整度时,以最大间隙作为指标。

63. D

【解析】核子密湿度仪测定压实度时,在周围 8m 之内不能存在其他核子仪和任何其他放射源。

64. C

【解析】采用落锤式弯沉仪进行脱空测试,当测点的线性回归截距值 b 大于 50μm 时,可判定为脱空。

65. C

【解析】采用 FWD 分别测试同一板块板中、板边中点和板角位置的弯沉,当板角弯沉/板中弯沉的比值大于 3 且板边中点弯沉/板中弯沉的比值大于 2 时,可判定为脱空。

66. D

【解析】牵引连续式平整度仪的速度应保持匀速且沿车道方向行驶,速度宜为 5km/h,最大不能超过 12km/h。

67. B

【解析】计算填满试坑所需砂的质量 $m_b = m_1 - m_4 - m_2$,其中,m_1是灌砂前灌砂筒内砂的质量,m_4为灌砂后储砂筒内剩余砂的质量,m_2是灌砂筒下部圆锥体内砂的质量。

68. D

【解析】当贯入量为 2.5mm 时,标准压强 p_0为 7MPa;当贯入量为 5.0mm 时,标准压强 p_0为 10.5MPa。

69. D

【解析】层间黏结强度测试方法拉拔测试拉伸速率为 25kPa/s ± 15kPa/s。

70. D

【解析】层间黏结强度测试方法每个位置的 3 个测试值应不超过其平均值的 20%,否则该位置的测试结果应舍弃。

71. C

【解析】进行摆式仪测试摆值温度修正时，修正公式为 $BPN_{20} = BPN_{T} + \Delta BPN$，其中，$BPN_{20}$是指换算成标准温度为20℃的摆值，$\Delta BPN$ 是指温度修正值，BPN_{T}是指路面温度 T 时测得的摆值。

72. B

【解析】采用单点弯沉测值进行脱空判定，当弯沉值大于0.2mm时，可判定为该处脱空。

73. D

【解析】我国《公路路基施工技术规范》(JTG/T 3610—2019)规定，填石路堤施工过程可采用沉降差法测定指标检测压实质量。

74. D

【解析】落锤式弯沉仪测定的是路面的动态总弯沉。

75. B

【解析】落锤式弯沉仪测试路面弯沉时，每个测点重复测试应不少于3次。

76. A

【解析】沥青路面渗水系数测试方法以3个测点渗水系数的平均值作为该测试位置的结果，准确至1mL/min。

77. C

【解析】非插入式温度计红外温度计法测试沥青混合料碾压过程中压实温度，需要直接对准测量的沥青混合料表面连续测试3次以上，直至后3次温度差值不大于1℃，读记最后一次测试温度。

78. C

【解析】$\rho_{d} = \rho_{w}/(1 + 0.01w)$，$\rho_{w}$为试坑材料的湿密度，$\rho_{d}$为试坑材料的干密度，$w$ 为试坑材料的含水率(%)；压实度 $K = \rho_{d}/\rho_{c}$，ρ_{c}为由击实等试验得到的最大干密度。

79. D

【解析】D选项错误，正确说法应为：可以采用500MHz空气耦合天线检测。

80. D

【解析】D选项错误，正确说法应为：将插入式温度计仔细插入路面混合料压实层一半深度处，摊铺现场测试在测试位置插入温度计的深度应在150mm以上。

二、判断题

1. √

2. √

3. ×

【解析】钻芯取样法测试路面厚度时，用钢直尺或游标卡尺量取芯样高度，作为路面检查层的厚度。

4. ×

【解析】核子密湿度仪测试压实度方法可采用散射和直接透射两种方式进行。其中，散射方式宜用于测试沥青混合料面层的压实密度或硬化混凝土等难以打孔材料的密度。直接透射方式宜用于测试厚度不大于30cm的土基、基层材料或非硬化水泥混凝土等可以打孔材料的密度及含水率。

5. ×

【解析】无核密度仪测试压实度方法适用于现场无核密度仪快速测试当日铺筑且未开放交通的沥青路面各层沥青混合料的密度,并计算压实度。测试结果不宜用于评定验收。

6. ×

【解析】自动弯沉仪法与贝克曼梁测试原理相同,属于静态测试,测定的是总弯沉。

7. √

8. ×

【解析】落锤式弯沉仪测试的是在动态荷载作用下产生的动态弯沉和弯沉盆。

9. √

10. √

11. ×

【解析】国际平整度指数IRI是以四分之一车在速度为80km/h时的累积竖向位移值。平整度指标IRI越小,则路面平整性越好。

12. √

13. √

14. ×

【解析】激光构造深度仪由于测试工作原理所限,该设备在具有槽状或坑状表面构造的水泥混凝土路面上使用受到限制。

15. √

16. √

17. ×

【解析】题目所说为深度尺测试路面错台方法,基准尺法测试路面错台时,将基准尺垂直跨越接缝并平放于错台高出的一侧,用塞尺或钢直尺量测接缝处基准尺下基准面与位置较低板块的高差,即为该处的错台高度D,准确至1mm。

18. √

19. √

20. ×

【解析】当路面温度大于20℃时,温度修正系数K小于1。

21. ×

【解析】渗水系数是指在规定的初始水头压力下,单位时间内渗入路面规定面积的水的体积,以mL/min计。

22. ×

【解析】平整度指标σ值越大,则路面平整性越差。

23. √

24. √

25. √

26. √

27. ×

【解析】新橡胶片应先在干燥路面上测试 10 次后再用于测试。

28. √

29. ×

【解析】用摆式仪测试路面摩擦系数时,5 个摆值中最大值与最小值的差值不得大于 3。

30. ×

【解析】贝克曼梁法测试路面弯沉时,贝克曼梁测头置于轮隙中心前方 30 ~ 50mm 处测点上。

31. √

32. √

33. ×

【解析】使用渗水仪测试渗水系数的过程中,需要用密封材料对环状密封区域进行密封处理,注意不要使密封材料进入内圈;如果密封材料不小心进入内圈,必须用刮刀将其刮走。

34. √

35. ×

【解析】回弹法测试的水泥混凝土路面抗压强度,不能作为仲裁或工程验收的依据。

36. √

37. ×

【解析】此方法适用于现场测试基层或底基层、砂石路面及路基结构的压实度,但不适用于填石路堤等有大孔洞或大空隙的结构压实度测试。

38. ×

【解析】测量高速公路路面宽度时,准确至 0.001m。

39. ×

【解析】连续式平整度仪的工作测量速度宜为 5km/h,最大不得超过 12km/h。

40. √

41. √

42. ×

【解析】为了解路面基层含水率情况,钻芯取样时不能用水冷却(含水率会变化),应采用干钻孔。

43. ×

【解析】纵缝顺直度测试时,在待测试路段的直线段上,将尼龙线对齐 20m 长的纵缝两端并拉直,用钢直尺量测纵缝与尼龙线的最大间距,以 mm 计,准确至 1mm,即为该处纵缝顺直度。

44. ×

【解析】题目所说的为测试沥青路面损坏方法,测试水泥混凝土路面损坏时,计算测试路段损坏长度或面积，根据需要可计算破损率、断板率等指标。

45. √

46. ×

【解析】水泥混凝土路面的错台可以采用基准尺(3m 或 2m 直尺)、深度尺、水准仪或全站仪检测。

47. √

48. ×

【解析】当使用直接透射法测试时，需要用导板、钻杆等在测点表面打孔。

49. √

50. √

51. ×

【解析】坡度测量仪结构简单，使用方便，但因其有效测试长度较小，测试结果受坡面施工质量影响较大，使用时需注意选择合适的测试位置。

52. ×

【解析】环刀尽量打入到压实层的中部位置，否则可能造成测试结果的偏差。一般情况下，环刀在压实层上部位置时测得的密度值偏大，在压实层下部位置时测得密度值偏小。

53. ×

【解析】使用核子密湿度仪进行压实度检测时，需经对比试验检验，确认其可靠性。

54. √

55. √

56. √

57. √

58. ×

【解析】利用挖坑法进行检查层厚度测试时，测试结果以 mm 计，精确至 1mm。

59. ×

【解析】钻头的标准直径为 100mm。如芯样仅供测量厚度，不做其他试验时，对沥青面层与水泥混凝土板也可用直径 50mm 的钻头；对基层材料有可能损坏试件时，也可用直径 150mm 的钻头，但钻孔深度均必须达到层厚。

60. ×

【解析】用钢直尺或游标卡尺沿芯样圆周对称的十字方向量取表面至分界面的高度，共 4 处，计算其平均值，即为该层的厚度。

61. ×

【解析】取样位置离路面中心线的距离值为正(＋)，表示在中心线的右侧；为负(－)表示在中心线的左侧。

62. √

63. √

64. ×

【解析】将 1 个测区的 16 个测点的回弹值，去掉 3 个最大值及 3 个最小值，以其余 10

个回弹值计算测区平均回弹值。

65. ×

【解析】超声回弹法适用于密度为1.9~2.5g/cm^3,板厚大于100mm,龄期大于14d,强度已达到设计抗压强度80%以上的水泥混凝土。

66. √

67. √

68. ×

【解析】落球仪测试土质路基模量时,每个测点只能测试1次,在同一位置不能重复测试。

69. ×

【解析】激光式高速路面弯沉测定仪可以非常精确地测试路面弯沉,但也要温度修正。

70. √

71. √

72. √

73. ×

【解析】贯入量以两个百分表读数的平均值计,当两个百分表读数差值超过其平均值的30%时,应停止测试,并检查原因。

74. ×

【解析】当沥青面层厚度大于50mm时,回弹弯沉值应根据沥青面层平均温度进行温度修正。当沥青面层平均温度在(20±2)℃时,温度修正系数$K=1$。当沥青面层平均温度为其他温度时,应根据沥青面层厚度,求取不同基层沥青路面弯沉值温度修正系数。

75. √

76. √

77. ×

【解析】试验时,量砂只能一次性使用,不得重复使用。

78. √

79. √

80. √

三、多项选择题

1. ABC

【解析】D选项应为:回弹模量的单位为MPa。

2. AD

【解析】现场测试水泥混凝土路面强度可以采用回弹仪法、超声回弹法和取芯法。C选项落球仪法为测试土质路基模量方法。

3. ABCD

【解析】选项全部正确。

4. ACD

【解析】A 选项应为：安置承载板前，撒干燥洁净的细砂填平土基凹处，但砂子不可覆盖全部土基表面避免形成夹层；C 选项应为：计算回弹模量时将回弹变形计算值代入公式；D 选项应为：当两台弯沉仪百分表读数之差超过平均值的 30% 时应重测。

5. AC

【解析】B 选项中，沥青路面压实度应采用现场钻芯法、核子密湿度仪法、无核密度仪法进行测试；D 选项中，填石路堤压实应采用沉降差法进行测试。

6. BD

【解析】承载板法测试土基回弹模量时，测试完总影响量后，应在试验点下取样，测试材料含水率。在紧靠试验点旁边的适当位置，用灌砂法或环刀法等测试土基的密度。

7. ABCD

【解析】平整度的测试方法有 3m 直尺法、连续式平整度仪法、车载式颠簸累积仪法、车载式激光平整度仪法和手推式断面仪法。

8. ABC

【解析】D 选项应为：在测试路段较短时，亦可用人力拖拉连续式平整度仪测试路面的平整度，但拖拉时应保持匀速前进。

9. ABC

【解析】D 选项是抗滑性能指标。

10. BCD

【解析】A 选项是平整度指标。

11. ABC

【解析】车载式激光构造深度仪适用于各类车载式激光构造深度仪在新、改建路面工程质量验收和无严重破损病害及没有积水、积雪、泥浆等正常行车条件下连续采集路面构造深度，但不适用于带有沟槽构造的水泥路面。

12. AD

【解析】贝克曼梁按长度分为 5.4m(3.6m + 1.8m) 梁和 3.6m(2.4m + 1.2m) 梁两种，杠杆比一般为 2∶1。

13. BD

【解析】A 选项应为：连续式平整度仪的标准长度为 3m；C 选项应为：测试速度最大不得超过 12km/h。

14. ABCD

15. ABC

【解析】连续平整度仪自动采集位移数据时测试间距为 100mm，每一计算区间的长度为 100m 并输出一次结果。

16. BD

【解析】A 选项应为单后轴；C 选项应为：轮胎气压应为 0.7MPa ±0.05MPa。

17. ABC

【解析】土石路堤或填石路堤压实沉降差测试报告应包括：①测试路段信息(桩号范围及层位等)；②石料等级、填料类型；③机械组合、碾压参数；④沉降差、孔隙率；⑤测试路段沉降差的平均值、标准差及代表值。

18. ACD

【解析】本题考查弯沉测试的主要方法。弯沉测试的主要方法有：贝克曼梁法、自动弯沉仪法、落锤式弯沉仪法以及激光式高速路面弯沉测定仪法。

19. ABC

【解析】手推式断面仪是用于连续采集和测量路面信息包括距离、断面坡度和国际平整度指数 IRI 的一种高精度仪器。

20. ABCD

【解析】仪器的放置时间、行驶距离以及温度、湿度等，都会影响手推式断面仪测试结果。

21. BCD

【解析】摆值受温度影响很大，一般以 20℃为标准温度，当路面为其他温度时应进行温度修正。当路面温度为 T(℃)时测得的摆值 BPN_T应按式 $BPN_{20} = BPN_T + \Delta BPN$ 换算成标准温度 20℃的摆值 BPN_{20}。ΔBPN 为温度修正值。

22. ACD

【解析】B 选项应为核子仪应每 12 个月进行一次校验。

23. ABC

【解析】当橡胶片使用后，端部在长度方向上磨耗超过 1.6mm 或边缘在宽度方向上磨耗超过 3.2mm，或有油类污染，即应更换新橡胶片。D 选项应为：橡胶片的有效使用期自出厂日期起算为 12 个月。

24. ABC

【解析】落球仪测试土质路基模量时，需要设定球冠的质量、曲率半径、模量、泊松比及其下落高度。

25. AC

【解析】B 选项应为：测点应选在车道的轮迹带位置，且距路面边缘不得小于 1m；D 选项应为：量砂只能一次性使用，不得重复使用。

26. ABCD

27. ABCD

【解析】沥青路面损坏除裂缝外(主要采用钢卷尺或钢直尺量测其长度与宽度)其他包括龟裂、块状裂缝、坑槽、沉陷、波浪拥包、松散、泛油、修补等病害，主要量测其面积。

28. ACD

【解析】B 选项应为：用大型灌砂筒测试时，宜将取出的材料全部烘干，称其质量。

29. ABCD

30. ACD

【解析】《公路路基路面现场测试规程》(JTG 3450—2019)手工铺砂法测试路面构造深度方法中，删除了 B 选项的做法。

31. AC

【解析】B 选项应为：测试轮胎标准气压为(3.5 ±0.2)kg/cm^2；D 选项应为：测试系统

的标准现场测试地面温度范围为(20 ±5)℃，其他地面温度条件下测试的 SFC 值应转换至标准温度下的等效 SFC 值。

32. ABCD

33. BCD

【**解析**】A 选项中，断面仪法应用于测试路面平整度。

34. ABCD

【**解析**】落球仪测试土质路基模量方法适用于落球仪快速测试黏土、粉土、砂石土、砾石土土质路基的压缩模量和回弹模量。

35. BCD

【**解析**】《公路路基路面现场测试规程》(JTG 3450—2019)沥青路面渗水系数测试方法中，删除了 A 选项做法。

36. ACD

【**解析**】B 选项应为：贝克曼梁测试路基路面回弹弯沉方法测试的是路基路面的静态回弹弯沉，而非总弯沉。

37. ABC

【**解析**】沥青路面渗水系数测试所用密封材料可以是防水腻子、油灰或橡皮泥。

38. ABCD

【**解析**】沥青路面渗水系数测试所需的仪具与材料包括路面渗水仪、水筒及大漏斗、秒表、密封材料和其他。

39. ABC

【**解析**】D 选项应为：每车道可每隔 10 ~20m 设一测区。

40. AB

【**解析**】激光式高速路面弯沉测定仪测试结果需要进行温度修正和横坡修正。

41. ABC

【**解析**】对于高速公路及一级公路，以发生车辙的一个车道两侧标线宽度中点到中点的距离为基准测量宽度。对于二级及二级以下公路，有车道区划线时，以发生车辙的一个车道两侧标线宽度中点到中点的距离为基准测量宽度；无车道区划线时，以形成车辙部位的一个设计车道作为基准测量宽度。

42. ABC

【**解析**】数字式摆式仪的测量机构由高精度角度传感器、嵌入式摆值测量系统、温度传感器及算法软件等构成。

43. ABC

【**解析**】热拌沥青混合料出厂温度应在运料卡车上测试，每车测试一次。当运料卡车的侧面中部有专用的温度测试孔时，用插入式温度计直接插入测试孔内的混合料中测试；没有温度测试孔时，可在运料车的混合料堆上部侧面测试。

44. ABCD

45. ABCD

【**解析**】沥青喷洒法测试施工材料用量方法适用于测试沥青表面处置、封层、沥青贯入式、透层、黏层等采用喷洒法施工的沥青用量或撒布的碎石用量。

46. ABCD

47. CD

【解析】A 和 B 选项为沥青路面表观损坏具体记录方式。

48. AB

【解析】C 选项应为：单轮式横向力测试系统测试轮胎标准气压：(3.5 ±0.2) kg/cm^2；D 选项应为：横向力系数测试车的检测速度越快，检测结果越小。

49. ABD

【解析】C 选项是路面厚度测试方法。

50. ABD

【解析】车载式颠簸累积仪平整度测试报告应包括：①测试路段信息(桩号、长度等)；②测试速度、颠簸累积值 VBI、国际平整度 IRI；③若进行相关性试验，还应报告相关性关系式及相关系数。

51. AC

【解析】B 选项应为：测试轮静态垂直标准荷载：(2000 ± 20) N，测试轮胎标准气压：(3.5 ±0.2) kg/cm^2；D 选项应为：测试系统的标准现场测试地面温度范围为(20 ± 5)℃，其他地面温度条件下测试的 SFC 值应转换至标准温度下的等效 SFC 值。

52. AC

【解析】弯沉法测试水泥混凝土路面脱空方法适用于落锤式弯沉仪和贝克曼梁弯沉仪测试水泥混凝土路面板底脱空，为水泥混凝土路面的养护处治提供依据。

53. ABD

【解析】钻芯法适用于沥青面层、水泥混凝土路面板和能够取出完整芯样的基层的厚度测试。

54. BCD

【解析】A 选项说法错误，C 选项说法正确。

55. BCD

【解析】T 0911—2019 路基路面几何尺寸测试方法适用于测试路基路面的宽度、纵断面高程、横坡、中线偏位、边坡坡度、水泥混凝土路面相邻板高差和纵、横缝顺直度，以评价道路线形和几何尺寸。

56. ABC

【解析】D 选项应为：用钢直尺或游标卡尺沿芯样圆周对称的十字方向量取表面至分界面的高度，共 4 处，计算其平均值，即为测试层的厚度，以 mm 计，准确至 1mm。

57. ABC

【解析】D 选项应为：当填料的最大粒径等于或大于 63mm，但小于或等于 100mm，测试层厚度不超过 400mm 时，应用直径 250mm 及以上的灌砂筒测试。

58. AC

【解析】当采用落锤式弯沉仪进行脱空测试时，可采用截距值法和弯沉比值两种测试方法之一进行脱空判定。

59. ABC

【解析】D 选项应为：称量留在玻璃板上的砂或称量储砂筒内砂的质量，准确至 1g。玻璃板上的砂质量就是圆锥体内砂的质量(m_2)。

60. AC

【解析】自动弯沉仪测试路面弯沉方法适用于 Lacroix 型自动弯沉仪测试沥青路面的总弯沉，以评价其承载能力。不适用于有严重坑槽、车辙等病害，不具备正常通车条件路面的弯沉测试。

61. AC

【解析】当测试层表面不平整而操作时，未放置基板测试粗糙表面的耗砂量会使测定结果偏小；当开凿试坑时飞出的石子未捡回时，也会使测试结果偏小。

62. ACD

【解析】B 选项说法错误，C 选项说法正确。

63. ABCD

64. BCD

【解析】A 选项说法错误，B 选项说法正确。

65. BCD

【解析】当采用落锤式弯沉仪进行脱空测试时，对同一测点推荐施加 50kN、70kN、90kN 荷载进行测试。

66. BCD

【解析】A 选项应为：用水确定标定罐的容积，精确至 1mL。

67. BC

【解析】经纬仪用于中线平面偏位测试，短脉冲雷达测试路面厚度。

68. ABCD

【解析】层间黏结强度测试方法适用于测试和评价封层、黏层、透层及防水层(黏结层)与沥青混凝土层、水泥混凝土层、桥面板(结构层)等两种不同材料之间的层间黏结强度，也可以评价结构层-黏结层-结构层的黏结强度。

69. AC

【解析】B 选项应为：芯样直径为 100mm 或 150mm，芯样高度宜不小于 50mm；D 选项应为：用钢板尺或量角器将芯样顶面圆周平均分成 8 等份，分别量测圆周上各等分点处透层油渗透的深度。

70. CD

【解析】层间黏结强度测试方法采用实测的最大拉力和实测拉头直径(或环槽内径)计算拉拔强度，采用实测的最大扭矩和扭剪盘直径计算扭剪强度。

四、综合题

1.(1)BCD　　(2)C　　(3)ABCD　　(4)CD　　(5)B

【解析】(1)《公路路基路面现场测试规程》(JTG 3450—2019)新增了边坡坡度、水泥混凝土路面相邻板高差和纵、横缝顺直度测试方法。

(2)纵断面高程测试闭合差应达到三等水准测量要求。

(3)选项全部正确。

(4)路基边坡坡度测试方法有全站仪法和坡度测量仪法。

(5)相邻板高差测试结果准确至0.5mm。

2.(1)AC (2)ACD (3)D (4)ABCD (5)B

【解析】(1)当填料的最大粒径小于13.2mm,测试层厚度不超过150mm时,宜采用直径100mm的小型灌砂筒测试。

(2)B选项应为灌砂时,试坑上不放基板,计算填满试坑所用砂的质量需要。

(3)步骤⑥应在步骤①之前,步骤⑧应在步骤②之前。

(4)选项全部正确。

(5)压实度代表值 $K=\overline{K}-\frac{t_{\alpha}}{\sqrt{n}}S=96.3\%-0.518\times2.2\%=95.2\%$。

3.(1)D (2)ABCD (3)C (4)ABC (5)B

【解析】(1)挖坑灌砂法不适用于填石路堤等有大孔洞或大空隙的结构压实度测试。

(2)选项全部正确。

(3)标定灌砂设备下部圆锥体内砂的质量试验步骤正确顺序应为③④⑤②①。

(4)试验所使用的主要仪具与材料有灌砂设备、天平、量砂等。

(5)大规模施工检测中,可以用深度为15cm的标定罐标定的量砂松方密度测试不同厚度的压实层,但层厚不应超过30cm。

4.(1)ABC (2)ABC (3)B (4)ABCD (5)ACD

【解析】(1)D选项应为:回弹仪弹击超过2000次需进行保养,而不是由法定计量检定机构进行检定。

(2)D选项应为:回弹仪遭受严重撞击或其他损害后,应由法定计量检定机构进行检定。

(3)超声回弹法测试水泥混凝土路面的抗弯强度。

(4)选项全部正确。

(5)B选项应为:高度与直径之比应为1。

5.(1)AD (2)AB (3)A (4)CD (5)ABC

【解析】(1)环刀法适用于现场测试细粒土及龄期不超过2d的无机结合料稳定细粒土结构的密度,并计算施工压实度,以评价结构层的压实质量。

(2)环刀在压实层上部位置时测得的密度值偏大,在压实层下部位置时测得的密度值偏小。

(3)3m直尺、连续式平整度仪、车载式激光平整度仪、手推式断面仪为断面类测试设备,车载式颠簸累积仪为反应类测试设备。

(4)动力锥贯入仪测试路基路面CBR时,对于粒料基层,可每5次或10次锤击读数一次。对于比较软弱的结构层,可每1~2次锤击读数一次。

(5)A和B选项说法正确,D选项说法错误。

6.(1)ABCD (2)ABC (3)C (4)ABD (5)C

【解析】(1)选项全部正确。

(2)D 选项应为:用深度尺在最大间隙位置测试直尺上顶面距地面的深度,该深度减去尺高即为测试点的最大间隙的高度。

(3)楔形塞尺的长度与高度之比不小于10,宽度不大于15mm,边部有高度标记,分度值不大于0.5mm。

(4)B 选项说法正确,C 选项说法错误。

(5)自动采集间距为10cm,人工采集间距为1.5m。

7.(1)ABC　(2)D　(3)C　(4)AB　(5)ABCD

【解析】(1)测试沥青路面损坏时,计算测试路段的裂缝总长度、其他路面损坏的总面积,根据需要可计算破损率、裂缝率等指标。

(2)采用弯沉比值判定板底脱空时,应采用同一恒定荷载对板角、板中和板边进行弯沉测试。

(3)层间黏结强度测试时,每个位置需要测试3个点,每个测点间距不小于500mm,总间距控制在2m内。

(4)轮胎/路面噪声测试过程中,一个测试轮至少在侧前方和侧后方位置设置两个传声器同时进行测试。

(5)选项全部正确。

8.(1)C　(2)A　(3)BC　(4)AC　(5)D

【解析】(1)第⑤步应在第②步之前,第②步应在第⑥步之前。

(2)每次加载至预定荷载(P)后,稳定1min,立即读记两台弯沉仪百分表数值,然后轻轻放开千斤顶油门卸载至0,待卸载稳定1min后,再次读数,每次卸载后百分表不再对零。

(3)回弹变形=(加载后读数平均值-卸载后读数平均值)×贝克曼梁杠杆比。

(4)承载板测定土基回弹模量试验中需要刚性承载板一块,板厚20mm,直径为30cm。

(5)土基回弹模量计算公式为$E_0=\frac{\pi D}{4}\cdot\frac{\sum p_i}{\sum L_i}\cdot(1-\mu_0^2)$,其中,$E_0$为土基回弹模量,$D$为承载板直径,$p_i$为承载板压力,$L_i$为相对于荷载$p_i$时的回弹变形,$\mu_0$为土的泊松比。将数据代入公式得出结果为40MPa。

9.(1)ABCD　(2)C　(3)D　(4)C　(5)ACD

【解析】(1)选项全部正确。

(2)环刀测试压实度计算两次平行试验结果的差值,若不大于$0.03g/cm^3$,取其算术平均值作为测试结果。

(3)平整度测试设备有断面类和反应类两类,3m直尺属于断面类测试设备,颠簸累积仪属于反应类测试设备。

(4)承载板测试土基回弹模量方法,当两台贝克曼梁百分表读数之差不超过平均值的30%时,取平均值。

(5)B 选项应为:贝克曼梁可以是单侧测试,也可以是双侧同时测试。

10.(1)D　(2)AC　(3)D　(4)CD　(5)ABCD

【解析】(1)第①步应在第④步之前,第④步应在第②步之前。

(2)用扫帚或毛刷子将测点附近的路面清扫干净,面积不少于30cm×30cm;同一处平行测试不少于3次,3个测点均位于轮迹带上,测点间距3~5m。

(3)若细砂没有摊铺好,表面留有浮动余砂,试验结果偏大;若用的砂过粗,试验结果偏小。

(4)铺砂法适用于测试沥青路面及无刻槽水泥混凝土路面表面构造深度,用以评定路面表面抗滑性能。

(5)选项全部正确。

11.(1)BCD　(2)D　(3)B　(4)D　(5)ABCD

【解析】(1)制动距离越长,抗滑性能越差。

(2)用摆式仪测试沥青路面的抗滑性能时,要进行温度修正的原因是高温时测得摆值偏小。

(3)高温条件下,用摆式仪测试的沥青面层摩擦系数比低温条件下测得的摩擦摆值小。

(4)第②步应在第①步之前,第①步应在第④步之前,第⑥步应在第⑦步之前。

(5)选项全部正确。

12.(1)D　(2)BC　(3)ABCD　(4)D　(5)ABC

【解析】(1)高速公路沥青混凝土路面横向力系数全线连续检测。

(2)横向力系数测定车自带水罐洒水,不需要洒水车洒水,所以A选项错误,D选项应为:更换后的新轮胎在正式测试前应试测约2km。

(3)以测试结果使用时所需的速度作为标准测试速度,其他测试速度条件下得到的SFC值应转换至标准速度下的等效SFC值。

(4)测得值=实测值+修正值。

(5)交工验收时高速公路沥青混凝土路面摩擦系数和构造深度都要求检测评定,所以A选项错误,横向力系数是按数理统计方法评定的检查项目,需计算代表值,所以B选项错误。系统测试要求控制在8~60℃的地面温度范围内,所以C选项错误。

第二部分
典型易错题剖析

考生在做练习题或者考试中,会经常遇到各种所谓的易错题。这些题目通常设置了一些“陷阱”或强干扰项,考生往往不注意而导致解答出错。

易错的原因各不相同:有的是考生没能准确记忆一些常规数据;有的是考生未及时熟悉标准规范修订变化导致的错误;有的是题目按逆向思维设置,而考生却按正向思维作答;有的是考生对概念的理解不够清晰明确,容易被偷换概念的选项所迷惑;有的是题目的非主流选项干扰了考生对主流选项的把握,考生一旦分析不到位,便容易选择非主流选项,造成考生作答不正确。下面摘选了一些典型易错题目并进行解析。

一、没能准确记忆一些常规数据

例题1:(单项选择题)粒料基层完工后应及时洒布透层油并铺筑封层,透层油透入深度应不小于(　　);无机结合料稳定材料基层透层油透入深度宜不小于(　　)。

A. 3mm;5mm　　B. 5mm;3mm　　C. 4mm;5mm　　D. 5mm;4mm

【错误答案】A

【答案解析】粒料基层完工后应及时洒布透层油并铺筑封层,透层油透入深度应不小于5mm;无机结合料稳定材料基层透层油透入深度宜不小于3mm。本题考查是否混淆两种类型基层洒布透层油后的透入深度,A选项为干扰项。因粒料基层无结合料,洒布透层油后透层油透入深度较深,而无机结合料稳定材料基层有结合料,洒布透层油后透层油透入深度较浅,故正确答案应为B选项。

例题2:(单项选择题)若采用76g锥做液限试验,查得纵坐标入土深度 h 为(　　)所对应横坐标的含水率即为该土样的液限;若采用100g锥做液限试验,查得纵坐标入土深度 h 为(　　)所对应横坐标的含水率即为该土样的液限。

A. 2mm;17mm　　B. 17mm;2mm　　C. 17mm;20mm　　D. 20mm;17mm

【错误答案】D

【答案解析】若采用76g锥做液限试验,查得纵坐标入土深度 h 为17mm所对应横坐标的含水率即为该土样的液限;若采用100g锥做液限试验,查得纵坐标入土深度 h 为20mm所对应横坐标的含水率即为该土样的液限。本题考查是否混淆采用两种质量锥体测定土样液限时对应的入土深度,D选项为干扰项。因100g锥重于76g锥,所以采用100g锥测定土样液限所对应的入土深度要深于76g锥,故正确答案应为C选项。

例题3:(单项选择题)贯入阻力为(　　)所对应时间为混凝土拌合物初凝时间;贯入阻力为(　　)所对应时间为混凝土拌合物终凝时间。

A. 3.5MPa;28MPa　　B. 28MPa;3.5MPa

C. 5.5MPa;28MPa　　D. 28MPa;5.5MPa

【错误答案】B

【答案解析】贯入阻力为 3.5MPa 所对应时间为混凝土拌合物初凝时间；贯入阻力为 28MPa 所对应时间为混凝土拌合物终凝时间。本题考查是否混淆混凝土拌合物初凝和终凝时间对应的贯入阻力，B 选项为干扰项。因混凝土拌合物初凝时强度小于终凝时，所以初凝时对应的贯入阻力要小于终凝时，故正确答案应为 A 选项。

例题 4：(单项选择题)工程实践证明，当沥青的黏度在(　　)时，对应的温度适宜进行沥青混合料的拌和；而当沥青的黏度在(　　)时，对应的温度适宜进行沥青混合料的碾压成型。

A. 0.17Pa·s ±0.02Pa·s；0.28Pa·s ±0.03Pa·s

B. 0.17Pa·s ±0.03Pa·s；0.28Pa·s ±0.02Pa·s

C. 0.28Pa·s ±0.02Pa·s；0.17Pa·s ±0.03Pa·s

D. 0.28Pa·s ±0.03Pa·s；0.17Pa·s ±0.02Pa·s

【错误答案】C

【答案解析】工程实践证明，当沥青的黏度在 0.17Pa·s ±0.02Pa·s 时，对应的温度适宜进行沥青混合料的拌和；而当沥青的黏度在 0.28Pa·s ±0.03Pa·s 时，对应的温度适宜进行沥青混合料的碾压成型。本题考查是否混淆沥青混合料拌和与碾压成型对应的沥青黏度及误差，B、C、D 选项均为干扰项，B 选项是误差值干扰，C 选项是对应值和误差值干扰，D 选项是对应值干扰，故正确答案应为 A 选项。

二、新标准规范内容变化

例题 1：(单项选择题)按现行《公路工程质量检验评定标准　第一册　土建工程》，采用 3m 直尺检查沥青混凝土面层和沥青碎(砾)石面层平整度的频率为(　　)。

A. 每 100m 测 2 处 ×5 尺　　B. 每 100m 测 2 处 ×10 尺

C. 每 200m 测 2 处 ×5 尺　　D. 每 200m 测 2 处 ×10 尺

【错误答案】D

【答案解析】已废止的《公路工程质量检验评定标准　第一册　土建工程》(JTG F80/1—2004)规定，采用 3m 直尺检查沥青混凝土面层和沥青碎(砾)石面层平整度频率为每 200m 测 2 处 ×10 尺(D 选项)。而现行《公路工程质量检验评定标准　第一册　土建工程》(JTG F80/1—2017)规定，采用 3m 直尺检查沥青混凝土面层和沥青碎(砾)石面层平整度频率为每 200m 测 2 处 ×5 尺，故正确答案应为 C 选项。

例题 2：(多项选择题)按现行《公路技术状况评定标准》，路面技术状况指数 PQI 包括(　　)等分项指标。

A. 路面损坏状况指数 PCI　　B. 路面行驶质量指数 RQI

C. 路面跳车指数 PBI　　D. 路面磨耗指数 PWI

【错误答案】AB

【答案解析】已废止的《公路技术状况评定标准》(JTG H20—2007)规定，路面技术状况指数 PQI 只包括路面损坏状况指数 PCI、路面行驶质量指数 RQI、路面车辙深度指数 RDI、路面抗滑性能指数 SRI 和路面结构强度指数 PSSI 五项分项指标，则答案包括 AB 选项。而现行《公路技术状况评定标准》(JTG 5210—2018)规定，路面技术状况指数 PQI 包括路面损坏状况指数 PCI、路面行驶质量指数 RQI、路面车辙深度指数 RDI、路面跳车指数 PBI、路面磨耗指数 PWI、路面抗滑性能指数 SRI 和路面结构强度指数 PSSI 七项分项指标，故正确答案应为 ABCD 选项。

例题 3：(多项选择题)按现行《公路土工试验规程》，土的含水率试验方法有(　　)。

A. 烘干法　　B. 酒精燃烧法　　C. 比重法　　D. 环刀法

【错误答案】ABC

【答案解析】已废止的《公路土工试验规程》(JTG E40—2007)规定，土的含水率试验方法有 T 0103—1993 烘干法、T 0104—1993 酒精燃烧法和 T 0105—1993 比重法，答案为 ABC 选项。而现行《公路土工试验规程》(JTG 3430—2020)规定，土的含水率试验方法只有 T 0103—2019 烘干法和 T 0104—2019 酒精燃烧法，删除了 T 0105—1993 比重法，故正确答案应为 AB 选项。

例题 4：(单项选择题)按现行《公路土工试验规程》，土的承载比(CBR)试验中，如贯入量为 5.0mm 时的承载比大于贯入量为 2.5mm 时的承载比，则(　　)。

A. 取贯入量为 2.5mm 时的承载比作为该土样的承载比

B. 取贯入量为 5.0mm 时的承载比作为该土样的承载比

C. 试验应重做，如结果仍然如此，取贯入量为 5.0mm 时的试验结果作为该土样承载比

D. 试验结果作废

【错误答案】C

【答案解析】已废止的《公路土工试验规程》(JTG E40—2007)规定，土的承载比(CBR)试验中，如贯入量为 5.0mm 时的承载比大于贯入量为 2.5mm 时的承载比，则试验应重做，如结果仍然如此，取贯入量为 5.0mm 时的试验结果作为该土样承载比，答案为 C 选项。而现行《公路土工试验规程》(JTG 3430—2020)规定，土的承载比(CBR)试验分别计算贯入量为 2.5mm和 5.0mm 时的承载比(CBR)，取两者的较大值作为该土样承载比(CBR)，故正确答案应为 B 选项。

例题 5：(判断题)按现行《公路工程水泥及水泥混凝土试验规程》测定水泥终凝时间，到达终凝时需要在试件另外两个不同点测试，当结论相同时才能确定为达到终凝状态。

【错误答案】×

【答案解析】已废止的《公路工程水泥及水泥混凝土试验规程》(JTG E30—2005)规定，测定水泥终凝时间，达到终凝时应立即重复测一次，当两次结论相同时才能定为达到终凝状态，答案为“×”。而现行《公路工程水泥及水泥混凝土试验规程》(JTG 3420—2020)规定，本题表述无误，故正确答案应为“√”。

例题 6：(判断题)按现行《公路路基路面现场测试规程》测试二级公路路基路面宽度，测试结果应准确至 0.01m。

【错误答案】√

【答案解析】已废止的《公路路基路面现场测试规程》(JTG E60—2008)规定，测试路基路面宽度，对高速公路及一级公路；准确至 0.005m，对其他等级公路，准确至 0.01m，答案为“√”。而现行《公路路基路面现场测试规程》(JTG 3450—2019)规定，所有公路路基路面宽度测试结果均应准确至 0.001m，故正确答案应为“×”。

三、未按逆向思维答题

例题1：(单项选择题)以下属于路基工程分项工程的是(　　)。

A. 排水工程　　B. 墙背填土　　C. 垫层　　D. 防护支挡工程

【错误答案】C

【答案解析】路基工程的分项工程有几十项，全部记忆难度较大，可采用逆向思维记忆数量较少的路基工程分部工程：每1～3km路段路基土石方工程，排水工程，涵洞、通道，防护支挡工程，路面工程，每座小桥、人行天桥、渡槽，每处大型、组合挡土墙。路面工程的分部工程：每1～3km路段的路面工程；路面工程的分项工程：垫层、底基层、基层、面层、路缘石、路肩等。由此看来，本题难度明显减小，故正确答案应为B选项。

例题2：(多项选择题)以下不属于浆砌水沟的关键项目的是(　　)。

A. 砂浆强度　　B. 断面尺寸　　C. 沟底高程　　D. 轴线偏位

【错误答案】ABCD

【答案解析】浆砌水沟的实测项目包括：砂浆强度，轴线偏位，沟底高程，墙面直顺度，坡度，断面尺寸，铺砌厚度，基础垫层宽度、厚度共8项，其中，仅有砂浆强度是关键项目。因非关键项目较多不易记忆，可采用逆向思维记忆关键项目，则本题难度明显减小，故正确答案应为BCD选项。

例题3：(多项选择题)以下不属于级配碎石基层材料配合比设计指标的是(　　)。

A. 抗压强度　　B. CBR　　C. 抗压模量　　D. 剪切强度

【错误答案】BC

【答案解析】级配碎石基层材料配合比设计应根据合成级配进行混合料的CBR或模量试验，验证混合料性能，所以BC选项是级配碎石配合比设计指标。级配碎石无水泥、石灰等无机结合料，即没有侧限抗压强度；且一般用于保证边坡稳定性的填土才需要验算剪切强度，则AD选项不是级配碎石配合比设计指标。根据多选题至少有2个正确选项的规则，逆向思维也可确定正确答案应为AD选项。

四、偷换概念

例题1：(判断题)路基工作区是指汽车荷载对路面的应力与路基土自重应力之比大于0.1的应力分布深度范围。

【错误答案】√

【答案解析】路基工作区是指汽车荷载通过路面传递到路基的应力与路基土自重应力之比大于0.1的应力分布深度范围。本题如果只注意“之比大于0.1”而忽视“汽车荷载对路面的应力”则容易出错，故正确答案应为“×”。

例题2：(多项选择题)交工验收时工程质量评定等级包括(　　)。

A. 优　　B. 良　　C. 合格　　D. 不合格

【错误答案】ABCD

【答案解析】交工验收时工程质量评定等级包括优良、合格和不合格三个等级，优良是一个等级不是优等级和良等级。如果不注意则容易出错，所以 A 和 B 选项都是错误的，故正确答案应为 CD 选项。

例题 3：（单项选择题）水泥混凝土试件采用标准养护时，拆模前养护温度为（　　）℃。

A. 20 ±1　　B. 20 ±2　　C. 20 ±3　　D. 20 ±5

【错误答案】B

【答案解析】水泥混凝土试件采用标准养护时，拆模前养护温度为（20 ±5）℃，拆模后养护温度为（20 ±2）℃，拆模前后养护温度略有不同。如果没注意题干中"拆模前"则容易选择错误选项 B，故正确答案应为 D 选项。

例题 4：（单项选择题）采用毛细管黏度计测定黏稠石油沥青的（　　）。

A. 布氏旋转黏度　　B. 标准黏度　　C. 动力黏度　　D. 运动黏度

【错误答案】C

【答案解析】采用毛细管黏度计测定黏稠石油沥青的运动黏度，而用真空减压毛细管黏度计测定黏稠石油沥青的动力黏度。如果未注意题干中没有"真空减压"则容易选择错误选项 C，故正确答案应为 D 选项。

例题 5：（判断题）摆式仪测试路面摩擦系数，当空气温度为 20℃时，对测试结果不进行温度修正。

【错误答案】√

【答案解析】摆式仪测试路面摩擦系数，当路面温度为 20℃时，对测试结果不进行温度修正。如果未注意区分路面温度和空气温度，则容易出错，故正确答案应为"×"。

五、分析不到位

例题 1：（单项选择题）灌砂法测路基压实度试验，若所挖试坑为上小下大，则压实度结果（　　）。

A. 偏大　　B. 偏小　　C. 无影响　　D. 无法确定

【错误答案】A

【答案解析】灌砂法测路基压实度试验，在挖坑时试坑周壁应竖直，防止出现上大下小或上小下大情形，避免检测密度偏大或偏小。压实层上部材料压实度高，下部材料压实度低，试坑上大下小，挖出压实度高的材料多而压实度低的材料少，压实度偏大；试坑上小下大，挖出压实度高的材料少而压实度低的材料多，压实度偏小。如分析不到位，容易选择干扰项 A 选项而出错，故正确答案应为 B 选项。

例题 2：（单项选择题）对相同的水泥稳定碎石分别采用烘干法和酒精法进行含水率检测，得到的含水率分别为 4.8% 和 6.2%，则下列说法正确的是（　　）。

A. 以烘干法测值为准　　B. 以酒精法测值为准

C. 重新试验，查明原因　　D. 取两者平均值

【错误答案】A

【答案解析】根据《公路工程无机结合料稳定材料试验规程》（JTG E51—2009）的规定，对于无机结合料稳定材料含水率的测定，当酒精法与烘干法试验结果严重不相符时，应重做试验，查明原因，若仍不相符，则以烘干法试验结果为准。如分析不到位，忽略"应重做试验，查

明原因”,容易选择干扰项 A 选项而出错,故正确答案应为 C 选项。

例题 3:(单项选择题)已知一组水泥混凝土标准抗折试件测得的破坏荷载分别是(单位:kN)41.25、39.75、48.00。计算该组试件的抗折强度为 5.4MPa,可以认为该结果(　　)。

A. 正确,符合计算和数据处理要求

B. 不正确,有测定值超过误差要求,试验应无效

C. 不正确,试验结果应取 3 个测定值的算术平均值

D. 不正确,不应在除去超过误差要求的测定值之后取平均值

【错误答案】A(或 B、C)

【答案解析】水泥混凝土抗折强度 $f_f = FL/bh^2$,其中 F 为极限荷载、L 为支座间距(450mm)、b 和 h 为试件的宽和高(标准尺寸均为 150mm)。已知破坏荷载计算 3 个试件的抗折强度分别为 5.3MPa、5.5MPa 和 6.4MPa。抗折强度试验结果以 3 个试件测量值的算术平均值为测定值,3 个试件测量值的最大值或最小值中如有一个与中间值之差超过中间值的 15%,则把最大值和最小值舍去,以中间值作为试件的抗折强度;如有两个测量值与中间值的差值均超过 15%,则该组试验结果无效。因只有最大值 6.4MPa 与中间值 5.5MPa 之差超过中间值 5.5MPa 的 15%,最小值 5.3MPa 与中间值 5.5MPa 之差未超过中间值 5.5MPa 的 15%,则应取中值 5.5MPa 为该组试件的抗折强度。而题干中的抗折强度 5.4MPa 是除去最大值 6.4MPa 后取中间值 5.5MPa 和最小值 5.3MPa 的平均值。如分析不到位,容易选择干扰项 ABC 选项而出错,故正确答案应为 D 选项。

例题 4:(单项选择题)某试验人员测定沥青混合料的马歇尔稳定度和流值时未进行修正,测得的流值可能会(　　)。

A. 偏大　　B. 偏小　　C. 不能确定　　D. 不变

【错误答案】B

【答案解析】本题考查马歇尔试验荷载-变形曲线及结果修正方法。马歇尔试验荷载-变形曲线及结果不修正,流值从原点 O 量起;修正后,从修正原点 O_1 量起,流值变小,马歇尔稳定度不变,马歇尔模数变大。修正的原因是,由于在试验开始前上压头未与试件结合紧密,使得开始试验时的荷载尚未增加,而流值计已经出现较大的变形。这一部分变形实际上是使试件与压头密合过程中的变形,是不应该计算到流值之中的,因此需要进行原点修正,采用原点修正后的流值作为试验结果。如分析不到位,容易选择干扰项 B 选项而出错,故正确答案应为 A 选项。

例题 5:(多项选择题)关于同一沥青混合料的沥青用量、油石比和有效沥青含量关系,以下说法正确的是(　　)。

A. 沥青用量一般小于油石比

B. 沥青用量一般大于有效沥青含量

C. 油石比可以通过沥青用量直接换算得到

D. 有效沥青含量可以通过沥青用量直接换算得到

【错误答案】ABCD

【答案解析】沥青用量可以采用沥青含量或油石比两种方式来表达,前者是指沥青占沥青混合料的百分数,后者指沥青与矿料质量比的百分数。在数值上,沥青含量小于油石比,所以

A 选项正确。有效沥青含量的定义为沥青混合料中总的沥青含量减去被集料吸收入内部孔隙的部分后，有效填充矿料间隙的沥青质量与沥青混合料总质量之比。可知沥青用量一般大于有效沥青含量，所以 B 选项正确。油石比可以通过沥青含量直接换算得到，如沥青用量为 5.0%，则油石比 =5.0/(100 -5.0) =5.3%，所以 C 选项正确。D 选项应为：有效沥青含量可以通过矿料合成毛体积相对密度、合成矿料的有效相对密度、沥青的相对密度、沥青含量等指标换算得到。如分析不到位，容易选择干扰项 D 选项而出错，故正确答案应为 ABC 选项。

第三部分
模拟试卷及参考答案

一、试验检测师模拟试卷

说明：

1. 本模拟试卷设置单选题30道、判断题30道、多选题20道、综合题5道，总计150分；模拟自测时间为150分钟。

2. 本模拟试卷仅供考生进行考前自测使用。

一、单项选择题（共30题，每题1分，共30分）

1. 弯沉代表值（　　）设计验收弯沉值时，相应分项工程应为合格。

A. 小于　　B. 大于　　C. 不小于　　D. 不大于

2. 下列不是沥青混凝土面层和沥青碎（砾）石面层关键实测项目的是（　　）。

A. 弯沉值　　B. 厚度　　C. 矿料级配　　D. 沥青含量

3. 路面平整度自动化检测指标应为国际平整度指数IRI，每（　　）应计算1个统计值。

A. 10m　　B. 20m　　C. 50m　　D. 100m

4. 水泥混凝土路面行驶质量指数RQI等级划分标准为"优"，其值应大于或等于（　　）。

A. 85　　B. 88　　C. 90　　D. 92

5. 土的含水率试验，当烘干法与酒精燃烧法结果有差异时，（　　）。

A. 以烘干法为准　　B. 以酒精燃烧法为准

C. 重新试验　　D. 结果作废

6. 土的击实试验，干土法含水率（　　），湿土法含水率（　　）。

A. 按1%～3%递增，按2%～4%递减　　B. 按2%～3%递增，按2%～4%递减

C. 按1%～3%递增，按2%～3%递减　　D. 按2%～3%递增，按2%～3%递减

7. 毛细管水上升高度试验步骤正确顺序为（　　）。

①将有机玻璃管放入装好的试验架上，固定管身，使其垂直。

②将盛水筒装满水，盖上盖子，拧上弹簧，接上塑料管，挂上挂绳。

③用水平尺控制盛水筒水面比有机玻璃管零点高出0.5～1.0cm，然后固定挂绳于挂钩上。

④接通塑料管和有机玻璃管底部的接口，然后开启排气小孔，使空气排出，直到孔内有水流出时，拧紧螺母。

⑤取具有代表性的风干土样5kg左右，借漏斗分数次装入有机玻璃管中，并用捣棒不断振捣，使其密实度均匀。

⑥装好毛细管试验仪，将底座的垫圈和铜丝网垫好，然后与有机玻璃管拧紧，同时将管上排气孔和小孔全部拧上盖。

⑦从小孔有水排出时计起，经30min、60min，以后每隔数小时，根据管中土的颜色，测记该时的毛细管水上升高度，直至上升稳定为止。

A. ⑤⑥②①③④⑦　　B. ⑤⑥①②③④⑦

C. ⑥⑤②①③④⑦　　D. ⑥⑤①②③④⑦

8. 现行《公路土工试验规程》规定土的承载比试验，当贯入量为5.0mm的CBR大于2.5mm的CBR时，(　　)。

A. 以贯入量2.5mm时的测试值为准

B. 以贯入量5.0mm时的测试值为准

C. 以贯入量2.5mm和5.0mm测试值的平均值为准

D. 应重新试验

9. 公路挖方边坡一般比较干燥，施工期土体边坡不发生排水固结作用，可以采用(　　)。

A. 慢剪试验　　B. 固结快剪

C. 快剪试验　　D. 排水反复直接剪切试验

10. 同一种材料，一般堆积密度、表观密度和毛体积密度之间大小关系是(　　)。

A. 表观密度 > 毛体积密度 > 堆积密度　　B. 堆积密度 > 表观密度 > 毛体积密度

C. 表观密度 > 堆积密度 > 毛体积密度　　D. 堆积密度 > 毛体积密度 > 表观密度

11. 关于砂的细度模数，表述正确的选项是(　　)。

A. 细度模数适中的砂具有更好的级配

B. 可以通过改变砂的细度模数来改善集料的级配状况

C. 水泥混凝土和沥青混合料用砂具有相同级配时，相应砂的细度模数也相同

D. 当两种砂的细度模数相同时，二者具有相同的级配

12. 采用烘干法测定石灰含水率时，烘箱温度应为(　　)。

A. 105℃　　B. 105～110℃

C. 110℃　　D. >110℃

13. 水泥稳定中粒料抗弯拉强度试件养护期间，质量损失不超过(　　)。

A. 1g　　B. 4g　　C. 10g　　D. 20g

14. 在石灰稳定细粒土基层施工时，应进行(　　)试验。

A. 集料压碎值　　B. 石灰有效氧化钙、氧化镁含量

C. 水泥强度等级和凝结时间　　D. 粉煤灰烧失量

15. 水泥密度试验操作过程中，以下说法错误的是(　　)。

A. 保证无水煤油的初始温度

B. 水泥在装入李氏瓶前的温度尽可能与瓶内液体温度相一致

C. 水泥装入李氏瓶时，防止水泥黏附在无液体部分的瓶壁上或溅出瓶外

D. 排气泡时尽可能将气泡排除干净

16. 雷氏夹试件制备装模时，一只手轻轻扶持试模，另一只手用宽约 25mm 的直边小刀在浆体表面轻轻插捣(　　)次，然后抹平。

A. 3　　B. 4　　C. 5　　D. 6

17. 28d 龄期的水泥胶砂试件应在水泥胶砂强度试验前(　　)从水中取出。

A. 15min　　B. 20min　　C. 2h　　D. 8h

18. 已知一组水泥混凝土标准抗折试件测得的破坏荷载分别是(单位:kN)41.25、39.75、45.00。计算该组试件的抗折强度为 5.6MPa，可以认为该结果(　　)。

A. 正确，符合计算和数据处理要求

B. 不正确，有测定值超过误差要求，试验应无效

C. 不正确，试验结果应取 3 个测定值的算术平均值

D. 不正确，不应在除去超过误差要求的测定值之后取平均值

19. 进行粗集料磨光试验时，细砂磨光的步骤为(　　)。

①按粗砂磨光方法清理试件及磨光机。

②重复粗砂磨光步骤，调节溜砂量使流量为 3g/min ± 1g/min。

③准备好 280 号金刚砂细砂，按粗砂磨光方法装入专用贮砂斗。

④卸下 C 标记橡胶轮，更换为 X 标记橡胶轮，按粗砂磨光的方法安装。

⑤将试件磨 2h 后停机作适当清洁，按粗砂磨光方法检查并拧紧道路轮螺母，然后再起动磨光机至 57600 转时自动停机。

⑥按粗砂磨光的步骤设定转数为 57600 转，开始磨光操作，控制金刚砂溜砂量为 3g/min ± 1g/min，水的流量达 60mL/min。

A. ④①③⑥②⑤　　B. ④③⑥②⑤①

C. ④①③⑥⑤②　　D. ④③②⑥⑤①

20. 沥青针入度试验时，上次使用过的标准针未清洗擦拭而直接使用，测定结果(　　)。

A. 偏大　　B. 偏小　　C. 不变　　D. 无法确定

21. 沥青老化指数的计算需要用到(　　)指标。

A. 针入度　　B. 软化点　　C. 延度　　D. 动力黏度

22. 离心分离法测定沥青含量两次平行试验结果差值小于(　　)，则无须再补充试验。

A. 0.3%　　B. 0.4%　　C. 0.5%　　D. 0.6%

23. 一般情况下，当被测路面标称厚度小于 10cm 时，通常选用频率不小于(　　)的雷达天线。

A. 2GHz　　B. 1.5GHz　　C. 1GHz　　D. 500MHz

24. 颠簸累积值 VBI 单位为(　　)。

A. mm/m　　B. mm/km　　C. cm/km　　D. m/km

25. 土基现场 CBR 值测试数据处理进行原点修正后，土基 CBR 值(　　)。

A. 变大　　B. 变小　　C. 不变　　D. 无法确定

26. 当贯入量为 5.0mm 的 CBR 值小于 2.5mm 的 CBR 值时，(　　)。

A. 以贯入量 2.5mm 时的 CBR 测试值为准

B. 以贯入量 5.0mm 时的 CBR 测试值为准

C. 以贯入量 2.5mm 和 5.0mm CBR 测试值的平均值为准

D. 应重新试验

27. 当需进行弯沉仪支点变形修正时，路面测点回弹弯沉值按(　　)计算。

A. $L_t=(L_1-L_2)\times 2$　　B. $L_t=(L_1-L_2)\times K$

C. $L_t=(L_1-L_2)\times 2+(L_3-L_4)\times 6$　　D. $L_t=(L_1-L_2)\times 2-(L_3-L_4)\times 6$

28. 当自动弯沉仪测试速度大于(　　)km/h 时，应进行相关性试验，并对弯沉值予以换算。

A. 3.5　　B. 5　　C. 12　　D. 30

29. 塑性混凝土是指混凝土拌合物坍落度为(　　)的混凝土。

A. 10 ~ 40mm　　B. 50 ~ 90mm

C. 100 ~ 150mm　　D. 大于 160mm

30. 手工铺砂法测试路面构造深度 3 次测试结果分别为 0.16mm、0.18mm、0.20mm，则试验结果应为(　　)。

A. 0.18mm　　B. 0.2mm　　C. <0.2mm　　D. 不满足要求

二、判断题(共 30 题，每题 1 分，共 30 分)

1. 级配碎石应选择 CBR 强度最高的级配作为工程使用的目标级配。(　　)

2. 水泥混凝土面层断板率中包含断角率，应统计行车道与超车道面板，不计硬路肩板，不计入修复后的面板。(　　)

3. 水泥混凝土路面结构设计以面层板在设计基准期内，在行车荷载和温度梯度综合作用下，不产生极限断裂作为设计标准。(　　)

4. 竣工验收前，应对混凝土路面强度和厚度进行复测。(　　)

5. 比重瓶法测定土的比重可以用容量 100mL 或 50mL 比重瓶。(　　)

6. 液限和塑限联合测定试验须进行两次平行测定，取其算术平均值，以整数(%)表示。(　　)

7. 密度计分析用的土样采用风干土，试样质量为 30g，即悬液浓度为 3%。(　　)

8. 黄土湿陷系数试验双线法两个试样施加的最大压力一般取 400kPa。(　　)

9. 刺破强力是指土工合成材料受顶压荷载直至破裂时的最大顶压力，反映了土工合成材料抵抗各种法向静态应力的能力。(　　)

10. 同一采石场同一类集料，当集料规格较多时，可以分别进行洛杉矶磨耗试验。(　　)

11. 亚甲蓝试验用于评定天然砂、机制砂等细集料中小于 0.075mm 颗粒的含量，从而反应细集料的含泥量。(　　)

12. 高速公路石灰稳定材料用石灰要求达到 I 级技术要求。(　　)

13. 半刚性基层材料配合比设计时，可采用重型击实或振动击实成型试件。(　　)

14. 采用 EDTA 滴定法可以快速测定水泥稳定土中的水泥剂量，但应严格控制首次确定的标准曲线，以后每次滴定时只需配制 EDTA 溶液和代表性混合料进行测定，以达到快速测定目的。(　　)

15. 从加水拌和时算起，掺早强剂的混凝土凝结时间宜在 2h 后开始测定，以后每隔 0.5h

测一次；掺缓凝剂的混凝土宜在5h后开始测定，每隔1h测一次。（　）

16. 混凝土坍落度试验底板的平面尺寸应不小于1000mm×1000mm。（　）

17. 按现行规范要求，水泥混凝土拌合物含气量试验（混合式气压法）两次测量压力值的相对误差大于0.2%时需进行第三次试验。（　）

18. 石料的压碎值越大，集料抗压碎能力越差；石料的磨光值越高，表示其抗滑性越好；石料的磨耗值越高，表示其耐磨性越好。（　）

19. 沥青软化点试验试样受热软化开始下坠时的温度即为软化点。（　）

20. 沥青延度试验如发现沥青细丝浮于水面，则应在水中加入食盐，调整水的密度至与试样相近后，重新试验。（　）

21. 马歇尔试件的吸水率实际上是指材料所吸水的质量占单位毛体积的百分率。（　）

22. AC-13沥青混合料沥青与矿料的黏附性以水浸法试验结果为准。（　）

23. 挖坑灌砂测试压实度方法回收的量砂烘干、过筛，并放置24h以上，使其与空气的湿度达到平衡后可以继续使用。若量砂中混有杂质，则应废弃。（　）

24. 贝克曼梁测试无结合料粒料基层回弹模量时，要求整层试验段（试槽）面积不小于3m×2m，厚度不宜小于1m。（　）

25. 与承载板试验相比，落球仪测试土质路基模量方法测试的结果一般偏大，而且粒径越大的材料，其偏差程度往往也越高。（　）

26. 落锤式弯沉仪与贝克曼梁弯沉仪相关性试验，先进行落锤式弯沉仪测试再进行贝克曼梁测试。（　）

27. 沥青路面渗水系数测试过程中，如水从外环圈以外路面中渗出，可以人工将材料密封在外环圈之外5cm宽度范围内，再次进行密封处理，重新测试。（　）

28. 基准尺法和深度尺法需计算接缝间的相对高程，将差值的绝对值作为错台高度D，准确至1mm。（　）

29. 采用激光车辙仪测试路面车辙深度，当太阳光线对测试结果有影响时，应进行调整或回避。（　）

30. 热拌沥青混合料施工温度测试方法适用于测试温拌沥青混合料的施工温度。（　）

三、多项选择题（共20题，每题2分，共40分。下列各题的备选项中，至少有两个符合题意，选项全部正确得满分，选项部分正确按比例得分，出现错误选项该题不得分）

1. 公路按行政等级可分为（　　）。

A. 国道　　B. 省道　　C. 县道　　D. 乡道和村道

2. 在单位工程中，按（　　）等划分的工程为分部工程。

A. 施工工艺　　B. 施工特点　　C. 结构部位　　D. 材料

3. 下列有关移液管法测定土的颗粒组成说法正确的有（　　）。

A. 适用于粒径小而比重大的细粒土

B. 不能保证吸取同一深度处的悬液

C. 温度越高，悬液静置时间越短

D. 代表性试样黏质土取 20g,砂类土 10 ~ 15g

4. 砂的相对密度试验测定最小孔隙比时用到的仪器设备有(　　)。

A. 量筒　　B. 长颈漏斗　　C. 振动仪　　D. 金属容器

5. 根据现行《公路土工试验规程》(JTG 3430—2020)中土的工程分类,特殊土包括(　　)。

A. 有机土　　B. 红黏土　　C. 软土　　D. 冻土

6. 以下关于粗集料针片状颗粒含量试验,正确的说法有(　　)。

A. 规准仪是用于测定水泥混凝土用的粗集料的针状及片状颗粒含量

B. 规准仪测定较游标卡尺测定要严格

C. 用游标卡尺测定某一颗粒最大长度方向尺寸为 13.86mm,而最小厚度方向尺寸为 4.78mm,则可以判定此颗粒为针片状

D. 游标卡尺测定粗集料最小厚度是在最薄的一个面上测量,并非颗粒中最薄部位的厚度

7. 二灰稳定材料以配合比设计结果为依据,综合考虑施工过程气候条件,含水率可增加(　　)。

A. 0.5%　　B. 1.0%　　C. 1.5%　　D. 2.0%

8. 无机结合料稳定材料室内抗压回弹模量试验(顶面法),要求(　　)。

A. 无机结合料稳定细粒土试验结果的变异系数不超过 5%

B. 无机结合料稳定细粒土试验结果的变异系数不超过 10%

C. 无机结合料稳定中粒土试验结果的变异系数不超过 10%

D. 无机结合料稳定中粒土试验结果的变异系数不超过 15%

9. 水泥标准稠度用水量测定装模时,应注意(　　)。

A. 浆体超过试模上端,用宽约 25mm 的直边刀轻轻拍打超出试模部分的浆体 5 次以消除浆体中的孔隙

B. 在试模上表面约 1/3 处,略倾斜于试模分别向外轻轻锯掉多余净浆

C. 从试模边沿轻抹顶部一次,使净浆表面光滑

D. 在锯掉多余的净浆和抹平的操作过程中,注意压实净浆

10. 下列针对混凝土成型正确的操作方式有(　　)。

A. 坍落度为 10mm,采用人工成型

B. 坍落度为 23mm,采用插入式捣棒成型

C. 坍落度为 80mm,采用标准振动台成型

D. 坍落度为 100mm,采用人工成型

11. 按初步配合比试拌的混凝土坍落度不能满足设计要求,但黏聚性和保水性较好,经调整(通过试验验证工作性能满足要求)得到的基准配合比中,(　　)用量改变。

A. 水泥　　B. 水　　C. 砂　　D. 石

12. 沥青薄膜加热试验与旋转薄膜加热试验不同之处在于(　　)。

A. 试样质量　　B. 旋转速度

C. 加热时间　　D. 试验结果允许差

13. 沥青混合料标准飞散试验可用于确定沥青路面表面层使用的(　　)所需最少沥青用量。

A. AC　　B. SMA　　C. OGFC　　D. AM

14. 沥青混合料目标配合比设计阶段中,经马歇尔试验确定 OAC 后,还应进行(　　)。

A. 水稳定性试验　　B. 车辙试验

C. 沥青含量试验　　D. 低温弯曲应变试验

15. 车载式颠簸累积仪测试平整度方法,承载车出现以下(　　)情况之一时,均应进行仪器测值与国际平整度指数 IRI 的相关性试验。

A. 在正常状态下行驶超过 2000km　　B. 相关性试验的时间间隔超过 1 年

C. 减震器、轮胎等发生更换、维修　　D. 测试系统某部分有明显的可视性破损

16. 取芯法测试水泥混凝土路面强度方法规定,芯样试件尺寸偏差超过下列(　　)时,相应的测试数据无效。

A. 芯样试件的实际高径比小于 0.95 或大于 1.05

B. 沿芯样试件高度的任一直径与平均直径相差大于 2mm

C. 芯样试件端面与轴线的不垂直度大于 1°

D. 不平整度在每 100mm 长度内超过 0.1mm

17. 不同类型摩擦系数测试设备间相关性试验,按 SFC 值为(　　)的范围选择不同摩擦系数的路段。

A. 0 ~ 30　　B. 30 ~ 50　　C. 50 ~ 80　　D. 80 ~ 100

18. 弯沉法测试水泥混凝土路面脱空方法,当(　　)时可判定为脱空。

A. 测点的线性回归截距值 b 大于 50μm　　B. 板角与板中弯沉的比值 >3.0

C. 板边中点与板中弯沉的比值 >2.0　　D. 单点弯沉测值 >0.2mm

19. 关于粗集料密度试验方法(网篮法),说法正确的有(　　)。

A. 集料的表观相对密度的计算式为 $\gamma_a = m_a/(m_a - m_w)$

B. 试验水温在 15 ~ 25℃范围内,不同水温条件下测量粗集料密度需进行水温修正

C. 对粒径偏小(2.36 ~ 4.75mm)的集料,用毛巾擦拭时易造成颗粒损失,此时宜采用纯棉汗衫进行操作

D. 对于各种密度的试验结果的重复性精度,要求两次结果相差不超过 0.01,吸水率不超过 0.1%

20. 现场评价沥青路面的层间黏结强度的试验用具包括(　　)。

A. 拉拔仪　　B. 扭剪试验仪　　C. 温度计　　D. 游标卡尺

四、综合题(共 5 道大题,每道大题 10 分,共 50 分。下列各题的备选项中,有一个或一个以上符合题意,选项全部正确得满分,选项部分正确按比例得分,出现错误选项该题不得分)

1. 某工程测得土的击实试验数据为:筒容积为 997cm^3,落距为 45cm,击锤质量为 4.5kg,每层击数为 27。请结合表中数据回答下列问题。

试样编号		1		2		3		4		5	
干密度	筒质量(g)	1103		1103		1103		1103		1103	
	湿土质量(g)	1921.5		1987.3		2067.8		2159.3		2132.1	
	湿密度(g/cm^3)	1.93		1.99		2.07		2.17		2.14	
含水率	水质量(g)	1.46	1.37	1.65	1.70	1.76	1.78	1.92	1.95	2.29	2.32
	干土质量(g)	15.23	14.89	15.58	15.62	14.42	14.43	13.21	13.45	13.38	13.45
	含水率(%)	9.59	9.20	10.59	10.88	12.21	12.34	14.53	14.50	17.12	17.25
	平均含水率(%)	9.39		10.74		12.28		14.52		17.18	

(1)当土中(　　)时,试验所得的最大干密度和最佳含水率应进行校正。

A. 大于40mm颗粒含量大于5%且不大于30%

B. 大于40mm颗粒含量大于30%

C. 细粒土中的粗粒土总含量大于40%

D. 粒径大于0.005mm颗粒的含量大于土总质量的70%

(2)在含水率测试过程中,需进行(　　)平行测定,取其算术平均值。

A.2次　　B.3次　　C.4次　　D.5次

(3)下列关于击实试验过程的描述,正确的是(　　)。

A. 第一层土样击实完后,将试样层面整平光滑后再装入套筒

B. 击实时击锤应自由垂直落下,锤迹必须均匀分布于土样面

C. 用削土刀沿套筒内壁削刮,使试样与套筒脱离后,扭动并取下套筒

D. 用推土器推出筒内试样,从试样靠近顶部和底部处分别取样测其含水率

(4)下面对表中5个编号试样的干密度进行排序,正确的是(　　)。

A.3号>4号>2号>5号>1号　　B.3号>2号>4号>1号>5号

C.4号>3号>5号>2号>1号　　D.4号>5号>3号>2号>1号

(5)该土样的最大干密度和最佳含水率最接近(　　)。

A. 1.89g/cm^3和12.28%　　B. 1.89g/cm^3和14.52%

C. 1.95g/cm^3和12.28%　　D. 1.95g/cm^3和14.52%

2. 某试验室进行高速公路底基层用C-A-1水泥稳定碎石材料的组成设计,设计强度为4MPa,请依据上述条件完成下面题目。

(6)水泥稳定碎石材料组成设计包括以下(　　)内容。

A. 原材料检验　　B. 目标配合比设计

C. 生产配合比设计　　D. 施工参数确定

(7)预计该材料的无侧限抗压强度的变异系数为13%,则平行试验所需最少试件数量为(　　)。

A.6个　　B.9个　　C.13个　　D.15个

(8)一组无侧限抗压强度试件测定值为4.4MPa、4.8MPa、5.1MPa、5.3MPa、5.7MPa、4.9MPa、4.1MPa、5.6MPa、5.1MPa,平均值5.0MPa,标准差为0.52MPa。95%保证率时,Z_a = 1.645;90%保证率时,Z_a = 1.282。以下分析正确的有(　　)。

A. 该组试验结果有效

B. 该组强度代表值为4.1MPa

C. 该组强度代表值为5.1MPa

D. 该设计的混合料无侧限抗压强度符合设计要求

(9)关于试件采用振动压实和重击实成型,说法正确的是(　　)。

A. 振动压实测定的最佳含水率一般大于重型击实测定的最佳含水率

B. 振动压实测定的最大干密度一般大于重型击实测定的最大干密度

C. 振动压实测定的CBR值一般与重型击实测定的CBR值接近

D. 振动压实测定的无侧限抗压强度一般大于重型击实的无侧限抗压强度,说明振动成型设计的混合料强度更高

(10)下面属于目标配合比设计技术要求的内容有(　　)。

A. 选择适宜的结合料类型确定混合料配合比设计的技术标准

B. 确定最佳水泥剂量、目标级配曲线和合理的变化范围

C. 应分别进行不同成型时间条件下的混合料强度试验,绘制相应的延迟时间曲线,确定容许延时时间

D. 应对拌和设备进行调试和标定,确定合理的生产参数

3. 某公路工程开展普通混凝土配合比设计工作,设计抗压强度等级为C30,请根据规范要求以及试验数据回答下面问题。

(11)混凝土配合比设计应满足(　　)要求。

A. 混凝土配制强度　　B. 拌合物性能

C. 经济性能　　D. 耐久性能

(12)以下属于混凝土配合比设计步骤的有(　　)。

A. 计算初步配合比　　B. 提出基准配合比

C. 确定试验室配合比　　D. 换算工地配合比

(13)混凝土配制强度$f_{cu,o}$与混凝土设计强度$f_{cu,k}$的计算公式是(　　)。

A. $f_{cu,o} \geqslant f_{cu,k} + 1.645\sigma$　　B. $f_{cu,o} \geqslant f_{cu,k} + 2\sigma$

C. $f_{cu,o} \geqslant f_{cu,k} + 3\sigma$　　D. $f_{cu,o} \geqslant 1.15 f_{cu,k}$

(14)关于混凝土耐久性的说法,正确的有(　　)。

A. 耐久性主要取决于混凝土的密实程度

B. 水灰比大有利于提高混凝土构件的耐久性

C. 为保证混凝土的耐久性,设计中既要考虑最大水灰比也要考虑最小水泥用量

D. 设计中,先满足经济性要求,后考虑耐久性需要

(15)若水泥:砂:石 =1:1.73:3.33,$W/C=0.42$,当配制1m³混凝土时,各材料用量结果正确的选项有(　　)。

A. 如果水泥用量是370kg,则配合比是水泥:水:砂:石 =370:155:640:1232(kg/m³)

B. 如果用水量160kg,则配合比是水泥:水:砂:石 =331:160:659:1269(kg/m³)

C. 如果砂用量是660kg,则配合比是水泥:水:砂:石 =382:160:660:1272(kg/m³)

D. 如果碎石用量是1300kg,则配合比是水泥:水:砂:石 =385:162:674:1300(kg/m³)

4. 某试验室需要采用马歇尔设计方法进行 SMA-13 沥青混合料目标配合比设计。已知该沥青混合料采用 SBS I-D 聚合物改性沥青；采用絮状木质素纤维，掺量为沥青混合料质量的 0.3%；沥青混合料最佳油石比为 6.0%，相应的马歇尔试件毛体积密度为 2.517g/cm^3，吸水率为 0.2%；25℃水的密度为 0.9971g/cm^3。车辙试验时，三个平行试件的动稳定度测定值分别为 2801 次/mm、2834 次/mm 和 4029 次/mm，平均值为 3221 次/mm，标准差为 700 次/mm。95%保证率时 Z_a = 1.645。请根据上述条件完成下面题目。

(16) 该马歇尔试件的毛体积密度可采用(　　)进行测定。

A. 表干法　　B. 水中重法　　C. 蜡封法　　D. 体积法

(17) 目标配合比设计需要检验的混合料参数有(　　)。

A. 渗水系数

B. 燃烧法或离心法检验沥青用量

C. 冻融劈裂试验的残留强度比和真空饱水马歇尔残留稳定度

D. 肯塔堡飞散试验的混合料损失

(18) 谢伦堡沥青析漏试验中，以下分析正确的有(　　)。

A. 该试验确定的沥青用量是沥青混合料的最大沥青用量

B. 一组试件拌和 4 份，每次只能拌和一个试件，第 1 锅拌和后予以废弃不用

C. 拌和后试样在烧杯中加热温度宜为 180℃，持续时间为 60min ±1min

D. 该沥青混合料的析漏试验损失应控制在不大于 0.1%

(19) 轮碾法成型车辙试件时，拌和一块试件所需沥青的质量是(　　)。

A. 741.1g　　B. 702.0g　　C. 681.6g　　D. 660.4g

(20) 以下对该混合料的车辙试验结果分析描述，正确的是(　　)。

A. 试验结果的变异性过大，应分析原因，追加试验

B. 动稳定度试验结果为 3188 次/min

C. 该沥青混合料动稳定度指标符合规范规定

D. 试验结果的变异性不满足规范要求，需重新试验

5. 某试验室从料堆上取粗、细集料和矿粉进行试验，该材料用于 SMA-13 沥青混合料，其集料规格分别为 0 ~ 3mm，3 ~ 5mm，5 ~ 10mm 和 10 ~ 15mm 四档，请回答下列问题。

(21) 关于粗集料的磨光值和洛杉矶磨耗值，以下表述正确的有(　　)。

A. 洛杉矶磨耗值适合于评价 3 ~ 5mm、5 ~ 10mm 和 10 ~ 15mm 三档集料，而磨光值仅适合于评价 10 ~ 15mm 一档集料，且试验时需要过筛得到 9.5 ~ 13.2mm 集料颗粒

B. 洛杉矶磨耗值试验时，需要采用 1.7mm 进行磨耗后的集料过筛

C. 集料磨光值试验时，集料磨光和磨光值测定过程均需要控制温度

D. 磨光值和洛杉矶磨耗值试验都是评价集料抗破碎性能

(22) 关于细集料流动时间法测定棱角性试验，以下表述正确的有(　　)。

A. 该试验评定细集料颗粒的粗糙度，流动时间越大粗糙度越大，抗流动变形性能越高

B. 该集料试样按照最大粒径选择 2.36mm 过筛，并水洗得到 0.075 ~ 2.36mm 集料颗粒，需根据最大粒径来选择流出孔径

C. 试验时，应在打开漏斗开启门同时开动秒表，在试样完全流出时停止秒表

D. 若流动时间试验结果为45s,则该细集料棱角性可评价为合格

(23)关于细集料的砂当量试验,以下表述不正确的有(　　)。

A. 取代表样品,放入105℃ ±5℃烘箱中烘干至恒重,再取120g干燥试样

B. 按照要求配制冲洗液,冲洗液的使用期限不得超过14d

C. 将试样移入试筒中,除去气泡;试样按要求静置一定时间后,必须采用机械振荡器振荡

D. 砂当量值是集料沉淀物高度除以絮凝物的高度,再乘以100

(24)对于同一细集料,以下关于0 ~2.36mm亚甲蓝和0 ~0.15mm亚甲蓝测定值相关性表述正确的是(　　)。

A. 两者数值上相当

B. 0 ~2.36mm亚甲蓝值大于0 ~0.15mm亚甲蓝值

C. 0 ~2.36mm亚甲蓝值小于0 ~0.15mm亚甲蓝值

D. 两者相关性不明确

(25)关于粗集料的针片状颗粒含量试验,以下表述正确的有(　　)。

A. 此次取样的粗集料只能采用游标卡尺法测定针片状颗粒含量,不能采用规准仪法检测

B. 粗集料的针片状颗粒含量,不仅与母岩的强度等相关,与集料加工工艺也相关

C. 针片状颗粒含量越高,其混合料越难以压实

D. 要求平行试验2次,当试验误差不满足要求时,则该试验无效,应重新进行试验

模拟试卷参考答案及解析

一、单项选择题

1. D

【解析】弯沉代表值不大于设计验收弯沉值时,相应分项工程应为合格。

2. A

【解析】弯沉值不是沥青混凝土面层和沥青碎(砾)石面层关键实测项目。

3. A

【解析】路面平整度自动化检测指标应为国际平整度指数IRI,每10m应计算1个统计值。

4. B

【解析】水泥混凝土路面行驶质量指数RQI等级划分标准为“优”,其值应大于或等于88。

5. A

【解析】《公路土工试验规程》(JTG 3430—2020)规定,土的含水率试验,当烘干法与酒精燃烧法结果有差异时,以烘干法为准。

6. A

【解析】土的击实试验，干土法含水率按1% ~3%递增，湿土法含水率按2% ~4%递减。

7. D

【解析】步骤⑥应在步骤⑤前，步骤①应在步骤②前。

8. B

【解析】现行《公路土工试验规程》规定土的承载比试验，当贯入量为5.0mm的CBR大于2.5mm的CBR时，以贯入量5.0mm时的测试值为准。

9. C

【解析】公路挖方边坡一般比较干燥，施工期土体边坡不发生排水固结作用，可以采用快剪试验。

10. A

【解析】表观密度>毛体积密度>堆积密度。

11. B

【解析】只有B选项正确。

12. A

【解析】采用烘干法测定石灰含水率时，烘箱温度应为105℃。

13. C

【解析】水泥稳定中粒料抗弯拉强度试件养护期间，质量损失不超过10g。

14. B

【解析】石灰稳定细粒土无粗集料、粉煤灰和水泥，不需要进行集料压碎值、粉煤灰烧失量、水泥强度等级和凝结时间试验。

15. A

【解析】水泥密度试验操作过程中，要保证水泥样品的烘干温度及烘干时间，并在干燥器内冷却至室温。

16. A

【解析】雷氏夹试件制备装模时一只手轻轻扶持试模，另一只手用宽约25mm的直边小刀在浆体表面轻轻插捣3次，然后抹平。

17. A

【解析】除24h龄期或延迟48h脱模的试件外，任何到龄期的水泥胶砂试件应在水泥胶砂强度试验前15min从水中取出。

18. A

【解析】计算3个试件的抗折强度分别为5.3MPa、5.5MPa和6.0MPa，因6.0MPa没有超过中值5.5MPa的15%，所以应取3个试件测量值的算数平均值5.6MPa为该组试件的抗折强度。

19. D

【解析】步骤②应在步骤⑥之前。

20. B

【解析】沥青针入度试验时，上次使用过的标准针未清洗擦拭而直接使用，测定结果偏小。

21. D

【解析】沥青老化指数的计算公式为 $C=\lg\lg(\eta_2\times10^3)-\lg\lg(\eta_1\times10^3)$，式中，$\eta_1$ 为沥青薄膜加热前60℃动力黏度，η_2 为沥青薄膜加热后60℃动力黏度。

22. A

【解析】离心分离法测定沥青含量两次平行试验结果差值小于0.3%，则无须再补充试验；当大于0.3%小于0.5%时，应补充平行试验一次。

23. A

【解析】一般情况下，当被测路面标称厚度小于10cm时，通常选用频率不小于2GHz的雷达天线。

24. C

【解析】颠簸累积值VBI单位为cm/km。

25. A

【解析】土基现场CBR值测试数据处理进行原点修正后，土基CBR值变大。

26. A

【解析】现行《公路土工试验规程》规定，取两者的较大值作为该材料的CBR。

27. C

【解析】当需进行弯沉仪支点变形修正时，路面测点回弹弯沉值按 $L_t=(L_1-L_2)\times2+(L_3-L_4)\times6$ 计算。

28. A

【解析】当自动弯沉仪测试速度大于3.5km/h时，应进行相关性试验，并对弯沉值予以换算。

29. C

【解析】塑性混凝土是指混凝土拌合物坍落度为100~150mm的混凝土。

30. C

【解析】当平均值小于0.2mm时，试验结果以小于0.2mm表示。

二、判断题

1. √

2. √

3. ×

【解析】水泥混凝土路面结构设计以面层板在设计基准期内，在行车荷载和温度梯度综合作用下，不产生疲劳断裂作为设计标准；并以在最重轴载和最大温度梯度综合作用下，不产生极限断裂作为验算标准。

4. ×

【解析】竣工验收前，应对混凝土路面强度和相邻板高差进行复测。

5. √

6. ×

【解析】液限和塑限联合测定试验须进行两次平行测定，取其算术平均值，保留至小数点后一位。

7. √

8. ×

【解析】黄土湿陷系数试验双线法两个试样施加的最大压力一般取300kPa。

9. ×

【解析】刺破强力是指土工合成材料受顶刺荷载直至破裂时的最大顶刺压力，反映了土工合成材料抵抗小面积集中荷载破坏的能力。

10. √

11. ×

【解析】亚甲蓝试验可确定细集料中是否存在膨胀性黏土矿物并测定其含量，评定集料的洁净程度，以亚甲蓝值MBV表示。

12. ×

【解析】高速公路和一级公路用石灰应不低于Ⅱ级技术要求。

13. √

14. ×

【解析】如果制作标准曲线所用素土、水泥或石灰发生改变，则必须重做标准曲线。

15. ×

【解析】从加水拌和时算起，掺早强剂的混凝土凝结时间宜在1～2h后开始测定，以后每隔0.5h测一次；掺缓凝剂的混凝土宜在4～6h后开始测定，每隔2h测一次。

16. √

17. ×

【解析】按现行规范要求，水泥混凝土拌合物含气量试验（混合式气压法）测定两次含气量差值不大于0.5%，取算数平均值作为含气量结果，若大于0.5%则重新试验。

18. ×

【解析】石料的磨耗值越高，表示其耐磨性越差。

19. ×

【解析】沥青软化点试验试样受热软化逐渐下坠，至与下层底板表面接触时，立即读取的温度即为软化点，准确至0.5℃。

20. ×

【解析】沥青延度试验如发现沥青细丝浮于水面，则应在水中加入酒精，调整水的密度至与试样相近后，重新试验。

21. √

22. √

23. √

24. ×

【解析】《公路路基路面现场测试规程》（JTG 3450—2019）取消了无结合料粒料材料回弹模量值测试时对整层试验段（试槽）的要求。

25. √

26. ×

【解析】落锤式弯沉仪与贝克曼梁弯沉仪相关性试验，先进行贝克曼梁测试再进行落锤式弯沉仪测试。

27. √

28. ×

【解析】基准尺法和深度尺法测试结果直接作为错台高度 D，准确至 1mm。

29. √

30. √

三、多项选择题

1. ABCD

【解析】公路行政等级分级为国道、省道、县道、乡道和村道。

2. BC

【解析】在单位工程中，按路段长度、结构部位及施工特点等划分的工程为分部工程。

3. ABC

【解析】D 选项应为：代表性试样黏质土取 10 ~ 15g，砂类土 20g。

4. CD

【解析】测定最小孔隙比时用到的仪器设备有电动最小孔隙比仪或金属容器、振动仪、击锤等。

5. BCD

【解析】根据现行《公路土工试验规程》(JTG 3430—2020) 中土的工程分类，特殊土包括黄土、膨胀土、红黏土、盐渍土、冻土和软土。

6. AD

【解析】B 选项应为游标卡尺测定较规准仪测定要严格，C 选项应为此颗粒最大长度方向尺寸与最小厚度方向尺寸之比小于 3，可以判定不是针片状颗粒。

7. BCD

【解析】二灰稳定材料以配合比设计结果为依据，综合考虑施工过程气候条件，含水率可增加 1% ~ 2%。

8. BC

【解析】无机结合料稳定材料室内抗压回弹模量试验(顶面法)，要求无机结合料稳定细粒土和中粒土试验结果的变异系数都不超过 10%。

9. ABC

【解析】D 选项应为：在锯掉多余的净浆和抹平的操作过程中，注意不要压实净浆。

10. BCD

【解析】坍落度 <25mm，采用插入式振捣棒成型，A 选项错误。

11. AB

【解析】按初步配合比试拌的混凝土坍落度不能满足设计要求，但黏聚性和保水性较好，经调整后得到的基准配合比中，水泥和水的用量改变。

12. ABC

【解析】沥青薄膜加热试验与旋转薄膜加热试验结果允许差相同。

13. BCD

【解析】沥青混合料标准飞散试验可用于确定沥青路面表面层使用的 SMA、OGFC、AM 所需最少沥青用量。

14. ABD

【解析】还应进行水稳定性检验（浸水马歇尔试验或冻融劈裂试验）、高温稳定性检验（车辙试验）、其他性能检验（低温弯曲应变试验、渗水试验）。

15. ABC

【解析】检查测试系统各部分应符合测试要求，不应有明显的可视性破损。

16. ABCD

【解析】选项全部正确。

17. AB

【解析】不同类型摩擦系数测试设备间相关性试验，按 SFC 值为 0～30、30～50、50～70、70～100 的范围选择不同摩擦系数的路段。

18. AD

【解析】弯沉法测试水泥混凝土路面脱空方法，当板角与板中弯沉的比值 >3.0 且板边中点与板中弯沉的比值 >2.0 时，可判定为脱空。

19. ABC

【解析】D 选项应为：对于各种密度的试验结果的重复性精度，要求两次结果相差不超过 0.02，吸水率不超过 0.2%。

20. ABCD

【解析】选项全部正确。

四、综合题

1.(1) A　　(2) A　　(3) BC　　(4) C　　(5) B

【解析】(1) 当粒径大于 40mm 颗粒含量大于 5% 且不大于 30% 时，应对试验所得最大干密度和最佳含水率进行校正。

(2) 在含水率测试过程中，需进行 2 次平行测定，取其算术平均值。

(3) A 选项应为：第一层击实完后，将试样层面“拉毛”，然后再装入套筒；D 选项应为：击实完成后用推土器推出筒内试样，从试样中心处取样测其含水率。

(4) 5 个编号试样的干密度分别为：1.76g/cm^3、1.80g/cm^3、1.84g/cm^3、1.89g/cm^3 和1.83g/cm^3。

(5) 编号 4 试样的干密度最大。

2.(6) ABCD　　(7) B　　(8) ABD　　(9) B　　(10) AB

【解析】(6) 选项全部正确。

(7)不论稳定细粒土、中粒土或粗粒土,当变异系数 $C_v < 10\%$ 时,可为 6 个试件;$C_v = 10\% \sim 15\%$ 时,可为 9 个试件;$C_v > 15\%$ 时,应为 13 个试件。

(8)高速公路和一级公路应取保证率 95%,$Z_a = 1.645$,变异系数 C_v = 标准差/平均值 = 0.52/5.0 = 10.4%,强度代表值 = 5.0 × (1 − 1.645 × 0.104) = 4.1MPa≥设计强度 4MPa。

(9)一般来说,振动压实试验测定的最佳含水率小于击实试验测定的最佳含水率,最大干密度大于击实试验测定的最大干密度。

(10)目标配合比设计:选择级配范围;确定结合料类型及掺配比例;验证混合料相关的设计及施工技术指标三方面工作内容。C 和 D 选项为生产配合比设计与技术要求。

3.(11)ABCD　(12)ABCD　(13)A　(14)AC　(15)ABC

【解析】(11)选项全部正确。

(12)选项全部正确。

(13)因设计抗压强度等级为 C30,所以 $f_{cu,o} \geq f_{cu,k} + 1.645\sigma$;如果为不小于 C60 的混凝土,则 $f_{cu,o} \geq 1.15 f_{cu,k}$。

(14)B 选项应为水灰比大不利于提高混凝土构件的耐久性;D 选项应为设计中,先满足耐久性要求,再考虑经济性。

(15)D 选项应为如果碎石用量是 1300kg,水泥 = 1300/3.33 = 390kg,水 = 0.42 × 390 = 164kg,砂 = 1.73 × 390 = 675kg。

4.(16)A　(17)AD　(18)ABD　(19)D　(20)A

【解析】(16)对吸水率小于 0.5%特别致密的沥青混合料,在施工质量检验时,允许采用水中重法测定表观相对密度,但配合比设计时不得采用水中重法。

(17)除沥青混合料的检验项目[水稳定性检验(浸水马歇尔试验或冻融劈裂试验),高温稳定性检验(车辙试验),其他性能检验(低温性能、室内渗水试验)]符合要求外,SMA 混合料的配合比设计还必须进行谢伦堡析漏试验及肯塔堡飞散试验。

(18)因为是改性沥青 SMA 混合料,拌和后试样在烧杯中加热温度宜为 185℃,普通沥青混合料加热温度为 170℃ ± 2℃,持续时间为 60min ± 1min。

(19)轮碾法成型车辙试件的标准尺寸为 300mm × 300mm × 50mm,则拌和一块车辙试件所需沥青混合料的质量为 30 × 30 × 5 × 2.517 × 1.03 = 11666.295g,而该沥青混合料最佳油石比为 6.0%,则拌和一块试件所需沥青的质量是 11666.295 × [6/(100 + 6)] = 660.4g。

(20)该混合料的车辙试验结果变异系数 = 标准差/平均值 = 700/3221 = 21.8% > 20%,试验结果的变异性过大,应分析原因,追加试验。

5.(21)AB　(22)ACD　(23)ACD　(24)C　(25)ABC

【解析】(21)集料磨光不需要控制温度,所以 C 选项错误,洛杉矶磨耗试验用于测定粗集料抵抗摩擦、撞击的综合力学能力,磨光值试验用于评定沥青路面表层用粗集料抗磨光性,所以 D 选项错误。

(22)因 SMA-13 沥青混合料粗细集料分界筛孔尺寸为 4.75mm,该沥青混合料用细集料按最大粒径应选择 4.75mm 标准筛过筛,并水洗得到 0.075 ~ 4.75mm 集料颗粒,选用孔径为 16mm 的漏斗进行试验,所以 B 选项错误。

(23)A 选项应为:测定砂样含水率,根据含水率称取干燥砂样为 120g 时含水砂样质量。

C 选项应为:将试样移入试筒中,除去气泡;试样按要求静置一定时间后,采用机械振荡器振荡,也可采用手动方式。D 选项应为:砂当量值是集料沉淀物高度除以絮凝物 + 沉淀物的总高度,再乘以 100。

(24)亚甲蓝试验用于测定细集料中所含膨胀性黏土矿物(粒径小于 0.075mm)含量,试验结果亚甲蓝值表示每千克试样所消耗的亚甲蓝克数,每千克 0 ~ 2.36mm 粒级试样比 0 ~ 0.15mm粒级试样所含的 0.075mm 以下的颗粒相对要少,则试验结果偏小。

(25)D 选项应为:试验要平行测定两次,计算两次结果的平均值。如两次结果之差小于平均值的 20%,取平均值为试验值;如大于或等于 20%,应追加测定一次,取三次结果的平均值为测定值。

二、助理试验检测师模拟试卷

说明：

1. 本模拟试卷设置单选题30道、判断题30道、多选题20道、综合题5道，总计150分；模拟自测时间为150分钟。

2. 本模拟试卷仅供考生进行考前自测使用。

一、单项选择题(共30题，每题1分，共30分)

1. 当SFC代表值(　　)设计或验收标准值时，该路段应为不合格。

A. 小于　　B. 大于　　C. 不小于　　D. 不大于

2. 车辙应按长度(m)计算，检测结果应用影响宽度(　　)换算成损坏面积。

A. 0.1m　　B. 0.2m　　C. 0.3m　　D. 0.4m

3. 路基施工段落较短时，分层压实度检测结果应全部符合要求，且样本数量不少于(　　)个。

A. 4　　B. 5　　C. 6　　D. 7

4. 高速公路路面损坏状况指数PCI等级划分标准为“优”，其值应大于或等于(　　)。

A. 88　　B. 90　　C. 91　　D. 92

5. 烘干法测定土的含水率，对含有机质超过5%的土或含石膏的土，应将烘干温度控制在60~70℃的范围内，烘干时间不宜少于(　　)。

A. 8h　　B. 12h　　C. 15h　　D. 24h

6. 土的比重试验应进行两次平行测定，其平行差值不得大于(　　)。

A. 0.01　　B. 0.02　　C. 0.03　　D. 0.05

7. 现行《公路土工试验规程》规定粗粒土和巨粒土最大干密度试验(表面振动压实仪法)采用(　　)。

A. 干土法　　B. 湿土法　　C. 干土法或湿土法　　D. 干土法和湿土法

8. 若在施工期和工程使用期土体有充分时间允许排水固结，可以采用(　　)。

A. 慢剪试验　　B. 固结快剪

C. 快剪试验　　D. 排水反复直接剪切试验

9. 水泥密度试验，李氏瓶第一次和第二次读数时，恒温水槽温度差不得大于(　　)。

A. 0.1℃　　B. 0.2℃　　C. 0.3℃　　D. 0.5℃

10. 粗集料的毛体积密度是指在规定条件下单位毛体积的质量。其中，毛体积不包括(　　)。

A. 矿质实体体积　　B. 闭口孔隙体积

C. 开口孔隙体积　　D. 颗粒间空隙体积

11. 对天然砂进行筛分试验,计算得到平行试验的细度模数分别是 3.2 和 3.6,则最终的试验结果为(　　)。

A. 3.2　　B. 3.4　　C. 3.6　　D. 重新进行试验

12. 采用烘干法测定石灰含水率时,应取(　　)试样。

A. 50g　　B. 100g　　C. 200g　　D. 500g

13. 无机结合料稳定土击实试验内容如下,正确的试验步骤排序为(　　)。

①加入所需稳定剂,并充分拌和均匀。

②确定预定含水率。

③取下套环,刮平试样,拆除底板,擦净试筒外壁后称取质量。

④采用四分法选取等分试样。

⑤加入计算应加的水量,并充分拌和均匀。

⑥按要求进行分层填料、分层击实。

⑦脱模后取样测定含水率。

A. ②④①⑤⑥③⑦　　B. ④②⑤①⑥③⑦

C. ④②①⑤⑥③⑦　　D. ②④⑤①⑥③⑦

14. 水泥稳定中粒材料圆柱形试件制作时,质量损失不超过(　　)。

A. 5g　　B. 10g　　C. 20g　　D. 25g

15. 水泥胶砂流动度的单位是(　　)。

A. mm　　B. s　　C. mm/s　　D. s/mm

16. 盛装水泥净浆的每只试模,应配备一个(　　)的平板玻璃底板或金属底板。

A. 边长或直径约为 100mm、厚度至少 2.5mm

B. 边长或直径约为 100mm、厚度为 4 ~5mm

C. 边长或直径约为 150mm、厚度至少 2.5mm

D. 边长或直径约为 150mm、厚度为 4 ~5mm

17. 当坍落度大于(　　)时,水泥混凝土试件用人工成型。

A. 25mm　　B. 50mm　　C. 70mm　　D. 90mm

18. 已知水泥混凝土抗压试验 3 个试件测得破坏荷载分别是 859kN、969kN、1113kN,某试验人员计算结果是 43.6MPa,这一结果(　　)。

A. 不正确,因为试验数据超过误差要求,试验应无效

B. 正确,符合计算和数据处理要求

C. 不正确,应采用不超过误差要求测定值的平均值

D. 不正确,应取 3 个试验数据的中间值

19. 适用于冬季寒冷地区或交通量小的公路、旅游公路等的沥青应具备的特点是(　　)。

A. 稠度小、低温延度小　　B. 稠度大、低温延度大

C. 稠度小、低温延度大　　D. 稠度大、低温延度小

20. 引起沥青老化的直接因素有(　　)。

①热的影响;②氧的影响;③光的影响;④水的影响;⑤渗流硬化。

A. ①②　　B. ①②③　　C. ①②③④　　D. ①②③④⑤

21. 沥青混合料谢伦堡沥青析漏试验供检验(　　)沥青用量使用。

A. 最大　　B. 最小　　C. 中值　　D. 最佳

22. 燃烧炉法测定沥青混合料中沥青含量时,重复性试验允许误差为(　　)。

A. 0.11%　　B. 0.13%　　C. 0.15%　　D. 0.17%

23. 当测试层表面的粗糙度较大而未放置基板时,挖坑灌砂法测试压实度结果(　　)。

A. 变大　　B. 变小

C. 不变　　D. 无法确定

24. 连续式平整度仪测试平整度时,其测试指标是(　　)。

A. 标准差　　B. 单向累计值

C. 国际平整度指标　　D. 最大间隙

25. 车载式激光平整度仪测试速度范围为(　　)km/h。

A. 30 ~ 80　　B. 30 ~ 100　　C. 50 ~ 80　　D. 50 ~ 100

26. 土基现场 CBR 值测试方法的测试结果对填料粒径较为敏感,一般用于填料粒径小于(　　)mm 的土基测试能够取得较好的测试效果。

A. 19　　B. 26.5　　C. 31.5　　D. 37.5

27. 贝克曼梁测试路基路面回弹弯沉方法进行支点变形修正,当在同一结构层上测定时,可在不同位置测定(　　)次,求取平均值,以后每次测定时以此作为修正值。

A. 3　　B. 5　　C. 7　　D. 9

28. 取芯测试水泥混凝土路面混凝土劈裂强度时芯样直径为(　　)mm,高度与直径之比应为(　　)。

A. 100;1　　B. 150;1　　C. 150;1　　D. 150;2

29. 数字式摆式仪测试路面摩擦系数方法要求摆滑动长度为(　　)mm。

A. 76　　B. 125　　C. 126　　D. 127

30. 采用截距值判定板底脱空时,应测试(　　)弯沉,并对同一测点施加 3 级荷载进行测试。

A. 板中　　B. 板边

C. 板角　　D. 板边和板角

二、判断题(共 30 题,每题 1 分,共 30 分)

1. 水泥混凝土面层达到设计弯拉强度的 80% 后,方可开放交通。(　　)

2. 碾压贫混凝土配合比设计应满足收缩性能、28d 龄期抗压强度和模量等指标要求。(　　)

3. 路面工程的实测项目规定值或允许偏差是按照高速公路和普通公路两档确定的。(　　)

4. 环刀壁越厚,压入时土样扰动程度越大,所以环刀壁越薄越好。但环刀压入土中时,需承受相当的压力,壁过薄,环刀容易破损和变形。(　　)

5. 密度计分析土样应采用风干土,土样风干可在烘箱内以不超过 50℃ 鼓风干燥。(　　)

6. 当土的重型击实试验采用大筒时,应分三层且填装试料每层击数为 98 次。(　　)

7. 土工织物有效孔径是指能有效通过土工织物的近似最小颗粒直径。（ ）

8. 亚甲蓝法比砂当量法能够更加准确地评价砂样中黏土存在的情况。（ ）

9. 采用雷氏夹法测定水泥安定性，当两个试件煮后增加距离（$C-A$）的平均值大于5.0mm时，则认为该水泥安定性不合格。（ ）

10. 细集料水筛试验中，筛分前试验总量与筛分后所有各筛的分计筛余量和底盘中剩余量的总质量，两者差值不得超过前者的1%。（ ）

11. 洛杉矶磨耗试验是一项针对粗集料抗磨光能力的试验项目。（ ）

12. 生石灰的主要化学成分是$Ca(OH)_2$，熟石灰的主要化学成分是CaO。（ ）

13. 石灰等级是根据石灰中CaO的含量进行划分的。（ ）

14. 水泥稳定碎石击实试验中，加入水泥拌和后1h内应完成试验，否则试样废弃。（ ）

15. 水泥试验用水应为洁净的饮用水，有争议时应以蒸馏水为准。（ ）

16. 水泥初凝时间测定，达到初凝时需要在试体另外两个不同点测试，结论相同时才能确定达到初凝状态。（ ）

17. 当混凝土拌合物的坍落度大于220mm时，应测定坍落扩展度值。（ ）

18. 粗集料最大粒径的增加，对水泥混凝土抗压强度的影响要比抗折强度更大。（ ）

19. 沥青针入度试验时，标准针刺入试样位置与盛样皿边缘的距离小于10mm，测定结果偏大。（ ）

20. 沥青延度试验，拌和均匀的隔离剂涂于清洁干燥的试模底板和试模的内侧表面。（ ）

21. 马歇尔试件水中称重时，随着开口空隙中气体的排出，电子秤的数显值会不断增加。（ ）

22. 沥青混合料冻融劈裂试验结果不能用于评价低温性能优劣。（ ）

23. 短脉冲雷达测试系统的工作温度要求为0～40℃。（ ）

24. 当材料层坚硬，动力锥贯入仪贯入量低到连续锤击10次而无变化时，可以停止试验或钻孔透过后继续试验。（ ）

25. 落球仪测试土质路基模量时，如果波形噪声太大（如毛刺太多），可在测点铺一层报纸或塑料薄膜，以减少土体材料与球冠的摩擦静电。（ ）

26. 自动弯沉仪与贝克曼梁弯沉测值的相关性试验，先进行自动弯沉仪测试，再进行贝克曼梁测试。（ ）

27. 回弹仪测试水泥混凝土强度方法不适用于厚度小于100mm水泥混凝土强度测试，温度应不低于10℃。（ ）

28. 单轮式横向力系数测试系统测试路面摩擦系数方法的标准测试速度范围规定为50km/h±4km/h。（ ）

29. 非插入式温度计法主要用于施工过程中的控制，不作为仲裁试验使用。（ ）

30. 无结合料材料透层油渗透深度测试时要求将芯样晾干，使其能分辨出芯样侧立面透层油的下渗情况。（ ）

三、多项选择题(共20题,每题2分,共40分。下列各题的备选项中,至少有两个符合题意,选项全部正确得满分,选项部分正确按比例得分,出现错误选项该题不得分)

1. 下列为地下排水设施的是(　　)。
A. 暗沟　B. 渗沟　C. 渗井　D. 检查井与疏通井

2. 下列有关工程质量等级评定得分计算,正确的是(　　)。
A. 分部工程得分 = 分部工程实测得分 - 外观扣分
B. 单位工程得分 = 单位工程实测得分 - 外观扣分
C. 合同段工程质量鉴定得分 = 合同段工程质量得分 - 内业资料扣分
D. 建设项目工程质量鉴定得分 = 建设项目工程质量得分 - 内业资料扣分

3. 土的贯入试验中常会出现5mm的CBR值较2.5mm的CBR值大的现象,分析其原因(　　)。
A. 仪器本身的加工精度误差,减少了贯入面积
B. 开始试验前施加的荷载偏小,贯入杆不能与土样紧密接触
C. 有些土表层的土样相对中心强度要小一些
D. 单位压强与贯入量关系曲线出现反弯现象

4. 土的颗粒分析试验(筛分法)细筛孔径有(　　)mm。
A. 2.0　B. 1.0　C. 0.25　D. 0.075

5. 土工织物进行拉伸强度试验时,试样在钳口附近5mm范围内断裂,可采取(　　)。
A. 夹具内加衬垫　B. 对夹在钳口内的试样加以涂层
C. 改进夹具钳口表面　D. 夹具外加衬垫

6. 关于粗集料坚固性试验,描述正确的有(　　)。
A. 溶液的体积不小于试样总体积的5倍
B. 在网篮浸入溶液时应上下提降25次,以排除试样中的气泡,然后静置于该容器中
C. 从第二次试验开始,在硫酸钠中浸泡的时间及烘烤时间均控制在4h
D. 完成10次循环后,将试样在清水中冲洗掉硫酸钠

7. 石灰未消化残渣含量试验用到的标准筛有(　　)。
A. 2.36mm　B. 4.75mm　C. 9.5mm　D. 16mm

8. 为保证试验结果的可靠性和准确性,无机结合料稳定材料弯拉强度试验要求(　　)。
A. 中梁试件不少于9根　B. 中梁试件不少于12根
C. 大梁试件不少于12根　D. 大梁试件不少于15根

9. 以下影响水泥混凝土强度试验结果的因素有(　　)。
A. 水泥强度　B. 养护条件　C. 试验条件　D. 试件尺寸

10. 成型后的水泥混凝土试件应进行(　　)测量。
A. 边长　B. 高度
C. 承压面的平面度　D. 相邻面间的夹角

11. 混凝土拌合物含气量计算,需要测定(　　)。
A. 集料含气量值　B. 含气量标定值

C. 量钵容积标定值　　D. 仪器测定含气量值

12. 黏稠程度高意味着该沥青具有(　　)的特点。

A. 针入度较低　　B. 黏滞性较高

C. 标号大　　D. 与矿料的黏附性较好

13. 影响软化点的因素有(　　)。

A. 水浴温度　　B. 水浴时间　　C. 试样质量　　D. 试验升温速度

14. 下列属于现行规范中评价沥青耐老化性能的技术指标有(　　)。

A. 残留针入度　　B. 残留软化点　　C. 残留延度　　D. 残留密度

15. 几何数据测试系统测试几何线形方法适用于连续采集(　　),以评价道路几何线形。

A. 路面横坡　　B. 路面纵坡　　C. 边坡坡度　　D. 路线曲率半径

16. 土基现场 CBR 值测试分别记录贯入量为(　　)时的测力计和百分表读数。

A. 6.5mm　　B. 7.5mm　　C. 11.5mm　　D. 12.5mm

17. 落球仪测试土质路基模量方法适用于快速测试黏土、粉土等土质路基的(　　)。

A. 反应模量　　B. 压缩模量　　C. 回弹模量　　D. 动态模量

18. 取芯法测试水泥混凝土路面强度方法,要求加工好的芯样应按下列(　　)测量尺寸。

A. 用游标卡尺在芯样试件两端及中部相互垂直的位置上测量,取算术平均值作为芯样直径,精确至 0.5mm

B. 用游标卡尺在芯样端面两个垂直直径方向测量,取算术平均值作为芯样高度,精确至 0.5mm

C. 用万能角度尺测量芯样试件两个端面与母线的夹角,精确至 0.1°

D. 将钢板尺侧面紧靠在芯样试件承压面(线)上,用塞尺测量钢板尺和承压面(线)的之间的缝隙,最大缝隙为芯样试件的平整度

19. 激光构造深度仪测值与手工铺砂法构造深度值相关性试验,选择构造深度分别在(　　)范围,长度分别为 100m 的试验路段。

A. 0 ~ 0.3m　　B. 0.3 ~ 0.5m　　C. 0.5 ~ 0.8m　　D. 0.8 ~ 1.2m

20. 在沥青混合料碾压过程中,测试压实温度可以采用(　　)。

A. 插入式温度计法　　B. 红外温度计法

C. 红外摄像仪法　　D. 接触式温度计法

四、综合题(共 5 道大题,每道大题 10 分,共 50 分。下列各题的备选项中,有一个或一个以上符合题意,选项全部正确得满分,选项部分正确按比例得分,出现错误选项该题不得分)

1. 针对土的击实和 CBR 试验,根据《公路土工试验规程》(JTG 3430—2020)回答下列问题。

(1)关于土工击实试验曲线的绘制,以下描述正确的有(　　)。

A. 有峰值

B. 与饱和曲线有交叉点

C. 与饱和曲线无交叉点

D. 曲线不能绘出明显的峰值点，则应进行补点或重做

(2)下表是一组3个试件测得的CBR值，则该组试件的CBR结果为(　　)。

试件编号	干密度(g/cm^3)	$CBR_{2.5}$(%)	$CBR_{5.0}$(%)
1	1.66	15.5	14.5
2	1.68	16.5	16.0
3	1.71	17.5	15.5

A. 15.3%　　B. 16.0%　　C. 16.3%　　D. 16.5%

(3)如果CBR试验的贯入曲线(p-l曲线)开始段是凹曲线，且与纵坐标交点为正值，应进行原点修正，修正后(　　)。

A. 贯入量2.5mm的p值比测读的p值大

B. 贯入量2.5mm的p值比测读的p值小

C. 贯入量2.5mm的p值不变

D. 贯入量2.5mm的p值与测读的p值相比，可能大，也可能小

(4)关于CBR试验泡水测膨胀量，以下说法正确的有(　　)。

A. 泡水期间，槽内水面应保持在试筒顶面以上约25mm

B. 试件泡水时间1昼夜

C. 试件泡水时间4昼夜

D. 若延长试件泡水时间，对膨胀量测值影响不大

(5)关于土击实试验，以下说法正确的有(　　)。

A. 含水率需要进行两次平行试验

B. 轻型击实试验的锤重为2.5kg

C. 颗粒粒径为40mm的土应采用内径为152mm的试筒

D. 干密度计算结果保留小数点后两位

2. 某工程需要在料仓取粗、细集料进行原材料试验，该原材料用于AC-20混合料。请回答下列问题。

(6)以下集料取样过程中，操作方法正确的有(　　)。

A. 先铲除堆角处无代表性的部分集料

B. 在料堆的顶部、中部和底部分别取大致相同的若干份试样，组成一组试样

C. 将集料在平板上拌和均匀摊平，采用四分法将试样以对角方式大致分成两份，重复以上过程，直至缩分成所需的质量，且不得有富余

D. 也可以采用分料器进行试样缩分

(7)0～2.36mm机制砂无须检测的试验参数有(　　)。

A. 集料密度　　B. 亚甲蓝　　C. 含泥量　　D. 细度模数

(8)当采用网篮法测定10～20mm档粗集料毛体积相对密度时，缩分后试样应满足(　　)。

A. 两份，每份不少于1kg　　B. 两份，每份不少于1.5kg

C. 一份，每份不少于2kg　　D. 一份，每份不少于3kg

(9)关于集料强度的试验方法,以下表述正确的有(　　)。

A.集料压碎值试验所用代表样品的尺寸应为9.5~13.2mm

B.压碎值为加载试验结束后,通过2.36mm筛孔的细料质量除以加载试验前试样质量,以百分比表示

C.洛杉矶磨耗值试验所用代表样品的质量为5000g

D.洛杉矶磨耗值为试验后1.7mm筛下洗净干燥试样质量除以试验前试样质量,以百分比表示

(10)10~20mm档粗集料针片状试验记录:试样1号试验用的集料总质量为1005g,针片状颗粒的质量为121g;试样2号试验用的集料总质量为1002g,针片状颗粒质量为159g。根据此试验实测数据,以下正确的结论是(　　)。

A.该集料针片状颗粒含量可评定为合格

B.该集料针片状颗粒含量可评定为不合格

C.应追加测定一次,取三次结果的平均值为测定值

D.应废弃试验数据,重新进行试验

3.某一级公路路面基层施工,根据《公路工程质量检验评定标准　第一册　土建工程》的要求,需要进行无机结合料稳定材料强度验收评定。某路段设计强度为4.0MPa,测定1组试件的平均强度为5.0MPa,变异系数 C_v 为13%,本组试验有效。请结合试验内容完成下面题目(已知:保证率为99%、97.5%、95%和90%时,Z_α 分别为2.33、1.96、1.645和1.282)。

(11)本组试件数可能为(　　)。

A.3　　B.6　　C.9　　D.13

(12)无侧限抗压强度试验的试件尺寸有(　　)。

A.75mm×75mm　　B.100mm×100mm

C.150mm×150mm　　D.200mm×200mm

(13)下面描述中,符合试验要求的有(　　)。

A.在规定条件下保湿养护6d,浸水1d　　B.在规定条件下保湿养护7d

C.测量试件含水率　　D.试验结果保留一位小数

(14)该工程的保证率系数 Z_α =(　　)。

A.2.33　　B.1.96　　C.1.645　　D.1.282

(15)以下关于试验结果分析中,表述正确的有(　　)。

A.强度满足设计要求

B.强度不满足设计要求

C.缺少条件,无法判断强度是否满足设计要求

D.该路段基层对应的分项工程评定为不合格

4.某沥青混合料车辙试验结果见下表,请回答以下问题。

试件编号	t_1(min)	d_1(mm)	t_2(min)	d_2(mm)
1	45	1.14	60	1.87
2	45	1.33	60	2.05
3	45	1.25	60	1.95

(16)该沥青混合料的动稳定度为(　　)。

A. 863 次/mm　　B. 875 次/mm　　C. 879 次/mm　　D. 900 次/mm

(17)沥青混合料车辙试验的要求包括(　　)。

A. 通常情况下试验轮与试件的接触压强在 60℃时为 0.7MPa ±0.05MPa

B. 试验轮由曲柄连杆驱动加载轮行走的方式,往返碾压速度为 21 次/min ±1 次/min

C. 在试验室或工地制备成型的车辙试件,试件尺寸为长 300mm × 宽 300mm × 厚(50 ~ 100)mm(厚度根据需要确定)

D. 对聚合物改性沥青混合料,车辙试件成型后放置的时间以 48h 为宜

(18)沥青混合料车辙试验中如果试件变形过大,在未到 60min 变形已经达到(　　)时,则以达到该变形时的时间为 t_2。

A. 10mm　　B. 15mm　　C. 20mm　　D. 25mm

(19)沥青混合料车辙试验的注意事项包括(　　)。

A. 试验前将试件连同试模一起,置于达到试验温度 60℃ ±1℃的恒温室中,保温不少于 5h,也不得多于 12h

B. 试验轮其行走方向必须与试件碾压方向一致

C. 对于 300mm 宽且试验时变形较小的试件,也可对一块试件在两侧 1/3 位置上进行两次试验取平均值

D. 当 3 个试件动稳定度变异系数小于 10% 时,取其平均值作为试验结果

(20)关于沥青混合料车辙试验结果,以下说法正确的有(　　)。

A. 沥青混合料试件每产生 1mm 车辙变形的试验轮行走次数即为动稳定度

B. 动稳定度的英文简写为 MS

C. 动稳定度值越大,表示沥青混合料高温稳定性越好

D. 动稳定度值大于 5000 次/mm 时,记作:>5000 次/mm

5. 关于压实度、平整度、承载能力、抗滑性能测试方法,请回答以下问题。

(21)下列关于土石路堤或填石路堤压实沉降差测试方法和步骤,表述正确的有(　　)。

A. 沿道路纵向每隔 20m 作为一个观测断面,每个观测断面沿横断面方向每隔 5 ~ 10m 均布设沉降观测点

B. 每个沉降观测点位上埋放一固定物(一般为钢球),确保施工和测试过程中水平方向位置不变

C. 路基碾压施工完成后,将振动压路机停放在测试路段前 20m 处,启动振动压路机,并调至弱振挡位

D. 振动压路机以不大于 4km/h 的速度对测试路段进行碾压,往返一次为一遍

(22)手推式断面仪适用于(　　)路面的平整度测试。

A. 无积水　　B. 无积雪　　C. 无泥浆　　D. 无刻槽

(23)落球仪测试土质路基模量方法要求落球高度为(　　)。

A. 0.1m　　B. 0.45m　　C. 0.5m　　D. 1m

(24)激光式高速路面弯沉测定仪承载车(　　)与贝克曼梁测试弯沉加载车参数要求一致。

A. 后轴标准轴载　　B. 单侧双轮荷载
C. 轮胎气压　　D. 单轮传压面当量圆面积

(25) DF 仪测试盘降落至路面上开始测试时,旋转时速应达到(　　)km/h。
A. 30　　B. 50　　C. 70　　D. 90

模拟试卷参考答案及解析

一、单项选择题

1. A
【解析】当 SFC 代表值小于设计或验收标准值时,该路段应为不合格。

2. D
【解析】车辙应按长度(m)计算,检测结果应用影响宽度 0.4m 换算成损坏面积。

3. C
【解析】路基施工段落较短时,分层压实度检测结果应全部符合要求,且样本数量不少于6个。

4. D
【解析】高速公路路面损坏状况指数 PCI 等级划分标准为“优”,其值应大于或等于 92。

5. D
【解析】烘干法测定土的含水率,对含有机质超过 5% 的土或含石膏的土,应将烘干温度控制在 60 ~70℃ 的范围内,烘干时间不宜少于 24h。

6. B
【解析】土的比重试验应进行两次平行测定,其平行差值不得大于 0.02。

7. A
【解析】现行《公路土工试验规程》规定粗粒土和巨粒土最大干密度试验(表面振动压实仪法)采用干土法。

8. A
【解析】若在施工期和工程使用期土体有充分时间允许排水固结,可以采用慢剪试验。

9. D
【解析】水泥密度试验,李氏瓶第一次和第二次读数时,恒温水槽的温度差不得大于 0.5℃。

10. D
【解析】毛体积是集料自身实体体积、闭口孔隙体积和开口孔隙体积之和。

11. D
【解析】进行两次平行试验,以试验结果的算术平均值作为测定值。如两次试验所得的细度模数之差大于 0.2,应重新进行试验。

12. B
【解析】采用烘干法测定石灰含水率时,应取 100g 试样。

13. B

【解析】步骤④在②前,⑤在①前。

14. D

【解析】水泥稳定中粒材料圆柱形试件制作时,质量损失不超过25g。

15. A

【解析】水泥胶砂流动度的单位是mm。

16. B

【解析】盛装水泥净浆的每只试模,应配备一个边长或直径约为100mm、厚度为4~5mm的平板玻璃底板或金属底板。

17. D

【解析】当坍落度大于90mm时,水泥混凝土试件用人工成型。

18. B

【解析】计算三个试件的抗压强度分别为38.2MPa、43.1MPa和49.5MPa,因49.5MPa未超过中值43.1MPa的15%,所以应取平均值43.6MPa。

19. C

【解析】稠度小、低温延度大都可以降低沥青在低温环境下开裂的可能性。

20. D

【解析】引起沥青老化的直接因素有热、氧、光、水和渗流硬化等因素。

21. A

【解析】沥青混合料谢伦堡沥青析漏试验供检验最大沥青用量使用。

22. A

【解析】燃烧炉法测定沥青混合料中沥青含量时,重复性试验允许误差为0.11%,再现性试验的允许误差为0.17%。

23. B

【解析】当测试层表面的粗糙度较大而未放置基板时,挖坑灌砂法测试压实度结果变小。

24. A

【解析】连续式平整度仪测试平整度时,其测试指标是标准差。

25. B

【解析】车载式激光平整度仪测试速度范围为30~100km/h。

26. A

【解析】一般用于填料粒径小于19mm的土基测试,能够取得较好的测试效果。

27. B

【解析】当在同一结构层上测定时,可在不同位置测定5次,求取平均值,以后每次测定时以此作为修正值。

28. C

【解析】取芯测试水泥混凝土路面混凝土劈裂强度时芯样直径为150mm,高度与直径之比应为1。

29. C

【解析】数字式摆式仪测试路面摩擦系数方法要求摆滑动长度为126mm。

30. C

【解析】采用截距值判定板底脱空时,应测试板角弯沉,并对同一测点施加3级荷载进行测试。

二、判断题

1. ×

【解析】水泥混凝土面层达到设计弯拉强度后,方可开放交通。

2. ×

【解析】碾压贫混凝土配合比设计应满足收缩性能、7d无侧限抗压强度和模量等指标要求。

3. ×

【解析】路面工程的实测项目规定值或允许偏差应按高速公路、一级公路和其他等级公路两档确定,路面结构层厚度检验标准均为允许偏差。

4. √

5. √

6. √

7. ×

【解析】土工织物有效孔径是指能有效通过土工织物的近似最大颗粒直径。

8. √

9. ×

【解析】采用雷氏夹法测定水泥安定性,当两个试件煮后增加距离($C-A$)的平均值大于5.0mm时,应用同一样品立即重做一次试验,以复检结果为准。

10. √

11. ×

【解析】洛杉矶磨耗试验用于测定规定条件下粗集料抵抗摩擦、撞击的综合力学能力。

12. ×

【解析】生石灰的主要化学成分是CaO,熟石灰的主要化学成分是$Ca(OH)_2$。

13. ×

【解析】石灰等级是根据石灰中有效钙加氧化镁含量进行划分的。

14. √

15. √

16. ×

【解析】当达到初凝时应立即重复测一次,当两次结论相同时才能定为达到初凝状态。

17. ×

【解析】当混凝土拌合物的坍落度大于160mm时,应测定坍落扩展度值。

18. ×

【解析】粗集料最大粒径的增加，对水泥混凝土抗折强度的影响要比抗压强度更大一些。

19. ×

【解析】沥青针入度试验时，标准针刺入试样位置与盛样皿边缘的距离小于10mm，因盛样皿内壁与沥青试样间摩擦阻力的作用，针入度测定结果偏小。

20. ×

【解析】沥青延度试验，将隔离剂拌和均匀，涂于清洁干燥的试模底板和两个侧模的内侧表面，端模不涂隔离剂，并将试模在试模底板上装妥。

21. √

22. √

23. ×

【解析】《公路路基路面现场测试规程》(JTG 3450—2019)删除了短脉冲雷达测试系统的工作温度要求。

24. √

25. √

26. √

27. ×

【解析】《公路路基路面现场测试规程》(JTG 3450—2019)删除了温度应不低于10℃要求。

28. ×

【解析】《公路路基路面现场测试规程》(JTG 3450—2019)不再规定单轮式横向力系数测试系统测试路面摩擦系数方法的标准测试速度。

29. √

30. ×

【解析】有结合料材料透层油渗透深度测试时要求将芯样晾干，使其能分辨出芯样侧立面透层油的下渗情况。

三、多项选择题

1. ABCD

【解析】选项全部正确。

2. AC

【解析】单位工程得分和建设项目工程质量鉴定得分没有扣分。

3. ABC

【解析】D选项不是原因。

4. ABCD

【解析】选项全部正确。

5. ABC

【解析】可采取夹具内加衬垫、对夹在钳口内的试样加以涂层、改进夹具钳口表面方法。

6. ABC

【解析】D选项应为完成5次循环后，将试样在清水中冲洗掉硫酸钠。

7. AD

【解析】石灰未消化残渣含量试验用到的标准筛有2.36mm和16mm。

8. BD

【解析】无机结合料稳定材料弯拉强度试验要求中梁试件不少于12根，大梁试件不少于15根。

9. ABCD

【解析】选项全部正确。

10. ABCD

【解析】选项全部正确。

11. AD

【解析】混凝土拌合物含气量计算，需要集料含气量值和仪器测定含气量值。

12. ABD

【解析】C选项应为标号小。

13. ABD

【解析】影响软化点的因素为水浴温度、水浴时间、试验升温速度、试验方法等。

14. ABC

【解析】测定薄膜加热后残留物的针入度、延度、软化点、黏度等性质的变化，以评定沥青的耐老化性能。

15. ABD

【解析】几何数据测试系统测试几何线形方法适用于连续采集路面横坡、纵坡以及路线曲率半径（平曲线半径、竖曲线半径），以评价道路几何线形。

16. BD

【解析】土基现场CBR值测试分别记录贯入量为0.5mm、1.0mm、1.5mm、2.0mm、2.5mm、3.0mm、4.0mm、5.0mm、7.5mm、10.0mm及12.5mm时的测力计和百分表读数。

17. BC

【解析】落球仪测试土质路基模量方法适用于快速测试黏土、粉土等土质路基的压缩模量和回弹模量。

18. ABCD

【解析】选项全部正确。

19. AD

【解析】激光构造深度仪测值与手工铺砂法构造深度值相关性试验，选择构造深度分别在0～0.3m、0.3～0.55m、0.55～0.8m、0.8～1.2m，范围长度分别为100m的试验路段。

20. ABC

【解析】在沥青混合料碾压过程中，测试压实温度可以采用插入式温度计法、红外温度计法和红外摄像仪法。

四、综合题

1.(1)ACD (2)D (3)A (4)AC (5)ABCD

【解析】(1)击实曲线必然位于饱和曲线左下侧,两曲线不会有交叉。

(2)本题3个试件的$CBR_{2.5}$值都大于$CBR_{5.0}$值,且3个$CBR_{2.5}$值的变异系数(1%)小于12%,则取3个$CBR_{2.5}$值的平均值作为该组试件CBR结果。

(3)原点修正后,贯入量变小,单位压力p变大,CBR值变大。

(4)C选项正确则B选项错误,D选项应为:若延长试件泡水时间,对膨胀量测值有较大影响。

(5)选项全部正确。

2.(6)ABD (7)CD (8)A (9)ABC (10)C

【解析】(6)C选项应为:将集料在平板上拌和均匀摊平,采用四分法将试样以对角方式大致分成两份,重复以上过程,直至缩分成比所需的材料用量稍多一些的数量待用。

(7)C和D选项为天然砂需检测的试验参数。

(8)AC-20沥青混合料公称最大粒径为19mm,所以每份试样最小质量为1kg。

(9)D选项应为:洛杉矶磨耗值为试验前试样质量减去试验后1.7mm筛上洗净干燥试样质量除以试验前试样质量,以百分比表示。

(10)本题两次测定结果分别为12.0%和15.9%,平均值为14.0%,两次测定结果之差(3.9%)大于平均值的20%(2.8%)。

3.(11)C (12)BC (13)ACD (14)C (15)BD

【解析】(11)不论稳定细粒土、中粒土或粗粒土,当变异系数$C_v<10\%$,可为6个试件;当$C_v=10\%\sim15\%$时,可为9个试件;$C_v>15\%$时,应为13个试件。

(12)细粒土,试模的直径×高=50mm×50mm;中粒土,试模的直径×高=100mm×100mm;粗粒土,试模的直径×高=150mm×150mm。

(13)A、B选项互相矛盾,对无机结合料稳定材料无侧限抗压强度试验,标准养护龄期7d,最后一天浸于水中,故选项A正确。

(14)高速公路、一级公路保证率取95%,$Z_\alpha=1.645$,其他公路保证率取90%,$Z_\alpha=1.282$。

(15)本组试件强度代表值=平均值$-1.645\times S=5.0-1.645\times(0.13\times5.0)=3.9$MPa,小于设计强度4.0MPa,其中标准差$S$=变异系数×平均值。

4.(16)C (17)ACD (18)D (19)ABC (20)AC

【解析】(16)$DS=(t_2-t_1)\times N/(d_2-d_1)\times C_1\times C_2$。试件1动稳定度为863次/mm,试件2动稳定度为875次/mm,试件3动稳定度为900次/mm。

(17)B选项应为:试验轮由曲柄连杆驱动加载轮行走的方式,往返碾压速度为42次/min±1次/min。

(18)当变形过大,在未到60min变形已经达到25mm时,则以达到25mm(d_2)时的时间为t_2。将其前15min为t_1,此时的变形为d_1。

(19)D选项应为:当3个试件动稳定度变异系数小于20%时,取其平均值作为试验结果。